한국산업인력공단 출제기준에 따른 최신판!!

식품산업기사

필기 7년간기출문제

대한민국 국가대표 브랜드 | 국가자격 시험문제 전문출판 | 에듀크라운 국가자격시험문제 전문출판

최고의 적중률!! 최고의 합격률!!
크라운출판사
국가자격시험문제 전문출판
http://www.crownbook.co.kr

저자소개

김문숙

전북대학교 식품공학과 학사 · 석사 · 박사
한국방송통신대학교 생활과학부(식품영양학전공) 학사
식품의약품안전처. Post Doc.
University of Illinois. Post Doc.
서울 · 경기 · 전북 · 전남지역 대학교 및 공공기관. 다년간 강의 및 컨설팅

식품기술사, 식품기사, 영양사, 한식조리기능사.

현) 원광보건대학교 식품영양과 교수
　　동남보건대학교 식품제약과 강사
　　(사)한국식품기술사협회 이사
　　(사)한국외식경영학회 상임이사

머리말

　현대인들은 급속도 발전하고 있는 과학기술을 수시로 접하며 생활하면서 많은 혜택을 누리고 있습니다. 특히, 인간의 생명 및 건강과 밀접한 관련성이 있는 식품분야의 과학 기술 발전은 삶을 더욱 건강하고 윤택하게 가꾸어갈 수 있는 원동력이 되고 있습니다. 이와 같이 식품산업분야는 일상생활에서 아주 중요한 역할을 하고 있으며 미래로 갈수록 더욱더 관심도가 높아져 식품산업의 발전 필요성이 강화되어지고 지속적인 연구가 요구되는 분야임을 확신합니다.

　최근 고령화와 일인가구의 증가 추세가 되어가면서 고령친화제품, 건강기능식품 등에 소비자의 관심이 높아지고 있습니다. 또한 코로나19로 인해 가정간편식 등의 가공식품에 대한 수요가 폭발적으로 증가하고 있습니다. 여러 식품관련 회사 및 연구소 등에서는 이러한 소비자의 욕구에 충족하는 제품 개발·생산·유통·판매를 위해 끊임없는 아이디어 창출과 연구 개발에 주력을 하고 있습니다.

　제품·메뉴 개발 및 품질관리 등에 대한 아이디어 및 신제품은 끊임없는 관심과 연구를 위한 시간적 인내 및 노력과 더불어 식품분야에 대한 기초 지식이 밑바탕이 되어야 함을 20년이 넘게 대학교 및 공공기관 등에서 식품 전공 분야의 강의 및 컨설팅 등을 해본 저자의 경험을 통해서 절실히 느끼게 되었습니다. 이와 같이, 식품 산업 현장에서도 실무 업무에 능수능란하게 대처 할 수 있는 탄탄한 현장 중심의 이론 및 뛰어난 실무 적용 능력이 겸비된 인재를 요구하고 있습니다. 그러므로 식품산업분야의 직무관련 자격증의 필요성이 계속적으로 증가되고 있습니다.

　본서는 식품가공분야에서 소비자들에게 최상의 식품이 제공되도록 기능 업무를 담당할 숙련 기능 인력을 양성하기 위해 제정된 국가기술자격인 식품산업기사의 자격 취득을 준비하고자 하는 수험생을 위해 편저하였습니다. 이 교재는 식품산업기사 필기시험 5개 과목에 대한 주요 항목에 대한 요점을 정리하였고 최근 7년간의 식품산업기사 기출문제에 대한 정답 해설을 중요 항목별로 분류하여 상세한 설명과 가독성을 높인 서술방식으로 이해도 향상 및 반복 학습의 활용을 최대화할 수 있도록 구성하였습니다. 앞으로도 식품산업분야에 관심을 가지고 본서를 활용할 분들을 위해 미약하나마 도움을 드릴 수 있는 길이 되길 바라는 마음으로 계속해서 보완해 나갈 것입니다.

　끝으로 이 책이 나오기까지 많은 도움을 주신 크라운출판사 대표이사 이상원 회장님을 비롯한 임직원 여러분들께 진심으로 깊은 감사를 드립니다.

저자 **김문숙**

직무분야	식품가공	자격종목	식품산업기사	적용기간	2020. 1. 1 ~ 2022. 12. 31
직무내용					식품재료를 선택하고 선별, 분류하며, 만들고자 하는 식품의 제조공정에 따라 기계적, 물리화학적 처리를 하며, 작업공정에 따라 처리정도 및 숙성정도를 관찰하고 적정한 상태로 만들어 나가기 위한 지도적 기능 업무를 수행할 수 있습니다. 또한 작업을 원활히 수행하기 위하여 작업공정을 조정하고 안전 상태를 점검하는 업무 또한 수행할 수 있습니다.
필기검정방법	객관식	문제수	100	시험시간	2시간 30분

식품산업기사 가이드

• 시험 일정

구분	필기원서접수 (인터넷) (휴일제외)	필기시험	필기합격 (예정자)발표	실기원서접수 (휴일제외)	실기시험	최종합격자
2021년 정기 산업기사 1회	2021.01.26 ~ 2021.01.29	2021.03.02 ~ 2021.03.14	2021.03.19	2021.04.01 ~ 2021.04.06	2021.04.24. ~ 2021.05.07	2021.05.21
2021년 정기 산업기사 2회	2021.04.13 ~ 2021.04.16	2021.05.09 ~ 2021.05.20	2021.06.02	2021.06.15 ~ 2021.06.18	2021.07.10. ~ 2021.07.23	2021.08.06
2021년 정기 산업기사 3회	2021.07.13 ~ 2021.07.16	2021.08.08 ~ 2021.08.18	2021.09.01	2021.09.14 ~ 2021.09.17	2021.10.16. ~ 2021.10.29	2021.11.12

1. 원서접수시간은 원서접수 첫날 10:00부터 마지막 날 18:00까지입니다.
2. 필기시험 합격예정자 및 최종합격자 발표시간은 해당 발표일 09:00입니다.
3. 주말 및 공휴일, 공단창립기념일(3.18)에는 실기시험 원서 접수 불가합니다.

• 자격 시험 수수료

 - 필기 : 19,400원 / 실기 : 55,400원

• 취득 방법

① 시행처 : 한국산업인력공단
② 관련학과 : 전문대학 및 대학의 식품공학, 식품가공학 관련학과
③ 시험과목(5과목)
  필기 : 1. 식품위생학 2. 식품화학 3. 식품가공학 4. 식품미생물학 5. 식품제조공정
④ 검정방법
  필기 : 과목당 객관식 20문항 (과목당30분)
⑤ 합격 기준
  필기 : 100점을 만점으로 하여 과목당 40점 이상, 전과목 평균 60점 이상

🔅 출제기준(필기)

필기 과목명	출제 문제수	주 요 항 목	
식품위생학	20	1. 식중독 2. 식품과 감염병 3. 식품첨가물 4. 유해물질	5. 식품공장의 위생관리 6. 식품위생검사 7. 식품의 변질과 보존 8. 식품안전법규
식품화학	20	1. 식품의 일반성분 2. 식품의 특수성분 3. 식품의 물성	4. 저장·가공 중 식품성분의 변화 5. 식품의 평가 6. 식품성분분석
식품가공학	20	1. 곡류 및 서류가공 2. 두류가공 3. 과채류가공 4. 유지가공 5. 유가공	6. 육류가공 7. 알가공 8. 수산물가공 9. 식품의 저장 10. 식품공학
식품미생물학	20	1. 미생물 일반 2. 식품미생물 3. 식품미생물발생	4. 발효식품 관련 미생물 5. 기타발효
식품제조공정	20	1. 선별 2. 세척 3. 분쇄 4. 혼합 및 유화 5. 성형 6. 원심분리	7. 여과 8. 추출 9. 이송 10. 건조 11. 농축 12. 살균

Part **1**

식품산업기사 이론

Chapter 01 식품위생학

1 식품위생

1. 식품의 정의(식품위생법 제2조)

식품이란 모든 음식물(의약으로 섭취하는 것은 제외)을 말한다.

2. 식품위생의 정의(식품위생법 제2조)

식품위생이란 식품, 식품첨가물, 기구 또는 용기 · 포장을 대상으로 하는 음식에 관한 위생을 말한다.

3. 식품위생의 목적(식품위생법 제1조)

식품으로 인하여 생기는 위생상의 위해를 방지하고, 식품영양의 질적 향상을 도모하며 식품에 관한 올바른 정보를 제공하여 국민보건의 증진에 이바지함을 목적으로 한다.

4. 식품위생의 범위

① 식중독
  ㉠ 세균성식중독
    • 감염형 식중독 : 살모넬라, 장염비브리오, 병원성대장균, 캄필로박터 제주니, 엔테로콜리티카, 리스테리아 모노사이토제네스
    • 독소형식중독 : 클로스트리디움 보툴리눔, 황색포도상구균, 바실러스 세레우스(구토형)
    • 중간형식중독(생체 내 독소형) : 클로스트리듐 퍼프린젠스, 바실러스 세레우스(설사형)
  ㉡ 바이러스성 식중독 : 노로바이러스, 로타바이러스, 아스트로바이러스, 장관아데노바이러스, 간염A 바이러스, 간염E바이러스
  ㉢ 자연독식중독
    • 식물성 식중독 : 감자독, 버섯독
    • 동물성 식중독 : 복어독, 시구아테라독
  ㉣ 곰팡이독소 : 아플라톡신, 황변미독, 맥각독
  ㉤ 화학적 식중독
    • 의도적 첨가
      – 식품의 제조, 가공, 보존 또는 유통 등의 과정에서 유해화학물질이 혼입되어 발생
      – 유해감미료(둘신 등), 유해보존료(붕산 등), 유해착색제(아우라민 등), 유해표백제(롱갈리트 등)
    • 비의도적 혼입
      – 잔류농약(유기염소제, 유기인제 등), 공장폐수(알킬수은 등), 방사선물질(세슘 등), 환경오염물질(납, 카드뮴 등), 용기 및 포장재의 용출(비스페놀, 프탈레이트, 포름알데하이드 등)

- 가공과정 과오
  - 식재료에 오염된 유독물질(농약, 항생물질, 중금속 등)
  - 식품의 제조·가공에서 혼입될 수 있는 유독물질(유해보존료 등)
  - 식품 용기 및 포장재에 의한 유독물질(통조림의 주석 또는 땜납, 도자기와 법랑용기의 유약 및 안료, 플라스틱 용기의 가소제 등)
  - 실수로 혼입된 유독물질 : 유독성물질(PCB 등)
  - 제조, 가공, 저장 중에 생성 : 지질의 산화생성물, 다환방향족탄화수소(벤조피렌), 나이트로사민, 아크릴아마이드, 에틸카바메이트, 3-MCPD, 바이오제닉아민

② 식품과 감염병
  ㉠ 경구감염병
    - 세균 : 콜레라, 이질, 성홍열, 디프테리아, 백일해, 페스트, 유행성뇌척수막염, 장티푸스, 파상풍, 결핵, 폐렴, 나병
    - 바이러스 : 급성회백수염(소아마비-폴리오), 유행성이하선염, 광견병(공수병), 풍진, 인플루엔자, 천연두, 홍역, 일본뇌염
    - 리케차 : 발진티푸스, 발진열, 양충병 등
    - 스피로헤타 : 와일씨병, 매독, 서교증, 재귀열 등
    - 원충성 : 말라리라, 아메바성 이질, 수면병 등
  ㉡ 인수공통감염병
    - 세균 : 장출혈성대장균감염증(소), 브루셀라증(파상열)(소, 돼지, 양), 탄저(소, 돼지, 양), 결핵(소), 변종크로이츠펠트-야콥병(소), 돈단독(돼지), 렙토스피라(쥐, 소, 돼지, 개), 야토병(산토끼, 다람쥐)
    - 바이러스 : 조류인플엔자(가금류, 야생조류), 일본뇌염(빨간집모기), 광견병(공수병)(개, 고양이, 박쥐), 유행성출혈열(들쥐), 중증급성호흡기증후군(SARS)(낙타), 중증열성혈소판감소증후군(SFTS)(진드기)
    - 리케차 : 발진열(쥐벼룩, 설치류, 야생동물), Q열(소, 양, 개, 고양이), 쯔쯔가무시병(진드기)
  ㉢ 기생충
    - 야채를 통한 기생충 질환 : 회충, 요충, 구충(십이지장충, 아메리카구충), 편충, 동양모양 선충
    - 어패류를 통한 기생충 질환 : 간디스토마(간흡충), 폐디스토마(폐흡충), 광절열두조충, 아니사키스(고래회충), 요코가와흡충, 유구악구충
    - 수육을 통한 기생충 질환 : 유구조충(갈고리촌충), 무구조충(민촌충), 선모충
  ㉣ 기타 : 부패, 위생동물, 이물질 등

2 식품의 변질과 변질방지

1. 식품의 변질

① 변질 : 물리적, 화학적, 생물학적인 요인에 의하여 식품의 관능적인 특징(맛, 향, 색, 조직감 등) 및 영양학적 특징(탄수화물, 단백질, 지방 등)이 나빠진 상태
② 부패 : 단백질성 식품이 미생물의 작용으로 분해되어 아민, 암모니아, 황화수소 등 각종 악취성분이나 유해물질이 생성되어 섭취할 수 없는 상태

③ 변패 : 주로 탄수화물성 식품이 미생물에 의해 분해, 변질되어 맛과 냄새 등이 변화되는 것
④ 산패 : 미생물이 아닌 산소, 햇빛, 금속 등에 의하여 지질이 산화, 변색, 분해되는 현상
⑤ 발효 : 미생물의 작용으로 식품성분이 분해되어 유기산, 알코올 등 각종 유용한 물질이 생성되거나 유용하게 변화되는 것

2. 식품의 부패 판정

① 관능검사 : 시각, 후각, 미각, 촉각, 청각 등을 이용하여 판정
② 물리적 검사 : 경도, 점도, 탄성, 색, 전기정항 등 측정
③ 화학적 검사
  ㉠ 휘발성염기질소(VBN)
    • 단백질성 식품부패 시 생성되는 아민류, 암모니아와 같은 휘발성 염기질소량 측정
    • 신선어육 : 5~10mg%
    • 초기부패 : 30~40mg%
  ㉡ 트리메틸아민(TMA)
    • 어육 중 트리메틸아민옥사이드가 환원되어 트리메틸아민(비린내 성분)이 생성
    • 신선어육 : 3mg% 이하
    • 초기부패 : 3~4mg%
  ㉢ 히스타민
    • 어육의 부패과정 중 생성된 히스티딘의 탈탄산작용으로 생성
    • 수산물(고등어, 꽁치 등)의 히스타민 기준 : 200mg/kg 이하
    • 초기부패 : 4~10mg%
    • 알레르기 증상 일으킴
  ㉣ pH
    • 정상 어육 : pH 7.0 부근
    • 초기부패 : pH 6.2~6.5
    • 완전부패 : pH 8.0 정도
  ㉤ K값
    • ATP와 그 분해물 전량(ATP, ADP, AMP, IMP, 이노신산(I), 하이포잔틴(H))에 대한 I와 H의 합계 백분율
    • 신선어육 : 20~30%
    • 초기부패 : 60~80%
④ 생물학적 검사
  ㉠ 일반세균수
    • 미생물학적인 안전한계 : 10^5CFU/g(ml)
    • 초기부패 : 10^7~10^8CFU/g(ml)

3. 식품의 변질방지법

① 가열살균법

    ㉠ 저온장기간살균(LTLT) : 62~65℃, 20~30분

    ㉡ 고온단기간살균(HTST) : 70~75℃, 10~20초

    ㉢ 초고온순간살균(UHT) : 130~150℃, 1~5초

    ㉣ 고압증기살균 : 121℃, 15~20분, 포자 멸균

    ㉤ 간헐살균 : 1일 1회 100℃, 30분, 3일 반복, 포자 발아시켜 멸균

    ㉥ 건열살균 : 160℃, 1시간 이상 등

② 건조법

    ㉠ 수분함량 : 14~15% 이하(최저 13% 이하)

    ㉡ 수분활성도(Aw) : 0.7(최저 0.6 이하)

    ㉢ 고온, 열풍, 직화, 냉동, 분무, 감압, 진공, 동결, 박막건조(드럼건조) 등

③ 냉장냉동법

    ㉠ 신선냉장 : 5℃ 이하

    ㉡ 냉동 : -18℃ 이하

    ㉢ 고구마, 감자 : 10℃ 정도(움 저장)

④ 염장법

    ㉠ 소금농도 : 10% 정도. 부패균 증식억제

    ㉡ 살포법 : 소금 10~15% 첨가

    ㉢ 삼투압에 의한 세포의 원형질 분리

    ㉣ 탈수작용으로 미생물 발육 억제

⑤ 당장법

    ㉠ 삼투압작용으로 미생물 발육억제

    ㉡ 분자량 작고 용해도 클수록 효과적

    ㉢ 일반세균 : 당 농도 50% 이상에서 대부분 생육 억제

    ㉣ 잼, 젤리 제조시 당 함량 : 60~65%

⑥ 산 저장법

    ㉠ 3~4%의 초산, 젖산, 구연산 등 이용

    ㉡ pH 4.5 이하 : 미생물 증식 억제

    ㉢ pH 3~4 : 단백질 변성으로 미생물 사멸

    ㉣ 세균 : 최적 pH 7(중성), pH 4.5~5.0에서 거의 생육 못함

    ㉤ 곰팡이, 효모 : 최적 pH 5.0~6.0(약산성)

    ㉥ 곰팡이 포자 : pH 3~7에서 발아

⑦ 훈연법

    ㉠ 수지가 적은 활엽 목재의 연기성분 이용

    ㉡ 미생물의 증식 억제 및 살균

    ㉢ 식품의 효소 불활성화, 건조 등으로 저장기간 연장

    ㉣ 연기성분 : 아세트알데하이드, 포름알데하이드, 페놀, 아세톤, 각종 유기산 등

⑧ 자외선 조사법

    ㉠ 자외선 260~280nm(2600Å) 부근의 파장에서 DNA 흡수가 최대가 되어 DNA 변성으로 살균 효과

    ㉡ 균종에 따라 살균효과 다르고, 투과력 약하여 공기와 물, 도마, 작업대 등의 표면살균 적합, 잔류효과 없음

⑨ 방사선 조사법

    ㉠ Co^{60}, 감마선(γ) 이용 : 투과력 강하고 균일한 조사, 열발생 없는 냉살균

    ㉡ 미생물의 DNA와 단백질 분해, 세포성분 이온화 등에 의한 살균력

    ㉢ 식품의 발아억제, 살충, 살균 및 숙도조절

⑩ 가스저장법

    ㉠ 공기 중의 이산화탄소, 산소, 질소가스 등을 온도, 습도 등을 고려하여 저장(CA저장)

    ㉡ CA저장 : 대기공기조성(질소 78%, 산소 21%, 이산화탄소 0.03%)을 인위적으로 변화시켜 질소 92%, 산소 3%, 이산화탄소 5% 농도로 조절 및 0~4℃ 저온저장

    ㉢ 호흡작용, 산화작용 등 억제, 저장기간 연장(채소류, 과실류, 난류 등)

⑪ 밀봉법

    ㉠ 통조림, 병조림, 레토르트 식품, 진공포장 등에 이용

    ㉡ 탈기, 밀봉, 살균(중심온도 120℃ 4분, pH 4.6 미만, 90℃에서 실시)

    ㉢ 미생물의 발육억제, 장기저장 가능

⑫ 식품첨가물 사용 : 식품첨가물 기준 및 규격에 적합한 가공식품에 보존료, 산화방지제 등을 첨가하여 저장기간 연장

⑬ 발효 : 유용한 미생물 증식시켜 유해균 발육 억제, 저장기간 연장

4. 살균과 소독

① 살균과 소독의 정의

    ㉠ 살균 : 세균, 효모, 곰팡이 등 미생물의 영양세포를 사멸시키는 것

    ㉡ 멸균 : 세균과 포자 등 모든 미생물을 사멸시키는 것

    ㉢ 소독 : 병원성 미생물을 죽이거나 약화시켜 감염의 위험을 없애는 행위

② 물리적 소독

    ㉠ 건열살균 : 160℃, 1시간 이상 열처리. 유리 · 사기그릇, 금속제품 살균

    ㉡ 화염살균 : 화염 중에 20초 이상 가열. 금속, 핀셋, 백금이 등 살균

    ㉢ 열탕살균 : 자비소독. 100℃ 끓는 물에 30분 이상 열처리

    ㉣ 가열살균 : 열에 감수성이 큰 우유 살균에 이용, 결핵균 제거

        • 저온장기간살균(LTLT) : 62~65℃, 20~30분

        • 고온단기간살균(HTST) : 70~75℃, 10~20초

        • 초고온순간살균(UHT) : 130~150℃, 1~5초

    ㉤ 증기소독

        • 수증기로 30~60분

        • 식품공장의 발효조와 배관 소독

        • 습열살균이 건열살균보다 효과적(미생물세포의 단백질 응고 및 −SH기 제거에 효과적)

ⓗ 고압증기멸균법 : 121℃, 15~20분, 포자 멸균

ⓢ 자외선 조사

ⓞ 방사선 조사

③ 화학적 소독

종류	사용농도 및 대상	작용 및 특징
승홍(염화제2수은, $HgCl_2$)	0.1%, 무균실	단백질변성, 금속부식, 피부 및 점막 독성
머큐로크롬	2%, 상처 · 점막 · 피부	단백질변성, 살균력 크지 않음
요오드 용액	3~4%, 피부	단백질변성, 균체단백질과 화합물 형성
염소(Cl_2)	잔류염소량 0.1~0.2 ppm, 음용수	균체산화
생석회(CaO)	20~30%, 분뇨 · 토사물 · 토양 등	균체산화, 포자 및 결핵균에 효과 없음
차아염소산나트륨(NaOCl)	0.01~1%	균체산화, 단백질변성
과산화수소(H_2O_2)	3%, 상처	세포산화, 무포자균 쉽게 사멸
과망간산칼륨($KMnO_4$)	0.1~0.5%, 피부 4%, 포자형성균	살균력 강함, 착색
오존(O_2)	3~4g/L, 물	균체산화, 물속에서 살균력 강함
붕산(H_2BO_3)	2~3%, 점막 · 눈	균체산화
페놀(석탄산, C_6H_5OH)	3%, 소독제 효능 표시	균체 단백질응고, 세포막손상 석탄산계수=소독액희석배수/석탄산희석배수
크레졸(C_7H_2O)	1~3%	단백질응고, 세포막손상, 지방제거효과
역성비누	10%	단백질변성, 세포막손상 4급 암모늄염의 유도체
에탄올	70%	탈수, 단백질응고, 영양세포에 효과적, 침투력 강함, 포자와 사상균에는 효과 적음

3 식중독

1. 식중독의 정의

인체에 유해한 미생물 또는 유독물질이 흡입된 음식물을 경구적으로 섭취하여 일어나는 질병

2. 세균성 식중독

식품 중에서 번식, 일반적으로 많은 양의 세균을 섭취하여 질병을 유발(감염형), 잠복기가 짧고 전염성이 없음(2차 감염 안 됨), 항체형성 안 됨(면역 없음)

① 감염형 식중독

　㉠ 살모넬라 식중독

　　• 원인균 : *Salmolnella typhimurium, Salmolnella enteritidis*
　　　– 통성혐기성균, 그람음성균, 간균(막대균), 무포자형성균, 주모성편모균
　　　– 물, 토양 등 자연계에 널리 분포
　　　– 사람, 돼지, 소, 닭, 쥐, 개, 고양이 등의 장내세균
　　　– 최적온도 : 25~37℃
　　　– 증식가능온도 : 10~43℃
　　　– 열에 비교적 약하여 62~65℃에서 30분 가열하면 사멸
　　　– 저온에서는 비교적 저항성 강함
　　　– 병원성을 나타냄

　　• 오염원 및 원인 식품
　　　– 주로 5~9월 여름철 및 연중 발생
　　　– 닭, 돼지, 소 등의 주요보균동물 및 환자로부터 오염
　　　– 오염된 물, 하천수, 식품, 손, 식기류 등으로부터 2차 오염
　　　– 달걀의 경우 난각을 통해 침입 후 난황부근에서 증식, 병아리에 수직 감염됨
　　　– 생고기, 가금류, 육류가공품, 달걀, 유제품이 원인 식품

　　• 전파경로
　　　– 식품의 교차오염과 위생동물에 의한 전파
　　　– 몇 년 동안 만성적인 건강보균자도 존재

　　• 증상
　　　– 잠복기는 12~36시간으로 길다.
　　　– 심한 고열(38~40℃)이 2~3일 지속됨, 구토 · 복통 · 설사(수양성, 점액 또는 점혈변)
　　　– 치사율은 낮다.

　　• 예방법
　　　– 보균자에 의한 식품오염에 주의
　　　– 식품을 완전히 조리
　　　– 식품을 62~65℃에서 30분 가열

　㉡ 장염비브리오 식중독

　　• 원인균 : *Vibrio parahaemolyticus*(날것의 어패류를 섭취하여 감염되는 비브리오 패혈증의 원인균)
　　　– 통성혐기성균, 그람음성균, 간균, 무포자균, 호염균, 3~5% 식염농도에서 잘 생육하는 해수세균
　　　– 세대시간이 약 10~12분으로 짧음
　　　– 생육적온은 30~37℃, 최적 pH는 7.5~8.0
　　　– 60℃에서 5~15분 가열로 사멸, 열에 약함

　　• 오염원 및 원인 식품
　　　– 주로 7~9월에 19℃ 이상의 해수, 해안 흙, 플랑크톤 등에 분포함
　　　– 조리기구나 손을 통해 2차 오염됨
　　　– 생선회, 어패류 및 그 가공품 등이 원인 식품

- 증상
  - 잠복기는 8~20시간
  - 설사, 위장장애 일으킴
  - 적혈구를 용혈시키는 카나가와 현상을 일으킴
- 예방법
  - 충분히 가열
  - 호염균이므로 수돗물로 철저히 세척하면 사멸함

ⓒ 병원성대장균 식중독
- 사람이나 동물의 장내에 상재하는 비병원성과 구분되는 특정 혈청형 병원성대장균(*Escherichia coli*)에 의한 감염
- 호기성 또는 통성혐기성균, 그람음성균, 무포자균, 간균, 주모성편모균이며 유당분해하여 가스를 생성
- 사람, 가축, 자연환경 등에 널리 분포하며, 최적온도는 37℃
- 혈청형에 따라 분류 : O항원(균체), K항원(협막), H항원(편모)
- 발병양식에 따라 분류
  - 장출혈성 대장균 : 대장점막침입, 인체 내에서 베로독소(Verotoxin) 생성, *E.coli* O157 : H7이 생산됨, 용혈성 요독증후군 유발하며 치사율은 3~5%, 제2급 법정감염병임
  - 장독소원성 대장균 : 콜레라와 유사하며, 이열성 장독소(열에 민감하고 60℃에서 10분 가열로 불활성)와 내열성 장독소(열에 강하고 100℃에서 10분 가열로 불활성) 생산함, 설사증을 일으킴
  - 장침투성 대장균 : 대장점막 상피세포의 괴사를 일으켜 궤양과 혈액성 설사를 일으킴
  - 장병원성 대장균 : 대장점막 비침입성, 신생아나 유아에게 급성위장염을 발병, 복통 · 설사를 일으킴
  - 장응집성 대장균 : 응집덩어리를 형성하여 점막세포에 부착됨, 설사 · 구토 · 발열을 일으킴
- 오염원 및 원인 식품
  - 계절에 관계없이 발생하고, 사람 사이에 감염이 가능
  - 환자나 보균자 및 보균동물의 분변으로부터 직 · 간접 오염됨
  - 완전 가열 조리되지 않은 간 고기, 분쇄 쇠고기, 햄버거 등이 원인 식품
- 증상
  - 잠복기는 10~30시간
  - 주증상 : 복통, 설사, 구토, 발열
- 예방법
  - 채소류는 청결한 물로 세척하고, 화장실에 다녀온 후 손 씻기
  - 환자, 보균동물에 의한 직간접 오염을 방지
  - 육류 보관 시 또는 칼 · 도마 등 조리도구 사용 시 교차오염을 방지

ⓓ 캠필로박터 식중독
- 원인균 : *Campylobacter jejuni*
  - 미호기성(3~6% 산소농도), 그람음성균, 무포자균, 나선균, 긴극모균
  - 세대시간은 약 45~60분으로 비교적 김

- 발육온도는 31~40℃, 최적온도는 42~43℃(25℃ 이하에서는 잘 생육하지 않음)
- 저온저항성이며 -20℃ 이하의 동결상태나 진공포장 생육에서 1개월 이상 생존가능
- 70℃에서 1분 가열로 쉽게 사멸함
- 오염원 및 원인 식품
  - 주로 5~7월 사이에 많이 발생하며 식중독 발생이 점차 증가하는 추세임
  - 10^3 이하 CFU/g의 미량의 균으로도 발병함
  - 닭고기, 돼지고기 등 도살처리 후 불완전하게 가열하거나 교차오염된 식육 및 생우유, 햄버거, 물, 어패류 등에 발생
  - 돼지, 가금류, 소, 개, 고양이, 야생동물 등으로부터 오염된 식육, 취급자의 손 등이 오염원
- 증상
  - 잠복기는 8~20시간
  - 심한 복통, 설사(수양성, 점혈액성), 발열(38~40℃), 구토, 두통 일으킴
  - 신경계 증상인 길랑-바레증후군 일으킴
- 예방법
  - 충분히 가열하고, 보균동물과의 접촉 및 취급자의 손 · 조리기구 · 보관 등 교차오염을 방지
  - 양계장 위생관리, 출하된 닭고기의 포장, 온도관리 등 교차오염관리에 철저
ⓜ 리스테리아 식중독
- 원인균 : *Listeria monocytogenes*
  - 그람양성균, 통성혐기성균, 무포자균, 간균, 주도성편모균이며 운동성이 있음
  - 소, 양, 돼지 등 가축과 가금류 및 사람에게 리스테리아증(인축공통감염병)을 유발
  - 최적온도는 30~37℃, 발육범위는 -0.4~50℃, 냉장온도에도 발육이 가능한 저온균
  - 최적 pH는 4.3~9.6
  - 성장가능 염도는 0.5~16%이며, 20%에도 생존 가능
  - 65℃ 이상의 가열로 사멸하고 비교적 열에 약함
- 오염원 및 원인 식품
  - 자연에 널리 분포하고, 1,000개 이하의 미량의 균으로도 발병 가능
  - 특히 가축이 보균하므로 동물유래식품의 오염이 높고, 우유, 치즈, 식육을 통해 집단발생함
- 증상
  - 잠복기는 12시간~3개월
  - 패혈증, 유산, 사산, 수막염, 발열, 두통, 오한을 일으킴
  - 감염된 환자의 30% 정도로 치사율이 높음
- 예방법 : 식육가공품은 철저히 살균처리하고, 채소류는 세척, 냉동 및 냉장식품은 저온관리에 철저
ⓗ 여시니아 식중독
- 원인균 : *Yersinia enterocolitica*
  - 통성혐기성균, 그람음성균, 무포자균, 간균, 주모성편모균이며 세대기간은 약 40~45분
  - 사람, 소, 돼지(주 보균동물의 5~10%), 개, 고양이 등에서 검출
  - 최적발육온도는 25~30℃이며, 0~10℃의 저온에서도 증식이 가능, 동결에 오래 생존함
  - 65℃에서 30분 가열처리로 쉽게 사멸

- 오염원 및 원인 식품
  - 봄, 가을에 발생 가능성이 큼
  - 돼지고기가 주 오염원이며, 생우유, 육류, 굴, 생선, 두부, 과일, 채소, 냉장식품 등에서도 오염
  - 보균동물의 배설물이나 도축장으로부터 오염된 하천, 약수, 우물 등
  - 저온세균으로서 진공 포장된 냉장식품에서도 증식
- 증상
  - 잠복기는 2~3일
  - 소장의 말단부분에서 증식하여 장염 또는 패혈증을 유발함
  - 복통, 설사(수양성·혈변), 구토, 발열(39℃), 회장말단염, 충수염, 관절염 등을 일으킴
  - 두통, 기침, 인후통 등 감기와 같은 증상을 보이기도 함
- 예방법 : 돼지의 보균율이 높으므로, 돼지고기는 75℃에서 3분 이상 가열함

② 독소형 식중독

㉠ 황색포도상구균 식중독

- 원인균 : *Staphylococcus aureus*
  - 그람양성균, 통성혐기성균, 포도송이모양구균, 무포자균, 화농성균
  - 사람과 동물의 피부, 모발, 후두 및 비강 점막, 장관 내에 존재함
  - 생육범위는 10~45℃, 최적온도는 35~37℃이며 내염성, 내건성, 저온저항성을 가짐
  - 65℃에서 30분, 80℃에서 10분 가열로 사멸
  - 내열성 장독소(enterotoxin) 생성하며, 독소생성 후 가열해서 먹어도 식중독 발생이 가능
- 독소
  - 장독소 : A, B, C, D, E, F, G, H, I형
  - 단백질 : 단백질 분해효소로 분해되지 않음
  - pH 2 이하에서 펩신으로 불활성화
  - 100℃에서 30~60분 가열에도 독소가 파괴되지 않음(특히 B형)
  - 210℃에서 30분 이상 가열해야 파괴되므로 조리방법으로 실활 시킬 수 없음
  - A형에 의해 식중독이 주로 발생
- 오염원 및 원인 식품
  - 5~9월에 발생률이 높음
  - 화농성 질환, 조리인의 화농 손, 유방염에 걸린 소 등에서 오염
  - 육·유제품, 떡, 빵, 김밥, 도시락이 원인 식품
- 증상
  - 잠복기는 0.5~6시간으로 매우 짧음
  - 메스꺼움, 구토, 복통, 설사(수양성, 점혈액성)를 유발하고 발열은 거의 없음
- 예방법
  - 코나 목의 염증 또는 화농성 질환자의 식품취급을 금지
  - 독소는 보통의 가열로 파괴되지 않으므로 균 생육을 사전에 방지하기 위해 위생관리를 실시

ⓛ 클로스트리듐 보툴리늄 식중독
- 원인균 : *Clostridium botulinum*
  - 그람양성균, 편성혐기성균, 간균, 포자형성균, 주편모균이며 신경독소(neurotoxin)를 생산
  - 콜린작동성의 신경접합부에서 아세틸콜린의 유리를 저해하여 신경을 마비시킴
  - 소시지 중독증의 원인균이며, A~G형의 7종류가 있음, 그 중 A, B, E, F형이 식중독을 유발함
  - 생육범위는 4~50℃, 최적발육온도는 28~29℃
- 독소
  - A~G형 : 신경독
  - A, B, F형 : 최적온도는 37~39℃, 최저온도는 10℃이며 내열성이 강한 포자를 형성
  - E형 : 최적온도는 28~32℃, 최저온도는 3℃(호냉성)이며 내열성이 약한 포자를 형성
  - 독소는 단순단백질로서 내생포자와 달리 열에 약해, 80℃에서 30분 또는 100℃에서 2~3분간 가열로 불활성화 됨
- 오염원 및 원인 식품
  - 토양, 물 등 자연계로부터 농작물이나 육류, 어패류 등이 오염됨
  - 살균이 불충분한 통조림 및 채소나 과일 등의 병조림, 햄, 화농성질환, 조리인의 화농 손, 유방염에 걸린 소 등에서 오염
  - 육·유제품, 떡, 빵, 김밥, 도시락이 원인 식품
- 증상
  - 잠복기는 12~36시간
  - 메스꺼움, 구토, 설사, 두통, 변비, 동공확대, 광선무반응, 눈꺼풀 처짐, 복시, 호흡·연하곤란, 근육이완마비를 일으키며 중증 시 사망함, 발열은 없음
  - 치사율이 30~80% 내외로 높음
- 예방법
  - 3℃ 이하에서 냉장
  - 섭취 전 80℃에서 30분 또는 100℃에서 3분 이상 충분한 가열로 독소를 파괴
  - 통조림과 병조림의 제조기준을 준수
ⓒ 바실러스 세레우스 식중독
- 원인균 : *Bacillus cereus*
  - 그람양성균, 통성혐기성균, 간균, 포자형성균, 주편모균
  - 생육범위는 5~50℃, 최적온도는 28~35℃
  - 포자의 발육범위는 1~59℃, 최적발아온도는 30℃ 전후
  - 장독소(enterotoxin)를 생성함
- 독소
  - 단백질
  - 구토독(독소형) : 저분자펩타이드이고 내열성으로서 126℃에서 90분 가열해도 파괴되지 않음
  - 설사독(생체내 독소형) : 고분자단백질이며 트립신으로 분해됨, 60℃에서 20분 가열로 파괴

- 오염원 및 원인 식품
  - 조리 후 실온에 장시간 방치하여 살아남은 포자의 증식이 원인
  - 구토형(독소형) : 쌀밥, 볶음밥 및 도시락, 떡, 빵류 등 주로 탄수화물 식품이 오염원
  - 설사형(생체내 독소형) : 수프, 소스, 푸딩 및 식육, 유제품, 어패류 가공품 등 오염원이 다양함
- 증상
  - 구토형(독소형) : 잠복기는 0.5~5시간(평균 3시간)이며 메스꺼움이나 구토를 유발
  - 설사형(생체내 독소형) : 잠복기는 8~16시간이며, 복통과 설사 등을 유발
- 예방법
  - 실온 방치를 금지하고, 냉장 또는 60℃ 이상 보온을 유지

③ 중간형(생체내 독소형, 감염독소형) 식중독
  ㉠ 클로스트리듐 퍼르린젠스 식중독(웰치균 식중독)
  - 원인균 : *Clostridium perfringens*
    - 그람양성균, 편성혐기성균, 간균, 열성포자형성균이며, 운동성이 없고 생체 내에 독소를 생산함
    - 발육범위는 12~51℃, 최적온도는 43~45℃이며, 세대시간은 10~12분임
    - 균이 대량으로 증식된 식품을 섭취 후 장내에서 증식하여, 포자형성 중 독소가 생성됨
  - 독소
    - 장독소 : A, B, C, D, E, F형
    - 대부분 A형에 의함
    - 단순단백질(분자량 약 35,000)
    - 74℃에서 10분 가열 및 pH 4 이하에서 파괴되며, 알칼리에 저항성 가짐
  - 오염원 및 원인 식품
    - 단백질성 식품(쇠고기, 닭고기 등)이 원인 식품
    - 학교 등 집단급식, 뷔페, 레스토랑 등 대량 조리시설에서 발생
    - 대량으로 가열 조리된 후 실온(30~50℃)에 장시간 방치하여 살아남은 포자가 발아하고, 대량 증식한 식품을 섭취하며 발생
  - 증상
    - 잠복기는 8~20시간
    - 복통, 설사, 구토를 일으키고, 발열은 드물게 일어남
    - 1~2일 정도에 증상이 회복됨
  - 예방법 : 조리식품은 빨리 섭취하고 혐기적 상태가 되지 않도록 용기에 나누어 신속히 냉각보관함, 섭취 전 74℃ 이상 충분히 가열

3. 바이러스성 식중독

① 바이러스의 특징
- 식품과 물 등이 운반매체이며 건조·저온·냉동에 강함
- 사람의 장내에 증식하고, 집단급식소에서 주로 발생
- 1~100개 정도의 적은 양으로 식중독 유발
- 사람간의 2차 감염이 가능

② 바이러스성 식중독의 종류
  ㉠ 노로바이러스 식중독
    • 원인균 : *Norwalk virus*(소형구형 RNA 바이러스, 밤송이 모양)
      – 60℃에서 30분, 10ppm 이하의 염소 소독으로 쉽게 사멸하며, –20℃ 이하에서 장시간 생존 가능
      – 겨울철(11월~2월)에 많이 발생
    • 오염원 : 환자의 분변, 구토물, 물, 조리종사자 및 조리기구, 사람 간의 감염 등
    • 원인식품 : 가열처리하지 않은 오염된 어패류나 식품(굴, 채소샐러드, 샌드위치, 빵, 케이크, 도시락 등)
    • 증상 : 잠복기는 4~77시간이며 메스꺼움 · 구통 · 두통 · 복통 · 설사 · 미열 · 피로감 · 근육통을 유발함, 2~수일에 증상 회복
    • 예방법 : 85℃에서 1분 이상 충분히 가열하고 철저히 손 씻기, 사람간의 2차 감염을 배제
  ㉡ 기타 : 로타바이러스, 아스트로바이러스, 장관아데노바이러스, 간염A바이러스, 간염E바이러스

4. 자연독 식중독

① 식물성 식중독(식물 : 독성분)
  • 독버섯 : 무스카린(muscarine), 아마니타톡신(amanitatoxin), 무수카리딘(musxaridine)
  • 감자싹 : 솔라닌(solanin)
  • 부패감자 : 셉신(sepsin)
  • 면실유 : 고시풀(gossypol)
  • 청매 : 아미그달린(amygdaline)
  • 오색콩(버마콩) : 파세오루나틴(phaseolunatin)
  • 콩류
    – 트립신저해제 : 단백질 분해효소의 활성억제, 가열처리 시 불활성화
    – 헤마글루티닌(hemaglutinine) : 적혈구의 응고촉진, 가열처리 시 불활성화
    – 사포닌(saponin) : 용혈작용을 하고, 가열로 파괴되지 않으나 함량이 소량이므로 문제되지 않음
  • 수수 : 듀린(dhurrin)
  • 독미나리 : 시큐톡신(cicutoxin)
  • 독보리 : 테뮬린(temuline)
  • 피마자 : 리신(ricin), 리시닌(ricinin)
  • 바꽃 : 아코니틴(aconitine)
  • 붓순나무 : 쉬키믹산(shikimic acid)
  • 미치광이풀 : 히오스시아민(hyosyamine)
  • 고사리 : 프타킬로사이드(ptaquiloside)
② 동물성 자연독(동물 : 독성분)
  • 복어 : 테트로도톡신(tetrodotoxin)
    – 복어의 생식기(특히 난소 · 알)에 존재하며, 청색증(cyanosis)현상 일으킴
  • 섭조개 · 홍합 · 대합조개 : 삭시톡신(saxitoxin)

- 모시조개 · 바지락 · 굴 : 베네루핀(venerupin)
- 진주담치 · 큰가리비 · 백합 : 오카다산(okadaic acid)
- 소라 · 고동 등 : 테트라민(tetramine)
- 열대 · 아열대 서식 독성 어류 : 시구아톡신(ciguatoxin)
  - 가열조리로 파괴되지 않음

5. 곰팡이독소

① 특징
  ㉠ 곰팡이가 생산하는 유독 대사산물로 사람, 가축 등에 급성 또는 만성의 건강 장애를 유발하는 유독물질
  ㉡ 원인식품 : 쌀, 보리 등 탄수화물 식품
  ㉢ 예방법 : 곡류 등 농산물의 건조(수분함량 13% 이하), 낮은 습도, 저온저장
② 대표 곰팡이독

곰팡이속		곰팡이	독성분	특징
Aspergillus		A. flavus, A. parasticus	아플라톡신(aflatoxin)	간장독, 강한 발암성, 내열성 (270~280℃ 이상 가열 시 분해)
		A. ochraceus	오크라톡신 (ochratoxin)	간장 및 신장 독성
Penicillium	황변미독	P. citreoviride	시트레오비리딘 (citreoviridin)	신경독
		P. citrinin	시트리닌(citrinin)	신장독
		P. islandicum	루테오스키린 (luteoskyyrin) 아일란디톡신 (islanditoxin) 사이클로클로로틴 (cyclochlorotin)	간장독
Penicillium		P. patulin P. expansum P. lapidosum	파튤린(patulin)	신경독, 출혈성 폐부종, 뇌수종 등 보리, 쌀, 콩 등에서 검출
		P. rubrum	루브라톡신(rubratoxin)	간장독, 옥수수 중독사고 발생
Fusarium		F. graminearum	제랄레논 (Zearalenone)	옥수수, 보리 등에 검출, 발정유발물질

6. 화학적 식중독

① 농약
  ㉠ 유기염소제
    - 유기인제에 비해 독성이 낮음

- 지용성으로 인체의 지방조직에 축적으로 만성중독을 일으킴
- 잔류성이 큼
- 종류 : DDT, DDD, BHC, 알드린 등

ⓛ 유기인제
- 독성이 강한 급성독성이나, 체내분해가 빨라 잔류성이 적음
- 체내흡수 시 콜린에스터레이스(cholinesterase) 작용억제로 아세틸콜린의 분해가 저해되고, 아세틸콜린이 과잉축적되어 신경흥분전도가 불가능함, 신경자극전달을 억제
- 종류 : 파라티온(parathion), 말라티온(malathion), 다이아지논(diazinon) 등

ⓒ 카바마이트계
- 유기염소계 사용 금지에 따라 그 대용으로 사용함
- 독성이 상대적으로 낮음
- 콜린에스터라아제의 저해작용을 함
- 종류 : NMC, BPMC, CPMC 등

② 중금속
ⓐ 특징
- 비중이 4.0 이상 되는 중금속으로 수은, 납, 카드뮴 등과 비금속인 비소를 포함함
- 단백질(-SH기 등)과 결합하여, 그 기능을 상실시키고 효소단백질의 활성을 저해함

ⓛ 종류
- 납 : 통조림의 땜납, 도자기(안료)
  - 주로 뼈에 침착하여, 납통증(연산통), 빈혈 유발
- 수은 : 유기수은-메틸수은
  - 미나마타병, 보행장애, 언어장애, 난청 유발
- 카드뮴 : 이타이이타이병 유발, 신장의 칼슘 재흡수를 억제, 만성신장독성 유발
- 비소 : 산분해간장
  - 가수분해제인 염산이나 중화제인 탄산나트륨 중에 혼입되어 중독증상 유발
- 구리 : 주방용기(놋그릇 등)의 염기성 녹청
  - 간의 색소침착 유발
- 주석 : 통조림의 탈기 불충분으로 공기와 장기간 접촉 시 용출됨
- 안티몬 : 법랑용기, 도자기 등의 착색제
  - 800℃ 이하 온도에서 소성 시 용출됨
- 아연 : 아연 도금된 기구용기에 산성식품을 담아둘 때 용출됨
- 크롬 : 피부암, 간장장애, 비중격천공(콧구멍에 구멍 뚫림) 유발

③ 조리가공 중 생성 가능한 유해물질
ⓐ 나이트로사민
- 육류에 존재하는 아민과 아질산이온의 나이트로소화 반응에 의해 생성되는 발암물질
- 햄, 소시지의 식육제품의 발색제로 아질산염이 첨가되므로 나이트로사민 생성 가능성이 높음

ⓛ 아크릴아마이드
- 탄수화물 식품을 굽거나 튀길 때 생성(감자칩, 감자튀김, 비스킷 등)
- 발암유력물질
ⓒ 에틸카바메이트(우레탄)
- 핵과류로 담근 주류를 장기간 발효할 때 씨에서 나오는 시안화합물과 에탄올이 결합하여 생성
- 2A등급 발암물질이며 알코올과 음료발효식품에 함유
ⓔ 다환방향족탄화수소
- 음식을 고온으로 가열하면서 지방, 탄수화물, 단백질이 탄화되어 생성
- 숯불고기, 훈연제품, 튀김유지 등 가열분해에 의해 생성
- 대표물질 : 벤조피렌
ⓜ 바이오제닉아민
- 식품저장·발효과정에서 생성된 유리아미노산이 존재하는 미생물의 탈탄산작용으로 생성
- 종류 : 히스타민, 티라민, 퓨트리신, 아그마틴, 에틸아민, 메틸아민 등
- 어류제품, 육류제품, 전통발효식품 등에서 검출가능
④ 유해첨가물
ⓐ 유해감미료
- 둘신(dulcin) : 감미도는 설탕의 약 250배이며, 체내에서 발암물질로 분해됨
- 에틸렌글리콜(ethylene glycol) : 점조성 액체이며 팥앙금에 부정하게 사용됨, 엔진의 부동액
- 페릴라틴(perillartine) : 감미도는 설탕의 2,000배
- 니트로톨루이딘(ρ-nitro-o-toluidine) : 감미도는 설탕의 200배, 살인당
- 시클라메이트(cyclamate) : 감미도는 설탕의 20배, 발암성 물질
ⓑ 유해표백제
- 롱갈리트(rongalite) : 연근에 부정하게 사용됨, 포름알데하이드를 생성
- 형광표백제 : 한때 국수, 생선묵 등에 사용됨
- 삼염화질소(NCl_3) : 밀가루 표백과 숙성에 부정하게 사용됨
ⓒ 유해보존료
- 붕산(H_2BO_3) : 살균소독제
- 포름알데하이드(HCHO) : 강한 살균과 방부작용
- 승홍($HgCl_2$) : 강한 살균력과 방부력 가짐, 식품에 부정하게 사용됨
- 불소화합물 : 불화수소, 공업용 풀에 이용됨
- 나프톨(β-naphthol) : 강한 살균 및 방부작용
- 살리실리산(salicylic acid) : 유산균과 초산균에 강한 항균성 가짐
ⓓ 유해착색료
- 아우라민(auramine) : 황색의 염기성 색소이며, 한때 단무지에 사용됨
- 로다민 B(rhodamine B) : 분홍색 염기성 색소이며 전신착색, 색소뇨 증상 유발

⑤ 환경오염
  ㉠ PCB(PolyChloro Biphenyls)
    • 가공된 미강유를 먹는 사람들이 색소침착, 발진, 종기 등의 증상을 나타내는 괴질
    • 1968년 일본의 규슈를 중심으로 발생하여 112명 사망
    • 미강유 제조 시 탈취공정에서 가열매체로 사용한 PCB가 누출되어 기름에 혼입되어 일어난 중독사고
    • 안질에 지방이 증가하고, 손톱ㆍ구강점막에 갈색 내지 흑색의 색소침착이 일어남
  ㉡ 다이옥신(Dioxin)
    • 방향족 유기화합물로 가장 위험하며, 소각장에서 배출됨
    • 면역계 및 생식계통에 치명적인 영향을 끼쳐 선천적 기형 및 발암을 유발
    • 매우 낮은 농도로 독성 유발
  ㉢ 식품에 문제 되는 방사성 물질
    • 생성율이 비교적 크고 반감기가 긴 방사성 물질 : Sr-90과 Cs-137
    • 반감기가 짧으나 비교적 양이 많은 방사성 물질 : I-131

4 감염병

1. 경구감염병

① 경구감염병의 특징
  ㉠ 병원체가 음식물, 음용수, 기구, 위생동물, 손 등을 통하여 경구적으로 체내에 침입하여 질병을 일으키고, 다른 사람(숙주)에게 전파되는 질환
  ㉡ 감염병은 숙주(감수성 개체), 감염원(병원체), 감염경로(환경)의 3요소가 상호작용으로 발생

2. 경구감염병과 세균성 식중독의 차이

항목	경구감염병	세균성 식중독
균특성	미량의 균으로 감염	일정량 이상의 다량균이 필요함
2차 감염	빈번함	거의 드묾
잠복기	길다	비교적 짧다
예방조치	전파력이 강해 예방이 어려움	균의 증식을 억제하면 예방 가능
면역	면역성 있음	면역성 없음

3. 병원체에 따른 경구감염병의 분류

항목	감염병명
세균	콜레라, 이질, 성홍열, 디프테리아, 백일해, 페스트, 유행성 뇌척수막염, 장티푸스, 파상풍, 결핵, 폐렴, 나병
바이러스	급성회백수염(소아마비-폴리오), 유행성이하선염, 광견병(공수병), 풍진, 인플루엔자, 천연두, 홍역, 일본뇌염
리케차	발진티푸스, 발진열, 양충병 등
스피로헤타	와일씨병, 매독, 서교증, 재귀열 등
원충성	말라리라, 아메바성 이질, 수면병 등

4. 법정감염병

① 2020년 1월 1일 감염병 분류체계 개정 시행

② 질환의 특성별로 군(群)으로 구분하는 방식을 질환의 심각도와 전파력 등을 감안한 급(級)별 분류체계로 전환

③ 감염병의 예방 및 관리에 관한 법률[시행 2020.12.30][법률 제17491호, 2020.9.29.개정]

법정 감염병 분류	
제1급 (17종)	− 생물테러감염병 또는 치명률이 높거나 집단 발생의 우려가 커서 발생 또는 유행 시 즉시 신고, 음압 격리와 같은 높은 수준의 격리 필요 − 디프테리아, 탄저, 두창, 보툴리눔독소증, 야토병, 신종감염병증후군, 페스트, 중증급성호흡기증후군(SARS), 동물인플루엔자 인체감염증, 신종인플루엔자, 중동호흡기증후군(MERS), 마버그열, 에볼라바이러스병, 라싸열, 크리미안콩고출혈열, 남아메리카출혈열, 리프트벨리열
제2급 (21종)	− 전파가능성 고려, 발생 또는 유행 시 24시간 이내 신고, 격리 필요 − 결핵, 수두, 홍역, 콜레라, 장티푸스, 파라티푸스, 세균성이질, 장출혈성대장균감염증, A형간염, E형간염, 백일해, 유행성이하선염, 풍진, 폴리오, 수막구균감염증, B형헤모필루스인플루엔자, 폐렴구균감염증, 한센병, 성홍열, 반코마이신내성황색포도알균(VRSA) 감염증, 카바페넴내성장내세균속균종(CRE) 감염증
제3급 (26종)	− 발생여부 계속 감시, 발생 또는 유행 시 24시간 이내 신고 − 파상풍, B형간염, C형간염, 일본뇌염, 말라리아, 레지오넬라증, 비브리오패혈증, 발진티푸스, 발진열, 쯔쯔가무시증, 렙토스피라증, 브루셀라증, 공수병, 신증후군출혈열, 후천성면역결핍증(AIDS), 크로이츠펠트-야콥병(CJD) 및 변종크로이츠펠트-야콥병(vCJD), 황열, 뎅기열, Q열, 웨스트나일열, 라임병, 진드기매개뇌염, 유비저, 치쿤구니야열, 중증열성혈소판감소증후군(SFTS), 지카바이러스감염증
제4급 (23종)	− 1급~3급감염병 이외에 유행여부 조사 표본검사 필요 − 인플루엔자, 매독, 회충증, 편충증, 요충증, 간흡충증, 폐흡충증, 장흡충증, 수족구병, 임질, 클라미디아감염증, 연성하감, 성기단순포진, 첨규콘딜롬, 반코마이신내성황색포도알(MRSA)감염증, 장관감염증, 급성호흡기감염증, 해외유입기생충감염증, 엔테로바이러스감염증, 사람유두종바이러스감염증

5. 인수공통감염병

병원체	병명	감염 동물
인수공통감염병 (사람과 동물 사이에 동일 병원체로 발생)		
세균	장출혈성대장균감염증	소
	브루셀라증(파상열)	소, 돼지, 양
	탄저	소, 돼지, 양
	결핵	소
	변종크로이츠펠트-야콥병(vCJD)	소
	돈단독	돼지
	렙토스피라	쥐, 소, 돼지, 개
	야토병	산토끼, 다람쥐
바이러스	조류인플엔자	가금류, 야생조류
	일본뇌염	빨간집모기
	공수병(광견병)	개, 고양이, 박쥐
	유행성출혈열	들쥐
	중증급성호흡기증후군(SARS)	낙타
	중증열성혈소판감소증후군(SFTS)	진드기
리케차	발진열	쥐벼룩, 설치류, 야생동물
	Q열	소, 양, 개, 고양이
	쯔쯔가무시병	진드기

5 위생동물 및 기생충

1. 위생동물

위생동물	번식가능식품	병명
진드기	설탕, 된장표면, 건조과일	진드기뇨증, 쯔쯔가무시병, 재귀열, 양충병, 유행성출혈열
바퀴벌레	음식물, 따뜻하고 습기 많고 어두운 곳	소아마비, 살모넬라, 이질, 콜레라, 장티푸스
쥐	식품, 농작물	유행성출혈열, 쯔쯔가무시병, 발진열, 페스트, 렙토스피라증
파리	조리식품	장티푸스, 파라티푸스, 이질, 콜레라, 결핵, 폴리오

2. 기생충

① 채소류를 통하여 감염되는 기생충
　　㉠ 특징 : 중간숙주 없음
　　㉡ 종류
　　　　• 회충 : 채소와 토양을 통해 경구감염
　　　　• 구충(십이지장충) : 채독증의 원인균, 인체의 경구 · 경피감염됨, 소장의 공장상부에 정착하여 기생
　　　　• 동양모양선충 : 경구침입 후 위 · 소장에서 성숙 기생
　　　　• 편충 : 경구감염되어 맹장, 충수돌기, 결장, 직장 등에 정착하여 기생
　　　　• 요충 : 주로 어린이에 많이 감염되며 집단감염을 유발함, 항문 근처에 산란 시 심한 가려움 · 2차 감염 유발

② 어패류를 통하여 감염되는 기생충
　　㉠ 특징 : 중간숙주 있음(제1중간숙주, 제2중간숙주)
　　　　• 간디스토마와 폐디스토마의 인체감염형은 피낭유충
　　　　• 충란 → 유모유충(miracidium) → 포자낭유충(sporocyst) → Redi유충(Redia) →유미유충(cercaria) → 피낭유충(metacercaria)형태로 인체에 감염
　　　　• 종말숙주가 사람이 아닌 것(분변에서 충란이 발견되지 않는 것) : 유극악구충, 아니사키스, 만손열두조충
　　㉡ 종류
　　　　• 간디스토마(간흡충) : 제1중간숙주(왜우렁이) → 제2중간숙주(붕어, 잉어) → 사람, 개, 고양이 등(종말 숙주)
　　　　• 폐디스토마(폐흡충) : 제1중간숙주(다슬기) → 제2중간숙주(가재, 게, 참게) → 사람, 돼지, 개, 고양이과 동물
　　　　• 요고가와흡충(장흡충, 횡천흡충) : 제1중간숙주(다슬기) → 제2중간숙주(송어, 은어) → 사람, 돼지, 개, 고양이, 쥐 등
　　　　• 광절열두조충(긴촌충) : 제1중간숙주(물벼룩) → 제2중간숙주(연어, 송어) → 사람, 개, 고양이, 여우, 곰 등
　　　　• 유극악구충(인체에서 성충 안 됨) : 제1중간숙주(물벼룩) → 제2중간숙주(미꾸라지, 메기 등) → 개, 고양이, 돼지, 닭 등
　　　　• 아니사키스(고래회충) : 제1중간숙주(플랑크톤, 크릴새우)→제2중간숙주(고등어, 청어, 대구, 오징어)→고래, 돌고래 등 해산포유동물
　　　　• 만손열두조충(스피르가눔) : 제1중간숙주(물벼룩) → 제2중간숙주(개구리, 뱀, 담수어, 조류 등) → 개, 고양이, 야생육식동물

③ 육류를 통하여 감염되는 기생충
　　㉠ 특징 : 중간숙주가 있음(중간숙주 1개)
　　㉡ 쇠고기를 통해 감염 : 무구조충(민촌충)
　　㉢ 돼지고기를 통해 감염 : 유구조충(갈고리촌충), 선모충, 톡소플라스마(임신부의 유산 초래)

6 식품안전관리인증기준(HACCP)

1. HACCP(Hazard Analysis Critical Control Point)

① 영문 약자로 "해썹" 또는 "식품 및 축산물 안전관리인증기준"이라 한다.

② 식품·축산물의 원료관리, 제조·가공·조리·선별·포장·소분·보관·유통·판매의 모든 과정에서 위해한 물질이 식품 또는 축산물에 섞이거나 식품 또는 축산물이 오염되는 것을 방지하기 위하여 각 과정의 위해요소를 확인·평가하여 중점적으로 관리하는 기준

    ○ 7원칙 12절차

- 준비단계 5절차
  - 절차 1 : HACCP팀 구성
  - 절차 2 : 제품설명서 작성
  - 절차 3 : 용도확인
  - 절차 4 : 공정흐름도 작성
  - 절차 5 : 공정흐름도 현장확인
- HACCP 7원칙
  - 절차 6(원칙 1) : 위해요소분석(HA)
  - 절차 7(원칙 2) : 중요관리점(CCP) 결정
  - 절차 8(원칙 3) : CCP 한계기준(CL) 설정
  - 절차 9(원칙 4) : CCP 모니터링방법 설정
  - 절차10(원칙 5) : 개선조치(CA)방법 설정
  - 절차11(원칙 6) : 검증절차 및 방법 수립
  - 절차12(원칙 7) : 문서화, 기록유지방법 설정

Chapter 02 식품화학

1 수분

1. 식품 중의 수분

① 자유수(유리수) : 식품 중에서 유리상태로 자유롭게 이동할 수 있는 보통의 수분
② 결합수 : 식품의 구성성분인 탄수화물이나 단백질 등의 유기물과 결합되어 있는 수분

자유수(유리수)	결합수
– 식품을 건조시키면 쉽게 증발된다. – 식품을 0℃ 이하로 냉각시키면 동결된다. – 끓는점(100℃)과 녹는점(0℃)이 높고 증발열이 크다. – 미생물의 생육과 증식에 이용된다. – 용질(당류, 염류, 수용성단백질 등)에 대해 용매로 작용한다. – 화학반응에 직접 또는 간접으로 반응한다. – 압력을 가하여 압착하면 제거된다. – 식품의 변질에 영향을 준다. – 표면장력이 크다. – 점성과 비열이 크다.	– 식품을 건조해도 증발되지 않는다. – 식품을 0℃ 이하의 저온에서도 잘 얼지 않는다. – 100℃ 이상 가열하여도 제거되지 않는다. – 미생물의 번식과 포자의 발아에 이용되지 않는다. – 용질에 대해 용매로 작용하지 못한다. – 보통의 물보다 밀도가 크다. – 수증기압이 낮다.

③ 수분활성도(Water Activity, Aw)
    ㉠ 어떤 온도에서 식품이 나타내는 수증기압(P_s)에 대한 순수한 물의 수증기압(P_0)의 비율
    ㉡ $Aw = \dfrac{P_s}{P_o}$
    ㉢ 미생물이 이용하는 수분은 자유수(유리수)
    ㉣ 수분활성도가 낮으면 미생물 생육이 억제
    ㉤ 미생물의 최소수분활성도 : 세균 0.90 〉 효모 0.88 〉 곰팡이 0.80
④ 등온흡습 · 탈습 곡선

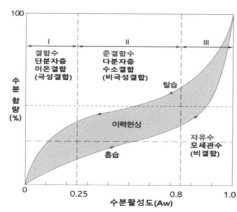

그림출처 : 식품학. 이수정 외. 파워북. 2020. 보안

등온흡(탈)습곡선		
영역	물 결합	특징
I	결합수 이온결합 (극성결합)	– 수분활성도 낮음(0~0.25) – 수분함량 : 5~10% – I영역과 II영역의 경계부분은 단분자층 수분 – 온도를 낮추어도 얼지 않음 – 용매로 사용할 수 없음 – II영역에 해당하는 물보다 저장성 낮음 – 광선 조사에 의한 지방질의 산패 심하게 일어남 – 해당식품 : 인스턴트커피분말, 분유, 건조식품 등
II	준결합수 수소결합 (비극성결합)	– 수분활성도 낮음(0.25~0.8) – 수분함량 : 20~40% – 다분자층 – I영역에 비해 느슨한 결합 – 거의 용매로 사용할 수 없음 – 해당식품 : 국수, 건조식품
III	자유수 (비결합)	– 수분활성도 낮음(0.8 이상) – 모세관 응고 영역으로 식품의 다공질구조 – 모세관에 수분이 자유로이 응결되어 식품성분에 대해 용매로 작용 – 화학, 효소반응 촉진 – 미생물 생육 가능

⑤ 수분활성도와 식품의 안정성
  ㉠ 효소반응
    • 수분활성도가 높을 때 활발함
    • 수분활성도 0.85 이하는 불활성화
    • 리파아제는 Aw 0.1~0.3에서도 활성유지
  ㉡ 유지산화
    • Aw 0.2~0.4에서 가장 안정
    • Aw 0.2~0.4 영역보다 수분활성이 감소하거나 증가함에 따라 유지의 산화속도증가
  ㉢ 비효소적 갈변
    • Aw 0.6~0.7에서 갈변반응이 빨리 일어나고, Aw 0.8~1.0에서는 반응속도가 떨어진다.

2 탄수화물

1. 구성

① 탄소(C), 수소(H), 산소(O)의 3가지 원소
② 분자 내에 2개 이상의 수산기(–OH)와 1개 알데하이드기(–CHO) 또는 케톤기(=CO)를 가짐
③ 식품 중에 단맛을 내는 감미료나 열량원으로 이용

2. 탄수화물의 분류

① 단당류

    ㉠ 작용기에 따른 분류

- 알도오스(분자 내 알데하이드기 보유) : 포도당(glucose), 갈락토오스(galactose), 만노오스(mannose) 등
- 케토오스(분자 내 케톤기 보유) : 과당(fructose)

    ㉡ 탄소수에 따른 분류

- 3탄당 : 글리세르알데하이드(알도오스), 디하이드록시아세톤(케토스)
- 4탄당 : 에리트로오스(erythrose), 트레오스(threose)
- 5탄당 : 리보오스(ribose), 아라비노오스(arabinose), 크실로오스(xylose), 람노오스(rhamnose) 등
- 6탄당 : 포도당(glucose), 갈락토오스(galactose), 만노오스(mannose), 과당(fructose)

② 단당류의 유도체

    ㉠ 데옥시당(deoxy sugar)

- 당의 수산기(−OH) 1개가 수소(−H)로 환원된 것
- 데옥시리보오스(deoxyribose)

    ㉡ 알돈산(aldonic acid)

- 당의 C_1의 알데하이드기(−CHO)가 카르복실기(−COOH)로 산화된 것
- 글루콘산(gluconic acid)

    ㉢ 우론산(uronic acid)

- 당의 C_6의 CH_2OH가 카르복실기(−COOH)로 산화된 것
- 글루쿠론산(glucuronic acid), 갈락투론산(galacturonic acid)

    ㉣ 당산(saccharic acid)

- 당의 C_1의 알데하이드기(−CHO)와 C_6의 CH_2OH가 카르복실기(−COOH)로 치환된 것
- 포도당산(glucosaccharic acid)

    ㉤ 당알코올(sugar alcohols)

- 단당류의 알데하이드기(−CHO)가 환원되어 알코올(CH_2OH)로 된 것
- 소비톨(sorbitol), 만니톨(mannitol)

    ㉥ 아미노당(amino sugar)

- C_2의 수산기(−OH)가 아미노기(−NH_2)로 치환된 것
- 글루코사민(glucosamine)

    ㉦ 유황당(thio sugar)

- 카르보닐기의 수산기(−OH)가 −SH로 치환된 것
- 고추냉이 매운 맛 성분의 시니그린(sinigrin)

    ㉧ 배당체

- 당의 수산기(−OH)와 비당류의 수산기(−OH)가 글리코시드 결합을 한 화합물
- 안토시아닌, 루틴, 나린진, 솔라닌 등

③ 소당류
　㉠ 2당류 : 2개의 단당류를 탈수반응에 의해 합성한 화합물
　　• 맥아당(엿당, maltose) : 포도당 + 포도당
　　• 설탕(자당, 서당, sucrose) : 포도당 + 과당
　　• 젖당(유당, lactose) : 포도당 + 갈락토오스
　㉡ 3당류 : 3개의 단당류를 탈수반응에 의해 합성한 화합물
　　• 라피노오스(raffinise) : 갈락토오스 + 포도당 + 과당
　㉢ 4당류 : 4개의 단당류를 탈수반응에 의해 합성한 화합물
　　• 스타키오스(stachyose) : 갈락토오스 + 갈락토오스 + 포도당 + 과당
④ 다당류
　㉠ 단순다당류 : 구성당이 1가지만으로 이루어진 다당류
　　• 포도당으로 구성된 다당류
　　　– 전분 : 아밀로스와 아밀로펙틴으로 구성

구분	아밀로스	아밀로펙틴
모양	사슬모양의 포도당 6개 단위로 나선형	나뭇가지 모양
결합방식	포도당 α-1,4 결합	포도당 α-1,4 결합 및 α-1,6 결합
요오드 반응	청색	적갈색
수용액에서 안정도	노화됨	안정
용해도	녹기 쉬움	난용
x선 분석	고도의 결정성	무정형
호화반응	쉬움	어려움
노화반응	쉬움	어려움
포접화합물	형성	형성 안 함
대부분의 전분함량	20%	80~100%
찰전분 함량	0%	100%

　　　– 덱스트린 : 전분을 산, 효소, 열로 가수분해 할 때 맥아당이나 포도당으로 되기 전의 중간 생성물
　　　– 셀룰로오스 : β-1,4결합으로 직쇄상 구조이며, 인체 내에 섬유소를 분해하는 효소 셀룰라아제가 없으므로 소화되지 않고 체외로 배설됨, 장운동 자극하여 변통을 좋게 하고 혈청 콜레스테롤을 낮춤
　　　– 글리코겐 : 동물성 저장 다당류이며, 포도당이 α-1,4와 α -1,6 결합으로 연결됨, 아밀로펙틴과 구조는 비슷하나 아밀로펙틴보다 가지가 많으며 사슬의 길이가 짧음, 간·근육·조개류 등에 함유되어 있으며 요오드반응은 아밀로펙틴과 같은 적갈색임
　　• 과당으로 이루어진 다당류 : 이눌린(inulin)
　　• 기타 : 키틴(chitin) N-acetylglucosamine의 β-1,4 글리코시드 결합

ⓛ 복합다당류 : 구성당이 2가지 이상으로 이루어진 다당류
- 헤미셀룰로오스(hemicellulose), 펙틴(pectin), 알긴산(alginic acid), 황산콘드로이틴 (chondroitin sulfate), 히알루론산(hyaluronic acid), 헤파린(heparin)
- 펙틴질
    - 식물조직의 세포벽이나 세포와 세포 사이를 연결해주는 세포간질에 주로 존재하는 복합다당류로 세포들을 서로 결착시켜 주는 물질로 작용함
    - 과일가공품 점탁질의 원인이 되는 물질로 알코올에 용해되지 않고 젤을 형성하는 성질 있음
    - 산과 당의 존재하에 젤을 형성(잼, 젤리, 마멀레이드 제조)
    - 기본 단위 : α-D-갈락투론산으로 직선상 고분자의 나선구조 가짐
    - 종류
        * 프로토펙틴(protopectin) : 미숙과일, 불용성, 젤 형성능력 없음
        * 펙틴산(pectinic acid) : 익은 과일, 수용성, 젤 형성능력 있음
        * 펙틴(pectin) : 익은 과일, 수용성, 적당의 당과 산 존재 시 젤 형성능력 있음
        * 펙트산(pectic acid) : 과숙과일, 수용성, 찬물에 불용, 젤 형성능력 없음
ⓒ 천연검질 : 적은 양의 용액으로 높은 점성을 나타내는 다당류 및 그 유도체
- 종류
    - 식물조직에서 추출되는 검질 : 아라비아검
    - 식물종자에서 추출되는 검질 : 로커스트검, 구아검
    - 해조류에서 추출되는 검질
        * 한천 : 홍조류(김, 우뭇가사리)와 녹조류에서 추출한 복합다당류
        * 알기산 : 미역, 다시마 등 갈조류의 세포벽 구성성분
        * 카라기난 : 홍조류를 뜨거운 물이나 알칼리성수용액으로 추출한 물질
    - 미생물이 생성하는 검질 : 덱스트란(dextran), 잔탄검(xanthan gum)

3. 환원당과 비환원당

① 환원당
ⓐ 글리코시딕 OH기(아노메릭 OH기, anomeric OH기)가 유리(비결합상태)되어 있는 당
ⓑ 모든 단당류, 맥아당, 유당, 갈락토오스
② 비환원당
ⓐ 글리코시딕 OH기(아노메릭 OH기, anomeric OH기)가 다른 당과 결합된 상태로 유리되어 있지 않은 당
ⓑ 펠링(Fehling)시험에 반응하지 않음(적색침전 없음)
ⓒ 설탕, 트레할로스, 라피노오스, 겐티아노오스, 스타키오스, 다당류

4. 소화성 다당류와 난소화성 다당류

① 소화성 다당류 : 사람의 소화효소에 의해 분해되는 다당류(전분, 덱스트린, 글리코겐)
② 난소화성 다당류 : 사람의 소화효소에 의해 분해되진 않는 다당류(섬유소, 펙틴, 만난, 한천, 덱스트란, 이눌린, 키틴, 알긴산, 잔탄검)

5. 탄수화물의 성질

① 결정성 : 무색 또는 백색의 결정 생성
② 용해성 : 물에 잘 녹으나 알코올에 잘 녹지 않음
③ 발효성 : 일부 당을 제외하고, 효모에 의해 발효되어 에탄올과 이산화탄소 생성
④ 변선광
　㉠ α형 또는 β형의 환상구조를 갖는 당은 수용액을 만들어 놓으면 쇄상구조를 거쳐 α형과 β형의 이성체인 환상구조로 전환되면서 선광도가 변화하는 현상
　㉡ 단당류나 이당류에서 주로 일어남
　㉢ 당은 부제탄소(탄소 4개의 서로 다른 원자나 원자단이 결합)를 함유하여 선광성이 있음
⑤ 환원성 : 단당류와 설탕, 트레할로스, 라피노오스 등을 제외한 소당류들은 자신은 산화하면서 다른 화합물을 환원함
⑥ 광학이성질체 : n개의 부제탄소를 갖는 당은 2^n개의 광학이성질체가 존재

6. 전분의 호화

① 특징
　㉠ 생전분(β-전분)에 물을 넣고 가열하였을 때 소화되기 쉬운 α전분으로 되는 현상
　㉡ 물을 가해서 가열한 생전분은 60~70℃에서 팽윤하기 시작하면서 점성이 증가하고 반투명 콜로이드물질이 되는 과정
　㉢ 팽윤에 의한 부피팽창
　㉣ 방향부동성과 복굴절현상 상실
② 전분의 호화에 영향을 미치는 요인
　㉠ 전분종류 : 전분입자가 클수록 호화빠름(고구마, 감자의 전분입자가 쌀의 전분입자보다 큼)
　㉡ 수분 : 전분의 수분함량이 많을수록 호화가 잘 일어남
　㉢ 온도 : 호화최적온도는 60℃ 전후이며, 온도가 높을수록 호화시간이 빠름
　㉣ pH : 알칼리성에서 팽윤과 호화가 촉진됨
　㉤ 염류 : 알칼리성 염류는 전분입자의 팽윤을 촉진시켜 호화온도 낮추는 팽윤제 작용이 강함(NaOH, KOH, KCNS 등)
　　• $OH^- 〉CNS^- 〉Br^- 〉Cl^-$, 단, 황산염은 호화억제(노화촉진)

7. 전분의 노화

① 특징
　㉠ 호화된 전분(α전분)을 실온에 방치하면 굳어져 β전분으로 되돌아가는 현상
　㉡ 호화로 인해 불규칙적인 배열을 했던 전분분자들이 실온에서 시간이 경과됨에 따라, 부분적으로나마 규칙적인 분자배열을 한 미셀(micelle)구조로 되돌아가기 때문
　㉢ 떡, 밥, 빵이 굳어지는 것은 이러한 전분의 노화현상 때문

② 전분의 노화에 영향을 미치는 요인
　　㉠ 수분함량 : 30~60%에서 노화가 가장 잘 일어나고, 10% 이하 또는 60% 이상에서는 노화 억제
　　㉡ 전분 종류 : 아밀로펙틴 함량이 높을수록 노화 억제(아밀로스가 많은 전분일수록 노화 잘 일어남)
　　㉢ 온도 : 0~5℃에서 노화가 촉진되고, 60℃ 이상 또는 0℃ 이하의 냉동에서는 노화가 억제
　　㉣ pH : 알칼리성일 때 노화가 억제됨
　　㉤ 염류 : 일반적으로 무기염류는 노화를 억제하지만 황산염은 노화가 촉진
　　㉥ 설탕 첨가 : 탈수작용에 의해 유효수분을 감소시켜 노화가 억제
　　㉦ 유화제 사용 : 전분 콜로이드 용액의 안정도를 증가시켜 노화가 억제

8. 전분의 분해효소

① α-amylase
　　㉠ 전분의 α-1,4 결합을 무작위로 가수분해하는 효소
　　㉡ 전분을 용액상태로 만들기 때문에 액화효소라 함
② β-amylase
　　㉠ 전분의 비환원성 말단으로부터 α-1,4 결합을 말토스 단위로 가수분해하는 효소
　　㉡ 전분을 말토스와 글루코스의 함량을 증가시켜 단맛을 높이므로 당화효소라 함
③ 글루코아밀레이스(γ-amylase, 말토스가수분해효소)
　　㉠ α-1,4 및 α-1,6 결합을 비환원성 말단부터 글루코스 단위로 분해하는 효소
　　㉡ 아밀로스는 모두 분해하며 아밀로펙틴은 80~90% 분해
　　㉢ 고순도의 결정글루코스 생산에 이용
④ 이소아밀레이스
　　㉠ 아밀로펙틴의 α-1,6 결합에 작용하는 효소
　　㉡ 중합도가 4~5 이상의 α-1,6 결합은 분해하지만 중합도가 5개인 경우 작용하지 않음

3 지질

1. 구성 및 기능

① 구성
　　㉠ 탄소(C), 수소(H), 산소(O)의 3가지 원소
　　㉡ 지방산(3분자)과 글리세롤(1분자)의 에스테르 결합
　　㉢ 상온에서 액체인 것을 유(oil), 고체인 것을 지(fat)라 함
② 기능
　　㉠ 에너지 공급원, 뇌와 신경조직의 구성성분, 주요 장기 보호 및 체온조절
　　㉡ 지용성 비타민의 인체 내 흡수를 도와주고 티아민의 절약작용

2. 지질의 분류

① 단순지질 : 지방산과 여러 알코올류와의 에스테르 화합물(유지, 왁스류, 스테롤에스테르)
  ㉠ 중성지질 : 3가 알코올인 글리세롤과 3개의 유리지방산이 에스테르 결합된 트리아실글리세롤
  ㉡ 왁스 : 고급1가 알코올과 고급지방산의 에스테르 결합
    • 식물성 왁스 : 재팬왁스(japan wax), 카나우바왁스(carnaubawax)
    • 동물성 왁스 : 밀랍(myricyl palmitate), 경랍(ceryl palmitate)
  ㉢ 스테롤에스테르 : 스테롤과 지방산의 에스테르
② 복합지질(단순지질 + 다른 원자단) : 가수분해에 의하여 글리세롤과 지방산 외에 인산, 질소화합물, 당류 등과 결합. 결합한 성분에 따라 인지질, 당지질, 단백지질 등으로 나뉨
  ㉠ 인지질 : 글리세롤 또는 스핑고신에 지방산과 인산이 결합함. 뇌, 신경조직, 간, 난황, 대두 등에 함유됨(레시틴, 세팔린, 스핑고미엘린 등)
  ㉡ 당지질 : 글리세롤 또는 스핑고신에 지방산과 당질이 결합함(세레브로시드, 강글리오시드 등)
  ㉢ 지단백질 : 단백질 함유
  ㉣ 황지질 : 황 함유
③ 유도지질(단순지질이나 복합지질의 가수분해물) : 유리지방산, 고급알코올(스테롤, 고급1가알코올), 탄화수소(스쿠알렌, 지용성 비타민, 지용성 색소), 스핑고신

3. 지방산

① 지방산의 종류
  ㉠ 저급지방산과 고급지방산
    • 저급지방산 : 탄소수 6개 이하의 지방산
    • 중급지방산 : 탄소수 8~12개의 지방산
    • 고급지방산 : 탄소수 14개 이상의 지방산
  ㉡ 포화지방산과 불포화지방산
    • 포화지방산
      − 이중결합이 없는 지방산
      − 상온에서 대부분 고체
      − 탄소수가 증가할수록 융점이 높아지고 물에 녹기 어려움
      − 동물성 지방에 많이 함유
      − 천연유지 중에는 팔미트산(C_{16})과 스테아르산(C_{18})이 가장 많음
    • 불포화지방산
      − 이중결합을 가지고 있는 지방산
      − 시스(cis)형과 트랜스(trans)형의 기하이성체가 있으며, 대부분 시스형으로 상온에서 액체임
      − 공기 중의 산소에 의하여 쉽게 산화
      − 이중결합수가 증가할수록 산화속도가 빨라지고 융점이 낮아짐
      − 이중결합수가 동일한 경우는 시스형이 트랜스형보다 융점이 낮음

ⓒ 오메가(ω)지방산

오메가(ω) 체계 : 지방산의 메틸기로부터 이중결합이 있는 위치까지 세어 표기하는 방식

- ω-3 지방산 : EPA, DHA의 고도불포화지방산. 어유에 많으며 심근경색, 동맥경화, 혈전을 예방함
- ω-6 지방산 : 리놀레산, 아라키돈산, γ-리놀렌산. 식물성 기름에 많으며 혈중콜레스테롤을 낮춤

ⓔ 필수지방산

- 체내에 합성되지 않거나 합성되는 양이 너무 적어서 식품의 형태로 흡수하는 지방산
- 리놀레산, 리놀렌산, 아라키돈산

4. 유지의 성질

① 유지의 물리적 성질

ⓐ 용해성

- 극성용매에 불용, 에테르 등의 비극성 용매에 가용
- 탄소수가 많은 지방산을 갖는 유지일수록, 불포화지방산을 적게 갖고 있는 유지일수록 용해도가 감소함

ⓑ 융점

- 포화지방산은 불포화지방산보다 융점 높음
- 포화지방산 중에서도 탄소수가 많을수록 융점 높음
- 불포화지방산이 많은 유지는 상온에서 액상임
- 저급지방산이나 불포화지방산이 많을수록 융점 낮음
- 융점 낮을수록 소화흡수가 잘됨
- 동질이상(polymorphism)현상 : 동일화합물이 2개 이상의 결정형을 갖는 현상

ⓒ 비중

- 유지의 비중은 0.91~0.95로 물보다 가벼움
- 저급지방산, 불포화지방산 함량이 증가할수록 비중이 높아지며, 유리지방산이 많을수록 낮아짐

ⓓ 굴절율 : 1.45~1.47이며 고급지방산이나 불포화지방산이 증가할수록 높아짐

ⓔ 점도 : 점도는 일반적으로 높으며 저급지방산, 불포화지방산이 증가할수록 낮아짐

ⓕ 발연점

- 유지를 가열하면 유지의 표면에 푸른 연기가 발생할 때의 온도를 말함
- 식용유지의 발연점은 높을수록 좋다.
- 유리지방산의 함량, 노출유지의 표면적, 혼입물질이 증가할수록 발연점은 낮아짐

ⓖ 인화점

- 유지를 발연점 이상으로 가열할 때 유지에서 발생하는 증기가 공기와 섞여 발화하는 온도
- 유지 중에 유리지방산이 함유되어 있으면 인화점은 낮아짐

ⓗ 연소점 : 유지가 인화되어 계속적으로 타는 온도

ⓘ 유화성(유화제) : 한 분자 내에 친수성기(극성기)와 소수성기(비극성기)를 모두 가지고 있으며 식품을 유화시키기 위하여 사용하는 물질로 기름과 물의 계면장력을 저하함

- 친수성기(극성기) : 물 분자와 결합하는 성질($-COOH$, $-NH_2$, $-CH$, $-CHO$ 등)
- 소수성기(비극성기) : 물과 친화성이 적고 기름과의 친화성이 큰 무극성원자단($-CH_3-CH_2-CH_3$ $-CH_4$ $-CCl$ $-CF$)
- HLB(Hydrophilie-Lipophile Balance) : 친수성, 친유성의 상대적 세기
  - HLB값 8~18 유화제 : 수중유적형(O/W)
  - HLB값 3.5~6 유화제 : 유중수적형(W/O)
- 수중유적형(O/W) 식품 : 우유, 아이스크림, 마요네즈
- 유중수적형(W/O) 식품 : 버터, 마가린
- 유화제의 종류 : 레시틴, 대두인지질, 모노글리세라이드, 글리세린지방산에스테르, 프로필렌글리콜지방산에스테르, 폴리소르베이트, 세팔린, 콜레스테롤, 담즙산 등임(천연유화제에는 복합지질들이 많음)

② 유지의 화학적 성질

유지의 화학적 시험법			
시험법	목적	측정방법	비고
산가	유리지방산량	유지 1g에 존재하는 유리지방산을 중화하는데 소요되는 KOH의 mg수	신선유지에는 유리지방산 함량이 낮으나, 유지를 가열 또는 저장 시 가수분해로 유리지방산을 형성
검화가	검화에 의해 생기는 유리지방산의 양	유지 1g을 검화하는데 소요되는 KOH의 mg수	저급지방산 많이 함유 : 검화 높음 고급지방산 많이 함유 : 검화 낮음
요오드가	불포화지방산량	유지 100g에 첨가되는 요오드의 g수	요오드가 건성유 : 130 이상 반건성유 : 100~130 불건성류 : 100 이하
과산화물가	과산화물량	유지 1kg에 생성된 과산화물의 mg당량	신선유 : 10 이하
아세틸가	유리된 -OH기 측정	무수초산으로 아세틸화한유지 1g을 검화하여 생성된 초산을 중화하는 데 필요한 KOH의 mg수	신선유 : 10 이하 신선유지 및 피마자유는 높음
폴렌스커가	불용성휘발성 지방산량	5g의 유지 속의 휘발성 불용성 지방산을 중화하는데 필요한 KOH의 mL수	야자유와 다른 유지와의 구별 야자유 : 18.8~17.8 버터 : 1.9~3.5 일반 : 1.0 이하
라이케르트-마이슬가	수용성휘발성지방산	5g의 유지를 검화하여 산성에서 증류, 유출액을 중화하는데 필요한 0.1N KOH의 mL수	버터 위조판정에 이용 버터 : 26~32 야자유 : 5~9 기타 신선유지 : 1 이하

5. 유지의 산패

① 유지산패의 종류

유지산패의 종류		
가수분해에 의한 산패	화학적 가수분해	트리아실글리세롤이 수분에 의해 글리세롤과 유리지방산으로 분해
	효소적 가수분해	라이페이스의 지방효소에 의해 글리세롤과 유리지방산으로 분해
산화에 의한 산패	자동산화에 의한 산패	• 공기 중에 산소가 유지에 흡수되어 초기, 전파연쇄, 종결반응 단계로 자동산화가 일어남 • 초기반응단계 : 유리라디칼(Free radical) 형성 • 전파연쇄반응단계 : 과산화물(hydroperoxide) 생성 • 종결반응단계 　− 중합반응 : 고분자중합체 형성 　− 분해반응 : 카보닐 화합물(알데하이드, 케톤, 알코올, 산류, 산화물 등) 생성 　− 과산화물가와 요오드가 감소, 이취, 점도 및 산가 증가
	가열에 의한 산패	유지의 고온으로 가열하면 가열산화가 일어나며 자동산화 과정의 가속화, 가열분해, 가열중합반응 등이 일어남 유지점도가 증가하고 기포가 생성됨
	효소에 의한 산패	유지의 지방산화효소인 리폭시게네이스에 의해 불포화지방산을 촉진
변향에 의한 산패		정제된 유지에서 정제 전의 냄새가 발생하는 현상이며, 변향취와 산패취는 다름

② 유지산패에 영향을 미치는 인자
　㉠ 빛, 특히 자외선에 의해 유지산패가 촉진됨
　㉡ 온도가 높을수록 반응속도가 빨라져 유지산패가 촉진됨
　㉢ Lipoxigenase는 이중결합을 가진 불포화지방산에 반응하여 hydroperoxide가 생성되어 산화가 촉진됨
　㉣ 지방산의 종류 : 불포화지방산의 이중결합이 많을수록 산패가 촉진됨
　㉤ 금속 : 코발트, 구리, 철, 니켈, 주석, 망간 등의 금속 또는 금속이온들의 자동산화가 촉진됨
　㉥ 수분 : 금속의 촉매작용으로 자동산화가 촉진됨
　㉦ 산소 농도가 낮을 때 산화속도는 산소 농도에 비례함(산소 충분 시 산화속도는 산소농도와 무관)
　㉧ 헤모글로빈, 미오글로빈, 사이토크롬 C 등의 헴화합물과 클로로필 등의 감광물질들은 산화가 촉진됨
③ 유지가열 시 생기는 변화
　㉠ 유지의 가열에 의해 자동산화 과정이 가속화되고, 가열분해와 가열중합반응이 일어남
　㉡ 열산화 : 유지를 공기 중에서 고온으로 가열 시 산화반응으로 유지의 품질이 저하되고, 고온으로 장기간 가열 시 산가, 과산화물가가 증가함
　㉢ 중합반응에 의해 중합체가 생성되면 요오드가 낮아지고, 분자량, 점도 및 굴절률은 증가함. 또한 색이 진해지며, 향기가 나빠지고 소화율이 떨어짐
　㉣ 유지의 불포화지방산은 이중결합부분에서 중합이 일어남

ⓜ 휘발성 향미성분의 생성 : 하이드로과산화물, 알데히드, 케톤, 탄화수소, 락톤, 알코올, 지방산 등
ⓗ 발연점이 낮아짐
ⓢ 거품생성이 증가함

4 단백질

1. 단백질의 구성 및 기능

① 탄소(C), 수소(H), 산소(O), 질소(N 16%)로 구성됨
② 아미노산의 펩티드결합으로 이루어진 고분자 화합물
③ 신체성장과 신체조직(피부, 손톱, 호르몬 등)의 구성에 중요한 작용
④ 항체를 형성
⑤ 생리작용조절에 관여
⑥ 가열 및 무기염류(Mg, Ca)에 응고하는 성질이 있음

2. 아미노산 구성 및 분류

① 한 분자 내에 아미노기($-NH_2$)와 카르복실기($-COOH$)를 동시에 갖는 화합물
② 자연계에 존재하는 아미노산의 대부분은 $\alpha-L-$형임

아미노산 분류		
분류	**세분류**	
	비극성(소수성)R기 아미노산	극성(친수성) R기 아미노산
중성아미노산	알라닌, 발린, 류신, 이소류신, 프롤린(복소환), 페닐알라닌(방향족-벤젠고리), 트립토판(복소환), 메티오닌(함황)	글리신, 세린, 트레오닌, 시스테인(함황), 티로신(방향족-벤젠고리)
산성아미노산	(- 전하를 띤 R기 아미노산) 카르복실기 수 〉아미노기 수 - 아스파르트산, 글루탐산, 아스파라진, 글루타민	
염기성아미노산	(+ 전하를 띤 R기 아미노산) 카르복실기 수 〈 아미노기 수 - 리신(라이신), 아르기닌, 히스티딘(방향족)	
필수지방산	류신, 이소류신, 리신, 메티오닌, 발린, 트레오닌, 트립토판, 페닐알라닌 (성장기 어린이와 회복기 환자 추가 : 아르기닌, 히스티딘)	

3. 아미노산의 성질

① 용해성 : 물과 같은 극성 용매와 묽은 산과 알칼리에 잘 녹으나, 비극성 유기용매에 불용
② 양성전해질
  ㉠ 아미노산은 분자 내에 산으로 작용하는 카르복실기($-COOH$)와 알칼리로 작용하는 아미노기($-NH_2$)를 동시에 가지고 있으므로 양성물질임
  ㉡ 수용액 상태에서 카르복실기($-COOH$)는 수소이온(H^+)을 방출하여 음이온($-COO^-$)으로, 아미노기

(-NH₂)는 수소이온을 받아들여 양이온(-NH₃⁺)으로 해리하여 양이온(+)과 음이온(-)의 양전하를 갖는 양성이온(zwitter ion)의 상태로 존재하므로 양성전해질(ampolyte)이라고 한다.

③ 등전점
  ㉠ 아미노산의 어떤 측정 pH에서는 양전하와 음전하의 양이 같아서 하전이 0이 되고 양극으로도 음극으로도 이동하지 않을 때의 pH를 말함
  ㉡ 침전, 흡착력, 기포력은 최대임
  ㉢ 용해도, 점도, 삼투압은 최소임
④ 광학적 성질 : 천연단백질을 구성하는 아미노산은 모두 α-L-아미노산

4. 단백질

① 단백질의 구조
  ㉠ 1차 구조
    • 아미노산의 펩티드결합에 의해 직선형으로 연결된 구조
    • 아미노산의 종류와 배열순서에 의해 이루어지는 구조
    • 공유결합이며, 가열이나 묽은 산, 묽은 알칼리 용액으로는 분해되지 않을 정도로 견고함
  ㉡ 2차 구조
    • 폴리펩타이드 사슬의 구성요소 사이의 수소결합에 의한 입체구조
    • α-나선(helix)구조, β-병풍구조의 입체구조, 랜덤코일 구조
  ㉢ 3차 구조
    • 단백질의 기능수행을 위한 3차원적 입체구조
    • 이황화결합, 소수성 상호작용, 수소결합, 이온 상호작용에 의해 안정화
    • 섬유형(섬유상) 단백질 또는 구형(구상) 단백질의 복잡한 구조
  ㉣ 4차 구조
    • 2개 이상의 3차 구조 폴리펩티드나 단백질이 수소결합과 같은 산화작용으로 연결되어 한 분자의 구조적 기능단위를 형성
    • 비공유결합(수소결합, 이온결합, 소수성 상호작용)에 의해 구조유지
② 단백질의 분류
  ㉠ 조성에 의한 분류
    • 단순단백질 : 아미노산만으로 구성되어 있는 비교적 구조가 간단한 단백질
      - 알부민 : 오브알부민(난백), 미오겐(근육-근장단백질)
      - 글로불린 : 글리시닌(대두), 미오신(근육-근원섬유단백질), 이포메인(고구마)
      - 글루텔린 : 글루테닌(밀), 오리제닌(쌀)
      - 프롤라민 : 호르데인(보리), 글리아딘(밀), 제인(옥수수)
      - 알부민노이드 : 콜라겐, 엘라스틴, 케라틴
      - 히스톤
      - 프로타민
    • 복합단백질 : 단순단백질에 비단백질 물질(보결분자단)이 결합된 단백질

　　　　　－ 인단백질 : 카제인(우유), 오보비텔린(난황)
　　　　　－ 당단백질 : 유신(동물의 점액, 타액, 소화액), 뮤코이드(혈청, 연골), 오보뮤코이드(난백)
　　　　　－ 색소단백질 : 헤모글로빈(혈액), 미오글로빈(근육), 로돕신(시홍), 아스타잔틴프로테인(갑각류
　　　　　　껍질)
　　　　　－ 금속단백질 : 페리틴(Fe), 티로시나아제, 폴리페놀옥시다아제
　　　　　－ 지단백질 : 리포비텔린(난황)
　　　　　－ 핵단백질 : 단순단백질인 히스톤과 프로타민에 핵산(DNA, RNA) 결합
　　　　• 유도단백질 : 단순단백질 또는 복합단백질이 물리 · 화학적 작용에 의하여 변성된 단백질
　　　　　－ 제1차 유도단백질(변성단백질) : 응고단백질, 프로티안, 메타프로테인, 젤라틴, 파라카제인
　　　　　－ 제2차 유도단백질(분해단백질) : 프로테오스, 펩톤, 펩티드

5. 단백질 및 아미노산 정색반응

① 뷰렛 반응
　　㉠ 단백질 정성분석
　　㉡ 단백질에 뷰렛용액(청색)을 떨어뜨리면 청색에서 보라색이 됨
② 닌히드린 반응
　　㉠ 단백질 용액에 1% 니히드린 용액을 가한 후 중성 또는 약산성에서 가열하면 이산화탄소 발생 및 청색
　　　발현
　　㉡ α-아미노기 가진 화합물 정색반응
　　㉢ 아미노산이나 펩티드 검출 및 정량에 이용
③ 밀론 반응 : 페놀성히드록시기가 있는 아미노산인 티록신 검출법
④ 사가구찌 반응 : 아르기닌의 구아니딘 정성
⑤ 홉킨스－콜반응 : 트립토판 정성

6. 단백질의 변성

① 원리 : 단백질의 물리적 화학적 작용에 의해 공유결합은 깨지지 않고 수소결합, 이온결합, SH결합 등이
　　깨지면서 폴리펩타이드 사슬이 풀어지고, 2차 · 3차 구조가 변하여 분자구조가 변형된 비가역적 반응임
② 단백질 변성을 일으키는 요인
　　㉠ 온도 : 60~70℃에서 일어남
　　㉡ 수분 : 수분함량이 많으면 낮은 온도에서도 열변성이 일어나고, 수분이 적으면 고온에서 변성이 일어남
　　㉢ 전해질 : 단백질에 염화물, 황산염, 인산염, 젖산염 등 전해질을 가하면 변성온도가 낮아질 뿐만 아니
　　　라 그 속도도 빨라짐
　　㉣ pH : 단백질 등전점에서 가장 잘 일어남(쉽게 응고)
　　㉤ 설탕 : 단백질의 열 응고를 방해

5 비타민

1. **지용성 비타민** : 물에 녹지 않고 지방과 지용성 용매에 용해됨(비타민 A, D, E, K)

지용성 비타민				
구분	비타민 A	비타민 D	비타민 E	비타민 K
기능	암적응, 상피세포분화, 성장, 촉진, 항암, 면역	칼슘, 인 흡수촉진, 석회화, 뼈 성장	항산화제, 비타민 A, 카로틴, 유지산화 억제, 노화지연	혈액응고, 뼈기질 단백질 합성
안정성	열에 비교적 안정, 빛, 공기 중의 산소에 의해 산화	열에 안정	산소, 열에 안정, 불포화지방산과 공존 시 쉽게 산화	열, 산에 안정, 알칼리, 빛, 산화제 불안정
결핍증	야맹증, 각막연화증, 모낭각화증	구루병, 골연화증, 골다공증	용혈성 빈혈(미숙아), 신경계 기능저하, 망막증, 불임	지혈시간 지연, 신생아출혈
과잉증	임신초기유산, 기형아 출산, 탈모, 착색, 식욕상실 등	연조직 석회화, 식욕부진, 구토, 체중감소 등	지용성 비타민, 흡수방해, 소화기장애	합성메나디온의 경우 간독성
급원식품	우유, 버터, 달걀노른자, 간, 녹황채소	난황, 우유, 버터, 생선, 간유, 효모, 버섯	식물성 기름, 어유 등	푸른 잎채소, 장내 미생물에 의해 합성

2. **수용성 비타민**

수용성 비타민			
종류	기능	결핍증	급원식품
비타민 B_1(티아민)	탈탄산조효소(TPP), 에너지대사, 신경전달물질합성	각기병	돼지고기, 배아, 두류
비타민 B_2 (리보플라빈)	탈수소조효소(FAD, FMN), 대사과정의 산화환원반응	설염, 구각염, 지루성피부염	유제품, 육류, 달걀
비타민 B_3(니아신) 트립토판전구체	탈수소조효소(NAD, NADP), 대사과정의 산화환원반응	펠라그라(과잉섭취할 경우, 피부 홍조, 간 기능 이상)	육류, 버섯, 콩류
비타민 B_5(판토텐산)	coenzyme A 구성성분, 에너지대사, 지질합성, 신경전달물질 합성	잘 나타나지 않음	모든 식품
비타민 B_6(피리독신)	아미노산 대사조효소(PLP)	피부염, 펠라그라, 빈혈 (과잉섭취할 경우, 관절경직, 말초신경손상)	육류, 생선류, 가금류
비타민 B_{12} (코발아민)Co 함유	엽산과 같이 핵산대사 관여, 신경섬유 수초 합성	악성빈혈	간 등의 내장육, 쇠고기

수용성 비타민			
종류	기능	결핍증	급원식품
비타민 B₉ 비타민 M. (엽산)	THFA형태로 단일탄소단위 운반, 핵산대사관여	거대적아구성빈혈	푸른 잎채소, 산, 육류
비타민 B₇ 비타민 H. (비오틴)	지방합성, 당, 아미노산 대사관여	피부발진, 탈모	난황, 간, 육류, 생선류
비타민 C (아스코르브산)	콜라겐합성, 항산화작용, 해독작용, 철 흡수 촉진	괴혈병(과잉섭취할 경우, 위 장관증상, 신장결석, 철독성)	채소, 과일

6 무기질

1. 무기질 구성 및 특징

① 탄소, 수소, 산소, 질소를 제외한 모든 원소
② 체내 합성이 불가능하여 반드시 식품을 통해 섭취해야 함
③ 체중의 약 4% 차지
④ 생체기능을 조절하는 조절 영양소
⑤ 효소의 성분이거나 효소의 활성에 관여
⑥ 삼투압 조절
⑦ 투과성 조절
⑧ 체액의 완충작용
⑨ 근육과 신경전달의 조절

2. 무기질의 종류

① 다량 무기질
  ㉠ 1일 필요량이 100mg 이상이거나 체중의 0.01% 이상 존재하는 무기질
  ㉡ 칼슘, 인, 칼륨, 나트륨, 염소, 마그네슘, 황 등
  ㉢ 신체의 구성성분
  ㉣ 체액의 산·염기의 평형 유지
  ㉤ 삼투압 유지에 기여

다량 무기질				
종류	기능	결핍증	과잉증	함유식품
칼슘(Ca)	골격 및 치아 형성, 혈액응고, 근육수축 이완, 신경자극 전달, 세포막 투과성 조절, 세포대사	골연하증, 골다공증, 태타나증, 내출혈증	변비, 신결석, 고칼슘 혈중	우유 및 유제품, 뼈째 먹는 생선, 굴 및 해조류, 두부 등
인(P)	골격 및 치아 형성, 비타민 효소 활성 조절, 영양소의 흡수와 운반. 에너지 대사 관여, 산-염기 조절	성장지연, 골연화증, 골다골증	신장질환환자-골격질환. 철, 구리, 아연 등의 흡수 저하	동식품계에 널리 분포, 가공식품 및 탄산음료
마그네슘 (Mg)	골격과 치아 형성, 근육이완, 신경안정, ATP구조안정제, 다양한 효소활성 보조인자	불규칙적인 심장박동, 경련, 정신착락	식사와 급원 또는 신장 질환 시 호흡부진	녹엽채소, 전곡, 대두, 견과류 등
나트륨(Na)	삼투압 조절, 산-염기 조절, 영양소 흡수, 신경자극전달	심한 설사, 구토,부신 피질 부전 시 상장 감소, 식욕부진, 근육경련, 두통, 혈압저하	고혈압, 부종	육류, 생선류, 유제품 등의 동물성 식품 장류, 가공식품 및 화학조미료 등
염소(Cl)	삼투압 조절 산-염기조절 위산의 구성성분 신경자극 전달	잦은 구토, 이뇨제 사용 시 저염소혈증, 소화불량, 성장부진, 발작	고혈압	소금을 함유한 식품
칼륨(K)	삼투압 조절 산-염기조절 글리코겐, 단백질 대사 근육의 수축, 이완 신경자극전달	식욕부진, 근육경련 구토, 설사 등	신장질환환자-고칼륨 혈증, 심장마비증	녹엽채소, 과일, 전곡, 서류, 육류 등
황(S)	산-염기 조절 함황아미노산의 구성 성분 호르몬, 효소, 비타민 등의 구성성분 해독작용	성장지연		함황아미노산을 함유한 단백질 식품

② 미량 무기질 : 1일 필요량이 100mg 미만이거나 체중의 0.01% 이하로 존재하는 무기질

미량 무기질				
종류	기능	결핍증	과잉증	함유식품
철 (Fe)	산소의 이동과 저장 (헤모글로빈, 미오글로빈) 효소 성분 면역기능 신경전달물질 합성 등	소구성 적색소성 빈혈 성장부진 손톱, 발톱 변형 식욕부진, 피곤	혈색소증 당뇨 심부전	햄철: 육류, 생선, 가금 류 등 비헴철: 난황, 채소, 곡 류, 두류등
구리 (Cu)	철의 흡수 및 이용 금속 효소 성분	소구성 적색소성 빈혈 성장 부진, 골격질환, 심장순환계 장애	구토, 설사, 간세포 손 상, 혈관질환, 혼수	동물의 내장, 어패류, 계란, 전곡, 두류
아연 (Zn)	금속 효소 성분 생체막 구조와 기능 유지 상처회복 및 면역 기능	성장지연, 식욕부진, 미각, 후각 감퇴, 면역 저하, 상처회복지연	소구성 적색소성 빈혈, 설사, 구토	육류, 생선류, 유제품 등의 동물성 식품
요오드 (I)	갑상선 호르몬 성분	갑산성종, 크레틴종, 갑상샘기능 부진	갑상선기능항진증	해조류, 생선
망간 (Mn)	금소 효소 성분 중추신경계 기능에 관여	성장지연, 생식부전 등	근육계 장애	밀배아, 콩, 간 등
셀레늄 (Se)	글루타티온 산화효소성분 비타민 E 절약작용	케산병 (울혈성심장병 일종) 카신백증(골관절질환)	피부발진, 구토, 설사, 신경계 손상, 간 경변	해산물, 내장육 등 곡류, 견과류
코발트 (Co)	비타민 B_{12} 성분 조혈작용	악성빈혈	적혈구 증가 심장근육 손상 신경손상	동물성 단백질 식품
불소 (F)	골격과 치아에서 무기질 용출 방지	충치, 골다공증	반상치, 위장장애	생선, 동물의 뼈

7 식품의 색

식품 색소 분류				
식물성색소	지용성색소	클로로필	– 녹색 채소로 마그네슘 포함 – 산에 의해 황갈색 – 알칼리에 의해 선명한 녹색 – 금속에 의해 선명한 녹색	
		카로티노이드	카로틴	황색, 등황색 채소·과일 α-carotene, β-carotene, γ-carotene, lycopens
			잔토필	루테인, 크립토산틴, 칸타잔틴
	수용성색소	플라보노이드 (유리상태 / 배당체)	안토잔틴	백색, 담황색
			안토시아닌	적색, 자색, 청색, 보라색
	탄닌류	무색투명한 수렴성 물질 산화되면 불용성 갈색 색소로 변함		
동물성색소	헤모글로빈	동물의 혈색소, 철(Fe)함유		
	미오글로빈	동물의 근육색소 미오글로빈(적자색) + 산소 → 옥시미오글로빈(선홍색) 옥시미오글로빈(선홍색) + 산화 → 메트미오글로빈(적갈색) 메트미오글로빈(적갈색) + 가열 → 해마틴(회갈색)		
	헤모시아닌	오징어, 문어, 낙지 등의 연체류에 함유 가열에 의해 적자색으로 변함		
	카로티노이드	잔토필	루테인, 지아잔틴	달걀 노른자의 황색(먹이사슬에 의해 식물에서 유입되어 축적)
			아스타잔틴	– 어류 붉은 근육색소 – 갑각류 껍데기 – 가열하면 아스타신 색소되어 붉은색으로 변함

8 식품의 갈변

1. 효소적 갈변

① 폴리페놀옥시레이스에 의한 갈변
- ㉠ 페놀을 산화하여 퀴논을 생성하는 반응을 촉진하는 효소
- ㉡ 페놀레이스, 폴리페놀산화효소라고도 함
- ㉢ 과일껍질을 벗기거나 자르면 식물조직 내의 존재하는 기질인 폴리페놀 물질과 폴리페놀옥시레이스 효소가 반응하여 갈변

② 타이로시네이스에 의한 갈변
- ㉠ 넓은 의미에서 폴리페놀옥시레이스에 속하나 기질이 아미노산인 타이로신에만 작용한다는 의미에서 따로 분류하기도 함
- ㉡ 감자에 존재하는 타이로신은 타이로시네이스에 의해 산화되어 다이히드록시 페닐알라닌(DOPA)을 생성하고 더 산화가 진행되면 도파퀴논을 거쳐 멜라닌 색소를 형성

2. 비효소적 갈변

① 마이야르 반응(Maillard reaction)
- ㉠ 환원당과 아미노기를 갖는 화합물 사이에서 일어나는 반응
- ㉡ 아미노-카보닐반응, 멜라노이딘 반응이라고도 함
- ㉢ 초기단계 : 당과 아미노산이 축합반응에 의해 질소배당체가 형성됨, 아마도리(amadori) 전위반응이며, 색 변화 없음
- ㉣ 중간단계 : 아마도리(amadori) 전위에서 형성된 생산물이 산화·탈수·탈아미노반응 등에 의해 분해되어 오존(osone)류 생성, HMF(hydroxyl methyl furfural)등을 생성하는 반응, 무색 내지 담황색
- ㉤ 최종단계 : 알돌(aldol)축합반응, 스트렉커(strecker)분해반응, 멜라노이딘(melanoidin)색소생성

② 아스코르브산 산화반응 : 식품 중의 아스코르브산은 비가역적으로 산화되어 항산화제로서의 기능을 상실하고 그 자체가 갈색화 반응을 수반함

③ 캐러멜 반응 : 당류의 가수분해물들 또는 가열산화물들에 의한 갈변반응

9 식품의 맛

1. 맛의 인식

식품의 맛 성분이 혀에 닿으면 혀 표면에 분포하는 유두(papilae) 속 미뢰(taste bud)의 미각수용체를 자극하여 미각신경을 통해 뇌에 정보가 전달되어 맛을 감지함

2. 맛의 수용체

① 단맛 : G 단백질 연관 수용체(GPCR. G-protein-coupled receptor)
    ㉠ 천연감미료 : 포도당(과일, 벌꿀, 엿), 과당(과일 등, 당도 가장 높음), 맥아당(물엿), 유당
    ㉡ 합성감미료 : 사카린, 아스파탐, 소르비톨 등
② 짠맛 : Na^+이온, 염화나트륨, 염화칼륨
③ 신맛
    ㉠ 수용체 : 해리된 수소 이온(H^+)과 해리되지 않은 산의 염
    ㉡ 신맛의 성분 : 무기산, 유기산 및 산성염
    ㉢ 신맛의 강도는 pH와 반드시 정비례하지 않음
    ㉣ 동일한 pH에서도 무기산보다 유기산의 신맛이 더 강하게 느껴짐
    ㉤ 구연산 : 감귤류, 딸기
    ㉥ 식초산 : 식초
    ㉦ 사과산 : 사과
④ 쓴맛
    ㉠ G 단백질 연관 수용체(GPCR. G-protein-coupled receptor)
    ㉡ 카페인 : 녹차, 초콜릿, 커피
    ㉢ 홉 : 맥주
    ㉣ 테오브로민 : 코코아
    ㉤ 궤세틴 : 양파껍질
    ㉥ 나린진 : 귤껍질
    ㉦ 쿠쿠르비타신 : 오이의 꼭지 부분
⑤ 매운맛
    ㉠ 캡사이신 : 고추
    ㉡ 차비신 : 후추
    ㉢ 알리신 : 마늘
    ㉣ 진저론, 쇼가올 : 생강
    ㉤ 시니그린 : 겨자, 고추냉이
    ㉥ 이소티오시아네이트 : 무, 겨자
⑥ 감칠맛
    ㉠ 글루탐산 : MSG, 다시마
    ㉡ 호박산 : 조개류
    ㉢ 이노신산 : 육류, 생선
    ㉣ 타우린 : 오징어, 문어
    ㉤ 베타인 : 새우, 게, 오징어

3. 맛의 생리

① 한계값
  ㉠ 역치 또는 역가
  ㉡ 미각으로 비교 구분할 수 있는 최소농도
  ㉢ 절대한계값 : 맛을 인식하는 최저농도
  ㉣ 인지한계값 : 특정 맛을 구분할 수 있는 최저농도
  ㉤ 인지한계값 〉 절대한계값
② 맛의 순응(피로) : 특정 맛을 장기간 맛보면 미각의 강도가 약해져서 역치가 상승하고 감수성이 약해지는 현상
③ 맛의 대비(강화)
  ㉠ 서로 다른 맛이 혼합되었을 때 주된 맛이 강해지는 현상
  ㉡ 단팥죽에 소금을 조금 첨가할 때 단맛이 증가
④ 맛의 억제
  ㉠ 서로 다른 맛이 혼합되었을 때 주된 물질의 맛이 약화되는 현상
  ㉡ 커피에 설탕을 넣으면 쓴맛 감소
⑤ 맛의 상승(시너지 효과)
  ㉠ 동일한 맛의 2가지 물질을 혼합하였을 경우 각각의 맛보다 훨씬 강하게 느껴지는 현상
  ㉡ 핵산계조미료 + 아미노산계 조미료 → 감칠맛 상승
⑥ 맛의 상쇄
  ㉠ 서로 다른 맛을 내는 물질을 혼합했을 때 각각의 고유한 맛이 없어지는 현상
  ㉡ 단맛과 신맛을 혼합하면 조화로운 맛이 남(청량음료)
⑦ 맛의 상실 : 열대식품의 잎을 씹은 후 잎의 성분(Gymneric acid) 때문에 일시적으로 단맛과 쓴맛을 느끼지 못하는 현상
⑧ 맛의 변조
  ㉠ 한 가지 맛을 느낀 직후 다른 맛을 정상적으로 느끼지 못하는 현상
  ㉡ 쓴 약을 먹은 후 물의 맛 → 단맛

⑩ 식품의 냄새

1. 냄새 인식

식품의 휘발성 물질이 코 안의 후각세포를 자극함으로써 느끼게 되는 감각

2. 식물성 식품의 냄새

① 알코올류 : 주류, 양파, 계피 등
② 알데하이드류 : 찻잎 등
③ 에스테르류 : 사과, 파인애플 등
④ 유황화합물류 : 파, 마늘, 무 등

3. 동물성 식품의 냄새

① 암모니아류 : 신선도가 저하된 생선류 및 육류
② 트리메틸아민 : 생선의 비린내 성분
③ 메틸메르캅탄 : 어류의 단백질이 부패된 냄새의 성분
④ 피페리닌 : 담수어의 비린내 성분
⑤ 카르보닐화합물 : 신선한 우유의 냄새 성분
⑥ 아미노아세토페논 : 신선도가 저하된 우유의 냄새 성분
⑦ 디아세틸 : 버터의 냄새 성분

1 농산식품 가공

1. 곡류 가공

① 곡류의 도정 : 곡류에서 겨층을 제거
② 도정의 원리 : 마찰, 찰리, 절삭, 충격작용이 2가지 이상의 공동작용으로 도정
  ㉠ 마찰작용 : 곡립이 서로 마찰되어 곡립면이 매끈하게 되고 광택이 나며 고르게 도정되는 것으로, 찰리와 함께 작용할 때 효과가 큼
  ㉡ 찰리작용 : 마찰작용을 강하게 작용시켜 곡립의 겨층을 벗기는 것으로, 마찰작용보다 도정효과가 큼
  ㉢ 절삭작용 : 단단한 물체의 모난 부분으로 곡립의 겨층을 벗겨내는 작용으로 경도가 높은 곡물도정에 효과가 크다. 절삭은 연삭과 연마로 분류된다. 연삭은 절삭단위가 크고 연마는 절삭단위가 작다.
  ㉣ 충격작용 : 단단한 물체를 큰 힘으로 곡립에 부딪혀 충격을 가하면서 겨층을 벗겨내는 작용으로, 절구 방아식 도정기의 작용에 해당함
③ 쌀 도정
  ㉠ 벼의 구성

벼의 구성			
벼	현미	내배유	백미
		겨층(쌀겨)	과피, 종피, 외배유, 호분층
	왕겨		

  ㉡ 쌀 도정에 따른 분류

종류	특성	도정률(%)	도감률(%)	소화률(%)
현미	왕겨층만 제거	100	0	95.3
5분도미	겨층 50% 제거	96	4	97.2
7분도미	겨층 70% 제거	94	6	97.7
백미(10분도미)	현미도정이며 배아, 호분층, 종피, 과피 등을 제거하여 배유만 남음	92	8	98.4
배아미	배아 떨어지지 않도록 도정			
주조미	술 제조에 이용하고 미량의 쌀겨도 없도록 배유만 남음	75 이하	25 이상	

• 도정률(%) = $\dfrac{\text{도정된 쌀의 무게}}{\text{원료로 투입된 현미의 무게}} \times 100$

- 도감률(%) = $\dfrac{\text{제거된 쌀겨의 무게}}{\text{원료로 투입된 현미의 무게}} \times 100$

ⓒ 도정 중의 변화
- 물리적 변화 : 용적량은 도정 초기에 감소되다가 도정이 진행되면 다시 증가하며, 보통 현미가 백미보다 무거움
- 화학적 변화 : 겨층에 각종 영양소가 있기 때문에 도정도가 높아짐에 따라 단백질, 지방, 섬유질, 회분, 비타민, 칼슘, 인 등이 감소하고 상대적으로 탄수화물량은 증가함

ⓔ 도정률 · 도감률에 영향을 미치는 인자
- 쌀 겨층의 두께 : 쌀 겨층의 두께가 두꺼울수록 도감률이 높음
- 건조의 정도 : 건조가 덜 된 것일수록 도정이 쉬워 쌀겨의 양이 많고, 잘 건조되면 도감률이 적어짐
- 저장 : 건조가 덜된 현미는 저장 중 충해로 파손미 · 쇄미가 많아져 도감률이 증가하고, 저장기간이 길어지면 도감률이 적어짐
- 도정시기 : 여름철에는 강도가 적고 겨울철에는 강도가 높아, 여름에는 도감이 많고 겨울에는 도감이 적음

ⓜ 도정도 결정 방법 : 색정도, 겨층의 박피 정도, 도정시간, 도정 횟수, 전력의 소비량, 쌀겨의 양, MG 염색법(Eosin, 적색 · 전분과 친화력 높음), Methylene blue(청색, cellulose 친화력 높음)
- 염색 결과 : 현미(청녹색), 5분도미(초록색), 7분도미(보라~적색), 10분도미(적색)

2. 밀가루 가공

① 제분 : 밀을 분쇄하여 껍질과 외피섬유를 체로 사별 · 분리하여 가루로 만드는 공정이며, 제분을 하면 밀가루의 점탄성과 신장력 등이 증가하여 소화율이 높아짐

ⓐ 제분공정 : 원료밀 → 정선 → 조질(가수) → 조쇄 → 체질(사별) → 순화 → 미분쇄 → 밀가루 구분 혼합 → 숙성과 표백 → 영양강화 → 포장 → 제품
- 밀제분율 : $\dfrac{\text{제분중량}}{\text{원료밀 중량}} \times 100$
- 밀단백 : gliadin(밀가루점성) + glutenine(밀가루 탄성) → gluten(글루텐)

ⓑ 밀가루 품질 검사
- Amylograph : 전분의 호화도, α-amylase역가. 강력분과 중력분 판정
- Extensograph : 반죽의 신장도와 인장항력 측정
- Farinograph : 밀가루 반죽 시 생기는 점탄성
- Peker test : 색도, 밀기울의 혼입도 측정

ⓒ 밀가루 글루텐 함량에 따라

종류	습부량(%)	건부량(%)	용도
강력분	30% 이상	13% 이상	제빵용
중력분	30% 내외	10~13%	제면용
박력분	25% 이하	10% 이하	과자 및 튀김용

② 제면 : 밀단백질 글루텐의 점탄성을 이용한 것으로 밀가루에 물과 소금(3~4%)을 넣어 반죽함, 제조법에 따라 선절면, 신연면, 압출면, 즉석면이 있음

    ⊙ 선절면 : 밀가루 반죽을 넓적하게 편 다음 가늘게 자른 것이며, 중력분을 사용, 칼국수나 손국수에 이용

    ⊙ 신연면 : 밀가루 반죽을 길게 뽑아서 면류를 만든 것이며, 우동ㆍ중화면에 이용

    ⊙ 압출면 : 밀가루 반죽을 작은 구멍으로 압출시켜 만든 것으로, 강력분을 사용, 마카로니나 스파게티, 당면에 이용

    ⊜ 즉석면 : 선절면을 절단, 호화 후 기름에 튀겨 성형한 면. 유탕면(라면)

③ 제빵

- 밀가루에 여러 원료를 배합하여 만든 반죽을 효모 또는 팽창제의 이산화탄소로 부풀게 하여 구워서 만든 것
- 발효빵 : 효모에 의한 알코올 발효하여 생성되는 이산화탄소로 팽창시킨 다음 구워낸 빵(식빵 및 과자 빵류)
- 무발효빵 : 팽창제를 넣고 가열하면서 생성되는 이산화탄소로 팽창시켜 만든 빵(비스킷, 케이크류)

    ⊙ 제빵의 원료

- 밀가루 : 수분 14% 이하, 회분 0.45% 이하의 흰색 또는 담황색 강력분을 사용
- 효모
  - 반죽의 설탕을 원료로 알코올 발효하여 알코올과 이산화탄소 생성시킴.
  - *Saccharomyces cerevisiae* 이용, 압착효모(밀가루의 1~2%), 건조효모(밀가루의 0.5~1%)
  - 이산화탄소는 빵을 부풀게 하고, 알코올은 빵의 향기를 내며 유해미생물 번식을 방지
- 소금 : 밀가루의 1~2%, 발효 조절, 유해균 번식 억제, 밀가루 탄성 증가, 빵의 풍미 증진 등
- 설탕
  - 빵의 단맛을 주고 효모의 영양원으로서 알코올 발효가 잘 일어나게 함
  - 빵의 캐러멜화 작용을 일으키고 빵 특유의 향을 부여함, 반죽을 부드럽게 하여 빵의 노화를 방지
- 지방 : 빵의 조직을 부드럽게 하고 노화를 방지, 맛과 색깔을 좋게 하고 쇼트닝, 버터, 마가린 등을 주로 사용
- 물 : 밀가루 무게의 55~65%를 차지하며, 빵 반죽의 글루텐을 형성
- 팽창제 : 빵을 부풀게 하며, 탄산수소나트륨, 탄산암모늄 등을 사용
- 제빵개량제 : 글루텐 개량제로 브롬산칼륨, 효모의 영양원으로 염화암모늄과 염화나트륨을 이용
- 기타 : 영양가를 높이고 빵의 색깔과 향기, 맛 등이 좋아지도록 우유와 달걀을 첨가

    ⊙ 빵의 노화를 지연시키는 방법

    ⊙ 양질의 재료를 사용하고 제조과정에 정확성을 기해야 함

    ⊜ 고급지방산의 유지를 사용

    ⊝ 제품을 −18℃로 보관

    ⊎ 판매 도중이나 판매될 때까지 21~35℃를 유지

    ⊗ 방습포장재로 포장

3. 전분의 가공

① 전분의 분리방법

　㉠ 정치법(침전법)

　　• 재래식 방법이며, 전분유를 침전조에 넣고 물을 채워 정치시킴, 소규모 분리에 이용하며 10~12시간 소요됨

　　• 물 온도가 높을 때 침전이 잘 되지 않고, 혐기성 세균 번식으로 제품 품질이 저하될 가능성 있음

　㉡ 테이블법(흘러내리기)

　　• 폐액의 연속적인 제거가 가능하고 침전거리가 짧으나 넓은 면적이 필요함

　　• 물은 항상 일정량을 일정시간에 연속적으로 공급해야 함

　㉢ 원심분리기법

　　• 원심분리기에 넣어 전분을 분리하는 방법으로 단시간에 전분입자 분리 가능

　　• 착색이 덜 된 녹말을 신속하게 얻을 수 있고, 전분과 불순물과의 접촉시간이 짧아 오염되지 않음

　　• 공장에서 많이 사용되는 방법이며, 폐액이 적어 환경오염제어가 가능

② 덱스트린 종류 및 특성

　㉠ 가용성 전분(soluble starch)

　　• 생전분을 묽은염산 처리

　　• 뜨거운 물에 잘 분산됨

　　• 용액을 환원시키지 않음

　　• 요오드정색반응에 청색을 띰

　㉡ 아밀로덱스트린(amylodextrin)

　　• 가용성 전분보다 가수분해를 좀 더 진행함

　　• 요오드정색반응에 청색을 띰

　㉢ 에리스로덱스트린(erythrodextrin)

　　• 아밀로덱스트린보다 가수분해를 좀 더 진행함

　　• 맥아당 함유하고 있어 환원성을 나타냄

　　• 냉수에 녹음

　　• 요오드정색반응에 적색을 띰

　㉣ 아크로덱스트린(archrodextrin)

　　• 에리스로덱스트린보다 가수분해를 좀 더 진행함

　　• 환원성이 있음

　　• 요오드정색반응에 무반응

　㉤ 말토덱스트린(maltodextrin)

　　• 아크로덱스트린보다 가수분해를 좀 더 진행함

　　• 덱스트린 중합도가 가장 적음

　　• 환원성이 가장 큼

　　• 요오드정색반응에 무반응

③ 전분가공품 : 전분은 직접 또는 공업 원료로 이용

⊙ 전분당 : 물엿과 포도당으로 나눈다.
- 당화율(DE : Dextrose Equivalent) : 전분의 가수분해 정도

$$DE = \frac{직접환원당(포도당으로\ 표시)}{고형분} \times 100$$

- 전분은 분해도가 높아지면 포도당이 증가되어 단맛과 결정성이 증가하고, 덱스트린은 감소되어 평균분자량이 적어지고 흡수성과 점도도 적어짐
- 평균분자량이 적어지면 빙점이 낮아지고 삼투압 및 방부효과가 커짐
ⓒ 포도당
- 산당화법과 효소당화법의 비교

구분	산당화법	효소당화법
원료전분상태	완전 정제	정제가 필요 없음
당화전분농도	20~25%	50%
분해 한도	90%	97% 이상
당화 시간	1시간	48시간
당화의 설비	내산, 내압의 재료 사용	특별한 재료가 필요 없음
당화액 상태	쓴맛이 강하며 착색물이 생김	쓴맛이 없고 착색물이 생기지 않음
당화액의 정제	활성탄, 이온교환수지	–
관리	일정하게 분해율을 관리하기 어렵고 중화해야 함	보온(55℃)하고 중화할 필요 없음
수율	– 결정포도당 : 약 70% – 분말액 : 식용불가	– 결정포도당 : 80% 이상 – 분말포도당 : 100% – 분말액 : 식용가능
설비비	생산비가 많이 듦	산당화법에 비해 30% 정도 저렴

ⓒ 맥아엿
- 보리 싹의 효소(당화력)을 이용한 것으로 장맥아(보리 길이의 1.5~2배)가 쓰이며, 발아온도는 14~18℃임
- 발아맥아는 당화력이 강한 생맥아와 저장성이 좋은 건조맥아로 구분함
- 맥아엿 제조용 맥아는 단백질이 많으며, 아밀라제의 생산이 좋은 6조 대맥을 사용

② 두류의 가공

1. 두부류

① 두부류는 두류를 주원료로 하여 얻은 두유액을 응고시켜 제조 · 가공한 것으로 두부, 유바, 가공두부를 말함
② 콩단백질의 주성분 : 글리시닌
③ 두부제조공정 : 콩 → 침지 → 마쇄 → 두미(콩죽) → 가열 → 여과 → 두유 → 응고 → 압착 → 두부
④ 응고제 : 염화마그네슘, 염화칼슘, 황산칼슘 등

두부 응고제 종류 및 특징					
응고제 종류	첨가온도	용해성	장점	단점	용도
염화마그네슘	75~80℃	수용성	보수력 있고 맛 좋음	작업 늦음, 수율 낮음	간수의 주성분, 맛 좋음
염화칼슘	80~85℃	수용성	응고시간 짧음, 보존성 양호, 압착 시 물 잘 빠짐	수율 낮음, 두부가 거칠고 견고	유부, 튀김두부
황산칼슘	85~90℃	불용성	두부 색상이 좋음, 조직 연하고, 탄력 있음, 수율 좋음	온수에 희석하여 사용하여, 다소 불편	상업적으로 많이 사용
글루코노델타락톤	85~90℃	수용성	사용이 편리, 응고력 우수, 수율 높음	가격이 고가, 신맛이 약간 있고, 조직 매우 연함	연두부, 순두부
글루콘산칼슘	85℃	수용성	수율과질 좋음, 회분함량 거의 없음	응고시간 늦음	–
글루콘산칼슘 +황산칼슘	85℃	일부 수용성	작업성 좋음, 질과 맛이 좋음, 수득율 높음, 회분 함량 격감	–	–

⑤ 두부 응고 기작
  ㉠ 금속이온(칼슘 또는 마그네슘의 2가 양이온 금속염)과 대두단백질의 글리시닌의 분자 사이에 가교를 만들어 응고물을 생성하는 금속이온에 의한 단백질 변성
  ㉡ 글루코노델타락톤과 같은 산에 의한 응고로서 대두단백질을 전기적으로 중성이 되는 등전점에 이르게 하여 응고물을 생성
  ㉢ TG(Transglutaminase)와 같이 효소적으로 대두단백질의 구성 아미노산 중 lycine잔기와 glutmine 잔기 사이에 공유결합을 형성하여 겔을 형성

2. 장류

장류는 재래식(메주 사용)과 개량식(누룩, koji 사용)으로 구분

① 개량된장

  ㉠ 된장코지
- 코지(koji, 국)란 곡물 또는 콩 등에 코지곰팡이(황국균, *Aspergillus oryzae*)를 접종하여 번식시킨 것으로 장류의 중간원료임
- 코지균은 번식하면서 당화효소와 단백질 분해효소를 많이 분비하고 된장의 원료인 콩의 녹말과 단백질을 분해하여 된장을 숙성시킴
- 된장코지의 원료는 일반적으로 멥쌀을 이용하며, 접종할 종국은 코지균이 번식되어 있는 쌀알이 건조되어 딱딱해야 하고, 선황록색을 띠며 홀씨가 많아야 함

  ㉡ 된장의 숙성 중 화학적 변화
- 된장 중에 있는 코지곰팡이, 효모 그리고 세균의 상호작용으로 화학변화가 일어남
- 쌀, 보리 코지의 주성분인 전분이 코지 곰팡이의 amylase에 의해 덱스트린 및 당으로 분해되고 이 당은 다시 알코올 발효에 의하여 알코올이 생기며 그 일부는 세균에 의하여 유기산을 생성
- 콩, 쌀, 보리 코지 단백질은 코지균의 protease에 의하여 proteose, peptide등으로 분해되고 다시 아미노산까지 분해되어 구수한 맛 생성. 소금의 용해작용으로 짠맛을 내고 숙성을 조절한다.

  ㉢ 된장의 맛과 색깔 및 향기
- 된장의 맛 : 단맛, 신맛, 구수한 맛의 조화
- 된장의 향기 : 알코올, 유기산 등이 조화되어 에스테르성 향기 성분이 발생
- 된장의 색깔 : 당분과 아미노산의 결합으로 아미노-카르보닐 반응이 발생하여 멜라닌색소인 흑갈색 색소 생성
- 된장의 산패 : 소금의 양이 적거나 덜 익은 콩이 사용되었을 경우, 소금이 고루 섞이지 않았을 경우, 된장이 산패하여 탄산수소나트륨을 중화함

② 간장

  ㉠ 간장코지
- 코지(Koji, 국) : 곡류를 쪄서 코지균(*Aspergillus*)을 번식시킨 것으로서 개량간장인 양조간장의 제조에 메주 대신으로 사용함
- 종국(Seed Koji) : 쌀에 코지균을 번식시켜 포자를 많이 생성시킨 후 건조한 것으로 단백질의 분해력이 강함
- 코지 제조(강력한 효소를 생성하기 위함)
  - 증자콩, 볶은 밀 + 종국(Seed Koji) → 섞기 → 담기 → 코지상자 바꿔쌓기(1차/2차) → 출국 → 건조
  - 코지균이 발육하여 번식하면서 단백질 분해효소(Protease)와 전분 분해효소(amylase)를 강력하게 생성하여 원료성분을 분해시킴
  - 간장의 제조에서는 단백질의 분해가 탄수화물 분해보다 중요하므로 단백질의 분해력이 강한 단모균을 코지균으로 사용함

  ㉡ 간장의 종류
- 재래식 간장 : 메주를 띄워 제조
- 개량식 간장 : 양조간장, 아미노산간장(산분해간장), 효소분해간장, 혼합간장

③ 고추장 : 쌀, 보리쌀 또는 밀가루 등에 물을 부어 가열하고 호화시킨 후 식혀서 코지가루를 섞은 다음 소금 및 고춧가루를 넣어 숙성시켜 제조함

④ 청국장
  ㉠ 재래식 청국장은 삶은 콩에 납두균(*Bacillus natto*)을 자연접종하여 만든 것
  ㉡ 개량식 청국장은 순수배양한 납두균(*Bacillus subtilis*)을 접종 후 납두를 만든 다음 여기에 조미료 및 향신료를 넣어 숙성시킴

3 과채류 가공

1. 과실주스

① 투명과실주스는 청징 및 여과의 공정을 거쳐 제조함
② 과실주스의 청징 방법
  ㉠ 건조난백 사용 : 과즙의 1~2%에 해당하는 건조난백을 넣고 저으면서 가열하면 과즙의 혼탁물질이 응고되어 침전함
  ㉡ 카제인 사용 : 희석한 암모니아용액에 카제인을 녹이고 가열한 다음, 다시 2배로 희석한 액을 과즙양의 2% 정도 넣고 저어주면서 혼탁물질이 응고되어 침전시킴
  ㉢ 탄닌 및 젤라틴 : 과즙량의 1% 정도의 탄닌가루를 넣고 저어 준 다음, 2% 용액으로 만든 젤라틴을 과즙양의 1% 정도를 넣고 저어주면서 맑게 함
  ㉣ 흡착제(규조토) 사용 : 과즙량의 0.7~0.8% 정도의 규조토를 넣고 저어주면 혼탁물질이 응고되어 침전함
  ㉤ 효소처리 : 펙틴분해효소(pectinase, polygalacturonase 등)의 펙틴효소를 0.1% 첨가하여, pH 4.0, 온도를 40℃로 조정하여 분해시킴, 일반적으로 과즙은 가열한 후 효소처리함

2. 포도주스

① 주석제거
  ㉠ 포도주스에는 주석산 칼륨염이 많이 들어있으며, 이는 주스의 산도저하, 색소침착 등 풍미에 영향이 크게 끼치므로 주석을 제거해야 함
  ㉡ 주석산염 제거방법 : 자연침전, 탄산가스법, 동결법, 농축여과

3. 잼 · 젤리 및 마멀레이드

① 정의
  ㉠ 잼 : 과일 또는 과육에 설탕을 넣고 조려서 응고시킨 것
  ㉡ 젤리 : 과즙에 설탕을 넣어 조려서 응고시킨 것
  ㉢ 마멀레이드 : 과즙에 과일의 껍질과 설탕을 넣고 조려서 응고시킨 것
② 젤리화 요소 : 설탕(60~65%), 펙틴(1.0~1.5%) 유기산(0.3%, pH 3.0)
③ 잼의 완성점 결정

㉠ 컵테스트 : 냉수가 담아 있는 컵에 농축물을 떨어뜨렸을 때 분산되지 않을 때
　　　㉡ 스푼테스트 : 농축물을 스푼으로 떠서 기울였을 때 시럽상태가 되어 떨어지지 않고 은근히 늘어짐
　　　㉢ 온도계법 : 농축물의 끓는 온도가 104~105℃가 될 때
　　　㉣ 당도계법 : 굴절당도계로 측정하여 60~65%가 될 때

4. 감 가공

① 감의 떫은 맛 성분
　　㉠ 디오스프린(diosprin)이란 탄닌성분이 수용성 상태로 함유됨
　　㉡ 포도당에 몰식자산(gallic acid)이 결합된 형태
② 탈삽원리
　　㉠ 수용성 타닌을 불용성 타닌으로 변화시킴(아세트알데히드 작용으로 flavonoid계 페놀 화합물의 축합된 형태의 불용성 타닌으로 변함)
　　㉡ 불용성 타닌은 분자량이 커서 혀를 자극할 수 없기 때문에 떫은 맛이 느껴지지 않음
③ 탈삽방법
　　㉠ 온탕법 : 35~40℃로 온도처리
　　㉡ 탄산가스법 : 떫은 감에 이산화탄소 주입
　　㉢ 알코올법 : 밀폐용기에서 떫은 감을 주정처리
　　㉣ 동결법 : −20℃로 냉동처리
　　㉤ 기타 : γ−조사, 카바이트, 아세트알데히드, 에스테르 등 이용

5. 과실 및 채소의 통조림, 병조림

① 제조공정 : 식품 → 담는 과정 → 탈기 → 밀봉 → 살균
② 통조림 검사 : 외관검사, 가온검사, 타관검사, 진공도검사, 개관검사
　　㉠ 외관검사
　　　• 팽창관 : 통조림이 부풀어 오르는 것, 팽창정도에 따라 플리퍼(flipper), 스프링어(springer), 스웰(swell) 등으로 분류
　　　　－ 플리퍼(flipper) : 상하 양면이 편평하나 한 면이 약간 팽창(원상복귀)한 상태로 탈기 부족과 과충전이 원인
　　　　－ 스프링어(springer) : 캔의 한쪽 뚜껑이 팽창된 상태로 가스형성세균에 의한 팽창이 원인이며, 플리퍼보다 심하게 팽창되어 있어 손끝으로 누르면 팽창하지 않은 반대쪽이 소리를 내며 튀어나오는 정도의 변화임
　　　　－ 스웰(swell) : 관의 상하양면이 모두 부풀어 있는 경우로 연팽창(Soft Swell)과 경팽창(Hard Swell)으로 나눔, 연팽창은 손끝으로 누르면 약간 안으로 들어가는 감이 있고, 경팽창 손끝으로 눌러 보아도 반응이 없는 단단한 상태의 것
　　　• 리킹(leeking) : 통조림통의 녹슨 구멍으로 즙액이 새는 현상
　　㉡ 가온검사 : 미생물의 생육적온인 30~37℃까지 온도를 높여 미생물의 존재여부를 검사(보통 7~14일간 실시)

ⓒ 타관검사 : 숙련을 요하는 과정으로 통조림의 윗부분을 두들겨 깨끗한 소리가 나면 정상적인 통조림으로 흐린 소리가 나면 부패된 통조림으로 판정함

ⓔ 진공도 검사 : 통조림 뚜껑의 가장 튀어나온 부분을 수직으로 뚫어 통 내부의 진공도를 측정(정상범위 30~36cm/Hg)

ⓜ 밀봉부위검사 : 캔심 마이크로미터로 통조림의 밀봉부위를 측정하여 기준값에 해당되면 정상적인 밀봉관으로 판정

ⓗ 개관검사 : 통조림의 뚜껑을 열어 내용물의 무게, 형태, pH, 색깔, 맛, 향기, 액즙의 혼탁도, 통내면의 부식여부 등을 검사함, 특히 통의 외관상으로는 아무 이상이 없으나 내용물이 산패된 플랫샤워(flat sour) 현상 등을 검사

4 유지가공

1. 유지채취법

① 압착법
  ㉠ 주로 식물성 유지채취에 사용
  ㉡ 원료의 종실에 압력을 가하여 압착하는 방법, 유지의 함유량이 비교적 많은 종실에서 채유할 때 이용

② 추출법
  ㉠ 주로 식물성 유지채취에 사용
  ㉡ 추출 시 사용하는 용제는 독성과 부식성이 없고 폭발위험이 적으면서 회수가 쉽고 저렴할 것
  ㉢ 핵산 이외에 벤젠, 벤졸, 아세톤, 이황화탄소, 사염화탄소 등도 사용
  ㉣ 대규모 공장에서 사용, 수율이 높으며 추출장치, 증류장치, 응축장치, 정제탱크가 설치된 연속식 추출기 사용

③ 용출법
  ㉠ 주로 동물성 유지 채취에 사용
  ㉡ 원료를 가열하여 팽창시켜 세포막을 파괴하고, 함유된 유지를 세포 밖으로 녹여 내는 방법
  ㉢ 건식법 : 직화, 열풍 및 이중으로 된 솥으로 가열하여 용출
  ㉣ 습식법 : 염수에 침지, 가열하여 용출

④ 초임계 추출법
  ㉠ 최근에 이산화탄소를 용제로 초임계(유체)추출법 많이 이용
  ㉡ 용제로 사용되는 이산화탄소를 31.1℃ 이상, 37기압 이상의 조건에서 초임계 유체상태로 만들어 원료로부터 유지를 추출해 낸 후에 다시 기체상태로 만들어 이산화탄소를 회수한 후에 재사용하는 방식
  ㉢ 향기와 품질이 좋아 참기름과 들기름 추출에 많이 이용

2. 유지의 정제

① 전처리 : 원유 중의 불순물을 제거(여과, 원심분리, 응고, 흡착, 가열처리)

② 탈검
  ㉠ 유지의 불순물인 인지질(레시틴), 단백질, 탄수화물 등의 검질을 제거
  ㉡ 유지를 75~80℃의 온수(1~2%)로 수화하여 검질을 팽윤·응고시켜 분리 제거(정치법·원심분리법)
③ 탈산
  ㉠ 유지 중에 존재하는 유리지방산을 제거하는 과정
  ㉡ 유리지방산은 NaOH로 중화제거하는 알칼리 정제법으로 유리지방산, 비누분, 검질, 색소 등 대부분 불순물을 제거 가능
  ㉢ 기름 온도가 너무 높으면 검화가 되기 쉬우므로 상온(35℃ 이하)으로 해야 함
  ㉣ 탈산법 : 배치식, 연속식, 반연속식 등
④ 탈색
  ㉠ 유지 중에 존재하는 색(카로티노이드, 클로로필 등)을 제거하는 과정으로 가열탈색법과 흡착탈색법이 있음
  ㉡ 가열탈색법은 기름을 직화로 200~250℃로 가열하여 색소류를 산화분해하는 방법으로 기름의 산화가 일어나는 단점이 있음
  ㉢ 흡착탈색법은 산성백토, 활성탄소, 활성백토 등이 있으나 주로 활성백토가 쓰이며, 사용량은 기름에 대해 1~2%로 보통 110℃로 가열 후 필터프레스로 여과함
  ㉣ 일광법(자외선 이용)
⑤ 탈취
  ㉠ 불쾌취의 원인이 되는 저급카보닐화합물, 저급지방산, 저급알코올, 유기용매 등을 제거
  ㉡ 기름을 3~6mmHg의 감압하에서 200~250℃의 가열증기를 불어넣어 냄새물질을 증류하여 제거
⑥ 탈납
  ㉠ 샐러드유를 제조 시 실시하며, 기름이 냉각 시 고체지방으로 생성되는 것을 방지하기 위하여 탈취 전에 고체지방을 제거하여 정제하는 공정임, winterization(동유처리법) 또는 dewaxing(탈납)이라 하고, 이 조작으로 제조한 기름을 winter oil이라 함
  ㉡ 냉장온도에서 고체가 되는 녹는 점이 높은 납(wax)을 제거
  ㉢ 탈취 전에 미리 원유를 0~6℃에서 18시간 정도 방치하여 생성된 고체지방을 여과 또는 원심분리하여 제거하는 공정
  ㉣ 면실유, 중성지질, 가공유지 등에 사용

3. 식용유지 가공

① 경화유 : 유지의 불포화지방산에 니켈을 촉매로 수소를 불어넣으면 불포화지방산의 이중결합에 수소가 결합하여 포화지방산이 되고, 액체의 유지를 고체의 지방으로 변화
② 마가린
  ㉠ 마가린은 식용유지(유지방 포함)에 물, 식품, 식품첨가물 등을 혼합하고 주로 유중수적형(W/O형)으로 유화시켜 만든 고체상 또는 유동상 유지와 저지방 마가린(지방 스프레드)을 말함
  ㉡ 대두유와 옥수수기름, 우지, 돈지 등의 원료에 소금, 비타민, 착색제 등을 넣고 유화시켜 제조하며, 이때 경화유 속에 액체유를 혼합하여 32~36℃의 녹는점과 가소성을 가하도록 하여 신전성이 버터보다 우수함

ⓒ 유지 함량은 80% 이상, 수분은 약 15~16%

　　ⓔ 가격이 저렴하고, 버터의 대용으로 쓰임

　③ 쇼트닝

　　ⓐ 돈지의 대용품이며, 지방이 100%인 반고체상태

　　ⓑ 정제한 야자유, 소기름, 콩기름, 어류 등에 10~15%의 질소가스를 이겨 넣어 제조

　　ⓒ 쇼팅성, 유화성, 크리밍성 등이 요구되며, 넓은 온도 범위에서 가소성이 좋고, 제품을 부드럽고 연하게 하여 공기의 혼합을 쉽게 한다.

5 수산식품가공

1. 수산물의 선도판정

선도를 판정하는 방법에는 관능적, 미생물학적, 물리적, 화학적 방법 등이 있다.

① 관능적 방법 : 외관, 색, 광택, 냄새, 조직감 등

② 미생물학적 방법 : 어육에 부착된 세균 수

③ 물리적 방법 : 어육의 경도, 어체의 전기저항측정, 안구 수정체 혼탁도, 어육 압착즙의 점도 측정

④ 화학적 방법

　ⓐ k값

　　• ATP 분해과정 생성물 중의 이노신과 히포크레산틴의 양을 ATP분해 전 과정의 생성물 총량으로 나눈 값

　　• K값이 낮을수록 선도가 좋음

　ⓑ 휘발성염기질소

　　• 어육 선도 저하로 생성되는 암모니아, 트리메틸아민, 디메틸아민 등

　　• 휘발성 염기질소량

　　　- 신선육(5~10mg%), 보통 어육(15~25mg%), 초기부패육(30~40mg%), 부패육(50mg% 이상)

　　• 트리메틸아민

　　　- 신선육에 거의 존재하지 않으나 사후 세균의 환원작용에 의해 TMAO(trimethylamineoxide)가 환원되어 생성됨

　　　- TMA함량이 3~4mg%를 넘어서면 초기부패로 판정함

　　• pH

　　　- 어육 사후 pH가 내려갔다가 선도의 저하와 더불어 다시 상승함

　　　- 초기 부패 : 붉은살 어류 pH 6.2~6.4, 흰살 어류 pH 6.7~6.8

2. 수산물 사후 변화

① 수산물은 어획 후 해당작용, 사후경직, 경직해제, 자기소화 부패로 변화함

　ⓐ 해당작용 : 사후 산소공급의 중단으로 글리코겐이 분해되어 젖산이 생성

　ⓑ 사후경직 : 근육의 투명감이 저하되고 수축하여 어체가 굳어지는 현상

ⓒ 경직해제 : 사후 경직이 지난 후 수축된 근육이 풀리는 현상

ⓔ 자가소화 : 경직 후 시간이 경과하면 근육에 함유된 단백질 분해효소에 의해 근육단백질이 분해하는 현상으로 근육의 유연성이 증가하고, 단백질이 분해되어 아미노산이 생성됨

ⓜ 부패 : 미생물 번식이 왕성해지고 풍미가 저하됨, 독성물질(요소, TMA, 암모니아 등)과 악취가 발생함

3. 염장가공

① 식염절임

   ⓐ 물간법(습염법)

      • 일정 농도의 소금물에 식품을 염지하는 방법이며 식염침투가 균일함

      • 외관, 풍미, 수율이 좋음

      • 용염량이 많음

      • 염장 중에 자주 교반해야 함

   ⓑ 마른간법(건염법)

      • 식품에 소금(원료무게의 20~30%)을 직접 뿌려 염장하며, 특별한 설비가 필요하지 않음

      • 염의 침투가 빠름

      • 식염의 침투가 균일함

      • 지방이 산화되어 변색이 가능

   ⓒ 개량물간법

      • 마른 간을 하여 쌓은 뒤 누름돌을 얹어 가압함

      • 마른간법과 물간법을 혼합하여 단점을 보완

      • 외관과 수율이 좋음

      • 식염의 침투가 균일함

   ⓓ 개량마른간법

      • 소금물에 가염지 후 마른간으로 본염지

      • 기온이 높거나 선도가 나쁜 어육을 염장할 때 그 변패를 막는데 효과적

6 축산식품가공

1. 육류가공

① 고기근육조직의 구조 및 특징

　　㉠ 근육은 동물 체중의 20~40%이며, 내부구조에 따라 골격근(횡문근, 수의근), 심근(횡문근, 불수의근), 내장근(평활근, 불수의근)으로 구분

근육조직의 구조		
형태학적 분류	분류	기능적 분류
횡문근(가로무늬근)	골격근 : 수축과 이완 의해 운동하는 기관 – 뼈 주위에 붙어 있는 고기 – 주로 식용, 가공용, 식육의 대부분을 차지	수의근 (의지에 따라 움직일 수 있는 근육)
평활근(민무늬근)	심근 : 심장을 이루는 근육	불수의근 (의지와 상관없이 자율적으로 움직이는 근육)
	내장근 : 내장, 혈관, 생식기 등	

　　㉡ 근육조직은 근섬유가 다수 모여 이루어진 것으로 형태학적으로 평활근(민무늬)과 횡문근(가로무늬근)으로 구분

　　㉢ 횡문근(가로무늬근)은 식용의 주체인 골격근과 심근에 나타남

　　㉣ 기능적으로는 대뇌의 명령에 따라 움직이는 수의근과 항상 운동하는 불휴식근인 불수의근으로 나뉨

② 골격근의 구조

　　㉠ 골격근은 2차 근섬유다발이 여러 개 모아진 것으로 근막으로 싸여 있음

　　㉡ 근섬유다발은 근섬유가 모인 다발

　　㉢ 근섬유는 지름 30~100um로 근원섬유가 여러 개 모여서 구성됨

　　㉣ 근원섬유에는 A대와 I대 존재

　　　　• A대 : 굵은 필라멘트, 어두운 부분(암대), 미오신 단백질로 구성

　　　　• I대 : 가는 필라멘트, 밝은 부분(명대), 액틴 단백질로 구성

③ 식육의 사후경직과 숙성

　　㉠ 사후경직 : 도축된 고기가 시간이 지나면 효소 및 미생물에 의해 근육이 경직되고 보수성이 저하되는 현상

　　㉡ 사후경직의 특성

　　　　• 근육의 글리코겐이 젖산으로 됨

　　　　• pH 저하

　　　　• ATP 감소

　　　　• 액틴과 미오신이 액토미오신 생성

　　　　• 보수성 감소

　　㉢ 숙성

　　　　• 동물을 도살하여 사후경직 후 일정기간이 지나면 해당효소계는 불활성화되는 반면 근육내의 단백질 분해효소에 의하여 단백질이 분해되어 연해지고 풍미가 좋아지는 현상

- 숙성의 특징
  - 단백질의 자가소화로 유리아미노산 증가
  - 핵산분해물질의 생성 : 이노신산(IMP)
  - 콜라겐의 팽윤(젤라틴화)
  - 육색의 변화 : 미오글로빈(적자색) → 옥시미오글로빈(선홍색)
  - 보수성 증가 : 단백질의 분해로 육추출물량 증가
  - 감칠맛 생성

④ 식육 염지(Curing) : 훈제품이나 햄류 등을 가공할 때 식염 이외에 질산염, 설탕, 조미료, 향신료, 축합 인산염 등을 첨가하는 것

ⓐ 염지의 목적
  - 식육가공품의 보존성
  - 육색의 발색과 고정
  - 고기의 보수성과 결착성 증진
  - 고기의 풍미 증진
  - 염용성 단백질의 용해성 증진

ⓑ 염지의 방법
  - 건염법 : 일정량의 염지제를 고기에 직접 뿌리거나 문질러 염지하는 방법
  - 습염법(액염법) : 물에 용해한 염지액에 식육을 침지하는 방법
  - 염지액주사법 : 염지액을 고기조직에 주사기 등으로 직접 주입시키는 방법이며 염지시간이 단축됨
  - 마사지 또는 텀블링 : 염지한 육을 마사저(Massager) 또는 텀블러(Tumbler) 안에서 교반하여 염지 시간의 단축과 결착성을 향상시킴
  - 변압침투법 : 밀폐할 수 있는 용기에 육을 넣고 감압(Vacuum) 또는 가압(Pressure) 상태로 교대로 유지시켜 염지액을 침투시키는 촉진법
  - 가온염지법 : 염지액의 온도를 50℃로 유지하여 염지하는 방법으로 염지시간이 단축되는 방법으로 고기의 자가소화를 촉진하여 풍미와 염도를 좋게 함

ⓒ 염지의 재료
  - 식염 : 2% 정도 첨가하며 염미를 부여(기호성 증진), 세균 증식 억제로 보존성 향상, 보수력(탈수작 용)과 결착력 향상
  - 설탕 : 소금에 의한 고기조직의 경화를 억제, 풍미 향상, 수분의 건조 억제, 맛의 균형을 유지
  - 아질산염 : 질산염은 고기 속의 세균이나 환원물질에 의해 아질산으로 환원되고 미오글로빈과 결합 하여 염지육 특유의 적색을 나타냄, 육색고정(발색), 식중독균의 생육을 억제, 풍미증진 및 항산화 작용을 함
  - 인산염(염지보조제) : 육제품의 보수성과 결착성을 증진하고, 육색의 퇴색을 방지, 가열 및 가온 시 생성되는 풍미악화를 방지함
  - 아스코르브산염(발색조제) : 염지촉진제로 발색을 촉진
  - 향신료 : 육제품의 풍미를 증진

⑤ 육제품 훈연(Smoking) : 목재를 불완전 연소시켜 발생한 연기를 식품에 스며들게 하는 방법
  ㉠ 훈연의 목적
    • 훈연에 의한 육색 고정 및 발색 촉진
    • 훈연취에 의한 풍미 부여
    • 훈연 성분에 의한 잡균 방지 등의 보존효과
    • 지방 산화방지
    • 항산화 작용
  ㉡ 훈연의 목재
    • 수지함량이 적고, 향기가 좋으며, 방부성물질이 많이 생성되는 활엽수종으로 건조가 잘 된 나무
    • 단단한 나무인 참나무, 떡갈나무, 밤나무, 단풍나무 등을 건조시켜 톱밥이나 잔 조각으로 만들어 사용
    • 색조는 황갈색, 적갈색, 황금색의 색조를 띠는 것이 좋으며, 침엽수종은 어둡고 검은색으로 부적당함
  ㉢ 훈연의 방법 : 냉훈법, 온훈법, 열훈법

훈연방법	온도(℃)	습도(%)	훈연시간	풍미성	색상	보존성
냉훈법	10~30	75~85	수일~수주	강하다	어둡다	장기간
온훈법	30~50	80	수시간	약하다	중간	중간
열훈법	50~80	85~95	0.5~2시간	매우 약하다	밝다	단기간

2. 우유 및 유제품 가공

① 시유 : 목장에서 생산된 생유를 식품위생상 안전하게 처리하여 상품화된 음용유
  ㉠ 시유의 제조공정 : 원유 → 검사 → 냉각 → 여과 및 청징화 → 표준화 → 균질화 → 살균(멸균) → 냉각 → 충전 포장 → 제품
  ㉡ 균질화
    • 우유에 물리적 충격을 가하여 지방수 크기를 작게 분쇄하는 작업
    • 목적 : 지방구의 미세화, 커드 연화, 지방분리방지, 크림생성방지, 조직균일, 우유 점도상승, 커드 장력감소로 소화용이, 지방산화방지
② 아이스크림 : 원유, 분유, 가당연유 등의 주원료와 달걀, 설탕, 향료, 유화제, 안정제 등을 가한 후 냉동, 경화하여 제조가공한 유가공품
  ㉠ 아이스크림 제조공정 : 원료검사 → 표준화 → 혼합 여과 → 살균 → 숙성 → 동결(−2~−7℃) → 충전 포장 → 경화(−15℃ 이하)
  ㉡ 증용률(Overrun%)
    • 아이스크림의 조직감을 좋게 하기 위해 동결 시에 크림 조직 내에 공기를 갖게 함으로써 생긴 부피의 증가율
    • 가장 이상적인 아이스크림의 증용률은 90~100%

$$\text{overrun}(\%) = \frac{mix\text{의 중량} - mix\text{와 같은 용적의 아이스크림 중량}}{mix\text{와 같은 용적의 아이스크림 중량}} \times 100$$

$$= \frac{\text{아이스크림의 용적} - \text{본래}\,mix\text{의 용적}}{\text{본래}\,mix\text{의 용적}} \times 100$$

③ 버터 : 원유, 우유류 등에서 유지방분을 분리한 것 또는 발효시킨 것을 교반하여 연압한 것(식염이나 식용색소를 가한 것 포함)

　㉠ 버터 제조공정 : 원료유 → 크림분리 → 크림중화 → 살균·냉각 → 발효(숙성) → 착색 → 교동 → 가염 및 연압 → 충전 → 포장 → 저장

　㉡ 버터 제조공정별 특징

- 크림분리 : 신선한 원유의 크림층을 분리하고, 지방함량 30~40% 정도의 크림을 얻음
- 크림중화 : 신선한 크림의 산도(0.10~0.14%)보다 높으면 중화해야 함, 중화제로 알칼리화제(탄산수소나트륨, 탄산칼슘, 산화마그네슘, 수산화마그네슘 등)를 사용함
- 산도가 높은 크림을 살균하면 카제인이 응고하여 버터의 품질이 나빠져 버터 생산량이 감소됨
- 살균·냉각
  - 크림중의 미생물과 효소를 파괴하여 위생상 안전성과 저장성을 높이고 락트산균의 발육저해물질을 파괴
  - 저온장시간살균 또는 고온단시간살균처리
  - 여름에는 3~5℃, 겨울에는 6~8℃로 냉각
- 발효·숙성
  - 크림을 발효하면 크림의 점도가 낮아지므로 지방의 분리가 빠르게 되어 교동(Churning)이 쉬워지고 방향성물질을 생성하여 버터풍미가 향상됨
  - 젖산균(유산균) 5~10% 접종
  - 18~21℃에서 2~6시간 발효
  - 발효시켜 산도가 0.46~0.6%되면 숙성시킴
  - 숙성 : 5~10℃에서 8시간 이상 보존
- 교동/교반(Churning)
  - 기계적으로 크림을 운동시켜 지방구에 충격을 주는 것으로 교동기에 크림을 넣고 운동시키면 지방입자가 서로 부딪혀서 버터알갱이로 뭉쳐짐
  - 교동회전속도 : 20~35 rpm
  - 교동시간 : 40~50분으로 1분에 30회전
  - 크림온도 : 8~10℃(여름), 12~14℃(겨울)
  - 세척수에 의해 연압하기에 알맞은 온도로 조절
- 연압(Working)
  - 버터입자가 덩어리로 뭉쳐 있는 것을 모아서 짓이기는 작업
  - 연압의 목적 : 수분함량조절, 분산유화, 소금 용해, 색소 분산, 버터조직을 부드럽고 치밀하게 하여 기포형성을 억제
- 충전 및 포장
  - 버터에 공기가 들어가지 않도록 충전
  - 가정용, 영업용, 제과용, 저장용으로 구분하여 포장

　㉢ 유지방 함량에 따른 크림의 종류

- 하프 앤 하프 크림(Half and half cream) : 지방함량 10~12%
- 라이트크림(Light cream, 생크림) : 지방함량 18~30%, 커피크림

- 휘핑크림(Whipping cream) : 지방함량 30~36%
- 헤비크림 (Heavy cream) : 지방함량 36% 이상
- 클로티드 크림 (Clotted cream) : 지방함량 60% 이상
- 플라스틱 크림(Plastic cream) : 지방함량 80% 이상, 무염버터와 유사
④ 치즈 : 원유, 크림, 유가공품 등에 젖산균, 레닌(렌넷) 등의 단백질 응유효소, 유기산 등을 가하여 카제인
  을 응고시킨 후 유청을 제거한 다음 가염 및 가압처리를 하여 제조가공한 유가공품
  ㉠ 치즈의 종류
    - 자연치즈
      - 원유 또는 유가공제품에 유산균, 단백질 응유효소, 유기산 등을 첨가하여 응고시킨 후에 유청을
        제거
      - 원료유 → 살균 냉각 → 스타터 첨가 → 발효 → 렌넷 첨가 → 응고 → 커드 절단 → 가온 → 수세
        → 유청 제거 → 퇴적 → 압착 → 가염 → 숙성
    - 가공치즈
      - 자연치즈를 주원료로 하여 식품 또는 첨가물 등을 가한 후에 유화시켜 제조함
      - 자연치즈 + 유화염 + 물 → 가열
  ㉡ 치즈 제조 시 렌넷 이용의 목적
    - 치즈 제조 : 렌넷(rennet)과 젖산균을 이용하여 우유단백질을 응고시켜 유청을 제거하고 압착하여
      제조
    - 렌넷(Rennet)
      - 송아지의 제4위에서 추출한 우유의 응유효소(Renin)
      - 최적응고 조건 : pH 4.8, 40~41℃
  ㉢ 치즈 숙성 : 카세인(우유 단백질)은 우유에서 칼슘카세인(Ca-caseinate)의 형태로 존재하여 레닌(응
    유효소)에 의해 불용성인 파라칼슘카세인이 분해되어 숙성이 진행됨에 따라 수용성으로 변함, 수용성
    질소화합물의 양은 치즈의 숙성도를 나타냄

3. 달걀 가공

① 달걀의 구성
  ㉠ 난각과 난각막
    - 난각 : 전난 중의 9~12%를 차지함, 다공성구조이며 난각에 기공이 1cm²당 129.1±1.1개나 됨
    - 난각의 두께 : 0.27~0.35mm이며, 보통 난각막과 같이 측정함
    - 난각막 : 난각의 4~5% 백색불투명한 얇은 막
  ㉡ 난백
    - 난 중의 약 60%로서 난황을 둘러싸고 있음
    - 외수양난백, 농후난백, 내수양난백으로 구성
  ㉢ 난황
    - 난 중의 약 30%로서 배반을 중심으로 백색난황과 황색난황이 층을 이루고 있음
    - 신선난황의 pH 6.2~6.5

② 달걀가공품

　㉠ 식용란(위생란) : 일정한 위생처리와 등급에 의해 포장되어 출하하는 제품

　　• 달걀 선도검사

　　　－ 외부적인 선도 : 난형, 난각, 난각의 두께, 건전도, 청결도, 난각색, 비중, 진음법, 설감법

　　　－ 내부적인 선도 : 투시검사, 할란검사(난백계수, Haugh단위, 난황계수, 난황편심도)

신선란 검사법			
분류		정상	불량
외부	외관법	표면이 거칠고 광택 없음	표면이 매끈하고 광택 있음
	비중법	11% 식염수에 가라앉음 신선란비중 : 1.08~1.09	11% 식염수에 부유
	진음법	흔들 때 소리 나지 않음	약한 소리 남
내부	투시법	빛 투시 때 노른자와 흰자의 구별이 명확함, 기실(공기집)의 크기가 작은 것	빛 투시 때 흔혈점 보임
	할란 검사	난황높이	신선달걀 : 0.45 정도	오래된 달걀 : 0.25 이하
		난백높이	신선달걀 : 0.16 정도	오래된 달걀 : 0.1 이하
		난황계수	신선달걀 : 0.442~0.361	오래된 달걀 : 0.3 이하

　㉡ 동결란 : 달걀 껍질을 벗겨 동결한 것으로 전체동결 또는 난황과 흰백을 분리하여 동결

　㉢ 액상란 : 전란액, 난백액, 난황액으로 구분하여 제조

　㉣ 마요네즈

　　• 난황의 유화력을 이용하여 식용유에 식초, 겨자가루, 후춧가루, 소금, 설탕 등을 혼합하여 유화시켜 제조

　　• 수중유적형(O/W)

　㉤ 건조란 : 달걀껍질을 제거하고 탈수건조한 것으로 전체를 건조한 것과 난황과 흰백을 분리하여 건조함

　㉥ 피단

　　• 달걀껍질에 소금과 알칼리성 물질을 도포하여 내부 내용물을 침투시켜 난백, 난황을 응고하여 숙성시킴

　　• 저장성 및 조미성이 있고 독특한 풍미를 부여

　　• 제조방법 : 침지법, 도포법

Chapter 04 식품미생물학

1 생물계의 미생물 분류

1. 미생물의 분류

Haeckel의 생물 분류체계에 따르면 생물계를 동물, 식물, 원생생물로 3계설로 분류한다. 그 중에서 미생물은 원생생물에 속하고, 원생생물은 진핵세포의 고등미생물과 원핵세포의 하등미생물 그리고 비세포성의 바이러스로 분류된다.

생물계의 미생물 분류			
동물	조직분화 있음, 진핵세포		
식물	조직분화 있음, 진핵세포		
원생생물 (조직분화없음)	고등미생물(진핵세포)	원생동물(세포벽X)	짚신벌레 등
		균류	점균류
			진균류(곰팡이, 버섯, 효모)
		지의류	
		조류	클로렐라, 해조
	하등미생물(원핵세포)	분열균류	세균, 방선균
		남조류	식물성플랑크톤
	바이러스(비세포성)	동물바이러스, 식물바이러스, 박테리오파지	

2. 종의 학명

① 각 나라마다 다른 생물의 이름을 국제적으로 통일하기 위하여 붙인 이름
② 린네의 이명법을 세계 공통으로 사용
③ 학명의 구성 : 속명과 종명의 두 단어로 나타내며, 여기에 명명자를 더하기도 함
④ 이명법 : 속명 + 종명 + 명명자 이름
⑤ 속명과 종명은 라틴어 또는 라틴어화한 단어로 나타내어 이탤릭체를 사용
⑥ 속명의 첫 글자는 대문자, 종명의 첫 글자는 소문자

3. 원핵세포와 진핵세포

특징	원핵세포	진핵세포
	원핵세포와 진핵세포의 특징 비교	
핵막	없음	있음
세포분열방법	무사분열	유사분열
세포벽 유무	있음 (*Peptidoglycan, Polysaccharide Lipopolysaccharide, Lipoproten, techoic*)	– 식물, 조류, 곰팡이 : 있음 – 동물 : 없음 (*Glucan, Mannan-protein* 복합체, *Cellulose, Chitin*)
소기관	없음	있음(미토콘드리아, 액포, *Lysosome*, *Microbodies*)
인	없음	있음
호흡계	원형질막 또는 메소좀	미토콘드리아 내에 존재
리보솜	70S	80S
원형질막	보통은 섬유소 없음	보통 스테롤 함유
염색체	단일, 환상	복수로 분할
DNA	단일분자	복수의 염색체 중에 존재, 히스톤과 결합
미생물	세균, 방선균	효모, 곰팡이, 조류, 원생동물

2 미생물 세포의 구성성분

미생물 세포는 고등생물의 세포와 같이 수분이 약 70~80%를 차지하고 수분을 제외한 건조균체를 기준으로 단백질 함량이 가장 높으며, 지질, 탄수화물, 비타민, 핵산, 회분 등의 성분으로 구성됨

1. 수분함량

① 미생물 세포 수분함량 : 70~80% 함유
② 곰팡이 : 85%
③ 세균 : 80%
④ 효모 : 75%

2. 무기질 함량

① 세균 1~14%, 효모 6~11%, 곰팡이 5~13%
② 대표적 무기질 : P

3. 유기물

① 단백질, 당류, 지방, 핵산 등 존재
② 탄수화물 : 세균 12~18%, 효모 25~60%, 곰팡이 8~40%
③ 단백질은 세포의 구성물질로 대부분의 세포질을 이루며, 질소량은 세균 8~15%, 효모 5~10%, 곰팡이 12~17% 정도 함유
④ 지방은 세균 5%, 효모 10%를 함유하고 있으며, 40~50%의 지방을 함유한 미생물도 있음

4. 미생물 생육에 필요한 영양분

• 에너지원, 탄소원, 질소원, 비타민, 무기질 등

3 미생물 증식과 생육 특성

1. 미생물 증식

• 배양시간과 생균수의 대수(log)사이의 관계를 나타내는 곡선(S 곡선)
• 유도기, 대수기, 정상기(정지기), 사멸기로 나뉨

① 유도기(Lag phase)
  ㉠ 잠복기로 미생물이 새로운 환경이나 배지에 적응하는 시기
  ㉡ 증식은 거의 일어나지 않고, 세포 내에서 핵산이나 효소단백질의 합성이 왕성
  ㉢ 호흡활동도 높으며, 수분 및 영양물질의 흡수가 일어남
  ㉣ DNA 합성은 일어나지 않음
  ㉤ RNA 함량의 증가
  ㉥ 온도에 민감한 시기

② 대수기(Logarithmic phase)
  ㉠ 급속한 세포분열을 시작하는 증식기로 균수가 대수적으로 증가하는 시기
  ㉡ 미생물 성장이 가장 활발하게 일어나는 시기
  ㉢ 세포질 증대가 최대
  ㉣ 배양균을 접종할 가장 좋은 시기
  ㉤ 세포질의 합성속도와 분열속도가 거의 비례함
  ㉥ 대사물질이 세포질 합성에 가장 잘 이용되는 시기

③ 정상기(정지기, Stationary phase)
  ㉠ 영양분의 결핍, 대사산물(산, 독성물질 등)의 축적
  ㉡ 에너지 대사와 몇몇의 생합성과정이 계속되어 항생물질, 효소 등과 같은 2차 대사산물을 생성
  ㉢ 생균수는 일정하게 유지되고 총균수는 최대가 되는 시기
  ㉣ 증식속도가 서서히 늦어지면서 생균수와 사멸균수가 평형이 되는 시기
  ㉤ 영양분을 소비하여 배지 자체의 pH 변화

④ 사멸기(Death phase)
  ㉠ 감수기로 생균수가 감소하여 생균수보다 사멸균수가 증가하는 시기
  ㉡ 단백질 분해
  ㉢ 세포벽 분해
  ㉣ DNA, RNA의 분해
  ㉤ 효소단백변성 등이 일어나는 시기

2. 세대시간

① 세균에 1번 분열이 일어난 후, 다음 분열이 일어나는데 걸리는 시간
② 총균수 $b = a \times 2^n$ (초기 균수 : a, 세대 수 : n)

3. 미생물 증식에 영향을 미치는 요인

① 화학적 요인
  ㉠ 수분
    • 자유수 : 미생물이 이용할 수 있는 물
    • 결합수 : 식품 중의 단백질 또는 탄수화물 등 성분과 결합되어 있는 물로 미생물이 이용할 수 없는 물
  ㉡ 산소
    • 일반적으로 곰팡이와 효모는 산소를 생육에 필요로 하지만, 세균은 요구하는 것과 저해 받는 것이 있음
    • 산소요구정도에 따라
      – 편성호기성균 : 산소가 있는 곳에서만 생육
      – 통성호기성균 : 산소가 있거나 없거나 생육
      – 미호기성균 : 대기압보다 산소분압이 낮은 곳에서 잘 증식
      – 편성혐기성균 : 산소가 없어야 잘 생육
  ㉢ 이산화탄소
    • 독립영양균의 탄소원으로 이용
    • 대부분 미생물은 생육의 저해물질로서 작용하며 살균효과 있음
  ㉣ pH
    • pH는 미생물의 생육, 체내의 대사, 화학적 활성도에 영향을 미침
    • 곰팡이와 효모는 pH 5.6 약산성에서 잘 발육하며, 세균과 방사선균은 pH 7.0~7.5 부근에서 잘 생육
  ㉤ 식염(염류)
    • 미생물의 생육을 위해서는 칼륨, 마그네슘, 망간, 황, 칼슘, 인 등의 무기염류가 필요하며, 이들 염류는 효소반응, 세포막, 평형유지, 균체 내의 삼투압조절 등의 역할을 함
    • 비호염균 : 소금농도 2% 이하에서 생육양호
    • 호염균 : 소금농도 2% 이상에서 생육양호
    • 미호염균 : 2~5% 식염농도에서 생육양호
    • 중등도호염균 : 5~20% 식염농도에서 생육양호
    • 고도호염균 : 20~30% 식염농도에서 생육양호

② 물리적 요인

ㄱ 온도

- 온도는 미생물의 생육온도, 세포의 효소조성, 화학적 조성, 영양요구 등에 가장 큰 영향을 미침

미생물 생육온도	저온균	중온균	고온균
최저온도(℃)	0~10	0~15	25~45
최적온도(℃)	12~18	25~37	50~60
최고온도(℃)	25~35	35~45	70~80

ㄴ 압력

- 미생물은 보통 상압(1기압)에서 생활하며, 기압변동에 별다른 영향을 받지 않음
- 자연계에 일반세균은 30℃, 300기압에서 생육저해를 받고 400기압에서 생육이 거의 정지됨
- 600기압에서도 생육가능한 심해세균도 있음(호압세균)

ㄷ 광선

- 광합성 미생물을 제외한 대부분의 미생물은 대부분 어두운 장소에서 잘 생육하며, 태양광선은 모든 미생물 생육을 저해함
- 태양광선중에서 살균력을 가지는 것은 단파장의 자외선(2,000~3,000Å) 부분이며, 가시광선 (4,000~7,000Å), 적외선(7,500Å)은 살균력이 대단히 약함
- 자외선 중에서 가장 살균력이 강한 파장은 2,573Å 부근이며, 핵산(DNA)의 흡수대 2,600~2,650Å 에 속하기 때문

4 식품 미생물의 분류

1. 곰팡이

- 진핵세포로 실모양(균사)으로 자라는 사상균
- 균사 조각이나 포자에 의해 증식
- 다세포 미생물로 각각의 세포가 독립적인 성장가능
- 곰팡이의 균사는 단단한 세포벽으로 되어 있고 엽록소가 없음
- 다른 미생물에 비해 비교적 건조한 환경에서 생육가능
- 포자의 생식방법에 따라 구분
- 균사의 격벽이 있는 순정균류와 격벽이 없는 조상균류로 구분

① 곰팡이의 분류

곰팡이 분류			
생식 방법	무성생식	세포핵 융합 없이 분열 또는 출아증식 종류 : 포자낭포자, 분생포자, 후막포자, 분절포자	
	유성생식	세포핵 융합, 감수분열로 증식하는 포자 종류 : 접합포자, 자낭포자, 난포자, 담자포자	
균사 격벽 (격막)존재 여부	조상균류 (격벽 없음)	– 무성번식 : 포자낭포자 – 유성번식 : 접합포자, 난포자	
		거미줄곰팡이($Rhizopus$) – 포자낭 포자, 가근과 포복지를 각각 가짐 – 포자낭병의 밑 부분에 가근 형성 – 전분당화력이 강하여 포도당 제조, 당화효소 제조에 사용	
		털곰팡이($Mucor$) – 균사에서 포자낭병이 공중으로 뻗어 공 모양의 포자낭 형성	
		활털곰팡이($Absidia$) – 균사의 끝에 중축이 생기고 여기에 포자낭을 형성하여 그 속에 포자낭포자를 내생	
	자낭균류	– 무성생식 : 분생포자 – 유성생식 : 자낭포자	
		누룩곰팡이($Aspergillus$) : 자낭균류의 불완전균류, 병족세포 있음	
		푸른곰팡이($Penicillium$) : 자낭균류의 불완전균류, 병족세포 없음	
		붉은 곰팡이($Monascus$)	
	담자균류	버섯	
	불완전균류	푸사리움	

② 곰팡이의 분류와 관련식품

곰팡이 분류와 관련 식품		
분류		관련 식품
조상균류	뮤코($Mucor$) 속	
	M. mucedo, M. racemosus	낙농유해균, 과실 부패
	M. pusillus	치즈 응유효소 생성
	M. javanicus	전분 당화력, 알코올 발효력
	리조푸스($Rhizopus$) 속	
	R. nigricans	과일, 곡류, 빵에 발생, 고구마 연부병 원인
	R. japonicus, R. javanicus	강한 전분당화력으로 알코올 생산 이용
	R. delemar	글루코아밀라제, 리파아제 생산
	압시디아($Asidia$) 속	
	A. corymbitera	누룩 분리

곰팡이 분류와 관련 식품	
분류	**관련 식품**
자낭균류 아스퍼질러스(*Aspergillus*) 속	
A. oryzae	황국균, 청주, 장류 제고
A. sojae	간장 코지 제조
A. niger	흑국균, 유기산 생산, 과일주스의 청징제
A. flavus	아플라톡신 독소 생성
A. kawachii	백국균, 막걸리 제조
페니실리움(*Penicillium*) 속	
P. roqueforti, P. camemberti	로크포르 치즈, 까망베르 치즈, 고구마 연부
P. chrysogenum	페니실린 생산
P. citrinum	황변미 곰팡이독
모나스커스(*Monascus*) 속	
M. purpureus	홍주 제조
M. anka	홍유부 제조, 식용적색 색소
불완전균류 보트리티스(*Botrytis*) 속 *B. cinerea*	귀부포도주
지오트리컴(*Geotrichum*) 속 *G. rubrum*	곰팡이의 오렌지 반점
트리코더마(*Trichoderma*) 속 *T. viride*	셀룰라아제 생산
클라도스포리움(*Cladosporium*) 속 *C. herbarum*	치즈 흑변
푸사리움(*Fusarium*) 속 *F. moniliforme*	벼키다리병

2. 효모

- 진균류의 한 종류
- 포자가 아닌 영양세포가 단세포로 존재하는 시기가 있음
- 형태는 구형, 난형, 타원형, 레몬형, 원통형, 삼각형, 균사모양의 위균사 등이 있음
- 효모증식 : 무성생식에 의한 출아법, 유성생식에 의한 자낭포자 · 담자포자
- 효모의 분류와 관련식품

효모의 분류와 관련식품		
분류		관련 식품
유포자효모 (자낭균효모)	*Scccharomyces cerevisiae*	맥주상면발효, 제빵
	Scccharomyces carsbergensis	맥주하면발효
	Scccharomyces sake	청주제조
	Scccharomyces ellipsoides	포도주제조
	Scccharomyces rouxii	간장제조
	Schizosacharomyces 속	이분법, 당발효능 있고 질산염 이용 못함
	Debaryomyces 속	산막효모, 내염성
	Hansenula 속	산막효모, 야생효모, 당발효능 거의 없음, 질산염 이용
	Lipomyces 속	유지효모
	Pichia 속	산막효모, 당발효능 거의 없음, 질산염 이용 못함
무포자효모	*Candida albicans*	칸디다증 유발 병원균
	Candida utilis	핵산조미료원료, RNA제조
	Candida tropicalis *Candida lipolytica*	석유에서 단세포 단백질 생산
	Torulopsis versatilis	호염성, 간장발효 시 향기 생성
	Rhodotorula glutinis	유지생성
	Thrichosporon cutaneum *Thrichosporon pullulans*	전분 및 지질분해력

3. 세균

- 세균은 하등미생물로 원핵세포에 속함
- 세균은 모양에 따라 구균, 간균, 나선균으로 구분
- 세균의 편모는 운동성을 부여하는 기관으로 편모의 유무에 따라서도 구분
- 세균의 그람염색, 산소요구여부에 따라서도 구분
- 세균은 분열법으로 증식하나 일부는 세포 내에 포자를 형성

① 그람양성균의 분류와 관련식품

구분	분류	관련식품
그람양성, 구균	락토코커스(*Lactococcus*) 속 *Lactococcus lactis*	치즈, 요구르트 제조
	류코노스톡(*Leuconostoc*) 속 *Leuconostoc mesenteroides*	김치 발효 초기
	페디오코커스(*Pediococcus*) 속 *Pediococcus halophilus*	내염성, 정상젖산발효균, 장류 또는 침채류 숙성
	스트렙토코거스(*Streptococcus*) 속 *Streptococcus lactis, S.thermophilus*	유제품 발효
그람양성, 내생포자 간균	바실러스(*Bacillus*) 속	
	B. subtilis, B. lichenitormis	프로테아제, 아밀라제 생산, 장류 발효
	B. coagulans, B. stearothermophilus	통조림 flat sour 원인균
	B. cereus	식중독균
	클로스트리듐(*Clostridium*) 속	
	C. sporogens	어류, 육류 부패, 통조림 팽창
	C. botulinum	신경독소 생성하는 식중독균
	C. butyricum	부티르산 생산
	C. acetobutyrium	아세톤, 부탄올 생산
그람양성, 무포자 간균	락토바실러스(*Lactobacillus*) 속	
	L. bulgaricus	요구르트 제조
	L. acidophilus	유제품 제조
	L. casei	치즈 숙성
	L. plantarum	김치 발효
	코리네박테리움(*Corynebacterium*) 속	
	C. glutamicum	글루탐산 생산균
	C. diphtheria	디프테리아 원인균
	브레비박테리움(*Brevibacterium*) 속	
	B. erythrogenes	치즈의 적색색소 생성
	B. lactotermentum, B. flavum	글루탐산, 리신 생산
	B. ammoniagenes	핵산발효
	프로피오니박테리움(*Propionibacterium*) 속	
	P. shermanii	스위스 치즈 숙성, Vitamin B_{12} 생산
	비피도박테리움(*Bifidobacterium*) 속	
	B. infantis, B. ibreve, B. bifidum	요구르트 제조

② 그람음성균 분류와 관련식품

구분	분류	관련식품
그람음성, 호기성 간균	아세토박터(*Acetobacter*) 속 *A. aceti, A. oxidans*	식초양조
	글루코노박터(*Gluconobacter*) 속 *G. oxidans*	식품부패, 과일의 신맛
	할로박테리움(*Halobacterium*) 속 *H. salinarium*	염장 생선 적변
	슈도모나스(*Pseudomonas*) 속	
	P. fluorescens	형광균, 호냉성 부패균
	P. aeruginosa	녹농균, 우유 청변 부패
그람음성, 통성혐기성 간균	에세리시아(*Escherichia*) 속	
	E. coli	장내세균, 식품위생지표균
	E. coli 0157	아세톤, 부탄올 생산
	프로테우스(*Proteus*) 속	
	P. vulgaris	단백질 분해, 부패취 생성
	P. morganii	히스타민 생성, 알레르기성 식중독
	비브리오(*Vibrio*) 속	
	V. parahaemoliticus	장염비브리오 식중독
	V. cholerae	콜레라 감염병
	어위니아(*Erwinia*) 속	
	E. carotovera	과실 부패
그람음성, 나선균	캠필로박터(*Camphylobacter*) 속	
	C. jejuni, C.coli	식중독 유발
	헬리코박터(*Helicobacter*) 속	
	H. pylori	위염, 위궤양 발병

4. 방선균

- 진핵세포(핵막 있음)로 되어 있는 미생물을 고등미생물, 원핵세포(핵막 없음)로 되어 있는 미생물을 하등 미생물로 구분
- 방선균은 하등미생물로 원핵세포에 속함
- 방선균은 분열법으로 증식하거나 세포 밖에 외생포자를 생성
- 세균과 곰팡이의 중간적인 미생물로 균사를 뻗치는 것, 포자를 만드는 것 등은 곰팡이와 비슷함
- 주로 토양에 서식하여 흙냄새의 원인임
- 대부분 항생물질을 생성
- 0.3~1.0 ㎛ 크기로 무성적으로 균사가 절단되어 구균, 간균으로 증식 또한 균사의 선단에 분생포자를 형성 하여 무성적으로 증식

5. 조류

- 원생생물(조직분화 없음)이며 고등미생물(진핵세포)의 조류와 하등미생물(원핵세포)의 남조류가 있음
- 세포내에 엽록체를 가지면 공기 중의 이산화탄소와 물로부터 태양에너지를 이용하여 포도당을 합성하는 광합성 미생물
- 바닷물에 서식하는 해수조와 담수 중에 서식하는 담수조가 있음
- 남조류는 특정한 엽록체가 없고 엽록소 a(Chlorophyll a)가 세포 전체에 분포함
- 조류는 녹조류, 갈조류, 홍조류가 대표적이며 단세포임
- 녹조류 : 클로렐라
- 갈조류 : 미역, 다시마
- 홍조류 : 우뭇가사리, 김
- 남조류 : 흔들말속, 염주말속 등

6. 바이러스

- 가장 작은 미생물 10~300nm의 크기로 전자현미경으로만 관찰됨
- 사람(인체바이러스), 식물(식품바이러스), 동물(동물바이러스), 세균(박테리오파지) 등
- DNA 또는 RNA 핵산이 단백질로 둘러싸인 형태로 존재함
- 핵산은 DNA 또는 RNA 중 한 가지만 존재하여 자가복제가 불가능하여 숙주에 기생하여 증식함
- 식품과 물을 통해 사람에게 전파 가능
- 간염바이러스, 노로바이러스 등

7. 박테리오파아지(*bacteriophage*)

① 특징
- 세균에 기생하는 바이러스의 총칭
- 머리 부분과 꼬리 부분으로 되어 있고, 꼬리 부분에 갈고리 모양의 스파이크(spike)가 있음
- 머리 부분은 단백질과 핵산물질(DNA 또는 RNA)로 채워져 있고, 꼬리 부분은 수축성 단백질로 구성됨
- 파지(phage)는 스파이크(spike)로 세균에 부착되면 꼬리 부분이 수축되면서 머리 부분의 핵산물질이 세균에 주입되고 세균의 염색체에 부착하여 프로파지(prophage)가 됨
- 프로파지(prophage)는 다른 세포로 옮겨 다니는 용원성 파지와 세균의 세포 내에서 새로운 파지를 생성하여 세균을 사멸시키는 독성파지가 있음
② 발효에 미치는 영향
- 파지는 발효공업에 이용되는 세균과 방선균에서 자주 발생하여 발효지연 또는 생산성 저하 등의 이상발효현상 초래
- 숙주와 파지의 생육조건이 일치하므로 온도나 pH 등의 환경조건만을 변화시켜서는 파지증식억제가 불가능
③ 파지 피해방지법
- 조기발견 및 철저한 살균
- 파지에 내성이 강한 균주 사용
- 숙주세균을 바꾸는 rotation system 활용

5 식품에 이용되는 미생물

1. 미생물의 효소

① 효소이용의 장점
  - ㉠ 낮은 온도에서도 반응이 신속함
  - ㉡ 가열 등에 의해 쉽게 불활성화가 가능
  - ㉢ 작용조건(온도, pH 등) 조절로 품질저하방지
  - ㉣ 기질의 특이성을 이용하여 불필요한 화학변화를 제어
② 효소이용의 단점 : 고가이며 활성을 잃기 쉬움
③ 효소생성 미생물
  - ㉠ amylase 생산미생물
    - amylase 생산세균 : *Bacillus subtilis*, *Bacillus mesentericus*, *Bacillus amylosolvens*, *Bacillus hydrolyticus*
    - amylase 생산곰팡이
      - *Aspergillus oryzae*, *Aspergillus niger*, *Aspergillus usami*, *Aspergillus awamori*
      - *Rhizopus niveus*, *Rhizopus delema*, *Rhizopus javanicus*,
  - ㉡ Protease 생산미생물
    - protease 생산세균 : *Bacillus subtilis*
    - protease 생산곰팡이 : *Aspergillus oryzae*
  - ㉢ Lipase 생산미생물
    - 치즈 제조 시 탈지, 유지의 산패 냄새를 막는데 이용
    - Lipase 생산곰팡이 : *Aspergillus*, *Penicillium*, *Rhizopus*, *Mucor* 등
    - Lipase 생산효모 : *Candida* 등
  - ㉣ Lactase 생산 미생물
    - 유당분해효소
    - Lactase 생산효모 : *Scccharomyces fragilis*, *Scccharomyces lactis*, *Candida spherica*
  - ㉤ Pectinase 생산미생물
    - 과즙을 투명하게 하며 수율 증가시킴
    - Pectinase 생산곰팡이 : *Aspergillus niger*, *Penicillium chrysogenum*, *Penicillium expansum*, *Monascus anka* 등

2. 식품가공에 관여하는 주요 미생물

① 주류

 ㉠ 청주
  - *Aspergillus oryzae* : 당화
  - *Saccharomyces sake* : 발효
  - *Hansenula anomala* : 방향부여
  - 변패균 : *Lactobacillus heterohiochi*(화락균 : 백탁 및 산패의 원인균)

 ㉡ 맥주
  - 상면발효효모 : *Saccharomyces cerevisiae*, 영국 · 캐나다 · 독일의 북부지방 등에 주로 생산
  - 하면발효효모 : *Saccharomyces carsbergensis*, 한국 · 일본 · 미국 등에 주로 생산
  - 변패균 : *Pediococcus cerevisiae*, 술이 흐려지고 pH를 강하시키며 좋지 않은 냄새를 생성함

 ㉢ 포도주 : 포도주 효모–*Saccharomyces ellipsoides*

 ㉣ 약주 · 탁주
  - 곰팡이 : *Aspergillus kawachii*, *Aspergillus shirousami*, *Mucor*, *Rhizopus*, *Absidia*, *Monascus*
  - 효모 : *Saccharomyces coreanus*, *Saccharomyces cerevisiae*
  - 약주 · 탁주의 유해균은 일반젖산균류

② 장류

 ㉠ 된장
  - 코지(koji) 곰팡이 : 황국균 *Aspergillus oryzae*(amylase와 protease 생산)
  - 풍미를 증진시키는 효모 : *Saccharomyces*, *Zygosaccharomyces*, *Torulopsis*
  - 단백질 분해력이 있는 세균 : *Bacillus subtilis*
  - 산 생성능력이 있는 세균 : *Bacillus mesentericus*

 ㉡ 간장
  - 코지(koji) 곰팡이 : 황국균 *Aspergillus oryzae*(amylase와 protease 생산), *Aspergillus sojae*
  - 숙성 중 내삼투압성 효모 : *Zygosaccharomyces major*, *Zygosaccharomyces sojae*
  - 단백질 분해력이 있는 세균 : *Bacillus subtilis*
  - 내염성 세균 : *Pediococcus sojae*
  - 젖산생성 세균 : *Pediococcus halophilus*
  - 유해균 : 산막효모(*Pichia anomala*)

 ㉢ 청국장 : 세균–*Bacillus subtilis*, *Bacillus natto*

③ 유제품

 ㉠ 버터 : 스타터 및 숙성균–*Streptococcus lactis*, *Streptococcus cremoris*

 ㉡ 치즈
  - 세균 : *Streptococcus lactis*, *Streptococcus cremoris*
  - 곰팡이 : *Penicillium camemberti*, *Penicillium roqueforti*

④ 기타
- ㉠ 구연산(citric acid)
  - 호기적 조건으로 당에서 구연산을 생성하는 발효
  - 생산균 : *Aspergillus niger* 주로 사용, 그 외에 *Aspergillus saitoi*, *Aspergillus awamori* 등
  - 구연산 생산조건 : 강한 호기적 조건, 당농도 10~20%, 무기영양원 N·P·K·Mg·황산염, 최적 온도 26~36℃, pH 2~4, 수율은 포도당원료에서 106.7% 구연산 생성
- ㉡ 말산(malic acid) : 푸마르산(fumaric acid)을 원료로 *Lactobacillus brevis*(fumarase 분비)에 의해 생산
- ㉢ 푸마르산(fumaric acid) : 당을 원료로 하여 *Rhizopus*를 이용하여 생산
- ㉣ 글루탐산(glutamic acid)
  - *Corynebacterium*, *Brevibacterium*, *Micrococcus* 등에 의해 폐당밀과 녹말액화액 등으로부터 생산
  - 생산조건으로 통기량이 충분해야 하고, 적절한 비오틴 함량과 pH는 중성 또는 약알칼리 유지

3. 식품부패 관련 미생물

① 쌀밥 : *Bacillus* 속(*B. subtilis*, *B. megatherium*, *B. cereus*)
② 빵
- ㉠ 점질화 원인균 : *B. mesentericus*
- ㉡ 붉은 빵 원인균 : *Serratia marcescens*

③ 과실류
- ㉠ 감자, 양파 등의 연부병
- ㉡ 사과, 귤의 푸른 곰팡이병
- ㉢ 복숭아, 배 등의 검은 곰팡이병

④ 잼류 : 부패 원인균-*Torulopsis bacillaris*
⑤ 달걀
- ㉠ 갈색 부패 : *Pseudomonas fluorescens*
- ㉡ 흑색 부패 : *Proteus melanogenes*

⑥ 어패류 : 부패균-저온균인 *Micrococcus*, *Flavobacterium*, *Achromobacter*, *Pseudomonas*
⑦ 침채류 : 카로티노이드 색소생성-*Rhodotorula*
⑧ 통조림
- ㉠ H_2S를 생성하여 검게 하는 균 : *Clostridium nigrificans*
- ㉡ 팽창부패균 : *Clostridium thermosaccharolyticum*
- ㉢ 평면산패(flat sour) : *Bacillus coagulans*, *Bacillus steothermophilus*

⑨ 육류

    ㉠ 호기적인 경우

        • 고기색소의 변색 : *Lactobacillus*, *Leuconostoc*

        • 유지의 산패 : *Pseudomonas*, *Achromobacter*

        • 표면의 착색 및 반점생성 : *Serratis*(적색), *Flavobacterium*(황색)

        • 산취 : 젖산균, 효모

    ㉡ 혐기적인 경우 : 산패−*Clostridium*

⑩ 육제품

    ㉠ 소시지 표면점질물 : *Micrococcus*

    ㉡ 어육소시지를 백색으로 탈색 : *Streptococcus*

⑪ 우유

    ㉠ 혐기성 : *Clostridium lentoputrecens*

    ㉡ 통성혐기성 : *E. coli*

    ㉢ 호기성 : *Bacterium lactis*(적색 변화)

    ㉣ 통성호기성 : *Proteus vulgaris*(불쾌한 냄새)

1 선별

1. 선별의 정의

① 수확한 원료에 불필요한 화학적 물질(농약, 항생물질), 물리적 물질(돌, 모래, 흙, 금속, 털 등) 등을 측정가능한 물리적 성질을 이용하여 분리·제거하는 공정
② 크기, 모양, 무게, 색의 4가지 물리적 특성을 이용

2. 선별의 방법

① 무게에 의한 선별
  ㉠ 무게에 따라 선별
  ㉡ 과일, 채소류의 무게에 따라 선별
  ㉢ 가장 일반적인 방법임
  ㉣ 선별기의 종류 : 기계선별기, 전기-기계선별기, 물을 이용한 선별기, 컴퓨터를 이용한 자동선별기
② 크기에 의한 선별(사별공정)
  ㉠ 두께, 폭, 지름 등의 크기에 의해 선별
  ㉡ 선별 방법
    • 덩어리나 가루를 일정크기에 따라 진동체나 회전체를 이용하는 체질에 의해 선별하는 방법
    • 과일류나 채소류를 일정규격으로 하여 선별하는 방법
  ㉢ 선별기의 종류 : 단순체 스크린, 드럼스크린을 이용한 스크린 선별기, 롤러선별기, 벨트식선별기, 공기이용선별기
③ 모양에 의한 선별
  ㉠ 쓰이는 형태에 따라 모양이 다를 때(둥근 감자, 막대 모양의 오이 등) 사용
  ㉡ 선별 방법
    • 실린더형 : 회전시키는 실린더를 수평으로 통과시켜 비슷한 모양을 수집함
    • 디스크형 : 특정 디스크를 회전시켜 수직으로 진동시키면 모양에 따라 각각의 특정 디스크 별로 선별
  ㉢ 선별기의 종류 : belt roller sorter, variable-aperture screen
④ 광학에 의한 선별
  ㉠ 스펙트럼의 반사와 통과특성을 이용하는 X-선, 가시광선, 마이크로파, 라디오파 등의 광범위한 분광 스펙트럼을 이용하여 선별

ⓛ 선별 방법 : 통과특성이용법, 반사특성이용법
- 통과특성을 이용하는 선별 : 식품에 통과하는 빛의 정도를 기준으로 선별(달걀의 이상여부 판단, 과실류 성숙도, 중심부의 결함 등)
- 반사특성을 이용하는 선별 : 가공재료에 빛을 쪼이면 재료 표면에서 나타난 빛의 산란, 복사, 반사 등의 성질을 이용해 선별하며, 반사정도는 야채, 과일, 육류 등의 색깔에 의한 숙성정도 등에 따라 달라짐
- 기타 : ① 기기적 색채선별방법, ② 표준색과의 비교에 의한 광학적 색채선별을 통해 직접 육안으로 선별하는 방법

2 세척

1. 세척의 정의

① 식품재료의 불순물이나 부착된 오염물을 분리제거하는 방법
② 선별과 함께 실시
③ 세척의 3단계
　ㄱ 예비세척 : 세척제를 고체표면이나 오염물 표면에 담금
　ㄴ 중간세척 : 오염물질을 분리
　ㄷ 후세척 : 식품재료의 재오염 방지

2. 세척의 분류

① 건식세척
　ㄱ 식품재료의 표면이 건조한 상태로 비용이 저렴하나 재오염 가능성이 높으며, 모래나 털, 곤충의 배설물 등을 제거함
　ㄴ 건식세척의 종류
　　- 체분리세척 : 체의 크기를 이용하여, 체의 종류에 따라 편평식 스크린 또는 회전드럼식 스크린 사용
　　- 마찰세척 : 재료간의 상호마찰 또는 재료와 세척기의 움직이는 부분과의 상호접촉에 의해 오염물질을 제거
　　- 흡인세척 : 2가지 이상의 다른 공기흐름속도의 분리기에 재료를 통과시켜 부력과 기체역학 원리로 분리함
　　- 자석세척 : 자기장 속으로 재료를 통과시켜 금속 등의 이물질을 제거
　　- 정전기적 세척 : 정전기적 전하를 가진 재료를 반대전하로부터 제거하며, 미세먼지 제거에 이용함
② 습식세척
　ㄱ 세척제와 소독제를 사용하여 식품 표면에 밀착된 이물질을 제거
　ㄴ 세척제가 식품재료 표면에 흡착, 침적, 용해, 분산, 유화 등의 화학반응과 확산, 이동 등의 물리적 작용에 의해 제거
　ㄷ 비용 많이 들고 식품의 젖은 표면이 보다 빨리 부패하므로 저장 관리 주의 필요

ⓔ 습식세척 종류
- 담금세척 : 탱크와 같은 용기에 물을 넣고 식품을 일정시간 담가, 교반하면서 씻어낸 후 건져내는 방식. 시금치, 감자, 고구마, 채소 등의 이물질 제거
- 분무세척 : 벨트 위에 식품을 올려놓고 이동하도록 하고 그 위를 여러 개의 노즐을 통하여 물을 분무시켜 세척하도록 한 장치. 감자, 토마토, 감귤, 사과 등의 이물질 제거
- 부유세척: 식품과 오염물질의 부력차이를 이용한 세척 방법. 완두콩, 강낭콩, 건조야채 등의 이물질 제거
- 초음파세척 : 20~100 kHz의 초음파로 주기적 압력 변화를 만들어 유체는 빠르게 거품이 생겼다 없어졌다하는 공동현상으로 유체 내 교반에 의한 이물질 제거. 달걀의 오염물, 과일의 왁스 등의 이물질 제거

3 분쇄

1. 분쇄의 정의

① 크기를 작게 만든다는 뜻으로 물질의 파쇄(Crushing)와 미세(Grinding)을 포함
② 고체물질에 압축, 충격, 마찰, 비틀림(전단)의 힘을 가하여 성분변화 없이 크기를 작게 하는 것
③ 분쇄의 목적
   ㉠ 성분의 추출 또는 분리가 용이
   ㉡ 품질향상
   ㉢ 표면적을 확대하여 건조 및 추출속도가 빨라짐
   ㉣ 열효율을 높여 가열시간을 단축
   ㉤ 균일하게 혼합
   ㉥ 반응속도가 빨라짐

2. 분쇄기의 분류

① 조분쇄기(Coarse crusher)
   ㉠ 예비분쇄기라고도 하며 원료의 분쇄크기를 4~5cm 또는 그 이하로 분쇄
   ㉡ 조분쇄기의 종류
      - 조우분쇄기(Jaw crusher) : 압축력에 의해 음식물을 저작하는 원리의 분쇄기
      - 선동분쇄기(Gyratory crusher) : 베벨기어에 의해 구동되면서 고정되어 있는 회전축의 타원운동으로 분쇄
② 중간분쇄기(intermediate pulverizer)
   ㉠ 압축력을 이용한 선동분쇄기의 원리
   ㉡ 원료분쇄의 크기 : 1~4cm에서 0.2~0.5mm까지 분쇄 가능
   ㉢ 중간분쇄기의 종류
      - 원추형 분쇄기(Cone crusher) : 원뿔모양의 분쇄기

- 해머밀(Hammer mill) : 몇 개의 해머가 회전하면서 충격과 마찰로 분쇄함. 구조가 간단하고 용도가 다양하며 유지보수가 편리하나, 입자가 균일하지 않고 소요동력이 큼
③ 미분쇄기(Fine pulverizer)
   ㉠ 분쇄매체와 원료가 같이 회전하면서 충격, 마찰 등의 힘으로 분쇄하며, 텀블링 밀(Tumbling mill)이라고도 함
   ㉡ 원료를 0.1mm 이하로 분쇄
   ㉢ 미분쇄기의 종류
      - 보올밀(Ball mill) : 보올이 원료와 함께 원심력에 의해 회전하면서 분쇄
      - 로드밀(Rod mill) : 막대기가 원료와 함께 원심력에 의해 회전하면서 분쇄하는 원통형 분쇄기
      - 에지러너(Edge runner) : 원반과 두 개의 롤을 회전시키면서 원료를 압축과 전단에 의해 분쇄
      - 진동밀(Vibration mill) : 고정축과 면이 반대방향으로 원운동하면서 분쇄와 혼합을 하는 분쇄기
      - 터보밀(Turbo mill) : 여러 개의 공간에 회전시켜 형성되는 고주파진동으로 분쇄
      - 버밀(Buhr mill) : 맷돌처럼 두 개의 원형돌이 맞대어 돌면서 전단에 의해 분쇄
④ 초미분쇄기(Ultra fine pulverizer)
   ㉠ 미분쇄한 분쇄물을 더욱 가는 1㎛ 전후의 아주 미세한 분말로 분쇄
   ㉡ 초미분쇄기의 종류 : 제트밀(Jet mill), 디스크밀(Disc mill), 진동밀, 콜로이드밀, 원판분쇄기 등

4 혼합과 유화

1. 혼합에 관련된 용어

① 혼합 : 입자나 분말형태 등을 섞는 모든 형태
② 교반 : 혼합성 액체와 액체간의 혼합, 저점도 액체들을 혼합하거나 소량의 고형물 용해 또는 균일하게 조작
③ 반죽 : 고체와 액체의 혼합, 다량의 고체분말과 소량의 액체를 섞는 조작
④ 유화 : 비혼합성 액체와 액체간의 혼합, 서로 녹지 않는 액체를 분산시켜 혼합

2. 혼합의 정의

고체와 고체, 고체와 액체, 액체와 액체, 액체와 기체 등 2가지 이상의 다른 성분을 섞는 조작

3. 혼합에 이용되는 기기의 종류

① 교반기
   ㉠ 액체와 액체의 혼합, 액체 중에 고체입자를 현탁시키는 방법
   ㉡ 고체를 액체에 녹일 때, 고체입자를 액체로 세척할 때, 고체와 액체를 균일하게 혼합시킬 때 또는 화학반응을 일으킬 때 사용
   ㉢ 회전축에 교반날개(Impeller), 터빈(Turbine), 프로펠러(Propeller) 등을 달아 알맞은 속도로 회전
   ㉣ 축에 있는 날개모양에 따라 패들형, 터빈형, 프로펠러형으로 구분
   ㉤ 교반기를 설치하는 위치에 따라 휴대용, 정치용으로 구분
   ㉥ 휴대용에는 수형, 선형, 측면형, 역류형, 분사형, 가스형 등

② 혼합기
  ㉠ 대류(Convection), 확산(Diffusion), 전단(Shear stress)작용 등으로 혼합되는 동시에 입자들의 성질 차이에 의해 분리
  ㉡ 고체와 고체혼합은 물질의 크기, 비중, 점착성, 유동성, 응집성 등의 물성이 혼합에 영향을 미침
  ㉢ 균일한 혼합물을 얻기 위해서 각 성분의 입자밀도, 모양, 크기 등을 비슷하게 조합
  ㉣ 균일제품을 만들 때, 반응을 촉진시킬 때, 새로운 형태의 원료를 만들 때, 유탁이나 현탁액을 얻을 때 이용
  ㉤ 혼합기의 종류
    • 회전용기형 혼합기 : 용기 내에 시료를 넣고 용기를 회전하거나 뒤집기를 반복하여 용기 내 물질을 혼합함. 물리적 성질이 비슷한 고체입자의 혼합에 적합(예: 텀블러 혼합기)
    • 고정용기형 혼합기 : 용기를 고정시켜 놓고 스크루 또는 리본과 같은 혼합장치를 설치하여 그 속에 들어 있는 물질을 혼합(예 : 리본, 스크루 혼합기)
③ 반죽기
  ㉠ 점조성이 있는 고체와 액체를 혼합하거나 반죽을 만들 때 이용되는 기계
  ㉡ 압축, 전단, 압연 등의 작용을 연속적으로 조작
  ㉢ 반죽기의 종류 : 팬혼합기(Hobat mixer), 니이더, 코니더
④ 유화기
  ㉠ 액체에 압력, 충격력, 전단력, 마찰력 등의 힘을 가하여 미세한 입자로 분쇄
  ㉡ 유화기의 종류
    • 고속교반기 : 믹서, 호모게나이저 이용, 마가린, 샐러드크림 등의 유화에 사용
    • 고압균질기 : 고압펌프로 분쇄시켜 고압에서 저압으로 압력이 낮아지면서 더욱 미세한 입자로 분산시킴. 아이스크림, 저지방크림 등에 사용
    • 콜로이드 밀
      – 1,000~20,000 rpm으로 고속회전하는 로터(Roter)의 고정판(Stator)으로 구성
      – 이 사이에 액체가 겨우 흐를 만한 좁은 간격(약 0.00025mm)을 보유
      – 액체가 이 간격 사이를 통과하는 동안 전단력, 원심력, 충격력, 마찰력이 작용하여 유화시킴
      – 치즈, 마요네즈, 샐러드크림, 시럽, 주스 등 유화에 이용
      – 초음파균질기 : 고주파에 의해 물방울 크기가 1~2mm인 에멀션(Emulsion)을 형성시켜 압력을 주어 균질기로 이송함, 주로 샐러드크림, 아이스크림, 고지방, 필수지방 에멀전에 사용됨

5 성형

1. 성형의 정의

식품가공 또는 제품화하는 과정에서 일정한 모양을 갖추도록 하는 작업

2. 성형기의 종류

① 주조성형기
- ㉠ 일정한 모양을 가진 틀에 식품을 담고 냉각 혹은 가열 등의 방법으로 고형화시키는 기기
- ㉡ 크림, 젤리, 빙과, 빵, 과자 등 제조
② 압연성형기
- ㉠ 분체식품을 반죽하여 롤러로 얇게 늘리어 면대를 만든 후 세절, 압인 또는 압절하여 성형하는 기기
- ㉡ 국수, 껌, 도넛, 비스킷 등 제조
③ 압출성형기
- ㉠ 고속 스크류에 의해 혼합, 전단, 가열작용을 받아 고압, 고온에서 혼합, 가열, 팽화, 성형되는 기기
- ㉡ 마카로니, 소시지, 인조육 제품 등 가공 이용
④ 절단성형기
- ㉠ 칼날이나 톱날을 사용하여 식품을 일정한 크기와 모양으로 만드는 성형기기
- ㉡ 치즈, 두부 절단 등에 이용
⑤ 과립성형기
- ㉠ 분말화
- ㉡ 분말주스, 커피분말, 이스트 등 제조

6 원심분리

1. 원심분리의 정의

원심력을 가하였을 때 서로 섞이지 않는 액체 간의 혼합물 또는 액체와 고체혼합물 비중의 차이에 의해 분리하는 것으로 식품의 분리, 침강, 탈수, 농축 등에 이용

2. 원심분리기의 종류

① 액체와 액체원심분리기 : 불용성 액체혼합물을 원심분리
- ㉠ 관형원심분리기(Tubular bowl centrifuge)
  - 고정된 케이스 안에 가늘고 긴 보울(bowl)이 윗부분에 매달려 고속으로 회전함
  - 공급액은 보울바닥의 구멍에 삽입된 고정노즐을 통하여 유입되어 보울 내면에서 두 개의 동심액체층으로 분리됨
  - 가벼운 내층은 보울 상부의 둑(weir)을 넘쳐나가 고정배출덮개 쪽으로 나가며, 무거운 액체는 다른 둑을 넘어 흘러서 별도의 덮개로 배출
  - 식용유의 탈수, 과일주스 및 시럽 청징에 이용
- ㉡ 원판형원심분리기(Disc bowl centrifuge)
  - 원판형원심분리기의 보울바닥은 평평하고 꼭대기는 원추형이며, 하부의 회전축에 고정되어 회전함
  - 보울 안에는 보울과 함께 회전하는 접시모양의 금속원판(disc)들이 아래위로 일정한 간격으로 고정됨

- 위에서 유입된 공급액은 보울에 부착된 고정파이프를 통하여 상승하면서 각 원판 사이로 분배되어, 원심력에 의해 무거운 액체는 원판의 아랫부분을 따라 바깥쪽으로, 가벼운 액체는 반대로 원판의 윗부분을 따라 안쪽으로 이동함
- 우유에서 크림 분리, 식용유의 정제, 과일주스의 청징에 이용

② 원심청징기(Clarifier)
  ㉠ 액체로부터 적은 양의 불용성 고체입자를 원심력에 의해 침강시켜 제거
  ㉡ 고체의 농도가 1% 이하는 원통형, 5% 이하는 노즐형, 5% 이상 농도는 컨베이어형을 사용
  ㉢ 과즙 청징, 유지류 분리, 전분유 농축, 효모분리 등에 이용

③ 디슬러지 원심분리기 : 원료액에 고체의 농도가 높을 때 사용하며 고체함량이 50%까지 이용이 가능함, 컨베이어형 원심분리기임

7 여과

1. 여과의 정의

고형물에 들어 있는 수분을 여과매체에 통과시켜 액체는 막을 통과하고 현탁입자는 막의 표면에 퇴적되는 방법으로 현탁액을 분리시키는 조작함

2. 용어의 정의

① 슬러리(Slurry) : 고체-액체 현탁액
② 여액(Filterate) : 막을 통과하는 액
③ 여재(Filter Midium) : 막 자체
④ 여과케이크(Filter Cake) : 막 위의 고체층

3. 여재(Filter Midium) 요구조건

① 케이크를 지탱할 수 있는 강도와 케이크를 쉽게 제거할 수 있는 표면특성이 있어야 함
② 독성이 없어야 함
③ 여과물질과 화학반응이 없어야 함
④ 가격이 저렴해야 함

4. 여과보조제

① 여재의 막힘을 방지하기 위해 사용
② 비교적 크고, 타 물질과 작용하지 않아야 함
③ 주로 규조토를 사용하며, 종이펄프, 탄소, 백토 등도 사용

5. 여과에 이용되는 기기의 종류

① 중력여과기
  ㉠ 혼합액에 중력을 가하여 여과기 바닥에 다공판을 깔고 모래나 입자형태의 여과재를 채운 구조로, 여과 층에 원액을 통과시켜 여액을 회수하는 장치
  ㉡ 음료수, 용수처리 등에 이용
② 압축여과기
  ㉠ 여과원액에 압력을 가하여 여과하는 압축여과기
  ㉡ 종류
    • 판틀형가압여과기(Plate pressure filter)
      - 필터프레스(Filter press)라고도 하며, 여과판, 여과포, 여과틀을 교대로 배열조립한 것
      - 여과판은 주로 장방형으로 양면에 많은 돌기들이 있어 여과포(Filter colth)를 지지해주는 역할을 하며, 돌기들 사이의 홈은 여액이 흐르는 통로를 형성함
      - 구조와 조작이 간단하고 가격이 비교적 저렴하나, 인건비와 여포의 소비가 크고 케이크의 세척이 비효율적
    • 잎모양가압여과기(Leaf pressure filter)
      - 여과잎은 밀폐된 용기 안에 넣고 용기를 가압하면 여과잎 중심부로 여액이 나오고 주변에 케이크 가 모이게 하여 여과하는 것
      - 여과잎은 금속그물 또는 홈이 파인 금속판의 표면에 여과매체를 입힌 것으로 사각, 원형, 원통형 등이 있음
      - 여과매체의 손상이 적고 세척효과가 높으며 여과면적이 큰 장점이 있어 대량의 슬러리여과 또는 청징에 적합하나, 필터프레스보다는 고가이고 슬러리 중의 고형분이 침강성이 있는 경우 사용이 부적합함
③ 진공여과기
  ㉠ 여과포를 덮은 틀이나 회전원통을 원액에 담그고 내부에서 원액을 진공펌프로 흡인시켜 여과포를 통과한 여액을 외부로 배출시켜 여과하는 방법
  ㉡ 가장 대표적 진공여과기는 원통형 진공여과기임
  ㉢ 원통형진공여과기
    • 여과기가 감압하에서 이루어지고, 케이크의 제거는 대기압에서 이루어지기 때문에 연속방식으로 진행함
    • 처리비용은 크나 인건비용은 적음
    • 장치가격이 비싸고 뜨거운 액이나 휘발성 액의 취급에는 부적당함
④ 원심여과기
  ㉠ 원액에 들어 있는 고체입자의 수분을 원심분리로 제거하는 기기
  ㉡ 비교적 큰 입자나 결정성 물질을 포함한 원심분리로 제고하는 현탁액의 여과에 이용
  ㉢ 종류 : 바스켓원심여과기, 컨베이어원심여과기, 압출형원심여과기

- 바스켓원심여과기(Basket centrifugal filter)
  - 다공벽을 가진 원통형의 금속바스켓을 수직축에 매달아 고속으로 회전시켜 여과함
  - 바스켓 안에 원액을 공급하면 고체는 원심력에 의해 벽면에 침강하여 케이크를 형성하며, 이액은 케이크와 여포를 통해 바스켓 밖으로 배출함
  - 케이크와 수분함량을 효율적으로 저하시킬 수 있기 때문에 분리된 케이크를 건조하기 위한 예비조작으로 유용
- 컨베이어원심여과기(Conveyor centrifugal filter)
  - 다공성 보울을 이용하여 여과함
  - 고체층의 보울 내의 체류시간은 보울과 내부 스크류컨베이어의 회전속도의 차이에 따라 결정
  - 동·식물의 단백질회수, 코코아, 커피 및 홍차 현탁액의 분리, 어분의 제조 등에 이용

6. 막분리여과

① 막분리여과의 특징
  ㉠ 막의 선택투과성을 이용하여 상의 변화 없이 대상물질을 여과 및 확산에 의해 분리하는 기법
  ㉡ 열이나 pH에 민감한 물질에 유용
  ㉢ 휘발성 물질의 손실 거의 없음
  ㉣ 막분리여과법에는 확산투석, 전기투석, 정밀여과법, 한외여과법, 역삼투법 등이 있음
② 막분리여과의 장점
  ㉠ 분리과정에서 상의 변화가 발생하지 않음
  ㉡ 응집제가 필요 없음
  ㉢ 상온에서 가동되므로 에너지가 절약됨
  ㉣ 열변성 또는 영양분 및 향기성분의 손실최소
  ㉤ 가압과 용액순환만으로 운행하며, 장치조작이 간단함
  ㉥ 대량의 냉각수가 필요 없음
  ㉦ 분획과 정제를 동시에 진행함
  ㉧ 공기의 노출이 적어 병원균의 오염저하
  ㉨ 화학약품을 거의 필요로 하지 않기 때문에 2차 환경오염 유발하지 않음
③ 막분리여과의 단점
  ㉠ 설치비가 비쌈
  ㉡ 최대농축한계인 약 30% 고형분 이상의 농축이 어려움
  ㉢ 순수한 하나의 물질은 얻기까지 많은 공정이 필요
  ㉣ 막을 세척하는 동안 운행중지

④ 막분리여과의 종류

막분리법	막기능	추진력
확산투석	확산에 의한 선택 투과성	농도차
전기투석	이온성물질의 선택 투과성	전위차
정밀여과	막 외경에 의한 입자크기 분배	압력차
한외여과	막 외경에 의한 분자크기 선별	압력차
역삼투	막에 의한 용질과 용매 분리	압력차

㉠ 정밀여과(Microfiltration)
  • 정밀여과란 한외여과의 일종이며, 크기가 $0.1{\sim}10\,\mu m$ 정도인 콜로이드를 형성하는 용질 분리가 가능
  • 정밀여과는 역삼투나 한외여과를 시행하기 위한 사전여과공정을 이용
  • 용액 내의 세균제거에 이용
  • 정밀여과의 세공은 $0.01{\sim}10\,\mu m$ 정도이고, 세공이 막에 총 부피의 80% 정도를 차지하는 것이 적당
  • 분리하는 물질의 크기 : $0.1{\sim}10\,\mu m$까지

㉡ 한외여과(Ultrafiltration)
  • 정밀여과와 역삼투의 중간에 위치하는 것으로 고분자용액으로부터 저분자물질을 제거한다는 것이 투석법과 유사함
  • 물질의 농도차가 아닌 압력차를 이용한다는 점에서는 역삼투압과 동일함
  • 역삼투압은 고압을 이용하여 염류 및 고분자물질 모두 제거하는 반면, 한외여과는 저압을 이용하여 염류와 같은 저분자물질은 막을 투과시키지만 단백질과 같은 고분자물질은 투과시키지 못함
  • 한외여과는 고분자물질을 각각 저·중·고분자 물질로 분리시킬 수 있는 특징을 가짐
  • 한외여과막은 대개 $10{\sim}100\text{Å}(0.001{\sim}0.1\,\mu m)$ 크기의 세공을 가지고 있음
  • 한외여과는 분자량이 $1,000{\sim}50,000$ 정도인 용질의 분리에 효과적임
  • 용질과 용매분자량이 100배 이상 차이가 있을 때 적용가능
  • 분리하는 물질의 크기 : $2\,\mu m$ 까지

㉢ 역삼투(Reverse Osmosis)
  • 농도가 다른 두 용액 사이에 반투막이 있을 때 일반적으로 농도가 묽은 용액 속의 용매가 농도가 진한 용액 속으로 이동하는데, 이것은 삼투압의 차이 때문임
  • 그러나 농도가 진한 용액의 위쪽에 높은 압력을 가해 주면 위와 같은 현상이 역으로 일어나는데, 농도가 진한 용액 속의 용매가 반투막을 통하여 묽은 용액 속으로 이동하고, 이것을 역삼투라고 함
  • 이러한 원리는 바닷물의 정수장치에 이용할 수 있으며, 바닷물에 높은 압력을 가하면 반투막을 통하여 순수한 물만 빠져나가므로 역삼투를 이용하여 담수를 얻음
  • 역삼투는 분자량이 $10{\sim}1,000$ 정도의 작은 용질분자의 용매를 분리하는데 이용
  • 분리하는 물질의 크기 : $2\,\mu m$ 이하

8 추출

1. 추출의 정의

① 고체나 액체에서 용매로 원하는 물질을 용출·분리하는 조작
② 추출은 액체 또는 고체원료 중에 포함되어 있는 유용한 사용성 성분을 용매에 녹여 분리하는 조작
③ 식품성분의 특성에 따라 성분을 추출하거나 분리하는데 사용되는 방법으로 압착추출, 증류추출, 용매추출 등이 있음

2. 추출속도의 영향요인

① 고체와 액체의 계면면적 : 고체표면적에 정비례하며 입자의 크기를 작게 하면 추출속도가 증가
② 농도의 기울기 : 고체표면의 농도와 용액 중의 농도상이의 농도기울기가 크게 작용하며, 점도가 낮을수록 추출속도가 빠름
③ 온도 : 온도가 높으면 확산하는 속도가 증가
④ 용매의 유속 : 유속이 빠르고 난류(Turbulent flow)가 심할수록 추출속도 빠름

3. 추출에 이용되는 기계

① 압착기
　㉠ 압착은 고체원료에 함유된 유용한 액체성분을 압출 힘을 이용하여 추출하는 방법임
　㉡ 식용유, 과즙, 치즈 제조에 이용
　㉢ 압착방법에 따라 유압압착(Hydraulic pressing), 롤러압착(Roller pressing), 스크루압착(Screw pressing)으로 구분
　　• 유압식압착기(판상식압착기, Plate press)
　　　- 과즙, 식용유를 압착하는데 이용
　　　- 300~600kg/cm²의 압력을 작용하여 압착하는 회분식압착기
　　　- 면포나 면직자루에 원료를 담아서 압착판에 올려놓고 압착
　　　- 충전, 압착, 분해, 세척 등에 노력이 많이 소모되어 대규모 공장에서는 연속식 압착기로 대체
　　• 롤러식압착기
　　　- 원료를 회전롤 사이로 통과시켜 압착
　　　- 롤 표면은 홈이 파여 있어 착즙된 액이 홈을 따라 회수됨
　　　- 압착박이 롤에 비스듬히 설치된 칼날에 의해 제거·배출되기 때문에 연속작업이 가능함
　　　- 사탕수수에서 설탕액을 착즙하는데 이용
　　• 스크루식압착기
　　　- 스크루회전에 의해 원료가 이동되면서 압축하는 힘을 이용한 장치
　　　- 축의 회전속도는 3~500 rpm, 실린더에 가해지는 압력은 1,400~2,800kg/cm² 정도로 출구의 간격을 조절함으로서 제어가 가능
　　　- 과즙의 제조, 식용의 착유, 두유 제조에 이용

② 용매추출기

    ㉠ 물, 유기용매 등을 사용하여 추출되는 물질을 얻는 방법

    ㉡ 추출에 사용되는 용매는 유효성분을 잘 녹일 수 있는 것을 선택하고, 유용성분의 극성 또는 비극성 여부를 고려해야 함

    ㉢ 유지의 추출, 주스 제조, 설탕 제조, 커피, 차 등의 제조에 이용

    ㉣ 추출장치는 추출제와 용매를 고루 접촉하여 쉽게 평행에 도달시킨 후 상층류와 하층류를 분리할 수 있도록 만든 장치로 회분식추출기와 연속식추출기가 있음

    ㉤ 용매추출기 종류

        • 회분식추출기(Single stage extractor)

            – 식품산업에서 많이 사용하는 대표적인 추출기

            – 다공판 또는 금속망이 밑바닥에 깔린 탱크 속에 고체원료를 넣고 일정기간 추출

            – 추출액은 작은 구멍을 통하여 추출액 회수관으로 이송된다.

            – 회수된 추출액은 스팀에 의하여 가열되어 용매가 증발되고 나면 농축된 제품을 얻을 수 있음

            – 종실유, 커피, 차 제조에 이용

        • 다단식추출기(Multistage extractor)

            – 추출조작은 물질이동현상의 원리를 이용

            – 2개 이상의 추출단을 사용하는 다단추출방식

            – 1단계 회분추출에서는 사용하는 용액의 양이 비교적 다량이고, 추출액, 즉 미셀라(Miscella, 용매와 기름의 혼합물)의 농도가 낮은 단점이 있음

        • 연속추출장치(Continuous extractor)

            – 주로 대규모 공장에서 사용

            – 연속추출장치는 1대의 추출기가 여러 개의 추출단을 가지고 있으므로 다단계 회분추출기보다 장치가 조밀하고 운전에 필요한 노동력이 적은 장점이 있음

            – 종류 : 볼만(Bollmann)추출기, 힐데브란트(Hilderbrant)추출기, 로토셀(Rotocell)추출기

③ 초임계 가스추출기

    ㉠ 초임계가스를 용제로 하여 추출 · 분리하는 기술

    ㉡ 공정 : 용제의 압축, 추출, 회수, 분리

    ㉢ 초임계 가스추출방법은 성분변화가 거의 없고 특정성분을 추출하고 분리함

    ㉣ 커피, 홍차의 카페인 제거, 동 · 식물성 유지 추출, 향신료 및 향료의 추출 등에 이용

9 이송

1. 이송의 정의

① 각 공정 간의 원료이동, 물질의 상태이동, 식품의 이동 등에 쓰이는 기기

② 기체이송 : Fan, Blower, Compressor 등 사용

③ 액체이송 : Pipe, Pump 등 사용

④ 고체이송 : Conveyer, Thrower 등 사용

2. 이송에 이용되는 기기

① 기체이송기 : 10~1,000기압의 고압공기를 이송하는 왕복압축기는 기체 입구 쪽에 미립자를 제거하는 필터를 붙이고 출구 쪽에 응축수를 제거하는 Separator가 필요함
② 액체이송기 : Pipe와 Pump의 종류로는 왕복운동식, 회전식 및 특수식이 있음
③ 고체이송기 : 식품의 수송이나 포장된 물질수송에 사용하며, 식품의 형태 등에 따라 사용기계를 여러 방법으로 구별함

10 건조

1. 건조의 정의

식품에 함유된 수분을 제거하는 조작

2. 건조의 장점

① 무게와 부피가 감소
② 수송과 유통이 간편
③ 미생물 번식을 억제
④ 장기저장이 가능
⑤ 식품의 종류에 따라 색깔, 맛, 향미 향상으로 상품가치를 높임

3. 건조방법의 종류

건조조건	건조방법	종류	이용식품
자연건조	양건, 음건	태양열, 공기 기류 등	건포도, 곶감, 건어물 등
인공건조	가압건조	가열, 가압 및 건조 분출	곡류, 과일, 채소 등
	상압건조	자연 환기 건조	말린 사과 등
		열풍(송풍, 통풍)건조 : 터널, 로터리, 유동층,기류, 컨베이어벨트식	각종 식품 건조
		분무건조 : 가압노즐 또는 원심분무식	분말커피, 분유, 분말 향료 등
		피막건조 : 드럼 또는 벨트식	알파화전분, 약용효모 등
		포말건조(거품건조) : 크레이터법, 스파게티법	딸기주스, 커피분유, 전액 등
		건조제건조	고체 또는 액체건조제 이용식품
		고주파건조	수분이 적은 식품
		적외선건조	일반식품
	진공건조	동결건조	고급커피 등
		진공의 분무, 피막, 교반식건조	고점성, 고산도, 고당식품 등

① 천일(자연)건조

　　㉠ 양건(햇볕을 쬐어 건조), 음건(통풍이 잘 되는 그늘에서 건조)으로 자연조건에 따라 건조

　　㉡ 건조 시 자연 조건에 따라 제품품질이 달라지고 비위생적이며 장시간 소요

　　㉢ 건포도, 곶감, 건어물 등의 건조에 이용

② 인공건조

　　㉠ 가압건조 : 가열, 가압, 건조분출로 팽화식품(예 : 옥수수튀김)에 이용

　　㉡ 상압건조

　　　　• 자연환기 : 공기를 이용한 건조로 말린 사과 등에 이용

　　　　• 열풍(송풍, 통풍)건조

　　　　　　− 인공적으로 열풍을 식품에 보내어 수분을 증발시키는 방법

　　　　　　− 터널식, 로터리식, 유동층식, 기류식, 컨베이어벨트식으로 각종 식품을 건조

　　㉢ 분무건조 : 가압노즐 또는 원심분무식이며, 분말커피, 분유, 분말 향료 등에 이용

　　㉣ 피막건조 : 식품을 얇은 막상으로 도포시킨 후 드럼의 회전에 따라 수분을 증발시키면서 건조하며, 드럼 또는 벨트식으로 알파화전분, 약용효모 등에 이용

　　㉤ 포말(피막)건조 : 액상식품을 농축하거나 기포제를 첨가하여 기포성 높인 액상식품을 고압의 질소가스와 강하게 혼합하여 거품을 형성시킨 후 가열공기를 불어넣어 건조시킴

　　　　• 열에 약한 액체식품건조, 딸기주스, 커피분유, 전액 등

　　　　• 기포제로는 메틸셀룰로오스, 대두단백혼합물, 모노글리세라이드, 계란 알부민, 수크로오스지방산에스테르

　　㉥ 건조제건조 : 고체 또는 액체건조제를 이용하여 건조

　　㉦ 고주파건조 : 비교적 수분이 적은 식품에 이용

　　㉧ 적외선건조 : 컨베이어나 진동판 위에 식품을 얹어놓고 광선을 일정기간 쬐어 복사열을 이용하여 건조

③ 진공건조

　　㉠ 동결건조

　　　　• 진공상태의 저온에서 압력을 0.2~0.8 torr의 고진공으로 얼음의 승화에 의한 건조

　　　　• 동결건조커피에 이용

　　㉡ 진공의 분무 · 피막 · 교반식건조 : 진공상태의 저압에서 저온으로 건조

4. 건조기의 종류

① 대류형건조기 : 열풍건조기라고도 하며 식품을 건조실에 넣고 가열된 공기를 강제적으로 송풍기를 이용하여 불어주는 강제대류방식에 의한 건조

　　㉠ 킬른건조기(Kiln dryer) 및 캐비넷건조기(Cabinet dryer) : 일반건조기이며, 소량건조에 적합함, 건조기의 위아래의 건조차가 크므로 건조시료를 수시로 환적해야 하므로 공기순환장치가 필요

　　㉡ 터널건조기(Tunnel dryer)

　　　　• 다량의 식품 건조에 적합하며, 궤도운반차에 실어 이동하면서 건조되는 반연속식 건조장치

　　　　• 병렬식 터널건조기 : 열풍과 식품의 이동방향 동일

- 향류식 터널건조기 : 열풍과 식품의 이동방향 반대
- 혼합식 터널건조기 : 병류식과 향류식조합
- 횡류식 터널건조기 : 열풍과 식품의 이동방향이 교차(좌우 옆으로 통과)

ⓒ 유동층 건조기
- 입자 또는 분말식품을 열풍으로 불어 올려, 위로 뜨게 하여 재료와 열풍의 접촉이 좋게 하는 장치
- 열풍에 분산되기 쉬운 분말상태의 고체입자의 식품건조에 적합
- 열풍이 식품표면의 전체에 균일하게 접촉되므로 건조속도가 빠르고 균일하게 건조
- 완두콩, 곡류, 소금, 설탕, 슬라이스 당근, 양파 등의 건조 및 코팅조립에 이용

ⓔ 기송건조기
- 식품을 속도가 빠른 열풍 흐름에 날려서 긴 파이프를 통과하면서 건조하고, 출구의 사이클론에서 건조제품을 분리하는 장치
- 가루나 입자상태의 원료에 적합
- 건조표면적이 커서 건조속도가 빠름
- 균일한 건조제품을 얻을 수 있고 건조와 동시에 수송하는 역할이 가능함
- 열풍의 재순환이 곤란하므로 고온의 열풍으로 열효율을 높임
- 곡류, 글루텐, 전분, 분유, 달걀제품의 2차 건조 등에 이용

ⓜ 회전건조기
- 식품을 긴 원통 안에 넣고 약간 경사지게 회전시키면 원통 안에 설치된 날개가 재료를 끌어올려 흐르는 열풍에 뿌리면서 건조
- 수분이 적고 부피가 작아 쉽게 흐를 수 있는 입자로 된 식품의 건조에 적합
- 교반날개가 회전하여 혼합이 잘 되므로 건조속도가 빠르고 균일한 건조가 이루어짐
- 열안정성이 있고 대량처리가 필요한 설탕, 포도당, 코코아 등의 건조에 이용

ⓗ 분무건조기
- 열에 민감한 액체 또는 반액체 상태의 식품을 열풍의 흐름에 미세입자(10~100㎛)로 분무시켜 신속 (1~10초)하게 건조
- 열풍온도는 높지만 열변성을 받지 않음
- 열풍에 노출되는 분무입자의 표면적이 커서 건조속도가 빠름
- 건조가 거의 끝날 때까지 열풍의 습구온도(40~50℃) 이상 올라가지 않음
- 건조온도가 비점 이상이면 표면에 막이 형성되었다가 내부압력 때문에 팽창·폭발되면서 다공성인 스폰지 상채의 제품생산
- 분유, 인스턴트 커피, 인스턴트 홍차, 달걀, 과일주스, 분말물엿, 유아식품의 제조에 이용

② 전도형건조기 : 가열표면에 직접 식품을 접촉시켜 식품의 온도를 높이는데 필요한 현열과 증발에 필요한 기화열 또는 승화열을 전도에 의해 전달하여 건조시키는 방법

ⓐ 드럼건조기(Drum dryer)
- 원료를 수증기로 가열되는 원통표면에 얇은 막 상태로 부착시켜 건조
- 드럼 표면에 있는 긁는 칼날로 건조된 제품을 긁어냄

- 건조속도가 빠름
- 열에 민감한 식품건조에 이용
- 점도가 높거나 고형분 입자가 크거나, 고형분 함량이 많아서 분무건조하기 곤란한 식품에 이용
- 우유, 유아식품, 효모, 매쉬포테이토, 가용성 전분, 글루텐 등에 이용

    ⓒ 진공건조기(Vacuum dryer)
- 트레이에 담긴 식품을 선반위에 올려놓고 1~70mmHg의 진공상태로 유지하면서 70℃에서 건조
- 선반은 이중구조로 되어 있어 수증기나 뜨거운 물을 회전시켜 가열
- 초기건조속도는 빠르나 건조되면서 수축되어 굴곡이 생겨 트레이와 접촉이 균일하지 못하여 열전달이 감소함
- 과열로 열손상을 받지 않도록 선반 위의 온도조절이 필요함
- 설비비가 많이 듦
- 열에 민감한 액체 또는 고체식품의 건조에 적합

    ⓒ 팽화건조기
- 열풍건조과정 중의 중간건조과정으로 이용
- 1차열풍건조 후 수분함량 15~40%의 식품을 건조기 내에 넣고 외부로부터 회전·가열시키면서 도를 150~200℃까지 가열한 후 고압(100~200KPa)에서 건조용기를 개방하여 갑자기 상압으로 식품을 분출시켜 과열상태로 된 조직 중의 수분을 순간적으로 증발시켜 건조하는 방법
- 과일 및 채소 건조에 이용

③ 복사형건조기

    ⊙ 적외선건조기 : 적외선($0.75~400\mu m$)을 이용하여 식품표면의 온도를 상승시키고 수분을 증발시켜 건조하는 장치

    ⓒ 초단파건조기 : 초단파(Microwave)를 조사하여 식품 내부수분의 격렬한 진동에 의해 열이 발생되는 유전가열의 원리를 이용하는 건조방법

    ⓒ 동결건조기
- 식품을 보통 −40℃ 이하로 아주 빠르게 동결하여 수분이 액상으로 이동하지 않은 상태에서 직접 얼음으로 승화시켜 진공건조에 속하는 이상적인 건조방법
- 진공건조실, 진공장치, 가열장치로 구성
- 커피, 홍차 등의 차류 및 야채, 과일, 라면스프 등에 이용

⓫ 농축

1. 농축의 정의

① 용액으로부터 용매를 제거하여 용액의 농도를 높여주는 조작

② 용매는 물 또는 유기용매 사용

2. 농축의 종류

① 증발농축

   ㉠ 농축과정이 진행되면서 수분이 제거되므로 식품의 점도가 높아져 순환속도가 감소하고 열전달이 균일하지 못하거나 열전달 효율 및 속도가 감소하여 공정시간이 길어지므로, 열에 민감한 식품은 화학적, 물리적, 관능적특성의 변질위험이 있음

   ㉡ 농축과정에서 열에 민감한 식품은 열손상을 받기 쉽기 때문에 증발하는 동안 감압하여 끓는 온도를 가능한 낮추어 농축

   ㉢ 증발장치의 종류

      • 코일 및 재킷형증발기(솥형농축기)

         – 솥 또는 팬(Pan)형으로 가장 간단한 농축기로 직접 가열하는 직화식과 스팀으로 간접 가열하는 스팀재키식이 있음

         – 구조가 간단하고 가격이 저렴

         – 잼, 젤리, 토마토농축액, 수프농축

         – 소규모 회분식

      • 칼란드리아 증발기(단관형농축기)

         – 중심에 큰 구멍이 있는 상하 두 장의 철판에 여러 개의 파이프를 고정시킨 칼란드리아를 설치

         – 점도가 커서 자연순환이 어려운 용액, 발포성 용액, 결정입자를 함유한 용액의 농축에 사용

      • 장관형 증발기

         – 상승 박막식증발기와 하강 박막식증발기가 있음

         – 액이 얇은 필름상태로 가열파이프 벽을 상승하므로 열전달이 우수함

         – 액 깊이에 따른 끓는점 오름도 없으며 가열면과 접촉하는 시간이 비교적 짧음

         – 열에 민감한 용액농축에 적합하며 유가공, 과즙 농축에 이용

      • 기계박막식증발기

         – 기계적 교반에 의하여 필름을 형성시키는 형식으로 수직형과 수평형이 있음

         – 진공에서도 열전달이 우수함

         – 농축시간이 짧아 발포성 용액의 증발에도 적합

         – 고점성용액을 효율적으로 농축 가능

         – 토마토페이스트, 우유, 유당, 맥아즙, 육즙 등 열에 민감한 제품농축에 이용

- 플레이트식증발기
  - 관형열교환기를 가열부분으로 사용하는 방식으로 증기분리실에서 플래시증발(Flash Evaporation) 시키는 형식
  - 액체가 관 내부를 얇은 필름상태로 고속으로 이동하므로 열전달계수가 비교적 크고 체류시간이 짧아 열에 민감한 용액농축에 적합
  - 열교환기의 관수를 변화시킴으로써 증발능력을 용이하게 조절이 가능
  - 설비면적이 적고 쉽게 해체가 가능
  - 유제품, 오렌지주스, 맥아즙농축에 이용
- 원심식증발기
  - 원심분리기와 관형열교환기를 조합한 기능
  - 액체가 원심력에 의해 가열면을 따라 고속으로 바깥쪽으로 이동하므로, 아주 높은 열전달계수를 얻을 수 있으며 체류시간을 아주 짧음
  - 과즙과 우유농축에 적합

② 동결농축
  - ㉠ 수용액 중의 일부수분을 얼음결정으로 석출시킨 후 이것을 액체상으로부터 분리하여 용액을 농축하는 방법
  - ㉡ 저온에서 조작하므로 미생물오염, 용질의 열화, 휘발성 방향성분의 손실억제가 가능
  - ㉢ 장치 설치비, 조작비용이 많이 들고 조작이 복잡함
  - ㉣ 고급품 제조

③ 막농축
  - ㉠ 다공성의 분리매체를 통과하는 물질들의 크기와 확산속도차이에 의해 분리하는 방법
  - ㉡ 액체분리법에 많이 이용
  - ㉢ 한외여과법, 역삼투압법 등을 이용

12 살균

1. 살균의 정의

① 미생물의 제거나 생육을 저지하기 위한 물리적, 화학적 처리방법
② 살균으로 미생물의 세포조직의 기계적파괴, 단백질변성, 효소의 비활성화 등으로 미생물 생존을 억제함

2. 살균의 방법

① 가열살균 : 열을 이용하여 식품에 부착되어 있는 미생물을 사멸시켜 부패를 방지하거나, 식품이 가지고 있는 효소를 불활성화시켜 식품의 성분변화를 최소화시켜 저장성을 높이는 방법
  - ㉠ 상업적살균 : 식품의 저장성과 품질유지를 위한 최저한도의 열처리로 부패 또는 식중독의 원인이 되는 미생물만을 일정한 수준까지 사멸시키는 방법

ⓛ 온도차에 의한 살균
　　　　• 저온살균 : 100℃ 이하의 낮은 온도에서 주로 병원성 미생물을 사멸시키는 방법
　　　　• 고온살균 : 100℃ 이상의 고온에서 내열성포자를 형성하는 미생물까지 사멸하는 방법
　　ⓒ 살균방식
　　　　• 저온장시간살균법(LTLT) : 62~65℃에서 20~30분
　　　　• 고온단시간살균법(HTST) : 70~75℃에서 10~20초
　　　　• 초고온순간살균법(UHT) : 130~150℃에서 1~5초
　　　　• 간헐살균법 : 완전멸균법
　　　　　 − 1일 1회씩 100℃에서 30분간 24시간 간격으로 3회(3일) 가열하는 방법
　　　　　 − 아포형성 내열성균까지 사멸, 통조림 멸균에 이용
　　ⓔ 정치식과 동요식살균법
　　　　• 정치식살균법 : 고정된 살균솥(레토르트)에 식품을 넣고 포화증기로 가열하는 방법
　　　　• 동요식살균법 : 열전달 효과를 높이기 위해 내용물이 담긴 용기자체를 회전시키거나 살균솥
　　　　　(Retort)을 회전시켜 용기를 움직여서 살균하는 방법, 주로 통조림에 이용
　② 비가열살균
　　ⓐ 가열처리를 하지 않고 살균하는 방법
　　ⓑ 열에 의한 품질변화와 영양파괴를 최소화함
　　ⓒ 약제살균, 방사선조사, 자외선살균, 전자선살균, 여과살균 등

Part 2

식품산업기사
출제문제

1 다음 식품과 독성물질의 연결이 바른 것은?

① 청매 – ricin
② 버어마콩 – phaseolunatin
③ 피마자유 – gossypol
④ 면실유 –amygdalin

🔍해설

식품과 독성물질	
청매	아미그달린(amygdalin)
버어마콩	파셀루나틴(phaseolunatin)
피마자유	리신(ricin) 리시닌(ricinin)
면실유(목화씨유)	고시풀(gossipol)
감자	솔라닌(solanin)

2 경구 감염병의 특징이라고 할 수 없는 것은?

① 소량 섭취하여도 발병한다.
② 지역적인 특성이 인정된다.
③ 환자 발생과 계절과의 관계가 인정된다.
④ 잠복기가 짧다.

🔍해설

항목	경구 감염병	세균성식중독
균특성	미량의 균으로 감염	일정량 이상의 다량 균이 필요
2차 감염	빈번	거의 드물다
잠복기	길다	비교적 짧다
예방조치	전파 힘이 강해 예방이 어렵다	균의 증식을 억제하면 예방 가능
면역	면역성 있음	면역성 없음

3 화학적 합성물을 식품첨가물로 사용하고자 적부심사를 할 때 가장 중점을 두는 것은?

① 효능   ② 순도
③ 영양가   ④ 안전성

🔍해설

화학적 합성물을 식품첨가물로 사용하고자 적부심사를 할 때 가장 중점을 두는 것은 안전성이다.

4 다음 식중독을 일으키는 세균 중 잠복기가 가장 짧은 균주는?

① *Salmonella enteritidis*
② *Staphylococcus aureus*
③ *Esherichia coli* 0–157
④ *Clostridium botulinum*

🔍해설

식중독 균의 잠복기
Salmonella enteritidis : 12～24시간
Staphylococcus aureus : 2～6시간
Esherichia coli 0–157 : 10～30시간
Clostridium botulinum : 12～36시간

5 일반적으로 식품의 초기부패 단계에서 1g 세균수는 어느 정인가?

① $1 \sim 10$ ② $10^2 \sim 10^3$
③ $10^4 \sim 10^5$ ④ $10^7 \sim 10^8$

🔍해설

미생물학적 부패 판정
식품 1g당 생균수 $10^7 \sim 10^8$: 초기 부패 판정

정답 1 ②   2 ④   3 ④   4 ②   5 ④

6 *Cl. botulinum*에 의해 생성되는 독소의 특성과 가장 거리가 먼 것은?

① 단순단백질
② 강한 열저항성
③ 수용성
④ 신경 독소

> 🔍해설

*Cl. botulinum*에 의해 생성되는 독소
– 수용성 단순단백질　　신경독소(Neurotoxin)
– 맹독소　　열에 약하여 80℃ 30분 가열에 파괴

7 식품 취급 장소에서 주의해야 할 사항 중 적당한 것은?

① 소독제, 살충제 등은 편리하게 사용하기 위해 식품 취급 장소에 함께 보관한다.
② 식품 취급 기구는 매달 1번씩 온탕과 세제로 닦고 살균 소독한다.
③ 조리장, 식당, 식품 저장참고의 출입문은 매일 개방하여 둔다.
④ 작업장의 실내, 바닥, 작업 선반은 매일 1회씩 청소한다.

> 🔍해설

식품 취급 장소에서 주의해야 할 사항
– 소독제, 살충제 등은 식품 취급 장소에 함께 보관해선 안 된다.
– 식품 취급 기구는 매일 1번씩 온탕과 세제로 닦고 살균 소독한다.
– 조리장, 식당, 식품 저장창고의 출입문은 매일 개방하면 안 된다.
– 작업장의 실내, 바닥, 작업 선반은 매일 1회씩 청소한다.

8 작물의 재배 수확 후 27℃, 습도 82% 기질의 수분함량 15% 정도로 보관하였더니 곰팡이가 발생되었다. 의심되는 곰팡이 속과 발생 가능한 독소를 바르게 나열한 것은?

① *Fusarium*, Patulin
② *Penicilliun*, T-2 toxin
③ *Aspergillus*, Zearalenone
④ *Aspergillus*, Aflatoxin

> 🔍해설

곰팡이	생성 독소
Aspergillus flavus	Aflatoxin
Fusarium graminearum	Zearalenone
Fusarium 속, *Trichaderma* 속	T-2 toxin
Penicillium citrinin	Citrinin
Penicillium ochraceus	Ochratoxin
Penicillium, patulin	Patulin

9 오크라톡신(*Ochratoxin*)은 무엇에 의해 생성되는 독소인가?

① 진균(곰팡이)　　② 세균
③ 바이러스　　④ 복어의 일종

> 🔍해설

오크라톡신(*Ochratoxin*)
– *Penicillium ochraceus* 곰팡이가 옥수수에 기생하여 생산하는 곰팡이독
– 간장, 신장 장애

10 노로바이러스 식중독에 대한 설명으로 틀린 것은?

① 일 년 중 주로 기온이 낮은 겨울철에 발생 건수가 증가하는 경향이 있다.
② 항바이러스백신이 개발되어 예방이 가능하다.
③ 환자와의 직접접촉이나 공기를 통해서 감염될 수 있다.
④ 어패류 등은 85℃에서 1분 이상 가열하여 섭취한다.

💡정답　**6** ②　**7** ④　**8** ④　**9** ①　**10** ②

노로바이러스 식중독

- 급성위장염을 일으키는 바이러스로 단일 RNA로 구성 되어 있고 환경에 상대적으로 안정하여 추위와 60℃ 열에도 생존 가능
- 굴 등의 조개류에 의한 식중독 원인, 감염된 사람의 분변, 구토물에 발견
- 일 년 중 주로 기온이 낮은 겨울철에 발생 건수가 증가하는 경향
- 환자와의 직접접촉이나 공기를 통해서 감염될 수 있다.
- 어패류 등은 85℃에서 1분 이상 가열하여 섭취한다.
- 항바이러스백신 없음
- 항생제로 치료되지 않음

11 가장 낮은 수분활성도를 갖는 식품에서 생육할 수 있는 세균은?

① *Listeria monocytogenes*
② *Campylobacter jejuni*
③ *E. coli*
④ *Staphylococcus aureus*

해설

생육 가능한 최소 수분활성도

미생물	최소수분활성도
Listeria monocytogenes	0.94
Campylobacter jejuni	0.95
E. coli	0.93
Staphylococcus aureus	0.86

12 장염 비브리오균에 의한 식중독에 의해 가장 일어나기 쉬운 식품은?

① 육류
② 우유제품
③ 채소류
④ 어패류

해설

장염 비브리오균

원인균	*Vibrio parahemolyticus*, 호염성균
병원성 인자	내열성 용혈독
감염원	연안의 해수, 흙, 플랑크톤
원인식품	생선회, 어패류 및 그 가공품 등

13 단백질의 부패 산물로 볼 수 있는 알레르기성 식중독의 원인 물질이 아닌 것은?

① 히스타민(histamine)
② 프토마인(ptomine)
③ 부패아민류
④ 아우라민(auramine)

해설

알레르기 식중독

원인균	*Proteus morganii*
원인식품	고등어, 꽁치 및 단백질 식품 등
원인물질	단백질의 부패산물로 히스타민(histamine), 프로마인(promaine), 부패아민류

14 자연계의 환경오염 물질이 인체에 이행되는 과정을 옳게 표현한 것은?

① 광합성
② 천이현상
③ 먹이연쇄
④ 약육강식

해설

광합성	녹색식물이나 생물이 빛에너지를 이용하여 이산화탄소와 물로부터 유기물을 합성하는 작용
천이현상	동일장소에서 시간의 흐름에 따라 진행되는 식품군집의 변화
먹이연쇄	- 생물군집을 이루고 있는 개체들 사이에서 서로 먹고 먹히는 관계를 순서대로 나열한 것으로 순환으로 이루어짐 - 자연계의 환경오염물질이 식품을 통해 인체에 이행되는 과정
약육강식	약한 자는 강한 자에게 먹힘

15 다음 기생충과 그 감염원인이 되는 식품의 연결이 잘못된 것은?

① 쇠고기 – 무구조충
② 오징어, 가당랭이 – 광절열두조충
③ 가재, 게 – 폐흡충
④ 돼지고기 – 유구조충

정답 **11** ④ **12** ④ **13** ④ **14** ③ **15** ②

기생충의 분류

중간숙주 없는 것	회충, 요충, 편충, 구충(십이지장충), 동양모양선충		
중간숙주 한 개	무구조충(소), 유구조충(갈고리촌충)(돼지), 선모충(돼지 등 다숙주성), 만소니열두조충(닭)		
중간숙주 두 개	질병	제1중간숙주	제2중간숙주
	간흡충 (간디스토마)	왜우렁이	붕어, 잉어
	폐흡충 (폐디스토마)	다슬기	게, 가재
	광절열두조충 (긴촌충)	물벼룩	연어, 송어
	아나사키스충	플랑크톤	조기, 오징어

16 방사능 오염에 대한 설명이 잘못된 것은?

① 핵분열 생성물의 일부가 직접 또는 간접적으로 농작물에 이행될수 있다.

② 생성율이 비교적 크고, 반감기가 긴 ^{90}Sr 과 ^{137}Cs이 식품에서 문제가 된다.

③ 방사능 오염 물질이 농작물에 축적되는 비율은 지역별 생육토양의 성질에 영향을 받지 않는다.

④ ^{131}I는 반감기가 짧으나 비교적 양이 많아서 문제가 된다.

⊕해설

방사능 오염

- 방사능을 가진 방사선 물질에 의해서 환경, 식품, 인체가 오염되는 현상으로 핵분열 생성물의 일부가 직접 또는 간접적으로 농작물에 이행 될 수 있다.
- 식품에 문제 되는 방사선 물질
  - 생성율이 비교적 크고 반감기가 긴 ^{90}Sr(29년)과 ^{137}Cs(30년), ^{131}I-(8일)는 반감기가 짧으나 비교적 양이 많아 문제가 된다.

17 인축공통감염병이 아닌 것은?

① 파상열(Brucellosis)   ② 탄저(Anthrax)
③ 야토병(Tularemia)   ④ 콜레라(Cholera)

⊕해설

인수공통감염병
(사람과 동물 사이에 동일 병원체로 발생)

병원체	병명	감염 동물
세균	장출혈성대장균감염증	소
	브루셀라증(파상열)	소, 돼지, 양
	탄저	소, 돼지, 양
	결핵	소
	변종크로이츠펠트 – 야콥병(vCJD)	소
	돈단독	돼지
	렙토스피라	쥐, 소, 돼지, 개
	야토병	산토끼, 다람쥐
리케차	발진열	쥐벼룩, 설치류, 야생동물
	Q열	소, 양, 개, 고양이
	쯔쯔가무시병	진드기
바이러스	조류인플엔자	가금류, 야생조류
	일본뇌염	빨간집모기
	공수병(광견병)	개, 고양이, 박쥐
	유행성출혈열	들쥐
	중증급성호흡기증후군 (SARS)	낙타
	중증열성혈소판감소 증후군(SFTS)	진드기

18 반수치사량이라고도 하며, 실험동물의 50%를 사망시키는 독성물질의 양을 나타내는 것은?

① ADI   ② MPL
③ LD_{50} ④ MPI

⊕해설

LD_{50}(Lethal Dose 50%)

- 실험동물의 반수(50%)가 1주일 이내에 치사되는 화학물질의 투여량
- 급성독성 강도를 결정
- LD_{50}(Lethal Dose 50%) 수치가 낮을수록 독성 강하고 수치가 높을수록 안전성이 높아짐

19 식품업소에 서식하는 바퀴와 관계가 없는 것은?

① 오물을 섭취하고 식품, 식기에 병원체를 옮긴다.
② 부엌 주변, 습한 곳, 어두운 구석을 깨끗이 청소해야 한다.
③ 붕산가루를 넣은 먹이, DDVP나 pyrethrine 훈증 등으로 살충효과가 있다.
④ 곰팡이류를 먹고, 촉각은 주걱형이다.

🔍 해설

바퀴벌레	
형태	두부 : 역삼각형, 촉각 : 편상
습성	불완전변태 : 알 → 자충 → 성충. 탈피 5~6회 24시간 일주성, 질주형 다리. 잡식성, 야간활동성, 군서습성(집합페로몬) : 바퀴의 분
질병	직접피해 : 공포감, 특이체질(알레르기 호흡기 질환) 간접적 피해 : 전파, 소화된 먹이 토함, 분배설 – 병균(세균) : 흑사병, 나명, 장티푸스, 콜레라, 파상풍, 결핵 – 바이러스 : 급성회백수염, 간염 – 기생충 : 민촌충, 회충 – 원충 : 이질아메바, 장트리코모나스

20 식품의 변패검사법 중 화학적 검사법이 아닌 것은?

① 휘발성 아민의 측정
② 어육의 단백질 침전 반응 검사
③ 과산화물가, 카르보닐가 측정
④ 경도 측정

🔍 해설

식품의 변패검사법	
화학적 검사	휘발성염기질소, 휘발성 아민, 트리메틸아민, 단백질 침전반응, K값, 과산화물가, 카르보닐가, 산도측정
물리적 검사	경도, 전기저항측정, 점도, 탄성
미생물학적검사	균수측정

21 다음 중 식품의 수분정량법이 아닌 것은?

① 건조감량법 ② 증류법
③ Karl Fischer법 ④ 자외선 사용법

🔍 해설

식품의 수분정량법	
상압가열건조법 (건조감량법)	– 일정량의 시료를 칭량병에 넣고 105~110℃의 항온건조기에서 항량이 될 때까지 건조시킨 후 데시케이터에 옮겨 일정시간 후에 칭량 – 건조 전후의 질량차이가 수분함량
적외선 수분계법	– 적외선 램프에 나오는 복사에너지로 시료의 수분을 증발시켜 시료의 질량변화에 의해 수분함량 계산
증류법	– 물에 섞이지 않는 용매를 시료와 함께 넣고 가열해서 물은 용매와 같이 증발하는데 여기에서 분리된 물의 부피 측정
칼피셔법 (Karl Fischer 법)	– 칼피셔 시약 사용 – 기체, 액체 및 고체 시료 중의 수분함량만을 선택적으로 측정하여 시료 중 휘발성분에 의해 수분량이 높게 나타나는 것 방지

22 식품의 조지방 정량법은?

① Soxhlet 법
② Kjeldahl법
③ Van Slyke 법
④ Bertrand 법

🔍 해설

식품의 조지방 정량법
– Soxhlet 법 : 일정 시료를 속슬렛장치에 넣고 50℃에서 10~20시간 에테르가용물(지질)을 추출한 다음 에테르 회수하고 건조시켜 정량 – Kjeldahl 법 : 조단백질 정량법 – Van Slyke 법 : 아미노산 정량법 – Bertrand 법 : 환원당 정량법

23 단백질 중 tyrosine, phenylalaine, tryptophan 등의 아미노산에 기인하여 일어나는 정색반응은?

① Biuret 반응

② Xanthoprotein 반응

③ Millon 반응

④ Ninhydrin 반응

🔍 해설

시험법	방법
Biuret 반응	– 단백질 정성분석 – 단백질에 뷰렛용액(청색)을 떨어뜨리면 청색에서 보라색이 됨
Xanthoprotein 반응	– 벤젠핵을 가지는 tyrosine, phenylalaine, tryptophan 등의 아미노산에 의해 나타나는 정색반응
Millon 반응	– 페놀성히드록시기가 있는 아미노산인 티록신 검출법
Ninhydrin 반응	– a-아미노산의 정색반응. 아미노산의 검출 및 정량에 이용

24 화학 구조적으로 경화공정을 통해서 트랜스 지방이 만들어질 수 없는 것은?

① stearic acid

② linolenic acid

③ linoleic acid

④ arachidonic acid

🔍 해설

경화공정에 의한 트랜스지방 생성

– 일반적으로 유지의 이중결합은 cis 형태로 수소결합되어 있으나 수소첨가과정을 유지의 경우는 일부가 trans 형태로 전환

– 이중결합에 수소의 결합이 서로 반대방향에 위치한 trans 형태의 불포화지방산을 트랜스지방이라고 한다

– 그러므로 트랜스지방은 이중결합이 있는 불포화지방산에 의해 생성된다.

지방산 종류		탄소수 : 이중결합수
포화 지방산	미리스트산 (myristic acid)	14 : 0
	팔미트산 (palmitic acid)	16 : 0
	스테아르산 (stearic acid)	18 : 0
	아라키드산 (arachidic acid)	20 : 0
불포화 지방산	올레산 (oleic acid)	18 : 1
	리놀레산 (linoleic acid)	18 : 2
	리놀렌산 (linolenic acid)	18 : 3
	아라키돈산 (arachidonic acid)	20 : 4

25 다음 중 프로비타민 A가 아닌 것은?

① cryptoxanthin

② β-carotene

③ α-carotene

④ lycopens

🔍 해설

Carotenoid계

– 노란색, 주황색, 붉은색의 지용성색소

– 당근, 고추, 토마토, 새우, 감, 호바 등에 함유

– 산이나 알칼리에 안정적이며 산소가 없는 상태에서는 광선의 조사에 영향 받지 않음

Carotene 류	a-carotene, b-carotene, c-carotene, lycopens
Xanthophyll류	lutein, zeaxanthin, cryptoxanthin

프로비타민 A(비타민 A 전구체)

– Carotenoid계 색소 중에서 b-ionone 핵을 갖는 a-carotene, b-carotene, c-carotene과 Xanthophyll류의 cryptoxanthin이 프로비타민 A로 전환됨

– 비타민 A로서의 효력은 b-carotene이 가장 크다.

* lycopens은 pseudo-ionone 핵을 가지므로 비타민 A로서의 효력이 없음

💡 정답 **23** ② **24** ① **25** ④

26 식품을 데치기(blanching)하는 주요 목적은?

① 식품 세척
② 해충 예방
③ 식품 건조 방지
④ 식품 중 효소 불활성화

데치기 목적
– 식품 내의 효소를 불활성
– 조직연화
– 원료 조직 부드럽게 하여 통조림 충진이 쉬워지고 살균 시 부피 감소 방지
– 가공중의 변색 방지 및 고유색 유지
– 점질물 형성물질 제거
– 좋지 않은 냄새 제거
– 껍질 벗기기 용이
– 식품 세척

27 다음 중 산패를 가장 잘 일으키는 유지는?

① 버터
② 올리브유
③ 정어리유
④ 참기름

유지의 산패
– 유지는 지방질은 다량 함유하고 있어 유지의 저장 중 산화에 의해 이취와 이미 발생 등의 품질 저하를 통칭하여 유지의 산패라 한다.
– 유지의 산패는 불포화도가 높을수록 촉진된다.
– 정어리유는 고도불포화지방산을 포함하고 있어 산패되기 쉽다.

28 다음 관능검사 중 가장 주관적인 검사는?

① 차이검사
② 묘사검사
③ 기호도검사
④ 삼점검사

관능검사법		
소비자검사 (주관적)	기호도 검사	– 얼마나 좋아하는지의 강도 측정 – 척도법, 평점법 이용
	선호도 검사	– 좋아하는 시료를 선택하거나 좋아하는 시료 순위 정하는 검사 – 이점비교법, 순위검사법
차이식별검사 (객관적)	종합적차이 검사	– 시료 간에 차이가 있는지를 검사 – 삼점검사, 이점검사
	특성차이 검사	– 시료 간에 차이가 얼마나 있는지 차이의 강도를 검사 – 이점비교검사, 다시료비교검사, 순위법, 평점법
묘사분석	정량적묘사분석(QDA), 향미, 텍스쳐, 스페트럼 프로필묘사분석 등	– 훈련된 검사원이 시료에 대한 관능특성용어를 도출하고, 정의하며 특성강도를 객관적으로 결정하고 평가하는 방법

29 관능적 특성의 측정 요소들 중 반응척도가 갖추어야 할 요건이 아닌 것은?

① 단순해야 한다.
② 편파적이지 않고 공평해야 한다.
③ 관련성이 있어야 한다.
④ 차이를 감지할 수 없어야 한다.

관능적 특성 측정 시 반응척도의 필요 요건
– 단순해야 한다.
– 편파적이지 않고 공평해야 한다.
– 관련성이 있어야 한다.
– 의미전달이 명확해야 한다.
– 차이를 감지할 수 있어야 한다.

30 전분입자의 호화현상을 설명한 것으로 틀린 것은?

① 생전분에 물을 넣고 가열하였을 때 소화되기 쉬운 α 전분으로 되는 현상이다.
② 호화에 필요한 최적온도는 일반적으로 60℃ 전후이다.
③ 알칼리성 pH에서는 전분입자의 호화가 촉진된다.
④ 일반적으로 쌀과 같은 곡류 전분입자가 감자, 고구마 등 서류 전분입자에 비해 호화가 쉽게 일어난다.

🔍 **해설**

전분 호화	
특징	– 생전분(b−전분)에 물을 넣고 가열하였을 때 소화되기 쉬운 a 전분으로 되는 현상 – 물을 가해서 가열한 생전분은 60~70℃에서 팽윤하기 시작하면서 점성이 증가하고 반투명 콜로이드 물질이 되는 과정 – 팽윤에 의한 부피 팽창 – 방향부동성과 복굴절 현상 상실
영향인자	– 전분종류 : 전분입자가 클수록 호화 빠름 　고구마, 감자의 전분입자가 쌀의 전분입자보다 크다. – 수분 : 전분의 수분함량이 많을수록 호화 잘 일어남 – 온도 : 호화최적온도(60℃ 전후). 온도가 높을수록 호화시간 빠름 – pH : 알칼리성에서 팽윤과 호화 촉진 – 염류 : 알칼리성 염류는 전분입자의 팽윤을 촉진시켜 호화온도 낮추는 팽윤제로 작용 강함 (NaOH, KOH, KCNS 등) – OH 〉CNS 〉Br 〉Cl− 　단, 황산염은 호화억제(노화 촉진)

31 아래의 ①과 ②의 반응에서 나타내는 색은?

① 적당량의 포도껍질을 위한 비커에 포도껍질이 잠길정도로 1% 염산메탄올 용액(메탄올레 염산을 용해시킨 용액)을 가하여 색소를 추출하였다.
② '①'의 색소 용액을 또 다른 비커에 취하여 pH가 7~8 정도가 되도록 0.5N 수산화나트륨 용액을 가하였다.

① ① : 적색, ② : 적색
② ① : 적색, ② : 청색
③ ① : 청색, ② : 청색
④ ① : 청색, ② : 적색

🔍 **해설**

안토시아닌(Anthocyanine) 색소
– 식품의 씨앗, 꽃, 열매, 줄기, 뿌리 등에 있는 적색, 자색, 청색, 보라색, 검정색 등의 수용성 색소 – 당과 결합된 배당체로 존재 – 안토시아닌은 수용액의 pH에 따라 색깔이 쉽게 변함 – 산성에서 적색, 중성에서 자주색, 알칼리성에서 청색으로 변함

식품 색소 분류			
식물성색소	지용성색소	클로로필	녹색 채소로 마그네슘 포함 산에 의해 황갈색 알칼리에 의해 선명한 녹색 금속에 의해 선명한 녹색
		카로티노이드	카로틴	황색, 등황색 채소·과일 a−carotene, b−carotene, c−carotene, lycopens
			잔토필	루테인, 크립토산틴, 칸타잔틴
	수용성색소	플라보노이드 (유리상태/배당체)	안토잔틴	백색, 담황색
			안토시아닌	적색, 자색, 청색,보라색
	탄닌류		무색투명한 수렴성 물질 산화되면 불용성 갈색색소로 변함

	헤모글로빈	동물의 혈색소, 철(Fe)함유		
동물성색소	미오글로빈	동물의 근육색소 • 미오글로빈(적자색) + 산소 → 옥시미오글로빈 (선홍색) • 옥시미오글로빈(선홍색) + 산화 → 메트미오글로빈(적갈색) • 메트미오글로빈(적갈색) + 가열 → 해마틴(회갈색)		
동물성색소	헤모시아닌	오징어, 문어, 낙지 등의 연체류에 함유 가열에 의해 적자색으로 변함		
	카로티노이드	잔토필	루테인, 지아잔틴	달걀 노른자의 황색(먹이사슬에 의해 식물에서 유입되어 축적
			아스타잔틴	– 어류 붉은 근육색소 – 갑각류 껍데기 가열하면 아스타신 색소되어 붉은색으로 변함

32 비타민 중 항산화제로 작용하는 것은?

① 비타민 D   ② 비타민 B₁
③ 비타민 E   ④ 비타민 B₂

 해설

항산화제
– 유지의 산패에 의한 이미, 이취, 식품의 변색 및 퇴색 등을 방지하기 위해 사용하는 첨가물 – 항산화제비타민 토코페롤(비타민 E), 아스코르빈산(비타민 C)

33 교질의 성질이 아닌 것은?

① 반투성
② 브라운 운동
③ 흡착성
④ 경점성

🔍 해설

교질(콜로이드)
• 교질(콜로이드) 1~100nm의 입자가 물에 분산되어있는 상태의 미세입자

액체유형	분산된 입자 크기	분산액
진용액	1nm 이하	설탕물, 소금물
콜로이드	1~100nm	우유, 먹물
현탁액	100nm 이상	흙탕물, 된장국, 초콜릿의 교질상태

• 교질(콜로이드) 성질 – 반투성 : 콜로이드 입자가 반투막을 통과하지 못하는 성질 – 브라운 운동 : 콜로이드 입자의 불규칙 직선운동 콜로이드입자와 분산매가 충돌에 의함. 콜로이드 입자는 같은 전하는 서로 반발 – 틴들현상 : 어두운 곳에서 콜로이드 용액에 직사광선을 쪼이면 빛의 진로가 보이는 현상 틴들현상에 의해 콜로이드 용액이 탁하게 보이며 콜로이드 입자가 일정한 크기를 가지고 있을 때 혼탁도가 최대가 됨 – 흡착 : 콜로이드 입자표면에 다른 액체, 기체분자나 이온이 달라붙어 이들의 농도가 증가되는 현상. 콜로이드 입자의 표면적이 크기 때문에 발생 – 전기이동 : 콜로이드 용액에 직류전류를 통하면 콜로이드 전하와 반대쪽 전극으로 콜로이드 입자가 이동하는 현상 – 응결(엉김) : 소량의 전해질을 넣으면 콜로이드 입자가 반발력을 잃고 침강되는 현상 – 염석 : 다량의 전해질을 가해서 엉김이 생기는 현상 – 유화 : 분산질과 분산매가 다 같이 액체로 섞이지 않는 두 액체가 섞여 있는 현상. 물(친수성)과 기름(친유성)의 혼합 상태를 안정화시킴

34 다음 중 당류 중 β형의 것이 단맛이 강한 것은?

① 과당
② 맥아당
③ 설탕
④ 포도당

과당

- 설탕의 1.5배 정도의 단맛을 냄
- 과당은 포도당과 함께 유리상태로 과일 벌꿀 등에 함유되어 있다.
- 과당은 환원당이며, α형과 β형의 두 개 이성체가 존재한다.
- 천연당류 중 단맛이 가장 강함
- 단맛은 b형이 a형보다 3배 강함
- 물에 대한 용해도가 커서 과포화되기 쉽다.
- 과당의 수용액을 가열하면 β형은 α형으로 변하여 단맛이 현저히 저하
- 단맛 강도 순서
  과당 〉 전화당 〉 설탕 〉 포도당 〉 맥아당 〉 갈락토스 〉 젖당
- 맥아당과 포도당은 α형이 β형보다 더 달다.

35 액체 속에 기체가 분산된 콜로이드 식품은?

① 마요네즈 ② 맥주
③ 우유 ④ 젤리

식품에서의 콜로이드 상태

분산매	분산질	분산계	식품
액체	기체	거품	맥주 및 사이다 거품
	액체	유화	수중유적형 (O / W형) · 우유, 아이스크림, 마요네즈
			유중수적형 (W / O형) · 버터, 마가린
	고체	현탁질	된장국, 주스, 전분액
		졸	소스, 페이스트
		겔	젤리, 양갱
고체	기체	고체거품	빵, 쿠키
	액체	고체젤	한천, 과육, 두부
	고체	고체교질	사탕, 과자
기체	액체	에어졸	향기부여 스모그
	고체	분말	밀가루, 진문, 설탕

분산매(용매)	분산질을 포함한 물질(용질을 녹이는 물질) 예 : 설탕물에서 물
분산질(용질)	분산된 물질(용액 속에 녹아 있는 물질) 예 : 설탕물에서 설탕
분산계	분산매와 분산질의 혼합된 상태
용액	액체의 분산매에 분산질이 혼합된 상태

36 전분의 노화현상에 관한 설명으로 옳은 것은?

① β화된 전분을 실온에서 두었을 때 α화 전분으로 변하는 현상
② α화된 전분을 실온에 두었을 때 β화되는 현상
③ 전분을 실온에 두었을 때 α전분은 β화되고, β전분은 α전분이 되는 현상
④ 전분이 미생물 혹은 효소에 의해 변질된 현상

전분의 노화

특징	– 호화된 전분(a전분)을 실온에 방치하면 굳어져 b전분으로 되돌아가는 현상 – 호화로 인해 불규칙적인 배열을 했던 전분분자들이 실온에서 시간이 경과됨에 따라 부분적으로 나마 규칙적인 분자배열을 한 미셀(micelle) 구조로 되돌아가기 때문임 – 떡, 밥, 빵이 굳어지는 것은 이러한 전분의 노화현상 때문임
노화 억제 방법	– 수분함량 : 30~60% 노화가 가장 잘 일어나고, 10% 이하 또는 60% 이상에서는 노화 억제 – 전분 종류 : 아밀로펙틴 함량이 높을수록 노화 억제(아밀로스가 많은 전분일수록 노화가 잘 일어남) – 온도 : 0~5℃ 노화 촉진. 60℃이상 또는 0℃ 이하의 냉동으로 노화 억제 – pH : 알칼리성일 때 노화가 억제됨 – 염류 : 일반적으로 무기염류는 노화 억제하지만 황산염은 노화 촉진 – 설탕첨가 : 탈수작용에 의해 유효수분을 감소시켜 노화 억제 – 유화제 사용 : 전분 콜로이드 용액의 안정도를 증가시켜 노화 억제

37 효소와 그 작용기질의 짝이 잘못된 것은?

① α -amylase : 전분
② β -amylase : 섬유소
③ trypsin : 단백질
④ lipase : 지방

전분 분해효소	
종류	특징
α-amylase	– 전분의 α-1,4 결합을 무작위로 가수분해하는 효소. – 전분을 용액상태로 만들기 때문에 액화효소라 함
β-amylase	– 전분의 비환원성 말단으로부터 α-1,4 결합을 말토스 단위로 가수분해하는 효소. – 전분을 말토스와 글루코스의 함량을 증가시켜 단맛을 높이므로 당화효소라 함
글루코아밀레이스 (γ-amylase, 말토스가수분해효소)	– α-1,4 및 α-1,6 결합을 비환원성 말단부터 글루코스 단위로 분해하는 효소 – 아밀로스는 모두 분해하며 아밀로펙틴은 80~90% 분해 – 고순도의 결정글루코스 생산에 이용
이소아밀레이스	– 아밀로펙틴의 α-1,6 결합에 작용하는 효소 – 중합도가 4~5 이상의 α-1,6 결합은 분해하지만 중합도가 5개인 경우 작용하지 않음

* α-amylase : 전분
* cellulase : 섬유소
  글루코스(포도당)가 β-1,4결합으로 직선의 사슬로 연결되어 효소 셀룰레이스에 의해 가수분해되어 글루코스 생성
* trypsin : 단백질 분해효소
* lipase : 지방 분해효소

38 지방산에 대한 설명 중 틀린 것은?

① 분자 내에 이중 결합을 갖고 있는 지방산을 불포화지방산이라 한다.

② 저급지방산은 비휘발성이고, 고급지방산은 휘발성이다.

③ 포화지방산은 탄소수가 증가함에 따라 녹는점이 높아진다.

④ 불포화지방산의 이중 결합은 대부분 cis형을 취하고 있다.

지방산
① 유지의 대부분을 차지하는 성분으로 카복실기(COOH)를 가지고 있는 직쇄상의 화합물
② 자연계의 대부분의 지방산은 14~24개의 짝수개 탄소가 직선으로 연결된 구조

③ 지방산의 탄소 수(분자량 크기)에 따라 저급 또는 고급지방산으로 나눔
• 저급지방산(융점 낮고 휘발성)
  지방산의 탄소수가 12개 이하
• 고급지방산(융점 높고 비휘발성)
  지방산의 탄소수가 14개 이상

④ 지방산의 이중결합 유무에 따라 포화지방산과 불포화지방산으로 나눔
• 포화지방산
  – 알킬기 내에 이중결합 없음.
  – 상온에서 고체상태
  – 탄소수가 증가할수록 융점 높아지고 물에 녹기 어려움
• 불포화지방산
  – 알킬기 내에 이중결합 있음
  – 불안정한 cis형
  – 상온에서 액체상태
  – 공기 중의 산소에 의해 쉽게 산화
  – 이중결합 증가할수록 산화 속도 빨라지고 융점 낮아짐

39 독성이 강하여 면실유 정제 시에 반드시 제거하여야 되는 천연항산화제는?

① sesamol
② guar gum
③ gossypol
④ galic acid

면실유 독성(고시폴)
– 고시폴(gossypol)   면실유에 함유된 독성성분으로 면실유 제조 시 반드시 제거, 천연항산화제로 작용

sesamol	– 항산화성 물질 – 참깨유의 불검화물 중에 존재
guar gum	– 식품의 점착성과 점도 증가 – 유화안정성 증진 – 식품의 물성 및 촉감 향상 – 식품첨가물
galic acid	– 탄닌 구성성분 일종 – 알칼리성인 수용액은 환원력이 강하여 공기 중의 산소를 흡수하여 갈변. 수렴성 있음

💡 정답 **38** ② **39** ③

40 효소적 갈변반응이 일어나기 위해 반드시 필요한 요소가 아닌 것은?

① 효소 ② 기질
③ 열 ④ 산소

🔍 해설

효소에 의한 갈변반응
효소적 갈변이 일어나기 위해서는 반드시 효소, 기질, 산소가 필수적임

식품의 갈변			
분류		**특징**
효소적 갈변	폴리페놀옥시 레이스에 의한 갈변	- 페놀을 산화하여 퀴논을 생성하는 반응을 촉진하는 효소 - 페놀레이스, 폴리페놀산화효소라고도 함 - 과일껍질 벗기거나 자르면 식물조직 내의 존재하는 기질인 폴리페놀 물질과 폴리페놀옥시레이스 효소가 반응하여 갈변
	타이로시네이스에 의한 갈변	- 넓은 의미에서 폴리페놀옥시레이스에 속하나 기질이 아미노산인 타이로신에만 작용한다는 의미에서 따로 분류하기도 함 - 감자에 존재하는 타이로신은 타이로시네이스에 의해 산화되어 다이히드록시 페닐알라닌(DOPA)을 생성하고 더 산화가 진행되면 도파퀴논을 거쳐 멜라닌 색소를 형성
비효소적 갈변	마이야르 반응	- 환원당과 아미노기를 갖는 화합물 사이에서 일어나는 반응 - 아미노-카보닐반응, 멜라노이딘 반응이라고도 함
	아스코르브산 산화반응	- 식품 중의 아스코르브산은 비가역적으로 산화되어 항산화제로서의 기능을 상실하고 그 자체가 갈색화 반응을 수반
	캐러멜 반응	- 당류의 가수분해물들 또는 가열 산화물들에 의한 갈변 반응

3 식품가공학

41 버터 제조 공정 중 (   ) 안에 들어갈 공정이 순서대로 나열된 것은?

> 원료유 → 크림의 (   ) → 크림의 중화 → 크림의 살균 → 크림의 (   ) → 착색 → 교동(churning) → (   ) → 충전 → 버터

① 분리, 발효, 연압 ② 분리, 연압, 발효
③ 발효, 연압, 살균 ④ 발효, 분리, 연압

🔍 해설

버터		
버터류	원유, 우유류 등에서 유지방분을 분리한 것이거나 발효시킨 것을 그대로 또는 이에 식품이나 식품첨가물을 가하여 교반, 연압 등 가공한 것. 유형 : 버터, 가공버터, 버터오일
버터	원유, 우유류 등에서 유지방분을 분리한 것 또는 발효시킨 것을 교반하여 연압한 것(식염이나 식용색소를 가한 것 포함).
버터 제조공정	원료유 → 크림 분리 → 크림 중화 → 살균·냉각 → 발효(숙성) → 착색 → 교동 → 가염 및 연압 → 충전 → 포장 → 저장

버터제조공정 및 공정별 특성	
크림분리	- 신선한 원유를 크림층 분리, 지방함량 30~40%정도의 크림 얻음
크림중화	- 신선한 크림의 산도(0.10~0.14%)보다 높으면 중화해야함. 중화제로 알칼리화제(탄산수소나트륨, 탄산칼슘, 산화마그네슘, 수산화마그네슘 등)사용 - 산도가 높은 크림을 살균하면 카제인이 응고하여 버터의 품질이 나빠져 버터 생산량 감소됨
살균·냉각	- 크림중의 미생물과 효소 파괴하여 위생상 안전성과 저장성 높이고 락트산균의 발육 저해물질 파괴 - 살균은 저온장시간살균 또는 고온단시간 살균처리 - 냉각은 여름에는 3~5℃, 겨울에는 6~8℃

💡 정답 **40** ③ **41** ①

발효 · 숙성	– 크림을 발효하면 크림의 점도가 낮아지므로 지방의 분리가 빠르게 되어 교동(처닝)이 쉬워지고 방향성물질 생성으로 버터풍미 향상 – 젖산균(유산균) 5~10% 접종 – 18~21℃, 2~6시간 – 발효시켜 산도가 0.46~0.6%되면 숙성시킴 – 숙성 : 5~10℃에서 8시간 이상 보존
교동 / 교반 (Churning)	– 기계적으로 크림을 운동시켜 지방구에 충격을 주는 것으로 교동기에 크림을 넣고 운동시키면 지방입자가 서로 부딪혀서 버터알갱이로 뭉쳐짐 – 교동회전 속도 : 20~35 rpm – 교동시간 : 40~50분에 1분에 30회전 – 크림 온도 : 8~10℃(여름), 12~14℃(겨울) – 세척수에 의해 연압하기에 알맞은 온도 조절
연압 (Working)	– 버터 입자가 덩어리로 뭉쳐 있는 것을 모아서 짓이기는 작업 – 연압목적 : 수분함량조절, 분산유화, 소금 용해, 색소 분산, 버터조직 부드럽고 치밀하여 기포 형성 억제
충전 및 포장	– 버터에 공기가 들어가지 않도록 충전 – 가정용, 영업용, 제과용, 저장용으로 구분 포장

42 다음 중 통조림 관의 재료로 이용되지 않는 것은?

① 함석관 ② 양철관
③ 알루미늄관 ④ 무도석강판관

해설

종류	재료
식품포장에 사용되는 금속	– 철, 알루미늄, 주석, 크롬
양철관 (주석관, Tin Plate Can)	– 연강철판에 주석을 도금한 것 – 종류 ① 백관(내면에 도료를 칠하지 않은 관) ② 도장관(내면에 도료를 칠한 관) ③ 부분도장관 (부분적으로 내면 도장)
무도석강판관 (Tin Free Steel)	– 주석을 도금하지 않은 강판
알루미늄관	– 알루미늄에 망간과 마그네슘 합금하여 내식성과 코팅 적성 향상 – 내식성이 있으나 염분을 많이 함유한 산성음료나 식품에 문제 제기됨 – 종류 : 맥주관, 탄산음료관, 유제품관

43 제빵공정에서 처음에 밀가루를 체로 치는 가장 큰 이유는?

① 불순물을 제거하기 위하여
② 해충을 제거하기 위하여
③ 산소를 풍부하게 함유시키기 위하여
④ 가스를 제거하기 위하여

해설

밀가루를 체로 치는 이유
① 밀가루 입자사이에 산소(공기)접촉시켜 발효를 돕는다 (가장 큰 이유) ② 협잡물 제거 ③ 반죽 뭉침 방지

44 식품의 조리 및 가공에서 튀김용으로 쓰이는 기름의 발연점 특성으로 적합한 것은?

① 높은 것이 좋다.
② 낮은 것이 좋다.
③ 낮은 것이 좋으나 너무 낮은 것은 나쁘다.
④ 상관없다.

해설

튀김용 기름	
종류	– 콩기름, 옥수수유, 유채유, 해바라기유 등
조건	– 튀길 때 거품 나지 않고 열에 안정할 것 – 튀길 때 연기 난 자극취 나지 않을 것 – 튀김 점도 변화가 적을 것 – 튀김유 발연점이 높을 것(210~240℃)
발연점	– 유지류 가열 시 푸른 연기가 나는 온도 – 트리아실글리세롤 분자가 열에 의해 분해되어 자극적인 맛과 냄새를 내는 아크롤레인이 발생하는 온도로, 이 상태에서 조리를 하면 음식에서 자극적인 풍미가 나서 좋지 않음 – 발열점은 이물질이 많을수록, 가열시간이 길수록, 가열횟수가 많을수록, 유지의 표면적이 넓을수록 낮아짐

45 과실은 익어가면서 녹색이 적색 또는 황색 등으로 색깔이 변하며 조직도 연하게 된다. 익은 과실의 조직의 연해지는 이유는?

① 전분질이 가수분해되기 때문
② 펙틴(Pectin)질이 분해되기 때문
③ 색깔이 변하기 때문
④ 단백질이 가수분해되기 때문

해설

과실 조직	– 과실은 익어가면서 전분이 포도당이나 과당으로 전환되어 단맛이 증가하고, 유기산은 감소하여 신맛이 줄고 향이 좋아짐 – 덜 익은 과실에 있던 녹색 클로로필인 분해되어 플라보노이드나 카로티노이드가 증가하면서 과실 특유의 적색, 주황색, 보라색을 띠게 됨 – 과실의 조직감에 관여하는 것은 펙틴으로, 덜 익은 과실에는 불용성의 프로토펙틴이 있어 단단하지만 익어가면서 수용성 펙틴이 되면서 연해짐
펙틴질	– 펙틴질 : 식물의 세포벽에 분포하는 젤상의 고분자전해질로 D–갈락투론산(Galacturonic acid)이 a–1,4결합한 중합체

펙틴질 종류	① 프로토펙틴
	  – 펙틴의 전구물질. 미숙과실에 존재
	  – 불용성이나 가열하면 수용성 펙틴과 펙틴산으로 가수분해됨
	② 펙틴(pectin)
	  – 분자 내에 유기산의 상당수가 메틸에스터화된 폴리갈락투론산임.
	  – 숙성과실에 존재
	  – 당(60~65%), 산(pH 3.0~3.5) 존재 하에서 가열하면 젤 형성
	③ 펙틴산(Pectinic acid)
	  – 펙틴에 펙틴메틸에스터레이스가 작용하여 에스터형이 산으로 일부 변화된 것
	  – 당, 산 또는 금 속염기 등의 존재 젤 형성
	④ 펙트산(Pectic acid)
	  – 과숙 과실에 존재
	  – 펙틴산이 펙틴메틸에스터레이스의 작용을 받아 에스터기가 없음
	  – 메틸에스터기가 산으로 된 갈락투론산의 중합체로 젤 형성능력 없음

46 청국장 제조 시 발효에 이용되는 미생물은?

① *Aspergillus oryzae*
② *Bacillus natto*
③ *Lactobacillus lactic*
④ *Saccharomyces cerevisiae*

해설

발효에 이용되는 미생물		
미생물	분류	이용분야
Aspergillus oryzae	곰팡이	된장, 간장, 청주
Bacillus natto, 납두균 *Bacillus subtilis*, 고초균	세균	청국장
Lactobacillus lactic	세균	유산균
Saccharomyces cerevisiae	효모	맥주

47 일반적인 밀가루 품질시험 방법과 거리가 먼 것은?

① Amylase 작용력 시험
② 면의 신장도 시험
③ gluten 함량측정
④ Protease 작용력 시험

해설

밀가루 품질	
측정 기준	글루텐 함량, 점도, 흡수율, 회분 및 색상, 효소함량, 입도, 숙도, 손상전분, 첨가물 등

측정 기기	용도
Amylograph	전분의 호화도, a–amylase역가 강력분과 중력분 판정
Extensograph	반죽의 신장도와 인장항력 측정
Fariongraph	밀가루 반죽 시 생기는 점탄성
Peker test	색도, 밀기울의 혼입도 측정
Gluten 함량	밀단백질인 Gluten 함량에 따라 밀가루 사용용도 구분 – 강력분(13%, 제빵) – 중력분(10~13%, 제면) – 박력분(10% 이하, 과자 및 튀김)

정답 45 ② 46 ② 47 ④

48 무당연유 제조에 대해 설명이 잘못된 것은?

① 원료유에 대한 검사를 하여야 한다.
② 당을 첨가하지 않는다.
③ 원료유를 균질화 한다.
④ 가열, 멸균하지 않는다.

무당연유	
연유	– 우유의 수분을 증발시키고 고형분 함량을 1 / 2정도로 농축한 유가공품으로 설탕의 첨가여부에 따라 무당연유와 가당연유로 구분
무가당연유	– 설탕을 첨가하지 않고 농축 후 충전하여 멸균처리 함 – 커피의 첨가식품, 육아용, 제과용
무가당연유 제조공정	원유 → 표준화 → 예비가열 → 농축 → 균질화 → 재표준화 → 파이롯트 시험 → 충전 → 탈기 → 멸균 → 냉각 → 제품
특성	설탕을 첨가하지 않는다. 균질화 작업을 실시한다. 멸균처리를 한다. 파이롯트시험실시(파이롯트용 멸균기사용)

49 아미노산 간장의 제조에서 탈지대두박 등의 단백질 원료를 가수분해하는 데 주로 사용되는 산은?

① 황산
② 수산
③ 염산
④ 질산

아미노산 간장(산분해간장, 화학간장)	
정의	단백질 원료를 산으로 가수분해 한 후 중화하여 얻은 여액을 가공한 것
제조 공정	단백질 원료 → 산분해(염산) → 중화(수산화나트륨 / 탄산나트륨) → 여과 → 분해액 → 탈취 → 배합 (감미료, 식염, 캐러멜) → 산분해간장

50 간장코지 제조 중 시간이 지남에 따라 역가가 가장 높아지는 효소는?

① α-amylase
② β-amylase
③ protease
④ lipase

간장코지	
코지 (Koji, 국)	곡류를 쪄서 코지균(Aspergillus)을 번식시킨 것으로서 개량간장인 양조간장의 제조에 메주 대신으로 사용
종국 (Seed Koji)	쌀에 코지균을 번식시켜 포자를 많이 생성시킨 후 건조한 것으로 단백질의 분해력이 강하다.
코지 제조	증자 콩, 볶은 밀 + 종국(Seed Koji) → 섞기 → 담기 → 코지상자 바꿔쌓기(1차 / 2차) → 출국 → 건조
	– 강력한 효소를 생성하기 위함이다. – 코지균이 발육하여 번식하면서 단백질 분해효소(Protease)와 전분분해효소(amylase)를 강력하게 생성하여 원료성분을 분해시킨다. – 간장제조에서는 단백질의 분해가 탄수화물 분해보다 중요하므로 단백질 분해력 강한 단모균을 코지균으로 사용

51 잼 제조 시 젤리점(Jelly Point)를 결정할 때 여러 가지 방법을 조합하여 결정한다. 다음 중 젤리점을 결정하는 방법이 아닌 것은?

① 스푼 테스트
② 컵 테스트
③ 당도계에 의한 당 측정
④ 알칼리 처리법

젤리점을 결정하는 방법	
방법	특징
컵 테스트	냉수가 담아 있는 컵에 농축물을 떨어뜨렸을 때 분산되지 않을 때
스푼 테스트	농축물을 스푼으로 떠서 기울였을 때 시럽상태가 되어 떨어지지 않고 은근히 늘어짐
온도계법	농축물의 끓는 온도가 104~105℃ 될때
당도계법	굴절당도계로 측정 60~65%될 때

52 두부의 제조 시 필수적인 공정에 해당되지 않는 것은?

① 압착 　　　② 마쇄
③ 여과 　　　④ 응고

두부 제조원리	– 물에 불린 콩을 마쇄하면 대두에 함유된 글리시닌(glycinin)이라는 단백질이 추출됨 – 이 마쇄액에 음전하를 띤 글리시닌이 현탁되어 있고, 여기에 양전하를 띤 응고제를 첨가하여 음전하를 중화시키면 교질상태로 현탁되었던 단백질이 침전 응고되면서 겔 상태로 변함
두부 제조공정	콩 → 수침 → 마쇄 → 두미(콩즙) → 증자 → 여과 → 두유 → 응고 → 탈수 → 성형 → 절단 → 두부

53 경화유를 만드는 목적이 아닌 것은?

① 수소를 첨가하여 산화안정성을 높인다.
② 색깔을 개선한다.
③ 물리적 성질을 개선한다.
④ 포화지방산을 불포화지방산으로 만든다.

	경화유
정의	불포화지방산의 이중결합 부분에서 니켈을 촉매로 수소를 부가시켜 포화지방산으로 만든 고체 지방, 액체유지의 수소화
경화조건	불순물이 적은 정제 기름 촉매 독소를 함유하지 않은 순수한 수소 강력한 축매
제조 목적	유지의 산화안정성, 물리적 성질, 색깔, 냄새 및 풍미 개선

54 백미의 도감율은 얼마인가?

① 97%
② 92%
③ 8%
④ 3%

쌀의 도정에 따른 분류

종류	특성	도정률 (%)	도감률 (%)	소화률 (%)
현미	왕겨층만 제거	100	0	95.3
3분도미		98	2	
5분도미	겨층 50% 제거	96	4	97.2
7분도미	겨층 70% 제거	94	6	97.7
10분도미 (백미)	현미도정. 배아, 호분층, 종피, 과피 등 제거. 배유만 남음	92	8	98.4
배아미	배아 떨어지지 않도록 도정			
주조미	술 제조 이용. 미량의 쌀겨도 없도록 배유만 남음	75 이하	25 이상	

55 유체의 층류(laminar flow)에 대한 설명으로 옳은 것은?

① 속도가 커지면서 소용돌기가 생긴다.
② 측면의 혼합이 일어난다.
③ 충돌이 서로 미끄러지듯이 흐른다.
④ 흐름이 수직방향으로만 일어난다.

	유체
층류 (laminar flow)	– 유체가 층을 이루고 유지하면서 흐름. 부드럽고 질서정연한 유동 – 유체의 인접한 층위를 원활하게 미끄러지도록 운동하는 유동
난류 (Turbulent flow)	– 비정상적이고 불규칙한 운동 – 일반적으로 속도가 빠를 때 발생
천이 (Transition flow)	층류와 난류가 혼재하는 유동

56 100℃를 화씨온도로 나타내면?

① 212°F
② 87.6°F
③ 32°F
④ 373.14°F

해설

온도전환
$°F = °C \times 1.8 + 32$ $°C = (°F - 32) / 1.8$ $°F = 100°C \times 1.8 + 32 = 212$

57 과실주스 제조에 있어서 청징방법과 거리가 먼 것은?

① 난백을 사용하는 방법
② 구연산을 사용하는 방법
③ Pectinase를 사용하는 방법
④ casein을 사용하는 방법

해설

과실주스 청징 방법
– 난백(2% 건조 난백) 사용 – 카제인 사용 – 탄닌 및 젤라틴 사용 – 흡착제(규조토) 사용 – 효소처리 : pectinase, polygalacturonase

58 우유의 가공공정에서 균질화의 목적이 아닌 것은?

① 미생물의 증식 억제
② 지방의 분리 방지
③ 커드(Curd)의 연화
④ 지방구의 미세화

해설

우유 균질화(Homogenization)	
정의	우유 지방구의 물리적 충격을 가해 지방구의 크기를 작게 만드는 작업
목적	• 지방구 분리 방지(크림 생성 방지) • 지방구 미세화 • 유화 안정성 • 조직 균일화 • 커드 연하게 되어 소화율 높아짐 • 우유 점도 높아짐 • 지방 산화 방지

59 밀가루를 반죽할 때 발생하는 점탄성을 측정하는 검사방법은?

① Swelling power
② Fariongraph
③ Extensograph
④ Amylograph

해설

밀가루 품질	
측정 기준	글루텐 함량, 점도, 흡수율, 회분 및 색상, 효소함량, 입도, 숙도, 손상전부, 첨가물 등

측정 기기	용도
Amylograph	전분의 호화도, a-amylase역가 강력분과 중력분 판정
Extensograph	반죽의 신장도와 인장항력 측정
Fariongraph	밀가루 반죽 시 생기는 점탄성
Peker test	색도, 밀기울의 혼입도 측정
Gluten 함량	밀단백질인 Gluten 함량에 따라 밀가루 사용용도 구분 – 강력분(13%, 제빵) – 중력분(10~13%, 제면) – 박력분(10% 이하, 과자 및 튀김용)

– Swelling power(팽윤력) : 고체에 액체를 흡입시켜 본래의 구조조직에 변화를 주어 용적을 증대시키는 것

60 햄이나 베이컨을 만들 때 염지액 처리시 첨가되는 질산염과 아질산염의 기능으로 가장 적합한 것은?

① 수율증진
② 멸균 작용
③ 독특한 향기 생성
④ 고기색의 고정

해설

질산염과 아질산염의 기능	
질산염($NaNO_3$), 아질산염($NaNO_2$)	– 육색고정제 – 질산염은 육중의 질산염 환원균에 의해 아질산염으로 환원되어 작용 – 질산염과 아질산염 육류를 가공할 때 미오글로빈(근육색소)을 안정시켜 육색의 변화를 방지하여 고기색소를 고정하는 발색제로 사용 – 풍미를 좋게 한다 – 식중독 세균인 *Clostridium botulium* 의 성장을 억제
Ascorbic acid	육색고정보조제

61 효모에 의한 알코올 발효 시 포도당 100g으로부터 얻을 수 있는 최대 에틸알코올의 양은 약 얼마인가?

① 25g 　　　② 50g
③ 77g 　　　④ 100g

🔍해설

효모에 의한 알코올 발효
• $C_6H_{12}O_6$(포도당) → $2C_2H_5OH$(에틸알코올)+ $2CO_2$ • 원소 원자량(g / mol) : C(12), H(1), O(16) • 분자량(g / mol) : 포도당(180), 에틸알코올(92), 이산화탄소(88) • Gay Lusacc식에 의하면 이론적인 수율은 51.1%이며, 이의 약 5% 정도는 효모의 생육이나 부산물의 생성에 소비되어 이론치의 95% 정도가 최대 수득율 • 100g포도당을 알코올 발효하면 에틸알코올 생산량은 50%인 50g정도임

62 우유 중의 세균 오염도를 간접적으로 측정하는 데 주로 사용하는 방법으로 생균수가 많을수록 탈수소능력이 강해지는 성질을 이용하는 것은?

① 산도시험
② 알코올침전 시험
③ 포스포타아제 시험
④ 메틸렌블루(methylene blue) 환원시험

🔍해설

우유의 신선도 시험	
산도시험	– 우유의 산패 여부와 이상유(유방염유, 변질유 등) 판정
알코올침전시험	– 70% 알코올에 의해 우유의 신선도 (산패우유)와 열안정성 판정
포스파타아제 시험	– 저온살균우유의 완전살균 여부 판정 – 소의 결핵균 사멸온도와 염기성 포스파타아제의 실활 온도와 일치하므로 가열처리의 기준으로 활용
메틸렌블루환원 시험	– 간접적으로 세균의 오염도 측정 – 메틸렌블루가 탈수소효소에 의해 환원탈색하는 원리 이용

63 미생물과 이들이 생산하는 물질의 연결이 잘못된 것은?

① *Penicillium chrysogenum* − lysine
② *Aspergillus niger* − citric acid
③ *Corynebacterium glutamicum* − glutamic acid
④ *Clostridium acetobutylicum* − acetone

🔍해설

미생물과 생산하는 물질	
미생물	생산물질
Penicillium chrysogenum	penicillin
Aspergillud niger	유기산(oxalic, citric, gluconic acid)
Corynebacterium glutamicum	biotin양 제한하여 glutamic acid 생산
Clostridium acetobutylicum	acetone−butanol 균이라 하며 아세톤, 부탄올, 에탄올 등 생산

64 신선어나 보존어로부터 가장 많이 분리되는 균종은?

① *Achromobacter* 속
② *Lactobacillus* 속
③ *Micrococcus* 속
④ *Brevibacterium* 속

🔍해설

Achromobacter 속	신선어, 보존어에서 분리되는균. *Pseudomonas* 속, *Flavobacterium* 속 포함
Lactobacillus 속	유제품, 곡류제품, 육류, 어류, 주류 및 침채류에 발견
Micrococcus 속	우유, 육류 등의 식품 부패 원인균
Brevibacterium 속	아미노산 발효, 핵산발효, 치즈의 아로마 생성

💡정답　**61** ②　**62** ④　**63** ①　**64** ①

65 스위스치즈의 치즈눈 생성에 관여하는 미생물은?

① *Propionobacterium shermanii*
② *Lactobacillus bulgaricus*
③ *Penicillium roqueforti*
④ *Streptococcus themophilus*

🔍해설

Propionobacterium shermanii	스위스치즈 숙성 관여 비타민 B_{12} 생산
Lactobacillus bulgaricus	요구르트 제조
Penicillium roqueforti	로크포르 치즈
Streptococcus themophilus	유제품 발효

66 효모에 의한 발효성 당류가 아닌 것은?

① 과당
② 전분
③ 설탕
④ 포도당

🔍해설

효모에 의한 발효성 당류	포도당, 과당, 맥아당, 설탕, 전화당, 트레할로스 등
효모에 의한 비발효성 당류	유당, 셀로비오스, 전분 등

67 미생물세포에서 외부와의 물질이동이나 투과에 중요한 역할을 행하는 장소는?

① 원형질막(cytoplasmic membrane)
② 핵막(nucleus membrane)
③ 세포벽(cell wall)
④ 액포(vacuole)

🔍해설

세포막(원형질막)

- 최외각에서 물리적으로 보호하는 얇은 막
- 주로 단백질과 지질로 구성
- 세포의 형태 유지 및 내부 보호
- 선택적 투과성
- 외부환경과의 경계
- 물질운반, 외부로부터 들어오는 신호 인지
- 세포의 운동, 분비, 흡수
- 세포와 세포 간 인식 등

68 다음 중 중온균의 발육 최적 온도는?

① 0 ~ 10℃
② 10 ~ 25℃
③ 25 ~ 37℃
④ 50 ~ 55℃

🔍해설

미생물 생육온도	저온균	중온균	고온균
최저온도(℃)	0 ~ 10	0 ~ 15	25 ~ 45
최적온도(℃)	12 ~ 18	25 ~ 37	50 ~ 60
최고온도(℃)	25 ~ 35	35 ~ 45	70 ~ 80

69 젖산균에 대한 설명 중 틀린 것은?

① 요구르트 제조에는 이형발효(hetero fermentative)의 젖산균만 사용하여 초산 발생을 억제한다.
② 대부분이 catalase 음성이다.
③ 김치, 침채류의 발효에 관여한다.
④ 장내에서 유해균의 증식을 억제한다.

🔍해설

젖산균(유산균)

- 그람 양성, 무포자, catalase 음성, 간균 또는 구균, 통성혐기성 또는 편성 혐기성균
- 포도당 등의 당류를 분해하여 젖산 생성하는 세균
- 유산균에 의한 유산발효형식으로 정상유산발효와 이상유산발효로 구분
- 정상유산발효 : 당을 발효하여 젖산만 생성
- 정상발효젖산균
  Streptococcus 속, *Pediococcus* 속,
  일부 *Lactobacillus* 속
  (*Lactobacillus acidophilus*,
  Lactobacillus bulgaricus,
  Lactobacillus casei, *Lactobacillus lactis*
  Lactobacillus plantarum
  Lactobacillus homohiochii)
- 이상유산발효 : 혐기적으로 당이 대사되어 젖산 이외에 에탄올, 초산, 이산화탄소가 생성
- 이상발효젖산균
  Leuconostoc 속(*Leuconostoc mesenteroides*),
  일부 *Lactobacillus* 속
  (*Lactobacillus fermentum*,
  Lactobacillus brevis,
  Lactobacillus heterohiochii)
- 유제품, 김치류, 양조식품 등의 식품제조에 이용
- 장내 유해균의 증식 억제

💡정답 **65** ① **66** ② **67** ① **68** ③ **69** ①

70 *Penicillium roqueforti*와 가장 관계가 깊은 것은?

① 치즈　　　　　② 버터

③ 유산균 음료　　④ 절임류

💬 해설

Penicillium roqueforti
– 푸른 곰팡이 치즈 – 프랑스 roqueforti 치즈 숙성과 향미에 관여 – 치즈의 카제인을 분해하여 독특한 향기와 맛 부여 – 녹색의 고운 반점 생성

71 푸른 곰팡이(Penicilium)가 무성적으로 형성하는 포자를 무엇이라 하는가?

① 분생(포)자　　② 포자낭포자

③ 유주자　　　　④ 접합포자

💬 해설

곰팡이
– 균사 조각이나 포자에 의해 증식 – 곰팡이의 균사는 단단한 세포벽으로 되어 있고 엽록소가 없음 – 다른 미생물에 비해 비교적 건조한 환경에서 생육 가능

곰팡이 분류		
생식 방법	무성 생식	세포핵 융합없이 분열 또는 출아증식 포자낭포자, 분생포자, 후막포자, 분절포자
	유성 생식	세포핵 융합, 감수분열로 증식하는 포자 접합포자, 자낭포자, 난포자, 담자포자
균사 격벽 (격막) 존재 여부	조상 균류 (격벽 없음)	– 무성번식 : 포자낭포자 – 유성번식 : 접합포자, 난포자
		거미줄곰팡이(*Rhizopus*) – 포자낭 포자, 가근과 포복지를 각 가짐 – 포자낭병의 밑 부분에 가근 형성 – 전분당화력이 강하여 포도당 제조 – 당화효소 제조에 사용
		털곰팡이(*Mucor*) – 균사에서 포자낭병이 공중으로 뻗어 공모 양의 포자낭 형성
		활털곰팡이(*Absidia*) – 균사의 끝에 중축이 생기고 여기에 포자낭을 형성하여 그 속에 포자낭포자를 내생

			– 무성생식 : 분생포자 – 유성생식 : 자낭포자
균사 격벽 (격막) 존재 여부	순정 균류 (격벽 있음)	자낭균류	누룩곰팡이(*Aspergillus*) – 자낭균류의 불완전균류 – 병족세포 있음
			푸른곰팡이(*Penicillium*) – 자낭균류의불완전균류 – 병족세포 없음
			붉은 곰팡이(*Monascus*)
		담자균류	버섯
		불완전균류	푸사리움

72 약주제조에서 술밑을 사용하는 목적은?

① 효모균 번식　　② 주정 생산

③ 발효　　　　　④ 잡균 생성

💬 해설

술밑(주모)
– 주류 발효 시 효모 균체를 순수하게 대량 배양시켜 술덧의 발효에 첨가하여 안전한 발효 유도시키기 위한 배양액 – 주모에는 다량의 산에 존재하므로 유해균의 침입, 증식을 방지시킴

73 맥주를 발효하기 위해 맥아즙 제조의 주목적으로 가장 알맞은 것은?

① 효모의 증식　　② 효소의 생산

③ 발효　　　　　④ 당화

💬 해설

맥아즙 제조
– 맥아즙 제조 공정 : 맥아 분쇄, 담금, 맥아즙 여과, 맥아즙 자비, 호프첨가, 맥아즙 냉각 – 맥아즙 제조 주목적 : 맥아 당화

74 글루탐산(glutamic acid)을 생산하는 경우 생육인자로 요구되는 성분은?

① 비오틴(biotin)　　　② 티아민(thiamine)

③ 페니실린(penicillin)　④ 올레산(oleic acid)

글루탐산(glutamic acid) 생산균주 특징

- 호기성
- 구형, 타원형, 단간균
- 운동성 없음
- 무포자 형성균
- 그람양성
- 생육인자로 비오틴 요구

75 박테리오파지(Bacteriophage)가 문제 시 되지 않는 발효는?

① 젖산균 요구르트 발효
② 항생물질 발효
③ 맥주 발효
④ glutamic acid 발효

박테리오파지(Bacteriophage)

- 세균(bacteria)과 먹는다(phage)가 합쳐진 합성어로 세균을 죽이는 바이러스라는 뜻임
- 동식물의 세포나 미생물의 세포에 기생
- 살아있는 세균의 세포에 기생하는 바이러스
- 세균여과기를 통과
- 독자적인 대학 기능은 없음
- 한 phage의 숙주균은 1균주에 제한 (phage의 숙주특이성)
- 핵산(DNA와 RNA) 중 어느 한 가지 핵산만 보유(대부분 DNA)
- 박테리오파지 피해가 발생하는 발효 : 요구르트, 항생물질, glutamic acid 발효, 치즈, 식초, 아밀라제, 납두, 핵산관련물질 발효 등

76 고정 염색의 일반적인 순서는?

① 건조 → 염색 → 수세 → 건조 → 고정 → 도말 → 검경
② 도말 → 고정 → 건조 → 수세 → 염색 → 건조 → 검경
③ 건조 → 도말 → 염색 → 고정 → 수세 → 건조 → 검경
④ 도말 → 건조 → 고정 → 염색 → 수세 → 건조 → 검경

고정 염색 순서

도말(smearing) → 건조(drying) → 고정(firming) → 염색(staining) → 수세(washing) → 건조(drying) → 검경(speculum)

77 포도주 제조공정에서 오염을 방지하기 위해 첨가하는 물질은?

① 아황산
② 소금
③ 호프
④ 젖산

포도주 제조 시 아황산 첨가

- 포도과피에는 포도주효모 이외에 야생효모, 곰팡이, 유해세균(초산균, 젖산균)이 부착되어 있어 과즙을 그대로 발효하면 주질이 나빠짐
- 으깨기 공정에서 아황산을 가하여 유해균을 살균시키거나 증식을 저지
- 아황산에는 아황산나트륨, 아황산칼륨, 메타중아황산칼륨 등이 있음

78 통기성의 필름으로 포장된 냉장포장육의 부패에 관여하지 않는 세균은?

① *Pseudomonase* 속
② *Clostridium* 속
③ *Moraxella* 속
④ *Acinetobacter* 속

호기성 세균	*Pseudomonase* 속, *Moraxella* 속, *Acinetobacter* 속
혐기성 세균	*Clostridium* 속

79 고정화 효소를 공업에 이용하는 목적이 아닌 것은?

① 효소를 오랜 시간에 재사용 할 수 있다.
② 연속반응이 가능하여 안전성이 크며 효소의 손실도 막을 수 있다.

③ 기질의 용해도가 높아 장기간 사용이 가능하다.

④ 반응생성물의 정제가 쉽다.

해설

고정화 효소
• 효소의 활성을 유지시키기 위해 불용성인 유기 또는 무기운반체에 공유결합 따위로 고정시키는 것 • 이용목적 　– 효소의 안정성 증가 　– 효소를 오랜 시간 재사용 가능 　– 연속반응 가능하며 효소 손실 막음 　– 반응생성물 순도 및 수득률 향상

80 정상발효(homo fermentative) 젖산균의 당류 발효에 대한 설명으로 옳은 것은?

① 젖산과 초산 생성 통성혐기성균이다.

② 젖산과 알코올 생성 통성 혐기성균이다.

③ 젖산 이외에 수소생성 통성 혐기성균이다.

④ 젖산만 생성하는 통성 혐기성균이다.

해설

젖산균(유산균)
– 그람 양성, 무포자, catalase 음성, 간균 또는 구균, 통성혐기성 또는 편성 혐기성균 – 포도당 등의 당류를 분해하여 젖산 생성하는 세균 – 유산균에 의한 유산발효형식으로 정상유산발효와 이상 유산발효로 구분 – 정상유산발효 : 당을 발효하여 젖산만 생성 – 정상발효젖산균 　*Streptococcus* 속, *Pediococcus* 속, 　일부 *Lactobacillus* 속 　(*Lactobacillus acidophilus*, 　*Lactobacillus bulgaricus*, 　*Lactobacillus casei*, *Lactobacillus lactis* 　*Lactobacillus plantarum* 　*Lactobacillus homohiochii*) – 이상유산발효 : 혐기적으로 당이 대사되어 젖산 이외에 에탄올, 초산, 이산화탄소가 생성

– 이상발효젖산균
　Leuconostoc 속(*Leuconostoc mesenteroides*),
　일부 *Lactobacillus* 속
　(*Lactobacillus fermentum*,
　Lactobacillus brevis,
　Lactobacillus heterohiochii)
– 유제품, 김치류, 양조식품 등의 식품제조에 이용
– 장내 유해균의 증식 억제

5 **식품제조공정**

81 겨울철 해변가나 고산지대에서 주간의 온도변화에 의하여 얼었다 녹았다를 반복하면서 수분을 증발시켜 건조하는 방법은?

① 양건 건조법　　② 음건 건조법

③ 자연 동건법　　④ 진공 건조법

해설

건조법	
양건 건조법	햇볕에 쬐어 말리는 방법
음건 건조법	통풍이 잘 되는 그늘에 말리는 방법
자연 동건법	자연의 저온을 이용하여 동결시켰다가 기온의 상승으로 융해하는 과정을 반복시켜 말리는 방법
진공 건조법	감압상태에서 열을 가하여 수분을 증발시켜 말리는 방법
동결진공 건조법	동결시킨 다음에 고도의 감압상태를 유지시켜 원료 중의 얼음을 그대로 승화시켜 말리는 방법

82 다음 중 국내통조림 가공공장에서 많이 이용하고 있는 정치식 수평형 레토르트의 부 속기기가 아닌 것은?

① 브리더(bleeder)

② 벤트(vent)

③ 척(chuck)

④ 안전밸브

레토르트 부 속기기
- 브리더(bleeder), 벤트(vent), 안전밸브는 레토르트의 부 속기기이다 - 브리더(bleeder)는 증기와 혼입되는 공기를 제거하는 장치 - 벤트(vent)는 증기 도입 시 레토르트 내의 공기를 배출하는 장치

* 척은 통조림 밀봉기의 주요부분

83 식품의 분쇄기 선정 시 고려할 사항이 아닌 것은?

① 원료의 경도와 마모성
② 원료의 미생물학적 안전성
③ 원료의 열에 대한 안정성
④ 원료의 구조

식품의 분쇄기 선정 시 고려할 사항
- 원료의 크기, 특성, 분쇄 후 입자크기, 입도 분포, 재료의 양, 습건식의 구별, 분쇄온도 등 - 원료의 경도와 마모성 - 원료의 열에 대한 안정성 - 원료의 구조

84 증기 압축식 냉동기의 4대 요소가 아닌 것은?

① 증발기   ② 압축기
③ 응축기   ④ 흡입기

냉동기의 4대 구성 요소	
압축식 냉동기	증발기, 압축기, 응축기, 팽창밸브
흡수식 냉동기	재생기, 증발기, 응축기, 흡수기

85 식품의 살균온도를 결정하는 가장 중요한 인자는?

① 식품의 비타민 함량   ② 식품의 pH
③ 식품의 당도   ④ 식품의 수분함량

식품의 살균온도를 결정하는 가장 중요한 인자
- 식품의 살균공정에서 고려해야 할 인자 : pH, 수분, 식품성분 등 - 식품의 살균공정을 결정하는데 가장 큰 영향을 주는 인자 : 식품의 pH - pH가 낮아 산성이 높으면(pH 4.6 이하) 살균시간이 단축된다. - 과일주스와 같은 산성 식품은 저온살균으로도 미생물 제어가 가능하나 비산성식품은 100℃ 이상에서 가압살균해야 한다.

86 초음파 세척에 대한 설명으로 틀린 것은?

① 빠른 시간에 세척할 수 있다.
② 더러운 달걀의 세척이나 채소 속의 모래 세척 등에 이용된다.
③ 교반 에너지 초음파를 사용한다.
④ 분무기의 노즐을 통하여 높은 압력의 물을 분무한다.

초음파 세척
- 물질을 강하게 흔드는 힘(교반)을 이용하여 세척하는 방법 - 좁은 홈, 복잡한 내면 등을 간단하고 빠른 시간에 세척할 수 있는 방법 - 오염된 정밀 기계 부품, 채소의 모래 제거, 달걀의 오염물, 과일의 그리스나 왁스 등을 제거

87 즉석면류의 제조공정 중 냉각은 기름에 튀긴 면을 차가운 바람으로 강제 냉각시키는데 이러한 냉각과정의 목적과 가장 거리가 먼 것은?

① 기름의 내부 침투를 적게 하기 위해서
② 튀긴 기름의 품질저하를 방지하기 위해서
③ 포장 후에 포장 내부에 이슬이 맺히는 것을 방지하기 위해서
④ 첨부된 조미료가 변질되는 것을 방지하기 위해서

기름에 튀긴 면을 차가운 바람으로 강제 냉각시키는 목적
– 튀긴 면 내부에 기름의 침투가 적게 하기 위해
– 튀긴 기름의 품질이 떨어지는 것 방지
– 포장 후 포장재의 내부에 이슬이 맺힘으로써 면의 품질 이 저하되는 것을 방지하기 위해서
– 첨부된 조미료가 변질되는 것을 방지하기 위해서

88 수칙 스크루 혼합기의 용도로 가장 적합한 것은?

① 점도가 매우 높은 물체를 골고루 섞어 준다.
② 서로 섞이지 않는 두 액체를 균일하게 분산시킨다.
③ 고체분말과 소량의 액체를 혼합하여 반죽 상태로 만든다.
④ 많은 양의 고체에서 소량의 다른 고체를 효과적으로 혼합시킨다.

수직형 스크루 혼합기
– 원통형 또는 원통형 용기에 회전하는 스크루가 수직 또 는 용기 벽면에 경사지게 설치되어 자전하면서 용기벽면 을 따라 공전
– 혼합이 빠르고 효율이 우수하기 때문에 많은 양의 고체 에 소량의 다른 고체를 혼합하는데 효과적

89 다음 미생물 중 121.1℃에서 가장 D값이 가장 큰 것은?

① Clostridium botulinum
② Clostridium sporogenes
③ Baciilus subtilis
④ Baciilus stearothermophilus

D값
– 미생물의 사멸을 나타내는 값
– 균을 90% 사멸시키는데 걸리는 시간
– 균수를 1 / 10로 줄이는데 걸리는 시간
• 변패미생물의 121.1℃에서 D값 – Clostridium botulinum : 0.1~0.3분 – Clostridium sporogenes : 0.8~1.5분 – Bacillus subtilis : 0.1~0.4분 – Bacillus stearothermophilus : 4~5분

90 식품의 원료를 광학선별기로 분리할 때 사용되는 물리적 성질은?

① 무게　　　　　② 색깔
③ 크기　　　　　④ 모양

광학선별기(색채선별기)
– 개체의 표면 빛깔에 의한 반사특성을 이용하여 표면 빛 깔에 따라 개체를 분류
– 쇄미를 제거한 완전미 중에 혼입되어 있는 착색립이나 완전미와 같은 크기의 이물질을 제거
– 곡류, 과일류, 채소류, 가공식품 등에 이르기까지 다양 한 품목 선별 가능

91 우유나 과즙의 맛과 비타민 등 영양성분을 보존하기 위하여 70~75℃에서 10~20초간 살균하는 방법은?

① 저온살균법　　　② 고온살균법
③ 초고온살균법　　④ 간헐살균법

살균처리법	
저온장시간살균법 (LTLT)	62~65℃에서 20~30분
고온단시간살균법 (HTST)	70~75℃에서 10~20초
초고온순간살균법 (UHT)	130~150℃에서 1~5초
간헐살균법	– 완전멸균법 – 1일 1회씩 100℃에서 30분간 24 시간 간격으로 3회(3일) 가열하는 방법 – 아포형성 내열성균까지 사멸 – 통조림 멸균에 이용

92 다음 중 초미분쇄기는?

① 해머밀(hammer mill)
② 롤분쇄기(roll crusher)
③ 콜로이드밀(colloid mill)
④ 볼밀(ball mill)

정답 **88** ④　**89** ④　**90** ②　**91** ②　**92** ③

초미분쇄기
– 미분쇄한 분쇄물을 더욱 가는 1㎛ 전후의 아주 미세한 분말로 분쇄하는 기계
– 대표적인 초미분쇄기로는 콜로이드밀, 제트밀, 진동밀, 원판분쇄기 등

93 유체가 한 방향으로만 흐르도록 한 역류방지용 밸브는?

① 정지밸브 ② 슬루스밸브
③ 체크밸브 ④ 안전밸브

🔍 해설

체크 밸브
– 액체의 역류를 막고 한 방향으로만 흐르게 하는 밸브

94 원심분리기의 회전 속도를 2배로 늘리면 원심력을 몇 배로 증가하는가?

① 1배 ② 2배
③ 4배 ④ 8배

🔍 해설

원심력
$Z = 0.011\dfrac{RN^2}{g}$ (Z : 원심력, R : 반지름, N : 회전 속도, g : 중력) 회전 속도를 2배 늘리면 원심력은 4배로 증가한다.

95 치즈를 만들고 난 유청에서 유청단백질을 농축하고자 할 때 적합한 막분리 공정은?

① 한외여과 ② 나노 여과
③ 마이크로 여과 ④ 역삼투

🔍 해설

막분리 공정
• 막분리 – 막의 선택 투과성을 이용하여 상의 변화없이 대상물질을 여과 및 확산에 의해 분리하는 기법 – 열이나 pH에 민감한 물질에 유용 – 휘발성 물질의 손실 거의 없음 – 막분리 여과법에는 확산투석, 전기투석, 정밀여과법, 한외여과법, 역삼투법 등이 있음

막분리 장점/단점
• 막분리 장점 – 분리과정에서 상의 변화가 발생하지 않음 – 응집제가 필요없음 – 상온에서 가동되므로 에너지 절약 – 열변성 또는 영양분 및 향기성분의 손실 최소 – 가압과 용액 순환만으로 운행. 장치조작 간단 – 대량의 냉각수가 필요없음 – 분획과 정제를 동시에 진행 – 공기의 노출이 적어 병원균의 오염 저하 – 화학약품을 거의 필요로 하지 않기 때문에 2차 환경오염 유발하지 않음 • 막분리 단점 – 설치비가 비싸다 – 최대 농축 한계인 약 30% 고형분 이상의 농축 어려움 – 순수한 하나의 물질은 얻기까지 많은 공정 필요 – 막을 세척하는 동안 운행 중지

막분리 기술의 특징		
막분리법	막기능	추진력
확산투석	확산에 의한 선택 투과성	농도차
전기투석	이온성물질의 선택 투과성	전위차
정밀여과	막 외경에 의한 입자크기 분배	압력차
한외여과	막 외경에 의한 분자크기 선별	압력차
역삼투	막에 의한 용질과 용매 분리	압력차

96 수산식품가공에서 표면경화(skin effect) 현상을 방지하기 위한 적합한 방법은?

① 야간 퇴적
② 표면증발 속도를 내부 확산 속도보다 빠르게 조절
③ 초기에 고온 열풍 건조
④ 내부 확산 억제

🔍 해설

표면 경화
– 건조온도가 높고 공기의 상대습도가 낮을 때 수분함량이 큰 식품에서 식품의 내부에서 밖으로 확산하는 수분의 양보다 더 많은 수분이 식품의 표면에서 증발하여 제거되어 식품의 표면이 딱딱해지는 현상 – 표면경화의 원인은 식품 내부 수분이 표면으로 이동하는 통로가 되는 모세관이 막혀버리므로 건조 속도를 지연시키기 때문

- 표면경화 방지 방법
  - 공기의 상대습도와 온도 조절해서 식품 내부의 수분이 밖으로 확산되는 양보다 더 많은 수분이 발산되지 않도록 한다.
  - 건조 속도를 건조 초기에는 빠르게 하고 후기로 갈수록 느리게 한다.
  - 표면증발 속도를 내부 확산 속도보다 느리게 한다.

97 커피에서 카페인을 제거하는데 사용되는 용매와 거리가 먼 것은?

① 물   ② methyl chloride
③ 초임계 이산화탄소 ④ ethyl alcohol

🔍해설

커피에서 카페인을 제거하는 방법
– 물을 이용하는 방법 : 끓는 물에 침지 – 용매법 : 염화메틸렌(methylene chloride, dichloromethane)과 초산에틸(ethyl acetate)이 주로 사용되고 염화메틸, 벤젠 등도 사용 – 이산화탄소법 : 초임계 유체 이산화탄소로 제거

98 24%(습량기준)의 수분을 함유하는 곡물 20ton을 14%(습량기준)까지 건조하기 위해서 제거해야 하는 수분량은 얼마인가?

① 2,325kg   ② 4,650kg
③ 6,975kg   ④ 9,300kg

🔍해설

제거해야 할 수분량

– 건조전 수분량 : $20,000kg \times 24\%(0.24) = 4,800kg$
– 건조전 고형분량 : $20,000kg \times 76\%(0.76) = 15,200kg$
– 건조 후 제품무게(x) : 건조전후의 고형분량 같음
  $15,200kg = x \times 86\%(0.86)$ $x = 17,674.4kg$
– 건조 후 남은 수분량
  $17,674.4kg - 15,200kg = 2,474.4kg$
– 제거해야 할 수분량
  $4,800kg\ 2,474.4kg = 2,325.6kg$

99 액체와 액체를 분리할 때 사용하며, 가늘고 긴 원통모양의 보울(bowl)이 축에 매달려 빠른 속돌로 회전하는 구조를 가진 원심분리기는?

① 관형 원심분리기
② 원판형 원심분리기
③ 디캔터형 원심분리기
④ 노즐 배출형 원심분리기

🔍해설

관형 원심분리기
– 고정된 케이스(case) 안에 가늘고 긴 볼(bowl)이 윗부분에 매달려 고 속으로 회전 – 공급액은 볼 바닥의 구멍에 삽입된 고정 노즐을 통하여 유입되어 볼 내면에서 두 동심 액체층으로 분리 – 내층, 즉 가벼운 층은 볼 상부의 둑(weir)을 넘쳐나가 고정배출 덮개 쪽으로 나가며 무거운 액체는 다른 둑을 넘어 흘려서 별도의 덮개로 배출 – 액체와 액체를 분리할 때 이용 – 과일주스 및 시럽의 청징, 식용유의 탈수에 이용

100 식품재료를 물 속에서 세척한 후 부력 차이를 이용하여 이물질을 분리해내는 세척 방법은?

① 담금세척   ② 분무세척
③ 부유세척   ④ 여과세척

🔍해설

부유 세척
– 식품과 오염물질의 부력차이를 이용한 세척 방법 – 정상적인 원료는 물에 뜨고 비중이 큰 무거운 조각과 불순물, 조직이 상한 원료들은 불에 가라앉기 때문에 이들을 제거 – 완두콩, 강낭콩, 건조야채로부터 이물질 제거 – 건식세척과 습식세척으로 나눔 – 건식세척 : 마찰세척, 흡인(가루)세척, 자석세척, 정전기적 세척, 체정선법 – 습식세척 : 초음파 세척, 부유세척, 분무세척 등

💡정답   **97** ④   **98** ①   **99** ①   **100** ③

2014년 출제문제 2회

1 식품위생학

1 LC₅₀에 관한 설명으로 틀린 것은?

① 기체 및 휘발성 물질은 ppm으로 표시한다.

② 분말 물질은 mg / L로 표시한다.

③ 50%의 치사 농도로 반수치사 농도라고 한다.

④ LC₅₀(반수치사량)과 반비례 관계가 있다.

해설

LD₅₀(Lethal Dose 50%)
– 실험동물의 반수(50%)가 1주일이내에 치사되는 화학물질의 투여량
– 급성독성 강도를 결정
– LD₅₀(Lethal Dose 50%) 수치가 낮을수록 독성 강하고 수치가 높을수록 안전성이 높아짐

2 *Cl.perfringens*에 의한 식중독에 관한 설명 중 옳은 것은?

① 우리나라에서는 발생이 보고된 바가 없다.

② 육류와 같은 고단백질 식품보다는 채소류가 자주 관련된다.

③ 일반적으로 병독성이 강하여 적은 균수로도 식중독을 야기한다.

④ 포자형성(sporulation)이 일어나는 경우에만 식중독이 발생한다.

해설

Clostridium perfringens(웰치균)	
특성	– 그람양성, 편성혐기성, 간균, 내열성포자 형성, 운동성 없음, 독소 생산 – A~E 5가지 형의 균이 있고, 그 중 A형이 식중독 원인균
생장조건	– A형 : 장관내 증식으로 포자형성하여 균체 내 독소(enterotoxin) 생산 – 아포는 100℃ 4~5시간 가열에도 견딤 – 독소는 pH 4.5~11.0에서 안정하나 열에 불안정하여 60℃ 4분 가열에 파괴
발생	– 집단급식시설 등에서 다수 발생하여 '집단조리식중독'이라 함
오염원	– 가축, 가금류
원인식품	– 동물성 · 식물성 단백질 식품
증상	– 증상은 가벼운 편이나 일단 발생하면 규모가 큼

3 식품위생 검사 시 채취한 검체의 취급상 주의 사항으로 틀린 것은?

① 저온 유지를 위해 얼음을 사용할 때 얼음이 검체에 직접 닿게 하여 저온유지 효과를 높인다.

② 검체명, 채취장소, 일시 등 시험에 필요한 참고사항을 기재한다.

③ 운반 시 운반용 포장을 하여 파손 및 오염이 되지 않게 한다.

④ 미생물학적 검사를 위한 검체를 소분 채취할 경우에는 무균적으로 행하여야 한다.

식품위생 검사 시 채취한 검체 취급상 주의사항

- 검체명, 채취장소 및 일시 등 시험검사에 필요한 모든 사항을 기재한다.
- 전체를 대표할 수 있어야 한다.
- 저온 유지를 위해 얼음을 사용할 때 얼음이 검체에 직접 닿지 않게 한다.
- 미생물학적검사의 검체는 무균적으로 채취한다.
- 운반 시 운반용 포장을 하여 파손 및 오염이 되지 않게 한다.
- 채취 후 반드시 밀봉한다.
- 채취자는 상처나 감염성이 없어야 한다.
- 채취시료는 햇빛에 노출되지 않게 한다.
- 미생물이나 화학약품에 오염되지 않게 한다.

4 식품의 방사능 오염에서 생성률이 크고 반감기도 길어 가장 문제가 되는 핵종만을 묶어 놓은 것은?

① ^{89}Sr, ^{95}Zn
② ^{140}Ba, ^{141}Ce
③ ^{90}Sr, ^{137}Cs
④ ^{59}Fe, ^{131}I

방사능 오염

- 방사능을 가진 방사선 물질에 의해서 환경, 식품, 인체가 오염되는 현상으로 핵분열 생성물의 일부가 직접 또는 간접적으로 농작물에 이행 될 수 있다.
- 식품에 문제 되는 방사선 물질
  - 생성율이 비교적 크고 반감기가 긴 ^{90}Sr(29년)과 ^{137}Cs(30년), ^{131}I−(8일)는 반감기가 짧으나 비교적 양이 많아 문제가 된다.

5 식품과 주요 신선도(변질) 검사방법의 연결이 틀린 것은?

① 식육 – 휘발성 염기질소 측정
② 식용유 – 카르복실가 측정
③ 우유 – 산도 측정
④ 달걀 – 난황계수 측정

유지의 신선도 검사

- 산가, 과산화물가, TBA가, 카보닐가

6 금속제 기구 용기 중 식품오염 물질과 가장 거리가 먼 것은?

① 납
② 카드뮴
③ 6가 크롬
④ 포르말린

금 속제 기구 용기의 식품 오염물질

- 금속제 기구와 용기에는 구리, 알루미늄, 주석, 철, 아연, 납, 아티몬, 카드뮴, 6 가크롬 등을 단독으로나 합금으로 사용하기 때문에 이들 금속의 용출가능성 있음

* 포르말린은 요소수지로 제조한 용기에서 용출되어 위생상 문제 된다.

7 우리나라 남해안의 항구와 어항 주변의 소라, 고둥 등에서 암컷에 수컷의 생식기가 생겨 불임이 되는 임포섹스(imposex) 현상이 나타나게 된 원인물질은?

① 트리뷰틸주석(tributyltin)
② 폴리클로로피페닐(polychrolobiphenyl)
③ 트리할로메탄(trihalomethane)
④ 디메틸프탈레이트(demethyl phthalate)

임포섹스 현상

- 환경호르몬에 의한 암수 혼합
- 암컷 몸에 수컷의 성기 발생 또는 수컷의 몸체에 암컷의 성기 생성
- 1969년 영국 플리마우스에 서식하는 고둥 암컷에서 처음 발견
- 선박용 페인트 등에 함유된 트리부틸주석(TBT)이 바다를 오염

8 세균성 경구 감염병이 아닌 것은?

① 장티푸스
② 이질
③ 콜레라
④ 유행성 간염

🔍 해설

병원체에 따른 경구 감염병의 분류	
세균	콜레라, 이질, 성홍열, 디프테리아, 백일해, 페스트, 유행성뇌척수막염, 장티푸스, 파상풍, 결핵, 폐렴, 나병
바이러스	급성회백수염(소아마비-폴리오), 유행성이하선염, 광견병(공수병), 풍진, 인플루엔자, 천연두, 홍역, 일본뇌염
리케차	발진티푸스, 발진열, 양충병 등
스피로헤타	와일씨병, 매독, 서교증, 재귀열 등
원충성	말라리아, 아메바성 이질, 수면병 등

9 멜라민(melamine) 수지로 만든 식기에서 위생상 문제가 될 수 있는 주요 성분은?

① 페놀
② 게르마늄
③ 포름알데히드
④ 난량체

🔍 해설

포름알데히드(formaldehyde)
– 페놀(phenol, C_6H_5OH), 멜라민(melamine, $C_3H_6N_6$), 요소(urea, $(NH_2)_2CO$) 등과 반응하여 각종 열경화성 수지를 만드는 원료로 사용 – 포름알데히드 용출 합성수지 : 페놀수지, 요소수지, 멜라민수지 – 염화비닐수지 : 주성분이 polyvinyl chloride로 포름알데히드가 용출되지 않음

10 pH가 낮은 과일통조림에서 용출되어 중독을 일으킬 수 있는 물질은?

① 비소
② 수은
③ 주석
④ 카드뮴

🔍 해설

주석
– pH가 낮은 과일 통조림으로부터 용출 – 다량 섭취 시 구토, 설사, 복통 등 유발 가능성 있음

11 병원성 대장균의 특징이 아닌 것은?

① 일반의 장내 상존 대장균과는 항원적으로 구분된다.
② 영·유아가 성인에 비하여 고위험군이다.
③ 오염식품을 섭취하고 10분 전후에 즉시 발병한다.
④ 식중독은 두통, 복통, 설사, 발열 등이 주요 증상이다.

🔍 해설

병원성 대장균
– 그람 음성, 간균, 주모성 편모, 운동성, 호기성 또는 통성 혐기성균 – 젖당 또는 포도당 분해하여 산과 가스 생성 – 일반 대장균과 달리 장내 상재균이 아니며 감염형 식중독에 속함 – 영유아가 성인에 비하여 고위험군이다 – 주증상으로 어린이는 심한 설사, 성인은 급상 위장염 등

병원성 대장균의 분류	
장출혈성 대장균	– 인체 내에서 베로독소(verotoxin) 생성 – 베로독소(verotoxin) 단백질로 구성 *E.coli* O157 : H7이 생산 용혈성 요독 증후군 유발
장독소원성 대장균	– 콜레라와 유사 – 이열성 장독소(열에 민감)와 내열성 장독소(열에 강함) 생산 – 설사증
장침투성 대장균	– 대장점막 상피세포 괴사 일으켜 궤양과 혈액성 설사
장병원성 대장균	– 복통, 설사 – 유아음식
장응집성 대장균	– 응집덩어리 형성하여 점막세포에 부착 – 설사, 구토, 발열

12 식품의 변질을 일으키는 가장 중요한 요인은?

① 잔류농약
② 광선
③ 미생물
④ 중금 속

🔍 해설

식품의 변질을 일으키는 가장 중요한 요인은 미생물에 의한 식품의 변질이나 부패이다

13 친환경농산물의 종류에 해당되지 않는 것은?

① 저농약농산물　　② 유기농산물
③ 전환기농산물　　④ 무농약농산물

🔍 해설

친환경농산물
생물의 다양성을 증진하고, 토양에서의 생물적 순환과 활동을 촉진하며, 농업생태계를 건강하게 보전하기 위하여 합성농약, 화학비료, 항생제 및 항균제 등 화학자재를 사용하지 아니하거나 사용을 최소화한 건강한 환경에서 생산한 농산물

친환경농산물 종류
– 유기농산물 : 3년 이상 농약과 화학비료를 전혀 사용하지 재배한 농상물 – 전환기유기농산물 : 1년 이상 농약과 화학비료를 전혀 사용하지 않고 재배한 농산물 – 무농약농산물 : 농약은 전혀 사용하지 않고 화학비료는 권량시비량의 1 / 3 이하를 사용하여 재배한 농산물 – 저농약농산물 : 농약은 안전사용기준의 1 / 2 이하를 사용하고 화학비료는 권장시비량의 1 / 2 이하를 사용하여 재배한 농산물

14 다음 중 살균 · 소독제로 사용하기에 부적합한 것은?

① 100% 알코올　　② 3% 석탄산액
③ 3% 크레졸 비눗물　④ 0.1% 승홍액

🔍 해설

살균 –소독제
– 알코올 : 70% 에틸알코올 용액이 가장 살균력 강함 – 석탄산 : 2~3% 평균 3% 석탄산액 사용 – 크레졸 : 3%(3~5%) 수용액(크레졸 비눗물) – 승홍액 : 0.1% 수용액 사용 　　　　　0.2% 접촉시키면 아포 사멸

15 광우병(BSE)에 대한 설명으로 틀린 것은?

① 발병 원인체는 변형 프리온 단백질이다.
② 광우병 검사는 소를 죽인 후 소의 뇌조직을 이용하여 검사한다.
③ 특정위험물질은 척수, 회장말단, 안구, 뇌 등이다.

④ 국제수역사무국(OIE)에서는 소해면상뇌증을 A등급 질병으로 분류하고 국내에서는 제1종 가축감염병으로 지정되어 있다.

🔍 해설

광우병
– 변형된 프리온(prion : protein(단백질) + virion(바이러스))이 소에 감염함으로써 생기는 질병 – 의학용어로는 소해면상뇌증 – 감염된 소는 뇌에 있는 해면 조직에 스폰지처럼 구멍이 생기는 증상이 생기고, 점차적으로 퇴행적인 질병(neurodegenerative disease) – 국제수역사무국(OIE)에서는 소해면상뇌증을 B등급 질병으로 분류하고 국내에서는 제2종 가축감염병으로 지정

16 유해성분과 유래식품의 연결이 잘못된 것은?

① solanine – 감자
② tetrodotoxin – 복어
③ venerupin – 섭조개
④ amygdalin – 청매

🔍 해설

독성물질과 유래식품
– solanine : 감자 – tetrodotoxin : 복어 – venerupin : 모시조개(바지락), 굴 – saxitoxin : 섭조개 – amygdalin : 청매(덜익은 매실), 살구씨

17 아플라톡신(aflatoxin)에 대한 설면으로 틀린 것은?

① 생산균은 *penicillium* 속으로서 열대지방에 많고 온대지방에서는 발생건수가 적다.
② 생산최적온도는 25~30℃, 수분 16% 이상 습도는 80~85% 정도이다.
③ 주요 작용물질은 쌀, 보리, 땅콩 등이다.
④ 예방의 확실한 방법은 수확 직후 건조를 잘하며 저장에 유의해야 한다.

아플라톡신(aflatoxin)	
– *Aspergillus flavus*, *Aspergillus parasticus*가 생성하는 곰팡이 독소. – 강력한 간장독 성분으로 간암유발. 인체발암물질 group 1로 분류됨	
종류	– aflatoxin B₁, B₂, G₁, G₂, M₁, M₂ – aflatoxin B₁은 급성과 만성독성으로 가장 강력함
특성	– 강산과 강알칼리에는 대체로 불안정 – 약 280℃이상에서 파괴되므로 일반식품조리 과정으로 독성제거 어려움
생성최적 조건	– 수분 16% 이상 – 최적 온도 : 30℃ – 상대습도 80~85% 이상
원인식품	탄수화물이 풍부한 곡류에 잘 번식

18 미생물의 성장을 위해 필요한 최소 수분활성도 (Aw)가 높은 것부터 순서대로 배열한 것은?

① 세균 〉곰팡이 〉효모
② 세균 〉효모 〉곰팡이
③ 효모 〉세균 〉곰팡이
④ 곰팡이 〉세균 〉효모

수분활성도(Water Activity, AW)	
정의	어떤 온도에서 식품이 나타내는 수증기압(Ps)에 대한 순수한 물의 수증기압(P0)의 비율. AW = Ps / P0
특징	– 미생물이 이용하는 수분은 자유수 – 수분활성도가 낮으면 미생물 생육 억제 – 미생물의 최소수분활성도 　세균 0.90〉효모 0.88〉곰팡이 0.80

19 식품위생 검사와 관련이 가장 적은 것은?

① 관능 검사
② 독성 검사
③ 화학적 검사
④ 면역 검사

식품위생검사에는 관능검사, 물리적 검사, 화학적 검사 생물학적 검사 및 독성검사 등이 있다.

20 식품의 위생 검사 시 생균수를 측정하는 데 주로 이용하는 배양기는?

① SS 배양기　　　　② BGLB 배양기
③ 표준한천평판 배지④ 젖당부이온 배지

식품위생의 미생물학적 검사	
일반세균 수 검사	• 총균수 검사법 • 생균수검사법 　– 표준한천평판배양법
장구균 검사	대장균군보다 저항성이 강하고 냉장식품에서 오랜 기간 생존하므로 냉동 냉장식품의 오염지료로 활용
대장균군 검사	• 정량시험 　– 최확수법, BGLB배지법 • 정성시험 　– 유당부용법, BGLB배지법

2 식품화학

21 단백질의 구조 중 peptide 결합 사슬이 *α*-나선구조(helix)를 이룬 것은?

① 1차 구조　　　　② 2차 구조
③ 3차 구조　　　　④ 4차 구조

단백질 구조	
1차 구조	– 아미노산의 펩티드결합에 의해 직선형으로 연결된 구조 – 아미노산의 종류와 배열순서에 의해 이루어지는 구조 – 공유결합. 가열이나 묽은 산, 묽은 알칼리 용액으로는 분해되지 않을 정도로 견고
2차 구조	– 폴리펩타이드 사슬의 구성요소 사이의 수소결합에 의한 입체구조 – *α*-나선(helix)구조, *β*-병풍구조의 입체구조, 랜덤코일 구조

💡 **정답**　**18** ②　**19** ④　**20** ③　**21** ②

3차 구조	– 단백질의 기능 수행을 위한 3차원적 입체구조 – 이황화결합, 소수성 상호작용, 수소결합, 이온 상호작용에 의해 안정화 – 섬유형(섬유상) 단백질 또는 구형(구상) 단백질 의 복잡한 구조
4차 구조	– 2개 이상의 3차 구조 폴리펩티드나 단백질이 수 소결합과 같은 산화작용으로 연결되어 한 분자 의 구조적 기능단위 형성 – 비공유결합(수소결합, 이온결합, 소수성 상호작 용)에 의해 구조유지

22 전분의 노화에 영향을 미치는 인자가 아닌 것은?

① 전분의 종류
② amylose와 amylopectin의 함량
③ 팽윤제의 사용
④ 각종 유기 및 무기 이온의 존재

🔍해설

전분의 노화	
특징	– 호화된 전분(a전분)을 실온에 방치하면 굳어져 b전분으로 되돌아가는 현상 – 호화로 인해 불규칙적인 배열을 했던 전분분자 들이 실온에서 시간이 경과됨에 따라 부분적으 로나마 규칙적인 분자배열을 한 미셀(micelle) 구조로 되돌아가기 때문임 – 떡, 밥, 빵이 굳어지는 것은 이러한 전분의 노화 현상 때문임
노화 억제 방법	– 수분함량 : 30~60% 노화가 가장 잘 일어나고, 10% 이하 또는 60% 이상에서는 노화 억제 – 전분 종류 : 아밀로펙틴 함량이 높을수록 노화 억제(아밀로스가 많은 전분일수록 노화가 잘 일 어남) – 온도 : 0~5℃ 노화 촉진. 60℃ 이상 또는 0℃ 이하의 냉동으로 노화 억제 – pH : 알칼리성일 때 노화가 억제됨 – 염류 : 일반적으로 무기염류는 노화 억제하지만 황산염은 노화 촉진 – 설탕첨가 : 탈수작용에 의해 유효수분을 감소시 켜 노화 억제 – 유화제 사용 : 전분 콜로이드 용액의 안정도를 증가시켜 노화 억제

23 다음 다당류의 최종 분해산물로 옳은 것은?

① starch → glucose
② glycogen → glucose + fructose
③ cellulose → glucose + galactose
④ inulin → galactose

🔍해설

다당류의 최종 분해산물
starch, glycogen : a–D–glucose의 결합중합체 cellulose : b–D–glucose가 b–1,4 결합 중합체 inulin : D–fructose가 b–1,4 결합 중합체

24 유지의 산패에 영향을 미치는 인자로 가장 거리가 먼 것은?

① 온도
② 산소 분압
③ 지방산의 불포화도
④ 유지의 분자량

🔍해설

유지의 산패에 영향을 미치는 인자
– 빛, 특히 자외선에 의해 유지 산패 촉진 – 온도 높을수록 반응 속도 빨라져 유지산패촉진 – Lipoxigenase는 이중결합을 가진 불포화지방산에 반 응하여 hydroperoxide가 생성되어 산화 촉진 – 지방산의 종류 : 불포화지방산의 이중결합이 많을 수록 산패 촉진 – 금속 : 코발트, 구리, 철, 니켈, 주석, 망간 등의 금속 또는 금속이온들 자동산화 촉진 – 수분 : 금속의 촉매작용으로 자동산화 촉진 – 산소 농도가 낮을 때 산화 속도는 산소 농도에 비례(산 소 충분 시 산화 속도는 산소농도와 무관) – 헤모글로빈, 미오글로빈, 사이토크롬 C 등의 헴화합물 과 클로로필 등의 감광물질들은 산화 촉진

25 전분 분자의 비환원성 말단에서부터 차례로 포도당 2분자씩 분해하는 효소는?

① α–amylase
② β–amylase
③ glycoamylase
④ isoamylase

💡정답 22 ③   23 ①   24 ④   25 ②

전분 분해효소	
종류	특징
a –amylase	– 전분의 a–1,4 결합을 무작위로 가수분해하는 효소. – 전분을 용액상태로 만들기 때문에 액화효소라 함
b –amylase	– 전분의 비환원성 말단으로부터 a–1,4 결합을 말토스 단위로 가수분해하는 효소. – 전분을 말토스와 글루코스의 함량을 증가시켜 단맛을 높이므로 당화효소라 함
글루코아밀레이스 (c–amylase, 말토스가수분해효소)	– a–1,4 및 a–1,6 결합을 비환원성 말단부터 글루코스 단위로 분해하는 효소. – 아밀로스는 모두 분해하며 아밀로펙틴은 80~90% 분해 – 고순도의 결정글루코스 생산에 이용
이소아밀레이스	– 아밀로펙틴의 a–1,6 결합에 작용하는 효소. – 중합도가 4~5 이상의 a–1,6 결합은 분해하지만 중합도가 5개인 경우 작용하지 않음

비뉴턴 유체 (유체에 가해지는 힘에 의해 점도 변화됨)	Shear-thickening (dilatant)	전단 속도가 증가함에 따라 점도 증가 시간에 따른 점도 변화 없음	물에 용해된 전분
	Shear-thinning (pseudo plastic) 의가소성	전단 속도가 증가함에 따라 점도 감소 시간에 따른 점도 변화없음	시럽
	plastic	전단 속도가 증가함에 따라 점도 감소 일정한 힘을 가해야만 물질의 유동 시작	케찹, 마요네즈
	Thixotropic (틱스트로픽)	힘을 가해주는 시간에 따라 점도 변화 겔(gel) 상태에서 졸(sol)상태로 유동성 가짐	전분겔
	Rheopectic	일정한 전단 속에서 시간에 따라 점도 증가	난백

26 물, 청량음료, 식용유 등 묽은 용액들은 어떤 유체의 특성을 나타내는가?

① 뉴턴(newton) 유체
② 딜러턴트(dilatant) 유체
③ 의사가소성(pseudoplastic) 유체
④ 빙함소성(bingham plastic) 유체

유체의 종류 및 특징		
종류	특징	해당식품
뉴턴 유체	유체이 가해지는 힘(외부힘)의 크기에 관계없이 점도가 일정한 유체	물, 청량음료, 식용유

27 식품의 기본 맛 4가지 중 해리된 수소이온 (H^+)과 해리되지 않은 산의 염에 기인하는 것은?

① 단맛
② 짠맛
③ 신맛
④ 쓴맛

맛의 수용체	
단맛	G 단백질 연관 수용체(GPCR. G–protein–coupled receptor)
짠맛	Na^+이온
신맛	– 수용체 : 해리된 수소 이온(H^+)과 해리되지 않은 산의 염 – 신맛 성분 : 무기산, 유기산 및 산성염 – 신맛의 강도는 pH와 반드시 정비례하지 않음 – 동일한 pH에서도 무기산보다 유기산의 신맛이 더 강하게 느껴짐
쓴맛	G 단백질 연관 수용체(GPCR. G–protein–coupled receptor)

28 식품 중의 수분 함량을 가열건조법에 의해 측정할 때 계산식은?

① 수분% = $(\frac{W_0 - W_1}{W_2 - W_1}) \times 100$

② 수분% = $(\frac{W_1 - W_0}{W_1 - W_2}) \times 100$

③ 수분% = $(\frac{W_1 - W_2}{W_1 - W_0}) \times 100$

④ 수분% = $(\frac{W_2 - W_1}{W_0 - W_1}) \times 100$

🔍 해설

상압가열건조법

– 물의 끓는 점보다 약간 높은 온도(105℃)에서 시료를 건조하고 그 감량의 함량값을 수분함량(%)으로 한다.

– 수분 = $\frac{W_1 - W_2}{W_1 - W_0} \times 100$

W_0 : 칭량접시의 항량
W_1 : 건조 전 칭량접시 + 시료의 항량
W_2 : 건조 후 칭량접시 + 시료의 항량

29 젤(gel)과 졸(sol)에 대한 설명 중 틀린 것은?

① 젤은 반고체로 도토리묵, 젤리와 같은 상태이다.
② 젤은 장시간 방치하면 이액현상이 일어난다.
③ 한천은 가역적인 젤과 졸의 변화가 일어난다.
④ 난백은 가역적인 젤과 졸의 변화가 일어난다.

🔍 해설

젤(gel)과 졸(sol)

분산매	분산질	분산계	식품
액체	고체	졸	소스, 페이스트
		겔	젤리, 양갱
고체	액체	고체 젤	한천, 과육, 두부

– 젤라틴이나 한천의 졸과 젤은 온도 또는 분산매인 물의 증감에 따라 가역성이다.
– 젤리를 장시간 방치하면 젤리의 망상구조의 눈이 점차 수축되어 분산매를 분리하는 이액현상이 일어난다. 생달걀의 졸상태를 가열하여 한번 젤이 된 것은 다시 졸상태로 돌아가지 않는다. 비가역적 반응이다.

30 라이신(lysine)은 어떤 아미노산에 속하는가?

① 중성 아미노산
② 산성 아미노산
③ 염기성 아미노산
④ 함황 아미노산

🔍 해설

아미노산 분류		
분류	세분류	
중성 아미노산	비극성(소수성) R기 아미노산	극성(친수성) R기 아미노산
	– 알라닌 – 발린 – 류신 – 이소류신 – 프롤린(복소환) – 페닐알라닌 (방향족–벤젠고리) – 트립토판(복소환) – 메티오닌(함황)	– 글리신 – 세린 – 트레오닌 – 시스테인(함황) – 티로신 (방향족–벤젠고리)
산성 아미노산	(– 전하를 띤 R기 아미노산) 카르복실기 수〉아미노기 수 – 아스파르트산 – 글루탐산 – 아스파라진 – 글루타민	
염기성 아미노산	(+ 전하를 띤 R기 아미노산) 카르복실기 수〈 아미노기 수 – 리신(라이신) – 아르기닌 – 히스티딘(방향족)	
필수 지방산	류신, 이소류신, 리신, 메티오닌, 발린, 트레오닌, 트립토판, 페닐알라닌 (성장기 어린이와 회복기 환자 추가 : 아르기닌, 히스티딘)	

31 유중수적형(W / O) 교질상 식품은?

① 우유　　　　　② 마요네즈

③ 아이스크림　　④ 버터

해설

유화제(계면활성제)
• 한 분자 내에 친수성기(극성기)와 소수성기(비극성기)를 모두 가지고 있으며 식품을 유화시키기 위하여 사용하는 물질로 기름과 물의 계면장력을 저하시킴 • 친수성기(극성기) : 물 분자와 결합하는 성질 　$-COOH$, $-NH_2$, $-CH$, $-CHO$등 • 소수기(비극성기) : 물과 친화성이 적고 기름과의 친화성이 큰 무극성원자단 　$-CH_3-CH_2-CH_3$ $-CH_4$ $-CCI$ $-CF$ • HLB(Hydrophilie-Lipophile Balance) 　- 친수성친유성의 상대적 세기 　- HLB값 8~18 유화제 수중유적형(O / W) 　- HLB값 3.5~6 유화제 유중수적형(W / O) • 수중유적형(O / W) 식품 : 우유, 아이스크림, 마요네즈 • 유중수적형(W / O) 식품 : 버터, 마가린 • 유화제 종류 　- 레시틴, 대두인지질, 모노글리세라이드, 글리세린지방산에스테르, 프로필렌글리콜지방산에스테르, 폴리소르베이트, 세팔린, 콜레스테롤, 담즙산 • 천연유화제는 복합지질들이 많음

32 단백질 중 질소 함유량은 평균 몇 % 정도인가?

① 5%　　　　　② 12%

③ 16%　　　　④ 22%

해설

단백질의 질소함량
- 대부분의 단백질의 질소함량은 평균 16% - 단백질 정량법에서 킬달법으로 질소량을 측정한 후 질소계수 6.25(100 / 16)을 곱하여 조단백질량을 구한다.

33 식품을 오래 보존하다 보면 고유의 냄새가 없어지게 된다. 그 주된 이유는 무엇인가?

① 식품의 냄새 성분은 휘발성이기 때문이다.

② 식품의 냄새 성분은 친수성이기 때문이다.

③ 식품의 냄새 성분은 소수성이기 때문이다.

④ 식품의 냄새 성분은 비휘발성이기 때문이다.

해설

식품의 냄새
- 냄새물질 → 휘발성 → 후각수용세포 → 전기신호 → 후각신경계 → 대뇌 → 냄새인식 - 발향단 : 향기를 내는 원자단, $-OH$, $-CO-$, $-CHO$, $-COOR$, $-COOH$, 락톤기, 페닐기, $-NH_2$, $-N=C=S$ 등 - 식품의 냄새 성분은 휘발성이기 때문에 식품을 장기간 보관할 때 고유의 냄새가 없어지게 된다.

34 맛에 대한 설명 중 틀린 것은?

① 짠맛은 알칼리 할로겐염에서 잘 나타난다.

② 떫은맛은 혀 점막 단백질의 수축에 의한 것으로 주된 성분은 폴리페놀 물질인 알칼로이드이다.

③ 신맛은 수소이온 공여체에서 주로 나타난다.

④ 매운맛은 구강 내 자율신경에 의해 느끼는 일종의 통각이다.

해설

맛의 수용체	
단맛	- G 단백질 연관 수용체 (GPCR. G-protein-coupled receptor)
짠맛	- Na+이온
신맛	- 수용체 : 해리된 수소 이온(H+)과 해리되지 않은 산의 염 - 신맛 성분 : 무기산, 유기산 및 산성염 - 신맛의 강도는 pH와 반드시 정비례하지 않음 - 동일한 pH에서도 무기산보다 유기산의 신맛이 더 강하게 느껴짐
쓴맛	- G 단백질 연관 수용체 (GPCR. G-protein-coupled receptor)
떫은맛	- 수렴성(혀 표면의 점막이 일시적으로 변성 응고되면서 나타나는 미각신경 마비현상)의 맛으로 식품 중의 알데하이드류, 페놀성 물질인 타닌류, 철이나 구리 같은 금속 등이 떫은 맛 - 탄닌류 : 카테킨(차잎), 테아닌(녹차), 시부올(감), 엘라그산(감), 클로로겐산(커피) - 유리지방산, 알데하이드류 : 지방 함량이 많은 식품의 장기 저장 시 산패된 지질로 오래된 훈제품이나 건어물
매운맛	- 미각 신경을 강하게 자극하여 나타나는 일종의 통각 - 방향족 알데하이드 및 케톤류 : 진저론(생강), 커큐민(울금) - 산 아미드류 : 캡사이신(고추), 차비신(후추) - 황화합물 : 알릴설파이드류(마늘, 파 등) - 아민류 : 히스타민(부패생선)

35 유지를 가열하면 점도가 커지는 것은 다음 중 어느 반응에 의한 것인가?

① 산화 반응　② 가수분해 반응
③ 중합 반응　④ 열분해 반응

🔍**해설**

유지 가열 시 생기는 변화
– 유지의 가열에 의해 자동산화과정의 가속화, 가열분해, 가열중합반응이 일어남.
– 열 산화 : 유지를 공기중에서 고온으로 가열 시 산화반응으로 유지의 품질이 저하되고, 고온으로 장기간 가열 시 산가, 과산화물가 증가
– 중합반응에 의해 중합체가 생성되면 요오드가 낮아지고, 분자량, 점도 및 굴절률은 증가, 색이 진해지며, 향기가 나빠지고 소화율이 떨어짐
– 유지의 불포화지방산은 이중결합 부분에서 중합이 일어남
– 휘발성 향미성분 생성 : 하이드로과산화물, 알데히드, 케톤, 탄화수소, 락톤, 알코올, 지방산 등
– 발연점 낮아짐
– 거품생성 증가

36 다음 중 아미노산이 아닌 것은?

① 프로피온산(propionic acid)
② 알라닌(alanine)
③ 글루타민산(glutamic acid)
④ 메티오닌(methionine)

🔍**해설**

아미노산 분류		
분류	세분류	
	비극성(소수성) R기 아미노산	극성(친수성) R기 아미노산
중성 아미노산	– 알라닌 – 발린 – 류신 – 이소류신 – 프롤린(복소환) – 페닐알라닌 　(방향족–벤젠고리) – 트립토판(복소환) – 메티오닌(함황)	– 글리신 – 세린 – 트레오닌 – 시스테인(함황) – 티로신 　(방향족–벤젠고리)

산성 아미노산	(– 전하를 띤 R기 아미노산) 카르복실기 수〉아미노기 수 – 아스파르트산 – 글루탐산 – 아스파라진 – 글루타민
염기성 아미노산	(+ 전하를 띤 R기 아미노산) 카르복실기 수〈아미노기 수 – 리신(라이신) – 아르기닌 – 히스티딘(방향족)
필수 지방산	류신, 이소류신, 리신, 메티오닌, 발린, 트레오닌, 트립토판, 페닐알라닌 (성장기 어린이와 회복기 환자 추가 : 아르기닌, 히스티딘)

* 프로피온산(propionic acid) : 지방산으로 빵류에 보존료로 사용

37 다음 중 탄소수가 18개가 아닌 것은?

① 스테아르산(stearic acid)
② 올레산(oleic acid)
③ 리놀렌산(linolenic acid)
④ 팔미트산(palmitic acid)

🔍**해설**

지방산 종류		탄소수:이중결합수
포화지방산	미리스트산(myristic acid)	14:0
	팔미트산(palmitic acid)	16:0
	스테아르산(stearic acid)	18:0
	아라키드산(arachidic acid)	20:0
불포화지방산	올레산(oleic acid)	18:1
	리놀레산(linoleic acid)	18:2
	리놀렌산(linolenic acid)	18:3
	아라키돈산(arachidonic acid)	20:4
	에이코사펜타엔산(eicosapentaenoic acid : EPA)	20:5
	도코사헥사엔산(docosahexaenoic acid : DHA)	20:6

💡**정답**　**35** ③　**36** ①　**37** ④

38 다음 금속 중 vitamin B₁₂ 중에 들어 있는 것은?

① Zn
② Co
③ Cu
④ Mo

비타민 B₁₂
– Co를 함유하고 있어 코발아민(Cobalamin)이라고 부름 – 핵산과 단백질 대사 등에 관여하여 성장촉진, 조혈작용에 효과가 있으므로 결핍되면 성장정지와 악성빈혈 증세가 나타남

39 6mg의 all-trans-retinol은 몇 international unit(IU)의 비타민 A에 해당하는가?

① 10,000IU
② 20,000IU
③ 30,000IU
④ 60,000IU

비타민 국제단위[International Unit(IU)]
– 효소나 비타민의 활성의 양을 나타내는 단위 – 비타민 A(all-trans-retinol) : 1IU = 0.33μg – 1mg = 1000μg – 6000μg ÷ 0.33μg = 20,000 IU

40 식물성 검이 아닌 것은?

① 아라비아 검
② 콘드로이틴
③ 로커스트 검
④ 타마린드 검

검질류
• 적은 양의 용액으로 높은 점성을 나타내는 다당류 및 그 유도체 • 식물조직에서 추출되는 검질 : 아라비아검 • 식물종자에서 얻어지는 검질 : 로커스트빈검, 구아검, 타마린드 검 　– 해조류에서 추출되는 검질 　– 한천[홍조류(김, 우뭇가사리)와 녹조류에서 추출한 복합다당류] 　– 알긴산[갈조류(미역, 다시마)의 세포벽 구성성분] 　– 카라기난–홍조류를 뜨거운 물이나 뜨거운 알칼리성 수용액으로 추출한 물질 • 미생물이 생성하는 검질 : 덱스트란, 잔탄검

* 콘드로이틴 : 글리코사미노글리칸의 일종
　콘드로이틴 황산은 연골의 주성분으로 N–아세틸갈락토사민, 우론산, 황산으로 이루어진 다당류

---

41 감의 탈삽 원리를 가장 바르게 설명한 것은?

① 40℃의 온탕에서 떫은감을 담가두면 더운 물에 의하여 탄닌을 제거하기 때문에 떫은 맛이 없다.
② 탄닌성분이 없어지는 것이 아니라 산소 공급을 억제하면 분자 간 호흡에 의하여 불용성 탄닌으로 변화되기 때문에 떫은맛을 느끼지 못하게 된다.
③ 통 속에 천과 떫은감을 층층이 놓고 소주나 알코올 등을 뿌려두면 탄닌이 제거되므로 떫은맛을 느끼지 못한다.
④ 밀폐된 곳에 떫은 감을 넣고 탄산가스를 주입시키면 탄닌을 완전히 제거할 수 있어서 떫은맛이 없다.

떫은 감의 탈삽	
감의 떫은 맛 성분	– 디오스프린(diosprin)이란 탄닌 성분이 수용성 상태로 함유 – 포도당에 몰식자산(gallic acid)이 결합된 형태
탈삽 원리	– 수용성 타닌을 불용성 타닌으로 변화시킴(아세트알데히드 작용으로 flavonoid계 페놀 화합물의 축합된 형태의 불용성 타닌으로 변함) – 불용성 타닌은 분자량이 커서 혀를 자극할 수 없기 때문에 떫은맛이 느껴지지 않음
탈산 방법	– 온탕법 : 35～40℃ 온도처리 – 탄산가스법 : 떫은 감을 이산화탄소 주입 – 알코올법 : 밀폐용기에서 떫은 감 주정 처리 – 동결법 : −20℃ 냉동처리 – 기타 : γ–조사, 카바이트, 아세트알데히드, 에스테르 등 이용

---

42 샐러드 기름을 제조할 때 탈납(winterization) 과정의 주요 목적은?

① 불포화지방산을 제거한다.
② 저온에서 고체상태로 존재하는 지방을 제거한다.
③ 지방 추출원료의 찌꺼기를 제거한다.
④ 수분을 제거한다.

🔍 해설

\multicolumn{3}{c}{유지의 정제}		
순서	제조공정	방법
1	전처리	– 원유 중의 불순물을 제거. 여과, 원심분리, 응고, 흡착, 가열처리
2	탈검	– 유지의 불순물인 인지질(레시틴), 단백질, 탄수화물 등의 검질제거 – 유지을 75~80℃ 온수(1~2%)로 수화하여 검질을 팽윤·응고시켜 분리제거
3	탈산	– 원유의 유리지방산을 제거 – 유지를 가온(60~70℃)·교반 후 수산화나트륨용액(10~15%)을 뿌려 비누액을 만들어 분리제거
4	탈색	– 원유의 카로티노이드, 클로로필, 고시폴 등 색소물질 제거 – 흡착법(활성백토, 활성탄 이용) – 산화법(과산화물이용) – 일광법(자외선 이용)
5	탈취	– 불쾌취의 원인이 되는 저급카보닐화합물, 저급지방산, 저급알코올, 유기용매 등 제거 – 고도의 진공상태에서 행함
6	탈납	– 냉장 온도에서 고체가 되는, 녹는점이 높은 납(wax) 제거 – 탈취 전에 미리 원유를 0~6℃에서 18시간 정도 방치하여 생성된 고체지방을 여과 또는 원심분리하여 제거하는 공정 – 동유처리법(Winterization) – 면실유, 중성지질, 가공유지 등에 사용

43 다음 중 공업적으로 과실주스 중의 부유물 침전을 촉진시키기 위해 사용되는 것으로 가장 옳은 것은?

① 카세인(casein)
② 펙틴(pectin)
③ 글루콘산(gluconic acid)
④ 셀룰라아제(cellulase)

🔍 해설

과실주스 청징 방법
– 난백(2% 건조 난백) 사용 – 카세인 사용 – 탄닌 및 젤라틴 사용 – 흡착제(규조토) 사용 – 효소처리 : pectinase, polygalacturonase

44 달걀 선도의 간이 검사법이 아닌 것은?

① 외관법
② 진음법
③ 투시법
④ 건조법

🔍 해설

\multicolumn{2}{c}{달걀의 선도검사}	
외부 선도검사	난형, 난각, 난각의 두께, 건전도, 청결도, 난각색, 비중, 진음법, 설감법
내부 선도검사	투시검사, 할란검사(난백계수, Haugh단위, 난황계수, 난황편심도)

45 우유 5,000kg / h를 5℃에서 55℃까지 열교환기로 가열하고자 한다. 우유의 비열이 3.85kJ (kgK)일 때 필요한 열 에너지 양은?

① 267.4kW
② 275.2kW
③ 282.3kW
④ 323.5kW

🔍 해설

열교환기로 가열할 때 필요한 열에너지량
$\dfrac{5{,}000 \times (55\text{-}5) \times 3.85}{60\text{sec} \times 60\text{min}} = 267.361(kW)$

46 다음 중 설명이 옳은 것은?

① 패리노그래프(farinograph)는 밀가루와 물의 현탁액을 일정한 속도로 가열 또는 냉각시키면서 paste의 점도 변화를 기록하는 장치이다.

② 신장도(E)는 커브의 시작점부터 끝까지의 거리(mm)로 나타내고, 신장에 대한 저항도는 커브의 최고 높이(mm) 또는 50분 후의 커브의 높이(R)로 표시한다.

③ 익스텐소그래프(extensograph)는 밀가루 반죽의 힘과 신장과의 관계를 기록하는 기기로서 패리노그래프(farinograph)로부터 얻을 수 없는 밀가루 개량제의 효과를 측정할 수 있다.

④ 신장도가 큰 경우에는 강한 반죽의 특성을 보이고 가스 수용력이 높다.

🔍 해설

측정 기기	용도
Amylograph	전분의 호화도, α-amylase역가 강력분과 중력분 판정
Extensograph	반죽의 신장도와 인장항력 측정
Fariongraph	밀가루 반죽 시 생기는 점탄성
Peker test	색도, 밀기울의 혼입도 측정
Gluten 함량	밀단백질인 Gluten 함량에 따라 밀가루 사용용도 구분 – 강력분(13%, 제빵) – 중력분(10~13%, 제면) – 박력분(10% 이하, 과자 및 튀김)

47 다음 중 수산물 유래의 유독성분이 아닌 것은?

① tetrodotoxin ② holothurin
③ zearalenone ④ tyramine

🔍 해설

수산물 유해의 유독 성분

– tetrodotoxin : 복어의 독성분
– holothurin : 해삼의 독성분
– tyramine : 문어의 독성분
– venerupin : 모시조개(바지락), 굴의 독성분
– ciguatoxin : 시구아테라 독성분
– tetramine : 고둥의 독성분

* zearalenone : 곰팡이 독소. Fusarium graminearum과 F, culmorum에 오염되어 생성

48 달걀 저장 중 일어나는 변화로 틀린 것은?

① 난황계수의 감소   ② 농후난백의 수양화
③ 난중량 감소   ④ 난백의 pH 하강

🔍 해설

달걀 저장 중 변화

– 농후 난백의 수양화
– 난황계수 감소
– 난각을 통해 수분 상실로 난중량 감소
– 난백에서 이산화탄소 방출로 난백의 pH 상승

49 잼의 완성점으로 온도계법을 사용할 때 가장 알맞은 온도는?

① 95℃   ② 104℃
③ 128℃   ④ 150℃

🔍 해설

잼의 젤리점 판정법

방법	특징
컵테스트	냉수가 담아 있는 컵에 농축물을 떨어뜨렸을 때 분산되지 않을 때
스푼 테스트	농축물을 스푼으로 떠서 기울였을 때 시럽상태가 되어 떨어지지 않고 은근히 늘어짐
온도계법	농축물의 끓는 온도가 104~105℃ 될 때
당도계법	굴절당도계로 측정 60~65% 될 때

50 연유 제조 시 유당과 단백질이 가열에 의하여 어떤 색소를 형성하는가?

① melanoidine 색소 ② carotenoid 색소
③ anthocyanin 색소   ④ myoglobin 색소

🔍 해설

마이야르(maillard) 반응

– 비효소적 갈변으로 식품을 가열할 때 당류와 아미노산의 상호작용에 의해 일어나는 반응
– 아미노-카보닐반응, 멜라노이딘 반응이라고도 함
– 갈색 색소인 melanoidine생성

💡 정답 46 ③   47 ③   48 ④   49 ②   50 ①

51 된장 숙성 중 일반적으로 일어나는 화학변화와 관계가 먼 것은?

① 당화 작용
② 알코올 발효
③ 단백질 분해
④ 탈색 작용

🔍 해설

된장의 숙성 중 화학적 변화
- 된장 중에 있는 코지 곰팡이, 효모, 그리고 세균의 상호작용으로 화학변화 일어남 - 쌀, 보리 코지의 주성분인 전분이 코지 곰팡이의 amylase에 의해 덱스트린 및 당으로 분해되고 이 당은 다시 알코올 발효에 의하여 알코올이 생기며 그 일부는 세균에 의하여 유기산을 생성 - 콩, 쌀, 보리 코지 단백질은 코지균의 protease에 의하여 proteose, peptide등으로 분해되고 다시 아미노산까지 분해되어 구수한 맛 생성. 소금의 용해작용으로 짠맛을 내고 숙성을 조절한다.

52 식육가공에서 훈연 침투 속도에 영향을 미치지 않는 것은?

① 훈연 농도
② 훈연재의 색상
③ 훈연실의 공기 속도
④ 훈연실의 상대습도

🔍 해설

훈연 제조 시 훈연 침투 속도 영향 요인
- 훈연 농도 - 훈연실의 공기 속도 - 훈연실의 상대습도 - 훈연제품의 표면 상태

53 마가린 제조 시 유지 원료의 융점으로 가장 적당한 것은?

① 5~10℃ ② 15~20℃
③ 25~30℃ ④ 35~40℃

🔍 해설

마가린 제조 시 원료 유지 배합
- 여러 동식물 유지 및 그 경화유 사용 - 정제, 탈색, 탈취 공정 사용 - 마가린은 실온에서 고체이고 식용할 때에는 입 속에서 녹는 정도가 되어야 하므로 원료 유지는 25~35℃ 정도의 융점이 되도록 배합 - 액체유지로는 콩기름, 목화기름, 땅콩기름 등 사용

54 통조림 가열살균 후 냉각효과에 해당되지 않는 것은?

① 호열성 세균의 발육 방지
② 관 내면 부식 방지
③ 식품의 과열 방지
④ 생산능률의 상승

🔍 해설

통조림 가열 살균 후 냉각 효과
- 호열성 세균의 발육 방지 - 관내면 부식 방지 - 식품의 과열 방지

55 식육의 근원섬유 단백질 중 주로 근육의 수축에 관여하는 단백질은?

① 트로포미오신(tropomyosin), 옥시미오글로빈(oxymyoglobin)
② 트로포닌(troponin), 메트미오글로빈(metmyoglobin)
③ 액틴(actin), 미오신(myosin)
④ 알파 액틴(α-actin), 베타 액틴(ß-actin)

🔍 해설

육류 단백질

• 근장단백질(구상)
  - 근원섬유 내에 용해되어 있는 수용성 단백질
  - 주요 단백질
   알부민의 미오겐
   미오글로빈, 헤모글로빈 등의 색소 단백질
   효소

- 근원섬유단백질
  - 전체 단백질의 약 60% 차지
  - 주요 단백질
    미오신(굵은 필라멘트, 근육 수축이완)
    액틴(근육 수축이완)
    트로포미오신
- 결합조직단백질
  - 근 속과 근 속을 연결하여 장기 유지, 뼈와 뼈를 접 속하는 인대 역할
  - 고기의 질긴 정도가 밀접한 관계
  - 주요 단백질
    콜라겐(불용성) → 가열하여 젤라틴(가용성)
    엘라스틴

56 간장 덧 관리에서 교반을 해야 하는 직접적인 이유가 아닌 것은?

① 숙성 작용이 고르게 일어나게 한다.
② 간장의 색을 좋게 한다.
③ 코지 중 효소 용출을 촉진시킨다.
④ 이산화탄소를 배제하여 발효를 조장시킨다.

> 🔍 해설

간장 덧 관리에서 교반을 해야 하는 이유
– 온도 습도를 고르게 하기 위해서
– 교반으로 간장 덧의 덩어리를 부수어 안쪽과 바깥쪽을 뒤섞어 숙성이 균일하게 일어나게하기 위해서
– 코지 중의 효소 용출을 촉진시켜 원료 분해를 빠르게 하기 위해서
– 이산화탄소를 배제하여 효모와 세균의 번식 및 발효를 조정시키기 위해서

57 포도당 당량(DE, Dextrose Equivalent)이 높을 때의 현상은?

① 점도가 떨어진다.
② 삼투압이 낮아진다.
③ 평균 분자량이 증가한다.
④ 덱스트린이 증가한다.

> 🔍 해설

포도당 당량(DE, Dextrose Equivalent)
– 전분의 가수분해 정도를 나타내는 지표
– $DE = \dfrac{직접환원당(포도당으로서)}{고형분} \times 100$
– 단맛이 강한 결정포도당은 DE가 100에 가까움
– 전분은 분해도가 높아지면 포도당이 증가되어 단맛과 결정성이 증가되는 반면, 덱스트린은 감소되어 평균 분자량이 적어지고 흡습성 및 점도가 떨어진다.

58 햄, 소시지, 베이컨 등의 가공품을 제조할 때 단백질의 보수력 및 결착성을 증가시키기 위해 사용되는 주된 첨가물은?

① MSG
② ascorbic acid
③ polyphosphate
④ chlorine

> 🔍 해설

polyphosphate(중합인산염)의 역할
– 단백질의 보수력을 높이고 충진 결착성
– pH 완충작용, 금 속이온 차단, 육색 개선
– 햄, 소시지, 베이컨, 어육 연제품 등에 첨가

59 원료 크림의 지방량이 80kg이고 생산된 버터의 양이 100kg이라면 버터의 증용률(overrun)은?

① 5%
② 15%
③ 25%
④ 80%

> 🔍 해설

버터의 증용률(Overrun)
버터의 증용률(overrun)
$= \dfrac{버터생산량 - 크림중의지방량}{크림중의지방량} \times 100$
$= \dfrac{100-80}{80} \times 100 = 25\%$

60 우유를 농축하고 설탕을 첨가하여 저장성을 높인 제품은?

① 시유
② 무당연유
③ 가당연유
④ 초콜릿우유

🔑 정답 **56** ② **57** ① **58** ③ **59** ③ **60** ③

가당연유
− 생유 또는 시유에 17% 전후의 설탕을 첨가하여 2.5 : 1 비율로 농축. 고형분 28% 이상, 유지방 8% 이상, 당분 58% 이하 제품   − 당농도가 높아 저장성 길다

4 식품미생물학

61 정상형(homo type) 젖산 발효과정을 나타낸 것은?

① $C_6H_{12}O_6 \rightarrow 2CH_3CHOHCOOH$

② $C_6H_{12}O_6 \rightarrow CH_3CHOHCOOH + C_2H_5OH + CO_2$

③ $3C_6H_{12}O_6 + H_2O \rightarrow 2C_6H_{14}O_6 + CH_3COOH + CH_3CHOHCOOH + CO_2$

④ $2C_6H_{12}O_6 + H_2O \rightarrow 2CH_3CHOHCOOH + CH_3COOH + C_2H_5OH + 2CO_2 + 2H_2$

🔍 해설

젖산균의 발효 형식에 따라

• 정상발효 형식(homo type)
   : 당을 발효하여 젖산만 생성
    − $C_6H_{12}O_6 \rightarrow 2CH_3 \cdot CHOH \cdot COOH$
 • 이상발효형식 (hetero type)
   : 당을 발효하여 젖산 외에 알코올, 초산, 이산화탄소 등 부산물 생성
    − $C_6H_{12}O_6 \rightarrow 2CH_3 \cdot CHOH \cdot COOH + C_2H_5OH + CO_2$
    − $2C_6H_{12}O_6 + H_2O \rightarrow 2CH_3 \cdot CHOH \cdot COOH + C_2H_5OH + CH_3COOH + 2CO_2 + 2H_2$

62 알코올 발효력이 강한 효모는?

① *Schizosaccharomyces* 속
② *Pichia* 속
③ *Hansenula* 속
④ *Debaryomyces* 속

🔍 해설

Schizosacharomyces 속
− 가장 대표적인 분열효모   − 세균과 같이 이분법으로 증식   − 포도당, 맥아당, 설탕, 덱스트린, 이눌린 발효   − 알코올 발효 강함   − 질산염 이용 못함   − *Schizosacharomyces pombe* 대표적 효모

효모
− 진균류의 한 종류   − 포자가 아닌 영양세포가 단세포로 존재하는 시기가 있음   − 형태는 구형, 난형, 타원형, 레몬형, 원통형, 삼각형, 균사모양의 위균사 등이 있음   − 효모 증식 : 무성생식에 의한 출아법   유성생식에 의한 자낭포자, 담자포자

효모의 분류		
	종류	**대표식품**
유포자 효모 (자낭균 효모)	*Scccharomyces cerevisiae*	맥주상면발효, 제빵
	Scccharomyces carsbergensis	맥주하면발효
	Scccharomyces sake	청주제조
	Scccharomyces ellipsoides	포도주제조
	Scccharomyces rouxii	간장제조
	Schizosacharomyces 속	이분법, 당발효능 있고 알코올 발효 강함 질산염 이용 못함
	Debaryomyces 속	산막효모, 내염성
	Hansenula 속	산막효모, 야생효모, 당발효능 거의 없음 질산염 이용
	Lipomyces 속	유지효모
	Pichia 속	산막효모, 질산염 이용 못함 당발효능 거의 없음
무포자 효모	*Candida albicans*	칸디다증 유발 병원균
	Candida utilis	핵산조미료원료, RNA제조
	Candida tropicalis *Candida lipolytica*	석유에서 단세포 단백질 생산
	Torulopsis versatilis	호염성, 간장발효 시 향기 생성
	Rhodotorula glutinis	유지생성
	Thrichosporon cutaneum *Thrichosporon pullulans*	전분 및 지질분해력

63 우유에 발생되면 쓴맛을 냄으로써 고미화시키며, 단백질 분해력이 강한 균은?

① *Erwinia carotova*
② *Gluconobacter oxydans*
③ *Enterobacter aerogenes*
④ *Pseudomomas fluorescens*

Pseudomonas fluorescens	
– 녹색의 형광색소 생성	– 저온성 부패균
– 우유에 번식하여 쓴맛 원인균	– 단백질 분해 강한 균

64 전분질을 원료로 하여 주정을 제조할 때 규모가 큰 생산에 적합하며 가장 효과적인 당화방법은?

① 맥아법
② 절충법
③ 국법
④ 아밀로법

알코올 발효법
1) 전분이나 섬유질, 맥아당 등을 원료 이용 또는 곰팡이, 효소, 산 등을 이용하여 당화시키는 방법
2) 당화방법 　① 고체국법(피국법, 밀기울 코지법) 　　– 고체상의 코지를 효소제로 사용 　　– 밀기울과 왕겨를 6 : 4로 혼합한 것에 국균(*Asper gillus oryzae*)을 번식시켜 국을 제조 　　– 국으로부터 잡균이 존재하기 때문에 왕성하게 단시간에 발효 　② 액체국법 　　– 액체상의 국을 효소제로 사용 　　– 액체 배지에 국균(*Aspergillus awamori*, *Aspergillus niger*, *Aspergillus usami*)을 번식시켜 국을 제조 　　– 밀폐된 배양조건에서 배양하여 무균적 조작이 가능하고, 피국법보다 능력이 감소 　③ 아밀로법 　　– 코지를 따로 만들지 않고 발효조에서 전분 원료에 곰팡이를 접종하여 번식시킨 후 효모를 접종하여 당화와 발효를 병행 진행 　④ 아밀로술밑 · 코지절충법 　　– 주모의 제조를 위해서는 아밀로법, 발효를 위해서는 국법으로 전분질 원료를 당화 　　– 주모 배양 시 잡균의 오염이 감소하고, 발효 속도가 양호하며, 알코올 농도가 증가함 　　– 현재 가장 진보된 알코올 발효법으로 규모가 큰 생산에 적합

65 구연산 생산을 위한 미생물 발효 후 균체를 분리한 액에 무엇을 가해야 구연산을 분리할 수 있는가?

① Na_2CO_3
② $CaCO_3$
③ K_2CO_3
④ $MgSO_4$

구연산 분리
발효액을 가열 한 후 $CaCO_3$를 가하고 중화하여 구연산석회를 침전시키고, 침전물에 다량의 황산을 가하여 구연산을 유리시키고, 황산석회를 분리한 후 농축하여 유리 구연산을 회수

66 다음 중 조류(algae)에 대한 설명으로 틀린 것은?

① 보통 세포 내에 엽록체를 가지고 광합성 작용을 한다.
② 담수에도 존재할 수 있다.
③ 광합성 색소의 종류, 광합성 산물 및 생식법 등에 의해 분류된다.
④ 남조류에는 안토시아닌이 있어 광합성을 한다.

조류
– 원생생물(조직분화없음)이며 고등미생물(진핵세포)의 조류와 하등미생물(원핵세포)의 남조류가 있다. – 세포내에 엽록체를 가지면, 공기 중의 이산화탄소와 물로부터 태양에너지를 이용하여 포도당을 합성하는 광합성 미생물이다. – 바닷물에 서식하는 해수조와 담수 중에 서식하는 담수조가 있다 – 남조류는 특정한 엽록체가 없고 엽록소 a(클로로필 a)가 세포전체에 분포 – 조류는 녹조류, 갈조류, 홍조류가 대표적이며 단세포이다 – 녹조류 : 클로렐라 – 갈조류 : 미역, 다시마 – 홍조류 : 우뭇가사리, 김 – 남조류 : 흔들말 속, 염주말 속 등

67 다음 중 병행복발효주인 것은?

① 탁수 　　　　② 브랜디
③ 위스키 　　　④ 럼주

주류의 분류		
종류	**발효법**		**예**
양조주 (발효주) 전분이나 당분을 발효하여 만든 술	단발효주	원료의 당 성분으로 직접 발효	포도주, 사과주, 과실주
	복발효주	단행복발효주 (당화와 발효 단계적 진행)	맥주
		병행복발효주 (당화·발효 동시 진행)	청주, 탁주, 약주, 법주
증류주 (양조주) 발효된 술 또는 액즙을 증류	단발효 주원료	과실	브랜디
		당밀	럼
	단행복 발효주 원료	보리, 옥수수	위스키
		곡류	보드카, 진
	병행복 발효주 원료	전분 또는 당밀	소주, 고량주
혼성주	증류주 또는 알콜에 기타 성분 첨가		제제주, 합성주, liqueur

68 미생물과 생산하는 효소의 연결이 틀린 것은?

① *Aspergillus niger - pectinsase*
② *Penicillium vitale - amylase*
③ *Saccharomyces cerevisiae - invertase*
④ *Bacillus subtilis - protease*

효소	균주	용도
a-amylase	*Bacillus subtilis* *Aspergillus oaryzae*	제빵, 시럽, 물엿, 술덧의 액화
invertase	*Saccharomyces cerevisiae*	포도당 제조
protease	*Bacillus subtilis* *Streptemyces griseus* *Aspergillus oaryzae*	합성청주 향미액, 청주 청정, 제빵, 육류 연화, 조미액, 의약화장품 첨가, 사료 첨가

pectinase	*Sclerotinia libertiana* *Aspergillus oaryzae* *Aspergillus niger*	과즙, 과실주 청징, 식물섬유의 정련

69 다음 중 발효에 의한 아미노산 생산 방법이 아닌 것은?

① 효소법 　　　② 직접발효법
③ 단백질 가수분해법 ④ 전구체 첨가법

미생물을 이용한 아미노산 제조법

- 야생주에 의한 직접 발효법
  glutamic acid, L-alanine, valine
- 영양요구성 변이주에 의한 발효법
  L-lysine, L-threonine, L-valine, L-ornithine
- analog 내성 변이주에 의한 발효법
  L-arginine, L-histodine, L-tryptophan
- 전구체 첨가에 의한 발효법
  glycine → serine, D-threonine → isoleucine
- 효소법에 의한 아미노산의 생산
  L-alanine, L-aspartic acid

70 미생물에서 무기염류의 역할과 관계가 적은 것은?

① 세포의 구성분 　② 세포벽의 주성분
③ 물질대사의 보효소 ④ 세포 내의 삼투압 조절

무기염류의 역할

미생물에서 무기염류는 세포의 구성성분, 물질대사의 보효소, 세포 냉의 pH 및 삼투압 조절 등

71 곰팡이가 가지고 있지 않은 세포 구조물은 무엇인가?

① 균사체 　　　② 포자
③ 자실체 　　　④ 섬모

곰팡이
− 실처럼 가늘고 긴 균사가 밀집된 균사체와 번식등을 담당하는 포자가 있는 자실체로 이루어져 있다.
− 균사 발단이 갈라지면서 증식하는데, 기질 표면에 퍼지거나 속으로 들어가 영양분을 섭취하는 균사를 영양균가, 공중으로 자라는 균사를 균사, 영양균사나 기균사가 생식세포나 포자를 만드는 경우를 생균사라 한다.
− 포자는 다양한 색소를 가지며 공기 중에 쉽게 퍼진다.
− 균사의 격벽유무에 따라 격벽이 있는 순정균류와 격벽이 없는 조상균류로 분류할 수 있다.

72 주정 제조 시 당화과정이 생략될 수 있는 원료는?

① 당밀   ② 고구마
③ 옥수수   ④ 보리

🔍해설

당밀원료에서 주정을 제조하는 과정
당밀은 당화공정이 필요 없다.
당밀 → 희석 → 발효조정제 → 살균 → 발효 → 증류 → 제품

73 독버섯의 독성분이 아닌 것은?

① enterotoxin   ② neurine
③ muscarine   ④ phaline

🔍해설

독버섯의 독성분	
muscarine	발한, 구토, 위경련
muscaridine	광대버섯에 존재. 뇌증상, 동공확대, 발작증상
phaline	알광대버섯에 존재. 강한 용혈작용을 갖는 맹독성성분
neurine	호흡곤란, 설사, 경련, 마비

* enterotoxin : 황색포도상구균이 생성하는 독성분

74 산막효모의 특징을 잘못 설명한 것은?

① 알코올 발효력이 강하다.
② 산소 요구도가 높다.
③ 대부분 양조 과정에서 유해균으로 작용한다.
④ 다극출아로 증식하는 효모가 많다.

🔍해설

산막 효모 특징
− 다량의 산소 요구
− 위균사 생성
− 액면에 발육하여 피막 형성
− 산화력 강함
− 산막효모 *Hansenula* 속, *Pichia* 속, *Debaryomyces* 속
− 대부분 양조공업에서 알코올을 분해하는 유해균으로 작용

75 동식물의 세포보다 미생물의 세포 내에 비교적 많이 함유되어 있는 것은?

① 요산(uric acid)
② 지방산(fatty acid)
③ 아미노산(amino acid)
④ 펩티도글리칸(peptidoglycan)

🔍해설

펩티도글리칸
− 세균의 세포벽에 많이 함유되어 있는 당단백질
− 세포벽의 강도를 높여주는 역할
− 그람양성균은 90%, 그람음성균은 10% 함유

76 원시핵세표 구조로서 세포 안에 핵과 액포가 없고 2분열에 의한 무성생식만을 하는 조류는?

① 녹조류   ② 홍조류
③ 남조류   ④ 갈조류

🔍해설

남조류
− 엽록소 a와 남조소 등을 가지고 있어 청록색, 갈색, 빨간빛을 띤 자주색, 남색등을 띤다.
− 말리면 대부분 검은색으로 변한다.
− 단세포 조류로서 세포안에 핵과 액포가 없고, 번식은 이분열에 의한 무성생식으로만 한다.
− 무핵생물 또는 분열조라고도한다.
− 하등미생물에 속한다.

💡정답   **72** ①   **73** ①   **74** ①   **75** ④   **76** ③

77 다음 중 그람음성, 호기성 간균은?

① *Clostridium* 속   ② *Micrococcus* 속

③ *Pseudomonas* 속   ④ *Streptococcus* 속

🔍 해설

- *Clostridium* 속 : 그람양성, 혐기성 유포자 간균
- *Micrococcus* 속 : 그람양성, 호기성 무포자 구균
- *Pseudomonas* 속 : 그람음성, 호기성 무포자 간균
- *Streptococcus* 속 : 그람양성, 호기성 무포자 구균

78 에탄올 1kg이 전부 초산 발효가 될 경우 생성되는 초산의 양은 약 얼마인가?

① 667g   ② 767g

③ 1,204g   ④ 1,304g

🔍 해설

포도당에서 얻어지는 초산 생성량

- $C_6H_{12}O_6$(포도당) → $2C_2H_5OH$(에탄올) + $2CO_2$
- C_2H_5OH(에탄올) + O → CH_3COOH(초산) + H_2O
- $C_6H_{12}O_6$(포도당) 분자량 : 180
- C_2H_5OH(에탄올) 분자량 : 46
- CH_3COOH(초산) 분자량 : 60
- 에탄올 1000g(1kg)으로부터 이론적인 초산 생성량
  $46 : 60 = 1000 : x$
  $x = 1,304g$

79 적당한 수분이 있는 조건에서 식빵에 번식하여 적색을 형성하는 미생물은?

① *Lactobacillus plantarum*

② *Staphylococcus aureus*

③ *Pseudomomas fluorescens*

④ *Serratia marcescens*

🔍 해설

Serratia marcescens

- 단백질 분해력이 강하여 빵, 어육, 우육, 우유 등의 부패에 관여
- 비수용성인 prodigiodin의 적색색소 생성으로 제품의 품질 저하 원인
- 적색 색소 생성은 25~28℃에서 호기적 배양 시가장 양호하나 혐기적 배양에 의하여 색소 생성 억제 됨

80 포도주 효모에 대한 설명으로 잘못된 것은?

① *Saccharomyces cerevisiae var. ellipsoideus*가 흔히 사용된다.

② 타원형이다.

③ 무포자 효모이다.

④ 아황산에 내성인 것이 좋다.

🔍 해설

포도주 효모

- *Saccharomyces cerevisiae var. ellipsoideus*가 흔히 사용된다.
- 타원형이다
- 유포자 효모이다
- 단독 또는 2개씩 출아 연결되어 있다.
- 아황산에 내성인 것이 좋다.

---

5   식품제조공정

81 식품성분을 분리할 때 사용하는 막분리법 중 관계가 옳는 것은?

① 농도차 – 삼투압   ② 온도차 – 투석

③ 압력차 – 투과   ④ 전위차 – 한외여과

🔍 해설

막분리 공정

- 막분리
  - 막의 선택 투과성을 이용하여 상의 변화없이 대상물질을 여과 및 확산에 의해 분리하는 기법
  - 열이나 pH에 민감한 물질에 유용
  - 휘발성 물질의 손실 거의 없음
  - 막분리 여과법에는 확산투석, 전기투석, 정밀여과법, 한외여과법, 역삼투법 등이 있음
- 막분리 장점
  - 분리과정에서 상의 변화가 발생하지 않음
  - 응집제가 필요없음
  - 상온에서 가동되므로 에너지 절약
  - 열변성 또는 영양분 및 향기성분의 손실 최소
  - 가압과 용액 순환만으로 운행. 장치조작 간단
  - 대량의 냉각수가 필요없음
  - 분획과 정제를 동시에 진행
  - 공기의 노출이 적어 병원균의 오염 저하
  - 화학약품을 거의 필요로 하지 않기 때문에 2차 환경오염 유발하지 않음

💡 정답   **77** ③   **78** ④   **79** ④   **80** ③   **81** ①

- 막분리 단점
  - 설치비가 비싸다
  - 최대 농축 한계인 약 30% 고형분 이상의 농축 어려움
  - 순수한 하나의 물질은 얻기까지 많은 공정 필요
  - 막을 세척하는 동안 운행 중지

막분리 기술의 특징

막분리법	막기능	추진력
확산투석	확산에 의한 선택 투과성	농도차
전기투석	이온성물질의 선택 투과성	전위차
정밀여과	막 외경에 의한 입자크기 분배	압력차
한외여과	막 외경에 의한 분자크기 선별	압력차
역삼투	막에 의한 용질과 용매 분리	압력차

82 참치통조림에 쇳조각 같은 이물이 혼입되어 있을 때 이를 탐지할 수 있는 선별기는?

① 색채 선별기 ② X선 선별기
③ 형광등 선별기 ④ 근적외선 선별기

🔍 해설

선별

1) 선별 정의
   - 수확한 원료에 불필요한 화학적 물질(농약, 항생물질), 물리적 물질(돌, 모래, 흙, 금속, 털 등)등을 측정 가능한 물리적 성질을 이용하여 분리 · 제거하는 공정
   - 크기, 모양, 무게, 색의 4가지 물리적 특성 이용
2) 선별방법
(1) 무게에 의한 선별
   - 무게에 따라 선별
   - 과일, 채소류의 무게에 따라 선별
   - 가장 일반적 방법
   - 선별기 종류 : 기계선별기, 전기-기계선별기, 물을 이용한 선별기, 컴퓨터를 이용한 자동선별기
(2) 크기에 의한 선별(사별공정)
   - 두께, 폭, 지름 등의 크기에 의해 선별
   - 선별방법
     - 덩어리나 가루를 일정 크기에 따라 진동체나 회전체 이용하는 체질에 의해 선별하는 방법
     - 과일류나 채소류를 일정 규격으로 하여 선별하는 방법
     - 선별기 종류 : 단순체 스크린, 드럼스크린을 이용한 스크린 선별기, 롤러선별기, 벨트식선별기, 공기이용선별기

(3) 모양에 의한 선별
   - 쓰이는 형태에 따라 모양이 다를 때 (둥근감자, 막대 모양의 오이 등) 사용
   - 선별방법
     - 실린더형 : 회전시키는 실린더를 수평으로 통과시켜 비슷한 모양을 수집
     - 디스크형 : 특정 디스크를 회전시켜 수직으로 진동시키면 모양에 따라 각각의 특정 디스크 별로 선별
   - 선별기기
     belt roller sorter, variable-aperture screen
4) 광학에 의한 선별
   - 스펙트럼의 반사와 통과 특성을 이용하는 X-선, 가시광선, 마이크로파, 라디오파 등의 광범위한 분광 스펙트럼을 이용하여 선별
   - 선별방법 : 통과특성 이용법, 반사특성 이용법
     - 통과특성 이용하는 선별 : 식품에 통과하는 빛의 정도를 기준으로 선별 (달걀의 이상여부 판단, 과실류 성숙도, 중심부의 결함 등)
     - 반사특성을 이용하는 선별 : 가공재료에 빛을 쪼이면 재료 표면에서 나타난 빛의 산란, 복사, 반사 등의 성질을 이용해 선별. 반사정도는 야채, 과일, 육류 등의 색깔에 의한 숙성 정도 등에 따라 달라진다.
     - 기타 : 기기적 색채선별방법과 표준색과의 비교에 의한 광학적 색채선별로 직접육안으로 선별하는 방법

83 식품의 막 이용기술 중 액체 및 기체에서 미립입자, 미생물의 제균, 생맥주 · 술 등의 제조에 주로 이용되는 막분리 기술은?

① 원심분리법(centrifugal filtration)
② 역삼투법(reverse osmosis)
③ 전기투석법(electrodialysis)
④ 정밀여과(membrane filtration)

🔍 해설

정밀여과

- 압력차에 의한 막 외경에 의한 입자크기 분배
- 역삼투나 한외여과를 시행하기 위한 사전 여과공정을 이용
- 용액 내의 세균을 제거하는 데 이용
- 정밀여과 세공 0.01~10μm정도
- 세공이 막 총 부피의 80% 정도를 차지하는 게 적당
- 맥주 제조 시 효모도 완전히 제거

84 원료의 성숙도, 표면의 흠집 등을 선별하는 방법은 무엇인가?

① 모양 선별　　② 광학 선별
③ 크기 선별　　④ 무게 선별

선별

1) 수확한 원료에 불필요한 화학적 물질(농약, 항생물질), 물리적 물질(돌, 모래, 흙, 금 속, 털 등) 등을 측정 가능한 물리적 성질을 이용하여 분리·제거하는 공정
• 크기, 모양, 무게, 색의 4가지 물리적 특성 이용
2) 선별방법
(1) 무게에 의한 선별
• 무게에 따라 선별
• 과일, 채소류의 무게에 따라 선별
• 가장 일반적 방법
(2) 크기에 의한 선별(사별공정)
• 두께, 폭, 름 등의 크기에 의해 선별
• 선별 방법
  – 덩어리나 가루를 일정 크기에 따라 진동체나 회전체 이용하는 체질에 의해 선별하는 방법
  – 과일류나 채소류를 일정 규격으로 하여 선별하는 방법
• 크기 선별기
  – 단순체 스크린, 드럼스크린을 이용한 스크린 선별기, 롤러선별기, 벨트식선별기, 공기이용선별기
• 무게선별기
  – 기계선별기, 전기–기계선별기, 물을 이용한 선별기, 컴퓨터를 이용한 자동선별기
(3) 모양에 의한 선별
• 쓰이는 형태에 따라 모양이 다를 때 (둥근감자, 막대모양의 오이 등) 사용
• 종류
  – 실린더형 회전시키는 실린더를 수평으로 통과시켜 비슷한 모양을 수집
  – 디스크형 특정 디스크를 회전시켜 수직으로 진동시키면 모양에 따라 각각의 특정 디스크 별로 선별
• 기기
  – belt roller sorter, variable–aperture screen
(4) 광학에 의한 선별
• 스펙트럼의 반사와 통과 특성을 이용하는 X–선, 가시광선, 마이크로파, 라디오파 등의 광범위한 분광스펙트럼을 이용하여 선별
• 통과특성과 반사특성을 이용하는 선별 방법
• 통과특성 이용하는 선별
  – 식품에 통과되는 빛의 정도를 기준으로 선별

　　　– 달걀의 이상여부 판단, 과일·채소류의 성숙도, 중심부의 결함 등을 선별
　• 반사특성을 이용하는 선별
　　– 빛의 산란, 분산, 반사 등의 성질을 이용
　　– 식품에 빛을 비추었을 때 색깔의 정도, 표면 손상 여부, 결정체의 여부 등 결정

85 다음 중 식품을 가열하지 않고 건조시키므로 열변성에 의한 식품의 품질 저하가 문제가 되는 식품에 적합한 건조 방법은?

① 고주파 건조
② 초음파 건조
③ 드럼 건조
④ 팽화 건조

초음파 건조
초음파 주파수에 의한 물의 표면과 물 속의 증기압의 차이를 이용하여 물제 표면의 수분을 수증기 형태로 제거 열을 이용하지 않고 수분을 제거할 수 있는 방법

86 체분리 시 입자 크기의 분포를 측정할 때 체눈의 크기는 표준체의 단위인 메시(mesh)로 표현하는데 메시의 정의로 옳은 것은?

① 체망 1inch 길이당 들어 있는 체눈의 수
② 체망 10inch 길이당 들어 있는 체눈의 수
③ 체망 1cm 길이당 들어 있는 체눈의 수
④ 체망 10cm 길이당 들어 있는 체눈의 수

메쉬(mesh)
– 표준체의 체눈의 개수를 표시하는 단위 – 고체 입자크기를 표시하는 단위 – 체눈(Screen Aperture)은 메쉬체(Mesh Screen)의 교차한 체망의 간격 혹은 타공망의 구멍과 평행 선체의 간격을 말함 – 1 mesh는 체망 길이 1 inch(25.4mm)의 세로 × 가로 크기 체눈의 개수 – 메쉬의 숫자가 클수록 체의 체눈의 크기가 작음 – 메쉬의 숫자가 작을수록 체의 체눈의 크기가 큼

87 전자레인지에서 사용할 수 있는 마이크로파의 주파수로 옳은 것은?

① 1,350MHz   ② 1,850MHz
③ 2,450MHz   ④ 2,750MHz

해설

마이크로파 가열
– 마이크로파를 이용하여 식품 내부에서 복사열을 발생시키는 원리 – 식품가열에 허용된 주파수 915MHz, 2,450MHz

88 식품 건조 시 열전달 방식이 대류가 아닌 건조기는?

① 빈(bin) 건조기
② 트레이(tray) 건조기
③ 유동층(fludized bed) 건조기
④ 드럼(drum) 건조기

해설

열전달 방식에 따른 건조 장치 분류		
대류	식품 정치 및 반송형	캐비넷(트레이), 컨베이어, 터널, 빈
	식품 교반형	회전, 유동층
	열풍 반송형	분무, 기송
전도	식품 정치 및 반송형	드럼, 진공, 동결
	식품 교반형	팽화
복사	적외선, 초단파, 동결	

89 압출가공 공정(extrusion cooking)의 압출 온도를 상승시키는 조작 조건이 아닌 것은?

① 사출구(die aperture) 직경 감소
② 가수량 감소
③ 스크루 회전 속도의 감소
④ 스크루 피치의 감소

해설

압출가공 공정의 압출 온도 상승 조건
– 사출구(die aperture) 직경 감소 – 가수량 감소 – 스크루 피치의 감소

90 다음 중 우유로부터 크림을 분리할 때 사용되는 분리기술은?

① 증발   ② 탈수
③ 원심분리   ④ 여과

해설

원심분리
우유로부터 크림을 분리하는 공정에서 적용되는 분리기술 원판형 원심분리기를 많이 사용

91 다음 중 곡류와 같은 고체를 분쇄하고자 할 때 사용하는 힘이 아닌 것은?

① 충격력(impact force)
② 유화력(emulsification)
③ 압축력(compression force)
④ 전단력(shear force)

해설

고체 식품 분쇄 시 작용하는 힘
압축, 충격, 전단 등의 힘이 작용한다

92 착즙된 오렌지 주스는 15%의 당분을 포함하고 있는데 농축공정을 거치면서 당 함량이 60%인 농축 오렌지 주스가 되어 저장된다. 당함량이 45%인 오렌지 주스 제품 100kg을 만들려면 착즙 오렌지 주스와 농축 오렌지 주스를 어떤 비율로 혼합해야 하겠는가?

① 1 : 2   ② 1 : 2.8
③ 1 : 3   ④ 1 : 4

정답   **87** ③   **88** ④   **89** ③   **90** ③   **91** ②   **92** ①

농도 변경 계산

- 농축 오렌지 60%   45−15 = 30

            45%

- 착즙 오렌지 15%   60−45 = 15

- 60% 농축오렌지 주스 = $\dfrac{30}{30+15} \times 100 = 66.6$kg

- 15% 착즙오렌지 주스 = $\dfrac{15}{30+15} \times 100 = 33.3$kg

- 15% 착즙오렌지주스 : 60% 농축오렌지주스 = 1 : 2

93 습식연미기 및 색채선별기로 쌀 표면의 유리된 쌀겨와 이물질, 썩은 쌀, 벌레먹은 쌀 등을 제거하여 즉시 이용할 수 있도록 만든 쌀은?

① 주조미　　　　② 청결미

③ 배아미　　　　④ 고아미

청결미(무세미)

- 일반미는 취반 전에 물로 여러 번 씻음
- 무세미는 취반 전에 물로 여러 번 씻는 과정이 생략되고 취반 전에 물에 몇분간 담갔다가 바로 밥을 지을 수 있도록 백미표면에 겨를 완전히 제거한 쌀
- 무세미 특징
  - 정미 과정 시 쌀의 표면에 형성되는 요철부에 잔류하는 쌀겨를 제거함으로써 밥맛을 향상
  - 밥을 짓기 전에 쌀 씻는 과정이 필요없어 물 절약 및 수질 오염 방지 가능
  - 쌀과 밥의 색(백도) 향상
  - 쌀을 씻는 과정에서 손실되는 영양성분의 손실 막아줌

94 제면공정 중 압출과정으로 제조되는 면이 아닌 것은?

① 소면　　　　② 스파게티면

③ 당면　　　　④ 마카로니

압출면

- 작은 구멍으로 압출하여 만든 면
- 녹말을 호화시켜 만든 전분면, 당면 등
- 강력분 밀가루를 사용하여 호화시키지 않고 만든 마카로니, 스파게티, 버미셀, 누들 등

95 상업적 살균에 대한 설명 중 옳은 것은?

① 통조림 관내에 부패세균만을 완전히 사멸시킨다.

② 통조림 관내에 포자형성 세균만을 완전히 사멸시킨다.

③ 통조림 저장성에 영향을 미칠 수 있는 일부 세균의 사멸만을 고려한다.

④ 통조림 관내에 포자형성 세균과 생활 세포를 모두 완전히 사멸시킨다.

상업적 살균

- 살균 후 위생상 문제가 되는 미생물이 생존할 수 없는 수준으로 살균하는 방법을 의미한다.
- 가열살균에 있어서 식품의 저장성과 품질을 양립시킬 수 있는 최저한도의 열처리를 말한다.
- 식품의 품질을 최대한 유지하기 위하여 식중독균이나 부패에 관여하는 미생물만을 선택적으로 살균하는 기법
- 보통의 상온 저장조건 하에서 증식할 수 있는 미생물을 사멸된다.
- 산성의 과일통조림에 많이 이용된다.

96 밀, 보리 등 곡류와 크기가 비슷하나 모양이 다른 여러 가지 잡초씨, 지푸라기 등을 분리할 때 길이나 직경의 차이에 따라 분리하는 방법은?

① 체 정선법

② 디스크 정선법

③ 기류 정선법

④ 자석식 정선법

디스크 정선법

- 농산물을 기계적으로 수확 할 경우 밀,보리 등 곡류의 크기가 비슷하나 모양이 다른 여러 가지 잡초씨, 지푸라기 등이 섞인다.
- 이들은 비중차이나 크기에 따라 구분하기 어렵다.
- 디스크 정선법은 이를 분리할 때 길이나 직경의 차이에 따라 분리하는 방법이다.

97 마쇄 전분유에서 전분을 분리하기 위해 수십장의 분리판을 가진 회전체로서 원심력을 이용하여 고형물을 분리하는 원심분리기로 옳은 것은?

① 노즐형 원심분리기
② 데칸트형 원심분리기
③ 가스 원심분리기
④ 원통형 원심분리기

🔍 해설

노즐형 원심분리기
– 액체에 고체 입자가 들어 있는 혼합물 분리 – 마쇄 전분유에서 전분을 분리하기 위해 수십장의 분리판을 가진 회전체로서 원심력을 이용하여 고형물을 분리하는 원심분리기 – 고체 농도가 5% 이하 일 때 사용

98 증발 농축이 진행될수록 용액에 나타나는 현상으로 틀린 것은?

① 농도가 상승한다.
② 비점이 낮아진다.
③ 거품이 발생한다.
④ 점도가 증가한다.

🔍 해설

농축 공정 중 발생하는 현상	
점도 상승	농축이 진행됨에 따라 용해의 농도가 상승하면서 점도 상승 현상 일어남
비점 상승	농축이 진행되면 용액의 농도가 상승하면서 비점 상승 현상 일어남
관석 생성	수용액이 가열부와 오랜기간 동안 접촉하면 가열 표면에 고형분이 쌓여 딱딱한 관석이 형성
비말 동반	증발관 내에서 약체가 끓을 때 아주 작은 액체방울이 생기며 이것이 증기와 더불어 증발관 밖으로 나오게 됨

99 무균포장법으로 우유나 주스를 충전·포장할 때 포장용기인 테트라 팩을 살균하는 데 적절하지 않은 방법은?

① 화염 살균
② 가열공기에 의한 살균
③ 자외선 살균
④ 가열증기에 의한 살균

🔍 해설

테트라팩 살균
– 가열공기에 의한 살균 – 자외선살균 – 가열증기에 의한 살균

100 각 분쇄기의 설명으로 틀린 것은?

① 롤 분쇄기 : 두 개의 롤이 회전하면서 압축력을 식품에 작용하여 분쇄한다.
② 해머 밀 : 곡물, 건채소류 분쇄에 적합하다.
③ 핀 밀 : 충격식 분쇄기이며 충격력은 핀이 붙은 디스크의 회전 속도에 비례한다.
④ 커팅 밀 : 충격과 전단력이 주로 작용하여 분쇄한다.

🔍 해설

커팅밀
– 절단에 의한 분쇄 – 건어육, 건채소, 검상으로 된 식품은 충격력이나 전단력만으로는 잘 부서지지 않기 때문에 조직을 자르는 형태로 절단형 분쇄방식을 이용 – 연질, 탄성, 섬유질 제품에 적합

💡 정답 **97** ① **98** ② **99** ① **100** ④

1 식품위생학

1 바퀴벌레에 대한 설명으로 옳은 것은?

① 완전 변태를 한다.
② 알에서 성충이 될 때까지 1주일 정도가 소요된다.
③ 성충의 수명은 보통 5년 이상이다.
④ 야행성으로 군거생활을 한다.

🔍 해설

바퀴벌레	
형태	두부 : 역삼각형, 촉각 : 편상
습성	불완전변태 : 알 → 자충 → 성충, 탈피 5~6회 24시간 일주성, 질주형 다리. 잡식성, 야간활동성, 군서습성(집합페로몬) : 바퀴의 분
질병	직접피해 : 공포감, 특이체질(알레르기 호흡기 질환) 간접적 피해 : 전파, 소화된 먹이 토함, 분배설 – 병균(세균) : 흑사병, 나명, 장티푸스, 콜레라, 파상풍, 결핵 – 바이러스 : 급성회백수염, 간염 – 기생충 : 민촌충, 회충 – 원충 : 이질아메바, 장트리코모나스

2 아플라톡신(aflatoxin)의 특성이 아닌 것은?

① 열에 매우 안정한 단순 단백질이다.
② B_1은 간독소로서 가장 강력하다.
③ 발암성을 나타낸다.
④ *Aspergillus flavus*에 의해 생성된다.

🔍 해설

아플라톡신(aflatoxin)
– *Aspergillus flavus*, *Aspergillus parasticus*가 생성하는 곰팡이 독소 – 강력한 간장독 성분으로 간암유발. 인체발암물질 group 1로 분류됨

종류	– aflatoxin B_1, B_2, G_1, G_2, M_1, M_2 – aflatoxin B_1은 급성과 만성독성으로 가장 강력함
특성	– 강산과 강알칼리에는 대체로 불안정 – 약 280℃ 이상에서 파괴되므로 일반식품조리과정으로 독성제거 어려움
생성최적 조건	– 수분 16% 이상 – 최적 온도 : 30℃ – 상대습도 80~85% 이상
원인식품	탄수화물이 풍부한 곡류에 잘 번식

3 식품위생법에서 규정하는 식품의 정의에 맞는 것은?

① 모든 음식물
② 의약품을 제외한 모든 음식물
③ 의약품을 포함한 모든 음식물
④ 식품과 첨가물

🔍 해설

식품위생법의 식품 정의
모든 음식물(의약으로 섭취하는 것은 제외한다)을 말한다.

4 식품첨가물로서 사용이 금지된 감미료는?

① D-sorbitol
② disodium glycyrrhizinate
③ cyclamate
④ aspartame

🔍 해설

감미료	
합성감미료	D-sorbitol, aspartame disodium glycyrrhizinate, sodium saccharine, D-xylose
천연감미료	스테비아추출물, 감초엑스 등
유해성감미료	cyclamate, dulcin, ethylene glycol, perillartine, nitrotoluidine 등

🔖 정답 **1** ④ **2** ① **3** ② **4** ③

5 경미한 경우에는 발열, 두통, 구토 등을 나타내지만 종종 패혈증이나 뇌수막염, 정신착란 및 혼수상태에 빠질 수 있다. 연질치즈 등이 주로 관련되며, 저온에서 성장이 가능한 균으로 특히 태아나 신생아의 미숙 사망이나 합병증을 유발하기도 하는 치명적인 식중독원인균은?

① *Vibrio vulnificus*
② *Listeria monocytogenes*
③ *Cl. botulinum*
④ *E.coli0157 : H7*

🔍 해설

	Listeria monocytogenes
특성	그람양성, 통성혐기성, 무아포 간균, 주도성 편모. 운동성 있음
생장 조건	– 30~37℃가 최적온도이나 4℃의 냉장온도에도 발육 가능한 저온균이나 – 0~45℃의 넓은 범위에서 증식 가능 – pH 5.6~9.6 – 성장가능염도 : 0.5~16%. 20%에도 생존가능 – 65℃ 이상의 가열로 사멸, 비교적 열에 약함
증상	패혈증, 유산, 사산, 수막염, 발열, 두통, 오한 – 치사율 : 감염된 환자의 30%
감염원	자연에 널리 분포, 특히 가축이 보균하므로 동물 유래식품의 오염이 높고, 우유, 치즈, 식육을 통한 집단 발생
예방법	식육가공품 철저한 살균 처리, 채소류 세척, 냉동 및 냉장식품 저온관리 철저

6 인수(축)공통감염병의 원인 세균과 거리가 먼 것은?

① 결핵균   ② 브루셀라균
③ 탄저균   ④ 디프테리아

🔍 해설

인수공통감염병 (사람과 동물 사이에 동일 병원체로 발생)		
병원체	병명	감염 동물
리케차	발진열	쥐벼룩, 설치류, 야생동물
	Q열	소, 양, 개, 고양이
	쯔쯔가무시병	진드기

세균	장출혈성대장균감염증	소
	브루셀라증(파상열)	소, 돼지, 양
	탄저	소, 돼지, 양
	결핵	소
	변종크로이츠펠트 – 야콥병(vCJD)	소
	돈단독	돼지
	렙토스피라	쥐, 소, 돼지, 개
	야토병	산토끼, 다람쥐
바이러스	조류인플엔자	가금류, 야생조류
	일본뇌염	빨간집모기
	공수병(광견병)	개, 고양이, 박쥐
	유행성출혈열	들쥐
	중증급성호흡기증후군 (SARS)	낙타
	중증열성혈소판감소 증후군(SFTS)	진드기

7 산화방지제에 대한 설명으로 옳은 것은?

① 플라스틱 가공을 원활히 진행시키며 프탈산에스테르계가 있다.
② 차아염소산나트륨이 주로 사용된다.
③ 페놀류인 부틸히드록시아니졸(BHA)등의 화합물이 산화에 의한 변화를 방지한다.
④ 비타민 E는 사용할 수 없다.

🔍 해설

산화방지제(항산화제)	
유지식품의 산화를 방지하여 그 산화 속도를 감소시키며 산패가 발생되기 시작하는 시간, 즉 유도기간을 연장하는 물질. 그 유래에 따라 천연항산화제와 합성항산화제로 구분	
지용성 산화방지제	유지 또는 유지를 함유하는 식품에 사용. BHA, BHT, 몰식자산프로필
수용성 산화방지제	색소의 산화방지용. 에리소르브산, 아스토르빈산 등
천연 산화방지제	세시몰(참기름), 고시폴(면실유), 레시틴(난황), 퀘르세틴, 토코페롤(비타민E), 비타민 C, 콩 및 콩제품의 페놀계 성분(제니스테인, 다이제인, 글라이시테인), 일부 향신료
합성 산화방지제	BHA(butyl hydroxy anisole) BHT(butyl hydroxy toluene) 몰식자산프로필(propyl gallate)

💡 정답   **5** ②   **6** ④   **7** ③

8 경구감염병에 대한 설명으로 옳은 것은?

① 발병은 섭취한 사람으로 끝난다.

② 잠복기가 짧아 일반적으로 시간 단위로 표시한다.

③ 면역성이 없다.

④ 병원균의 독력이 강하여 소량의 균에 의하여 발병이 가능하다.

해설

항목	경구 감염병	세균성식중독
균특성	미량의 균으로 감염	일정량 이상의 다량균이 필요
2차 감염	빈번	거의 드물다
잠복기	길다	비교적 짧다
예방조치	전파 힘이 강해 예방이 어렵다	균의 증식을 억제하면 예방 가능
면역	면역성 있음	면역성 없음

9 다음 중 가장 흔히 쓰이는 지시미생물인 대장균군에 속하지 않는 미생물은?

① *Streptococcus spp.* ② *Enterobactor spp.*

③ *Klebsiella spp.* ④ *Citrobactor spp.*

해설

식품위생 지표 미생물	
일반 세균수	총균수라 불리며, 식품위생에 있어서 기초적인 지표미생물 수로 활용
대장균군	– 대장균을 포함한 토양, 식물, 물 등에 널리 존재하는 균 – *Escherichia*를 비롯하여 *Citrobactor*, *Klebsiella*, *Enterobactor*, *Erwinia* 포함 – 보통 사람이나 동물의 장내에서 기생하는 대장균군, 대장균과 유사한 성질을 가진 균을 총칭(모든 균이 유해란 것은 아님) – 환경오염의 대표적 식품위생지표균 – 식품에서 대장균군이 검출되었다고 하더라도 분변에서 유래한 균이 아닐 수도 있음(대장균에 비해 규격이 덜 엄격함)
분원성 대장균군	– 대장균군의 한 분류 – 대장균군보다 대장균과 더 유사한 특성 가짐 – 분변 오염

대장균	– 사람과 동물 장내에 존재하는 균 – 비병원성과 병원성대장균으로 나눔 – 분변으로 배출되기 때문에 분변오염지표균으로 활용 – 식품에서 대장균이 검출되었다면 식품에 인간이나 동물의 분변이 오염된 것으로 볼 수 있음
장구균	– 상대적으로 다른 식품위생지표균에 비해 열처리, 건조 등의 물리적 처리나 화학제 처리에도 장기간 생육이 가능 – 건조식품이나 가열조리 식품 등에서 분변오염에 대한 지표미생물로 유용

10 Clostridium botulinum의 특성이 아닌 것은?

① 식중독 감염 시 현기증, 두통, 신경장애 등이 나타난다.

② 호기성의 그람 음성균이다.

③ A형 균은 채소, 과일 및 육류와 관계가 깊다.

④ 불충분하게 살균된 통조림 속에 번식하는 간균이다.

해설

클로스트리듐 보툴리늄 식중독	
특성	– 원인균 : *Clostridium botulinum* – 그람양성, 편성혐기성, 간균, 포자형성, 주편모, 신경독소(neurotoxin) 생산. – 콜린 작동성의 신경접합부에서 아세틸콜린의 유리를 저해하여 신경을 마비 – 독소의 항원성에 따라 A~G형균으로 분류되고 그 중 A, B, E, F 형이 식중독 유발 – A, B, F 형 : 최적 37~39℃, 최저 10℃, 내열성이 강한 포자 형성 – E 형 : 최적 28~32℃, 최저 3℃(호냉성) 내열성이 약한 포자 형성 – 독소는 단순단백질로서 내생포자와 달리 열에 약해서 80℃ 30분 또는 100℃ 2~3분간 가열로 불활성화 – 균 자체는 비교적 내열성(A와 B형 100℃ 360분, 120℃ 14분) 강하나 독소는 열에 약함 – 치사율(30~80%) 높음
증상	– 메스꺼움, 구토, 복통, 설사, 신경증상
원인 식품	통조림, 진공포장, 냉장식품
예방법	– 3℃ 이하 냉장 – 섭취 전 80℃, 30분 또는 100℃, 3분 이상 충분한 가열로 독소 파괴 – 통조림과 병조림 제조 기준 준수

정답 8 ④ 9 ① 10 ②

11 만약 감자를 자른 다음 시간이 경과하고 끓인 후, 6시간 정도 보관 후에 섭취하여 식중독이 발생하였다면 이때 발견될 가능성이 높은 식중독균을 〈보기 〉에서 모두 고른 것은?

(1) *Salmonella*	(2) *Baciilus*
(3) *Staphylococcus*	(4) *Campylobactor*

① (1), (2)
② (1), (3)
③ (2), (3)
④ (2), (4)

🔍 해설

분류	특징	원인균	원인식품	잠복기
감염형	– 살아있는 균의 경구 섭취 – 섭취된 후에도 체내에 세균 증식 – 잠복기 길다. – 가열조리 유효 – 위장염 증상, 발열	병원성대장균	햄버거, 유제품	10~30시간
		살모넬라	생육류, 생가금류, 우유, 달걀	12~36시간
		장염비브리오	생선회	8~20시간
		캠필로박터 제주니	생고기, 유제품	2~7일
		리스테리아 모노사이토제네스	유제품, 생고기, 냉장조리식품, 육가공품	12시간 ~ 2~3개월
		여시니아모노사이토제네스(저온균)	생우유, 덜 익힌 육제품	2~3일
독소형	– 세균이 생산한 독소 섭취 – 잠복기가 짧다 – 균체의 독소생성 – 독소가 내열성인 경우에는 가열조리 효과 없음 – 발열이 별로 따르지 않음	황색포도상구균(*Staphylococcus aureus*)	육제품, 유제품, 떡, 빵, 김밥, 도시락	0.5~6시간
		클로스트리디움 보툴리늄	통조림, 진공포장, 냉장식품	12~36시간
		바실러스 세레우스(구토형)	곡류식품	0.5~5시간

중간형(생체내독소형)	– 장관에서 증식한 세균이 독소생산 – 잠복기가 길다 – 가열조리 유효	클로스트리디움 퍼프린젠스(웰치균)	육류, 가금류, 식물성 단백질식품	8~20시간
		바실러스 세레우스(설사형)	육류, 우유, 채소류	8~16시간
		독소형대장균	육제품	12~72시간

12 식품 제조 공정 중 거품이 많이 날 때 소포의 목적으로 사용하는 첨가물은?

① 규소수지
② n–핵산
③ 규조토
④ 유동파라핀

🔍 해설

소포제(거품제거제)
식품의 거품 생성을 방지하거나 감소시키는 식품 첨가물
허용된 소포제(거품제거제) : 규소수지, 라우린산, 미리스틴산, 옥시스테아린, 올레인산, 이산화규소, 팔미트산

13 황색포도상구균 식중독에 대한 설명으로 거리가 먼 것은?

① 잠복기가 1~6시간으로 짧다.
② 사망률이 매우 높다.
③ 내열성이 강한 장내독소(enterotoxin)에 의한 식중독이다.
④ 주증상은 급성위장염으로 인한 구토, 설사이다.

🔍 해설

황색포도상구균(*Staphylococcus aureus*)	
특성	– 원인균 : *Staphylococcus aureus* – 그람양성, 무포자 구균, 통성혐기성 – 내염성(염도 7% 생육 가능) – 산성이나 알칼리성에서 생존력 강함
독소	– enterotoxin(장내독소) – 내열성 강해 120℃ 20분 가열해도 파괴되지 않음 – 210℃ 30분 이상 가열해야 파괴되므로 조리방법으로 실활 시킬 수 없음
감염원	화농성 질환, 조리인의 화농 손, 유방염에 걸린 소 등
잠복기	0.5~6시간
원인식품	육제품, 유제품, 떡, 빵, 김밥, 도시락

💡 정답 **11** ③ **12** ① **13** ②

14 D-sorbitol에 대한 설명으로 틀린 것은?

① 당도가 설탕의 약 절반 정도인 감미료이다.
② 상업적으로 이용하기 위해서 포도당으로부터 화학적으로 합성한다.
③ 다른 알코올류와 달리 생체 내에서 중간 대사물로 존재하지 않는다.
④ 묽은산, 알칼리 및 식품의 조리온도에서도 안정하다.

솔비톨(D-sorbitol)
– 백색 결정성 분말의 당알코올
– 설탕의 50배 단맛
– 자연 상태로 존재하기도 하고 포도당으로부터 화학적으로 합성
– 다른 알코올류와 달리 생체 내에서 중간대사산물로서 존재
– 묽은 산, 알칼리에 안정
– 식품조리온도에서도 안정
– 비타민 C 합성 시 전구물질
– 흡수성 강하며, 보수성, 보향성 우수
– 과자류의 습윤조정제, 과일통조림의 비타민 C 산화방지제, 냉동품의 탄력과 선도 유지, 계면활성제, 부동제, 연화제 등

15 다음 중 황변미 식중독의 원인 독소가 아닌 것은?

① afratoxin
② citrinin
③ islanditoxin
④ luteoskyyrin

황변미 식중독	
황변미독	쌀에 곰팡이가 성장하면 적홍색 또는 황색의 색소가 생성

원인독소		독소 생성 곰팡이
citreoviridin	신경독	*Penicillium citreoviride*
citrinin	신장독	*Penicillium citrinin*
luteoskyyrin	간장독	*Penicillium islandicum*
islanditoxin (cyclochlorotin)		*Penicillium islandicum*

16 제1군 법정 감염병이 아닌 것은?

① 세균성이질
② 장티푸스
③ 콜레라
④ 폴리오

감염병의 예방 및 관리에 관한 법률[시행 2020.12.30] [법률 제17491호, 2020.9.29.개정]에 따르면 모두 정답

법정 감염병 분류	
제1급 (17종)	– 생물테러감염병 또는 치명률이 높거나 집단 발생의 우려가 커서 발생 또는 유행 시 즉시 신고, 음압격리와 같은 높은 수준의 격리 필요 – 디프테리아, 탄저, 두창, 보툴리눔독소증, 야토병, 신종감염병증후군, 페스트, 중증급성호흡기증후군(SARS), 동물인플루엔자 인체감염증, 신종인플루엔자, 중동호흡기증후군(MERS), 마버그열, 에볼라바이러스병, 라싸열, 크리미안콩고출혈열, 남아메리카출혈열, 리프트벨리열
제2급 (21종)	– 전파가능성 고려, 발생 또는 유행 시 24시간이내 신고, 격리 필요 – 결핵, 수두, 홍역, 콜레라, 장티푸스, 파라티푸스, 세균성이질, 장출혈성대장균감염증, A형간염, E형간염, 백일해, 유행성이하선염, 풍진, 폴리오, 수막구균감염증, B형 헤모필루스인플루엔자, 폐렴구균감염증, 한센병, 성홍열, 반코마이신내성황색포도알균(VRSA)감염증, 카바페넴내성장내세균 속균종(CRE) 감염증
제3급 (26종)	– 발생여부 계속 감시, 발생 또는 유행 시 24시간이내 신고 – 파상풍, B형간염, C형간염, 일본뇌염, 말라리아, 레지오넬라증, 비브리오패혈증, 발진티푸스, 발진열, 쯔쯔가무시증, 렙토스피라증, 브루셀라증, 공수병, 신증후군출혈열, 후천성면역결핍증(AIDS), 크로이츠펠트-야콥병(CJD) 및 변종크로이츠펠트-야콥병(vCJD), 황열, 뎅기열, Q열, 웨스트나일열, 라임병, 진드기매개뇌염, 유비저, 치쿤구니야열, 중증열성혈소판감소증후군(SFTS), 지카바이러스감염증
제4급 (23종)	– 1급~3급감염병 이외에 유행여부 조사 표본검사 필요 – 인플엔자, 매독, 회충증, 편충증, 요충증, 간흡충증, 폐흡충증, 장흡충증, 수족구병, 임질, 클라미디아감염증, 연성하감, 성기단순포진, 첨규콘딜롬, 반코마이신내성황색포도알(MRSA)감염증, 장관감염증, 급성호흡기감염증, 해외유입기생충감염증, 엔테로바이러스감염증, 사람유두종바이러스감염증

감염병의 예방 및 관리에 관한 법률[시행 2020.12.30][법률 제17491호, 2020.9.29.개정]
2020년 1월 1일 감염병 분류체계 개정 시행
질환의 특성별로 군(群)으로 구분하는 방식을 질환의 심각도와 전파력을 등을 감안한 급(級)별 분류체계로 전환

💡정답 **14** ③ **15** ① **16** ④

17 bisphenol A가 주로 용출되는 재질은?

① PS(polystyrene) 수지
② PVC 필름
③ phenol 수지
④ PC(polycarbonate) 수지

bisphenol A
– 폴리카보네이트(PC)[식품보관용기, 물병]와 에폭시수지[(epoxy resin), 통조림 캔 내부 부식 방지의 코팅제] 제조 시 사용되는 원료물질 – 비스페놀 A를 원료물질로 사용할 필요가 없는 폴리에틸렌(PE), 폴리프로필렌(PP), 폴리에틸렌테레프탈레이트(PET) 등에서는 비스페놀 A가 용출되지 않음

18 포름알데히드(formaldehyde)용출과 관련이 없는 합성수지는?

① 페놀수지　　② 요소수지
③ 멜라민수지　④ 염화비닐수지

– 포름알데히드 용출 합성수지 : 페놀수지, 요소수지, 멜라민수지 – 염화비닐수지 : 주성분이 polyvinyl chloride로 포름알데히드가 용출되지 않음

19 인수공통감염병으로 동물들에게 유산, 사람에게 열병을 일으키는 것은?

① 탄저　　　② 파상열
③ 돈단독　　④ 큐열

인수공통감염병 (사람과 동물 사이에 동일 병원체로 발생)		
병원체	병명	감염 동물
바이 러스	조류인플엔자	가금류, 야생조류
	일본뇌염	빨간집모기
	공수병(광견병)	개, 고양이, 박쥐
	유행성출혈열	들쥐
	중증급성호흡기증후군 (SARS)	낙타

바이 러스	중증열성혈소판감소 증후군(SFTS)	진드기
세균	장출혈성대장균감염증	소
	브루셀라증(파상열)	소, 돼지, 양
	탄저	소, 돼지, 양
	결핵	소
	변종크로이츠펠트 – 야콥병(vCJD)	소
	돈단독	돼지
	렙토스피라	쥐, 소, 돼지, 개
	야토병	산토끼, 다람쥐
리케차	발진열	쥐벼룩, 설치류, 야생동물
	Q열	소, 양, 개, 고양이
	쯔쯔가무시병	진드기

브루셀라증(파상열)	
특징	– 염소, 양, 소, 돼지, 낙타 등에 감염 – 동물에게는 감염성 유산, 사람에게는 열성질환
감염	– 동물의 소변, 대변에서 배출된 병원균이 축사, 목초 등에 오염되어 매개체가 됨 – 균에 감염된 동물의 유즙, 유제품, 고기를 통해 경구 감염
증상	– 열이 단계적으로 올라 35~40℃의 고열이 2~3주간 반복 – 정형적인 열형이 주기적으로 반복되어 파상열이고 함 – 발한, 변비, 경련, 관절염, 간과 비장 비대 등

20 미생물 검사용 검체 운반 시 부패 및 변질의 우려가 있는 검체는 몇 시간 이내에 검사기관에 운반하여야 하는가?

① 4시간 이내　　② 8시간
③ 12시간 이내　④ 24시간 이내

미생물검사용 검체 운반	
부패 및 변질 우려 검체	멸균용기에 무균적으로 채취, 저온유지(5±3℃ 이하), 24시간 이내 검사기관에 운반
부패 및 변질 우려 없는 검체	반드시 냉장온도에서 운반할 필요는 없지만, 오염이나 검체 및 포장 파손 주의

21 다음 유화제가 가진 기능기 중 소수성기는?

① -OH
② -COOH
③ -NH₂
④ CH₃-CH₂-CH₃

유화제(계면활성제)
• 한 분자 내에 친수성기(극성기)와 소수성기(비극성기)를 모두 가지고 있으며 식품을 유화시키기 위하여 사용하는 물질로 기름과 물의 계면장력을 저하시킴 • 친수성기(극성기) : 물 분자와 결합하는 성질 　-COOH, -NH₂, -CH, -CHO등 • 소수기(비극성기) : 물과 친화성이 적고 기름과의 친화성이 큰 무극성원자단 　-CH₃-CH₂-CH₃ -CH₄ -CCl -CF • HLB(Hydrophilie-Lipophile Balance) 　- 친수성친유성의 상대적 세기 　- HLB값 8~18 유화제 수중유적형(O / W) 　- HLB값 3.5~6 유화제 유중수적형(W / O) • 수중유적형(O / W) 식품 : 우유, 아이스크림, 마요네즈 • 유중수적형(W / O) 식품 : 버터, 마가린 • 유화제 종류 　- 레시틴, 대두인지질, 모노글리세라이드, 글리세린지방산에스테르, 프로필렌글리콜지방산에스테르, 폴리소르베이트, 세팔린, 콜레스테롤, 담즙산 • 천연유화제는 복합지질들이 많음

22 외부의 힘에 의하여 변형된 물체가 그 힘이 제거되었을 때 원상태로 되돌아가려는 성질은?

① 탄성(elasticity)
② 소성(plasticity)
③ 점탄성(viscoelasticity)
④ 점성(viscosity)

식품의 유동(흐름)
• 탄성 (Elasticity) 　- 외부로부터 힘을 받아 변형된 물체가 외부의 힘을 제거하면 원래의 상태로 돌아가는 성질 　- 예 : 한천, 겔, 묵, 곤약, 양갱, 밀가루 반죽

• 가소성(Plasticity)
　- 외부로부터 힘을 받아 변형되었을 때 외부의 힘을 제거하여도 원래의 상태로 되돌아가지 않는 성질
　- 예 : 버터, 마가린, 생크림, 마요네즈 등
• 점탄성(Viscoelasticity)
　- 외부에서 힘을 가할 때 점성유동과 탄성변형을 동시에 일으키는 성질
　- 예 : 난백, 껌, 반죽
• 점성(점도)(Viscosity)
　- 액체의 유동성(흐르는 성질)에 대한 저항
　- 점성이 높을수록 유동되기 어려운 것은 내부 마찰저항이 크기 때문
　- 온도와 수분함량에 따라 맛에 영향을 줌
　- 용질의 농도 높을수록, 온도 낮을수록, 압력 높을수록, 분자량이 클수록 점성 증가함
　- 예 : 물엿, 벌꿀

23 다음 중 동물성 스테롤은?

① cholesterol
② ergosterol
③ sitosterol
④ stigmasterol

스테롤 종류	
동물성 스테롤	cholesterol
식물성 스테롤	sitosterol, stigmasterol
효모가 생산하는 스테롤	ergosterol

24 다음 중 인체에 유해한 dipeptide인 lysinoalanine이 형성되는 경우가 아닌 것은?

① 유지의 장시간 가열
② 식물성 단백질의 알칼리 추출과정
③ 육류의 가열조리
④ 달걀의 가열

라이시노알라닌(lysinoalanine)
식물성 단백질의 알칼리 추출과정 또는 육류가열조리, 분유 제조, 달걀의 가열 등 동물성 단백질의 가열가공과정에서 한 단백질의 구성아미노산으로 존재하는 L-lysine과 다른 단백질의 구성성분으로 존재하는 alanin사이의 상호작용에 의해서 dipeptide인 lysinoalanine이 형성

정답 **21** ④　**22** ①　**23** ①　**24** ①

25 찹쌀과 멥쌀의 끈기 차이를 설명한 것 중 가장 옳은 것은?

① 찹쌀에는 아밀로펙틴이 많고 아밀로스가 적다.
② 찹쌀에는 아밀로스가 많고 멥쌀에는 아밀로펙틴이 적다.
③ 찹쌀과 멥쌀에는 아밀로오스나 아밀로펙틴이 동량 들어있다.
④ 찹쌀과 멥쌀의 끈기는 아밀로오스나 아밀로펙틴의 함량과 관계없다.

🔍 해설

찹쌀과 멥쌀의 끈기 차이
– 아밀로스와 아밀로펙틴의 함량 비율 다름
– 찹쌀은 아밀로스가 함유되어있지 않고 거의 아밀로펙틴으로만 구성
– 멥쌀은 아밀로스와 아밀로펙틴 비율이 20 : 80 정도임

26 유지 1g 중에 존재하는 유리지방산을 중화하는데 소요되는 KOH의 mg수로 표시한 값은?

① 산가(acid value)
② 과산화물가(peroxide value)
③ 요오드가(iodine value)
④ 아세틸가(acetyl value)

🔍 해설

유지의 화학적 시험법

시험법	목적	측정방법	비고
산가	유리지방산량	유지 1g에 존재하는 유리지방산을 중화하는데 소요되는 KOH의 mg수	신선유지에는 유리지방산 함량이 낮으나, 유지를 가열 또는 저장시 가수분해로 유리지방산 형성
검화가	검화에 의해 생기는 유리지방산의 양	유지 1g을 검화가는데 소요되는 KOH의 mg수	저급지방산 많이 함유 : 검화가 높음 고급지방산 많이 함유 : 검화가 낮음

요오드가	불포화지방산량	유지 100g에 첨가되는 요오드의 g수	요오드가 건성유 : 130 이상 반건성유 : 100~130 불건성류 : 100 이하
과산화물가	과산화물량	유지 1kg에 생성된 과산화물의 mg당량	신선유 : 10 이하
아세틸가	유리된 –OH기 측정	무수초산으로 아세틸화한 유지 1g을 검화하여 생성된 초산을 중화하는 데 필요한 KOH의 mg수	신선유 : 10 이하 신선유지 및 피마자유는 높음
폴렌스커가	불용성휘발성지방산량	5g의 유지 속의 휘발성불용성지방산을 중화하는데필요한KOH의 mL수	야자유와 다른 유지와의 구별 야자유 : 18.8~17.8 버터 : 1.9~3.5 일반 : 1.0 이하
라이케르트–마이슬가	수용성휘발성지방산	5g의 유지를 검화하여 산성에서 증류, 유출액을 중화하는데 필요한 0.1N KOH의 mL수	버터 위조 판정에 이용 버터 : 26~32 야자유 : 5~9 기타신선유지 : 1 이하

27 토코페롤의 설명에 맞지 않은 것은?

① 산화방지제로 사용된다.
② 식물성 식품보다 동물성 식품에 많다.
③ 지용성 비타민이다.
④ 여러 가지 이성체가 있다.

🔍 해설

토코페롤(비타민 E)

– 항산화 활성을 가진 영양소
– 불포화지방산, 인지질, 비타민A의 산화방지
– 세포막의 산화적 손상 지연
– 항노화인자, 항불임인자
– α, β, γ, δ–토코페롤과 4종류의 토코트리에놀
– a–토코페롤 활성이 가장 큼
– 자신은 쉽게 산화되지만 비타민 C나 엽산 등에 의해 환원되어 재사용되므로 비교적 결핍 안됨
– 급원식품 : 불포화지방산이 풍부한 식물성기름, 생선기름, 견과류, 콩류, 달걀, 종자의 배아

25 ① **26** ① **27** ②

28 떫은 맛과 관련된 주 페놀(phenol)성 물질을 연결한 것 중 옳은 것은?

① 다엽 – chlorogenic acid
② 감 – shibuol
③ 밤 속껍질 – theanine
④ 커피 – catechin

떫은 맛

– 혀의 점막 단백질이 일시적으로 수축되어 나타나는 불쾌한 맛
– 떫은맛 성분은 주로 폴리페놀성 물질인 탄닌류가 대표적
– 탄닌의 떫은 맛 성분
– 감 : 시부올, 루코안토시아닌, 다이오스피린
  밤 속껍질 : 엘라그산
  찻잎 : 카테킨, 에피카테킨 갈레이트, 에피갈로카테킨
  커피 : 클로로겐산

29 약한 산이나 알칼리에 의해 파괴되지 않으며 그 색깔도 변색하지 않은 식품은?

① 검정콩
② 당근
③ 가지
④ 옥수수

Carotenoid계
– 노란색, 주황색, 붉은색의 지용성색소 – 당근, 고추, 토마토, 새우, 감, 호바 등에 함유 – 산이나 알칼리에 안정적이며 산소가 없는 상태에서는 광선의 조사에 영향 받지 않음

Carotene 류	α–carotene, β–carotene, γ–carotene, lycopens
Xanthophyll류	lutein, zeaxanthin, cryptoxanthin

프로비타민 A(비타민 A 전구체)
– Carotenoid계 색소 중에서 β–ionone 핵을 갖는 α–carotene, β–carotene, γ–carotene과 Xanthophyll류의 cryptoxanthin이 프로비타민 A로 전환됨 – 비타민 A로서의 효력은 β–carotene이 가장 크다.

30 지방 100g 중에 oleic acid 20mg이 함유되어 있을 경우의 산가는? (단, KOH의 분자량은 56이고, oleic acid $C_{18}H_{34}O_2$의 분자량은 282이다)

① 3.97
② 0.0397
③ 100.7
④ 1.007

시험법	목적	측정방법	비고
산가	유리지방산량	유지 1g에 존재하는 유리지방산을 중화하는데 소요되는 KOH의 mg수	신선유지에는 유리지방산 함량이 낮으나, 유지를 가열 또는 저장시 가수분해로 유리지방산 형성

산가 = KOH 분자량 / oleic acid 분자량 × 20 / 100 = 56 / 282 × 0.2 = 0.0397

31 전분의 노화를 억제하는 방법으로 적합하지 않은 것은?

① 수분함량 조절
② 냉장 방법
③ 설탕 첨가
④ 유화제 사용

전분의 노화	
특징	– 호화된 전분(α전분)을 실온에 방치하면 굳어져 β전분으로 되돌아가는 현상 – 호화로 인해 불규칙적인 배열을 했던 전분분자들이 실온에서 시간이 경과됨에 따라 부분적으로나마 규칙적인 분자배열을 한 미셀(micelle)구조로 되돌아가기 때문임 – 떡, 밥, 빵이 굳어지는 것은 이러한 전분의 노화 현상 때문임
노화 억제 방법	– 수분함량 : 30~60% 노화가 가장 잘 일어나고, 10% 이하 또는 60% 이상에서는 노화 억제 – 전분 종류 : 아밀로펙틴 함량이 높을수록 노화 억제(아밀로스가 많은 전분일수록 노화가 잘 일어남) – 온도 : 0~5℃ 노화 촉진, 60℃ 이상 또는 0℃ 이하의 냉동으로 노화 억제 – pH : 알칼리성일 때 노화가 억제됨 – 염류 : 일반적으로 무기염류는 노화 억제하지만 황산염은 노화 촉진 – 설탕첨가 : 탈수작용에 의해 유효수분을 감소시켜 노화 억제 – 유화제 사용 : 전분 콜로이드 용액의 안정도를 증가시켜 노화 억제

32 다음 중 식품의 점성에 영향을 미치는 인자로 가장 거리가 먼 것은?

① 온도
② 농도
③ 분자량
④ 탁도

식품의 유동(흐름)
• 탄성 (Elasticity) 　– 외부로부터 힘을 받아 변형된 물체가 외부의 힘을 제거하면 원래의 상태로 돌아가는 성질 　– 예 : 한천, 겔, 묵, 곤약, 양갱, 밀가루 반죽 • 가소성(Plasticity) 　– 외부로부터 힘을 받아 변형되었을 때 외부의 힘을 제거하여도 원래의 상태로 되돌아가지 않는 성질 　– 예 : 버터, 마가린, 생크림, 마요네즈 등 • 점탄성(Viscoelasticity) 　– 외부에서 힘을 가할 때 점성유동과 탄성변형을 동시에 일으키는 성질 　– 예 : 난백, 껌, 반죽 • 점성(점도)(Viscosity) 　– 액체의 유동성(흐르는 성질)에 대한 저항 　– 점성이 높을수록 유동되기 어려운 것은 내부 마찰저항이 크기 때문 　– 온도와 수분함량에 따라 맛에 영향을 줌 　– 용질의 농도 높을수록, 온도 낮을수록, 압력 높을수록, 분자량이 클수록 점성 증가함 　– 예 : 물엿, 벌꿀

33 다음 중 육류가 저장 중에 갈색으로 변색되었을 때 그 형태는 어떤 것인가?

① myoglobin
② oxymyoglobin
③ metmyoglobin
④ nitrosomyoglobin

미오글로빈
– 육색소로서 글로빈(globin) 1분자와 헴(heme) 1분자가 결합하고 있으며 산소의 저장체로 작용한다. – 미오글로빈은 공기 중 산소에 의해 선홍색의 옥시미오글로빈(oxymyoglobin)이 되고, 계속 산화하면 갈색의 메트미오글로빈(metmyoglobin)이 된다. – 단순단백질에 속하고 물과 중성용액에 불용이다. – 묽은 산과 묽은 알칼리에 녹는다. – 곡류 종자에 많으므로 식물성 단백질, 곡류 단백질이라고 부르기도 한다. – oryzenin, hordenin 등이 이에 속한다.

34 다음에서 설명하는 단백질은?

① globulin
② histidine
③ albumin
④ glutelin

단백질		
구성 성분에 따라	단순단백질	아미노산으로 구성
	복합단백질	단순단백질+비단백성성분 인단백질, 핵단백질, 당단백질, 지방단백질, 색소단백질
	유도단백질	변성단백질(제1차유도단백질) 분해단백질(제1차유도단백질)
출처에 따라	동물성단백질	육류, 어류, 우유, 난류
	식물성단백질	곡류, 두류
용해성에 따라	알부민	물에 녹고 분자량 적은 단순단백질, 달걀의 오브알부민, 우유의 락트알부민과 혈청알부민, 곡류의 류코신, 두류의 레구멜린
	글로블린	중성염에 녹는 단순단백질 우유의 혈청글로블린과 베타락토글로블린, 육류의 미오신과 액틴, 콩의 글리시닌
	글루텔린	묽은 산과 염기용액에 녹으나 중성용액에 녹지 않는 단순단백질, 밀의 글루테닌, 쌀의 오리제닌, 보리의 호르데닌
	프로라민	물에 녹지 않고 50~60% 에탄올에 녹는 단순단백질 옥수수의 제인, 밀의 글리아딘, 보리의 호르데닌
	스크렐로 단백질	물과 중성용액에 녹지 않고 효소분해에 저항성 크다. 섬유상 단수단백질, 근육단백질의 콜라겐과 젤라틴, 힘줄성분의 엘라스틴, 머리와 발톱의 케라틴
	히스톤	물과 산용액에 녹고 염기용액에 침전. 라이신과 아르기닌이 많아 염기성단순단백질, 적혈구의 글로빈, 흉선의 흉선히스톤
	프로타민	저분자량의 강염기단순단백질 청어의 클루페인, 고등어의 스콤브린

35 호화전분(α전분)에 대한 설명 중 틀린 것은?

① 생전분의 미셀(micelle)구조가 파괴된 것이다.
② 물을 급히 흡수하고 팽윤한다.
③ 전분분해 효소의 작용이 쉽다.
④ 냉수에 녹이면 곧 호정화된다.

🔍 해설

전분 호화	
특징	– 생전분(β–전분)에 물을 넣고 가열하였을 때 소화되기 쉬운 α 전분으로 되는 현상 – 물을 가해서 가열한 생전분은 60~70℃에서 팽윤하기 시작하면서 점성이 증가하고 반투명 콜로이드 물질이 되는 과정 – 팽윤에 의한 부피 팽창 – 방향부동성과 복굴절 현상 상실
영향인자	– 전분종류 : 전분입자가 클수록 호화빠름 고구마, 감자의 전분입자가 쌀의 전분입자보다 크다. – 수분 : 전분의 수분함량이 많을수록 호화 잘 일어남 – 온도 : 호화최적온도(60℃ 전후). 온도가 높을수록 호화시간 빠름 – pH : 알칼리성에서 팽윤과 호화 촉진 – 염류 : 알칼리성 염류는 전분입자의 팽윤을 촉진시켜 호화온도 낮추는 팽윤제로 작용 강함 (NaOH, KOH, KCNS 등) – OH 〉CNS 〉Br 〉Cl- 단, 황산염은 호화억제(노화 촉진)

36 지용성 비타민의 운반체로 적합한 것은?

① 당질　　　　　② 지질
③ 단백질　　　　④ 무기질

🔍 해설

	지용성비타민	수용성비타민
종류	비타민 A, D, E, K	비타민 B, C
운반체	지질	물
체내저장	1일 섭취량 이상일 때 체내저장	필요량만 보유
배설	배설되지 않음	여분 소변으로 배설
결핍증	서서히 일어남	신속히 일어남
식이섭취	매일 공급필요없음	매일 공급
전구체	비타민 전구체있음	없음

37 쇠고기의 붉은 색깔은 무슨 색소에 의하여 나타나는가?

① 안토시안(anthocyan)
② 카로틴(carotene)
③ 미오글로빈(myoglobin)
④ 플라본(flavone)

🔍 해설

미오글로빈
– 육색소로서 글로빈(globin) 1분자와 헴(heme) 1분자가 결합하고 있으며 산소의 저장체로 작용한다. – 미오글로빈은 공기 중 산소에 의해 선홍색의 옥시미오글로빈(oxymyoglobin)이 되고, 계속 산화하면 갈색의 메트미오글로빈(metmyoglobin)이 된다.

38 다음은 4가지 식용유지의 검화가 중 유지를 구성하는 지방산의 평균 분자량이 가장 큰 것은?

– A 유지 : 193 ~ 202
– B 유지 : 210 ~ 245
– C 유지 : 175 ~ 191
– D 유지 : 168 ~ 180

① A 유지　　　　② B 유지
③ C 유지　　　　④ D 유지

🔍 해설

시험법	목적	측정방법	비고
검화가	검화에 의해 생기는 유리 지방산의 양	유지 1g을 검화가는데 소요되는 KOH의 mg수	저급지방산 많이 함유 : 검화가 높음 고급지방산 많이 함유 : 검화가 낮음

39 니히드린 반응(ninhydrin reaction)이 이용되는 것은?

① 아미노산의 정성
② 지방질의 정성
③ 탄수화물의 정성
④ 비타민의 정성

🔍 정답 **35** ④　**36** ② **37** ③　**38** ④　**39** ①

해설

아미노산 정색(정성)반응	
뷰렛반응	– 단백질 정성분석 – 단백질에 뷰렛용액(청색)을 떨어뜨리면 청색에서 보라색이 됨
닌히드린반응	– 단백질 용액에 1% 니히드린 용액을 가한 후 중성 또는 약산성에서 가열하면 이산화탄소 발생 및 청색발현 – α–아미노기 가진 화합물 정색반응 – 아미노산이나 펩티드 검출 및 정량에 이용
밀론반응	– 페놀성히드록시기가 있는 아미노산인 티로신 검출법
사가구찌반응	아지닌의 구아니딘 정성
홉킨스–콜반응	트립토판 정성

40 다음 조효소(Coenzyme) 중 아데닌(adenine)을 포함하지 않은 것은?

① coenzyme A
② thiamine pyrophosphate
③ FAD
④ S–adenosylmethionine

해설

조효소(Coenzyme)
– coenzyme A : 아데닌, 판토텐산, 인산, 리보스3–인산, 아데닌 – TPP : thiamine pyrophosphate – FAD : flavon adenine dinucleotide – S–adenosylmethionine : 아미노산과 메티오닌이 메틸술포늄결합한 화합물

3 식품가공학

41 식물성 유지가 동물성 유지보다 산패가 덜 일어나는 이유로 적합한 것은?

① 천연항산화제가 들어 있기 때문에
② 발연점이 낮기 때문에
③ 시너지스트(synergist)가 없기 때문에
④ 열에 안정하기 때문에

해설

식물성 유지가 동물성 유지보다 산패가 덜 일어나는 이유
– 식물성 유지에는 동물성 유지보다 천연 항산화제가 많이 함유되어 산패가 지연된다. – 천연항산화제 토코페롤(비타민 E), 아스코르빈산(비타민 C), 몰식자산(Gallic acid), 쿼르세틴(Quercetin), 세사몰(Sesamol), 고시폴(Gossypol), 레시틴(Lecitin) – 산화방지보조물질(synergist)을 첨가하면 더욱 효과적임

42 난황계수가 0.42이고 난황의 폭이 3.5㎝일 때 난황의 높이와 신선도의 결과는?

① 높이는 0.147㎝이고, 부패란이다.
② 높이는 0.83㎝이고, 신선란이다.
③ 높이는 1.47㎝이고, 신선란이다.
④ 높이는 0.83㎝이고, 부패란이다

해설

할란검사	
종류	검사 방법
난백계수	– 농후난백높이를 직경으로 나눈 수치 – 난백계수 = 농후난백의 높이(h) / 농후난백의 직경(d) – 신선란의 난백 계수 : 0.06
Haugh 단위	– Hu = 100log[H+7.57–1.7W] – H : 난백높이(mm), W : 난중량(g) – 계란의 품질기준 : 72 이상(A), 60~72(B), 40~50(C), 40 이하
난황계수	– 난황높이(h)를 난황직경(d)으로 나눈 수치 – 난황계수 = 난황의 높이(h) / 난황의 직경(d) – 신선란의 난황계수 : 0.442~0.361
난황 편심도	– 할란하여 유리판 위에 놓았을 때, 난백의 중심에 안정하게 위치되는 것 : 1점 – 난백이 바깥까지 나간 것 : 10점 – 품질보다 난백의 수양화 정도를 나타냄

난황계수 = 난황의 높이(h) / 난황의 직경(d)
0.42 = 난황의 높이(h) / 3.5㎝.
난황의 높이(h) = 0.42 × 3.5㎝. = 1.47㎝.
신선란의 난황계수 : 0.442~0.361

정답 **40** ② **41** ① **42** ③

43 축육을 도살하기 전에 조치해야 할 사항이 아닌 것은?

① 도살 전의 급수
② 도살 전의 안정
③ 도살 전의 급식
④ 도살 전의 위생적인 검사

🔍해설

축육 도살 전 조치 사항
– 가축에게 급수
– 급식 금지
– 안정화시킴으로써 도축 후 방혈 잘 되어 육질양호 해체 작업 용이
– 위생적인 검사

44 과일 통조림제조 시 탈기를 하는 이유가 아닌 것은?

① 호기성 세균 및 곰팡이의 발육을 억제하기 위해서
② 산소를 제거하여 통내면의 내용물의 변화를 적게 하기 위하여
③ 용기 속에 미생물과 공기가 들어가는 것을 막고 진공도를 유지하기 위하여
④ 가열 살균 할 때 내용물이 너무 지나치게 팽창하여 통이 터지는 것을 방지하기 위하여

🔍해설

통조림 탈기 목적
– 휘발성 향기 성분 및 지방질 성분의 산화에 의한 이미, 이취의 발생감소
– 색소파괴 감소시켜 색깔 향상
– 미생물, 특히 호기성균의 번식 억제
– 펄프 등의 현탁 물질이 위쪽으로 떠올라 병 입구를 막거나 외관을 나쁘게 하는 것을 방지
– 가열 살균 시 관내 공기의 팽창으로 변형과 파괴 방지
– 순간 살균할 때 또는 용기에 담을 때 거품의 생성 억제
– 관 상하부를 오목하게 하여 불량품과 쉽게 구별가능
– 관 내부 부식 억제

45 다음 중 7분 도미의 도정률은 약 몇 %인가?

① 100
② 97
③ 94
④ 91

🔍해설

쌀의 도정에 따른 분류				
종류	특성	도정률 (%)	도감률 (%)	소화률 (%)
현미	왕겨층만 제거	100	0	95.3
3분도미		98	2	
5분도미	겨층 50% 제거	96	4	97.2
7분도미	겨층 70% 제거	94	6	97.7
10분 도미 (백미)	현미도정. 배아, 호분층, 종피, 과피 등 제거. 배유만 남음	92	8	98.4
배아미	배아 떨어지지 않도록 도정			
주조미	술 제조 이용. 미량의 쌀겨도 없도록 배유만 남음	75 이하	25 이상	

46 떫은 감을 떫지 않게 하는 과정인 탈삽방법에 해당하지 않는 것은?

① 탄산가스법
② 알코올법
③ 온탕법
④ 알데히드법

🔍해설

떫은 감의 탈삽	
감의 떫은 맛 성분	– 디오스프린(diosprin)이란 탄닌 성분이 수용성 상태로 함유 – 포도당에 몰식자산(gallic acid)이 결합된 형태
탈삽 원리	– 수용성 타닌을 불용성 타닌으로 변화시킴(아세트알데히드 작용으로 flavonoid계 페놀 화합물의 축합된 형태의 불용성 타닌으로 변함) – 불용성 타닌은 분자량이 커서 혀를 자극할 수 없기 때문에 떫은맛이 느껴지지 않음
탈삽 방법	– 온탕법 : 35~40℃ 온도처리 – 탄산가스법 : 떫은 감을 이산화탄소 주입) – 알코올법 : 밀폐용기에서 떫은 감 주정 처리 – 동결법 : −20℃ 냉동처리 – 기타 c−조사, 카바이트, 아세트알데히드, 에스테르 등 이용

💡정답 **43** ③ **44** ③ **45** ③ **46** ④

47 아이스크림의 유지방의 주된 기능은?

① 냉동효과를 증진시킨다
② 얼음이 성장하는 성질을 개선한다
③ 풍미를 진하게 한다
④ 아이스크림의 저장성을 좋게 한다

🔍 해설

아이스크림의 유지방 기능
영양가 제공, 농후한 풍미부여, 부드러운 조직감

48 일반적인 달걀의 구성이 아닌 것은?

① 난각　　　　　② 난황
③ 난백　　　　　④ 기공

🔍 해설

달걀의 구성	
난각과 난각막	– 난각 : 전난 중의 9~12% 차지. 다공성구조. 난각에 기공이 1㎠ 당 129.1±1.1개나 된다 – 난각 두께 : 0.27~0.35mm. 보통 난각막과 같이 측정 – 난각막 : 난각의 4~5% 백색불투명 얇은 막
난백	– 난 중의 약 60%로서 난황을 둘러싸고있음 – 외수양난백, 농후난백, 내수양난백으로 구성
난황	– 난 중의 약 30%로서 배반을 중심으로 백색난황과 황색난황이 층을 이루고 있음 – 신선 난황의 pH 6.2~6.5

49 과실의 젤리화 특성요소에서 펙틴과 산의 함량이 모두 높은 것은?

① 복숭아, 앵두　　② 복숭아, 딸기
③ 살구, 딸기　　　④ 사과, 포도

🔍 해설

젤리화
젤리화 요소 : 설탕(60~65%), 펙틴(1.0~1.5%), 유기산(0.3%, pH 3.0)

원료 과실의 펙틴과 산 함량	
펙틴과 산 함량	과실 종류
펙틴 많고 산 많음	사과, 포도, 오렌지, 자두 등
펙틴 많고 산 적음	복숭아, 무화과, 앵두 등
펙틴 적고 산 많음	살구, 딸기 등
펙틴 적고 산 적음	완전히 익은 복숭아, 너무 익은 과일, 배, 감 등

50 동물성 유지의 채유에 가장 알맞은 방법은?

① 용출법　　　　② 압착법
③ 타정법　　　　④ 여과법

🔍 해설

유지 채취법		
채취법	특성	용도
용출법	가열시켜서 유지 용출	동물성 유지
압착법	기계적 압력으로 압착	식물성 유지
추출법	유기용제에 유지 녹여 채취	식물성 유지

51 육류의 연화제와 가장 거리가 먼 것은?

① 파파인(papain)
② 피신(ficin)
③ 브로멜라인(bromelain)
④ 리파아제(lipase)

🔍 해설

육류연화제	
특성	육류의 조직을 부드럽게 하기위해서 단백질 분해효소로 단백질을 분해하는 물질
단백질 분해효소	파파인(papain) : 파파야에서 추출 피신(ficin) : 무화과에서 추출 브로멜라인(bromelain) : 파인애플에서 추출 액티니딘(actinidin) : 키위에서 추출

* 리파아제(lipase) : 지방 분해효소

52 수산물 통조림의 관내기압이 43.2cmHg이고 관외기압이 75.0cmHg일 때, 통조림의 진공도는?

① 12.5cmHg　　② 31.8cmHg
③ 118.2cmHg　　④ 44.3cmHg

🔍 해설

통조림 내의 진공도	
통조림 내의 진공도	통조림 내부압력과 외부압력의 차이
	통조림 진공도 = 관외기압−관내기압 = 75.0cmHg−43.2cmHg = 31.8cmHg
통조림 내의 진공도 관여요소	탈기, 가열시간, 온도 등의 가공 과정 내용물의 선도, 기온, 기압

💡 **정답**　47 ③　48 ④　49 ④　50 ①　51 ④　52 ②

53 치즈(Cheese) 제조 시 렌넷(rennet)을 이용하는 목적으로 가장 옳은 것은?

① 지방의 산화 방지 ② 유단백질의 균질
③ 유단백질 응고 ④ 유지방 환원

🔍 해설

치즈 제조 시 렌넷 이용 목적

- 치즈 제조 : 렌넷(rennet)과 젖산균을 이용하여 우유단백질을 응고시켜 유청을 제거하고 압착하여 제조
- 렌넷(rennet)
  - 송아지의 제4위에서 추출한 우유 응유효소(renin)
  - 최적응고 조건 : pH 4.8, 40∼41℃

54 청국장은 찐콩에 어떤 발효 미생물을 번식시켜 만드는가?

① *Aspergillus oryzae*
② *Lactobacukkus lactis*
③ *Bacillus natto*
④ *Saccharomyces aureus*

🔍 해설

청국장 제조 시 사용 미생물

Bacillus natto, *Bacillus subtilis*, 고초균, 납두균 호기성 포자 형성균, 콩에 잘 번식하고 점질물을 형성하며, 독특한 향이 있고 강한 amylase, protease를 생성. 생육에 biotin이 필요

55 버터의 일반적인 제조공정으로 가장 옳은 것은?

① 원료유 → 크림 분리 → 크림 중화 → 크림 살균 → 교동 → 연압
② 원료유 → 크림 분리 → 크림 살균 → 크림 중화 → 연압 → 교동
③ 원료유 → 크림 분리 → 크림 살균 → 크림 중화 → 연압 → 교동
④ 원료유 → 크림 분리 → 크림 중화 → 크림 살균 → 연압 → 교동

🔍 해설

버터	
버터류	원유, 우유류 등에서 유지방분을 분리한 것이거나 발효시킨 것을 그대로 또는 이에 식품이나 식품첨가물을 가하여 교반, 연압 등 가공한 것. 유형 : 버터, 가공버터, 버터오일
버터	원유, 우유류 등에서 유지방분을 분리한 것 또는 발효시킨 것을 교반하여 연압한 것(식염이나 식용색소를 가한 것 포함).
버터 제조공정	원료유 → 크림 분리 → 크림 중화 → 살균 · 냉각 → 발효(숙성) → 착색 → 교동 → 가염 및 연압 → 충전 → 포장 → 저장

56 마요네즈 제조에 있어 난황의 주된 작용은?

① 응고제 작용 ② 유화제 작용
③ 기포제 작용 ④ 팽창제 작용

🔍 해설

마요네즈	난황에 함유된 레시틴은 유화력(친유성과 친수성)이 있어, 난황에 식물성유을 주원료러 식초나 레몬즙, 소금, 당류 등을 혼합하여 유화시켜 제조함
레시틴	식품 가공시 유화제로 사용하는 인지질이며 난황, 세포막, 뇌, 대두에 함유

57 두유를 제조할 때 콩 비린내를 없애는 방법과 거리가 먼 것은?

① 100℃의 열수에 침지한 후 마쇄하는 열수 침지법
② 5℃ 이하의 냉수에 30분간 침지한 후 마쇄하는 냉수 침지법
③ 60℃의 가성소다에 2시간 침지시킨 후 열수와 함께 마쇄하는 알칼리 침지법
④ 충분히 수침한 콩을 고온의 스팀으로 찌는 증자법

🔍 해설

콩 비린내 없애는 공정

- 80∼100℃의 열수에 침지한 후 마쇄
- 60℃의 가성소다용액(0.1% NaOH)에 침지
- 충분히 수침한 후 고온으로 스팀
- 1∼2일 발아 시킨 콩을 끓는 물로 마쇄
- 수세한 콩을 데치기 후 껍질 벗겨 사용

💡 정답 **53** ③ **54** ③ **55** ① **56** ② **57** ②

58 아밀로스 분자의 비환원성 말단에 작용하여 전분을 엿당 단위로 가수분해하는 효소는?

① α-amylase   ② β-amylase
③ glucoamylase   ④ glucose isomerase

전분 가수분해 효소	
α-amylase	전분의 α-1,4결합을 무작위로 가수분해(endo 효소), 전분을 용액상태로 만드는 액화효소
β-amylase	전분의 비환원성 말단으로 부터순차적으로 α-1,4결합을 말토오스 단위로 가수분해(exo 효소), 말토오스와 글루코수 함량을 증가시키는 당화효소
glucoamylase	전분의 말단으로부터 α-1,4 결합, α-1,6결합, α-1,3결합을 글루코스 단위로 가수분해 말토오스 가수분해효소, c-아밀레이즈 라고도 지칭함
glucose isomerase	아밀로펙틴의 α-1,6결합에 작용하는 효소. 중합도가 4~5 이상 α-1,6결합은 분해하지만 중합도가 3개인 경우에는 작용하지 않음

59 토마토 가공제품 중 토마토케첩에 대한 설명으로 옳은 것은?

① 토마토과육과 액즙을 농축한 것
② 토마토 퓌레를 더 농축해서 전체고형물 함량을 25% 이상으로 한 것
③ 토마토 또는 토마토 농축물을 주원료로 당류, 식초, 식염, 향신료, 구연산 등을 가하여 제조한 것
④ 토마토 과육을 곱게 갈아 여과한 후 소금으로 조미한 것

토마토케첩
토마토 또는 토마토 농축물(가용성 고형분 25% 기준으로 20% 이상이어야 한다)을 주원료로 하여 이에 당류, 식초, 식염, 향신료, 구연산 등을 가하여 제조한 것

60 육제품의 훈연 목적이 아닌 것은?

① 방부작용에 의한 저장성 증가
② 항산화작용에 의한 산화 방지
③ 훈연취 부여에 의한 풍미개선
④ 훈연에 의한 수분증발로 육질이 질겨짐

육제품 훈연 목적
– 훈연에 의한 육색 고정 및 발색 촉진 – 훈연취에 의한 풍미 부여 – 훈연 성분에 의한 잡균 방지 등의 보존 효과 – 지방 산화 방지 – 항산화 작용

4 식품미생물학

61 미생물 대사 중 pyruvic acid가 TCA cycle로 들어갈 때 어떤 형태로 전환되는가?

① acetyl CoA   ② NADP
③ FAD   ④ ATP

Clostridium 속
– 그람 양성 혐기성 유포자 간균 – catalase 음성 – gelatin 액화력이 있다 – 열과 소독제에 저항성이 강한 아포형성(내생포자형성) – 살균이 불충분한 통조림, 진공포장식품에서 번식하는 식품부패균 – 육류와 어류에서 단백질 분해력이 강하고 부패, 식중독을 일으킴 – 야채, 과실의 변질을 일으키는 당류분해성이 있는 것이 있음

acetyl CoA(활성초산)
미생물 대사 중 pyruvic acid가 TCA cycle 로 들어갈 때 산화적 탈탄산효소(pyruvate decarboxulase)에 의한 활성초산(acetyl CoA)으로 전환

62 세균 포자의 특징은?

① 영양세포를 말한다.
② 열 저항성이 아주 낮다.
③ 방사선 저항성이 아주 낮다.
④ dipicoline acid를 함유하고 있다.

🔍 해설

세균 포자
− 영양 등 환경조건이 나쁘면 세균 스스로 외부환경으로부터 자신을 보호하기 위하여 만드는 포자 − 내생포자 − 열, 건조, 방사선, 화학약품 등에 저항성이 매우 강함 − 영양세포에 비하여 대부분의 수분이 결합수로 되어 있어서 상당한 내건조성을 나타냄 − 내생포자는 세균의 DNA, 리보솜 및 다량의 dipicolinic acid로 구성되어 있음 − dipicolinic acid는 포자 특이적 화학물질로 내생포자가 휴면상태를 유지하는데 도움을 주는 성분으로 포자 건조 중량의 10%를 차지 − 적당한 조건에서 발아하여 새로운 영양세포로 분열 증식 − 포자형성균   호기성의 *Bacillus* 속, 혐기성 *Clostridum* 속

세포막(원형질막)
− 세포에서 원형질을 최외각에서 물리적으로 보호하는 얇은 막 − 주로 단백질과 인지질로 구성되어 있고, 그 외에 당지질, 콜레스테롤, 스테롤 등이 존재 − 선택적 투과성 − 세포 형태를 유지하고 내부 보호 − 외부 환경과의 경계, 물질운반, 외부로부터 들어오는 신호 인지, 세포의 운동, 분비와 흡수, 세포와 세포간의 인식 등

63 부패한 통조림에서 발견되며, 포자를 형성하는 그람 양성의 혐기성균으로 catalase 시험 시 음성으로 판정되는 균은?

① *Bacillus* 속
② *Lactobacillus* 속
③ *Clostridium* 속
④ *Pseudomonas* 속

64 세포막에 대한 설명으로 틀린 것은?

① 견고한 벽으로 세포 형태를 유지한다.
② 원형질막이라고도 하며, 물질의 이동을 통제한다.
③ 선택적 투과성 막으로 삼투압을 조절한다.
④ 주로 단백질과 지질로 구성되어 있다.

🔍 해설

세포막(원형질막)
− 세포에서 원형질을 최외각에서 물리적으로 보호하는 얇은 막 − 주로 단백질과 인지질로 구성되어 있고, 그 외에 당지질, 콜레스테롤, 스테롤 등이 존재 − 선택적 투과성 − 세포 형태를 유지하고 내부 보호 − 외부 환경과의 경계, 물질운반, 외부로부터 들어오는 신호 인지, 세포의 운동, 분비와 흡수, 세포와 세포간의 인식 등

65 감귤의 쓴맛을 분해하는 효소는?

① invertase　　② naringinase
③ hemicellulase　　④ pectinase

🔍 해설

나린진나아제
− 감귤류에 들어있는 플라보노이드 배당체의 대표적 쓴맛 성분인 나린진을 분해하여 쓴맛을 감소시키는 효소 − 주로 곰팡이 *Aspergillus niger*로부터 생산

66 김치 숙성에 주로 관계되는 균은?

① 고초균　　② 대장균
③ 젖산균　　④ 황국균

🔍 해설

김치 숙성에 관여하는 젖산균
− *Lactobacillus brevis* − *Lactobacillus plantarum* − *Leuconostoc mesenteroides* − *Pediococcus cerevisiae* − *Pediococcus halophilus* − *Streptococcus faecalis*

💡정답　**62** ④　**63** ③　**64** ②　**65** ②

67 효소의 정제법에 해당하지 않는 것은?

① 염석 및 투석
② 겔(gel) 여과법
③ 라이소자임(lysoezyme) 처리법
④ 이온교환 크로마토그래피(chromatography)

💬해설

효소정제법

- 유기용매에 의한 침전
- 염석에 의한 침전
- 이온교환크로마토그래피
- 등전점 침전
- 특수시약에 의한 침전
- gel 여과
- 전기영동
- 초원심분리

68 간장 및 된장 제조 시 콩에 곰팡이와 세균을 번식시켜 만든 메주의 사용 목적은?

① 메주의 부패방지
② 제품에 독특한 향기와 맛을 생성
③ 단백질 분해효소 등의 효소 생성
④ 간장의 착색

💬해설

메주		
유형	한식메주	대두를 주원료로 하여 찌거나 삶아 성형하여 발효한 것
	개량메주	대두를 주원료로 하여 원료를 찌거나 삶은 후 선별된 종균(코지균)을 이용하여 발효한 것
메주 사용 목적		protease, amylase 등의 여러 가지 효소를 생성해 단백질 또는 전분을 분해하기 위해서 사용

69 효소 지마아제(zymase)의 작용은?

① 주정을 산화시킨다.
② 단당류로부터 주정 발효를 일으킨다.
③ 포도당을 산화해서 수산을 만든다.
④ 맥아당을 분해한다.

💬해설

지마아제(zymase)의 작용

- 산화환원효소의 일종
- 당류를 발효시켜 알코올과 이산화탄소로 만들 수 있는 효소계를 총칭
- 효모 속에 많이 존재하며 당분을 분해하여 알코올과 이산화탄소를 생성
- 맥주효모에서 처음으로 분리해내어 붙여진 이름

70 $C_6H_{12}O_6 + O_2 \rightarrow CH_3COOH + H_2O$에 의한 에탄올(ethanol) 100g에서 생성될 수 있는 초산(acetic acid)의 이론 생성량은?

① 130.4g ② 13.4g
③ 111.4g ④ 11.4g

💬해설

포도당에서 얻어지는 초산 생성량

- $C_6H_{12}O_6$(포도당) → $2C_2H_5OH$(에탄올) + $2CO_2$
- C_2H_5OH(에탄올) + O → CH_3COOH(초산) + H_2O
- $C_6H_{12}O_6$(포도당) 분자량 : 180
- C_2H_5OH(에탄올) 분자량 : 46
- CH_3COOH(초산) 분자량 : 60
- 에탄올 1000g(1kg)으로부터 이론적인 초산 생성량
  46 : 60 = 1000 : x　　x = 1,304g

71 액체배지에서 초산균의 특징은?

① 균막을 형성하고 혐기성이다.
② 균막을 형성하고 호기성이다.
③ 균막을 형성하지 않으며 혐기성이다.
④ 균막을 형성하지 않으며 호기성이다.

초산균(*Acetobacter* 속)

– 그람 음성, 호기성 무포자 간균
– 편모는 2가지 유형으로 주모와 극모
– 포도당이나 에탄올(에틸알코올)로부터 초산을 생성하는 균
– 초산균은 알코올 농도가 10%정도일 때 가장 잘 자라고 5~8%의 초산을 생성
– 대부분 액체배양에서 산막(피막)을 만들어 알코올을 산화하여 초산을 생성
– 식초양조에 유용
– 식초공업에 사용하는 유용균
  Acetobacter aceti, *Acetobacter acetosum*,
  Acetobacter oxydans, *Acetobacter rancens*

72 식용버섯의 성분 중 감미성분은?

① trehalose

② aspartic acid

③ glutamic acid

④ citric acid

버섯의 감미성분
트레할로스, 아라비톨, 만니톨, 포도당과 과당 등의 탄수화물 함유

73 건조 등 외부환경이 열악할 때 세포를 보호하기위하여 세포막 외측을 둘러싸는 점질층이 단단하게 형성된 것을 무엇이라 하는가?

① 리보솜   ② 세포벽

③ 협막   ④ 선모

협막 또는 점질층
– 세균 세포벽을 둘러싸고 있는 점성물질 – 건조 등 외부환경의 유해한 요소로부터 세포를 보호 – 성분 : 다당류, 폴리펩타이드 중합체, 지질 등

74 다음 중 구연산 발효에 대한 설명으로 거리가 먼 것은?

① 발효 중의 pH는 2~3이 좋다.

② 구연산 합성 효소의 활성이 증가한다.

③ 당질을 원료로 하였을 때 우수한 생산균은 거의 곰팡이다.

④ 혐기 상태에서 발효해서 생성한다.

구연산 발효

– 호기적 조건으로 당에서 구연산을 생성하는 발효
– 생산균 : *Aspergillus niger* 주로 사용.
  그 외에 *Aspergillus saitoi*, *Aspergillus awamori* 등
– 구연산 생산조건
  강한 호기적 조건, 당농도 10~20%
  무기영양원 N, P, K, Mg, 황산염
  최적온도 26~36℃, pH 2~4
  수율은 포도당원료에서 106.7% 구연산 생성

75 맥주 제조 시 첨가되는 호프(hop)의 효과로 거리가 먼 것은?

① 맥주 특유의 향미를 부여한다.

② 저장성을 높인다.

③ 맥주의 거품발생에 관계한다.

④ 효모의 증식을 촉진시켜 알코올 농도를 높인다.

호프의 효과
– 맥주에 쓴맛과 상쾌한 향미 부여 – 거품 지속성, 항균효과, 저장성 향상 – 호프의 탄닌 성분은 양조 공정에서 불안정한 단백질을 침전제거하고 맥주의 청징효과

76 육유의 표면을 착색시키는 세균과 색깔이 가장 옳게 연결된 것은?

① *Serratia marcescens* – 적색

② *Pseudimonas fluorescens* – 황색

③ *Staphylococcus aureus* – 녹색

④ *Micrococcus various* – 흑색

- 세균의 균체 또는 포자가 색을 띠거나 수용성 혹은 지용성 색소를 균체 외로 생성하는 세균
- *Serratia marcescens* : 적색
  Pseudimonas fluorescens : 형광 색소
  Staphylococcus aureus : 주황, 황색
  Micrococcus various : 황색, 적색

- 초산 이외에 유기산류나 향기성분인 에스테르류를 생성해야 함
- 알코올에 대한 내성 강해야 함
- 잘 변성되지 않아야 함

77 통조림 변패와 관련된 고온성 포자 형성균이 바르게 연결된 것은?

① TA(Thermophilie anaerobe) 변패 – *Clostridium butyricum*
② ropiness 변패 – *Bacillus anthracis*
③ 황화물 변패 – *Clostridium pasteuriscum*
④ flat sour 변패 – *Bacillus coagulans*

79 당류로부터 젖산만을 형성하는 정상발효 젖산균과 가장 거리가 먼 것은?

① *Streptococcus lactis*
② *Leucocnostoc mesenteroides*
③ *Lactobacillus bulgaricus*
④ *Lactobacillus plantarum*

해설

통조림 변패에 관련된 고온성 포자형성균

- TA(Thermophilie anaerobe) 변패
  Clostridium thermosaccharolyticum
- ropiness 변패 : *Bacillius subtilis*
- 황화물 변패 : *Desulfotomaculum nigrificnas*
- flat sour 변패
  Bacillus coagulans, Bacillus sterothermophilus
  Bacillus lichemiformis
- 플랫사우어(flat sour)
  통조림 외관은 정상과 구별하기 어려우나 내용물을 가스의 생성과 관계없이 산을 생성하는 변패관. 외관은 정상이나 내용은 산성반응이라는 점에서 flat sour라고 함

젖산균(유산균)

- 그람 양성, 무포자, catalase 음성, 간균 또는 구균, 통성혐기성 또는 편성 혐기성균
- 포도당 등의 당류를 분해하여 젖산 생성하는 세균
- 유산균에 의한 유산발효형식으로 정상유산발효와 이상유산발효로 구분
- 정상유산발효 : 당을 발효하여 젖산만 생성
- 정상발효젖산균
  Streptococcus 속, *Pediococcus* 속,
  일부 *Lactobacillus* 속
  (*Lactobacillus acidophilus*,
  Lactobacillus bulgaricus,
  Lactobacillus casei, Lactobacillus lactis
  Lactobacillus plantarum
  Lactobacillus homohiochii)
- 이상유산발효 : 혐기적으로 당이 대사되어 젖산 이외에 에탄올, 초산, 이산화탄소가 생성
- 이상발효젖산균
  Leuconostoc 속(*Leuconostoc mesenteroides*),
  일부 *Lactobacillus* 속
  (*Lactobacillus fermentum*,
  Lactobacillus brevis,
  Lactobacillus heterohiochii)
- 유제품, 김치류, 양조식품 등의 식품제조에 이용
- 장내 유해균의 증식 억제

78 종초를 선택하는 일반적인 조건이 아닌 것은?

① 초산 이외의 유기산류나 향기성분인 ester류를 생성한다.
② 초산을 다시 산화(과산화) 분해하여야 한다.
③ 알코올에 대한 내성이 강해야 한다.
④ 초산 생성 속도가 빨라야 한다.

해설

초산 발효 시 종초에 쓰이는 초산균의 구비조건

- 생육 및 산의 생성 속도가 빨라야 함
- 생성량이 많아야 함
- 가능한 다시 초산을 산화(과산화)하지 않아야 함

80 병행복발효주에 해당하지 않은 것은?

① 청주　　② 맥주
③ 탁주　　④ 약주

주류의 분류			
종류	발효법		예
양조주 (발효주) 전분이나 당분을 발효하여 만든 술	단발효주	원료의 당 성분으로 직접 발효	포도주, 사과주, 과실주
	복발효주	단행복발효주 (당화와 발효 단계적 진행)	맥주
		병행복발효주 (당화 · 발효 동시 진행)	청주, 탁주, 약주, 법주
혼성주	증류주 또는 알콜에 기타 성분 첨가		제제주, 합성주, liqueur
증류주 (양조주) 발효된 술 또는 액즙을 증류	단발효 주원료	과실	브랜디
		당밀	럼
	단행복 발효주 원료	보리, 옥수수	위스키
		곡류	보드카, 진
	병행복 발효주 원료	전분 또는 당밀	소주, 고량주

5 식품제조공정

81 혼합 방법 중 마요네즈와 같이 섞이지 않는 액체와 액체의 혼합을 뜻하는 것은?

① 청징　　　　　② 반죽
③ 유화　　　　　④ 혼합

유화
– 서로 녹지 않는 액체를 분산 혼합
– 수중유적형(O / W형) : 우유, 아이스크림, 마요네즈
– 유중수적형(W / O형) : 버터, 마가린

추출
– 고체나 액체 원료 중에 포함되어 있는 유용한 가용성 성분을 용매에 녹여 분리하는 조작
– 식품 성분의 특성에 따라 성분을 추출하거나 분리하는데 사용되는 방법
– 고체를 원료로 할 경우 고체-액체 추출 혹은 침출이라고 하며, 액체원료인 경우 액체-액체추출이라고 함
– 압착추출, 증류추출, 용매추출 등을 이용

82 밀 전분 시 원료 밀을 롤러(Roller)를 사용하여 부수면서 배유부와 외피를 분리하는 공정은?

① 가수공정　　　　② 순화공정
③ 훈증공정　　　　④ 조쇄공정

밀 제분 시 조쇄공정
– 브레이크 롤(break roll)을 사용하여 원료 밀의 외피는 가급적 작은 조각이 되지 않게 부수어 배유부의 외피를 분리
– 분리 시 외피 부분에 남아 있는 배유를 가급적 완전히 제거하며 외피는 되도록 손상되지 않도록 한다.

83 다음 중 분무건조(Spray drying) 장치의 구성 부분이 아닌 것은?

① 액체가열장치　　② 원액분무장치
③ 건조장치　　　　④ 제품회수장치

분무건조 장치 구성
열풍장치, 원액분무장치, 건조장치, 제품의 회수장치, 제품의 반출, 냉각장치 등으로 구성

84 식품원료를 충격력 원리로 분쇄하여 곡물의 분쇄, 제분작업, 사료의 조제에 이용되는 분쇄기는?

① 롤밀(Roll mill)
② 버밀(Burr mill)
③ 디스크밀(Disc mill)
④ 해머밀(Hammer mill)

해머밀
– 충격력을 이용해 분쇄하는 분쇄기
– 분쇄실 내에 수평 또는 수직으로 위치하는 축 혹은 원판 주위에 철 해머(T형 등)가 여러 개 설치되어 있어 고속으로 회전시키면 충격과 일부 마찰로 인해 원료 분쇄시킴
– 장점: 구조가 간단, 용도 다양. 효율에 변화없음
– 단점: 입자가 균일하지 못함, 소요 동력 크다.

85 액체원료나 고체원료에 포함되어 있는 유효성분을 용매에 녹여 분리하는 조작은?

① 건조 ② 유화
③ 추출 ④ 여과

🔍해설

추출
– 고체나 액체 원료 중에 포함되어 있는 유용한 가용성 성분을 용매에 녹여 분리하는 조작
– 식품 성분의 특성에 따라 성분을 추출하거나 분리하는데 사용되는 방법
– 고체를 원료로 할 경우 고체–액체 추출 혹은 침출이라고 하며, 액체원료인 경우 액체–액체추출이라고 함
– 압착추출, 증류추출, 용매추출 등을 이용

86 식품의 압출장치에서 바렐(Barrel) 내부에 걸리는 압력 생성 원인과 거리가 먼 것은?

① 스크류의 길이
② 스크류 지름의 증가와 스크류 Pitch의 감소
③ 배럴(barrel)직경의 감소
④ 스크류에 제한 날개(Restriction fight)

🔍해설

압출장치에서 바렐(barrel) 내부에 걸리는 압력 생성 원인
– 스크루 지름의 증가와 스크루 피치(pich)의 감소
– 배럴(barrel) 경의 감소
– 스크루에 제한 날개(restriction light) 부착

87 다음 중 식품건조 중의 화학적인 변화가 아닌 것은?

① 갈변 현상 및 색소 파괴
② 단백질 변성 및 아미노산 파괴
③ 가용성 물질의 이동
④ 지방의 산화

🔍해설

식품 건조 과정에서 일어나는 변화	
물리적 변화	– 가용성 물질의 이동 – 수축현상 – 표면경화 – 성분의 석출
화학적 변화	– 영양가 변화 – 비타민 다소 손실, – 아스코르브산과 카로틴 상당량파괴 – 단백질 변성: 열변성 – 탄수화물 변화: 갈변 – 지방의 산화 : 유지산패, 기름 변색 – 핵산계 물질 변화 – 향신료 성분 변화 – 식품 색소 변화: 카로틴색소 변화 큼
생물학적 변화	– 미생물 생육 제어 가능(자유수 함량 감소)

88 다음 중 Q_{10}값에 대한 설명으로 옳은 것은?

① 통조림의 냉점이 살균온도에 도달하는 시간
② 일정한 온도로 가열할 때 생균수가 사멸되어 1 / 10로 감소하는데 걸리는 시간
③ 열처리 온도가 10℃ 상승함에 따라서 반응 속도의 변화값을 나타낸 것
④ 일정한 온도에서 세균 또는 세균 포자를 사멸시키는데 필요한 가열 치사 시간

🔍해설

Q_{10}값(온도계수)
– 온도변화에 따른 반응 속도 차
– 저장 온도가 10℃ 변동 시 여러 가지 작용이 어떻게 변하는가를 나타내는 숫자
– Q_{10}값이 2이면 온도가 10℃ 상승할 때 변질 속도는 2배 증가
– Q_{10}값이 2이면 온도가 10℃ 저하할 때 변질 속도는 1 / 2배로 감소

89 다음 중 체의 눈이 가장 큰 것은?

① 30메쉬 ② 60메쉬
③ 120메쉬 ④ 200메쉬

💡정답 **85** ③ **86** ① **87** ③ **88** ③ **89** ①

해설

메쉬(mesh)
- 표준체의 체눈 의 개수를 표시하는 단위
- 고체 입자크기를 표시하는 단위
- 체눈(Screen Aperture)은 메쉬체(Mesh Screen)의 교차한 체망의 간격 혹은 타공망의 구멍과 평행 선체의 간격을 말함
- 1 mesh는 체망 길이 1 inch(25.4mm)의 세로 × 가로 크기 체눈의 개수
- 메쉬의 숫자가 클수록 체의 체눈의 크기가 작음
- 메쉬의 숫자가 작을수록 체의 체눈의 크기가 큼

90 초음파 세척에 가장 적합하지 않은 것은?
① 오염된 정밀 기계 부품
② 과일에 묻은 그리스(greese)
③ 계란 표면에 묻은 오염물
④ 곡류 낟알에 포함된 지푸라기

해설

초음파 세척
- 물질을 강하게 흔드는 힘(교반)을 이용하여 세척하는 방법
- 좁은 홈, 복잡한 내면 등을 간단하고 빠른 시간에 세척할 수 있는 방법
- 오염된 정밀 기계 부품, 채소의 모래 제거, 달걀의 오염물, 과일의 그리스나 왁스 등을 제거

91 다음 중 막분리의 장점이 아닌 것은?
① 연속 조작 가능
② 설치비 저렴
③ 영양 성분의 손실 최소화
④ 에너지 절약

해설

막분리 공정
• 막분리
- 막의 선택 투과성을 이용하여 상의 변화없이 대상물질을 여과 및 확산에 의해 분리하는 기법
- 열이나 pH에 민감한 물질에 유용
- 휘발성 물질의 손실 거의 없음
- 막분리 여과법에는 확산투석, 전기투석, 정밀여과법, 한외여과법, 역삼투법 등이 있음

• 막분리 장점
- 분리과정에서 상의 변화가 발생하지 않음
- 응집제가 필요 없음
- 상온에서 가동되므로 에너지 절약
- 열변성 또는 영양분 및 향기성분의 손실 최소
- 가압과 용액 순환만으로 운행, 장치조작 간단
- 대량의 냉각수가 필요 없음
- 분획과 정제를 동시에 진행
- 공기의 노출이 적어 병원균의 오염 저하
- 화학약품을 거의 필요로 하지 않기 때문에 2차 환경오염 유발하지 않음
• 막분리 단점
- 설치비가 비쌈
- 최대 농축 한계인 약 30% 고형분 이상의 농축 어려움
- 순수한 하나의 물질은 얻기까지 많은 공정 필요
- 막을 세척하는 동안 운행 중지

막분리 기술의 특징

막분리법	막기능	추진력
확산투석	확산에 의한 선택 투과성	농도차
전기투석	이온성물질의 선택 투과성	전위차
정밀여과	막 외경에 의한 입자크기 분배	압력차
한외여과	막 외경에 의한 분자크기 선별	압력차
역삼투	막에 의한 용질과 용매 분리	압력차

92 우유, 맥주, 과일주스의 살균방법인 저온 살균법에 대한 설명 중 옳은 것은?
① 120℃에서 20분간 실시한다.
② 100℃에서 20분간 실시한다.
③ 65℃에서 30분간 실시한다.
④ 50℃에서 30분간 실시한다.

해설

살균처리법

저온장시간살균법 (LTLT)	62~65℃에서 20~30분
고온단시간살균법 (HTST)	70~75℃에서 10~20초
초고온순간살균법 (UHT)	130~150℃에서 1~5초

간헐살균법	– 완전멸균법 – 1일1회씩 100℃에서 30분간 24시간 간격으로 3회(3일) 가열하는 방법 – 아포형성 내열성균까지 사멸 – 통조림 멸균에 이용

93 판형 열교환기(plate type exchanger)는 스테인레스 강판을 프레스하여 물결 형태로 홈을 만들어 여러 장 조립한 것으로 이 열교환기의 특징과 거리가 먼 것은?

① 총괄 열전달계수가 크다.
② 짧은 시간에 고온 가열이 가능하다.
③ 장치의 크기에 비해 좁은 면적에 설치 가능한다.
④ 고점도물의 연전달이 우수하다.

🔍해설

판형 열교환기 (plate type exchanger) 특징

– 판형 열교환기는 점도가 낮은 액체(우유, 과일주스 등)을 위한 열교환기
– 아주 짧은 시간에 고온 가열 가능
– 장치의 크기에 비해 열전달 면적이 커서 좁은 면적에 설치가 가능
– 판을 분해할 수 있어 청소가 용이
– 총괄 열전달 계수가 크다

94 다음 중 통조림 가공공장에서 통조림의 직접적인 살균에 관여하는 기계로 옳은 것은?

① 레토르트(retort)
② 밀봉기(seamer)
③ 탈기함(exhaust box)
④ 진고펌프(vacuum pump)

🔍해설

레토르트

– 통조림 식품 등을 고온 살균 시 사용하는 고압살균솥을 의미한다.
– 침지식은 유리병을 담은 바스켓을 더운물이 채워진 레토르트 내에 넣은 후 생증기를 주입하여 가공 온도까지 가온하는 방식
– 열수교환식은 살균온도까지 가열된 물을 통조림에 살수하여 살균을 행하는데 사용하는 열수를 계속 순환시키는 방식

95 회전 속도를 통일하게 유지할 때, 원심분리기 로터(Roter)의 반지름을 2배로 늘리면 원심효과는 몇배가 되는가?

① 0.25배   ② 0.5배
③ 2배   ④ 4배

🔍해설

원심력

$$Z = 0.011\frac{RN^2}{g}$$

(Z : 원심력, R : 반지름, N : 회전 속도, g : 중력)
– 원심력은 원심분리기의 반지름에 비례, 회전 속도 제곱에 비례
– 반지름 2배를 늘리면 원심효과는 2배가 된다.

96 교반 속도가 빠른 액체혼합기에서 방해판(baffle)이 하는 주된 역할은?

① 소용돌이를 완화하여 내용물이 넘치지 않도록 한다.
② 교반에 필요한 에너지의 소비를 줄여 준다.
③ 회전 속도를 높여준다.
④ 열 발생으로 내용물의 점도를 낮춰준다.

🔍해설

액체혼합기에서 방해판(baffle) 역할

교반기를 액체 속에 넣고 회전시키면 와류(vortex, 소용돌이)가 발생되어 혼합을 방해하고 내용물이 넘치기 때문에 이를 방지하기 위해 장애판(baffle)을 설치함

97 살균공정 중 어느 일정 온도에서 일정 온도의 미생물을 완전히 사멸시키는데 필요한 시간을 나타내는 값은?

① Z값   ② D값
③ F값   ④ SV값

🔍 해설

살균 처리의 용어	
D값	일정한 온도에서 미생물을 90% 감소(사멸)시키는데 필요한 시간
Z값	가열치사 시간을 90%(1 / 10)로 단축시키는데 필요한 온도 상승값
F값	일정 온도에서 미생물을 100% 사멸시키는데 필요한 시간
F0값	250F(121℃)에서 미생물을 100% 사멸시키는데 필요한 시간

98 식품 중의 일부 수분을 제거하여 용액의 농도를 높여주는 농축 공정에 속하지 않은 것은?

① 막농축   ② 분무농축
③ 동결농축   ④ 증발농축

🔍 해설

농축 공정
– 식품 중의 일부 수분을 제거하여 용액 농도를 높여주는 공정
– 최종 산물이 액상인 점이 건도와 다름
– 증발농축, 동결농축, 막농축 등이 있음
– 막 농축 이외에는 모두 수분제거가 상평형에 도달하였을 때 이루어지며 그때 상변화가 반드시 일어남
– 목적
– 가용성 성분의 농도를 높여 저장성 향상
– 건조 전 단계의 예비농축과 저장, 수송 등의 경비를 절감하기 위하여 액체의 부피 감소

99 통조림 살균법으로 가장 많이 쓰이는 방법은?

① 건열살균법
② 가압증기 가열살균법
③ 방사선 살균법
④ 전기 살균법

🔍 해설

통조림 살균법
– 통조림은 레토르트 내 가압하에서 가열살균
– 레토르트 내에 통조림을 넣은 후 생증기를 주입하여 가공 온도까지 살균
– 살균은 120℃에서 30~60분

100 여과기 바닥에 다공판을 깔고 모래나 입자형태의 여과재를 채운 구조로, 여과 층에 원액을 통과시켜 여액을 회수하는 장치는?

① 가압 여과기
② 원심 여과기
③ 중력 여과기
④ 진공 여과기

🔍 해설

중력 여과기
– 여과기 바닥에 다공판을 깔고 모래나 입자 형태의 여과지를 채운 구조로 여과층에 원액을 통과시켜 여액을 회수하는 장치
– 혼합액에 중력을 가하여 여과재를 통과시켜 여과액을 얻고 고체입자는 여과재 위에 퇴적되게 하는 방법
– 여과재에 의해 물의 탁도, 성분, 콜로이드, 세균의 일부가 제거
– 여과재는 모래, 자갈 등이 사용
– 음료수난 용수 처리 등에 사용
– 에너지 소비가 적다

2015년 출제문제 2회

1 식품위생학

1 식품의 방사능 오염에서 가장 문제가 되는 핵종끼리 짝지어진 것은?

① ^{60}Co, ^{89}Sr
② ^{55}Fe, ^{134}Cs
③ ^{59}Fe, ^{141}Ce
④ ^{137}Cs, ^{131}I

🔍 해설

방사능 오염
• 방사능을 가진 방사선 물질에 의해서 환경, 식품, 인체가 오염되는 현상으로 핵분열 생성물의 일부가 직접 또는 간접적으로 농작물에 이행 될 수 있다. • 식품에 문제 되는 방사선 물질 – 생성율이 비교적 크고 반감기가 긴 ^{90}Sr(29년)과 ^{137}Cs(30년), ^{131}I–(8일)는 반감기가 짧으나 비교적 양이 많아 문제가 된다.

2 식품첨가물 공전의 총칙과 관련된 설명으로 틀린 것은?

① 중량백분율을 표시할 때는 %의 기호를 쓴다.
② 중량백만분율을 표시할 때는 ppb의 기호를 쓴다.
③ 용액 100mL 중의 물질 함량(g)을 표시할 때에는 w/v%의 기호를 쓴다.
④ 용액 100ml 중의 물질 함량(ml)을 표시할 때에는 v/v%의 기호를 쓴다.

🔍 해설

– ppb : parts per billion. 10억분율 의미, 1 / 10^9 – ppm : parts per million. 중량 백만분율 의미, 1 / 10^6 : mg / kg, mg / L

3 다음 중 허용된 감미료가 아닌 것은?

① 사카린나트륨(sodium saccharin)
② 아스파탐(aspartame)
③ D-소르비톨(D-sorbitol)
④ 둘신(dulcin)

🔍 해설

감미료	
합성감미료	D-sorbitol, aspartame disodium glycyrrhizinate, sodium saccharine, D-xylose
천연감미료	스테비아추출물, 감초엑스 등
유해성감미료	cyclamate, dulcin, ethylene glycol, perillartine, nitrotoluidine 등

4 다음은 식품 등의 표시 기준에서 트랜스지방의 정의에 대한 설명이다. ( )안에 들어갈 용어를 순서대로 나열한 것은?

트랜스 지방이라 함은 트랜스 구조를 ( )개 이상 가지고 있는 ( )의 모든 ( )을 말한다.

① 2 – 공액형 – 포화지방산
② 1 – 공액형 – 불포화지방산
③ 2 – 공액형 – 불포화지방산
④ 1 – 비공액형 – 불포화지방산

🔍 해설

트랜스지방
– 식품 등의 표시기준에서 트랜스지방이란 트랜스구조를 1개 이상 가지고 있는 비공액형의 모든 불포화지방을 말함 – 식물성 유지에 수소를 첨가하여 액체유지를 고체유지형태로 변형한 유지를 말함 – 보통 자연에 존재하는 유지의 이중결합은 cis형태로 수소가 결합되어 있으나 수소첨가 과정을 거친 유지의 경우에는 일부가 trans 형태의 불포화지방산을 트랜스지방이라고 함 – 일반적으로 쇼트닝과 마가린에 많이 함유되어 있음

💡 정답 **1** ④ **2** ② **3** ④ **4** ④

5 마이코톡신(mycotoxin)에 대한 설명으로 틀린 것은?

① 비단백성의 저분자 화합물로서 항원성을 가진다.

② 열에 강하여 조리나 가공 중에 분해 · 파괴되지 않는다.

③ 독성이 강하고 발암성 등이 있어 인체에 치명적이다.

④ 곰팡이 대사산물이다.

마이코톡신(mycotoxin), 곰팡이독소
– 곰팡이가 생산하는 대사산물 – 사람이나 가축의 경구적인 섭취로 일어나는 급성 또는 만성의 건강장해를 유발하는 유독 물질군 – 비교적 저분자로 지방산 또는 phenol 유도체 및 그 분해산물, isoprenoid, N 복소환화합물 등으로 구성 – 항원성을 가지지 않음 – 탄수화물이 풍부한 농산물, 곡류에 많음 – 감염형 아님 – 곰팡이독은 열에 안정하여 가열처리나 조리에 의해서는 분해되기 어려움 – 발병된 동물에 대해서는 항생물질 투여나 약제요법을 실시하여도 별 효과가 없음

6 LD₅₀의 의미로 옳은 것은?

① 실험동물의 50%를 사망시키는 데 필요한 최소 투여량

② 실험동물의 최소 50마리를 사용하는 실험

③ 실험동물의 수명을 50% 이하로 단축하는 데 요하는 투여량

④ 실험동물에 치사량이 50%를 투입하는 실험

LD₅₀(Lethal Dose 50%)
– 실험동물의 반수(50%)가 1주일 이내에 치사되는 화학물질의 투여량 – 급성독성 강도를 결정 – LD₅₀(Lethal Dose 50%) 수치가 낮을수록 독성 강하고 수치가 높을수록 안전성이 높아짐

7 식품공업에 있어서 폐수의 오염도를 판명하는 데 필요치 않은 것은?

① DO ② BOD
③ WOD ④ COD

폐수오염 지표 검사 항목	
– BOD : 생물학적 산소 요구량	– DO : 용존 산소량
– COD : 화학적 산소 요구량	– SS : 부유물질량

8 식품 중 효모의 발육이 가능한 최저 수분활성도(Aw)로 가장 적합한 것은?

① 1 ② 0.88
③ 0.60 ④ 0.55

수분활성도(Water Activity, AW)	
정의	– 어떤 온도에서 식품이 나타내는 수증기압(Ps)에 대한 순수한 물의 수증기압(P0)의 비율. AW = Ps / P0
특징	– 미생물이 이용하는 수분은 자유수 – 수분활성도가 낮으면 미생물 생육 억제 – 미생물의 최소수분활성도 – 세균 0.90 〉 효모 0.88 〉 곰팡이 0.80

9 간디스토마(간흡충)는 제2 중간숙주인 민물고기 내에서 어떤 형태로 존재하다가 인체에 감염을 일으키는가?

① 유모유충(miracidium)

② 레디마(redia)

③ 유미유충(cercaria)

④ 피낭유충(metacercaria)

간흡충(간디스토마)의 감염경로
– 물 속의 충란에서 유출된 유충은 제1중간숙주인 왜우렁이에게 섭취, 부화되어 유모유충으로 되고, 그 후 포자낭충, redia, 유미유충이 되며 유미유충은 제2중간숙주인 담수어에 기생한다. – 담수어류에 침입한 후 구상인 피낭유충으로 되는데 1개월이면 감염능력이 있다. – 담수어를 사람이 생식하면 십이지장에 탈낭하여 어린 충체는 총담관을 거쳐 담관의 말단부까지 이행 기생한다.

10 독소형 식중독을 일으키는 것은?

① *Clostridium botulinum*
② *Listeria monocytogenes*
③ *Streptococcus faecalis*
④ *Salmonella typhi*

분류	세균성 식중독 유형		
감염형	특징	– 살아 있는 균의 경구 섭취 – 섭취된 후에도 체내에 세균 증식 – 잠복기 길다. – 가열조리 유효 – 위장염 증상, 발열	
	원인균	원인식품	잠복기
	병원성대장균	햄버거, 유제품	10~30시간
	살모넬라	생육류, 생가금류, 우유, 달걀	12~36시간
	장염비브리오	생선회	8~20시간
	캠필로박터 제주니	생고기, 유제품	2~7일
독소형	특징	– 세균이 생산한 독소 섭취 – 잠복기가 짧다 – 균체의 독소생성 – 독소가 내열성인 경우에는 가열조리 효과 없음 – 발열이 별로 따르지 않음	
	원인균	원인식품	잠복기
	황색포도상구균 (*Staphylococ-cus aureus*)	육제품, 유제품, 떡, 빵, 김밥, 도시락	0.5~6시간
	클로스트리디움 보툴리늄	통조림, 진공포장, 냉장식품	12~36시간
	바실러스 세레우스 (구토형)	곡류식품	0.5~5시간
중간형 (생체내독소형)	특징	– 장관에서 증식한 세균이 독소생산 – 잠복기가 길다 – 가열조리 유효	
	원인균	원인식품	잠복기
	클로스트리디움 퍼프린젠스(웰치균)	육류, 가금류, 식물성단백질식품	8~20시간
	바실러스 세레우스 (설사형)	육류, 우유, 채소류	8~16시간
	독소형대장균	육제품	12~72시간

11 햄, 소시지 등 훈제품에서 주로 발견될 수 있는 발암성 물질은?

① trans 불포화지방산
② benzopyrene
③ carmine
④ trichloroethylene

방향족 탄화수소 화합물

– 벤젠고리를 갖는 유기화합물로 벤조피렌, 벤조안트라젠 등 50여종
– 음식물을 300℃ 이상의 고온으로 가열하는 동안 음식물을 구성하는 지방, 탄수화물, 단백질이 불완전 연소되면서 생성
– 벤조피렌은 강력한 발암물질로 발암성, 돌연변이성 가짐. 국제암연구소에서 인체발암물질 1군으로 규정
– 벤조피렌은 조리과정 중 음식이 불꽃과 직접 접촉할 때 가장 많이 생성
– 숯불구이, 훈제식품, 가열처리한 튀김유지, 볶은 커피, 견과류 및 식용유지류의 정제관정, 육류나 육가공품 등에서 검출

12 장염비브리오균(Vibrio parahaemolyticus)의 분리에 주로 사용하는 배양기는?

① SS 한천 배지
② TCBS 한천 배지
③ Zeissler 한천 배지
④ Nutrient 한천 배지

식중독균의 분리배양에 사용되는 배지

– 황색포도상구균 : 난황첨가 만니톨 식염한천배지배지
– 클로스트리디움 퍼프린젠스 : 난황첨가 CW한천평판배지
– 살모넬라균 : MacConkey한천배지, desoxycholate citrate 한천배지, XLD한천배지
– 리스테리아 모노사이토제네스 : 0.5% yeast extract 가 포함된 tryptic soy 한천배지
– 장염비브리오균 : TCBS 한천배지, 비브리오 한천배지

13 이타이이타이병과 관련이 깊은 중금 속은?

① 카드뮴(Cd)
② 구리(Cu)
③ 납(Pb)
④ 수은(Hg)

카드뮴(Cd) 중독
– 기계나 용기, 특히 식기류에 도금된 성분이 용출되어 장기간 체내에 흡수, 축적됨으로써 만성중독을 일으킨다. – 카드뮴은 아연과 공존하여 용출되면 위험성이 있다. – 카드뮴 중독사고 – 1945년 일본 도야마현 가도가와 유역에서 공장폐수 중의 오염물질(Cd)로 이타이이타이병이라는 괴질이 발생해 128명 사망. 골다공증와 골연화증, 신장기능장애로 칼슘과 인을 배출한다.

14 음식을 섭취한 임신부가 패혈증이 발생하고 자연유산을 하였다. 식중독 유발 균주를 확인한 결과 식염 6%에서 성장 가능하고 catalase 양성이었다. 이 식품에 오염된 균은?

① *Yersinis enterocolitica*
② *Campylobacter jejuni*
③ *Listeria monocytogenes*
④ *Escherichia coli* O157 : H7

Listeria monocytogenes	
특성	그람양성, 통성혐기성, 무아포 간균, 주도성 편모. 운동성 있음
생장 조건	– 30~37℃가 최적온도이나 4℃의 냉장온도에도 발육 가능한 저온균 – 0~45℃의 넓은 범위에서 증식 가능 – pH 5.6~9.6 – 성장가능염도 : 0.5~16%, 20%에도 생존가능 – 65℃ 이상의 가열로 사멸, 비교적 열에 약함
증상	– 패혈증, 유산, 사산, 수막염, 발열, 두통, 오한 – 치사율 : 감염된 환자의 30%
감염원	자연에 널리 분포, 특히 가축이 보균하므로 동물 유래식품의 오염이 높고, 우유, 치즈, 식육을 통한 집단 발생
예방법	식육가공품 철저한 살균 처리, 채소류 세척, 냉동 및 냉장식품 저온관리 철저

15 다음 원인물질과 중독성분에 대해 잘못 연결되어 있는 것은?

① 감자 – solanine
② 복어 – tetrodotoxin
③ 독미나리 – cicutoxin
④ 패류 – muscarine

독성물질과 유래식품
– solanine : 감자 – tetrodotoxin : 복어 – venerupin : 모시조개(바지락), 굴 – saxitoxin : 섭조개 – amygdalin : 청매(덜익은 매실), 살구씨 – muscarine : 버섯 – cicutoxin : 독미나리

16 민물의 게 또는 가재가 제2 중간숙주인 기생충은?

① 폐흡충
② 무구조충
③ 요충
④ 요코가와흡충

기생충의 분류			
중간숙주 없는 것	회충, 요충, 편충, 구충(십이지장충), 동양모양선충		
중간숙주 한개	무구조충(소), 유구조충(갈고리촌충)(돼지), 선모충(돼지 등 다숙주성), 만소니열두조충(닭)		
	질병	제1중간숙주	제2중간숙주
중간숙주 두개	간흡충 (간디스토마)	왜우렁이	붕어, 잉어
	폐흡충 (폐디스토마)	다슬기	게, 가재
	광절열두조충 (긴촌충)	물벼룩	연어, 송어
	아나사키스충	플랑크톤	조기, 오징어

17 진드기류의 번식 억제 방법이 아닌 것은?

① 밀봉 포장에 의한 방법

② 습도를 줄이는 방법

③ 냉장하는 방법

④ 30℃ 정도로 가열하는 방법

진드기류의 방제법
– 살충, 냉장, 가열, 포장에 의한 방법 – 습도를 줄이는 방법

18 장출혈성 대장균 감염증에 대한 설명 중 틀린 것은?

① *Escherichia coli O157* : H7이 주요 원인 균이다.

② 원인식품은 초고온멸균(UHT) 우유이다.

③ 법정감염병 제1군에 속한다.

④ 부적절하게 살균소독제 기구 등으로 인하여 사람에게 전파되기 쉽다.

병원성 대장균의 분류	
장독소원성 대장균	– 콜레라와 유사 – 이열성 장독소(열에 민감)와 내열성 장독소(열에 강함) 생산 – 설사증
장출혈성 대장균	– 인체 내에서 베로독소(verotoxin) 생성 – 베로독소(verotoxin) – 단백질로 구성 – *E.coli* O157 : H7이 생산 – 용혈성 요독 증후군 유발 – 법정감염병 제 2급에 속함(2020년 1월 기준) – 74℃ 1분 이상 가열조리시 사멸 가능
장침투성 대장균	– 대장점막 상피세포 괴사 일으켜 궤양과 혈액성 설사
장병원성 대장균	– 복통, 설사 – 유아음식
장응집성 대장균	– 응집덩어리 형성하여 점막세포에 부착 – 설사, 구토, 발열

19 치즈나 마가린에 사용이 가능한 첨가물은?

① 식용색소 황색 제5호

② 식용색소 적색 제2호

③ 베타 카로틴

④ 식용색소 황색 제4호

베타카로틴
– 카로티노이드계 색소 – 비타민 A의 전구물질 – 영양 강화 효과를 갖는 물질 – 천연색소로 마가린, 버터, 치즈, 과자, 식용유, 아이스크림 등의 착색료로 사용

20 생물체에서 정상적으로 생성·분비되는 물질이 아니라 인간의 산업활동을 통해서 생성·방출된 화학물질로, 생물체에 흡소되면 내분비계의 정상적인 기능을 방해하거나 혼란케 하는 내분비 교란물질은?

① 잔류우기 오염 물질

② 방사선 오염 물질

③ 환경독소

④ 환경호르몬

환경호르몬(내분비계 장애물질)
– 우리 몸에서 정상적으로 만들어지는 물질이 아니라, 산업 활동을 통해 생성, 분비되는 화학 물질이다. 생물체에 흡수되면 내분비계 기능을 방해하는 유해한 물질 – 신체 외의 물질이 원인으로 호르몬, 즉 내분비가 교란되는 것으로 외인성 내분비 교란 화학 물질 – 생체 내 호르몬의 합성, 방출, 수송, 수용체와의 결합, 수용체 결합 후의 신호 전달 등 다양한 과정에 관여하여 각종 형태의 교란을 일으킴으로써 생태계 및 인간에게 영향을 주며, 다음 세대에서는 성장 억제와 생식 이상 등을 초래 – 인체에 대한 영향 : 호르몬 분비의 불균형, 생식능 저하 및 생식기관기형, 생장 저해, 암유발, 면역기능 저하 – 종류 : DDT, DES, PCB류, 다이옥신, 퓨란류 등

21 과채류 가공 시 불포화지방산의 산패(rancidity)를 촉진하지 않는 것은?

① BHT(butylated hydroxytoluene)
② 지질 산소화효소(lipoxygenase)
③ 빛
④ 전이금속

🔍해설

유지의 산패에 영향을 미치는 인자
– 빛, 특히 자외선에 의해 유지 산패 촉진 – 온도 높을수록 반응 속도 빨라져 유지산패촉진 – Lipoxigenase는 이중결합을 가진 불포화지방산에 반응하여 hydroperoxide가 생성되어 산화 촉진 – 지방산의 종류 : 불포화지방산의 이중결합이 많을 수록 산패 촉진 – 금속 : 코발트, 구리, 철, 니켈, 주석, 망간 등의 금 속 또는 금 속이온들 자동산화 촉진 – 수분 : 금속의 촉매작용으로 자동산화 촉진 – 산소 농도가 낮을 때 산화 속도는 산소 농도에 비례함(산소 충분 시 산화 속도는 산소농도와 무관) – 헤모글로빈, 미오글로빈, 사이토크롬 C 등의 헴화합물과 클로로필 등의 감광물질들은 산화 촉진

22 에르고스테롤(ergosterol)에 자외선을 쪼였을 때 생성되는 것은?

① A   ② B₁
③ C   ④ D₂

🔍해설

비타민 D
– 비타민 D는 자외선에 의해 생성 – 식물에서는 에르고스케롤에서 에르고칼시페롤(D_2) 이 형성 – 동물에서는 7–디하이드로콜레스테롤에서 콜레칼시페롤(D_3)이 형성

23 과일의 성숙기 및 보관 중 발생하는 연화(softening) 과정에서 가장 많은 변화가 일어나는 세포벽 구성물은?

① cellulose
② hemicellulose
③ pectin
④ lignin

🔍해설

펙틴질
• 식물조직의 세포벽이나 세포와 세포사이를 연결해 주는 세포간질에 주로 존재하는 복합다당류로 세포들을 서로 결착시켜 주는 물질로 작용 • 과일가공품의 점탁질의 원인물질로 알코올로 용해되지 않고 젤을 형성하는 성질있음 • 산과 당의 존재하에 젤을 형성(잼, 젤리, 마말레이드 제조) • 기본 단위 : α–D–갈락투론산으로 직선상 고분자의 나선구조 • 종류 – 프로토펙틴(미숙과일. 불용성, 젤 형성능력 없음) – 펙틴산(pectinic acid, 익은 과일, 수용성, 젤 형성 능력 있음) – 펙틴(익은 과일, 수용성, 적당의 당과 산 존재 시 젤 형성 능력 있음) – 펙트산(pectic acid, 과숙과일, 수용성, 찬물에 불용, 젤 형성능력 없음)

24 고분자 화합물인 단백질과 관련이 없는 실험방법은?

① 원심분리
② 젤 크로마토그래피(gel chromatography)
③ SDS 젤 전기영동
④ 동결건조

🔍해설

단백질 실험법
Kjeldahl법, Biuret법, Lowry법, Brasford법, BGA법, 전기영동법, 방사선동위원소법, UV법(분광학적 정량법) 등

💡정답 **21** ① **22** ④ **23** ③ **24** ④

25 튀김과 같이 유지를 고온에서 오랜 시간 가열하였을 때 나타나는 반응과 거리가 먼 것은?

① 비누화 반응 　② 열분해 반응
③ 산화 반응 　　④ 중합 반응

유지 가열 시 생기는 변화
– 유지의 가열에 의해 자동산화과정의 가 속화, 가열분해, 가열중합반응이 일어남 – 열 산화 : 유지를 공기중에서 고온으로 가열 시 산화반응으로 유지의 품질이 저하되고, 고온으로 장기간 가열 시 산가, 과산화물가 증가함 – 중합반응에 의해 중합체가 생성되면 요오드가 낮아지고, 분자량, 점도 및 굴절률은 증가, 색이 진해지며, 향기가 나빠지고 소화율이 떨어짐 – 유지의 불포화지방산은 이중결합 부분에서 중합이 일어남 – 휘발성 향미성분 생성 : 하이드로과산화물, 알데히드, 케톤, 탄화수소, 락톤, 알코올, 지방산 등 – 발연점 낮아짐 – 거품생성 증가함

26 대두에 많이 함유되어 있는 기능성 물질은?

① 라이코펜(lycopene)
② 아이소플라본(isoflavone)
③ 카로티노이드(carotenoid)
④ 세사몰(sesamol)

🔍해설

대두의 기능성 물질
– 대두에는 영양성분과 생리활성물질 다양하게 함유 – 기능성물질 : 아이소플라본, 제니스테인 등

27 식품을 가열할 때 당이 공존하면 아미노산의 손실이 큰 주된 이유는?

① 마이야르(maillard) 반응이 일어나기 때문이다.
② 아미노산의 파괴를 촉진하기 때문이다.
③ 단백질이 변질되기 때문이다.
④ 탈수가 일어나기 때문이다.

🔍해설

마이야르(maillard) 반응
– 비효소적 갈변으로 식품을 가열할 때 당류와 아미노산의 상호작용에 의해 일어나는 반응 – 아미노-카보닐반응, 멜라노이딘 반응이라고도 함 – 갈색 색소인 melanoidine 생성

28 천연 단백질은 대부분 어떤 형태로 구성되어 있는가?

① α-아미노산
② ß-아미노산
③ γ-아미노산
④ δ-아미노산

🔍해설

천연 단백질 형태
– 단백질은 아미노산으로 구성 – 천연으로 얻은 아미노산은 α-L-아미노산

29 수박, 토마토의 붉은색을 나타내는 대표적인 색소는?

① ß-carotene
② lutein
③ zeaxanthin
④ lycopene

🔍해설

Carotenoid계	
– 노란색, 주황색, 붉은색의 지용성색소 – 당근, 고추, 토마토, 새우, 감, 호박 등에 함유 – 산이나 알칼리에 안정적이며 산소가 없는 상태에서는 광선의 조사에 영향 받지 않음	
Carotene 류	α-carotene, β-carotene, γ-carotene, lycopens
Xanthophyll류	lutein, zeaxanthin, cryptoxanthin

25 ① 　**26** ② 　**27** ① 　**28** ① 　**29** ④

30 고추의 매운맛 성분은?

① 시니그린(sinigrin)
② 쿠르쿠민(curcumine)
③ 캡사이신(capsaicin)
④ 캡산틴(capsanthin)

🔍 **해설**

- 시니그린(sinigrin) : 갓, 겨자, 고추냉이의 매운맛 성분
- 쿠르쿠민(curcumine) : 강황의 색소 성분
- 캡사이신(capsaicin) : 고추의 매운맛 성분
- 캡산틴(capsanthin) : 고추의 색소 성분

31 관능 검사에서 신제품이나 품질이 개선된 제품의 특성을 묘사하는 데 참여하며 보통 고도의 훈련과 전문성을 겸비한 요원으로 구성된 패널은?

① 차이 식별 패널
② 특성 묘사 패널
③ 기호 조사 패널
④ 전문 패널

🔍 **해설**

관능검사법		
소비자 검사 (주관적)	• 기호도검사	
	- 얼마나 좋아하는지의 강도 측정	
	- 척도법, 평점법 이용	
	• 선호도검사	
	- 좋아하는 시료를 선택하거나 좋아하는 시료 순위 정하는 검사	
	- 이점비교법, 순위검사법	
차이 식별검사 (객관적)	• 종합적 차이검사	
	- 시료 간에 차이가 있는지를 검사	
	- 삼점검사, 이점검사	
	• 특성차이검사	
	- 시료 간에 차이가 얼마나 있는지 차이의 강도를 검사	
	- 이점비교검사, 다시료비교검사, 순위법, 평점법	
묘사분석	• 정량적묘사분석(QDA)	
	- 향미, 텍스쳐, 스페트럼 프로필묘사분석 등	
	- 훈련된 검사원이 시료에 대한 관능특성용어를 도출하고, 정의하며 특성강도를 객관적으로 결정하고 평가하는 방법	

관능검사 패널	
기호조사패널	- 소비자의 기호도 조사에 사용 - 제품에 관한 전문적 지식이나 관능검사에 대한 훈련이 필요없는 패널로 200명 이상으로 구성
차이식별패널	- 원료 및 제품의 품질검사, 저장시험, 원가 절감 또는 공정 개선 시험에서 제품간의 품질차이를 평가하는 패널 - 보통 10~20명으로 구성되어 있고 훈련된 패널
특성묘사패널	- 신제품 개발 또는 기존 제품의 품질개선을 위하여 제품의 특성 묘사하는 패널 - 고도의 훈련과 전문성이 필요하며 6~12명으로 구성
전문패널	- 경험을 통해 기억된 기준으로 각각의 특성을 평가하는 질적 검사를 하며, 제조과정 및 최종 제품의 품질차이를 평가, 최종품질의 적절성 판정 - 포도주감정사, 유제품 전문가, 커피전문가 등

32 기초 대사량을 측정할 때의 조건으로 적합하지 않은 것은?

① 영양상태가 좋을 때 측정할 것
② 완전휴식 상태일 때 측정할 것
③ 적당한 식사 직후에 측정할 것
④ 실온 20℃ 정도에서 측정할 것

🔍 **해설**

기초대사량 측정 조건
- 식후 12~18시간이 경과된 후
- 조용히 누워 있는 상태
- 마음이 평안하고 안이한 상태
- 체온이 정상일 때
- 실온이 약 18~20℃일 때

💡 **정답** **30** ③ **31** ② **32** ③

33 소성체의 특성을 나타내는 식품은?

① 가당연유 　② 생크림
③ 물엿 　④ 난백

식품의 유동(흐름)

- 탄성 (Elasticity)
  - 외부로부터 힘을 받아 변형된 물체가 외부의 힘을 제거하면 원래의 상태로 돌아가는 성질
  - 예 : 한천, 겔, 묵, 곤약, 양갱, 밀가루 반죽
- 가소성(Plasticity)
  - 외부로부터 힘을 받아 변형되었을 때 외부의 힘을 제거하여도 원래의 상태로 되돌아가지 않는 성질
  - 예 : 버터, 마가린, 생크림, 마요네즈 등
- 점탄성(Viscoelasticity)
  - 외부에서 힘을 가할 때 점성유동과 탄성변형을 동시에 일으키는 성질
  - 예 : 난백, 껌, 반죽
- 점성(점도)(Viscosity)
  - 액체의 유동성(흐르는 성질)에 대한 저항
  - 점성이 높을수록 유동되기 어려운 것은 내부 마찰저항이 크기 때문
  - 온도와 수분함량에 따라 맛에 영향을 줌
  - 용질의 농도 높을수록, 온도 낮을수록, 압력 높을수록, 분자량이 클수록 점성 증가함
  - 예 : 물엿, 벌꿀

34 식품의 레올로지 특성 중 유체에 있어서 흐름에 대한 저항을 무엇이라 하는가?

① 점성 　② 탄성
③ 소성 　④ 점탄성

식품의 유동(흐름)

- 탄성 (Elasticity)
  - 외부로부터 힘을 받아 변형된 물체가 외부의 힘을 제거하면 원래의 상태로 돌아가는 성질
  - 예 : 한천, 겔, 묵, 곤약, 양갱, 밀가루 반죽
- 가소성(Plasticity)
  - 외부로부터 힘을 받아 변형되었을 때 외부의 힘을 제거하여도 원래의 상태로 되돌아가지 않는 성질
  - 예 : 버터, 마가린, 생크림, 마요네즈 등

- 점탄성(Viscoelasticity)
  - 외부에서 힘을 가할 때 점성유동과 탄성변형을 동시에 일으키는 성질
  - 예 : 난백, 껌, 반죽
- 점성(점도)(Viscosity)
  - 액체의 유동성(흐르는 성질)에 대한 저항
  - 점성이 높을수록 유동되기 어려운 것은 내부 마찰저항이 크기 때문
  - 온도와 수분함량에 따라 맛에 영향을 줌
  - 용질의 농도 높을수록, 온도 낮을수록, 압력 높을수록, 분자량이 클수록 점성 증가함
  - 예 : 물엿, 벌꿀

35 감미도가 강한 순서대로 맞게 배열된 것은?

① 사카린 〉 아스파탐 〉 글리시리진 〉 스테비오사이드
② 사카린 〉 스테비오사이드 〉 아스파탐 〉 글리시리진
③ 사카린 〉 스테비오사이드 〉 글리시리진 〉 아스파탐
④ 사카린 〉 글리시리진 〉 아스파탐 〉 스테비오사이드

감미도

- 사카린 : 설탕의 500배 정도
- 스테비오사이드 : 설탕의 250~300배 정도
- 아스파탐 : 설탕의 200배 정도
- 글리시리진 : 설탕의 40~50배 정도

36 과채류의 품질을 결정하는 요인 중의 하나인 조직(Texture)에 가장 영향을 미치는 무기질은?

① calcium
② potassium
③ magnesium
④ iron

과채류의 품질을 결정하는 요인 중의 하나인 조직(Texture)에 가장 영향을 미치는 무기질은 칼슘이다

정답　**33** ②　**34** ①　**35** ②　**36** ①

37 다음 중 젤 상태의 식품이 아닌 것은?

① 된장국 ② 묵
③ 젤리 ④ 양갱

식품에서의 콜로이드 상태			
분산매	분산질	분산계	식품
액체	기체	거품	맥주 및 사이다 거품
	액체	유화	수중유적형 (O / W형) · 우유, 아이스크림, 마요네즈
			유중수적형 (W / O형) · 버터, 마가린
	고체	현탁질	된장국, 주스, 전분액
		졸	소스, 페이스트
		겔	젤리, 양갱
고체	기체	고체거품	빵, 쿠키
	액체	고체젤	한천, 과육, 두부
	고체	고체교질	사탕, 과자
기체	액체	에어졸	향기부여 스모그
	고체	분말	밀가루, 진문, 설탕

38 어류 비린내의 주성분은?

① 테르펜 ② 아민
③ 황화합물 ④ 피라진

수산물의 냄새
– 휘발성 염기 질소, 휘발성 황화합물
– 해수어 : TMAO(trimethylamineoxide, 트리메틸아민옥사이드) → TMA(trimethylamin, 트리메틸아민, 비린내)
– 담수어의 비린내 라이신의 분해 생성물(피페리딘)

39 90% 황산 용액의 농도를 30%로 변경하고자 할 때 황산과 물의 혼합비율은?

① 1 : 1 ② 1 : 2
③ 1 : 3 ④ 2 : 1

혼합비율(피어슨 공식)
90 　　　 30−0 = 30 　　30 0　　　 90−30 = 60
90% 황산용액의 양 : $\dfrac{30}{30+60} \times 100 = 33.33$
물의 양 : $\dfrac{60}{30+60} \times 100 = 66.66$

40 항산화제로 작용하는 저분자 펩티드(peptide)인 글루타티온(glutathione)을 구성하는 아미노산이 아닌 것은?

① arginine ② cysteine
③ glutamic acid ④ glycine

글루타티온
– 저분자 펩티드 일종
– 글루타민산, 시스테인, 글리신의 아미노산이 결합한 것
– 생체 내의 산화, 환원 반응에 중요한 역할

3 식품가공학

41 산도가 0.3%인 크림 500kg을 0.2%의 산도가 되도록 젖산으로 중화하고자 할 때, 사용하여야 할 젖산의 양은?

① 450g ② 500g
③ 550g ④ 600g

중화해야 할 젖산의 양(g)
중화해야 할 젖산 양 $= \dfrac{크림중량(g) \times 중화시킬산도(\%)}{100}$ $= \dfrac{500,000 \times (0.3-0.2)}{100} = 500g$

42 두부 제조에서 두부의 응고 정도에 영향을 크게 주지 않는 것은?

① 응고제의 색
② 응고 온도
③ 응고제의 종류
④ 응고제의 양

두부의 응고 정도에 영향을 주는 인자
두유의 농도, 응고 온도 및 시간, 응고제의 종류 및 농도 그리고 교반조건 등에 영향을 받는다.

43 콩단백질의 주성분이며 두부 제조 시 묽은 염류 용액에 의해 응고되는 성질을 이용하는 물질은?

① 알부민(albumin)
② 글리시닌(glycinin)
③ 제인(zein)
④ 락토글로불린(lactoglobulin)

글리시닌
– 콩 단백질의 주성분이며 두부 제조 시 묽은 염류 용액에 의해 응고되는 성질을 이용하는 물질 – 콩에는 인산칼륨과 같은 가용성 염류가 들어 있으므로 마쇄하여 두유를 만들면 글리시닌이 녹아 나온다. – 70℃ 이상으로 가열한 다음 염화칼슘, 염화마그네슘, 황산칼슘과 같은 염류와 산을 넣으면 글리시닌이 응고하여 침전

44 수산물 통조림 제조 공정에 대한 설명으로 틀린 것은?

① 혐기성성균인 클로스트리디움보툴리늄(Clostridium botulinum)의 발육한계점인 pH 6.0 이상의 수산물 통조림은 저온 살균을 해야 한다.
② 통조림은 살균 후 조직의 연화, 황화수소 생성, 호열성 세균의 발육 등을 억제하기 위하여 급 속냉각한다.

③ 통조림 공정 중 밀봉 전에 품질 저하방지, 관 내부 부식 방지, 호기성 미생물 발육 억제, 변패관 식별 등을 위하여 탈기한다.
④ 통조림에 묽은 식염수, 조미액, 기름 등을 넣으면 살균효과가 상승하고, 어체의 관벽 부착과 고형물 파손 등을 방지할 수 있다.

통조림의 살균 조건

– pH 4.6 이하의 산성식품의 경우
  과일, 낮은 pH로 인해 미생물의 아포가 발육할 수가 없어 80~100℃의 비교적 낮은 온도에서 살균. 곰팡이, 효모, 유산균, 낙산균 등이 살균 대상
– pH 4.6 이상의 저산성 식품의 경우
  식육, 수산물, 채소류 등
  *Clostridium botulinum*의 포자를 사멸하기 위해서 120~125℃의 고온에서 살균.
  *Clostridium botulinum*은 살균지표세균

45 젤리화에 가장 적합한 유기산의 함량은?

① 0.01%
② 0.03%
③ 0.3%
④ 3%

젤리화를 형성하는 요소
– 설탕 60~65% – 펙틴 1.0~1.5% – 유기산 0.3%(pH 3.0)

46 수산가공품의 종류가 잘못 연결된 것은?

① 염장품 – 굴비
② 동건품 – 마른 명태(황태)
③ 연제품 – 판붙이 어묵, 부들 어묵, 제맛 어묵
④ 해조 가공품 – 알긴산, 카라기난

굴비는 선도가 좋은 조기를 그대로 물간이나 마른 간을 한 다음 건조시킨 수산건제품이다.

47 마요네즈의 식품공전상 식품 구분은?

① 조미식품

② 드레싱류

③ 식용유지류

④ 식육 또는 알가공품

마요네즈
1. 조미식품 　– 식품을 제조·가공·조리함에 있어 풍미를 돋우기 위한 목적으로 사용되는 것으로 식초, 소스류, 카레, 고춧가루 또는 실고추, 향신료가공품, 식염을 말한다. 　– 식품유형 : 식초, 소스류, 카레, 고춧가루 또는 실고추, 향신료 가공품, 식염 　1) 식초 　2) 소스류 　– 동·식물성 원료에 향신료, 장류, 당류, 식염, 식초, 식용유지 등을 가하여 가공한 것으로 식품의 조리 전·후에 풍미증진을 목적으로 사용되는 것을 말한다. 　– 식품유형 : 복합조미식품, 마요네즈, 토마토케첩, 소스 　3) 카레 　4) 고춧가루 또는 실고추 　5) 향신료 가공품 　6) 식염

식품공전[식품의 기준 및 규격. 제2020-98호(20.10.6)]에 따르면 마요네즈의 식품유형은 조미식품의 소스류에 해당함

48 유가공품의 살균 또는 멸균 공정에 대한 설명으로 틀린 것은?

① 저온 장시간 살균법은 63~65℃, 30분간 실시한다.

② 고온 단시간 살균법은 72~75℃, 15~20초간 실시한다.

③ 살균제품에 있어서는 살균 후 즉시 4℃ 이하로 냉각하여야 한다.

④ 멸균제품은 멸균한 용기 또는 포장에 무균 공정으로 충전·포장하여야 한다.

유가공품의 살균 또는 멸균 공정
살균제품에 있어서는 살균 후 즉시 10℃ 이하로 냉각하여야 하고, 멸균제품은 멸균한 용기 또는 포장에 무균공정으로 충전 포장하여야 한다.

49 용출(rendering)에 의한 유지 제조에 가장 적합한 것은?

① 참깨　　　　② 대두

③ 돈지　　　　④ 쇼트닝

유지 채취법		
채취법	특성	용도
용출법	가열시켜서 유지 용출	동물성 유지
압착법	기계적 압력으로 압착	식물성 유지
추출법	유기용제에 유지 녹여 채취	식물성 유지

50 햄과 베이컨의 제조 공정에서 간먹이기에 사용되는 일반적인 제료가 아닌 것은?

① 소금　　　　② 식초

③ 설탕　　　　④ 조미료

햄과 베이컨의 일반적인 염지 재료
소금, 질산염 또는 아질산염, 염지 보조제이 아스코르브산염 이외에 설탕과 복합인산염, 조미료, 향신료 등

51 유리와 비슷한 투명도를 가지며 용기 채 가열한 후 먹을 수 있는 트레이 식품이나 생수용 물통, 보일-인-백(boil-in-bag)으로 사용될 수 있는 포장 재질은?

① 폴리스티렌(polystyrene)

② 폴리에틸렌 테레프탈레이트(polyethylene terephthalate)

③ 폴리카보네이트(polycarbonates)

④ 폴리염화비닐(polyvinyl chloride)

💡정답　**47** ①　**48** ③　**49** ③　**50** ②　**51** ③

폴리카보네이트(polycarbonates)

유리와 비슷한 투명도를 가지며 용기 채 가열한 후 먹을 수 있는 트레이 식품이나 생수용 물통, 보일-인-백(boil-in-bag)으로 사용될 수 있는 포장 재질이다.

52 고형분이 10%인 오렌지 주스 100kg을 농축시켜 20%의 고형분이 함유되어 있는 주스로 만들기 위해서는 수분을 얼마나 증발시켜야 되는가?

① 20kg   ② 40kg
③ 50kg   ④ 60kg

제거해야 할 수분량

$$\frac{10}{100} \times 100 = \frac{20}{100}(100-x)$$

$$x = \frac{10}{0.2} = 50g$$

53 콜라겐(collagen)에 대한 설명으로 틀린 것은?

① 섬유상 구조단백질이다.
② 인장 강도가 강하다.
③ 변성되면 젤라틴(gelatin)이 된다.
④ 지방 분해효소로 분해된다.

콜라겐

- 콜라겐은 대부분 동물, 특히 포유동물에서 많이 발견되는 섬유단백질로 피부와 연골 등 체내의 결합조직에 해당된다.
- 콜라겐은 불용성이나 물을 넣고 장시간 가열하면 가용성의 젤라틴이 된다.
- 콜라겐은 collagenase 등의 단백질 분해효소로 분해된다.

54 식품유형 중 잼에 대한 설명으로 옳은 것은?

① 과즙을 농축한 액상의 것
② 과육 전체 또는 과육편을 원료로 하여 그 원형을 유지시킨 제품
③ 과일을 원료로 한 것으로 과피가 함유된 것
④ 과일류 또는 채소류를 당류 등과 함께 젤리화한 것

잼류

(1) 잼류라함은 과일류, 채소류, 유가공품 등을 당류 등과 함께 젤리화 또는 시럽화한 것으로 잼, 기타 잼을 말한다.
(2) 식품유형
  1) 잼
  과일류 또는 채소류(생물로 기준하여 30% 이상)를 당류 등과 함께 젤리화한 것
  2) 기타잼
  과일류, 채소류, 유가공품 등을 그대로 또는 당류 등과 함께 가공한 것으로서 시럽(생물로 기준할 때 20% 이상), 과일파이필링, 밀크잼 등

55 필름 제조 시 열로 미리 연신시켜 냉각시킨 필름을 가열 포장 시 재가열에 의해 연신된 필름이 원래의 위치로 돌아가는 성질을 이용한 것으로 모양이 일정하지 않은 것, 케이스를 사용하지 않고 단위 포장을 하는 데 많이 이용되는 포장법은?

① 수축 포장(shrink wrapping)
② 블리스터 포장(blister packaging)
③ 스킨 포장(skin packaging)
④ 폼-필-실(form-fill-seal)

포장법

1) 수축포장
  - 필름 제조시 열을 가해 필름을 잡아당겨 연신시키고 냉각시킨 필름을 가열 터널을 통과할 때 재가열에 의해 연신된 필름이 원래의 위치로 돌아가는 성질 이용

– 모양이 일정하지 않은 식품 포장
– 카톤이나 캔 혹은 병 케이스를 사용하지 않고 여러 개를 하나로 모아 단위 포장하는데 많이 이용
2) 블리스터 포장
– 판지 카드 위에 플라스틱으로 열성형된 블리스터 용기 내에 제품을 넣고 열접착하는 방법
– 스킨 포장과 거의 흡사한 방식
3) 스킨포장
– 얇은 필름을 사용해 포장할 대상으로 표면애 플라스틱 피막을 씌우는 형태로 식품 대상물의 가공성이 있는 판지카드 위에 놓이게 되면 필름이 그 위를 덮은 후 가열되면서 판지 뒤 쪽에 진공을 걸어 필름이 열접착 코팅에 의해 밀착되게하는 방식

56 면역 능력에 도움을 주는 건강기능식품의 고시형 원료가 아닌 것은?

① 표고버섯 균사체
② 인삼
③ 홍삼
④ 알로에겔

🔍 해설

건강기능식품
– 고시형 원료 「건강기능식품공전」에 등재되어 있는 원료로 제조기준, 기능성 등 요건에 적합할 경우 누구나 사용이 가능함 – 개별인정형 원료 「건강기능식품공전」에 등재되어 있지 않은 원료로 영업자가 원료의 안전성, 기능성, 기준 규격 등의 자료를 제출하여 식약처장으로부터 인정을 받은 업체만이 동 원료를 사용가능함. 인정받은 일로부터 6년이 경과하고 품목제조신고가 50건 이상(생산실적이 있는 경우에 한함)인 경우 고시형 원료로 전환될 수 있음. – 면역력 증진에 도움을 주는 고시형 원료 인삼, 홍삼, 클로렐라, 알콕시글리세롤 함유 상어 간유, 알로에겔, 상황버섯추출물 – 면역력 증진에 도움을 주는 개별인정형 기능성 원료 구아바잎추출물 등 복합물, 다래추출물, 소엽추출물, 표고버섯균사체, 당귀혼합추출물, L-글루타민, 청국장균배양정제물, 동충하초주정추출물, 효모베타글루칸, 인삼다당체 추출물

57 식용유지와 지방질 식품에 사용할 수 있는 합성 항산화제의 조건으로 적합하지 않은 것은?

① 독성이 없거나 매우 약해야 한다.
② 저농도(0.01~0.001%)에서 유효해야 한다.
③ 첨가될 식품에 이미, 이취 등을 주어서는 안 된다.
④ 유지에 녹으면 안 된다.

🔍 해설

합성 항산화제 조건
– 저농도(0.01~0.001%)에서 유효해야 한다. – 독성이 없거나 매우 약해야 한다. – 첨가될 유지나 식품에 이미, 이취 등을 주여서는 안된다. – 유지에 녹기 쉬워야 한다. – 가격이 저렴하여야 한다.

58 우유류의 성분규격이 아닌 것은?

① 유지방(%)
② 비중(15℃)
③ 무지유고형분(%)
④ 점도(15℃)

🔍 해설

우유류 규격
– 성상 : 유백색~황색의 액체로서 이미, 이취 없어야 한다. – 비중(15℃) : 1.028~1.034 – 산도(%) : 0.18 이하(젖산으로서) – 무지고형분(%) : 8.0 이상 – 유지방(%) : 3.0 이상 – 세균수 : n = 5, c = 2, m = 10,000, M = 50,000 – 대장균군 : n = 5, c = 2, m = 0, M = 10(멸균제품의 경우 음성) – 포스파타제 : 음성이어야 한다. (저온 장시간 살규제품, 고온 단시간 살균 제품에 한함)

59 대두로부터 단백질을 효율적으로 추출하여 수율을 높이려면 어떤 pH에서 추출하는 것이 가장 적합한가?

① pH 3.5
② pH 4~4.5
③ pH 6
④ pH 8~9

💡 정답　**56** ①　**57** ④　**58** ④　**59** ④

대두로부터 단백질 추출 효율

- 낮은 온도에서 수산화나트륨과 수산화칼슘을 써서 pH를 높게 하면 물보다 추출물이 약간 높아짐.
- pH 7 이상으로 높게 했을 때 가장 효율적으로 추출
- 산을 써서 pH를 낮추면 산의 종류와 관계없이 pH 4.3근처일 때 추출물이 가장 낮아지고, 이보다 더 산성일 때 추출물이 다시 높아진다.

60 건조 과실 및 채소의 제조와 관계가 없는 것은?

① H_2SO
② H_3PO_4
③ NaOH
④ blanching

해설

- 수확원료는 가공하기 전에 고르기, 씻기, 데치기, 핵 빼기, 껍질 벗기기, 담그기 등의 원료처리를 거친다.
- 박피법(껍질벗기기)
  칼로 벗기는 방법
  증기 또는 열탕 박피법
  약제박피법 : 알칼리, 산박피법

---

4 식품미생물학

61 통조림의 살균 부족으로 잔존하기 쉬운 독소형 세균은?

① *Streptococcus faecalis*
② *Clostridium botulinum*
③ *Bacillus subtilis*
④ *Lactobacillus casei*

해설

	Clostridium botulinum
특성	- 그람양성, 편성혐기성, 간균, 포자형성, 주편모, 신경독소(neurotoxin) 생산 - 콜린 작동성의 신경접합부에서 아세틸콜린의 유리를 저해하여 신경을 마비 - 독소의 항원성에 따라 A~G형균으로 분류되고 그 중 A, B, E, F 형이 식중독 유발

생장 조건	- A, B, F 형 : 최적 37~39℃ - 최저 10℃, 내열성이 강한 포자 형성 - E 형 : 최적 28~32℃, 최저 3℃(호냉성) 내열성이 약한 포자 형성
증상	- 메스꺼움, 구토, 복통, 설사, 신경증상
원인 식품	- 통조림, 진공포장, 냉장식품

62 다음 중 무성포자(asexual spore)인 것은?

① 난포자(oospore)
② 자낭포자(ascospore)
③ 접합포자(zygospore)
④ 후막포자(chlamydospore)

해설

곰팡이

- 균사 조각이나 포자에 의해 증식
- 곰팡이의 균사는 단단한 세포벽으로 되어 있고 엽록소가 없음
- 다른 미생물에 비해 비교적 건조한 환경에서 생육 가능

곰팡이 분류

생식 방법	무성 생식	세포핵 융합없이 분열 또는 출아증식 포자낭포자, 분생포자, 후막포자, 분절포자
	유성 생식	세포핵 융합, 감수분열로 증식하는 포자 접합포자, 자낭포자, 난포자, 담자포자
균사 격벽 (격막) 존재 여부	조상 균류 (격벽 없음)	- 무성번식 : 포자낭포자 - 유성번식 : 접합포자, 난포자 거미줄곰팡이(*Rhizopus*) - 포자낭 포자, 가근과 포복지를 각 가짐 - 포자낭병의 밑 부분에 가근 형성 - 전분당화력이 강하여 포도당 제조 - 당화효소 제조에 사용 털곰팡이(*Mucor*) - 균사에서 포자낭병이 공중으로 뻗어 공모양의 포자낭 형성 활털곰팡이(*Absidia*) - 균사의 끝에 축축이 생기고 여기에 포자낭을 형성하여 그 속에 포자낭포자를 내생

63 곰팡이에 의한 달걀의 변패 중 곰팡이의 생육 초기에 점상 반점(pin-spot molding)이 껍질의 표면 또는 바로 안쪽에 나타날 때, 곰팡이의 종류와 점상 반점의 색깔 연결이 틀린 것은?

① *Cladosporium* 속 – 암녹색, 흑색 반점
② *Penicillium* 속 – 황색, 청색, 초록색 반점
③ *Proteus* 속 – 적색 반점
④ *Sporotrichum* 속 – 분홍색 반점

달걀의 미생물 변패

- 세균에 의한 달걀의 변패
  - 녹색부패 : *Pseudomomas fluorescens*
  - 무색부패 : *Pseudomomas*, *Achromobacter*
  - 흑색부패 : *Proteus*, *Pseudomomas*
  - 분홍부패 : *Pseudomomas*
  - 적색부패 : *Serratia*
- 곰팡이에 의한 달걀의 변패
  - 점상반점
    Cladosporium 속(암녹색, 흑색 반점)
    Sporotrichum 속(분홍색 반점)
    Penicillium 속(황색, 청색, 초록색 반점)
  - 표면의 곰팡이
    점성 반정이 원인
    Mucor, *Thamnidium*, *Botrytis*, *Alternaria* 속
  - 내부변패
    Sporotrichum 속(적색), *Cladosporium* 속(흑색)

64 버섯의 구조 중 담자포자가 위치하는 곳은?

① 갓 외피막
② 주름
③ 자루
④ 각포

버섯

- 버섯은 분류체계상 균류에 속하고 구조가 곰팡이처럼 균사체와 자실체로 구성되며 자실체가 비대해진 형태이다.
- 버섯의 생활사는 버섯의 포자가 적당한 환경에서 발아하여 단핵인 1차 균사가 된 후 균사간에 핵융합으로 이핵의 2차 균사가 된다.
- 2차 균사는 자실체로 자라서 대주머니가 되고, 위로 자루, 자루피, 갓이 생성되면서 성숙한 버섯이 된다.
- 갓의 내부에는 자실층이 형성되고 그 안의 주름살위에 담자기를 만들어 담자포자를 만든다.
- 담자기 형태에 따라 분류
  동담자균류 : 담자기에 격막이 없음. 송이버섯목
  이담자균류 : 담자기가 부정형이고 간혹 격막이 있음.
  백목이균목(흰목이버섯),

65 포도주 발효에 가장 많이 사용되는 효모는?

① *Saccharomyces sake*
② *Saccharomyces coreanus*
③ *Saccharomyces ellipsoideus*
④ *Saccharomyces carlsbergensis*

Saccharomyces sake : 일본 청주 효모
Saccharomyces coreanus : 한국 약주 탁주 효모
Saccharomyces ellipsoideus : 포도주 효모
Saccharomyces carlsbergensis : 맥주의 하면 발효 효모

66 저장 중인 사과, 배의 연부현상을 일으키는 것은?

① *Penicillium notatum*
② *Penicillium expansum*
③ *Penicillium cyclopium*
④ *Penicillium chrysogenum*

Penicillium expansum

- 사과 및 배의 표면에 많이 기생하여 저장 중인 과실을 부패시미는 연부병
- 비교적 저온에서 생육이 저하하기 때문에 수확 후 바로 온도를 낮추는 것이 중요

67 미생물의 증식도를 측정하는 방법으로 부적합한 것은?

① 건조 균체량 측정 ② pH 측정
③ 균체 질소량 측정 ④ 총균수 측정

🔍**해설**

미생물의 증식도 측정법
건조균체량, 균체 질소량, 원심침전법, 광학적 측정법, 총균계수법. 생균계수법, 생화학적 방법 등

68 장류 제조 시 코지(koji)균으로 요구되는 조건이 아닌 것은?

① 프로테아제(protease) 및 아밀라아제(amylase) 효소 활성이 강해야 한다.
② 포자를 형성하지 않아야 한다.
③ 제국이 용이해야 한다.
④ 장류의 향과 맛이 좋아야 한다.

🔍**해설**

장류 제조 시 코지(koji)

• 된장, 간장, 청주, 소주 등의 발효식품을 만들 때 코지를 만들어 사용
• 코지는 쌀, 보리 등의 곡류 및 두류에 코지균(*Aspergillus* 속)을 번식시켜 제조
• 코지(koji)균으로 요구되는 조건
  - 균사가 짧고 프로테아제(protease)의 효소활성이 강해야 하며, 특히 glutamic acid의 생산능력이 강할 것
  - 전분의 당화작용을 위해 아밀라제 효소 활성이 강할 것
  - 포자형성이 왕성하고 제국이 용이할 것
  - 장류의 향과 맛이 좋을 것 등

69 gluconic acid를 생산하는 미생물과 거리가 먼 것은?

① *Acetobacter gluconicum*
② *Pseudomonas fluorescens*
③ *Penicillium notatum*
④ *Lactobacillus bulgaricus*

🔍**해설**

gluconic acid를 생산하는 미생물

• 곰팡이
  - *Aspergillus niger*, *Aspergillus oryzae*, *Penicillium chrysogenum*, *Penicillium notatum*
• 세균
  - *Acetobacter gluconicum*, *Acetobacter oxydans*, *Gluconobacter* 속, *Pseudomonas* 속

70 토양이나 식품에서 자주 발견되고 aflatoxin이라는 발암성 물질을 생성하는 유해 곰팡이는?

① *Aspergillus flavus*
② *Aspergillus niger*
③ *Aspergillus oryzae*
④ *Aspergillus sojae*

🔍**해설**

• *Aspergillus flavus*
  발암물질인 aflatoxin을 생성하는 유해균
• *Aspergillus niger*
  전분당화력이 강하고 당액을 발효하며 구연산이나 글루콘산 생산하는 균주
• *Aspergillus oryzae*
  전분당화력과 단백질 분해력이 강해 간장, 된장, 청주, 탁주, 약주 제조에 이용
• *Aspergillus sojae*
  단백질 분해력이 강하며 간장제조에 이용

71 효소에 대한 설명 중 틀린 것은?

① 효소는 특정물질에만 작용하는 기질특이성이 있다.
② 효소의 작용은 pH에 크게 영향을 받는다.
③ 온도가 높아질수록 효소활성도는 계속 커진다.
④ 유기화합물의 반응에서 촉매 역할을 한다.

💡**정답** **67** ② **68** ② **69** ④ **70** ① **71** ③

효소

- 효소는 특정물질에만 작용하는 기질특이성이 있다.
- 효소의 작용은 pH에 크게 영향을 받는다.
- 유기화합물의 반응에서 촉매 역할을 한다.
- 화학반응의 속도는 온도가 높을수록 빨라지지만, 효소반응은 효소가 단백질이기 때문에 적정한 온도이상으로 온도가 높아지면 단백질의 변성이 원인이 되어 오히려 반응 속도가 늦어진다.

72 초산 발효 중에 생성된 초산을 다시 물과 이산화탄소로 산화(과산화)하는 식초 양조의 유해균으로 작용하는 초산균은?

① *Acetobacter aceti*
② *Acetobacter vineacetati*
③ *Acetobacter oxydans*
④ *Acetobacter xylinum*

식초 양조에 사용되는 초산균

- 식초 양조 초산균
  Acetobacter aceti, *Acetobacter vineacetati*, *Acetobacter oxydans*, *Acetobacter schutzenbachii* 등
- *Acetobacter xylinum*
  초산 생성력이 약하고, 초산을 분해하여 불쾌취를 생성하며, 액면에 두꺼운 cellulose 피막을 만드는 식초 양조의 유해균

73 치즈 표면에 착생하여 치즈의 변색과 불쾌취를 발생시키는 곰팡이가 아닌 것은?

① *Geotrichum* 속　　② *Cladosporium* 속
③ *Fusarium* 속　　④ *Penicillium* 속

치즈 표면에 발생되는 곰팡이

- *Geotrichum* 속
  - 유제품의 곰팡이
  - *Geotrichum lactis*는 연질치즈에 발생하여 숙성 중 다른 곰팡이와 표면의 세균 번식 억제

- *Cladosporium* 속
  - 균사와 포자가 검조 치를 흑변시킴.
  - *Cladosporium herbarum*
- *Penicillium* 속
  - *Penicillium puberulum*은 체다치즈의 표면이 갈라진 부분에 번식하여 녹색띤다.
  - *Penicillium casei*는 황갈색의 반점 형성
- *Monilia* 속
  - *Monilia nigra*는 경질치즈의 표면에 흑반일으킴
- *Fusarium* 속
  - 식물의 뿌리, 잎에 침입하는 병원균. 벼의 키다리병(*Fusarium moniliform*), 보리의 붉은 곰팡이병(*Fusarium graminearum*), 아마의 시들음병(*Fusarium lini*)

74 폐수의 BOD를 저하시킬 수 있는 발효법은?

① Urises deMell법
② Hildebrandt-Erb법
③ 고동도 술덧 발효법
④ 연속 발효법

Hildebrandt-Erb법(Two Stage법)

당밀의 폐액 중에 증류하는 동안 비발효성 물질의 가수분해로 생기는 당분특수발효법으로 효모 증식에 소비되는 발효성 당의 손실을 방지하고 BOD를 저하시킬 수 있다.

75 청주 종국 제조 시 나무재(木)의 사용 목적이 아닌 것은?

① 강알칼리성으로 잡균 침입을 방지한다.
② 수분을 조절한다.
③ 포자형성을 양호하게 한다.
④ 국균에 칼륨을 공급한다.

청주 종국 제조 시 나무재의 사용 목적

- 국균(koji)에 무기성분 공급
- pH 높여서 잡균의 번식 방지
- 국균이 생산하는 산성물질 중화
- 포자형성 양호하게 해 줌

76 빵의 로프(rope) 발생 원인이 되는 미생물은?

① *Serratia marcescens*

② *Penicillium expansum*

③ *Bacillus licheniformis*

④ *Lactobacillus lactis*

🔍 해설

빵의 로프(rope) 발생 원인
– 빵의 로프(rope) 발생 원인 미생물 *Bacillus subtilis*, *Bacillus licheniformis* – 밀의 글루텐이 *Bacillus subtilis*, *Bacillus licheniformis*에 의해 분해되고, 동시에 아밀라제에 의해서 전분에서 당이 생성되어 점질화 – 빵을 굽는 과정에서 100℃를 넘지 않으면 rope균의 포자가 사멸되지 않도 남아 있다가 적당한 환경이 되면 발아증식하여 점질화(rope)현상을 일으킴

77 미생물을 액체배양기에서 배양하였을 경우 증식곡선의 순서는?

① 유도기 → 감퇴기(사멸기) → 대수증식기 → 정상기

② 정상기 → 대수증식기 → 유도기 → 감퇴기(사멸기)

③ 정상기 → 대수증식기 → 감퇴기(사멸기) → 유도기

④ 유도기 → 대수증식기 → 정상기 → 감퇴기(사멸기)

🔍 해설

미생물 생육 곡선
• 배양시간과 생균수의 대수(log)사이의 관계를 나타내는 곡선. S 곡선 • 유도기, 대수기, 정상기(정지기), 사멸기로 나눔 • 유도기(lag phase) 　– 잠복기로 미생물이 새로운 환경이나 배지에 적응하는 시기 　– 증식은 거의 일어나지 않고, 세포 내에서 핵산이나 효소단백질의 합성이 왕성하고, 호흡활동도 높으며, 수분 및 영양물질의 흡수가 일어남, 　– DNA합성은 일어나지 않음

• 대수기(logarithmic phase)
– 급속한 세포분열 시작하는 증식기로 균수가 대수적으로 증가하는 시기. 미생물 성장이 가장 활발하게 일어나는 시기

• 정상기(정지기, Stationary phase)
– 영양분의 결핍, 대사산물(산, 독성물질 등)의 축적, 에너지 대사와 몇몇의 생합성과정을 계 속되어 항생물질, 효소 등과 같은 2차 대사산물 생성.
– 생균수는 일정하게 유지되고 총균수는 최대가 되는 시기. 증식 속도가 서서히 늦어지면서 생균수와 사멸균수가 평형이 되는 시기.
– 배지의 pH 변화

• 사멸기(death phase)
– 감수기로 생균수가 감소하여 생균수보다 사멸균수가 증가하는 시기

78 탄소원으로 1kg의 에틸알코올을 배지로 하여 초산 발효하였을 때 얻어지는 초산의 이론적인 최대 생성량은 약 얼마인가?

① 667g

② 874g

③ 1,304g

④ 1,517g

🔍 해설

포도당에서 얻어지는 초산 생성량
– $C_6H_{12}O_6$(포도당) → $2C_2H_5OH$(에탄올) + $2CO_2$ – C_2H_5OH(에탄올) + O → CH_3COOH(초산) + H_2O – $C_6H_{12}O_6$(포도당) 분자량 : 180 – C_2H_5OH(에탄올) 분자량 : 46 – CH_3COOH(초산) 분자량 : 60 – 에탄올 1000g(1kg)으로부터 이론적인 초산 생성량 　$46 : 60 = 1000 : x$ 　$x = 1,304g$

79 주정 발효 대사와 가장 관계 깊은 경로는?

① EMP

② HMP

③ TCA

④ ß-oxidation

🔍 해설

주정발효
포도당으로부터 EMP 경로(해당과정)를 거쳐 생성된 피루브산이 이산화탄소의 이탈로 아세트알데하이드로 되고 다시 환원되어 주정을 생성하게 된다.

80 포자낭 포자, 포복지, 가근을 형성하는 곰팡이는?

① *Mucor* 속   ② *Rhizopus* 속

③ *Aspergillus* 속   ④ *penicillium* 속

🔍 해설

곰팡이
− 균사 조각이나 포자에 의해 증식
− 곰팡이의 균사는 단단한 세포벽으로 되어 있고 엽록소가 없음
− 다른 미생물에 비해 비교적 건조한 환경에서 생육 가능

곰팡이 분류		
생식 방법	무성 생식	세포핵 융합없이 분열 또는 출아증식 포자낭포자, 분생포자, 후막포자, 분절포자
	유성 생식	세포핵 융합, 감수분열로 증식하는 포자 접합포자, 자낭포자, 난포자, 담자포자
균사 격벽 (격막) 존재 여부	조상 균류 (격벽 없음)	− 무성번식 : 포자낭포자 − 유성번식 : 접합포자, 난포자
		거미줄곰팡이(*Rhizopus*) − 포자낭 포자, 가근과 포복지를 각 가짐 − 포자낭병의 밑 부분에 가근 형성 − 전분당화력이 강하여 포도당 제조 − 당화효소 제조에 사용
		털곰팡이(*Mucor*) − 균사에서 포자낭병이 공중으로 뻗어 공모양의 포자낭 형성
		활털곰팡이(*Absidia*) − 균사의 끝에 중축이 생기고 여기에 포자낭을 형성하여 그 속에 포자낭포자를 내생

---

5 식품제조공정

81 청과물 표면의 색도 차이를 이용하여 선별하는 방법은?

① 크기   ② 광학

③ 모양   ④ 무게

🔍 해설

선별
(1) 선별 정의 • 수확한 원료에 불필요한 화학적 물질(농약, 항생물질), 물리적 물질(돌, 모래, 흙, 금속, 털 등) 등을 측정 가능한 물리적 성질을 이용하여 분리·제거하는 공정

• 크기, 모양, 무게, 색의 4가지 물리적 특성 이용

(2) 선별방법

1) 무게에 의한 선별
• 무게에 따라 선별
• 과일, 채소류의 무게에 따라 선별
• 가장 일반적 방법
• 선별기 종류: 기계선별기, 전기−기계선별기, 물을 이용한 선별기, 컴퓨터를 이용한 자동선별기

2) 크기에 의한 선별(사별공정)
• 두께, 폭, 지름 등의 크기에 의해 선별
• 선별방법
  − 덩어리나 가루를 일정 크기에 따라 진동체나 회전체 이용하는 체질에 의해 선별하는 방법
  − 과일류나 채소류를 일정 규격으로 하여 선별하는 방법
  − 선별기 종류 : 단순체 스크린, 드럼스크린을 이용한 스크린 선별기, 롤러선별기, 벨트식선별기, 공기이용선별기

3) 모양에 의한 선별
• 쓰이는 형태에 따라 모양이 다를 때 (둥근감자, 막대 모양의 오이 등) 사용
• 선별방법
  − 실린더형 : 회전시키는 실린더를 수평으로 통과시켜 비슷한 모양을 수집
  − 디스크형 : 특정 디스크를 회전시켜 수직으로 진동시키면 모양에 따라 각각의 특정 디스크 별로 선별
• 선별기기
  − belt roller sorter, variable−aperture screen

4) 광학에 의한 선별
• 스펙트럼의 반사와 통과 특성을 이용하는 X−선, 가시광선, 마이크로파, 라디오파 등의 광범위한 분광스펙트럼을 이용하여 선별
• 선별방법 : 통과특성 이용법, 반사특성 이용법
  − 통과특성 이용하는 선별 : 식품에 통과하는 빛의 정도를 기준으로 선별 (달걀의 이상여부 판단, 과실류 성숙도, 중심부의 결함 등)
  − 반사특성을 이용하는 선별 : 가공재료에 빛을 쪼이면 재료 표면에서 나타난 빛의 산란, 복사, 반사 등의 성질을 이용해 선별. 반사정도는 야채, 과일, 육류 등의 색깔에 의한 숙성 정도 등에 따라 달라짐
  − 기타 : 기기적 색채선별방법과 표준색과의 비교에 의한 광학적 색채선별로 직접육안으로 선별하는 방법

82 다음 식품가공 공정 중 혼합 조작이 아닌 것은?

① 반죽　　　　② 교반
③ 유화　　　　④ 정선

혼합의 분류	
혼합	– 곡물과 같은 입자나 분말형태를 섞는 조작
반죽	– 고체와 액체의 혼합 – 다량의 고체분말에 소량의 액체 섞는 조작
교반	– 액체와 액체의 혼합 – 저점도의 액체들을 혼합하거나 소량의 고형물을 용해 또는 균일하게 하는 조작
유화	– 서로 녹지 않는 액체를 분산 혼합

* 정선 : 원료로부터 오염물질을 분리제거하는 조작

83 선별기에 대한 설명으로 틀린 것은?

① 크기 선별기에 해당되는 벨트 롤러 선별기는 벨트와 롤러 사이의 간격이 출구 쪽으로 갈수록 단계적으로 넓어지게 되어 있는 선별기로서 손상을 받기 쉬운 식품의 선별에 적합하다.
② 모양 선별기에 해당되는 원통분리기는 회전원통의 내부 표면에 흠이 있으며 약간 경사져 회전하는, 밀의 정선에 적합하다.
③ 색 선별장치에는 반사 선별기, 투과 선별기 등이 있다.
④ 길이 선별기는 크기 선별기 중 하나이며 오이와 같은 것을 진동급송기로 길이가 긴 쪽으로 배열되게 하여 이동시키면 긴 것은 막대를 넘어가나 짧은 것은 막대를 넘기 전에 아래로 떨어지게 하는 원리를 이용한다.

롤러 선별기(크기 선별기)
– 동일 방향으로 회전하는 여러 개의 평행 롤러로 구성되어있다. – 각 롤러는 여러 개의 홈을 가지고 있어서, 롤러가 서로 인접하면 채널을 형성하게 되어 재료가 롤러 위호 통과하면서 채널로 빠질수 있게 된다. – 이들 패널은 그 크기가 출구쪽으로 점점 커지므로 작은 것부터 먼저 떨어지고 큰 것은 멀리 이동하여 떨어져 입자의 크기에 따라서 밑에 있는 용기에 모이게 된다.

– 감귤, 사과, 배 등의 광리 선별에 이용된다.
– 손상을 받기 쉬운 식품의 선별에는 부적합하다.

84 막분리의 특징이 아닌 것은?

① 상의 변화가 있기 때문에 에너지가 절약된다.
② 가열을 하지 않기 때문에 향기 성분의 손실을 방지할 수 있다.
③ 대량의 냉각수가 필요 없다.
④ 분획과 정제를 동시에 행할 수 있다.

막분리 공정
• 막분리 　– 막의 선택 투과성을 이용하여 상의 변화없이 대상물질을 여과 및 확산에 의해 분리하는 기법 　– 열이나 pH에 민감한 물질에 유용 　– 휘발성 물질의 손실 거의 없음 　– 막분리 여과법에는 확산투석, 전기투석, 정밀여과법, 한외여과법, 역삼투법 등이 있음 • 막분리 장점 　– 분리과정에서 상의 변화가 발생하지 않음 　– 응집제가 필요 없음 　– 상온에서 가동되므로 에너지 절약 　– 열변성 또는 영양분 및 향기성분의 손실 최소 　– 가압과 용액 순환만으로 운행 – 장치조작 간단 　– 대량의 냉각수가 필요 없음 　– 분획과 정제를 동시에 진행 　– 공기의 노출이 적어 병원균의 오염 저하 　– 화학약품을 거의 필요로 하지 않기 때문에 2차 환경오염 유발하지 않음 • 막분리 단점 　– 설치비가 비쌈 　– 최대 농축 한계인 약 30% 고형분 이상의 농축 어려움 　– 순수한 하나의 물질은 얻기까지 많은 공정 필요 　– 막을 세척하는 동안 운행 중지

막분리 기술의 특징		
막분리법	막기능	추진력
확산투석	확산에 의한 선택 투과성	농도차
전기투석	이온성물질의 선택 투과성	전위차
정밀여과	막 외경에 의한 입자크기 분배	압력차
한외여과	막 외경에 의한 분자크기 선별	압력차
역삼투	막에 의한 용질과 용매 분리	압력차

💡 정답　**82** ④　**83** ①　**84** ①

85 고정된 통 안에 가늘고 긴 회전 원통을 설치하여 혼합물을 하부에서 공급하면 원심력에 의해 가벼운 액체는 안쪽에 층을 이루고 무거운 액체는 벽쪽으로 이동하여 분리시키는 기계는?

① 관형 원심분리기
② 원판형 원심분리기
③ 컨베이어형 원심분리기
④ 노즐형 원심분리기

해설

관형 원심분리기
– 고정된 케이스(case) 안에 가늘고 긴 볼(bowl)이 윗부분에 매달려 고 속으로 회전 – 공급액은 볼 바닥의 구멍에 삽입된 고정 노즐을 통하여 유입되어 볼 내면에서 두 동심 액체층으로 분리 – 내층, 즉 가벼운 층은 볼 상부의 둑(weir)을 넘쳐나가 고정배출 덮개 쪽으로 나가며 무거운 액체는 다른 둑을 넘어 흘려서 별도의 덮개로 배출 – 액체와 액체를 분리할 때 이용 – 과일주스 및 시럽의 청징, 식용유의 탈수에 이용

86 유지 제조과정 중 탈납(winterization) 공정에 대한 설명으로 틀린 것은?

① 액체유지는 서서히 냉각할 때 지질 경절을 생성하는 원리를 이용한다.
② 혼합유지로부터 유지성분들을 분별하는 데 이용할 수 있다.
③ 저온 저장 시 유지를 혼탁하게 만드는 성분을 제거하는 방법으로 사용된다.
④ 수소화 반응을 통해 액체불포화유지로부터 고체포화유지로 상변화를 유도하여 분리하는 방법이다.

해설

탈납 공정
샐러드유나 면실유의 경우에 납, 고융점의 글리세라이드가 존재하여 이물질들이 저온에서 서로 결합된 상채로 가라앉게 되어 저온 저장시 유지를 혼탁하게 하거나 침전을 일으키는 등 문제를 야기하므로 이를 제거하기 위하여 저온(5~7℃)에서 약 50시간 정도 유지시켜 규조토를 혼합한 후 여과하여 정제하는 공정

87 과립 성형 방법으로 제조되는 제품이 아닌 것은?

① 분말주스
② 빵 이스트
③ 인스턴트 커피 분말
④ 비스킷

해설

성형기 종류	특징
주조성형기	– 일정한 모양을 가진틀에 식품을 담고 냉각 혹은 가열 등의 방법으로 고형화시키는 기기 – 크림, 젤리, 빙과, 빵, 과자 등 제조
압연성형기	– 분체식품을 반죽하여 롤러로 얇게 늘리어 면대를 만든 후 세절, 압인 또는 압절하여 성형하는 기기 – 국수, 껌, 도넛, 비스킷 등 제조
압출성형기	– 고속스크류에 의해 혼합, 전단, 가열작용을 받아 고압, 고온에서 혼합, 가열, 팽화, 성형되는 기기 – 마카로니, 소시지, 인조육 제품 등 가공 이용
절단성형기	– 칼날이나 톱날을 사용하여 식품을 일정한 크기와 모양으로 만드는 성형기기 – 치즈, 두부 절단 등에 이용
과립성형기	– 분말화 – 분말주스, 커피분말, 이스트 등 제조

88 다음 중 나열된 건조기와 적용 가능한 해당식품 또는 건조 기능이 잘못 연결된 것은?

① 빈 건조기(bin dryer) – 마감 건조
② 분무 건조기(spray dryer) – 과일주스
③ 기송식 건조기(pneumatic dryer) – 두유
④ 유동층 건조기(fluidized bed dryer) – 설탕

해설

건조기의 용도	
건조기 종류	해당 식품 또는 용도
빈 건조기	마감 건조
분무 건조기	분유, 인스턴트커피, 과일주스
기송식 건조기	곡류, 글루텐, 전분, 분유, 달걀제품
유동층 건조기	소금, 설탕, 감자 등의 건조

정답 85 ① 86 ④ 87 ④ 88 ③

89 음이온 및 양이온 교환막을 이용하여 전위차에 의한 이온을 분리하는 방법은?

① 전기투석　　　　② 역삼투
③ 열삼투　　　　　④ 투석

🔍 해설

막분리 기술의 특징

막분리법	막기능	추진력
확산투석	확산에 의한 선택 투과성	농도차
전기투석	이온성물질의 선택 투과성	전위차
정밀여과	막 외경에 의한 입자크기 분배	압력차
한외여과	막 외경에 의한 분자크기 선별	압력차
역삼투	막에 의한 용질과 용매 분리	압력차

90 다음 농축 공정 중 원료의 온도 변화가 가장 작은 공정은?

① 증발 농축　　　　② 동결 농축
③ 막 농축　　　　　④ 감압 농축

🔍 해설

막분리 공정

• 막분리
　– 막의 선택 투과성을 이용하여 상의 변화없이 대상물질을 여과 및 확산에 의해 분리하는 기법
　– 열이나 pH에 민감한 물질에 유용
　– 휘발성 물질의 손실 거의 없음
　– 막분리 여과법에는 확산투석, 전기투석, 정밀여과법, 한외여과법, 역삼투법 등이 있음

• 막분리 장점
　– 분리과정에서 상의 변화가 발생하지 않음
　– 응집제가 필요 없음
　– 상온에서 가동되므로 에너지 절약
　– 열변성 또는 영양분 및 향기성분의 손실 최소
　– 가압과 용액 순환만으로 운행 – 장치조작 간단
　– 대량의 냉각수가 필요 없음
　– 분획과 정제를 동시에 진행
　– 공기의 노출이 적어 병원균의 오염 저하
　– 화학약품을 거의 필요로 하지 않기 때문에 2차 환경오염 유발하지 않음

• 막분리 단점
　– 설치비가 비쌈
　– 최대 농축 한계인 약 30% 고형분 이상의 농축 어려움
　– 순수한 하나의 물질은 얻기까지 많은 공정 필요
　– 막을 세척하는 동안 운행 중지

막분리 기술의 특징

막분리법	막기능	추진력
확산투석	확산에 의한 선택 투과성	농도차
전기투석	이온성물질의 선택 투과성	전위차
정밀여과	막 외경에 의한 입자크기 분배	압력차
한외여과	막 외경에 의한 분자크기 선별	압력차
역삼투	막에 의한 용질과 용매 분리	압력차

91 크고 무거운 식품 원료를 운반하는 데 주로 사용되는 고체이송기로 수직 방향 운반용의 양동이를 사용하는 것은?

① 체인 컨베이어
② 롤러 컨베이어
③ 버킷 엘리베이터
④ 스크로 컨베이어

🔍 해설

버킷엘리베이터

– endless 체인 또는 벨트에 일정 간격으로 버킷(운반용 양동이)을 달고, 버킷의 내용물을 연속적으로 운반하는 고체이송기
– 크고 무거운 식품원료를 운반하는데 주로 사용

92 원료를 일정한 속도로 이동 중이거나 교반 중일 때 물을 뿌려 가면서 세척하는 방법은?

① 침지 세척　　　　② 마찰 세척
③ 분무 세척　　　　④ 부유 세척

🔍 해설

세척 분류

건식세척	– 마찰세척 – 흡인세척 – 자석세척 – 정전기적 세척
습식세척	– 담금 세척 – 분무세척 – 부유세척 – 초음파 세척

💡 정답　**89** ①　　**90** ③　　**91** ③　　**92** ③

침지세척	– 탱크와 같은 용기에 물을 넣고 식품을 일 정시간 담가, 교반하면서 씻어낸 후 건 져내는 방식. – 시금치, 감자, 고구마, 채소 등
마찰세척	– 재료간의 상호 마찰 또는 재로의 세척기 의 움직이는 부분과의 상호 접촉에 의해 오염물질이 제거되는 방법
분무세척	– 벨트 위레 식품을 올려놓고 이동하도록 하고 그 위를 여러 개의 노즐을 통하여 물을 분무시켜 세척하도록 한 장치 – 감자, 토마토, 감귤, 사과 등
부유세척	– 식품과 오염물질의 부력차이를 이용한 세척 방법 – 완두콩, 강낭콩, 건조야채로부터 각종 이물질 제거

93 다음 중 에멀션의 형태가 나머지 셋과 다른 것은?

① 버터 ② 마요네즈
③ 두유 ④ 우유

🔍 해설

유화제(계면활성제)

• 한 분자 내에 친수성기(극성기)와 소수성기(비극성기)를 모두 가지고 있으며 식품을 유화시키기 위하여 사용하는 물질로 기름과 물의 계면장력을 저하시킴
• 친수성기(극성기) : 물 분자와 결합하는 성질
  –COOH, –NH$_2$, –CH, –CHO등
• 소수기(비극성기) : 물과 친화성이 적고 기름과의 친화성이 큰 무극성원자단
  –CH$_3$–CH$_2$–CH$_3$ –CH$_4$ –CCl –CF
• HLB(Hydrophilie–Lipophile Balance)
  – 친수성친유성의 상대적 세기
  – HLB값 8~18 유화제 수중유적형(O / W)
  – HLB값 3.5~6 유화제 유중수적형(W / O)
• 수중유적형(O / W) 식품 : 우유, 아이스크림, 마요네즈
• 유중수적형(W / O) 식품 : 버터, 마가린
• 유화제 종류
  – 레시틴, 대두인지질, 모노글리세라이드, 글리세린지방산에스테르, 프로필렌글리콜지방산에스테르, 폴리소르베이트, 세팔린, 콜레스테롤, 담즙산
• 천연유화제는 복합지질들이 많음

94 초고압 처리에 의해 생체 조직 내에서 일어날 수 있는 현상에 대한 설명으로 틀린 것은?

① DNA는 구조상 가장 낮은 압력 범위에서 파괴된다.
② 세포막 붕괴는 단백질의 변성 이전에 일어난다.
③ 생체 내 2차 대사산물 중 저분자 물질은 고압 하에서도 파괴되지 않고 안정하다.
④ 세포막 붕괴에 의해 세포내외의 물질 전달이 증가할 수 있다.

🔍 해설

초고압 처리에 의해 생체 조직에 일어나는 현상

생체 분자들이 비가역적으로 붕괴되는 압력은 사형구조단백질 및 지질–단백질 복합체의 경우 2,000~4,000 기압의 저압에서 변화가 일어나지만, 단량체 구조인 단백질, 핵산, 전분 등은 보다 높은 압력에서 변화한다.

95 회전자에 의해 강한 원심력을 받아 고정자와 회전자 사이의 극히 좁은 틈을 통과하여 유화시키는 유화기는?

① automizer
② vibration mill
③ ring roller mill
④ colloid mill

🔍 해설

콜로이드 밀(Colloid mill)

– 1,000~20,000 rpm으로 고속 회전하는 로터(roter)의 고정판(stator)으로 구성되어짐
– 이 사이에 액체가 겨우 흐를만한 좁은 간격(약 0.00025 mm)을 보유
– 액체가 이 간격 사이에 통과하는 동안 전단력, 원심력, 충격력, 마찰력이 작용하여 유화시킴
– 치즈, 마요네즈, 샐러드크림, 시럽, 주스 등 유화에 이용

96 일반적으로 과일, 채소, 종자들을 압착추출 (expression)할 경우 압착과정의 효율에 영향을 미치는 요인이 아닌 것은?

① 원료의 압착에 대한 저항
② 분쇄된 조각의 다공성
③ 추출 용매의 극성
④ 적용된 압착력의 크기

압착 추출
– 압축력에 의해 고체로부터 액체를 분리하는 조작 – 압착 효율 　고체의 변형에 대한 저항이 항복력 　형성된 케이크(cake)에 대한 공극률 　압착액의 점도 　사용한 압축력의 크기

97 분무 건조기(spray dryer)의 구성장치 중 열에 민감한 식품의 건조에 적합한 형태의 건조실은?

① 향류식(counter current flow type)
② 병류식(concurrent flow type)
③ 혼합류식(mixed flow type)
④ 평행류식(parallel flow type)

분무 건조기	
종류	특징
병류식	– 열풍과 식품재료가 장치에 같은 방향으로 들어가서 건조된 후 같은 쪽으로 나옴 – 열에 민감한 제품에 적합
향류식 (역류식)	– 열풍과 식품재료의 공급방향이 반대이고 나오는 방향은 동일
혼합식	– side에서 열풍이 공급

98 Bacillus stearothermophillus 포자를 열처리하여 생존균의 농도를 초기의 1 / 100,000만큼 감소시키는 데 110℃에서는 50분, 125℃에서는 5분이 각각 소요되었다. 이 균의 Z값은?

① 15℃　　　　② 10℃
③ 5℃　　　　　④ 1℃

Z값
$D = \dfrac{1}{\log\left(\dfrac{N_0}{N}\right)}$ $D_{110} = \dfrac{50}{\log\left(\dfrac{N_0}{10^{-5}N_0}\right)} = \dfrac{50}{5} = 10$분 $D_{125} = \dfrac{5}{\log\left(\dfrac{N_0}{10^{-5}N_0}\right)} = \dfrac{5}{5} = 1$분 $Z = \dfrac{T-100}{\log\left(\dfrac{D_0}{D_T}\right)} = \dfrac{125-110}{\log\left(\dfrac{10}{1}\right)} = 15$℃

99 살균온도는 121℃로 일정하고, 생균수가 10^3일때의 살균시간이 2분, 10^2일 때의 살균시간이 7분이라 한다면 D값은 얼마인가?

① 4　　　　　② 5
③ 6　　　　　④ 7

D값
– 균을 90% 사멸시키는데 걸리는 시간 – 균수를 1/10로 줄이는데 걸리는 시간 $D = \dfrac{t_1 - t_2}{\log A - \log B}$ t_1 : 초기 가열시간 t_2 : 나중 가열시간 A : 처음 균수 B : 나중 균수 – 초기 균수 10^3개 , 나중 균수 10^2 $D = \dfrac{7-2}{\log 10^3 - \log 10^2} = \dfrac{5}{3-2} = 5$

💡 정답　　**96** ③　　**97** ②　　**98** ①　　**99** ②

100 기계의 가열된 표면에 직접 식품을 접촉시켜 건조하며, 점도가 큰 액체나 반죽 상태의 원료를 건조하는 데 적합한 장치는?

① 드럼 건조기
② 분무 건조기
③ 터널 건조기
④ 유동층 건조기

🔍 **해설**

건조기	
종류	**특징**
드럼 건조기	- 원료를 수증기로 가열되는 원통표면에 얇은 막 상태로 부착시켜 건조 - 드럼 표면에 있는 긁는 칼날로 건조된 제품 긁어냄 - 액체, 슬러리상, 반고형상의 원조 건조에 이용
분무 건조기	- 열에 민감한 액체 또는 반액체 상태의 식품을 열풍의 흐름에 미세입자(10~100 μm)로 분무시켜신 속(1~10초)하게 건조 - 열풍온도는 높지만 열변성 받지 않음 - 인스턴트 커피, 분유, 크림, 차 등 건조제품 제조에 이용
터널 건조기	- 2m×2m 정도의 단면에 길이가 20~30m인 터널로 되어 있음 - 공기는 팬에 의하여 가열기를 통과하여 트레이 사이를 수평으로 흐르면 유 속은 보통 2.5~6.0m / sec를 사용 - 열풍과 제품의 이동방향에 따라 병류식과 향류식이 있음 - 과일이나 채소의 건조에 사용
유동층 건조기	- 다공판 등의 통기성 재료로 바닥을 만든 용기에 분립체를 넣고, 아래에서부터 공기를 불어 넣으면 어느 풍속 이상에서 분립체가 공기 중에 부유현탁됨 - 이때 아래에서부터 열풍을 불어 넣어 유동화되고 있는 분립체에 열을 가해 건조시키는 방법 - 곡물과 같은 입상의 시료 건조에 적합

💡 **정답** 100 ①

2016년 출제문제 1회

1 식품첨가물 공전에서 삭제된 화학적 합성품이 아닌 것은?

① 브롬산칼륨
② 규소수지
③ 표백분
④ 데히드로초산

🔍 **해설**

화학적 합성품	식품첨가물 공전에서 삭제
브롬산칼륨	1996.04.25. (식약처 고시 제 1996-45호)
표백분, 데히드로초산	2010.11.12. (식약처 고시 제 2010-82호)

소포제(거품제거제)
식품의 거품 생성을 방지하거나 감소시키는 식품 첨가물
허용된 소포제(거품제거제) : 규소수지, 라우린산, 미리스트산, 옥시스테아린, 올레인산, 이산화규소, 팔미트산

2 발생 즉시 환자를 격리시키고 발생 또는 유행 즉시 방역 대책을 수립하여야 하는 법정 감염병이 아닌 것은?

① 폴리오   ② 장티푸스
③ 콜레라   ④ 세균성이질

🔍 **해설**

감염병의 예방 및 관리에 관한 법률[시행 2020.12. 30][법률 제17491호, 2020.9.29.개정]에 따르면 모두 정답

법정 감염병 분류	
제1급 (17종)	– 생물테러감염병 또는 치명률이 높거나 집단 발생의 우려가 커서 발생 또는 유행 시 즉시 신고, 음압격리와 같은 높은 수준의 격리 필요
제1급 (17종)	– 디프테리아, 탄저, 두창, 보툴리눔독소증, 야토병, 신종감염병증후군, 페스트, 중증급성호흡기증후군(SARS), 동물인플루엔자 인체감염증, 신종인플루엔자, 중동호흡기증후군(MERS), 마버그열, 에볼라바이러스병, 라싸열, 크리미안콩고출혈열, 남아메리카출혈열, 리프트밸리열
제2급 (21종)	– 전파가능성 고려, 발생 또는 유행 시 24시간이내 신고, 격리 필요 – 결핵, 수두, 홍역, 콜레라, 장티푸스, 파라티푸스, 세균성이질, 장출혈성대장균감염증, A형간염, E형간염, 백일해, 유행성이하선염, 풍진, 폴리오, 수막구균감염증, B형헤모필루스인플루엔자, 폐렴구균감염증, 한센병, 성홍열, 반코마이신내성황색포도알균(VRSA)감염증, 카바페넴내성장내세균 속균종(CRE) 감염증
제3급 (26종)	– 발생여부 계속 감시, 발생 또는 유행 시 24시간이내 신고 – 파상풍, B형간염, C형간염, 일본뇌염, 말라리아, 레지오넬라증, 비브리오패혈증, 발진티푸스, 발진열, 쯔쯔가무시증, 렙토스피라증, 브루셀라증, 공수병, 신증후군출혈열, 후천성면역결핍증(AIDS), 크로이츠펠트-야콥병(CJD) 및 변종크로이츠펠트-야콥병(vCJD), 황열, 뎅기열, Q열, 웨스트나일열, 라임병, 진드기매개뇌염, 유비저, 치쿤구니야열, 중증열성혈소판감소증후군(SFTS), 지카바이러스감염증
제4급 (23종)	– 1급~3급감염병 이외에 유행여부 조사 표본검사 필요 – 인플루엔자, 매독, 회충증, 편충증, 요충증, 간흡충증, 폐흡충증, 장흡충증, 수족구병, 임질, 클라미디아감염증, 연성하감, 성기단순포진, 첨규콘딜롬, 반코마이신내성황색포도알(MRSA)감염증, 장관감염증, 급성호흡기감염증, 해외유입기생충감염증, 엔테로바이러스감염증, 사람유두종바이러스감염증

감염병의 예방 및 관리에 관한 법률[시행 2020.12.30][법률 제17491호, 2020.9.29.개정]
2020년 1월 1일 감염병 분류체계 개정 시행
질환의 특성별로 군(群)으로 구분하는 방식을 질환의 심각도와 전파력을 등을 감안한 급(級)별 분류체계로 전환

---

3 PVC에 대한 설명으로 틀린 것은?

① 내수성이 좋다
② 내산성이 좋다
③ 가격이 저렴하다
④ 열접착은 어렵다

🔍 해설

폴리염화비닐리덴(Polyvinylidene chloride)
습기·수분차단성, 산소·가스 차단성, 향취 차단성, 내유성, 내수성, 내산성, 투명성, 착색성, 작업용이, 열접착 용이, 가격 저렴

4 우유에 70% ethyl alcohol을 넣고 그에 따른 응고물 생성 여부를 통해 알 수 있는 것은?

① 산도
② 지방량
③ Lactase 유무
④ 신선도

🔍 해설

우유 70% 알코올 시험
− 우유 1m에 동량의 70% 알코올을 넣어 응고물이 생성되면 우유가 신선하지 않은 것으로 판정 − 우유의 신선도 판정, 가열 안정성 여부 확인

5 농약의 잔류성에 대한 설명으로 틀린 것은?

① 농약의 분해 속도는 구성성분의 화학구조의 특성에 따라 각각 다르다.
② 잔류기간에 따라 비잔류성, 보통 잔류성, 영구 잔류성으로 구분한다.
③ 대부분은 물로 씻으면 제거되지만, 일부 남아있을 경우 가열 조리 시 농축되어 제거되지 않고 인체 흡수율이 높아진다.
④ 중금 속과 결합한 농약들은 중금 속이 거의 영구적으로 분해되지 않아 영구 잔류성으로 분류한다.

🔍 해설

농약 잔류성
− 잔류성이 큰 농약은 지용성 물질로 인체 조직에 축적되어 만성독성을 나타낸다. − 농약의 분해 속도는 구성성분의 화학구조의 특성에 따라 각각 다르다. − 잔류기간에 따라 비잔류성, 보통 잔류성, 영구 잔류성으로 구분한다. − 중금 속과 결합한 농약들은 중금 속이 거의 영구적으로 분해되지 않아 영구 잔류성으로 분류한다.

6 세균에 의한 경구감염병은?

① 유행성간염
② 콜레라
③ 폴리오
④ 전염서 설사증

🔍 해설

병원체에 따른 경구 감염병의 분류	
세균	콜레라, 이질, 성홍열, 디프테리아, 백일해, 페스트, 유행성뇌척수막염, 장티푸스, 파상풍, 결핵, 폐렴, 나병
바이러스	급성회백수염(소아마비−폴리오), 유행성이하선염, 광견병(공수병), 풍진, 인플루엔자, 천연두, 홍역, 일본뇌염
리케차	발진티푸스, 발진열, 양충병 등
스피로헤타	와일씨병, 매독, 서교증, 재귀열 등
원충성	말라리아, 아메바성 이질, 수면병 등

경구 감염병과 세균성 식중독 차이		
항목	경구 감염병	세균성식중독
균특성	미량의 균으로 감염된다	일정량 이상의 다량균이 필요하다
2차 감염	빈번하다	거의 드물다
잠복기	길다	비교적 짧다
예방조치	전파 힘이 강해 예방이 어렵다	균의 증식을 억제하면 예방이 가능하다
면역	면역성 있다	면역성 없다

💡 정답   **3** ④   **4** ④   **5** ③   **6** ②

7 식품에 사용이 허용된 감미료는?

① sodium saccharin
② cyclamate
③ nitrotoluidine
④ ethylene glycol

🔍 해설

감미료	
합성감미료	D–sorbitol, aspartame disodium glycyrrhizinate, sodium saccharine, D–xylose
천연감미료	스테비아추출물, 감초엑스 등
유해성감미료	cyclamate, dulcin, ethylene glycol, perillartine, nitrotoluidine 등

8 유해성 포름알데히드(formaldehyde)와 관계없는 물질은?

① 요소수지
② urotropin
③ rongalite
④ nitrogen trichloride

🔍 해설

포름알데히드(formaldehyde)	
페놀(phenol, C_6H_5OH), 멜라민(melamine, $C_3H_6N_6$), 요소(urea, $(NH_2)_2CO$) 등과 반응하여 각종 열경화성 수지를 만드는 원료로 사용	
요소수지	– 포름알데히드의 축합반응으로 생기는 열경화성 수지 – 신장강도가 높고 잘 휘어지며 열에 의한 비틀림 온도가 높음 – 열, 산성에 분해하여 포름알데히드를 유리시킴
urotropin	– 수용성에 안정하나, 산성 하(아질산 등)에서 포름알데히드와 암모니아로 가수분해
rongalite	– 설폭시린산과 포름알데히드의 유도체 – 유해 표백제로 사용금지
nitrogen trichloride	– 염화질소

9 다음 중 인수공통감염병이 아닌 것은?

① 야토병
② 탄저병
③ 급성회백수염
④ 파상열

🔍 해설

인수공통감염병 (사람과 동물 사이에 동일 병원체로 발생)		
병원체	병명	감염 동물
세균	장출혈성대장균감염증	소
	브루셀라증(파상열)	소, 돼지, 양
	탄저	소, 돼지, 양
	결핵	소
	변종크로이츠펠트 – 야콥병(vCJD)	소
	돈단독	돼지
	렙토스피라	쥐, 소, 돼지, 개
	야토병	산토끼, 다람쥐
바이러스	조류인플엔자	가금류, 야생조류
	일본뇌염	빨간집모기
	공수병(광견병)	개, 고양이, 박쥐
	유행성출혈열	들쥐
	중증급성호흡기증후군 (SARS)	낙타
	중증열성혈소판감소 증후군(SFTS)	진드기
리케차	발진열	쥐벼룩, 설치류, 야생동물
	Q열	소, 양, 개, 고양이
	쯔쯔가무시병	진드기

10 주로 와인과 같은 주류 발효과정에서 생성되는 부산물로 아르기닌 등이 효모의 작용에 의해 형성된 요소(urea)가 에탄올과의 반응으로 생성되며 발암성 물질이기도 한 이것은?

① 아크릴아마이드
② 벤조피렌
③ 에틸카바메이트
④ 바이오제닉아민

💡 정답 **7** ① **8** ④ **9** ③ **10** ③

식품의 조리 · 가공 · 저장과정의 생성 유해물질	
아크릴아마이드	– 탄수화물 식품 굽거나 튀길 때 생성(감자칩, 감자튀김, 비스킷 등)
벤조피렌	– 발암성 다환방향족탄화수소의 대표적 물질 – 숯불고기, 훈연제품, 튀김유지 등 가열분해에 의해 생성
에틸카바메이트	– 우레탄으로도 부름 – 핵과류로 담든 주류를 장기간 발효할 때 씨에서 나오는 시안화합물과 에탄올이 결합하여 생성 – 2A등급 발암물질
바이오제닉아민	– 식품저장 · 발효과정에서 생성된 유리아미노산이 존재하는 미생물의 탈탄산 작용으로 생성 – 종류 : 히스타민, 티라민, 퓨트리신, 아그마틴, 에틸아민, 메틸아민 등 – 어류제품, 육류제품, 전통발효식품 등에 검출가능

11 산화방지제에 대한 설명으로 틀린 것은?

① 에리소르빈산(erythorbic acid), 몰식자산프로필(propyl gallate) 등이 이들 종류에 속한다.

② 수용성인 것은 색소 산화방지제로, 지용성인 것은 유지류의 산화방지제로 사용된다.

③ 구연산, 사과산 등의 유기산류와 병용하면 효력이 더욱 증가된다.

④ 천연첨가물로는 에리스리톨, 시클로덱스트린시럽 등이 있다.

🔍 해설

산화방지제(항산화제)	
유지식품의 산화를 방지하여 그 산화 속도를 감소시키며 산패가 발생되기 시작하는 시간, 즉 유도기간을 연장하는 물질. 그 유래에 따라 천연항산화제와 합성항산화제로 구분	
지용성 산화방지제	유지 또는 유지를 함유하는 식품에 사용. BHA, BHT, 몰식자산프로필
수용성 산화방지제	색소의 산화방지용. 에리소르브산, 아스토르빈산 등

천연 산화방지제	세시몰(참기름), 고시폴(면실유), 레시틴(난황), 퀘르세틴, 토코페롤(비타민 E), 비타민 C, 콩 및 콩제품의 페놀계 성분(제니스테인, 다이제인, 글라이시테인), 일부 향신료
합성 산화방지제	BHA(butyl hydroxy anisole) BHT(butyl hydroxy toluene) 몰식자산프로필(propyl gallate)

12 장염비브리오균 식중독을 주로 발생시키는 식품은?

① 어패류 가공품   ② 육류 가공품

③ 어육 연제품   ④ 우유제품

🔍 해설

장염 비브리오균	
원인균	*Vibrio parahemolyticus*, 호염성균
병원성 인자	내열성 용혈독
감염원	연안의 해수, 흙, 플라크톤
원인식품	생선회, 어패류 및 그 가공품 등

13 곤충 및 동물의 털과 같이 물에 잘 젖지 아니하는 가벼운 이물검출에 적용하는 이물 검사는?

① 여과법   ② 체분별법

③ 와일드만라스크법   ④ 침강법

🔍 해설

이물 검사법	
여과법	– 액체이거나 액체로 처리할 수 있는 검체에 이용 – 검체 용액을 신속여과지로 여과하여 이물 여부 확인
체분별법	– 미세한 분말 속에 비교적 큰 이물이 있는 경우 이용 – 체로 걸러서 육안검사
와일드만 라스크법	– 검체를 물과 혼합되지 않는 유기용매와 혼합하여 떠오르는 이물 확인 – 곤충 및 동물의 털 등 물에 젖지 않는 가벼운 이물인 경우 이용
침강법	– 쥐똥, 토사 등 비교적 무거운 이물인 경우 이용

💡 정답   **11** ④   **12** ①   **13** ③

14 미생물의 영양세포 및 포자를 사멸시키는 것으로 정의되는 용어는?

① 간헐   ② 가열
③ 살균   ④ 멸균

🔍 해설

식품공전의 살균과 멸균 정의	
살균	- 따로 규정이 없는 한 세균, 효모, 곰팡이 등 미생물의 영양 세포를 불활성화시켜 감소시키는 것을 말한다.
멸균	- 따로 규정이 없는 한 미생물의 영양세포 및 포자를 사멸시키는 것을 말한다.

15 과량의 방사선 물질에 오염된 식품을 먹을 때 나타나는 급성방사선증후군을 일반적으로 전신이 얼마 이상의 용량에 노출된 이후에 나타날 수 있는가?

① 1 mSv   ② 10 mSv
③ 100 mSv   ④ 1 Sv

🔍 해설

급성방사선증후군 (ARS, Acute Radiation Syndrome)	
방사선 노출에 의한 생체조직이 해를 입는 것으로 단시간에 다량의 방사선노출에 의한 여러 피폭 증상 나타남	
rad : 흡수선량 나타내는 CGS 단위	
Gy(gray) : 흡수선량 나타내는 SI단위 1Gy = 100 rad	
Sv(Sievert) : 흡수선량에 해당한 방사선의 상대적인 생물학적 효과로 전환한 단위	
$0.05 \sim 0.2$ Sv	증세 없음
$0.2 \sim 0.5$ Sv	인지 가능한 증세 없음
$0.5 \sim 1$ Sv	두통 포함한 미약한 증세
$1 \sim 2$ Sv	가벼운 피폭 증세. 30일이후 10% 사망률, 메스꺼움, 구토 증상
$2 \sim 3$ Sv	심각한 피폭 증세. 30일이후 35% 사망률. 감염위험크게상승

16 식용동물에서 동물용 의약품이 동물의 체내대사과정을 거쳐 잔류허용기준 이하의 안전수준까지 배설되는 기간으로 반드시 지켜야 할 지침 기간은?

① 기준기간   ② 유효기간
③ 휴약기간   ④ 유지기한

🔍 해설

휴약기간
식용 축산물 동물을 대상으로 식용 전에 동물용 의약품을 일정기간 사용 금지하는 기간

17 농약에 의한 식품오염에 대한 설명으로 틀린 것은?

① 농약은 물이나 토양을 오염시키고 식품원료로 사용되는 어패류 등의 생물제에 축적될 수 있다.
② 오염된 농작물이나 어패류를 섭취하면 만성 중독 증상이 나타날 수 있다.
③ 유기염소계는 분해되기 어렵다.
④ 농약의 잔류기간은 살포장소에서 농약 잔류물이 50% 소실되는 데 걸리는 기간을 말한다.

🔍 해설

농약 잔류기간	
- 농약 살포장소에서 농약잔류분이 75~100% 사라지는 데 걸리는 시간 - 농약의 잔류성에 따라 비잔류성, 중간잔류성, 잔류성으로 분류	
농약 분류	잔류기간 및 농약
비잔류성	1~12주. 유기인제(말라티온, 파라티온), 카바메이트, 합성피레트로이드 등
중간잔류성	1~18개월
잔류성	2~15년 유기염소제(DDT, BHC, 알드린 등)

18 실험물질을 사육 동물에게 2년 정도 투여하는 독성실험 방법은?

① LD_{50} ② 급성독성실험
③ 아급성독성실험   ④ 만성독성실험

💡 정답   **14** ④   **15** ④   **16** ③   **17** ④   **18** ④

독성시험	
급성 독성시험	저농도에서 고농도까지 일정 용량별로 1회 투여 후 1주간 관찰하여 50% 치사량(LD_{50})를 구하는 시험
아급성 독성시험	1~3개월 정도의 시험기간 동안에 치사량(LD_{50}) 이하의 여러 용량을 투여하여 생체에 미치는 영향을 관찰하는 시험
만성 독성시험	– 비교적 소량의 검체를 장기간 계속 투여하여 생체에 미치는 영향 관찰하는 시험 – 실험물질은 사육동물에게 2년 정도 투여하는 시험 – 식품 · 식품첨가물의 독성평가를 위해 실시 – 최대무작용량 판정 목적

19 HACCP(식품안전관리인증기준)에 대한 설명 중 틀린 것은?

① 위해분석(HA)과 중요 관리점(CCP)으로 구성되어 있다.
② 유통 중의 상품만을 대상으로 하여 상품을 수거하여 위생상태를 관리하는 기준이다.
③ 식품의 원재료에서부터 가공공정, 유통단계 등 모든 과정을 위생관리한다.
④ CCP는 해당 위해요소를 조사하여 방지, 제거한다.

HACCP (Hazard Analysis Critical Control Point)
영문 약자로 "해썹" 또는 "식품 및 축산물 안전관리인증기준"이라 일컬음
식품 · 축산물의 원료관리, 제조 · 가공 · 조리 · 선별 · 포장 · 소분 · 보관 · 유통 · 판매의 모든 과정에서 위해한 물질이 식품 또는 축산물에 섞이거나 식품 또는 축산물이 오염되는 것을 방지하기 위하여 각 과정의 위해요소를 확인 · 평가하여 중점적으로 관리하는 기준
– 위해요소분석(HA, Hazard Analysis)과 주요관리점(CCP, Critical Control Point)으로 구성 – 위해요소분석(HA)은 식품 · 축산물 안전에 영향을 줄 수 있는 위해요소와 이를 유발할 수 있는 조건이 존재하는지 여부 판별하기 위하여 필요한 정보를 수집하고 평가하는 일련의 과정 – 주요관리점(CCP)은 안전관리기준을 적용하여 식품 · 축산물의 위해요소를 예방 · 제어하거나 허용수준이하로 감소시켜 당해 식품 · 축산물의 안전성을 확보할 수 있는 중요한 단계 · 과정 또는 공정

20 고등어와 같은 적색 어류에 특히 많이 함유된 물질은?

① glycogen   ② purine
③ mercaptan   ④ histidine

알레르기 식중독	
원인균	*Proteus morganii*
원인식품	고등어, 꽁치 및 단백질 식품 등
원인물질	단백질의 부패산물로 히스타민(histamine), 프로마인(promaine), 부패아민류

2 식품화학

21 다음 중 다른 조건이 동일할 때 전분의 노화가 가장 잘 일어나는 조건은?

① 온도 −30℃   ② 온도 90℃
③ 수분 30 ~ 60%   ④ 수분 90 ~ 95%

전분의 노화	
특징	– 호화된 전분(α전분)을 실온에 방치하면 굳어져 β전분으로 되돌아가는 현상 – 호화로 인해 불규칙적인 배열을 했던 전분분자들이 실온에서 시간이 경과됨에 따라 부분적으로나마 규칙적인 분자배열을 한 미셀(micelle) 구조로 되돌아가기 때문임 – 떡, 밥, 빵이 굳어지는 것은 이러한 전분의 노화현상 때문임
노화 억제 방법	– 수분함량 : 30~60% 노화가 가장 잘 일어나고, 10% 이하 또는 60% 이상에서는 노화 억제 – 전분 종류 : 아밀로펙틴 함량이 높을수록 노화 억제(아밀로스가 많은 전분일수록 노화가 잘 일어남) – 온도 : 0~5℃ 노화 촉진. 60℃ 이상 또는 0℃ 이하의 냉동으로 노화 억제 – pH : 알칼리성일 때 노화가 억제됨 – 염류 : 일반적으로 무기염류는 노화 억제하지만 황산염은 노화 촉진 – 설탕첨가 : 탈수작용에 의해 유효수분을 감소시켜 노화 억제 – 유화제 사용 : 전분 콜로이드 용액의 안정도를 증가시켜 노화 억제

22 딸기, 포도, 가지 등의 붉은 색이나 보라색이 가공, 저장 중 불안정하여 쉽게 갈색으로 변하는 색소는?

① 엽록소
② 카로티노이드계
③ 플라보노이드계
④ 안토시아닌계

안토시아닌(Anthocyanine) 색소
– 식품의 씨앗, 꽃, 열매, 줄기, 뿌리 등에 있는 적색, 자색, 청색, 보라색, 검정색 등의 수용성 색소 – 당과 결합된 배당체로 존재 – 안토시아닌은 수용액의 pH에 따라 색깔이 쉽게 변함 – 산성에서 적색, 중성에서 자주색, 알칼리성에서 청색으로 변함

23 전분에 대한 설명으로 틀린 것은?

① 전분 분자량은 전분의 호화에 영향을 미치지 않는다.
② 전분을 가수분해할 때 lactose는 생성되지 않는다.
③ 호화전분의 노화를 막기 위해 수분함량을 15% 이하로 급격히 줄인다.
④ 수분이 많으면 전분 호화가 잘 일어나지 않는다.

전분 호화	
특징	– 생전분(β–전분)에 물을 넣고 가열하였을 때 소화되기 쉬운 α 전분으로 되는 현상 – 물을 가해서 가열한 생전분은 60~70℃에서 팽윤하기 시작하면서 점성이 증가하고 반투명 콜로이드 물질이 되는 과정 – 팽윤에 의한 부피 팽창 – 방향부동성과 복굴절 현상 상실
영향인자	– 전분종류 : 전분입자가 클수록 호화 빠름 고구마, 감자의 전분입자가 쌀의 전분입자보다 크다. – 수분 : 전분의 수분함량이 많을수록 호화 잘 일어남 – 온도 : 호화최적온도(60℃ 전후). 온도가 높을수록 호화시간 빠름 – pH : 알칼리성에서 팽윤과 호화 촉진

영향인자	– 염류 : 알칼리성 염류는 전분입자의 팽윤을 촉진시켜 호화온도 낮추는 팽윤제로 작용 강함 (NaOH, KOH, KCNS 등) OH $\rangle$ CNS $\rangle$ Br $\rangle$ Cl- 단, 황산염은 호화억제(노화 촉진)

24 밀감 병조림의 백탁의 원인과 가장 관계가 깊은 성분은?

① 헤스페리딘(hesperidin)
② 트리틴(tritin)
③ 루틴(rutin)
④ 다이진(dazin)

밀감 병조림의 백탁 원인	
원인	헤스페리딘의 침전으로 인함
억제법	– 미숙 밀감에 자주 발생하므로 완숙 밀감 사용 – 헤스페리딘의 함량이 가급적 적은 품종 사용 – 물로 철저히 세척 – 산 처리를 길게, 알칼리처리를 짧게(pH 저하시킴) – 가급적 농도가 높은 당액 사용 – 비타민 C 및 내용물의 모양 등을 손상시키지 않을 정도로 가급적 장시간 가열
헤스페리딘	– 비타민 P의 하나 – 감귤류 과일에 존재하는 플라보노이드계 색소 중 플라바논(flavanone) 배당체 – 지질과 산화물 형성 억제 – 모세혈관 투과성 유지

25 유화제(emulsifying agent)의 설명 중 틀린 것은?

① 구조 내 친수기와 소수기가 있다.
② 천연유화제는 복합지질들이 많음
③ 유화액의 형태에 영향을 준다.
④ 가공식품의 산화를 방지하는 식품첨가물이다.

유화제(계면활성제)
• 한 분자 내에 친수성기(극성기)와 소수성기(비극성기)를 모두 가지고 있으며 식품을 유화시키기 위하여 사용하는 물질로 기름과 물의 계면장력을 저하시킴
• 친수성기(극성기) : 물 분자와 결합하는 성질   −COOH, −NH₂, −CH, −CHO등
• 소수기(비극성기) : 물과 친화성이 적고 기름과의 친화성이 큰 무극성원자단   −CH₃ −CH₂ −CH₃ −CH₄ −CCl −CF
• HLB(Hydrophilie−Lipophile Balance)   − 친수성친유성의 상대적 세기   − HLB값 8~18 유화제 수중유적형(O / W)   − HLB값 3.5~6 유화제 유중수적형(W / O)
• 수중유적형(O / W) 식품 : 우유, 아이스크림, 마요네즈
• 유중수적형(W / O) 식품 : 버터, 마가린
• 유화제 종류   − 레시틴, 대두인지질, 모노글리세라이드, 글리세린지방산에스테르, 프로필렌글리콜지방산에스테르, 폴리소르베이트, 세팔린, 콜레스테롤, 담즙산
• 천연유화제는 복합지질들이 많음

26 점탄성체가 가지는 성질이 아닌 것은?

① 예사성   ② 유화성
③ 경점성   ④ 신전성

점탄성 점성 유동과 탄성 변형이 동시에 일어나는 성질	
종류	특징
예사성	달걀흰자나 답두 등 점성이 높은 콜로이드 용액 등에 젓가락을 넣었다가 당겨 올리면 실을 뽑는 것과 같이 되는 성질
바이센베르그 효과	액체의 탄성으로 일어나는 것으로 연유에 젓가락을 세워 회전시키면 연유가 젓가락을 따라 올라가는 성질
경점성	점탄성을 나타내는 식품에서의 경도를 의미하며, 밀가루 반죽 또는 떡의 경점성은 패리노그라프를 이용하여 측정
신전성	국수 반죽과 같이 긴 끈 모양으로 늘어나는 성질
팽윤성	건조한 식품을 물에 담그면 물을 흡수하여 팽창하는 성질

27 식물성 식품의 떫은맛과 관계가 깊은 것은?

① 아미노산(amino acid)
② 탄닌(tannin)
③ 포도당(glucose)
④ 비타민(vitamin)

떫은 맛
− 혀의 점막 단백질이 일시적으로 수축되어 나타나는 불쾌한 맛
− 떫은 맛 성분은 주로 폴리페놀성 물질인 탄닌류가 대표적
− 탄닌의 떫은 맛 성분
− 감 : 시부올, 루코안토시아닌, 다이오스피린   밤 속껍질 : 엘라그산   찻잎 : 카테킨, 에피카테킨 갈레이트, 에피갈로카테킨   커피 : 클로로젠산

28 단순단백질의 구조와 관계가 없는 결합은?

① 수소결합
② 글리코사이드(glycoside)결합
③ 펩티드(peptide) 결합
④ 소수성 결합

단백질 구조	
1차 구조	− 아미노산의 펩티드결합에 의해 직선형으로 연결된 구조 − 아미노산의 종류와 배열순서에 의해 이루어지는 구조 − 공유결합. 가열이나 묽은 산, 묽은 알칼리 용액으로는 분해되지 않을 정도로 견고
2차 구조	− 폴리펩타이드 사슬의 구성요소 사이의 수소결합에 의한 입체구조 − α−나선(helix)구조, β−병풍구조의 입체구조, 랜덤코일 구조
3차 구조	− 단백질의 기능 수행을 위한 3차원적 입체구조 − 이황화결합, 소수성 상호작용, 수소결합, 이온 상호작용에 의해 안정화 − 섬유형(섬유상) 단백질 또는 구형(구상) 단백질의 복잡한 구조
4차 구조	− 2개 이상의 3차 구조 폴리펩티드나 단백질이 수소결합과 같은 산화작용으로 연결되어 한 분자의 구조적 기능단위 형성 − 비공유결합(수소결합, 이온결합, 소수성 상호작용)에 의해 구조유지

29 새우, 게 등 갑각류의 가열이나 산 처리 시에 적색으로 변하는 것은?

① myoglobin이 nitromyoglobin으로 변화
② astaxanthin이 astacin으로 변화
③ chlorophyl이 pheophytin으로 변화
④ anthocyan이 anthocyanidin으로 변화

🔍 해설

아스타신
새우, 게 등의 갑각류에는 카로티노이드계의 잔토필류에 속하는 아스타잔틴이 단백질과 결합하여 청록색을 띠고 있으나, 가열하면 아스타잔틴이 단백질과 분리하는 동시에 공기에 의하여 산화를 되면 아스타신으로 변환

30 무기질의 기능이 아닌 것은?

① 근육 수축 및 신경 흥분, 전달에 관여한다.
② 체액의 pH 및 삼투압을 조절한다.
③ 효소, 호르몬 및 항체를 구성한다.
④ 뼈와 치아 등의 조직을 구성한다.

🔍 해설

무기질 기능	
- 생체 기능 조절	- 산성과 알칼리성의 평형
- 수분평형의 유지	- 체액의 pH 및 삼투압 조절
- 신경자극전달	- 생리적 반응을 위한 촉매
- 근육수축성의 조절	- 신체 조직의 성장
- 효소활성 관여	

31 무기질 중 체내에서 알칼리 생성 원소인 것은?

① Na
② S
③ P
④ Cl

🔍 해설

무기질	
알칼리성 식품	- Ca, Mg, Na, K 등의 알칼리 생성 원소를 많이 함유한 식품 - 해조류, 과일류, 야채류
산성식품	- P, S, Cl 등의 산성 생성 원소를 많이 함유한 식품 - 육류, 어류, 달걀, 곡류 등

32 감자를 자른 단면의 효소적 갈변 시 생기는 화합물은?

① 캐러멜(Caramel)
② 베타시아닌(betacyanin)
③ 멜라닌(melanin)
④ 탄닌(tannin)

🔍 해설

타이로시네이스에 의한 갈변
- 넓은 의미에서 폴리페놀옥시레이스에 속하나 기질이 아미노산인 타이로신에만 작용한다는 의미에서 따로 분류하기도 함 - 감자에 존재하는 타이로신은 타이로시네이스에 의해 산화되어 다이히드록시 페닐알라닌(DOPA)을 생성하고 더 산화가 진행되면 도파퀴논을 거쳐 멜라닌 색소를 형성

33 전분의 호화에 영향을 주는 요인과 거리가 먼 것은?

① 전분의 종류
② 산소
③ 전분 입자의 수분함량
④ pH

🔍 해설

전분 호화	
특징	- 생전분(β-전분)에 물을 넣고 가열하였을 때 소화되기 쉬운 α 전분으로 되는 현상 - 물을 가해서 가열한 생전분은 60~70℃에서 팽윤하기 시작하면서 점성이 증가하고 반투명 콜로이드 물질이 되는 과정 - 팽윤에 의한 부피 팽창 - 방향부동성과 복굴절 현상 상실
영향 인자	- 전분종류 : 전분입자가 클수록 호화 빠름 고구마, 감자의 전분입자가 쌀의 전분입자보다 크다. - 수분 : 전분의 수분함량이 많을수록 호화 잘 일어남 - 온도 : 호화최적온도(60℃ 전후). 온도가 높을수록 호화시간 빠름 - pH : 알칼리성에서 팽윤과 호화 촉진 - 염류 : 알칼리성 염류는 전분입자의 팽윤을 촉진시켜 호화온도 낮추는 팽윤제로 작용 강함(NaOH, KOH, KCNS 등) - OH 〉 CNS 〉 Br 〉 Cl- 단, 황산염은 호화억제(노화 촉진)

💡 정답 **29** ② **30** ③ **31** ① **32** ③ **33** ②

34 식품의 주 단백질이 잘못 연결된 것은?

① 달걀 – ovalbumin ② 밀가루 – gluten
③ 콩 – myoglobin ④ 우유 – casein

🔍해설

식품의 주 단백질
– ovalbumin : 달걀의 난백 – gluten : 밀가루 – myoglobin : 근육 색소 – glycinin : 대두 – casein : 우유

35 유화에 대한 설명으로 틀린 것은?

① 수중유적형 유화에는 우유와 아이스크림이 대표적이다.
② 유화제는 친수성과 소수성을 동시에 갖고 있다.
③ HLB 값이 8~18인 유화제의 경우 수중유적형 유화에 알맞다.
④ 유화제는 기름과 물의 계면장력을 증가시킨다.

🔍해설

유화제(계면활성제)
• 한 분자 내에 친수성기(극성기)와 소수성기(비극성기)를 모두 가지고 있으며 식품을 유화시키기 위하여 사용하는 물질로 기름과 물의 계면장력을 저하시킴 • 친수기(극성기) : 물 분자와 결합하는 성질 　–COOH, –NH₂, –CH, –CHO등 • 소수기(비극성기) : 물과 친화성이 적고 기름과의 친화성이 큰 무극성원자단 　–CH₃–CH₂–CH₃ –CH₄ –CCI –CF • HLB(Hydrophilie–Lipophile Balance) 　– 친수성친유성의 상대적 세기 　– HLB값 8~18 유화제 수중유적형(O / W) 　– HLB값 3.5~6 유화제 유중수적형(W / O) • 수중유적형(O / W) 식품 : 우유, 아이스크림, 마요네즈 • 유중수적형(W / O) 식품 : 버터, 마가린 • 유화제 종류 　– 레시틴, 대두인지질, 모노글리세라이드, 글리세린지방산에스테르, 프로필렌글리콜지방산에스테르, 폴리소르베이트, 세팔린, 콜레스테롤, 담즙산 • 천연유화제는 복합지질들이 많음

36 수용성 비타민으로서 동식물성 식품이 널리 분포하여 산화환원반응에 관여하는 여러 효소의 조효소가 되고 결핍되면 구각염, 피부염 등의 증상을 나타내는 것은?

① thiamine(Vitamin B₁)
② riboflavine(Vitamin B₂)
③ pyridoxin(Vitamin B₆)
④ biotin(Vitamin H)

🔍해설

수용성 비타민		
비타민 B₁ (티아민)	기능	– 탈탄산조효소(TPP) – 에너지대사. 신경전달물질합성
	결핍증	각기병
	급원식품	돼지고기, 배아, 두류
비타민 B₂ (리보플라빈)	기능	– 탈수소조효소(FAD, FMN) – 대사과정의 산화환원반응
	결핍증	설염, 구각염, 지루성피부염
	급원식품	유제품, 육류, 달걀
비타민 B₃ (니아신) 트립토판 전구체	기능	– 탈수소조효소(NAD, NADP) – 대사과정의 산화환원반응
	결핍증	펠라그라 (*과잉섭취 경우, 피부홍조, 간기능 이상)
	급원식품	육류, 버섯, 콩류
비타민 B₅ (판토텐산)	기능	– coenzyme A 구성성분 – 에너지대사, 지질합성, 신경전달물질 합성
	결핍증	잘 나타나지 않음
	급원식품	모든 식품
비타민 B₆ (피리독신)	기능	아미노산 대사조효소(PLP)
	결핍증	피부염, 펠라그라, 빈혈 (*과잉섭취 경우, 관절경직, 말초신경손상)
	급원식품	육류, 생선류, 가금류
비타민 B₁₂ (코발아민) Co 함유	기능	엽산과 같이 핵산대사관여, 신경섬유 수초 합성
	결핍증	악성빈혈
	급원식품	간 등의 내장육, 쇠고기

비타민 B9 비타민 M (엽산)	기능	THFA 형태로 단일탄소단위운반, 핵산대사관여
	결핍증	거대적 아구성 빈혈
	급원식품	푸른잎채소, 산, 육류
비타민 B7 비타민 H (비오틴)	기능	지방합성, 당, 아미노산 대사관여
	결핍증	피부발진, 탈모
	급원식품	난황, 간, 육류, 생선류
비타민 C (아스코르 브산)	기능	콜라겐합성, 항산화작용, 해독작용, 철흡수 촉진
	결핍증	괴혈병 (*과잉섭취 경우, 위장관증상, 신장결석, 철독성)
	급원식품	채소, 과일

37 관능검사의 사용 목적과 거리가 먼 것은?

① 신제품 개발
② 제품 배합비 결정 및 최적화
③ 품질 평가 방법 개발
④ 제품의 화학적 성질 평가

🔍해설

관능검사의 사용 목적
– 신제품 개발 – 제품 개발비 결정 및 최적화 – 품질평가 방법 개발 – 품질 보증 및 품질 수준 유지 – 보존성 및 저장 안전성 시험 – 공정개선 및 원가 절감 – 소비자 관리

38 육류의 저장 중 시간이 지남에 따라 갈색을 띠는 물질은?

① oxymyoglobin　　② metmyoglobin
③ nitrosomyoglobin　④ sulfmyoglobin

🔍해설

미오글로빈
– 육색소로서 글로빈(globin) 1분자와 헴(heme) 1분자가 결합하고 있으며 산소의 저장체로 – 작용한다. – 미오글로빈은 공기 중 산소에 의해 선홍색의 옥시미오글로빈(oxymyoglobin)이 되고, 계속 산화하면 갈색의 메트미오글로빈(metmyoglobin)이 된다.

39 특성차이검사 방법이 아닌 것은?

① 삼점검사
② 다중 비교검사
③ 순위법
④ 평점법

🔍해설

관능검사법		
소비자검사 (주관적)	기호도 검사	– 얼마나 좋아하는지의 강도 측정 – 척도법, 평점법 이용
	선호도 검사	– 좋아하는 시료를 선택하거나 좋아하는 시료 순위 정하는 검사 – 이점비교법, 순위검사법
차이식별검사 (객관적)	종합적차이 검사	– 시료 간에 차이가 있는지를 검사 – 삼점검사, 이점검사
	특성차이 검사	– 시료 간에 차이가 얼마나 있는지 차이의 강도를 검사 – 이점비교검사, 다시료비교검사, 순위법, 평점법
묘사분석	정량적묘사분석(QDA), 향미, 텍스쳐, 스페트럼 프로필묘사분석 등	– 훈련된 검사원이 시료에 대한 관능특성용어를 도출하고, 정의하며 특성 강도를 객관적으로 결정하고 평가하는 방법

특성차이 관능검사 방법
– 이점비교검사 동시에 2개의 검사물을 제시하고 주어진 특성에 대해 어떤 검사물의 강도가 더 큰지를 선택하도록 하는 방법 – 다시료 비교검사 어떤 정해진 성질에 대해 여러 검사물을 기준과 빅하여 점수를 정하도록 하는 방법. 비교되는 검사물 중에 기준과 동일한 검사물 포함 – 순위법 3개 이상의 시료를 제시하고 주어진 특성이 제일 강한 것부터 순위를 정하게 하는 방법 – 평점법 척도법이라고 함. 3개 이상의 특정 성질이 어떤 양상으로 다른지를 조사할 때 사용하는 방법. 5점, 7점, 9점 척도법 등

40 관능검사의 묘사분석 방법 중 하나로 제품의 특성과 강도에 대한 모든 정보를 얻기 위하여 사용하는 방법은?

① 텍스처 프로필
② 향미 프로필
③ 정량적 묘사분석
④ 스펙트럼 묘사분석

🔍 해설

묘사분석

– 정량적 묘사분석(QDA)
　제품의 관능적 특성을 보다 정확하게 수학적으로 나타내기 위한 방법으로 제품의 특성과 강도를 수치화하여 분석
– 향미프로필 묘사분석
　복합적인 관능적 인상들로 구성되는 향미를 재현이 가능하도록 묘사하고 강도측정
– 텍스쳐프로필 묘사분석
　물성학적 원리를 관능검사에 적용하고 향미프로필 방법의 전반적인 개념을 기초하여 개발된 방법
– 스펙트럼 묘사분석
　제품의 모든 측성을 기준이 되는 절대적인 척도와 비교하여 평가함으로써 제품의 특성과 강도에 대한 모든 정성적 및 정량적 정보를 제공하기 위하여 사용되는 방법

---

3 식품가공학

41 버터에 대한 설명으로 맞는 것은?

① 원유, 우유류 등에서 유지방분을 분리한 것이거나 발효시킨 것을 그대로 또는 이에 식품이나 식품첨가물을 가하여 교반, 연압 등 가공한 것이다.
② 식품유지에 식품첨가물을 가하여 가소성, 유화성 등의 가공성을 부여한 고체성이다.
③ 우유의 크림에서 치즈를 제조하고 남은 것을 살균 또는 멸균 처리한 것이다.
④ 원유 또는 유가공품에 유산균, 단백질 응유효소, 유기산 등을 가하여 응고시킨 후 유청을 제거하여 제조한 것이다.

🔍 해설

버터	
버터류	원유, 우유류 등에서 유지방분을 분리한 것이거나 발효시킨 것을 그대로 또는 이에 식품이나 식품첨가물을 가하여 교반, 연압 등 가공한 것. 유형 : 버터, 가공버터, 버터오일
버터	원유, 우유류 등에서 유지방분을 분리한 것 또는 발효시킨 것을 교반하여 연압한 것(식염이나 식용색소를 가한 것 포함).
버터 제조공정	원료유 → 크림 분리 → 크림 중화 → 살균·냉각 → 발효(숙성) → 착색 → 교동 및 연압 → 충전 → 포장 → 저장

42 자연치즈의 숙성도와 관련이 깊은 성분은?

① 수용성 질소
② 유리지방산
③ 유당
④ 카르보닐 화합물

🔍 해설

치즈 숙성

카세인(우유 단백질)은 우유에서 칼슘카세인(Ca-caseinate)의 형태로 존재하여 레닌(응유효소)에 의해 불용성인 파라칼슘카세인이 분해되어 숙성이 진행됨에 따라 수용성으로 변함. 수용성 질소 화합물의 양은 치즈의 숙성도를 나타냄.

치즈숙성도(%)
= 수용성질소화합물(WSN) / 총질소(TN) × 100

43 유지 채유과정에서 열처리를 하는 근본적인 이유가 아닌 것은?

① 유리지방산 생성 촉진
② 원료의 수분함량 조절
③ 내용물의 선도
④ 기온 및 기압

🔍 해설

채유 가열 처리효과

– 세포막 파괴
– 단백질 응고
– 유지 점도 낮아져 착유율 향상
– 원료의 수분함량 조절
– 산화효소 불활성화
– 유해세균 사멸

44. 통조림의 진공도에 관여하는 요소와 가장 거리가 먼 것은?

① 탈기, 가열시간 및 온도
② 통조림 원료의 종류
③ 내용물의 선도
④ 기온 및 기압

통조림 내의 진공도	
통조림 내의 진공도	통조림 내부압력과 외부압력의 차이 통조림 진공도 = 관외기압−관내기압 = 75.0cmHg−43.2cmHg = 31.8cmHg
통조림 내의 진공도 관여요소	탈기, 가열시간, 온도 등의 가공 과정 내용물의 선도, 기온, 기압

45 동결건조법의 장점이 아닌 것은?

① 위축변경이 거의 없으므로 외관이 양호하다.
② 제품 조직이 다공질이므로 복원성이 좋다.
③ 품질 손상없이 2~3%의 저수분 상태로 건조할 수 있다.
④ 표면적이 작고 부서지지 않아 포장이나 수송이 편리하다.

동결(냉동)건조법(진공동결건조법)	
식품을 −40~−30℃로 급 속 동결한 채 고도의 진공상태에서 건조하는 것으로 식품 중의 수분은 액체 상태를 거치지 않고 직업 승화 시켜 건조제품을 만드는 방법	
이점	− 위축변형이 거의 없으므로 외관 양호 − 효소적 또는 비효소적 갈변이나 성분의 화학반응 없어 향, 맛, 색 및 영양가의 변화 거의 없다 − 조직이 다공질이고 변성이 적으므로 물에 담갔을 때 복원성이 좋다 − 품질 손상이 없이 2~3% 저수분으로 건조 가능하다.
단점	− 다공질로 표면적이 커서 흡습 쉽고 지방이나 색소 산화가 쉽다 − 저수분, 다공질여서 부스러기 쉬워 포장이나 수송이 곤란하다. − 건조시간이 길다. − 시설비와 운영 경비가 비싸다.

46 유지의 정제방법에 대한 설명으로 틀린 것은?

① 탈산은 중화에 의한다.
② 탈색은 가열 및 흡착에 의한다.
③ 탈납은 가열에 의한다.
④ 탈취는 감압 하에서 가열한다.

유지의 정제		
순서	제조공정	방법
1	전처리	− 원유 중의 불순물을 제거 − 여과, 원심분리, 응고, 흡착, 가열처리
2	탈검	− 유지의 불순물인 인지질(레시틴), 단백질, 탄수화물 등의 검질제거 − 유지을 75~80℃ 온수(1~2%)로 수화하여 검질을 팽윤·응고시켜 분리제거
3	탈산	− 원유의 유리지방산을 제거 − 유지를 가온(60~70℃)·교반 후 수산화나트륨용액(10~15%)을 뿌려 비누액을 만들어 분리제거
4	탈색	− 원유의 카로티노이드, 클로로필, 고시폴 등 색소물질 제거 − 흡착법(활성백토, 활성탄 이용) − 산화법(과산화물 이용) − 일광법(자외선 이용)
5	탈취	− 불쾌취의 원인이 되는 저급카보닐화합물, 저급지방산, 저급알코올, 유기용매 등 제거 − 고도의 진공상태에서 행함
6	탈납	− 냉장 온도에서 고체가 되는, 녹는점이 높은 납(wax) 제거 − 탈취 전에 미리 원유를 0~6℃에서 18시간 정도 방치하여 생성된 고체지방을 여과 또는 원심분리하여 제거하는 공정 − 동유처리법(Winterization) − 면실유, 중성지질, 가공유지 등에 사용

47 팥으로 양갱을 제조할 때 중조($NaHCO_3$)를 넣는 이유가 아닌 것은?

① 팥의 팽화를 촉진한다.
② 껍질 파괴를 용이하게 한다.
③ 팥의 갈변화를 방지한다.
④ 소의 착색을 돕는다.

팥 양갱 제조의 중조(탄산수소나트륨) 역할
– 팥의 껍질 파괴가 쉬워짐
– 팥의 단단한 조직이 팽화되어 부드러워짐
– 삶는 시간이 단축됨
– 팥소의 착색을 도움
– 중조에 의해 팥에 함유된 비타민 B1이 파괴 우려됨

48 플라스틱 포장재의 제조과정에서 첨가되는 물질이 아닌 것은?

① 소르빈산(sorbic acid)과 같은 보존제
② BHA, BHT 등과 같은 산화방지제
③ 프탈레이트(phthalate)와 같은 가소제
④ 벤조피논(benzophenone)과 같은 자외선 흡수제

🔍해설

	플라스틱 첨가제
정의	– 플라스틱 또는 합성수지의 가공을 용이하게 하고 최종제품의 성능을 개량하기 위해 가공이나 중합과정에서 첨가되는 화학물질 – 플라스틱 제품을 만들 때 제품의 기능·용도에 따라 첨가되는 필수적인 성분
사용 용도	플라스틱의 취약성을 보완하고 특성을 살리기 위해 보조재료로 사용
사용 목적	플라스틱의 품질개량과 성형품의 가공성, 물성향상, 장기적 안정성유지
종류	가소제, 열안정제, 산화방지제, 자외선흡수제, 난연제, 대전방지제, 활제, 충격보강제

49 다음 중 식물성 지방산이 아닌 것은?

① oleic acid
② linoleic acid
③ palmitic acid
④ citric acid

🔍해설

항목	특성
식물성지방산	식물성 유지에 존재 불포화지방산(이중결합 존재) 비율 높음
동물성지방산	동물성 유지에 존재 포화지방산(이중결합없음) 비율 높음
팔미트산 (palmitic acid)	포화지방산 16 : 0(탄소수 : 이중결합수)
스테아르산 (stearic acid)	포화지방산 18 : 0(탄소수 : 이중결합수)
올레산 (oleic acid)	불포화지방산 18 : 1(탄소수 : 이중결합수)
리놀레산 (linoleic acid)	불포화지방산 18 : 2(탄소수 : 이중결합수)
리놀렌산 (linolenic acid)	불포화지방산 18 : 3(탄소수 : 이중결합수)
구연산 (citric acid)	유기산 감귤, 레몬 등에 존재

50 자연치즈 제조 시 커드(curd)의 가온 효과가 아닌 것은?

① 유청의 배출이 빨라진다.
② 젖산 발효가 촉진된다.
③ 커드가 수축되어 탄력성이 있는 입자로 된다.
④ 고온성균의 증식을 방지한다.

🔍해설

자연 치즈 제조 시 커드의 가온
– 절단된 입자의 응집화를 막기 위해 서서히 교반하면서 가온
– 연질 치즈 : 35℃ 전후
– 경질 치즈 : 39℃ 전후
– 가온 시에는 온도를 1℃ 상승하는데 2~5분 소요되도록 서서히 가온화
– 가온 효과
– 유청 배출 빨라짐
– 수분 조절 가능
– 유산(젖산) 발효 촉진
– 커드 수축으로 탄력성 입자 생성

💡정답 **48** ① **49** ④ **50** ④

51 물의 밀도로 1g / cm³(cgs 단위계)를 SI단위 단위계로 환산하면?

① 1 kg / m¹
② 10 kg / m³
③ 100 kg / m³
④ 1000 kg / m³

단위계	종류
SI	System International of Unit
	MKS와 같은 단위
	길이 meter, 질량 kg, 시간 s
cgs	길이 cm, 질량 g, 시간 s

단위전환법
1 meter = 100cm. 1 kg = 1000g 시간은 동일하게 seconds로 사용
1g / cm³ → kg / m³로 전환하기 위해서는 1g = 1 / 1000 kg, 1cm = 1 / 100 m 대입 $$1 \times \frac{g}{cm^3} = 1 \times \frac{\frac{1}{1000}kg}{(\frac{1}{100}m)^3} = 1 \times \frac{\frac{1}{1000}kg}{\frac{1}{1000000}m^3}$$ $$= 100 \frac{kg}{m^3}$$ 물의 밀도를 g / cm³ 단위에서 kg / m³ 로 전환하면 1이 아니라 1000 kg / m³이 됨

52 인스턴트커피의 제조공정에 대한 설명 중 틀린 것은?

① 원료 커피콩을 배초기(焙炒機)에서 볶아 즉시 분쇄한다.
② 분쇄한 커피콩을 추출기에 넣고 뜨거운 물을 부어 가압, 가열 추출한다.
③ 추출액은 뒤섞여 있는 미세분말을 제거하기 위해 원심분리를 한다.
④ 추출액은 분무건조 또는 진공건조 시킨다.

인스턴트 커피	추출한 커피 원액에서 수분을 제거하고 고체의 가루 과립으로 만들어 놓은 것으로 여기에 물을 더하면 가루나 과립이 녹아 다시 액체 커피가 되며, 증기건조와 냉동건조의 두 가지 방식으로 제조됨

증기건조	커피 원두를 분쇄하여 커피액을 농축한 다음 이를 증기에 분무하면 방울진 커피액이 떨어지면서 수분이 날아가 가루상태가 되는 원리를 이용. 커피 고유의 맛과 향 다소 떨어짐
동결건조	농축시킨 커피액을 0℃까지 낮춰 물만 얼려 순수한 커피만을 걸러낸 다음 영하 60℃까지 서서히 냉각시켜 커피 원액을 과립으로 만들어 내는 방식으로 고유의 맛과 향 유지

53 육류 단백질의 냉동 변성을 일으키는 요인이 아닌 것은?

① 염석(salting out)
② 응집(coagulation)
③ 빙결정(ice crystal)
④ 유화(emulsion)

육류 냉동 시 품질 변화	
염석 (salting out)	육류 조직 내 수분의 동결로 얼음 결정이 생성되고 이로 인해 무기물성분이 농축되어 단백질과 결합하여 단백질 변성 일어남
응집 (coagulation)	얼음 결정 생성으로 단백질 분자 주위 탈수가 일어나 단백질 분자간에 수소결합 등의 결합 형성됨
빙결정 (ice crystal)	완만 또는 급속 동결에 의해 빙결정 형성. 빙결정 크기가 큰 완만동결 시 냉동 변성이 심함
유화 (emulsion)	기름과 물의 혼합상태를 안정화 시킴 유화제는 친수성과 친유성 성분 모두 함유

54 아질산나트륨을 사용할 수 없는 식품은?

① 식육가공품
② 어육소시지
③ 명란젓
④ 가공치즈

💡 정답 **51** ④   **52** ①   **53** ④   **54** ④

🔍 해설

첨가물	사용기준	용도
아질산 나트륨	– 식육가공품(식육추출가공품 제외), 기타동물성가공식품(기타식육이 함유된 제품에 한함) : 0.07g / kg – 어육소시지 : 0.05g / kg – 명란젓, 연어알젓 : 0.005g / kg	발색제 보존료
질산 나트륨	– 식육가공품(식육추출가공품 제외), 기타 동물성가공식품(기타식육이 함유된 제품에 한함) : 0.07g / kg – 치즈류 : 0.05g / kg	발색제 보존료
질산 칼륨	– 식육가공품(식육추출가공품 제외), 기타 동물성가공식품(기타식육이 함유된 제품에 한함) : 0.07g / kg – 치즈류 : 0.05g / kg – 대구알염장품 : 0.2g / kg	발색제 보존료

55 수분함량이 10%인 밀가루 10kg을 수분함량 20%로 맞추기 위해 첨가해야 하는 물의 양은?

① 1 kg　　　② 1.25 kg
③ 1.5 kg　　④ 1.75 kg

🔍 해설

수분첨가량 계산
첨가 할 물의 양 = W(b–a) / 100–b W : 용량, a : 최소 수분량, b : 최종 수분량 첨가 할 물의 양 = 10kg(20%–10%) / 100–20% 　　　　　　　= 1.25 kg

56 양면이 팽창한 상태인 변패 통조림의 팽창면을 손가락으로 누르면 조금은 원상으로 되돌아가나 정상의 위치까지는 되돌아가지 않는 현상을 무엇이라고 하는가?

① flipper
② soft swell
③ springer
④ hard swell

🔍 해설

통조림 검사
외관검사, 가온검사, 타관검사, 진공도검사, 밀봉부위검사, 개관검사

외관검사	1. 팽창관 : 통조림이 부풀어오르는 것. 팽창정도에 따라 1) 플리퍼(flipper), 2) 스프링어(springer), 3) 스웰(swell) 등 있음 　1) 플리퍼(flipper) : 상하 양면이 편평하나 한 면이 약간 팽창(원상복귀)한 상태로 탈기부족과 과충전이 원인 　2) 스프링어(springer) : 캔의 한쪽 뚜껑이 팽창된 상태로 가스 형성 세균에 의한 팽창이 원인. 플리퍼의 경우보다 심하게 팽창되어 있어, 이것을 손끝으로 누르면 팽창하지 않은 반대쪽이 소리를 내며 튀어나오는 정도의 변화관 　3) 스웰(swell) : 관의 상하양면이 모두 부풀어 있는 경우로 연팽창(Soft Swell)과 경팽창(Hard Swell)으로 나눔. 　　(1) 연팽창(soft swell) : 손끝으로 누르면 약간 안으로 들어가는 감이 있음, 　　(2) 경팽창(hard swell) : 손끝으로 눌러보아도 반응이 없는 단단한 상태의 것 2. 리킹(leeking) : 통조림통의 녹슨 구멍으로 즙액이 새는 현상
가온검사	미생물의 생육 적온인 30~37℃까지 온도를 높여 미생물의 존재 여부를 검사(보통 7~14일 간 실시)
타관검사	숙련을 요하는 과정으로 통조림의 윗부분을 두들겨 깨끗한 소리가 나면 정상적인 통조림으로, 흐린 소리가 나면 부패된 통조림으로 판정
진공도 검사	통조림 뚜껑의 가장 튀어나온 부분을 수직으로 뚫어 통 내부의 진공도를 측정. 정상범위 30~36cmHg
밀봉 부위 검사	캔심 마이크로미터로 통조림의 밀봉 부위를 측정하여 기준값에 해당되면 정상적인 밀봉관으로 판정
개관검사	통조림의 뚜껑을 열어 내용물의 무게, 형태, pH, 색깔, 맛, 향기, 액즙의 혼탁도, 통내면의 부식여부 등을 검사. 특히, 통의 외관상으로는 아무 이상이 없으나 내용물이 산패된 플랫사워(flat sour) 현상 등을 검사

💡 **정답** 　**55** ②　　**56** ②

57 잼을 제조할 때 젤리점(jelly point)을 결정하는 방법으로 잘못된 것은?

① 나무 주걱으로 시럽을 떠서 흘러내리게 하여 주걱 끝에 젤리 모양으로 굳은 채로 떨어지는 것을 시험하는 스푼 테스트(spoon test)

② 끓는 시럽의 온도가 104~105℃가 되었는지 온도계로 측정

③ 당도계로 당도가 55% 정도가 되는 점을 측정

④ 농축액을 찬물이 든 유리컵에 소량 떨어지게 하여 밑바닥까지 굳은 채로 떨어지는지를 조사하는 방법

🔍해설

젤리점(jelly point)을 결정하는 방법	
컵 테스트	찬물이 담긴 컵에 제조한 잼을 떨어뜨렸을 때 흩어지지 않고 가라앉을 때
스푼 테스트	제조한 잼을 스푼으로 떠내어 기울였을 때 잘 흘러내리지 않고 은근히 늘어질 때
온도계법	온도계로 60% 설탕액의 끓는 점에 해당하는 온도 104~105℃ 될 때
당도계법	굴절 당도계로 60~65%가 될 때

58 축산물의 표시기준상 영양성분 함량 산출의 기준으로 옳은 것은?

① 직접 섭취하지 않는 동물의 뼈를 포함한 부위를 기준으로 산출한다.

② 한번에 먹을 수 있도록 포장 판매되는 제품은 총 내용량을 1회 제공량으로 하지 않고 100g당, 100ml당의 기준을 준수한다.

③ 1회 제공량당, 100g당, 100ml당 또는 1포장당 함유된 값으로 표시한다.

④ 단위 내용량이 1회제공량 범위 미만에 해당하는 경우라도 2단위 이상을 1회 제공량으로 하지 않는다.

🔍해설

표시기준
– 영양성분 함량은 식품 중 먹을 수 있는 부위를 기준으로 산출한다.
– 영양성분 함량은 총 내용량(1 포장)당 함유된 값으로 표시하여야 한다. 다만, 총 내용량이 100g(ml)을 초과하고 1회 섭취참고량의 3배를 초과하는 식품은 총 내용량 당 대신 100g(ml)당 함량으로 표시할 수 있다.
– 영양성분 기준치의 영양성분 단위와 동일하게 표시하여야 하고, 1회 섭취 참고량과 총 제공량(1 포장)을 함께 표시하는 때에는 그 단위를 동일하게 표시하여야 한다.
– 단위 내용량이 100g(ml) 미만이고 1회 섭취참고량 미만인 경우 단위 내용량당 영양성분 함량을 표시할 수 있다. 이 경우에는 총 내용량(1 포장)당 영양성분 함량을 병행표기 하여야 한다.
– 서로 유형 등이 다른 2개 이상의 제품이라도 1개의 제품으로 품목제조보고한 제품이라면 그 전체의 양으로 표시한다. (예시 : 라면은 면과 스프를 합 하여 표시함)

59 사과의 CA(Controlled Atmosphere) 저장 최적 조건은?

① 온도 5℃, 산소 10%, 탄산가스 10~15%, 습도 85~95%

② 온도 5℃, 산소 10%, 탄산가스 10~15%, 습도 50~60%

③ 온도 5℃, 산소 5%, 탄산가스 0.5%, 습도 85~95%

④ 온도 5℃, 산소 5%, 탄산가스 0~10%, 습도 85~95%

🔍해설

저장법	특징
CA(Controlled Atmosphere)저장	– 대기의 가스조성(산소 21%, 이산화탄소 0.03%)을 인위적으로 조절(냉장온도, 산소1~5%, 탄소 2~10%, 습도 85~95%)하여 과채류의 호흡작용을 억제시켜 저장기간 연장
MA(Modified Atmosphere)저장	– 저장창고를 밀폐하여 저장함으로써 식품의 호흡작용에 의하여 공기 조성이 변화
MAP(Modified Atmosphere Package)포장	– 투과율이 알려진 포장재를 이용하여 식품을 충진한 후 포장재 내의 공기조성을 변화시키고 밀봉

💡정답 **57** ③ **58** ③ **59** ④

60 달걀의 특성에 대한 설명으로 틀린 것은?

① 양질의 단백질, 지방, 각종 비타민류가 많이 포함되어 있다.

② 난각, 난황, 난백의 크게 3부분으로 이루어져 있다.

③ 기포성, 유화성, 보수성을 지니고 있어 식품가공에 많이 이용된다.

④ 달걀 등에 있는 avidin은 biotin의 흡수를 촉진시킨다.

🔍**해설**

달걀 흰자에 함유된 아비딘이라는 단백질은 비오틴의 소화 흡수를 방해한다.

---

4 식품미생물학

61 포도당 500g을 초산 발효시켜 얻을 수 있는 이론적인 최대 초산량은 약 얼마인가?

① 166.7g ② 333.3g

③ 500g ④ 652.1g

🔍**해설**

포도당에서 에탄올 · 초산의 이론 생성량

– $C_6H_{12}O_6$(포도당) → $2C_2H_5OH$(에탄올) + $2CO_2$

– C_2H_5OH(에탄올) + O_2 → CH_3COOH(초산) + H_2O

– 포도당 1몰당 2몰의 에탄올, 초산 생성

– $C_6H_{12}O_6$(포도당) 분자량 : 180

– C_2H_5OH(에탄올) 분자량 : 46

– CH_3COOH(초산) 분자량 : 60

– $2CH_3COOH$(초산) 분자량 : 120

– 포도당 500g을 초산 발효시켜 얻을 수 있는 이론적인 최대 초산량

180 : 120 = 500 : x

x = 333.3g

---

62 동결보존법에 대한 설명으로 옳은 것은?

① glycerol, 탈지유, 혈청 등을 첨가하여 보존한다.

② 배지를 선택 배양하여 저온실에 보관하고 정기적으로 이식하여 보존한다.

③ 시험관을 진공상태에서 불로 녹여 봉해서 보존한다.

④ 멸균한 유동 파라핀을 첨가하여 저온 또는 실온에서 보존한다.

🔍**해설**

미생물의 동결보존법

– 수분을 제한하여 미생물의 대사활동을 억제하는 방법

– 미생물에 동해방지제(glycerol, dimethyl sulfoxide)을 섞어서 일반냉동(-20℃ 이하), 초냉동(-60∼-80℃), 액체질소(-150∼-190℃)에서 보존

– 동해방지제로 각종의 당류, 탈지유, 혈텅 등을 첨가해도 보호효과를 기대할 수 있음

---

63 식품제조 공장에서 낙하오염에 주로 관여하는 미생물은?

① 세균 ② 곰팡이

③ 바이러스 ④ 효모

🔍**해설**

공중낙하균

– 식품제조공장에서 낙하미생물의 대부분은 곰팡이

– 공중낙하균 측정법은 측정하고자 하는 장소에 일정면적의 한천배지를 일정기간 정치 해놓고 이를 일정기간 배양 후 계수하는 방법

---

64 초산균(*Acetobacter*)을 사용하여 주정초를 만들 때 이용되는 주 원료는?

① 쌀

② 당밀

③ 에틸알코올

④ 빙초산

초산균(Acetobacter 속)
– 그람 음성, 호기성 무포자 간균
– 편모는 2가지 유형으로 주모와 극모
– 포도당이나 에탄올(에틸알코올)로부터 초산을 생성하는 균
– 초산균은 알코올 농도가 10%정도일 때 가장 잘 자라고 5~8%의 초산을 생성
– 대부분 액체배양에서 산막(피막)을 만들어 알코올을 산화하여 초산을 생성
– 식초양조에 유용
– 식초공업에 사용하는 유용균 *Acetobacter aceti*, *Acetobacter acetosum*, *Acetobacter oxydans*, *Acetobacter rancens*

65 세균의 그람염색과 직접 관계되는 것은?

① 세포막　　　　② 세포벽
③ 원형질막　　　④ 핵

세포벽의 그람염색성
– 그람염색법 : 세균의 세포벽 구조차이를 이용하여 분류하는 세균염색법 중 하나
– 그람염색은 크리스탈바이올렛의 보라색 색소로 염색하고 알코올로 탈색 후 샤프라인의 붉은색 색소로 염색
– 세포벽의 주성분인 펩티도글루칸의 구조와 화학조성 차이에 의해 그람염색의 색깔이 다르게 나타남
– 그람양성균(그람염색−보라색)의 세포벽은 펩티도글루칸이 여러 층으로 되어 있고, 세포벽의 약 80~90%가 펩티도글루칸, 테이코산(teichoic acid), 다당류 함유.
– 그람음성균(그람염색−적자색)의 세포벽은 펩티도글루칸이 한 층으로 되어있고 인지질, 리포폴리사카라이드, 리포프로테인 등으로 구성된 외막이 감싸고 있는 형태임

66 통조림 flat sour 변패 원인 세균으로서 극히 내열성이 강한 포자를 형성하는 세균인 것은?

① *Bacillus coagulans*
② *Bacillus anthracis*
③ *Bacillus polymyxa*
④ *Bacillus cereus*

통조림 변패에 관련된 고온성 포자형성균
– TA(Thermophilie anaerobe) 변패 *Clostridium thermosaccharolyticum*
– ropiness 변패 : *Bacillius subtilis*
– 황화물 변패 : *Desulfotomaculum nigrificnas*
– flat sour 변패 : *Bacillus sterothermophilus*, *Bacillius coagulans*, *Bacillus lichemiformis*
– 플랫사우어(flat sour) 통조림 외관은 정상과과 구별하기 어려우나 내용물을 가스의 생성과 관계없이 산을 생성하는 변패관. 외관은 정상이나 내용은 산성반응이라는 점에서 flat sour라고 함

67 치즈 제조와 관련된 미생물과 거리가 먼 것은?

① *Streptococcus lactis*
② *Lactobacillus bulgaricus*
③ *Penicillium chrysogenium*
④ *Procpionibacterium shermanii*

유제품 제조 미생물			
미생물		종류	식품
세균	그람양성구균	*Lactobacillus lactis*	치즈, 요구르트
		Streptococcus lactis	유제품 발효
		Streptococcus ceremoris	
		Streptococcus thermophilus	
	그람양성무포자간균	*Lactobacillus bulgaricus*	요구르트
		Lactobacillus casei	치즈숙성
		Procpionibacterium shermanii	스위스치즈숙성, 비타민 B$_{12}$생산
		Brevibacteriun erythrogenes	치즈적색색소
곰팡이	조상균류	*Mucor pusillus*	치즈응유효소생성
	자낭균류	*Penicillium roqueforti* *Penicillium camemberti*	치즈, 고구마연부
		Penicillium chrysogenium	페니실린생산
	불완전균류	*Cladosporium herbarum*	치즈 흑변

68 고온성 포자 형성균에 의한 통조림 변패 요인
이 아닌 것은?

① *Bacillus coagulans*

② *Bacillus stearothermophilus*

③ *Clostridium thermosaccharolyticum*

④ *Clostridium butyricum*

 해설

통조림 변패에 관련된 고온성 포자형성균
– TA(Thermophilie anaerobe) 변패 　*Clostridium thermosaccharolyticum* – ropiness 변패 : *Bacillius subtilis* – 황화물 변패 : *Desulfotomaculum nigrificnas* – flat sour 변패 : *Bacillus sterothermophilus,* 　*Bacillus coagulans, Bacillus lichemiformis* – 플랫사우어(flat sour) 　통조림 외관은 정상과 구별하기 어려우나 내용물을 가 　스의 생성과 관계없이 산을 생성하는 변패관. 외관은 정 　상이나 내용은 산성반응이라는 점에서 flat sour라고 함

69 냉동식품에서 잘 검출되지 않는 세균은?

① *Flavobacterium* 속

② *Pseudomonas* 속

③ *Listeria* 속

④ *Escherichia* 속

해설

저온성 세균	
냉동식품	*Clostridium* 속, *Flavobacterium* 속
아이스크림 수산냉동품	*Listeria* 속
채소과일 냉동품	*Micrococcus* 속

70 식품과 관련 미생물의 연결이 틀린 것은?

① 간장 – *Aspergillus orysae*

② 포도주 – *Scccharomyces cerevisiae*

③ 식빵 – *Scccharomyces cerevisiae*

④ 치즈 – *Aspergillus niger*

해설

식품에 관련된 미생물	
Aspergillus oryzae	간장, 된장, 청주, 탁주, 약주 등 의 제조
Scccharomyces cerevisiae	상면발효맥주, 청주, 빵, 포도주 등 제조
Aspergillus niger	유기산 발효공업, 소주 양조 등에 이용

71 포자를 생성하는 못하는 효모는?

① *Scccharomyces cerevisiae*

② *Scccharomyces sake*

③ *Debaryomyces hansenii*

④ *Torulopsis utilis*

해설

효모
– 진균류의 한 종류 – 포자가 아닌 영양세포가 단세포로 존재하는 시기가 있음 – 형태는 구형, 난형, 타원형, 레몬형, 원통형, 삼각형, 　균사모양의 위균사 등이 있음 – 효모 증식 : 무성생식에 의한 출아법 　　　　　　유성생식에 의한 자낭포자, 담자포자

효모의 분류		
	종류	대표식품
유포자 효모 (자낭균 효모)	*Scccharomyces cerevisiae*	맥주상면발효, 제빵
	Scccharomyces carsbergensis	맥주하면발효
	Scccharomyces sake	청주제조
	Scccharomyces ellipsoides	포도주제조
	Scccharomyces rouxii	간장제조
	Schizosacharomyces 속	이분법, 당발효능 있고 알코올 발효 강함 질산염 이용 못함
	Debaryomyces 속	산막효모, 내염성
	Hansenula 속	산막효모, 야생효모, 당발효능 거의 없음 질산염 이용
	Lipomyces 속	유지효모
	Pichia 속	산막효모, 질산염 이용 못함 당발효능 거의 없음

정답 **68** ④ **69** ④ **70** ④ **71** ④

무포자 효모	Candida albicans	칸디다증 유발 병원균
	Candida utilis	핵산조미료원료, RNA제조
	Candida tropicalis Candida lipolytica	석유에서 단세포 단백질 생산
	Torulopsis versatilis	호염성, 간장발효 시 향기 생성
	Rhodotorula glutinis	유지생성
	Thrichosporon cutaneum Thrichosporon pullulans	전분 및 지질분해력

72 요구르트 발효에 사용되는 스타터는?

① *Leuconostoc mesenteroides*
② *Lactobacillus bulgaricus*
③ *Aspergillus orysae*
④ *Sacchromyces cerevisiae*

🔍 해설

젖산균 스타터	
발효유, 치즈, 버터 등을 제조할 때 젖산균을 순수배양한 스타터를 첨가함	
요구르트 스타터	*Streptococcus thermophilus* *Lactobacillus bulgaricus*
치즈스타터	*Streptococcus lactis* *Streptococcus ceremoris*
버터스타터	*Lactobacillus bulgaricus* *Streptococcus lactis* *Streptococcus ceremoris*

73 김치발효의 말기에 표면에 피막을 생성하는 효모가 아닌 것은?

① *Hansenula* 속   ② *Candida* 속
③ *Pichia* 속   ④ *Aspergillus* 속

🔍 해설

산막 효모 특징
– 다량의 산소 요구   – 위균사 생성
– 액면에 발육하여 피막 형성   – 산화력 강함
– 산막효모   *Hansenula* 속, *Pichia* 속, *Debaryomyces* 속
– 대부분 양조공업에서 알코올을 분해하는 유해균으로 작용

74 돌연변이주의 농축에서 여과법에 대한 설명으로 틀린 것은?

① 균사상으로 생육하는 곰팡이에 유용하다.
② 변이원처리를 한 포자를 최소배지에 접종한다.
③ 수 회 반복하여 10% 이상의 변이주를 얻을 수 있다.
④ 멸균 필터로 여과하면 돌연변이된 포자는 여과액 중에서 제거된다.

🔍 해설

돌연변이주의 농축에서 여과법
– 변이처리한 포자를 액체 최소배지에 배양 후 여과처리로 돌연변이 포자여액 얻음
– 여과에 의해 영양요구성의 변이되지 않은 포자는 발육하 여 여과에 의해 제거되고, 생육하지 못한 영양요구성의 포자가 들어있는 여액 얻음

75 위상차 현미경에 대한 설명으로 옳은 것은?

① 표본에 대해서 condenser와 렌즈의 위치가 반대로 되어 있는 현미경이다.
② 무색의 투명한 물체를 관찰하는데 이용된다.
③ 미생물과 친화성이 높은 형광성 물질을 결합시켜 검출한다.
④ 전자선을 이용하여 관찰한다.

🔍 해설

위상차 현미경
– 무색 투명한 물체를 염색하지 않고 광학적인 방법에 의 해 내부 구조를 관찰할 수 있도록 만든 현미경
– 물체를 통과해 나온 빛이 위상판을 지나면서 생간 위상 차를 명암으로 표현해 물체의 형태를 관찰
– 굴절률과 대상물의 두께 차이로 생기는 위상의 차를 이 용
– 상의 정확한 크기를 측정하기 어렵다는 단점
– 무색투명한 물체를 관찰하기 위한 목적으로 사용

💡 정답   **72** ②   **73** ④   **74** ④   **75** ②

76 식품에서 일반세균 수를 정량하기 위한 실험을 할 때 필요 없는 단계는?

① 시료와 멸균 희석액을 이용해 현탁액을 제조하는 단계
② 액상 선택배지에 증균하는 단계
③ 표준한천배지에 접종해서 배양하는 단계
④ 한천배지에 생성된 집락을 계수하는 단계

🔍 해설

일반 세균수 정량 실험 단계
– 멸균희석액으로 시료 현탁액 제조 단계
– 표준한천배지에 접종 단계
– 배양기에 배양 단계
– 한천배지에 생성된 집락을 계수하는 단계

77 일반적으로 통조림 살균 시에 가장 주의하여야 하는 부패세균은?

① *Pediococcus halophilus*
② *Bacillus subtilis*
③ *Clostridium sporogenes*
④ *Streptococcus lactis*

🔍 해설

Clostridium sporogenes
– 그람 양성 포자 형성 간균
• 혐기적 조건에서 생육
– 부패한 통조림에 존재하는 균
– 원인식품
• 소시지, 육류, 통조림과 밀봉식품, 살균이 불충분한 경우 생성되는 식중독 원인균

78 일반적으로 곰팡이가 분비하는 효소가 아닌 것은?

① *amylase*
② *pectinase*
③ *zymase*
④ *protease*

🔍 해설

효소	
곰팡이가 분비하는 효소	Amylase. Protease, Pectinase, Maltase, Invertase, Cellulase, Inulinase, Papain, Trypsin, Lipase 등
효모가 분해하는 효소	zymase

79 개량 메주를 만드는데 사용되는 곰팡이는?

① *Sacchromyces cerevisiae*
② *Aspergillus oryzae*
③ *Saccharomyces sake*
④ *Aspergillus niger*

🔍 해설

Aspergillus oryzae
– 황국균(누룩곰팡이)이라고 한다.
– 전분당화력, 단백질 분해력, 펙틴 분해력이 강하여 간장, 된장, 청주, 탁주, 약주 제조에 이용한다.
– 처음에는 백색이나 분생자가 생기면서부터 황색에서 황녹색으로 되고 더 오래되면 갈색을 띤다.
– Amylase. Protease, Pectinase, Maltase, Invertase, Cellulase, Inulinase, Glucoamylase, Papain, Trypsin 등의 효소분비
– 생육온도 : 25~37℃

80 미생물의 유전인자에 거의 영향을 주지 못하는 것은?

① α-선, β-선   ② 가시광선, 적외선
③ γ-선, χ-선   ④ 자외선, 중성자

🔍 해설

미생물에 영향을 주는 광선
– 자외선(2,000~3,200Å)
• 살균력과 변이를 일으키는 작용
– 방사선
• α선, β선, γ선, X선, 중성자
• 미생물에 영향 줌
– 가시광선(4,000~7,000Å)과 적외선(7,500Å)
• 미생물에 대한 살균력 거의 없음

💡 정답   **76** ②   **77** ③   **78** ③   **79** ②   **80** ②

81 비가열 살균에 해당하지 않는 것은?

① 자외선 살균
② 저온 살균
③ 방사선 살균
④ 전자선 살균

비가열 살균
– 가열 처리를 하지 않고 살균하는 방법 – 효율성, 안전성, 경제성 등을 고려할 때 일반적인 살균법인 열 살균보다 떨어질때가 많으나 열로 인한 품질 변화, 영양파괴를 최소화하는 장점이 있음 – 약제살균, 방사선조사, 자외선살균, 전자선 살균, 여과제균, 고주파 유도살균, 초고압살균, 고전장펄스, 오존살균법, 초음파 살균 등

82 시판우유 제조공정에서 지방구를 미세화 시킬 목적으로 응용되는 유화기는?

① 터빈 교반기(turbine agitator)
② 팬 혼합기(pan mixer)
③ 리본 혼합기(ribbon mixer)
④ 고압 균질기(high pressure homogenizer)

고압 균질기
– 균질기 밸브와 고압펌프로 구성 – 예비 혼합한 액을 고압 펌프로 밸브에 공급하면 액은 밸브 시트 사이의 좁은 간격을 250m/s의 고속으로 통과 – 이때 분상의 입자는 전단작용을 받아 분쇄되면서 분산상 출구에서 브레이크 링에 직각으로 충돌하여 충격에 의혜 더욱 분쇄 – 고압에서 저압으로 압력이 갑자기 낮아지므로 팽창되어 더욱 미세한 입자가 됨 – 대표적인 예로 우유의 균질, 아이스크림, 크림수프, 샐러드 크림 제조에 이용

83 대규모 밀 제분에서 가장 먼저 쓰이는 roller는?

① smooth roller
② break roller
③ middling roller
④ reduction roller

밀 제분 시 사용하는 roller
– 밀을 분쇄할 때 조쇄에 이용되는 브레이크 롤러(break roller)와 분쇄에 이용되는 스무드롤러(smooth roller)를 사용 – 밀 제분 시 가장 먼저 쓰는 브레이크 롤러(break roller)는 브레이크 롤러의 압착, 절단, 비틀림 작용에 의하여 밀이 부서짐

84 상업적 살균조건 설정 시 고려해야 할 요소가 아닌 것은?

① 초기 미생물 오염도
② 미생물의 내열성
③ 원산지
④ pH

상업적 살균조건 설정 시 고려해야 할 요소
– 식품 재료의 종류, 상태, pH – 가열 후 저장방법, 미생물과 포자의 내열 정도, 산소의 용해정도, 오염된 미생물의 수, 용기 등 – 식품재료가 액체인지 고체인지의 여부, 열전도, 구성성분 등

85 습식 세척 방법에 해당하는 것은?

① 분무 세척
② 마찰 세척
③ 풍력 세척
④ 자석 세척

세척 분류	
건식세척	– 마찰세척 – 흡인세척 – 자석세척 – 정전기적 세척
습식세척	– 담금 세척 – 분무세척 – 부유세척 – 초음파 세척

86 식품의 혼합에 대한 설명으로 틀린 것은?

① 건조된 가루 상태의 고체를 혼합하는 조작을 고체혼합이라 하며, 좁은 의미에서 혼합은 대체로 이 경우를 말한다.

② 점도가 비교적 낮은 액체의 혼합에는 일반적으로 임펠러(impeller) 교반기를 사용하는데, 임펠러의 기본 형태는 패들(paddle), 터빈(turbin), 프로펠러(propeller) 등이 있다.

③ 혼합기 내에서 고체입자의 운동은 혼합기의 종류 및 형태에 따라 대류 혼합(convective mixing), 확산혼합(diffusive mixing), 전단혼합(shear mixing)으로 분류된다.

④ 점도가 아주 높은 액체 또는 가소성 고체를 섞는 조작, 고체에 약간의 액체를 섞는 조작을 교반(agitation)이라 한다.

💬 해설

혼합의 분류	
혼합	- 곡물과 같은 입자나 분말형태를 섞는 조작
반죽	- 고체와 액체의 혼합 - 다량의 고체분말에 소량의 액체 섞는 조작
교반	- 액체와 액체의 혼합 - 저점도의 액체들을 혼합하거나 소량의 고형물을 용해 또는 균일하게 하는 조작
유화	- 서로 녹지 않는 액체를 분산 혼합

87 건조기 중 전도형 건조기가 아닌 것은?

① 드럼 건조기
② 진공 건조기
③ 팽화 건조기
④ 트레이 건조기

💬 해설

열전달 방식에 따른 건조 장치 분류		
대류	식품 정치 및 반송형	캐비넷(트레이), 컨베이어, 터널, 빈
	식품 교반형	회전, 유통층
	열풍 반송형	분무, 기송
전도	식품 정치 및 반송형	드럼, 진공, 동결
	식품 교반형	팽화
복사	적외선, 초단파, 동결	

88 농축 공정 중 발생하는 현상과 거리가 먼 것은?

① 점도 상승
② 거품 발생
③ 비점 하강
④ 관석(sealing) 발생

💬 해설

농축 공정 중 발생하는 현상	
점도 상승	농축이 진행됨에 따라 용해의 농도가 상승하면서 점도 상승 현상 일어남
비점 상승	농축이 진행되면 용액의 농도가 상승하면서 비점 상승 현상 일어남
관석 생성	수용액이 가열부와 오랜기간 동안 접촉하면 가열 표면에 고형분이 쌓여 딱딱한 관석이 형성
비말 동반	증발관 내에서 약체가 끓을 때 아주 작은 액체방울이 생기며 이것이 증기와 더불어 증발관 밖으로 나오게 됨

89 유체의 압력이 높을 때 장치나 배관의 파손을 방지하는 밸브는?

① 안전 밸브
② 체크 밸브
③ 앵급 밸브
④ 글로브 밸브

밸브의 종류	
안전밸브	– 압력용기와 그밖에 고압유체를 취급하는 배관에 설치하여 관 또는 용기내의 압력이 규정한도에 달하면 내부 에너지를 자동적으로 외부로 방출하여 용기 안의 압력을 항상 안전한 수분으로 유지하는 밸브
체크밸브	– 유체의 흐름이 한쪽 방향으로 역류하면 자동적으로 밸브가 닫혀지게 할 때 사용하며 스윙형과 리프트형이 있음
앵글밸브	– 밸브 본체의 입구와 출구의 중심선에 직각으로 유체의 흐름방향이 직각으로 변하는 형식의 조절밸브 – 보통 유체를 옆으로부터 아래로 90도 방향 전환하며 슬러리 유체, 점성 유체 등이 쉽게 흐르게 하는 것을 목적으로 하는 용도에 사용 또는 출구 측에 drain이 허용되지 않는 경우 사용
글로브 밸브 (스톱밸브)	– 일반적으로 공 모양의 밸브 몸통을 가지며, 입구와 출구의 중심선이 일직선 위에 있고 유체의 흐름이 S자 모양으로 되는 밸브

90 일반적으로 여과조제(filter aid)로 사용되지 않는 것은?

① 규조토 ② 실리카겔
③ 활성탄 ④ 한천

여과 조제
– 매우 작은 콜로이드상의 고형물을 함유한 액체의 여과를 용이하게 하기 위하여 사용 – 여과면에 치밀한 층이 형성되는 것을 방지하는 목적으로 첨가 – 규조토, 펄프, 활성탄, 실리카겔, 카본 등 사용

91 어느 식품의 건물기준(dry basis) 수분함량이 25% 일 때, 이 식품의 습량기준(wet basis)수분함량은 몇 % 인가?

① 15% ② 20%
③ 25% ④ 30%

– 건량기준 수분함량(%)

$$M(\%) = \frac{W_w}{W_s} \times 100$$

M : 건량기준 수분함량(%)
W_w : 완전히 건조된 물질의 무게(%)
W_s : 물질의 총 무게(%)

– 습량기준 수분함량(%)

$$m(\%) = \frac{W_w}{W_w+W_s} \times 100$$

m : 습량기준 수분함량(%)

– 건량 기준 수분함량이 25%일 때

$$M(\%) = \frac{25}{100} \times 100 = 25$$

Ww : 25, Ws : 100

$$m(\%) = \frac{25}{25+100} \times 100 = 20\%$$

92 원심분리에서 원심력을 나타내는 단위가 아닌 것은?

① 1,000×g
② 1,000N
③ 1,000rpm
④ 1,000회전/분

원심분리
– 원심력을 이용하여 물질들을 분리하는 단위공정으로 섞이지 않는 액체의 분리, 액체로부터 불용성 고체의 분리, 원심여과 등을 모드 일컫는 용어 – 액체−액체 분리가 가장 일반적이나 고체−액체 분리도 가능 – rpm(분단회전수)이 높을수록, 질량이 클수록, 반지름이 클수록, 받는 원심력이 크며, 이로 인해 원심력의 방향으로 무거운 물질이 이동하게 되어 빠른 침전이 가능 – 결과적으로 무거운 물질은 아래에 가벼운 물질은 위에 있게 됨 – 원심력 = $mr\omega^2$ = 물질의 질량 × 반지름 × (각 속도)^2 – 단위는 rpm(분당회전수)

93 압출성형 스낵이 압출 성형기에서 압출온도와 압력에 따라 연속적으로 공정이 수행될 때 압출 성형기 내부에서 이루어지는 공정이 아닌 것은?

① 분리　　　　　② 팽화
③ 성형　　　　　④ 압출

🔍 해설

압출 성형기
• 반죽, 반고체, 액체식품을 스크류 등의 압력을 이용하여 노즐 또는 다이스와 같은 구멍을 통하여 밀어내어 연속적으로 일정한 형태로 성형하는 방법 • 원료의 사입구에서 사출구에 이르기까지 압축, 분쇄, 혼합, 반죽, 층밀림, 가열, 성형, 용융, 팽화 등의 여러 가지 단위공정이 이루어지는 식품가공기계 • Extrusion Cooker 　– 공정이 짧고 고온의 환경이 유지되어야하기 때문에 고온 단시간 공정이라함 　– 성형물의 영양적 손실이 적고 미생물 오염의 가능성 적음 　– 공정 마지막의 급격한 압력 저하에 의해 성형물이 팽창하여 원료의 조건과 압출기의 압력, 온도에 의해 팽창율이 영향 받음 • Cold Extruder 　– 100℃ 이하의 환경에서 느리게 회전하는 스크류의 낮은 마찰로 압출하는 방법 　– Extrusion Cooker와 달리 팽창에 의한 영향없이 긴 형태의 성형물 얻음 　– 주로 파스타, 제과에 이용 • 압출성형 스낵 　– 압출 성형기를 통하여 혼합, 압출, 팽화, 성형시킨 제품으로 extruder내에서 공정이 순간적으로 이루어지기 때문에 비교적 공정이 간단하고 복잡한 형태로 쉽게 가공 가능

94 *Cl. botulinum*(D121.1 = 0.25분)의 포자가 오염되어 있는 통조림을 121.1℃에서 가열하여 미생물 수를 10대수 cycle만큼 감소시키는 데 걸리는 시간은?

① 2.5분　　　　　② 25분
③ 5분　　　　　　④ 10분

🔍 해설

D값
D121.1 = 0.25분 이므로 균수를 $\frac{1}{10}$로 줄이는데 걸리는 시간을 0.25분이다 $\frac{1}{10^{10}}$ 수준으로 감소(10배)시키는데 걸리는 시간을 0.25 × 10 = 2.5분

95 가공재료를 분쇄하는 일반적인 목적이 아닌 것은?

① 유효성분의 추출효율 증대
② 용해력 향상
③ 위해물질 및 오염물질 제거
④ 혼합 능력과 가공 효율 증대

🔍 해설

식품의 가공 공정에서 분쇄 공정 목적
– 조직으로부터 유효성분을 효율적으로 추출해내기 위하여 – 용해력을 향상시키기 위하여 – 특정 제품의 입자규격을 맞추기 위하여 – 입자의 크기를 줄여서 입자당 표면적을 증대하기 위하여 – 혼합능력과 가공효율을 증대하기 위하여

96 사별 공정의 효율에 영향을 주는 요인으로 거리가 먼 것은?

① 원료의 공급 속도
② 입자의 크기
③ 수분
④ 원료의 pH

🔍 해설

사별 공정의 효율에 영향을 주는 요인
– 원료의 공급 속도 – 입자의 크기 – 재료의 수분 – 입자표면의 전하

💡 정답　**93** ①　**94** ①　**95** ③　**96** ④

97 식품원료를 무게, 크기, 모양, 색깔 등 여러 가지 물리적 성질의 차이를 이용하여 분리하는 조작은?

① 선별　　　　② 교반
③ 교질　　　　④ 추출

선별
– 선별이란 불필요한 화학물질(농약, 항생물질), 이물질 (흙, 모래, 돌, 금속, 배설물, 털, 나뭇잎) 등을 없애는 목적으로 물리적 성질의 차에 따라 분리, 제거하는 과정을 말함 – 선별에서 물리적 성질이란 재료의 크기, 무게, 모양, 비중, 성분 조성, 전자기적 성질, 색깔 등을 말함

98 과일주스를 가열 농축할 떼 향미성분, 색소, 비타민 등 열에 의한 파괴를 최소화하기 위해 가능한 한 낮은 오도에서 농축하기 위한 장치는?

① 진공증발기(vacuum evaporator)
② 동결건조기(freeze dryer)
③ 순간살균기(flash pasteurizer)
④ 고압살균기(high pressurehomogenizer)

진공증발기
– 농축하고자 하는 용액을 가능한 낮은 온도로 농축 가능 – 감압장치로 압력을 낮추어 끓는점을 낮게 조절하여 낮은 온도에서 농축가능한 기기 – 색소, 비타민, 향미성분 등 열에 의한 파괴 최소화

99 효소의 정제법에 해당되지 않는 것은?

① 염석 및 투석
② 무기용액 침전
③ 흡착
④ 이온교환 크로마토그래피

효소 정제법
– 황산암모늄 등에 의한 염석법 – acetone, ethanol, isopropanol 등의 유기용매 침전법 – aluminium silicate, alumina gel 등에 약산성에서 흡착시켜 중성 또는 알칼리성에서 용출시키는 흡착법 – cellophane이나 collodion막을 이용한 투석법 – 한외여과막을 이용한 한외여과법 – 양이온 교환수지, 음이온 교환수지 및 cellulose 이온교환체를 이용하는 이온 교환법 – 단백분자 크기의 차를 이용하는 가교 덱스트란 등을 이용하는 gel여과법

100 아래의 추출방법을 식품에 적용할 때 용매로 주로 사용하는 물질은?

이는 물질의 기체상과 액체상의 상 경계지점인 임계점 이상의 압력과 온도를 설정해줌으로써 액체상의 용해력과 기체상의 확산계수와 점도의 특성을 지니게 하여 신 속한 추출과 선택적 추출이 가능하게 하는 추출방법이다.

① 산소(O_2)
② 이산화탄소(CO_2)
③ 질소가스(N_2)
④ 아르곤 가스(Ar)

초임계 유체 추출에 주로 사용하는 용매
• 기존 추출은 대부분의 경우가 유기용매에 의한 추출이며 모두가 인체에 유해한 물질이다 • 초임계 이산화탄소 추출의 장점 　– 인체에 무해한 이산화탄소를 용매로 사용 　– 초임계 이산화탄소 용매의 경우 온도와 압력의 조절만으로 선택적 물질 추출 가능

1 식품위생학

1 방사선 조사에 의한 식품 보존의 특징에 대한 설명으로 옳은 것은?

① 대상식품의 온도 상승을 초래하는 단점이 있다.

② 대량 처리가 불가능하다.

③ 상업적 살균을 목적으로 사용된다.

④ 침투성이 강하므로 용기 속에 밀봉된 식품을 조사시킬 수 있다.

해설

식품의 방사선 조사	
– 방사선 물질을 조사시켜 살균하는 저온살균법(냉살균) – ^{60}Co의 감마선(γ-선)이 살균력이 강하고 반감기가 짧아 많이 사용	
목적	– 식품 등의 발아억제 – 해충 및 기생충 제거 – 식중독균 억제 – 저장기간 연장으로 식품보존성 연장 – 과일·채소의 숙도지연 및 물성개선
장점	– 제품 포장상태에서 방사선 조사 가능 – 조사된 식품의 온도상승이 거의 없기 때문에 가열처리 할 수 없는 식품이나 건조식품 및 냉동식품에 적용가능 – 화학적 변화가 매우 적은 편 – 연속처리 가능 – 저온 가열 진공 포장 등을 병용하여 방사선 조사량을 최소화 가능 – 1KGy 이하의 저선량 방사선 조사를 통해 기생충 사멸, 숙도 지연 등의 효과를 얻을 수 있음
단점	– 10KGy 이하의 방사선 조사로는 모든 병원균을 완전히 사멸시키지는 못함 – 외관상 비조사식품과 조사식품의 구별이 어려워 문구 및 표시 도안 필요 – 방사선 조사식품 섭취에 따른 유해성 거론 – 소비자의 조사식품 기피

2 살모넬라균 식중독에 대한 설명을 틀린 것은?

① 달걀, 어육, 연제품 등 광범위한 식품이 오염원이 된다.

② 조리·가공 단계에서 오염이 증폭되어 대규모 사건이 발생하기도 한다.

③ 애완동물에 의한 2차 오염은 발생하지 않으므로 식품에 대한 위생 관리로 예방할 수 있다.

④ 보균자에 의한 식품오염도 주의를 하여야 한다.

해설

살모넬라균 식중독	
특성	– 원인균 *Salmolnella typhimurium, Salmolnella enteritidis* – 통성혐기성, 그람 음성, 막대균, 무포자형성균, 주모성편모
생장조건	– 열에 비교적 약하여 62~65℃ 30분 가열하면 사멸 – 저온에서는 비교적 저항성 강함 – 병원성을 나타냄
대표균	– *Salmolnella typhimurium, Salmolnella enteritidis* – 감염형 식중독의 대표적 세균
증상	– 복부통증, 두통, 메스꺼움, 구토, 고열, 설사
원인식품	– 생고기, 가금류, 육류가공품, 달걀, 유제품
전파경로	– 식품의 교차오염과 위생동물에 의한 전파 – 몇 년 동안 만성적인 건강보균자도 존재
예방법	– 보균자에 의한 식품오염도 주의 – 식품 완전히 조리. – 식품 62~65℃ 30분 가열

정답 1 ④ 2 ③

3 그람음성의 무아포간균으로서 유당을 분해하여 산과 가스를 생산하며, 식품위생검사와 가장 밀접한 관계가 있는 것은?

① 대장균군   ② 젖산균
③ 초산균   ④ 발효균

🔍 해설

식품위생 지표 미생물	
일반 세균수	총균수라 불리며, 식품위생에 있어서 기초적인 지표미생물 수로 활용
대장균군	- 대장균을 포함한 토양, 식물, 물 등에 널리 존재하는 균 - *Escherichia*를 비롯하여 *Citrobactor*, *Klebsiella*, *Enterobactor*, *Erwinia* 포함 - 보통 사람이나 동물의 장내에서 기생하는 대장균군, 대장균과 유사한 성질을 가진 균을 총칭(모든 균이 유해란 것은 아님) - 환경오염의 대표적 식품위생지표균 - 식품에서 대장균군이 검출되었다고 하더라도 분변에서 유래한 균이 아닐 수도 있음(대장균에 비해 규격이 덜 엄격함)
분원성 대장균군	- 대장균군의 한 분류 - 대장균군보다 대장균과 더 유사한 특성 가짐 - 분변 오염
대장균	- 사람과 동물 장내에 존재하는 균 - 비병원성과 병원성대장균으로 나눔 - 분변으로 배출되기 때문에 분변오염지표균으로 활용 - 식품에서 대장균이 검출되었다면 식품에 인간이나 동물의 분변이 오염된 것으로 볼 수 있음
장구균	상대적으로 다른 식품위생지표균에 비해 열처리, 건조 등의 물리적 처리나 화학제 처리에도 장기간 생육이 가능하여 건조식품이나 가열조리 식품 등에서 분변오염에 대한 지표미생물로 유용

4 중요관리점(CCP)의 결정도에 대한 설명으로 옳은 것은?

① 확인된 위해요소를 관리하기 위한 선생요건이 있으며 잘 관리되고 있는가 – (예) – CCP 맞음
② 확인된 위해요소의 오염이 허용수준을 초과하는가 또는 허용할 수 없는 수준으로 증가하는가 –(아니요) – CCP 맞음

③ 확인된 위해요소를 제거하거나 또는 그 발생을 허용수준으로 감소 시킬수 있는 이후의 공정이 있는가 –(예)– CCP 맞음
④ 해당공정(단계)에서 안전성을 위한 관리가 필요한가 – (아니요) – CCP 아님

🔍 해설

중요관리점(CCP) 결정도			
질문 1	확인된 위해요소를 관리하기 위한 선생 요건이 있으며 잘 관리되고 있는가	아니오 → 질문 2	예 → CP
질문 2	이 공정이나 이후의 공정에서 확인된 위해의 관리를 위한 예방조치방법이 있는가?	아니오 → 이공정에서 안전성을 위한 관리가 필요한가? → 아니오 → CP	1) 예 → 질문 3 2) 이 공정에서 안전성을 위한 관리가 필요한가? 예 → 공정, 절차, 제품 변경 → 질문2
질문 3	이 공정은 이 위해의 발생 가능성을 제거 또는 허용 수준까지 감소시키는가?	아니오 → 질문 4	예 → CCP
질문 4	확인된 위해의 오염이 허용 수준을 초과하여 발생할 수 있는가? 또는 그 오염이 허용할 수 없는 수준으로 증가할 수 있는가?	아니오 → CP	예 → 질문 5
질문 5	이후의 공정에서 확인된 위해를 제거하거나 발생가능성을 허용수준까지 감소시킬수 있는가?	아니오 → CCP	예 → CP

5 다음 중 나머지 셋과 식중독 발생 기작이 다른 미생물은?

① *Salmonella enteritidis*
② *staphylococcus aureus*
③ *Bacillus cereus*
④ *Clostridium botulinum*

💡 정답   **3** ①   **4** ④   **5** ①

분류	세균성 식중독 유형		
감염형	특징	– 살아 있는 균의 경구 섭취 – 섭취된 후에도 체내에 세균 증식 – 잠복기 길다. – 가열조리 유효 – 위장염 증상, 발열	
	원인균	원인식품	잠복기
	병원성대장균	햄버거, 유제품	10~30시간
	살모넬라	생육류, 생가금류, 우유, 달걀	12~36시간
	장염비브리오	생선회	8~20시간
	캠필로박터 제주니	생고기, 유제품	2~7일
독소형	특징	– 세균이 생산한 독소 섭취 – 잠복기가 짧다 – 균체의 독소생성 – 독소가 내열성인 경우에는 가열조리 효과 없음 – 발열이 별로 따르지 않음	
	원인균	원인식품	잠복기
	황색포도상구균 (Staphylococcus aureus)	육제품, 유제품, 떡, 빵, 김밥, 도시락	0.5~6시간
	클로스트리디움 보툴리늄	통조림, 진공포장, 냉장식품	12~36시간
	바실러스 세레우스 (구토형)	곡류식품	0.5~5시간
중간형 (생체내독소형)	특징	– 장관에서 증식한 세균이 독소생산 – 잠복기가 길다 – 가열조리 유효	
	원인균	원인식품	잠복기
	클로스트리디움 퍼프린젠스(웰치균)	육류, 가금류, 식물성단백질식품	8~20시간
	바실러스 세레우스 (설사형)	육류, 우유, 채소류	8~16시간
	독소형대장균	육제품	12~72시간

6 다음 통조림 식품 중 납과 주석이 용출되어 내용 식품을 오염시킬 우려가 가장 큰 것은?

① 어육
② 식육
③ 과실
④ 연유

과일 통조림의 주석 용출

통조림 관 내면에 도장하지 않은 것이 산성 식품과 작용하면 주석(Sn) 용출
주스 통조림을 만드는 물 속이나 미숙 과일의 표면에 질산이온이 들어 있어서 질산이온과 함께 주석 용출을 촉진
식품위생법에서 청량 음료수와 통조림 식품의 허용량을 150ppm 이하로 규정

7 배지의 멸균 방법으로 가장 적합한 것은?

① 화염멸균법
② 간헐멸균법
③ 고압증기멸균법
④ 열탕소독법

고압증기멸균법

– 고압증기솥(오토클레이브)을 사용해 121℃, 2기압(15파운드), 15~20분의 조건에서 증기열에 의해 멸균
– 생균과 함께 열에 강한 아포 사멸
– 주로 열이 통하기 어려운 기구, 의류, 배지, 주사기, 수술용 기구 등의 멸균에 사용
– 유상(油狀), 분말, 열에 약한 것은 멸균 안됨

8 식품의 변질을 방지하기 위한 방법 중 상압건조가 아닌 것은?

① 열풍 건조법
② 배건법
③ 진공동결건조법
④ 분무건조법

상압건조

자연환기건조, 열풍(송풍, 통풍)건조, 분무건조, 피막건조, 포말건조, 건조제 건조, 고주파 건조, 적외선 건조 등

9 인수공통감염병으로서 동물에게는 유산을 일으키며, 사람에게는 열성질환을 일으키는 것은?

① 돈단독　　　　　② Q열
③ 파상열　　　　　④ 탄저

> 🔍해설

	브루셀라증(파상열)
특징	– 염소, 양, 소, 돼지, 낙타 등에 감염 – 동물에게는 감염성 유산, 사람에게는 열성질환
감염	– 동물의 소변, 대변에서 배출된 병원균이 축사, 목초 등에 오염되어 매개체가 됨 – 균에 감염된 동물의 유즙, 유제품, 고기를 통해 경구 감염
증상	– 열이 단계적으로 올라 35~40℃의 고열이 2~3주간 반복 – 정형적인 열형이 주기적으로 반복되어 파상열이고 함 – 발한, 변비, 경련, 관절염, 간과 비장 비대 등

10 식품위생검사 시 생균수를 측정하는 데 사용되는 것은?

① 표준한천평판배양기
② 젖당부용발효관
③ BGLB 발효관
④ SS 한천배양기

> 🔍해설

	식품위생의 미생물학적 검사
일반세균 수 검사	• 총균수 검사법 • 생균수검사법 　– 표준한천평판배양법
장구균 검사	• 대장균군보다 저항성이 강하고 냉장 식품에서 오랜 기간 생존하므로 냉동 냉장 식품의 오염지료로 활용
대장균군 검사	• 정량시험 　– 최확수법, BGLB배지법 • 정성시험 　– 유당부용법, BGLB배지법

11 포르말린이 용출될 우려가 없는 플라스틱은?

① 멜라민 수지　　　② 염화비닐 수지
③ 요소수지　　　　　④ 페닐수지

> 🔍해설

포름알데히드(formaldehyde)
– 페놀(phenol, C_6H_5OH), 멜라민(melamine, $C_3H_6N_6$), 요소(urea, $(NH_2)_2CO$) 등과 반응하여 각종 열경화성 수지를 만드는 원료로 사용 – 포름알데히드 용출 합성수지 : 페놀수지, 요소수지, 멜라민수지 – 염화비닐수지 : 주성분이 polyvinyl chloride로 포름알데히드가 용출되지 않음

12 Cl.botulinum에 의해 생성되는 독소의 특성과 가장 거리가 먼 것은?

① 단순단백질　　　② 강한 열저항성
③ 수용성　　　　　④ 신경독소

> 🔍해설

	클로스트리듐 보튤리늄 식중독
특성	– 원인균 : *Clostridium botulinum* – 그람양성, 편성혐기성, 간균, 포자형성, 주편모, 신경독소(neurotoxin)생산 – 콜린 작동성의 신경접합부에서 아세틸콜린의 유리를 저해하여 신경을 마비 – 독소의 항원성에 따라 A~G형균으로 분류되고 그 중 A, B, E, F 형이 식중독 유발 – A, B, F 형 : 최적 37~39℃, 최저 10℃, 내열성이 강한 포자 형성 – E 형 : 최적 28~32℃, 최저 3℃(호냉성) 내열성이 약한 포자 형성 – 독소는 단순단백질로서 내생포자와 달리 열에 약해서 80℃ 30분 또는 100℃ 2~3분간 가열로 불활성화 – 균 자체는 비교적 내열성(A와 B형 100℃ 360분, 120℃ 14분) 강하나 독소는 열에 약함 – 치사율(30~80%) 높음
증상	– 메스꺼움, 구토, 복통, 설사, 신경증상
원인 식품	통조림, 진공포장, 냉장식품
예방법	– 3℃ 이하 냉장 – 섭취 전 80℃, 30분 또는 100℃, 3분 이상 충분한 가열로 독소 파괴 – 통조림과 병조림 제조 기준 준수

13 식품의 기준 및 규격에 의거하여 멜라민 불검출 대상식품이 아닌 것은?

① 영·유아용 곡류조제식
② 조제우유
③ 특수의료용도등식품
④ 체중조절용 조제식품

> 🔍해설

멜라민	
대 상 식 품	기 준
특수용도식품 중 영아용 조제유, 성장기용 조제유, 영아용 조제식, 성장기용 조제식, 영·유아용 이유식, 특수의료용도등식품	불검출
상기 이외의 모든 식품 및 식품첨가물	2.5 mg / kg 이하

14 일본에서 발생한 미강유오염사고의 원인물질로 피부발전, 관절통 등의 증상을 수반하는 것은?

① PCB
② 페놀
③ 다이옥신
④ 메탄올

> 🔍해설

PCB(PolyChloroBiphenyls)
– 가공된 미강유를 먹는 사람들이 색소침착, 발진. 종기 등의 증상을 나타내는 괴질
– 1968년 일본의 규슈를 중심으로 발생하여 112명 사망
– 미강유 제조 시 탈취 공정에서 가열매체로 사용한 PCB가 누출되어 기름에 혼입되어 일어난 중독사고
– 증상은 안질에 지방이 증가하고 손통, 구강 점막에 갈색 내지 흑색의 색소 침착

15 작물의 재배 수확 후 27℃, 습도 82%, 기질의 수분함량 15% 정도로 보관하였더니 곰팡이가 발생되었다. 의심되는 곰팡이 속과 발생 가능한 독소를 바르게 나열한 것은?

① *Fusarium* 속 Patulin
② *Penicillium* 속, T-2 Toxin
③ *Aspergillus* 속, Zearalenone
④ *Aspergillus* 속, Aflatoxin

> 🔍해설

아플라톡신(aflatoxin)		
– *Aspergillus flavus*, *Aspergillus parasticus*가 생성하는 곰팡이 독소		
– 강력한 간장독 성분으로 간암유발. 인체발암물질 group 1로 분류됨		
종류	– aflatoxin B_1, B_2, G_1, G_2, M_1, M_2 – aflatoxin B_{1g} 급성과 만성독성으로 가장 강력함	
특성	– 강산과 강알칼리에는 대체로 불안정 – 약 280℃이상에서 파괴되므로 일반식품조리 과정으로 독성제거 어려움	
생성최적 조건	– 수분 16% 이상 – 최적 온도 : 30℃ – 상대습도 80~85% 이상	
원인식품	탄수화물이 풍부한 곡류에 잘 번식	

16 아니사키스(Anisakis) 기생충에 대한 설명으로 틀린 것은?

① 새우, 대구, 고래 등이 숙주이다.
② 유충은 내열성이 약하여 열처리로 예방할 수 있다.
③ 냉동 처리 및 보관으로는 예방이 불가능하다.
④ 주로 소화관에 궤양, 조양, 봉와직염을 일으킨다.

> 🔍해설

아니사키스
– 고래 등의 바다 포유류에 기생하는 회충
– 제1중간숙주는 갑각류, 제2중간숙주는 오징어, 대구, 가다랭이 등의 해산 어류
– 주로 소화관에 궤양, 종양, 봉와직염을 일으킴
– 위장벽의 점막에 콩알크기의 호산구성 육아종이 생기는 특징
– 유충은 50℃에서 10분, 55℃에서 2분, −10℃에서 6시간 생존

💡정답 **13** ④ **14** ① **15** ④ **16** ③

17 유통기한 설정실험 지표의 연결이 틀린 것은?

① 빵 또는 떡류 – 산가(유탕처리 식품)
② 잼류 –세균수
③ 시리얼류 – 수분
④ 엿류 – TBA가

해설

식품종류

식품군	식품종 / 식품유형
과자류, 빵류, 떡류	빵류, 떡류
잼류	잼, 기타잼
당류	엿류
농산가공식품류	시리얼류

설정 실험 지표

이화학적	미생물학적	관능적
산가(유탕처리식품) 수분 휘발성염기질소(식육, 어육함유 제품) TBA가(식육, 어육함 유 제품)	세균수(발효제품 또는 유산균함유 제품 제외) 황색포도상구균 (크림빵)	성상물성 곰팡이
pH 가용성고형분	세균수	성상점조성 곰팡이
수분 pH	–	성상곰팡이 (액상제품)
수분 비타민류	바실러스 세레우스	성상

18 완전히 익히지 않은 닭고기 섭취로 감염될 수 있는 기생충은?

① 구충
② Mansoni 열두조충
③ 선모충
④ 횡천흡충

해설

만손열두조충의 유충에 의한 감염증

• 원인충 : *Spirometra erinaceri, S. mansoni,
  S. mansonoides*
• 제1중간숙주 : 물벼룩
• 제2중간숙주 : 개구리, 뱀, 담수어 등
• 인체감염
  – 제1중간숙주 플레로서코이드에 오염된 물벼룩이 들어
    있는 물을 음용할 때
  – 제2중간숙주 개구리, 뱀 등을 생식할 때
  – 제2중간숙주를 섭취한 포유류(개, 고양이, 닭) 등을
    사람이 생식할 때
  – 돼지고기, 소고기, 조류등의 살을 생식할 때

19 다음 중 채소매개 기생충이 아닌 것은?

① 동양모양선충
② 편충
③ 톡소플라스마
④ 여충

해설

기생충과 매개 식품

– 채소를 매개로 감염되는 기생충 : 회충, 요충, 십이지장
  충(구충), 동양모양선충, 편충 등
– 어패류를 매개로 감염되는 기생충 : 간디스토마(간흡
  충), 폐디스토마(폐흡충), 요고가와흡충, 광절열두조충,
  아니사키스 등
– 수육을 매개로 감염되는 기생충 : 무구조충(민촌충), 유
  구조충(갈고리촌충), 선모충 등

20 단백질 식품의 부패생성물이 아닌 것은?

① 황화수소
② 암모니아
③ 글리코겐
④ 메탄

해설

단백질 식품의 부패 생성물

– 동물성 식품은 부패에 의하여 단백질이 분해되어 생성된
  아미노산이 부패미생물에 의해 탈아미노 반응, 탈탄산
  반응 및 동시 반응에 의해 분해되어 아민류, 암모니아,
  메르캅탄, 인돌, 스케톨, 황화수소, 메탄 등이 생성되어
  부패취 발생

---

2 식품화학

21 식품의 텍스쳐(texture)를 나타내는 변수와 가장 관계가 적은 것은?

① 경도
② 굴절률
③ 탄성
④ 부착성

해설

조직감(Texture) 특성

일차적
특성
	– 견고성(경도) : 식품을 압축하여 일정한 변형을
	  일으키는데 필요한 힘
	– 응집성 : 식품의 형태를 유지하는 내부결합력
	  에 관여하는 힘
	– 점성 : 흐름에 대한 저항의 크기
	– 탄성 : 일정크기의 힘에 의해 변형되었다가힘
	  이 제거될 때 다시 복귀되는 정도
	– 부착성 : 식품표면이 접촉 부위에 달라붙어 있
	  는 인력을 분리하는데 필요한 힘

정답 **17** ④ **18** ② **19** ③ **20** ③ **21** ②

이차적 특성	– 부서짐성 : 식품이 부서지는데 필요한 힘 – 씹힘성 : 고체 식품을 삼킬때까지 씹는데 필요한 힘 – 검성 : 반고체 식품을 삼킬 수 있을때까지 씹는데 필요한 힘

22 다음 중 불포화 지방산은?

① oleic acid
② lauric acid
③ stearic acid
④ palmitic acid

 해설

경화공정에 의한 트랜스지방 생성

– 일반적으로 유지의 이중결합은 cis 형태로 수소결합되어 있으나 수소첨가과정을 유지의 경우는 일부가 trans 형태로 전환
– 이중결합에 수소의 결합이 서로 반대방향에 위치한 trans 형태의 불포화지방산을 트랜스지방이라고 한다
– 그러므로 트랜스지방은 이중결합이 있는 불포화지방산에 의해 생성된다.

지방산 종류		탄소수 : 이중결합수
포화 지방산	미리스트산 (myristic acid)	14 : 0
	팔미트산 (palmitic acid)	16 : 0
	스테아르산 (stearic acid)	18 : 0
	아라키드산 (arachidic acid)	20 : 0
불포화 지방산	올레산 (oleic acid)	18 : 1
	리놀레산 (linoleic acid)	18 : 2
	리놀렌산 (linolenic acid)	18 : 3
	아라키돈산 (arachidonic acid)	20 : 4

23 달걀의 난황 색소가 아닌 것은?

① lutein
② astacin
③ zeaxanthin
④ cryptoxanthin

달걀의 난황 색소

– 난황 : 레시틴, 세팔린 등의 인지질 함유로 유화작용
– 난황 색소 : 루테인(lutein), 제아잔틴(zeaxanthin), 크립토잔틴(cryptoxanthin)

24 전분질 식품을 볶거나 구울 때 일어나는 현상은?

① 호화현상
② 호정화 현상
③ 노화현상
④ 유화현상

호정화

– 전분에 물을 가하지 않고 150~180℃ 정도의 높은 온도에서 가열하면 전분분자의 부분적인 가수분해 또는 열분해가 일어나 가용성 전분을 거쳐서 호정이 되는 현상
– 호정은 호화된 전분보다 물에 잘 용행되며 소화효소의 작용을 받기 쉬우나 점성은 약함

25 젤(gel)화된 콜로이드 식품은?

① 전분액
② 우유
③ 삶은 달걀(반고체)
④ 된장국

젤(gel)

– 친수성 졸(sol)을 가열하였다가 냉각시키거나 또는 물을 증발시키면 분산매가 줄어들어 반고체 상태로 굳어지는 상태를 젤(gel)이라고 한다.
– 한천, 젤리, 묵, 삶은 달걀 등

26 우유가 알칼리성 식품에 속하는 것은 무슨 영양소 때문인가?

① 지방
② 단백질
③ 칼슘
④ 비타민 A

무기질

알칼리성 식품	– Ca, Mg, Na, K 등의 알칼리 생성 원소를 많이 함유한 식품 – 해조류, 과일류, 야채류
산성식품	– P, S, Cl 등의 산성 생성 원소를 많이 함유한 식품 – 육류, 어류, 달걀, 곡류 등

정답 22 ① 23 ② 24 ② 25 ③ 26 ③

27 비뉴턴유체 중전단응력이 증가함에 따라 전단 속도가 급증하는 현상을 보이는 유체는?

① 가소성 유체
② 의사가소성 유체
③ 딜라탄트 유체
④ 의액성

💬 해설

유체의 종류 및 특징

종류		특징	해당식품
뉴턴 유체		유체이 가해지는 힘(외부힘)의 크기에 관계없이 점도가 일정한 유체	물, 청량음료, 식용유
비뉴턴 유체 (유체에 가해지는 힘에 의해 점도 변화됨)	Shear-thickening (dilatant)	전단 속도가 증가함에 따라 점도 증가 시간에 따른 점도 변화 없음	물에 용해된 전분
	Shear-thinning (pseudo plastic) 의가소성	전단 속도가 증가함에 따라 점도 감소 시간에 따른 점도 변화없음	시럽
	plastic	전단 속도가 증가함에 따라 점도 감소 일정한 힘을 가해야만 물질의 유동 시작	케찹, 마요네즈
	Thixotropic (틱소트로픽)	힘을 가해주는 시간에 따라 점도 변화 겔(gel) 상태에서 졸(sol)상태로 유동성 가짐	전분겔
	Rheopectic	일정한 전단 속에서 시간에 따라 점도 증가	난백

28 클로로필 색소는 산과 반응하게 되면 어떻게 변하는가?

① 갈색의 Pheophytn을 생성한다.
② 청녹색의 chlorophylide를 생성한다.
③ 청녹색의 chlorophyline을 생성한다.
④ 갈색의 phytol을 생성한다.

💬 해설

클로로필 색소

식물의 녹색을 대표하는 색소로 a(청록색), b(황록색), c 및 d(해조류) 4종류가 있다.
4개의 피롤(pyrrolez)이 메틸기에 의해 결합된 포르피린 고리의 중앙에 마그네슘을 가지고 있다.
클로로필의 화학적 변화
① 효소에 의한 변화(클로로필라아제) : 피톨기가 제거되면서 성질이 수용성으로 변함클로로필(녹색) → 클로로필리드(청녹색, 수용성, 피톨기 제거)
② 산에 의한 변화 : 산에 매우 불안정
클로로필(녹색) → 페오피틴(녹갈색, 마그네슘 제거) → 페오포비드(갈색, 수용성, 피톨기 제거)
③ 알칼리에 의한 변화 : 녹색유지하나 조직연화
클로로필(녹색, 지용성) → 클로로필리드(청녹색, 수용성, 피톨기 제거) → 클로로필린(청녹색, 수용성, 메탄올 제거)
④ 금속과의 반응
Cu-클로로필, Zn-클로로필 : 청록색(선명한 녹색)
Fe-클로로필 : 선명한 갈색

29 천연계 색소 중 당근, 토마토, 새우 등에 주로 들어 있는 것은?

① 카로티노이드(carotenoids)
② 플라보노이드(flavonids)
③ 엽록소(chlorophylls)
④ 베타레인(betalain)

💬 해설

식품 색소 분류

식물성색소	지용성색소	클로로필	녹색 채소로 마그네슘 포함 산에 의해 황갈색 알칼리에 의해 선명한 녹색 금속에 의해 선명한 녹색
		카로티노이드	카로틴	황색, 등황색 채소 · 과일 α-carotene, β-carotene, γ-carotene, lycopens
			잔토필	루테인, 크립토산틴, 칸타잔틴

💡 정답 **27** ③ **28** ① **29** ①

식물성색소	수용성색소	플라보노이드 (유리상태 / 배당체)	안토잔틴	백색, 담황색
			안토시아닌	적색, 자색, 청색, 보라색
	탄닌류	무색투명한 수렴성 물질 산화되면 불용성 갈색색소로 변함		
동물성색소	헤모글로빈	동물의 혈색소, 철(Fe)함유		
	미오글로빈	• 동물의 근육색소 − 미오글로빈(적자색) + 산소 → 옥시미오글로빈(선홍색) − 옥시미오글로빈(선홍색) + 산화 → 메트미오글로빈(적갈색) − 메트미오글로빈(적갈색) + 가열 → 헤마틴(회갈색)		
	헤모시아닌	오징어, 문어, 낙지 등의 연체류에 함유 가열에 의해 적자색으로 변함		
	카로티노이드	잔토필	루테인, 지아잔틴	달걀 노른자의 황색(먹이 사슬에 의해 식물에서 유입되어 축적)
			아스타잔틴	− 어류 붉은 근육색소 − 갑각류 껍데기 가열하면 아스타신 색소되어 붉은색으로 변함

Carotenoid계

− 노란색, 주황색, 붉은색의 지용성색소
− 당근, 고추, 토마토, 새우, 감, 호바 등에 함유
− 산이나 알칼리에 안정적이며 산소가 없는 상태에서는 광선의 조사에 영향 받지 않음

Carotene 류	α−carotene, β−carotene, γ−carotene, lycopens
Xanthophyll류	lutein, zeaxanthin, cryptoxanthin

30 토마토 적색색소의 주성분은?

① 라이코펜(lycopene)
② 베타−카로틴(β−carotene)
③ 아스타크산틴(astaxanthin)
④ 안토시아닌(anthocyanin)

해설

라이코펜(lycopene)

− 카로틴류의 색소 중 적색계 색소
− 토마토, 감, 수박, 살구 등의 붉은 색

31 빵이나 비스킷 등을 가열 시 갈변이 되는 현상은?

① 마이야르 반응 단독으로
② 효소에 의한 갈색화 반응으로
③ 마이야르 반응과 캐러멜화 반응이 동시에 일어나서
④ 아스코르빈산의 산화반응에 의해서

해설

빵이나 비스킷 등의 갈색은 가열 시 마이야르 반응과 캐러멜화 반응이 동시에 일어나서 생긴 갈변이다.

32 과채류의 절단시 갈변되는 현상과 가장 관련이 적은 것은?

① polyphenol류의 산화
② tyrosine의 산화
③ 탄닌 성분의 변화
④ 유기산의 변화

해설

효소에 의한 갈변반응

효소적 갈변이 일어나기 위해서는 반드시 효소, 기질, 산소가 필수적임

1) 폴리페놀옥시레이스에 의한 갈변
 − 페놀을 산화하여 퀴논을 생성하는 반응을 촉진하는 효소
 − 페놀레이스, 폴리페놀산화효소라고도 함
 − 과일껍질 벗기거나 자르면 식물조직 내의 존재하는 기질인 폴리페놀 물질과 폴리페놀옥시레이스 효소가 반응하여 갈변
2) 타이로시네이스에 의한 갈변
 − 넓은 의미에서 폴리페놀옥시레이스에 속하나 기질이 아미노산인 타이로신에만 작용한다는 의미에서 따로 분류하기도 함
 − 감자에 존재하는 타이로신은 타이로시네이스에 의해 산화되어 다이히드록시 페닐알라닌(DOPA)을 생성하고 더 산화가 진행되면 도파퀴논을 거쳐 멜라닌 색소를 형성
3) Peroxinase에 의한 갈변
4) 탄닌성분에 의한 갈변

33 H_2SO_4 9.8을 물에 녹여 최종부피는 250ml로 정용하였다면 이 용액의 노르말 농도는?

① 0.6N ② 0.8N
③ 1.0N ④ 1.2N

해설

H_2SO_4 노르말 농도
1N H_2SO_4 = 49.04g / 1000ml
1N H_2SO_4 = 12.26g / 250ml
1N : 12.6 = x : 9.8
x = 0.8N

34 관능적 특성이 측정 요소들 중 반응척도가 갖추어야 할 요건이 아닌 것은?

① 단순해야 한다.
② 편파적이지 않고, 공평해야 한다.
③ 관련성이 있어야 한다.
④ 차이를 감지할 수 없어야 한다.

해설

관능적 특성의 측정 요소 등 중 반응척도가 갖추어야 할 요건
- 단순해야 한다
- 관련성이 있어야 한다
- 편파적이지 않고 공평해야 한다
- 의미전달이 명확해야 한다
- 차이를 감지할 수 있어야 한다

35 복합지질이 아닌 것은?

① 인지질 ② 당지질
③ 유도지질 ④ 스핑고 지질

해설

지질의 분류
1) 단순지질
– 지방산과 여러 알코올류와의 에스테르 화합물 유지, 왁스류, 스테롤에스테르
2) 복합지질
– 단순지질+다른 원자단
– 인지질(레시틴, 세팔린, 스핑고미엘린)
– 당지질(강글리오시드. 세레브로시드)

    – 단백지질
    – 황지질
  3) 유도지질
    – 단순지질이나 복합지질의 가수분해로 얻어지는 것
    – 지방산, 알코올, 탄화수소(스쿠알렌, 불검화물), 스테로이드, 지용성 색소 및 지용성비타민

36 고춧가루의 붉은 색을 오랫동안 선명하게 유지하는 방법이 아닌 것은?

① 비타민 C와 같은 항산화제를 첨가한다.
② 진공포장하여 저장한다.
③ 밀봉하여 냉장고의 냉동실에 보관한다.
④ 햇빛을 이용하여 건조시킨다.

해설

고춧가루의 붉은 색을 오랫동안 선명하게 유지하는 방법
- 비타민C와 같은 항산화제를 첨가한다.
- 진공포장하여 저장한다.
- 밀봉하여 냉장고의 냉동실에 보관한다.

37 다음 중 필수 아미노산이 아닌 것은?

① lysine ② phenylalanine
③ valine ④ alanine

해설

아미노산 분류		
분류	세분류	
	비극성(소수성) R기 아미노산	극성(친수성) R기 아미노산
중성 아미노산	– 알라닌 – 발린 – 류신 – 이소류신 – 프롤린(복소환) – 페닐알라닌 (방향족–벤젠고리) – 트립토판(복소환) – 메티오닌(함황)	– 글리신 – 세린 – 트레오닌 – 시스테인(함황) – 티로신 (방향족–벤젠고리)

정답 **33** ②　**34** ④　**35** ③　**36** ④　**37** ④

산성 아미노산	(– 전하를 띤 R기 아미노산) 카르복실기 수 〉 아미노기 수 – 아스파르트산 – 글루탐산 – 아스파라진 – 글루타민
염기성 아미노산	(+ 전하를 띤 R기 아미노산) 카르복실기 수 〈 아미노기 수 – 리신(라이신) – 아르기닌 – 히스티딘(방향족)
필수 지방산	류신, 이소류신, 리신, 메티오닌, 발린, 트레 오닌, 트립토판, 페닐알라닌 (성장기 어린이와 회복기 환자 추가 : 아르기 닌, 히스티딘)

38 해초에서 추출되는 검(gum)질이 아닌 것은?

① 한천
② 알긴산
③ 리그닌
④ 카라기난

🔍 해설

검질류

– 적은 양의 용액으로 높은 점성을 나타내는 다당류 및 그
유도체
– 식물조직에서 추출하는 검질 : 아라비아검
– 식물종자에서 얻어지는 검질 : 로커스트빈검, 구아검,
타마린드 검
– 해조류에서 추출되는 검질
  • 한천[홍조류(김, 우뭇가사리)와 녹조류에서 추출한 복
   합다당류]
  • 알긴산[갈조류(미역, 다시마)의 세포벽 구성성분]
  • 카라기난–홍조류를 뜨거운 물이나 뜨거운 알칼리성
   수용액으로 추출한 물질
– 미생물이 생성하는 검질 : 덱스트란, 잔탄검

39 맛에 대한 설명 중 옳은 것은?

① 글루타민산 소다에 소량의 핵산계 조미료
를 가하면 감칠맛이 강해진다.
② 설탕용액에 소금을 약간 가하면 단맛이 약
해진다.
③ 커피의 쓴맛은 설탕을 가하면 강해진다.

④ 오렌지쥬스에 설탕을 가하면 신맛이 강해
진다.

🔍 해설

미각의 생리

1) 한계값
  – 역치 또는 역가
  – 미각으로 비교 구분할 수 있는 최소 농도
  – 절대한계값 : 맛을 인식하는 최저농도
  – 인지한계값 : 특정 맛을 구분할 수 있는 최저농도
  – 인지한계값 〉 절대한계값
2) 맛의 순응(피로)
  – 특정 맛을 장기간 맛보면 미각의 강도가 약해져서 역
   치가 상승하고 감수성이 약해지는 현상
3) 맛의 대비(강화)
  – 서로 다른 맛이 혼합되었을 때 주된 맛이 강해지는 현상
  – 단팥죽에 소금 조금 첨가 시 단맛 증가
4) 맛의 억제
  – 서로 다른 맛이 혼합되었을 때 주된 물질의 맛이 약화
   되는 현상
  – 커피에 설탕 넣으면 쓴맛 감소
5) 맛의 상승(시너지 효과)
  – 동일한 맛의 2가지 물질을 혼합하였을 경우 각각의
   맛보다 훨씬 강하게 느껴지는 현상
  – 핵산계 조미료 + 아미노산계 조미료 → 감칠맛 상승
6) 맛의 상쇄
  – 서로 다른 맛을 내는 물질을 혼합했을 때 각각의 고유
   한 맛이 없어지는 현상
  – 단맛과 신맛이 혼합하면 조화로운 맛이 남(청량음료)
7) 맛의 상실
  – 열대식품의 잎을 씹은 후 잎의 성분(gymneric
   acid) 때문에 일시적으로 단맛과 쓴맛을 느끼지 못하
   는 현상
8) 맛의 변조
  – 1가지 맛을 느낀 직후 다른 맛을 정상적으로 느끼지
   못하는 현상
  – 쓴 약을 먹은 후 물의 맛 → 단맛

40 다음 관능검사 중 가장 주관적인 검사는?

① 차이검사
② 묘사 검사
③ 기호도 검사
④ 삼점 검사

💡 정답   38 ③   39 ①   40 ③

해설

관능검사법		
소비자검사 (주관적)	기호도 검사	– 얼마나 좋아하는지의 강 도 측정 – 척도법, 평점법 이용
	선호도 검사	– 좋아하는 시료를 선택하 거나 좋아하는 시료 순 위 정하는 검사 – 이점비교법, 순위검사법
차이식별검사 (객관적)	종합적차이 검사	– 시료 간에 차이가 있는 지를 검사 – 삼점검사, 이점검사
	특성차이 검사	– 시료 간에 차이가 얼마 나 있는지 차이의 강도 를 검사 – 이점비교검사, 다시료비 교검사, 순위법, 평점법
묘사분석	정량적묘사분 석(QDA), 향 미, 텍스쳐, 스페트럼 프로 필묘사분석 등	– 훈련된 검사원이 시료에 대한 관능특성용어를 도 출하고, 정의하며 특성 강도를 객관적으로 결정 하고 평가하는 방법

3 식품가공학

41 후숙 과정 중 호흡상승을 보이지 않는 것은?

① 사과 ② 바나나
③ 토마토 ④ 밀감

해설

호흡상승(Climacteric rise, CR)

– 농산물을 수확하여 후숙하는 사이 호흡 작용이 높아지는
  것을 말함
– 가스를 저장한 농산물은 Climacteric rise가 일어나기
  전에 저장고에 넣어야 함
– 호흡상승(Climacteric rise)이 있는 과일
– 서양배, 바나나, 사과, 아보카도, 망도, 파파야, 토마토
– 호흡상승(Climacteric rise)이 없는 과일
– 레몬, 오렌지, 밀감, 포도, 파인애플, 딸기, 감, 버찌

42 건강기능식품과 관련하여 건강문제와 기능성
원료의 연결이 틀린 것은?

① 눈 건강 저하 – 녹차 추출물
② 뼈 관절 약화 – 글루코사민
③ 칼슘 흡수 저하 – 액상프락토올리고당
④ 피부 노화 – 히알우론산나트륨

해설

기능성 원료

• 눈 건강에 도움을 주는 기능성 원료
  – 빌베리추출물, 헤마토코쿠스추출물, 자아잔틴추출
    물, 루테인복합물
• 관절·뼈 건강에 도움을 주는 기능성 원료
  – 인정된 기능성 원료 : 가시오갈피 등복합추출물, 글
    루코사민, 로즈힐 분말 등
  – 고시형 원료 : 뮤코다당·단백, 비타민 D, 비타민 K
    외 2종
• 칼슘 흡수의 도움을 주는 기능성 원료
  – 액상프락토올리고당, 폴리감마글루탐산
• 피부건강에 도움을 주는 기능성 원료
  – 인정된 기능성 원료 : 소나무껍질추출물 등 복합물,
    곤약감자추출물, 히알루론산나트륨 외 5종
  – 고시형 원료 : 엽록소함유식물, 클로렐라, 스피루리
    나, 알로에젤

43 두부의 종류에 대한 설명으로 옳은 것은?

① 전두부 – 10배 정도의 물을 사용하며 응
  고제를 넣고 단백질을 엉기게 한 다음 탈
  수, 성형하여 만든다.
② 자루두부 – 보통 두부와 동일한 제조공정
  을 거치며 응고제를 첨가하지 않고 자루에
  넣어서 만든다.
③ 인스턴트 두부 – 분말두유로 만들며, 물
  을 첨가하지 않고 바로 먹을수 있다.
④ 유바 – 진한 두유를 가열하면 막이 형성되
  는데, 계속 가열하여 두꺼워진 막을 걷어
  내어 건조한 것이다.

두부의 종류	
전두부	두유 전부가 응고되어 상당히 진한 두유를 만들어 응고시켜 탈수하지 않을 채 구멍이 없는 두부상자에 넣어 성형.
	가수량은 5~5.5배로 하고 응고제량은 두유 1kg당 5~6g 정도 사용하여 응고
자루두부	전두부와 같이 진한 두유를 만들어 냉각시킨 것을 합성 수지 주머니에 응고제와 함께 넣어 가열응고
인스턴트두부	두유를 건조시켜 분말화 한 다음 응고제를 혼합하여 편의성을 부여한 두부
유바	진한 두유를 가열할 때 표면이 생기는 얇은 막을 건재 내어 건조시킨 두부

44 버터 제조 시 크림의 중화작업에서 산도 0.30%인 크림 100kg을 산도 0.20%로 만들고자 할 때 필요한 소석회의 양은? (단, 젖산의 분자량 90, 소석회의 분자량은 74, 소석회 1분자량은 젖산 2분자량과 중화 반응한다.)

① 약 71g
② 약 62g
③ 약 52g
④ 약 41g

버터 제조 시 중화작업에 필요한 소석회 양

- $Ca(OH)_2(74) + 2CH_3CH(OH)COOH(2 \times 90)$
  $\rightarrow Ca(CH_3CHOHCOO)_2 + 2H_2O$
- 중화시킬 산의 양(g)

$$= 크림 중량(g) \times \frac{중화시킬 산도(\%)}{100}$$

$$= 100 \times \frac{(0.30 - 0.20)}{100} = 0.1kg$$

- 중화에 필요한 소석회량

$$= 중화할 젖산량 \times \frac{소석회의 분자량}{2 \times 젖산의 분자량}$$

$$= 100 \times = 41.1g$$

45 밀가루 3kg을 사용하여 건조글루텐(건부량) 410g을 제조할 때 건조글루텐 함량, 밀가루의 종류, 주요 용도의 연결이 옳은 것은?

① 7.3% – 중력분 – 스파게티
② 7.3% – 중력분 – 국수
③ 13.7% – 강력분 – 식빵
④ 13.7% – 강력분 – 비스킷

밀가루 종류	
강력분	– 글루텐 함량 13% 이상 – 점탄성이 크고 단백질의 함량 높음 – 제빵용, 마카로니
중력분	– 글루텐 함량 10~13% – 경도가 중간정도. – 중간질의 밀을 제분 – 제면, 제빵용
박력분	– 글루텐 함량 10% 이하 – 촉감이 부드러움 – 제과용, 튀김용

46 우리나라에서 이용하는 식물성 유지 자원과 거리가 먼 것은?

① 밀겨
② 쌀겨
③ 유채
④ 참깨

사용 유지	
식물성 유지	식용유는 쌀겨 기름, 면화씨기름, 유채유, 참깨기름, 콩기름, 들깨기름, 고추씨 기름 등
	공업용 유지 : 피마자기름, 아마인유 등
동물성유지	글소기름, 돼지기름, 어류 등

47 청국장 발효와 가장 관계 깊은 미생물은?

① *Aspergillus oryzae*
② *Lactobacillus bulgaricus*
③ *Saccharomyces cerevisiae*
④ *Bacillus subtilis*

청국장 제조에 사용되는 균	
Bacillus subtilis	– α-amylase, protease를 생성 – 생육인자 biotin 필요하지 않음
Bacillus natto	– α-amylase, protease를 생성 – 생육인자 biotin 필요함

💡정답 **44** ④ **45** ③ **46** ① **47** ④

48 자연치즈의 가공기준이 잘못된 것은? (단, 개별 인정 치즈는 예외)

① 유산균 접종 시 이종 미생물에 2차 오염이 되지 않도록 하고, 산도 및 시간 관리를 철저히 하여야 한다.

② 발효 또는 숙성 시에는 표면에 유해미생물이 오염되지 않도록 숙성실의 온도 및 습도관리를 철저히 하여야 한다.

③ 치즈용 원유 및 유가공품은 63~65℃에서 30분간, 72~75℃에서 15초간 이상 또는 이와 동등이상의 효력을 가지는 방법으로 살균하여야 한다.

④ 데히드로초산, 소르빈산, 스르빈산칼륨, 소르빈산칼슘, 피료피온산, 프로피온산칼슘, 프로피온산나트륨 이외의 보존료가 검출되어서는 아니된다.

🔍해설

자연치즈 보존사용 기준
– 보존료(g / kg) : 다음에서 정하는 이외의 보존료가 검출되어서는 아니된다. – 데히드로초산나트륨 : 0.5 이하 – 소브산, 소브산칼륨, 소브산칼슘 : 3.0 이하 – 프로피온산, 프로피온산칼슘, 프로피온산나트륨 : 3.0 이하

49 마요네즈 제조 시 사용되는 난황의 역할은?

① 발표제 ② 유화제
③ 응고제 ④ 팽창제

🔍해설

마요네즈
– 난황의 유화력을 이용하여 난황과 식용유를 주원료로 식초, 소금, 설탕 등을 혼합하여 유화시켜 만든 제품 – 난황의 유화력은 난황 중의 인지질인 레시틴이 유화제로 작용

50 다음 식용유지 중 대표적인 경화유는?

① 참기름 ② 대두유
③ 면실유 ④ 쇼트닝

🔍해설

경화유
– 유지의 불포화지방산에 니켈(Ni)을 촉매로 수소를 불어넣으면 불포화지방산의 이중결합에 수소가 결합해서 포화지방산이 되어 액체의 유지를 고체의 지방으로 변화시킨 고체지방 – 마가린, 쇼트닝

51 신선란의 특징이 아닌 것은?

① 까실까실한 표면 감촉을 느낄수록 신선한 편이다.

② 8%(4% W/V) 식염수에 넣었을 때 위로 떠오른다.

③ 난황계수가 0.36~0.44 정도이다.

④ 보통 HU값이 85 이상이다.

🔍해설

신선란 검사법			
분류		정상	불량
외부	외관법	표면거칠 광택 없음	표면 매끈 광택 있음
	비중법	11% 식염수에 가라앉음 신선란비중 : 1.08~1.09	11% 식염수에 부유
	진음법	흔들 때 소리나지 않음	약한 소리남
내부	투시법	빛 투시 때 노른자와 흰자 구별 명확. 기실(공기집)의 크기가 작은 것	빛 투시 때 흔 혈점 보임
	할란검사	난황높이 / 신선달걀 0.45정도	오래된 달걀 0.25 이하
		난백높이 / 신선달걀 0.16정도	오래된 달걀 0.1 이하
		난황계수 / 신선달걀 0.442~0.361	오래된 달걀 0.3 이하

52 시유 제조 공정 중 크림층의 형성을 방지하고, 지방구를 세분화시켜 소화율을 높이고, 우유 단백질을 연성화하는 목적으로 하는 공정은?

① 표준화
② 연압
③ 균질화
④ 살균

🔍해설

우유 균질화(Homogenization)	
정의	우유 지방구의 물리적 충격을 가해 지방구의 크기를 작게 만드는 작업
목적	– 지방구 분리 방지(크림 생성 방지) – 지방구 미세화 – 유화 안정성 – 조직 균일화 – 커드 연하게 되어 소화율 높아짐 – 우유 점도 높아짐 – 지방 산화 방지

53 배아미에 대한 설명으로 틀린 것은?

① 단백질, 비타민이 비교적 많다.
② 원통마찰식 도정기를 사용한다.
③ 맛이 있는 정미를 얻을 수 있다.
④ 저장성이 높다.

🔍해설

배아미
– 원통마찰식 도정기로 도정하여 배유와 배아가 떨어지지 않도록 도정 – 단백질, 비타민 B_1이 비교적 많이 들어 있는 배아를 남겨 영양이 좋고 맛이 있는 정미얻기 위한 도정 방식 – 긴쌀보다 둥근 쌀이 좋음

54 두부 제조에 사용되는 응고제로 사용하는 물질이 아닌 것은?

① 글루코노델타락톤
② 탄산칼슘
③ 염화칼슘
④ 황산칼슘

🔍해설

두부 응고제

• 간수(염화마그네슘, 황산마그네슘)
  – 저장 중인 소금이 공기 중의 수분을 흡수하여 흘러내리는 액
  – 10~15%의 간수 수용액으로 만들어 원료 콩의 10%에 해당하는 양을 3회 걸쳐 넣음
• 황산칼슘
  – 장점은 두부의 색상이 좋고, 조직이 연하고, 탄력성이 있고 수율이 높음. 단점은 사용 불편
• 염화칼슘
  – 장점은 응고시간이 빠르고 보존성이 양호, 압착 시 물이 잘 빠짐. 단점은 수율이 낮고 두부가 거칠고 견고
• 글루코노델타락톤
  – 장점은 사용 편리, 응고력 우수, 수율 높음, 단점은 약간의 신맛이 나고 조직 대단히 연함

55 피클 발효에 관여하는 유해 미생물 중 산막효모에 대한 설명이 아닌 것은?

① 표면에 피막을 형성한다.
② 이산화탄소를 생산하여 부풀음을 초래한다.
③ 호기성 효모이다.
④ 젖산을 소비하여 부패 세균이 증식할 수 있는 환경을 만든다.

🔍해설

피클 발효
– 발효 초기에 호기성균이 주고 번식 약간의 산 생성 – 그 다음은 이상젖산발효균 번식하여 탄산가스를 발생되면 혐기성 조건이 형성되어 젖산균의 번식 왕성 – 숙성이 너무 지나치게 되면 산막효모가 발생하여 피막 형성 – 산막효모는 젖산을 소모하여 용액 중의 산의 양을 줄게 하므로 부패균, 그 밖의 잡균 및 곰팡이 등이 번식되어 펙틴 분해 효소의 생성으로 조직 연화 일어남

56 침채류의 제조원리가 아닌 것은?

① 담금 직후 가장 많은 미생물이 그람음성 호
기성 세균 들이 김치가 익어가며 증가한다.

② 젖산균과 효모가 증식할 정도의 소금을 가
한다.

③ 채소류 중의 당을 유기산, 에틸알코올, 이
산화 탄소 등으로 전환한다.

④ 향신료의 향미가 조화롭게 된다.

침채류 숙성 중 미생물 변화
– 발효 초기에 그람 음성균인 *Aeromonas* 속과 그람양성균이 *Bacillus* 속이 발견되고 이어서 그람 양성균이 젖산균이 발효를 주도함 – 말기에는 효모들에 의한 작용으로 연부현상 일어남

57 유통기한의 설정을 위한 고려사항과 거리가 먼
것은?

① 포장재질   ② 보존조건
③ 원류의 생산지   ④ 유통실정

유통기한 설정
식품제조·가공업자는 포장 재질, 보존 조건, 제조방법, 원료 배합 비율 등 제품의 특성과 냉장 또는 냉동 보존 등 기타 유통기한 설정을 고려하여 위해방지와 품질 보장할 수 있도록 유통기한 설정을 위한 길험을 통하여 유통기한 설정함

58 육가공에서 훈연과 기능이 아닌 것은?

① 독특한 풍미를 부여한다.

② 저장성이 향상된다.

③ 수분을 감소시킨다.

④ 미생물의 생육을 향상시킨다.

육제품 훈연 목적
– 연기성분에 의한 보존 효과로 저장기간 연장 – 표면의 수분을 제거하여 미생물 증식 억제 – 지방의 산화방지, 특유의 색과 향 증진

59 가축의 사후경직 현상에 해당되지 않는 것은?

① 근육이 굳어져 수축, 경화된다.

② 고기의 pH가 낮아진다.

③ 젖산이 생성된다.

④ 단백질의 가수분해 현상인 자기소화가 나
타난다.

식육의 사후경직과 숙성	
도축	도축(pH 7) → 글리코겐 분해 → 젖산생성 → pH 저하
사후 강직	– 초기 사후 강직(pH 6.5) – ATP → ADP → AMP, 액토미오신 생성 – 최대 사후강직(pH 5.4) – 해당작용(혐기적 대사), 근육강직, 젖산생성, pH 낮음 – 글리코겐 감소, 젖산 증가
숙성	– 퓨린염기, ADP, AMP, IMP, 이노신, 히포크산틴 증가 – 단백질 가수분해 – 액토미오신 해리 – Hemoglobin이나 Myoglobin은 Fe^{2+}에서 Fe^{3+}로 전환 – 적자색에서 선홍색으로 변화

60 우유의 균질화 목적이 아닌 것은?

① 지방의 분리 방지

② 커드의 연화

③ 미생물의 발육 억제

④ 지방구의 미세화

우유 균질화(Homogenization)	
정의	우유 지방구의 물리적 충격을 가해 지방구의 크기를 작게 만드는 작업
목적	– 지방구 분리 방지(크림 생성 방지) – 지방구 미세화 – 유화 안정성 – 조직 균일화 – 커드 연하게 되어 소화율 높아짐 – 우유 점도 높아짐 – 지방 산화 방지

💡 **정답** 56 ① 57 ③ 58 ④ 59 ④ 60 ③

61 우유 중의 세균 오염도를 간접적으로 측정하는 데 주로 사용하는 방법으로 생균수가 많을수록 탈수소능력이 강해지는 성질을 이용하는 것은?

① 산도 시험
② 알코올침전 시험
③ 포스포타아제 시험
④ 메틸렌블루 환원 시험

🔍해설

우유의 신선도 시험	
산도시험	– 우유의 산패 여부와 이상유(유방염유, 변질유 등) 판정
알코올침전시험	– 70% 알코올에 의해 우유의 신선도 (산패우유)와 열안정성 판정
포스파타아제 시험	– 저온살균우유의 완전살균 여부 판정 – 소의 결핵균 사멸온도와 염기성 포스파타아제의 실활 온도와 일치하므로 가열처리의 기준으로 활용
메틸렌블루환원 시험	– 간접적으로 세균의 오염도 측정 – 메틸렌블루가 탈수소효소에 의해 환원탈색하는 원리 이용

62 리파아제 생성력이 있어서 버터와 마가린의 부패에 관여하는 것은?

① *Candida tropicalis*
② *Candida albicans*
③ *Candida utilis*
④ *Candida lipolytica*

🔍해설

– *Candida tropicalis* : 사료, 효모 제조 균주로 사용되며, 균체단백질 제조용의 석유효모로서 이용
– *Candida albicans* : 사람의 피부, 인후점막 등에 기생하여 candidasis를 일으키는 병원균
– *Candida utilis* : pentose 당화력과 비타민 B1 축적력이 강하여 사료 효모 제조에 사용되고 균체는 inosinic acid의 원료로 사용
– *Candida lipolytica* : *Candida rugosa*와 같이 강한 lipase 생성 효모로 알려져 있고 버터와 마가린의 부패에 관여

63 그람염색에 사용되지 않는 물질은?

① crystal violet
② methylene biue
③ safranine
④ lugol 용액

🔍해설

그람 염색
– 그람 염색 순서 도말(smearing) → 건조(drying) → 고정(firming) → 염색(staining) → 수세(washing) → 건조(drying) → 검경(speculum)
– 그람 염색약 crystal violet, iodine(lugol액), alcohol, safranin

64 식초 제조에 이용될 종초의 필요조건이 아닌 것은?

① 알코올에 대한 내성이 적을 것
② 산생성력이 크고, 산을 산화시키지 않는 것
③ 방향성 ester류를 합성할 것
④ 산에 대한 내성이 클 것

🔍해설

종초의 필요조건
– 생육 및 산의 생성 속도가 빨라야 함 – 생성량이 많아야 함 – 가능한 다시 초산을 산화(과산화)하지 않아야 함 – 초산 이외에 유기산류나 향기성분인 에스테르류를 생성해야 함 – 알코올에 대한 내성 강해야 함 – 잘 변성되지 않아야 함

65 우유의 변색 또는 변패를 일으키는 균과 색의 연결이 서로 틀린 것은?

① *pseudomonas syncyanea* – 청색
② *Serratia marcescens* – 황색
③ *pseudomonas fluorescens* – 녹색
④ *Brevibacterium erythrogenes* – 적색

🔍해설

Serratia marcescens : 우유나 육류의 표면에 감염되어 적색을 나타낸다.

정답 61 ④ 62 ④ 63 ② 64 ① 65 ②

66 탄수화물 대사에 관한 설명 중 틀린 것은?

① EMP는 산소가 관여하지 않는다.

② 호기적 분해는 HMP 경로이다.

③ TCA 회로는 피루빈산이 완전히 산화하여 CO_2와 H_2O 및 에너지를 생성한다.

④ HMP경로에서는 EMP와 같이 NADP와 ATP를 필요로 한다.

◯ 해설

오탄당인산회로(HMP)

• Pentose Phosphate Pathway
• Hexose Monophosphate Pathway(HMP)
• Phosphogluconate pathway
• 세포질 효소에 의해 촉매되는 글루코스의 또 다른 분해과정이지만 해당과정과 달리 ATP를 생성하지 않는 대신 NADPH를 생성한다.
• HMP 목적
  – 포도당으로부터 리보오스(핵산구성성분)를 생성하는 과정으로서, NADPH 생성함
  – 주로 피하지방조직, 간, 적혈구, 부신피질, 고환 등에서 활발히 진행 : NADPH는 지방산과 스테로이드 호르몬(성호르몬, 부신피질호르몬) 합성에 이용함
  – 해당과정 및 당신생 과정의 중간체 생성

67 곰팡이의 분류에 대한 설명으로 틀린 것은?

① 진균류는 조상균류와 순정균류로 분류된다.

② 순정균류는 자낭균류, 담자균류, 불완전균류로 분류된다.

③ 균사에 격막(격벽, septa)이 없는 것을 순정균류, 격막을 가진 것을 조상균류라 한다.

④ 조상균류는 호상균류, 접합균류, 난균류로 분류된다.

◯ 해설

곰팡이
– 균사 조각이나 포자에 의해 증식 – 곰팡이의 균사는 단단한 세포벽으로 되어 있고 엽록소가 없음 – 다른 미생물에 비해 비교적 건조한 환경에서 생육 가능

곰팡이 분류			
생식 방법	무성 생식	세포핵 융합없이 분열 또는 출아증식 포자낭포자, 분생포자, 후막포자, 분절포자	
	유성 생식	세포핵 융합, 감수분열로 증식하는 포자 접합포자, 자낭포자, 난포자, 담자포자	
균사 격벽 (격막) 존재 여부	조상 균류 (격벽 없음)	– 무성번식 : 포자낭포자 – 유성번식 : 접합포자, 난포자	
		거미줄곰팡이(*Rhizopus*) – 포자낭 포자, 가근과 포복지를 각 가짐 – 포자낭병의 밑 부분에 가근 형성 – 전분당화력이 강하여 포도당 제조 – 당화효소 제조에 사용	
		털곰팡이(*Mucor*) – 균사에서 포자낭병이 공중으로 뻗어 공모양의 포자낭 형성	
		활털곰팡이(*Absidia*) – 균사의 끝에 중축이 생기고 여기에 포자낭을 형성하여 그 속에 포자낭포자를 내생	
균사 격벽 (격막) 존재 여부	순정 균류 (격벽 있음)	자낭균류	– 무성생식 : 분생포자 – 유성생식 : 자낭포자
			누룩곰팡이(*Aspergillus*) – 자낭균류의 불완전균류 – 병족세포 있음
			푸른곰팡이(*Penicillium*) – 자낭균류의불완전균류 – 병족세포 없음
			붉은 곰팡이(*Monascus*)
		담자균류	버섯
		불완전균류	푸사리움

68 고정화 효소를 공업에 이용하는 목적이 아닌 것은?

① 효소를 오랜 시간 재사용할 수 있다.

② 연속반응이 가능하여 안정성이 크며 효소의 손실도 막을 수 있다.

③ 기질의 용해도가 높아 장기간 사용이 가능하다.

④ 반응생성물의 정제가 쉽다.

해설

고정화 효소

- 효소의 활성을 유지시키기 위해 불용성인 유기 또는 무기운반체에 공유결합 따위로 고정시키는 것
- 이용목적
  - 효소의 안정성 증가
  - 효소를 오랜 시간 재사용 가능
  - 연속반응 가능하며 효소 손실 막음
  - 반응생성물 순도 및 수득률 향상

69 여러 가지 선택배지를 이용하여 미생물 검사를 하였더니 다음과 같은 결과가 나왔다. 다음 중 검출 양성이 예상되는 미생물은?

a	EMB Agar 배지 진자주색 집락
b	XLD Agar 배지 금속성 녹색 집락
c	MSA 배지 황새 불투명 집락
d	TCBS Agar 배지 분홍색 불투명 집락

① 장염비브리오균　② 살모넬라균
③ 대장균　　　　　④ 황색포도상구균

해설

황색포도상구균

- EMB(Eosin Methylene Blue)Agar 배지
  젖당 발효 세균(대장균)에서 짙은 보라색
- MSA(Mannitol Salt Agar)배지
  만니톨 발효 세균(황색포도상구균)에서 황색 불투명 집락

70 젖당을 분해하여 CO_2와 H_2 가스를 생성하는 세균은?

① 대장균　　　　② 초산균
③ 젖산균　　　　④ 프로피온산균

해설

대장균

- 사람, 포유동물의 대표적인 장내 세균
- 그람 음성, 호기성 또는 통성혐기성, 주모성편모, 무포자 간균
- 유당을 분해하여 이산화탄소와 수소가스를 생성
- 대장균군 분리동정에 유당을 이용한 배지 사용
- 분변오염의 지표세균

71 효모에 의한 ethyl alcohol 발효는 어느 대사경로를 거치는가?

① EMP　　② TCA
③ HMP　　④ ED

해설

주정발효

포도당으로부터 EMP 경로(해당과정)를 거쳐 생성된 피루브산이 이산화탄소의 이탈로 아세트알데하이드로 되고 다시 환원되어 주정을 생성하게 된다.

72 발효소시지 제조에 관여하는 주요 질산염 환원균은?

① *Lactovacillus* 속　② *Pediococcus* 속
③ *Microxoccus* 속　④ *Streptococcus* 속

해설

질산염 환원균

- 육제품의 염지에서 *Micrococcus* 속은 질산염 환원능력에 의한 아질산을 생성하며 고기의 육색 고정
- 발색은 pH의 영향을 받으며 산성조건하에서 진행이 쉽기 때문에 포도당으로부터 산을 생성하는 *Micrococcus* 속은 고기색깔에 큰 영향을 미침

73 Clostridium 속 세균 중 단백질 분해력보다 탄수화물 발효능이 더 큰 것은?

① *Clostridium perfringens*
② *Clostridium botulinum*
③ *Clostridium acetobutylicum*
④ *Clostridium sporogenes*

해설

Clostridium acetobutylicum

단백질 분해력보다 탄수화물 발효능력이 더 큰 세균
전분질 및 당류를 발효하여 아세톤, 부탄올, 에탄올, 낙산, 초산, 이산화탄소 및 수소 등을 생성

74 맥주 제조용 보리에서 발아 시 생성되는 효소는?

① cytase   ② cellulase

③ amylase   ④ lopase

🔍해설

맥주
보리의 전분질을 맥아의 당화효소(amylase)로 당화시킨다

75 박테리오파지가 문제 시 되지 않는 발효는?

① 젖산균 요구르트 발효

② 항생물질 발효

③ 맥주 발효

④ glutamic acid 발효

🔍해설

박테리오파지(Bacteriophage)
– 세균(bacteria)과 먹는다(phage)가 합쳐진 합성어로 세균을 죽이는 바이러스라는 뜻임 – 동식물의 세포나 미생물의 세포에 기생 – 살아있는 세균의 세포에 기생하는 바이러스 – 세균여과기를 통과 – 독자적인 대학 기능은 없음 – 한 phage의 숙주균은 1균주에 제한 (phage의 숙주특이성) – 핵산(DNA와 RNA) 중 어느 한 가지 핵산만 보유(대부분 DNA) – 박테리오파지 피해가 발생하는 발효 : 요구르트, 항생물질, glutamic acid 발효, 치즈, 식초, 아밀라제, 납두, 핵산관련물질 발효 등

76 미생물의 명명에서 종의 학명이란?

① 과명과 종명   ② 속명과 종명

③ 과명과 속명   ④ 목명과 과명

🔍해설

종의 학명
– 각 나라마다 다른 생물의 이름을 국제적으로 통일하기 위하여 붙인 이름 – 린네의 이명법을 세계 공통으로 사용 – 학명의 구성 : 속명과 종명의 두 단어로 나타내며, 여기에 명명자를 더하기도 함 – 이명법 : 속명+종명+명명자 이름 – 속명과 종명은 라틴어 또는 라틴화한 단어로 나타내어 이탈릭체를 사용 – 속명 첫 글자 : 대문자, 종명 첫글자 : 소문자

77 다음 중 글루타민산을 생산하는 우수한 생산균주가 아닌 것은?

① *Pseudomonas* 속

② *Brecivacterium* 속

③ *Corynebacterium* 속

④ *Microbacterium* 속

🔍해설

glutamic acid 발효에 사용되는 맥주
Brecivacterium lactofermentum Corynebacterium glutamicum (발견당시 *Micrococcus glutamicus*) *Microbacterium album* 등

78 빵효모 발효 시 발효 1시간후(t_1 = 1)의 효모량이 102g, 발효 11시간 후(t_2 = 11)의 효모량이 103g 이라면, 지수계수 M은?

① 0.133   ② 0.2303

③ 0.311   ④ 0.4101

🔍해설

효모의 증식상태
$X_2 = X_1 e u (t_2 - t_1)$ X_1, X_2 : 각 시간 t_1, t_2의 효모량 μ : 단위 균체량당 증식 속도 $\mu = \dfrac{2.303 \log\left(\frac{X_2}{X_1}\right)}{(t_2 - t_1)} = \dfrac{2.303 \log\left(\frac{10^3}{10^2}\right)}{10} = 0.2303$

79 청주 제조용 종국제종 있어 재를 섞는 목적이 아닌 것은?

① Koji 균에 무기성분 공급

② 유해균의 발육저지

③ 특유한 색깔 조절

④ 적당한 pH조제

🔍해설

청주 종국 제조 시 나무재의 사용 목적
– 국균(koji)에 무기성분 공급 – pH 높여서 잡균의 번식 방지 – 국균이 생산하는 산성물질 중화 – 포자형성 양호하게 해줌

80 발효 효모의 가장 주된 영양원이 될 수 있는 식품은?

① 밥　　　　　　② 우유
③ 쇠고기　　　　④ 포도즙

5 식품제조공정

81 10% 고형분을 함유한 사과주스를 농축장치를 사용하여 50% 고형분을 함유한 농축사과주스로 제조하고자 한다. 원료주스를 100Kg / h 속도로 투입하면 농축주스의 몇 kg / h인가?

① 500　　　　　② 400
③ 200　　　　　④ 800

82 다음 중 가장 입자가 작은 가루는?

① 10메시 체를 통과한 가루
② 30메시 체를 통과한 가루
③ 50메시 체를 통과한 가루
④ 100메시 체를 통과한 가루

83 24%(습량기준)의 수분을 함유하는 곡물 20ton을 14%(습량기준)까지 건조하기 위해서 제거해야 하는 수분량은 얼마인가?

① 2,325 kg　　　② 4,650 kg
③ 6,975 kg　　　④ 9,300 kg

84 분쇄에 사용되는 힘의 성질 중 충격력을 이용하여 여러 종류의 식품을 거칠게 또는 곱게 분쇄하는데 사용되며, 회전자(rotor)가 포함된 설비는?

① 헤머 밀　　　　② 디스크 밀
③ 볼 밀　　　　　④ 롤 밀

85 물을 통과하지만 소금은 통과하지 않는 정밀한 아세트산 셀룰로오스, 폴리설폰 등으로 바닷물을 밀어내어 소금은 남기고, 물만 통과시키는 막분리 여과는?

① 한외 여과법
② 역삼투법
③ 투석법
④ 정밀 여과법

역삼투압법
– 바닷물을 민물로 만들기 위하여 개발된 기술
– 바닷물에서 소금성분 등은 남기고 물 성분만 통과시키는 막분리 여과법
– 반투막 사이로 삼투압보다 높은 압력을 가하여 순도가 높은 물을 얻는 방법

86 열에 민감하고 점도가 낮은 식품을 가열할 때 사용하며, 식품 공업에서 가장 널리 사용되는 열교환기는?

① 판형 열교환기
② 회전식 열교환기
③ 통관식 열교환기
④ 이중관식 열교환기

판형 열교환기(평판 열교환기)
– 0.5mm두께의 얇은 스테인리스 강철판을 파형으로 가공하여 강도를 높이고, 여러 장의 평판을 약 4~7mm의 간격을 두고 겹쳐 조립한 상태
– 우유와 가열매체 또는 냉각매체가 한 장의 평판을 사이에 두고 반대방향으로 흐르면서 평판을 통하여 열을 교환
– 예열부, 가열부, 유지부, 냉각부의 4개 부분으로 구성
– 우유, 주스 등 액체식품을 연속적으로 HTST 또는 UHT법으로 살균 처리할 때 이용

87 식품의 여과를 위한 역삼투에 대한 설명으로 틀린 것은?

① 높은 압력이 요구된다.
② 가열하지 않고 고농축액을 만들 수 있다.
③ 막은 삼투압보다 높은 압력에 견딜 수 있다.
④ 고분자량 물질의 분리 경제에 이용된다.

역삼투압법
– 바닷물을 민물로 만들기 위하여 개발된 기술
– 바닷물에서 소금성분 등은 남기고 물 성분만 통과시키는 막분리 여과법
– 반투막 사이로 삼투압보다 높은 압력을 가하여 순도가 높은 물을 얻는 방법

88 살균 후 위생상 문제가 되는 미생물이 생존할 수 없는 수준으로 살균하는 방법을 의미하는 용어는?

① 저온 살균법
② 포장 살균법
③ 상업적 살균법
④ 열탕 살균법

상업적 살균
– 살균 후 위생상 문제가 되는 미생물이 생존할 수 없는 수준으로 살균하는 방법을 의미
– 가열살균에 있어서 식품의 저장성과 품질을 양립시킬 수 있는 최저한도의 열처리를 말한다.
– 식품의 품질을 최대한 유지하기 위하여 식중독균이나 부패에 관여하는 미생물만을 선택적으로 살균하는 기법
– 보통의 상온 저장조건 하에서 증식할 수 있는 미생물을 사멸된다.
– 산성의 과일통조림에 많이 이용된다.

89 식품이 분쇄기 선정 시 고려할 사항이 아닌 것은?

① 원료의 경도와 마모성
② 원료의 미생물학적 안전성
③ 원료의 열에 대한 안정성
④ 원료의 구조

분쇄기 선정 시 고려사항
– 원료의 크기, 원료의 특성, 분쇄 후의 입자 크기, 입도 분포, 재료의 양, 습식 건식의 구별, 분쇄 온도 등
– 열에 민감한 식품의 경우에는 식품 성분의 열분해, 변색, 향기의 발산 등도 고려해야 함

💡 **정답** 85 ② 86 ① 87 ④ 88 ③ 89 ②

90 분무 건조기의 분무장치 중 액체 속의 고형분 마모의 위험성이 가장 낮고 원료 유량을 독립적으로 변화시킬 수 있는 것은?

① 압력 노즐　　　　② 원심 분무기
③ 2류체 노즐　　　　④ 사이클론

🔍해설

> 원심분무기는 분무 건조기의 분무장치 중 액체 속의 고형분 마모의 위험성이 가장 낮고 원료 유량을 독립적으로 변화시킬 수 있는 기기

91 식품 공업에서 적용하고 있는 식품의 가열 살균에 대한 설명으로 옳은 것은?

① 효소의 활성을 촉진시킨다.
② 미생물의 완전사멸이 주목적이다.
③ 품질손상보다 보존성 향상이 최우선이다.
④ 미생물을 최대로 사멸하면서 품질 저하를 최소화하는 조건에서 살균한다.

🔍해설

식품의 가열 살균 목적
– 품질 손상을 최소화하는 조건에서 미생물을 최대로 사멸 – 효소 불활성화 – 보존성 향상 – 휘발성 이취를 제거하여 풍미 개선

92 저온의 금 속판 사이에 식품을 끼워서 동결하는 방법은?

① 담금동결법　　　　② 접촉동결법
③ 공기동결법　　　　④ 이상동결법

🔍해설

동결법 종류	
담금동결법	방수성 플라스틱 필름으로 밀착 포장한 식품에 브라인을 분무하거나 침지하여 동결하는 방법
접촉동결법	저온의 금속판 사이에 식품 끼워서 동결하는 방법
공기동결법	냉동식 내부에 냉각관을 선반모양으로 조립하여 그 위에 식품을 올려 놓고 −30°C∼−25°C의 공기를 서서히 순화시켜 3∼72시간 동안 동결하는 방법
이상동결법	액화가스를 이용하여 식품을 동결하는 방법

93 식품 성분의 초임계 유체 추출에 주로 사용되는 물질은?

① 질소　　　　　　　② 산소
③ 암모니아　　　　　④ 이산화탄소

🔍해설

초임계 유체 추출에 주로 사용하는 용매
• 기존 추출은 대부분의 경우가 유기용매에 의한 추출이며 모두가 인체에 유해한 물질이다 • 초임계 이산화탄소 추출의 장점 　– 인체에 무해한 이산화탄소를 용매로 사용 　– 초임계 이산화탄소 용매의 경우 온도와 압력의 조절만으로 선택적 물질 추출 가능

94 육류, 신선한 과실 등 섬유조직을 가진 제품을 분쇄(절단포함) 할 때 사용되는 설비가 아닌 것은?

① 슬라이싱　　　　　② 다이싱
③ 펄핑　　　　　　　④ 소프터닝

🔍해설

분쇄에 이용되는 기기 형태
• 섬유상 식품의 분쇄 　– 대부분의 고기와 과일 및 야채는 섬유상식품으로 규정할 수 있음 　– Slicing 장치, Dicing 장치, Flaking 장치, Shredding 장치, Pulping 장치 • 입자크기에 따른 분쇄 　– 건식분쇄와 습식 분쇄가 있다. 　– 입자크기에 따라 조분쇄기, 세분쇄기, 미분쇄기 　– 분쇄원리에 따라 압력분쇄, 충격분쇄, 전단력 마쇄 등 • 조분쇄기 　– 예비분쇄기라고도 하며, 조분쇄기와 임팩트 분쇄기가 있음 　– 원료의 분쇄크기를 4∼5cm 이하로 분쇄 　– 저쇄기, 선동분쇄기 • 중간분쇄기 　– 1∼4cm 또는 0.2∼0.5mm까지 분쇄 　– 원추형분쇄기, 해머밀 　– 결정형고체, 섬유형고체, 채소류 등 분쇄 • 미분쇄기 　– 분쇄매체를 원료와 같이 회전시켜 충격, 마찰 등의 힘을 이용하여 분쇄하는 기계 　– 텀블링 밀이라고도 함 　– 보올밀(보올회전), 로드밀(원통형), 에지러너(원반과 두 개의 롤 회전), 터보밀(고주파 진동), 버밀과 롤러밀(전단에 의해 분쇄) • 초미 분쇄기 　– 수 μm의 미세한 분쇄물 얻는 조작 　– 제트밀, 진동밀, 콜로이드밀, 원판분쇄기 등

💡정답　**90** ②　**91** ④　**92** ②　**93** ④　**94** ④

95 식용유지류 제조 시 압착 또는 초임계추출로 얻어진 원유에 자연정치, 여과 등의 추가 공정을 실시하는 주된 이유는?

① 냄새를 제거하기 위하여
② 미생물의 오염장지를 위하여
③ 유통기한을 연장시키기 위하여
④ 침전물을 제거하기 위하여

🔍 해설

식용유지류 제조 시 압착 또는 초임계추출로 얻어진 원유에 자연정치, 여과 등의 추가 공정으로 침전물을 제거한다.

96 다음 중 효과적인 액체 혼합에 적합하지 않은 것은?

① 장애판   ② 원심력
③ 상승류   ④ 와류

🔍 해설

교반기를 액체 속에 넣고 회전시키면 와류(vortex)가 발생되어 혼합을 방해하기 때문에 장애판(buffle)을 설치하여 이를 방지한다.

97 방사선조사에 대한 설명 중 틀린 것은?

① 방사선 조사 시 식품의 온도상승은 거의 없다.
② 처리시간이 짧아 전 공정을 연속적으로 작업할 수 있다.
③ 10kGy 이상의 고 선량조사에도 식품성분에 아무런 영향을 미치지 않는다.
④ 방사선에너지가 식품에 조사되면 식품 중의 일부 원자는 이온이 된다.

🔍 해설

식품의 방사선 조사
– 방사선 물질을 조사시켜 살균하는 저온살균법(냉살균) – ^{60}Co의 감마선(γ−선)이 살균력이 강하고 반감기가 짧아 많이 사용

목적	– 식품 등의 발아억제 – 해충 및 기생충 제거 – 식중독균 억제 – 저장기간 연장으로 식품보존성 연장 – 과일 · 채소의 숙도지연 및 물성개선
장점	– 제품 포장상태에서 방사선 조사 가능 – 조사된 식품의 온도상승이 거의 없기 때문에 가열처리 할 수 없는 식품이나 건조식품 및 냉동식품에 적용가능 – 화학적 변화가 매우 적은 편 – 연속처리 가능 – 저온 가열 진공 포장 등을 병용하여 방사선 조사량을 최소화 가능 – 1KGy 이하의 저선량 방사선 조사를 통해 기생충 사멸, 숙도 지연 등의 효과를 얻을 수 있음
단점	– 10KGy 이하의 방사선 조사로는 모든 병원균을 완전히 사멸시키지는 못함 – 외관상 비조사식품과 조사식품의 구별이 어려워 문구 및 표시 도안 필요 – 방사선 조사식품 섭취에 따른 유해성 거론 – 소비자의 조사식품 기피

98 다음 가공식품 중 주로 압출 성형 방법으로 제조된 것은?

① 식빵
② 마카로니
③ 젤리
④ 빙과류 아이스크림

🔍 해설

성형기 종류	특징
주조성형기	– 일정한 모양을 가진틀에 식품을 담고 냉각 혹은 가열 등의 방법으로 고형화시키는 기기 – 크림, 젤리, 빙과, 빵, 과자 등 제조
압연성형기	– 분체식품을 반죽하여 롤러로 얇게 늘리어 면대를 만든 후 세절, 압인 또는 압절하여 성형하는 기기 – 국수, 껌, 도넛, 비스킷 등 제조
압출성형기	– 고속스크류에 의해 혼합, 전단, 가열작용을 받아 고압, 고온에서 혼합, 가열, 팽화, 성형되는 기기 – 마카로니, 소시지, 인조육 제품 등 가공 이용

절단성형기	– 칼날이나 톱날을 사용하여 식품을 일정한 크기와 모양으로 만드는 성형기기 – 치즈, 두부 절단 등에 이용
과립성형기	– 분말화 – 분말주스, 커피분말, 이스트 등 제조

99 증기가압살균장치(retort)에 필요하지 않은 것은?

① 유양계
② 안전판
③ 자동기록 온도계
④ 압력계

 해설

증기가압살균장치

– 레토르트는 수증기나 냉각수 또는 압축공기를 공급할 수 있는 장치와 배기 및 배수를 위한 장치 설치
– 레토르트 내부의 온도와 압력을 측정하고 조절할 수 있는 장치 장착
– 안전밸드 설치

100 식품원료의 크기, 모양, 무게, 색깔 등의 물리적 성질의 차를 이용하여 분리하는 조작은?

① 추출　　　　　② 여과
③ 원심분리　　　④ 선별

 해설

선별

(1) 선별 정의
　• 수확한 원료에 불필요한 화학적 물질(농약, 항생물질), 물리적 물질(돌, 모래, 흙, 금속, 털 등) 등을 측정 가능한 물리적 성질을 이용하여 분리ㆍ제거하는 공정
　• 크기, 모양, 무게, 색의 4가지 물리적 특성 이용
(2) 선별방법
　1) 무게에 의한 선별
　• 무게에 따라 선별
　• 과일, 채소류의 무게에 따라 선별
　• 가장 일반적 방법
　• 선별기 종류: 기계선별기, 전기-기계선별기, 물을 이용한 선별기, 컴퓨터를 이용한 자동선별기

　2) 크기에 의한 선별(사별공정)
　• 두께, 폭, 지름 등의 크기에 의해 선별
　• 선별방법
　　– 덩어리나 가루를 일정 크기에 따라 진동체나 회전체 이용하는 체질에 의해 선별하는 방법
　　– 과일류나 채소류를 일정 규격으로 하여 선별하는 방법
　　– 선별기 종류 : 단순체 스크린, 드럼스크린을 이용한 스크린 선별기, 롤러선별기, 벨트식선별기, 공기이용선별기
　3) 모양에 의한 선별
　• 쓰이는 형태에 따라 모양이 다를 때 (둥근감자, 막대모양의 오이 등) 사용
　• 선별방법
　　– 실린더형 : 회전시키는 실린더를 수평으로 통과시켜 비슷한 모양을 수집
　　– 디스크형 : 특정 디스크를 회전시켜 수직으로 진동시키면 모양에 따라 각각의 특정 디스크 별로 선별
　• 선별기기
　　– belt roller sorter, variable-aperture screen
　4) 광학에 의한 선별
　• 스펙트럼의 반사와 통과 특성을 이용하는 X-선, 가시광선, 마이크로파, 라디오파 등의 광범위한 분광스펙트럼을 이용하여 선별
　• 선별방법 : 통과특성 이용법, 반사특성 이용법
　　– 통과특성 이용하는 선별 : 식품에 통과하는 빛의 정도를 기준으로 선별 (달걀의 이상여부 판단, 과실류 성숙도, 중심부의 결함 등)
　　– 반사특성을 이용하는 선별 : 가공재료에 빛을 쪼이면 재료 표면에서 나타난 빛의 산란, 복사, 반사 등의 성질을 이용해 선별. 반사정도는 야채, 과일, 육류 등의 색깔에 의한 숙성 정도 등에 따라 달라짐
　　– 기타 : 기기적 색채선별방법과 표준색과의 비교에 의한 광학적 색채선별로 직접육안으로 선별하는 방법

1 식품위생학

1 우리나라 남해안의 항구와 어항 주변의 소라 고동 등에서 암컷에 수컷의 생식기가 생겨 붙임이 되는 임포섹스(Imposex) 현상이 나타나게 된 원인물질은?

① 트리부틸 주석(Tributyl tin)
② 폴리클로로비페닐(Polychrolobipheny)
③ 트리할로메탄(Trihalomethane)
④ 디메틸프탈레이트(Dimethyl phthalate)

🔍 해설

임포섹스 현상
– 환경호르몬에 의한 암수 혼합
– 암컷 몸에 수컷의 성기 발생 또는 수컷의 몸체에 암컷의 성기 생성
– 1969년 영국 플리마우스에 서식하는 고동 암컷에서 처음 발견
– 선박용 페인트 등에 함유된 트리부틸주석(TBT)이 바다를 오염

2 경구감염병의 특징이라고 할 수 없는 것은?

① 소량 섭취하여도 발병한다.
② 지역적인 특성이 인정된다.
③ 환자 발생과 계절과의 관계가 인정된다.
④ 잠복기가 짧다.

🔍 해설

경구 감염병과 세균성 식중독 차이		
항목	경구 감염병	세균성식중독
균특성	미량의 균으로 감염된다	일정량 이상의 다량균이 필요하다
2차 감염	빈번하다	거의 드물다
잠복기	길다	비교적 짧다

예방조치	전파 힘이 강해 예방이 어렵다	균의 증식을 억제하면 예방이 가능하다
면역	면역성 있다	면역성 없다

3 다음 중 *Aspergillus flavus*의 생육에 가장 적당한 조건은?

① 25~30℃, 상대습도 80%
② 10~15℃, 상대습도 60%
③ 0~5℃, 상대습도 60%
④ −5~0℃, 상대습도 70%

🔍 해설

아플라톡신(aflatoxin)	
– *Aspergillus flavus*, *Aspergillus parasticus*가 생성하는 곰팡이 독소	
– 강력한 간장독 성분으로 간암유발. 인체발암물질 group 1로 분류됨	
종류	– aflatoxin B_1, B_2, G_1, G_2, M_1, M_2 – aflatoxin B_{12} 급성과 만성독성으로 가장 강력함
특성	– 강산과 강알칼리에는 대체로 불안정 – 약 280℃이상에서 파괴되므로 일반식품조리 과정으로 독성제거 어려움
생성최적조건	– 수분 16% 이상 – 최적 온도 : 30℃ – 상대습도 80~85% 이상
원인식품	탄수화물이 풍부한 곡류에 잘 번식

4 도자기 또는 항아리 등에 사용되는 유약에서 특히 문제가 되는 유해금속은?

① 철
② 구리
③ 납
④ 주석

🔒 정답 1 ① 2 ④ 3 ① 4 ③

도자기 등에 사용되는 유약

납, 카드뮴, 아연 등 유해금속화합물이 용출될 위험 있음
유약은 산성식품 등에 의하여 납 등이 쉽게 용출

5 유해물질에 관련된 사항이 바르게 연결된 것은?

① Hg – 이타이이타이병 유발
② DDT – 유기인제
③ Parathion – Cholinesterase 작용
④ Dioxin –유해성무기화합물

해설

유해물질과 이의 특징	
수은(Hg)	미나마타병 유발
카드뮴(Cd)	이타이이타이병 유발
유기염소제	DDT, DDD, BHC, 알드린 독성은 적으나 체내 축적
유기인제	파라티온(Parathion) 말라티온(malathion) 다이아지논(diazinon) – 독성은 강하나 체내분해 빠름 – 체내 흡수 시 콜린에스터레이스(Cholinesterase) 작용억제로 아세틸콜린의 분해를 저해로 아세틸콜린 과잉축적으로 신경흥분전도 불가능
다이옥신 (Dioxin)	유해성 유기화합물

6 자가품질검사 기준에서 자가품질검사 주기의 적용시점은?

① 제품 제조일을 기준으로 산정한다.
② 유통기한 만료일을 기준으로 산정한다.
③ 판매 개시일을 기준으로 산정한다.
④ 품질유지 기한 만료일을 기준으로 산정한다.

해설

자가품질검사 기준에서 자가품질검사 주기의 적용시점은 제품 제조일을 기준으로 산정한다.

7 식품을 자외선으로 살균할 때의 특징이 아닌 것은?

① 유기물 특히 단백질 식품에 효과적이다.
② 조사 후 조사 대상물에 거의 변화를 주지 않는다.
③ 비열을 살균한다.
④ 살균효과는 대상물의 자외선 투과율과 관계가 있다.

해설

자외선 조사

– 자외선은 250~280nm(2500~2800Å)의 파장이 미생물의 핵 구성 물질에 잘 흡수되어 변성을 일으키는 것으로 영양형 및 아포에 강한 살균력 지니나 침투성이 없음.
– 자외성 살균등과의 거리가 가까울수록 효과 좋음. (물품과 조사거리 50cm 이내)
– 간편하고 내성이 없으며 변질 및 변형되지 않음.
– 모든 균종에 효과적이나 직접 닿는 부분만 살균. 투과력 낮음.
– 단백질과 공존 시 살균효과가 현저히 저하됨.
– 조사시에만 효과가 있고 잔류효과 없음.
– 결막염 원인

8 기타 영유아식에 사용할 수 있는 첨가물이 아닌 것은?

① L–시스틴
② 젤라틴
③ 스테비오사이드
④ 뮤신

해설

스테비오사이드
(스테비올배당체, 스테비올글리코시드)

– 감미료
– 식물 스테비아 잎의 단맛을 내는 화합물
– 감미료의 주성분은 스테비아
– 설탕, 포도당, 물엿, 벌꿀류에 사용하여서는 아니됨
– 기타 영유아식에 사용할 수 없는 첨가물

정답 **5** ③ **6** ① **7** ① **8** ③

9 착색료로서 갖추어야 할 조건이 아닌 것은?

① 인체 독성이 없을 것
② 식품의 소화흡수율을 높일 것
③ 물리화학적 변화에 안정할 것
④ 사용하기 간편할 것

식품 첨가물 구비조건
– 효과 및 안전성에 기초를 두고 최소한의 양을 사용할 것 – 식품첨가물의 정해진 기준 및 규격에 따라 사용할 것 – 인체 독성이 없을 것 – 물리화학적 변화에 안정할 것 – 사용하기 간편할 것 – 체내에 축적되지 않을 것 – 미량으로 효과가 있을 것 – 식품의 영양가를 유지할 것 – 식품의 외관을 좋게 할 것 – 가격 저렴 – 식품의 화학성분 등에 의해 그 첨가물 확인이 가능할 것 – 첨가물의 화학명과 제조방법 명확할 것 – 품질 특성 양호할 것 – 천연첨가물의 제조에 사용되는 추출용매는 식품첨가물 　공전에 등재된 것으로서 개별 규격에 적합한 것

10 식품의 원재료로부터 제조·가공, 보존, 유통, 조리 단계를 거쳐 최종 소비자가 섭취하기 전까지의 각 단계에서 발생할 우려가 있는 위해요소를 규명하고 중점적으로 관리하는 것은?

① GMP 제도
② 식품안전관리인증기준
③ 위해식품 자진 회수 제도
④ 방사 살균(Radappertization) 기준

HACCP (Hazard Analysis Critical Control Point)
영문 약자로 "해썹" 또는 "식품 및 축산물 안전관리인증기준"이라 일컬음
식품·축산물의 원료관리, 제조·가공·조리·선별·포장·소분·보관·유통·판매의 모든 과정에서 위해한 물질이 식품 또는 축산물에 섞이거나 식품 또는 축산물이 오염되는 것을 방지하기 위하여 각 과정의 위해요소를 확인·평가하여 중점적으로 관리하는 기준

– 위해요소분석(HA, Hazard Analysis)과 주요관리점(CCP, Critical Control Point)으로 구성
– 위해요소분석(HA)은 식품·축산물 안전에 영향을 줄 수 있는 위해요소와 이를 유발할 수 있는 조건이 존재하는지 여부 판별하기 위하여 필요한 정보를 수집하고 평가하는 일련의 과정
– 주요관리점(CCP)은 안전관리기준을 적용하여 식품·축산물의 위해요소를 예방·제어하거나 허용수준이하로 감소시켜 당해 식품·축산물의 안전성을 확보할 수 있는 중요한 단계·과정 또는 공정

11 식중독의 역학조사 시 원인규명이 어려운 이유가 아닌 것은?

① 조사 전에 치료가 되어 환자에게서 원인물질이 검출되지 않는 경우가 발생하므로
② 식품의 냉동 냉장 보관으로 인해 원인물질(미생물, 화학물질)의 검출이 불가능하므로
③ 식중독을 일으키는 균이나 독소가 식품에 극미량 존재하므로
④ 식품이 여러 가지 성분으로 복잡하게 구성되어 있으므로

식중독의 역학조사 시 원인규명이 어려운 이유
– 식중독을 일으키는 균이나 독소가 식품에 극미량 존재하여 판정하기 어려운 경우 – 조사 전에 치료가 되어 환자에게서 원인물질이 검출되지 않는 경우 – 식품이 여러 가지 성분으로 복잡하게 구성되어 원인균 검출이 어려운 경우 – 환자의 검체 채취를 거부하거나, 항생제 치료에 의한 원인균이 검출되지 않는 경우

12 식품의 방사선 조사 처리에 대한 설명 중 틀린 것은?

① 외관상 비조사식품과 조사식품의 구별이 어렵다.
② 화학적 변화가 매우 적은 편이다.
③ 저온 가열 진공 포장 등을 병용하여 방사선 조사량을 최소화할 수 있다.

④ 투과력이 약해 식품내부의 살균은 불가능하다.

🔍 해설

식품의 방사선 조사

– 방사선 물질을 조사시켜 살균하는 저온살균법(냉살균)
– ^{60}Co의 감마선(γ−선)이 살균력이 강하고 반감기가 짧아 많이 사용

목적	– 식품 등의 발아억제 – 해충 및 기생충 제거 – 식중독균 억제 – 저장기간 연장으로 식품보존성 연장 – 과일 · 채소의 숙도지연 및 물성개선
장점	– 제품 포장상태에서 방사선 조사 가능 – 조사된 식품의 온도상승이 거의 없기 때문에 가열처리 할 수 없는 식품이나 건조식품 및 냉동식품에 적용가능 – 화학적 변화가 매우 적은 편 – 연속처리 가능 – 저온 가열 진공 포장 등을 병용하여 방사선 조사량을 최소화 가능 – 1KGy 이하의 저선량 방사선 조사를 통해 기생충 사멸, 숙도 지연 등의 효과를 얻을 수 있음
단점	– 10KGy 이하의 방사선 조사로는 모든 병원균을 완전히 사멸시키지는 못함 – 외관상 비조사식품과 조사식품의 구별이 어려워 문구 및 표시 도안 필요 – 방사선 조사식품 섭취에 따른 유해성 거론 – 소비자의 조사식품 기피

13 굴, 모시조개 등이 원인이 되는 동물성중독 성분은?

① 테트로도톡신   ② 삭시톡신
③ 리코핀   ④ 베네루핀

🔍 해설

곰팡이	생성 독소
Aspergillus flavus	Aflatoxin
Aspergillus versicolar	Sterigmatocystin
Fusarium graminearum	Zearalenone
Fusarium 속, *Trichaderma* 속	T−2 toxin
Penicillium citrinin	citrinin
Aspergillus ochraceus	Ochratoxin
Penicillium patulin	Patulin

자연독

독성분	독성 함유 식품
테트로도톡신	복어
삭시톡신	검은조개, 섭개, 대합
베네루핀	모시조개, 바지락, 굴
시쿠톡신	독미나리
무스카린	버섯
에르고톡신	맥각

* 리코핀(라이코펜) : 토마토 등에 함유된 카로티노이드계 색소

14 식중독균인 황색포도상구균(*Staphylococcus aureus*)과 이 균이 생산하는 독소인 Enterotoxin에 대한 설명 중 옳은 것은?

① 이 구균은 Coagulase 양성이고 Mannitol을 분해한다.
② 포자를 형성하는 내열성균이다.
③ 독소 중 A형만 중독 증상을 일으킨다.
④ 일반적인 조리 방법으로 독소가 쉽게 파괴된다.

🔍 해설

황색포도상구균(*Staphylococcus aureus*)

특성	– 원인균 : *Staphylococcus aureus* – 그람양성, 무포자 구균, 통성혐기성 – 내염성(염도 7% 생육 가능) – 산성이나 알칼리성에서 생존력 강함
독소	– enterotoxin(장내독소) – 내열성 강해 120℃ 20분 가열해도 파괴되지 않음. – 210℃ 30분 이상 가열해야 파괴되므로 조리방법으로 실활 시킬 수 없음
감염원	화농성 질환, 조리인의 화농 손, 유방염에 걸린 소 등
잠복기	0.5~6시간
원인식품	육제품, 유제품, 떡, 빵, 김밥, 도시락

15 *Aspergillus* 곰팡이 독소가 아닌 것은?

① 아플라톡신(Aflatoxin)

② 스테리그마토시스틴류
(Sterigmatocystin)

③ 제랄레논(Zearalenone)

④ 오크라톡신(Ochratoxin)

🔍해설

오크라톡신(*Ochratoxin*)
– *Penicillium ochraceus* 곰팡이가 옥수수에 기생하여 생산하는 곰팡이독 – 간장, 신장 장애

16 수인성 감염병의 특징이 아닌 것은?

① 단시간에 다수의 환자가 발생한다.

② 동일 수원의 급수지역에 환자가 현재된다.

③ 잠복기가 수 시간으로 비교적 짧다.

④ 원인 제거 시 발병이 종식될 수 있다.

🔍해설

경구 감염병과 세균성 식중독 차이		
항목	경구 감염병	세균성식중독
균특성	미량의 균으로 감염된다	일정량 이상의 다량균이 필요하다
2차 감염	빈번하다	거의 드물다
잠복기	길다	비교적 짧다
예방조치	전파 힘이 강해 예방이 어렵다	균의 증식을 억제하면 예방이 가능하다
면역	면역성 있다	면역성 없다

17 멜라민(Melamine)수지로 만든 식기에서 위생상 문제가 될 수 있는 주요 성분은?

① 비소   ② 게르마늄

③ 포름알데히드   ④ 단량체

🔍해설

포름알데히드(formaldehyde)
페놀(phenol, C_6H_5OH), 멜라민(melamine, $C_3H_6N_6$), 요소(urea, $(NH_2)_2CO$) 등과 반응하여 각종 열경화성 수지를 만드는 원료로 사용

18 보존료의 사용목적과 거리가 먼 것은?

① 수분감소의 방지   ② 신선도 유지

③ 식품의 영양가 보존   ④ 변질 및 부패방지

🔍해설

보존료(보존제)
– 식품의 부패 및 변질의 원인이 되는 미생물 증식을 억제하여 식품을 단기, 장기간 보존할 목적으로 사용되는 물질 – 미생물의 증식을 억제하는 정균작용 – 신선도 유지 – 식품의 영양가 보존

19 가공식품에 잔류한 농약에 대하여 식품의 기준 및 규격에 별도로 잔류허용기준을 정하지 않은 경우 무엇을 우선적으로 적용하는가?

① WHO 기준   ② FDA 기준

③ CODEX 기준   ④ FCC / CER 기준

🔍해설

가공식품에 잔류한 농약에 대하여 식품의 기준 및 규격에 별도로 잔류허용기준을 정하지 않은 경우 CODEX(국제식품규격위원회) 기준을 우선적으로 적용

20 식품의 제조 가공 공정에서 일반적인 HACCP의 한계기준으로 부적합한 것은?

① 생물수

② Aw와 같은 제품 특성

③ 온도 및 시간

④ 금속검출기 감도

🔍해설

한계기준(Critical Limit)
– 중요관리점(CCP)에서의 위해요소관리가 허용범위 이내로 충분히 이루어지고 있는지 여부를 판단할 수 있는 기준이나 기준치 – 현장에서 쉽게 확인 가능한 육안관찰이나 측정 수치 또는 특정 지표를 위해 아래와 같은 항목 필요 – 온도 및 시간, 수분활성도, 금속검출기 감도, pH, 염도, 관련 서류 등

21 유지를 가열하면 점도가 커지는 것은 다음 중 어느 반응에 의한 것인가?

① 산화반응
② 가수분해
③ 중합반응
④ 열분해반응

🔍 해설

유지 가열 시 생기는 변화
– 유지의 가열에 의해 자동산화과정의 가속화, 가열분해, 가열중합반응이 일어남
– 열 산화 : 유지를 공기중에서 고온으로 가열 시 산화반응으로 유지의 품질이 저하되고, 고온으로 장기간 가열 시 산가, 과산화물가 증가
– 중합반응에 의해 중합체가 생성되면 요오드가 낮아지고, 분자량, 점도 및 굴절률은 증가, 색이 진해지며, 향기가 나빠지고 소화율이 떨어짐
– 유지의 불포화지방산은 이중결합 부분에서 중합이 일어남
– 휘발성 향미성분 생성 : 하이드로과산화물, 알데히드, 케톤, 탄화수소, 락톤, 알코올, 지방산 등
– 발연점 낮아짐
– 거품생성 증가

유지 산패의 종류		
가수분해에 의한 산패	화학적 가수분해	트리아실글리세롤이 수분에 의해 글리세롤과 유리지방산으로 분해
	효소적 가수분해	라이페이스의 지방효소에 의해 글리세롤과 유리지방산으로 분해
산화에 의한 산패	자동산화에 의한 산패	– 공기 중에 산소가 유지에 흡수되어 초기, 전파연쇄, 종결반응 단계로 자동산화 일어남 – 초기반응단계 : 유리라디칼 형성 – 전파연쇄반응단계 : 과산화물생성 – 종결반응단계 : 중합체 생성, 알코올류, 카보닐화합물, 산류, 산화물 등 생성. 과산화물가와 요오드가 감소, 이취, 점도 및 산가 증가

	가열에 의한 산패	유지의 고온으로 가열하면 가열산화가 일어나며 자동산화 과정의 가속화, 가열분해, 가열중합반응 등이 일어남 유지점도 증가, 기포생성
산화에 의한 산패	효소에 의한 산패	유지의 지방산화효소인 리폭시게네이스에 의해 불포화지방산을 촉진
변향에 의한 산패		정제된 유지에서 정제 전의 냄새가 발생하는 현상. 변향취와 산패취가 다름

22 감귤류에 특히 많은 유기산은?

① Tartaric acid
② Citric acid
③ Succinic acid
④ Acetic acid

🔍 해설

식품에 함유된 유기산
– 오렌지류, 복숭아, 딸기 : 구연산
– 사과 : 사과산
– 포도 : 주석산

23 유화액의 수중유적형과 유중수적형을 결정하는 조건으로 가장 거리가 먼 것은?

① 유화제의 성질
② 물과 기름의 비율
③ 유화액의 방치시간
④ 물과 기름의 첨가 순서

🔍 해설

유화제(계면활성제)
• 한 분자 내에 친수성기(극성기)와 소수성기(비극성기)를 모두 가지고 있으며 식품을 유화시키기 위하여 사용하는 물질로 기름과 물의 계면장력을 저하시킴 • 친수성기(극성기) : 물 분자와 결합하는 성질 $-COOH$, $-NH_2$, $-CH$, $-CHO$등 • 소수기(비극성기) : 물과 친화성이 적고 기름과의 친화성이 큰 무극성원자단 $-CH_3-CH_2-CH_3$ $-CH_4$ $-CCl$ $-CF$ • HLB(Hydrophilie-Lipophile Balance) – 친수성친유성의 상대적 세기 – HLB값 8~18 유화제 수중유적형(O / W) – HLB값 3.5~6 유화제 유중수적형(W / O) • 수중유적형(O / W) 식품 : 우유, 아이스크림, 마요네즈 • 유중수적형(W / O) 식품 : 버터, 마가린

💡 정답 **21** ③ **22** ② **23** ③

- 유화제 종류
  - 레시틴, 대두인지질, 모노글리세라이드, 글리세린지
    방산에스테르, 프로필렌글리콜지방산에스테르, 폴리
    소르베이트, 세팔린, 콜레스테롤, 담즙산
- 천연유화제는 복합지질들이 많음

유화액의 형태를 이루는 조건	
– 유화제의 성질	– 전해질의 유무
– 기름의 성질	– 기름과 물의 비율
– 물과 기름의 첨가 순서	

24 비타민 A의 산화를 방지 할 수 있는 것은?

① 비타민 B   ② 비타민 D
③ 비타민 E   ④ 비타민 K

🔍해설

지용성 비타민		
비타민 A	기능	암적응, 상피세포분화, 성장, 촉진, 항암, 면역
	안정성	열에 비교적 안정, 빛, 공기 중의 산소에 의해 산화
	결핍증	야맹증, 각막연화증, 모낭각화증
	과잉증	임신초기유산, 기형아 출산, 탈모, 착색, 식욕상실 등
	급원식품	우유, 버터, 달걀노른자, 간, 녹황채소
비타민 D	기능	칼슘, 인 흡수촉진, 석회화, 뼈 성장
	안정성	열에 안정
	결핍증	구루병, 골연화증, 골다공증
	과잉증	연조직 석회화, 식욕부진, 구토, 체중감소 등
	급원식품	난황, 우유, 버터, 생선, 간유, 효모, 버섯
비타민 E	기능	항산화제, 비타민 A, 카로틴, 유지산화 억제, 노화지연
	안정성	산소, 열에 안정. 불포화지방산과 공존 시 쉽게 산화
	결핍증	용혈성 빈혈(미숙아), 신경계 기능저하, 망막증, 불임
	과잉증	지용성 비타민, 흡수방해, 소화기장애
	급원식품	식물성 기름, 어유 등
비타민 K	기능	혈액응고, 뼈기질단백질 합성
	안정성	열, 산에 안정. 알칼리, 빛, 산화제 불안정
	결핍증	지혈시간 지연, 신생아 출혈
	과잉증	합성메나디온의 경우 간독성
	급원식품	푸른잎 채소, 장내 미생물에 의해 합성

25 식품의 조직감(Texture) 특성에서 견고성 (Hardness)이란?

① 반고체 식품을 삼킬 수 있는 정도까지 씹는데 필요한 힘
② 식품을 파쇄하는 데 필요한 힘
③ 식품의 형태를 구성하는 내부적 결합에 필요한 힘
④ 식품의 형태를 변형하는데 필요한 힘

🔍해설

조직감(Texture) 특성	
일차적 특성	– 견고성(경도) : 식품을 압축하여 일정한 변형을 일으키는데 필요한 힘 – 응집성 : 식품의 형태를 유지하는 내부결합력에 관여하는 힘 – 점성 : 흐름에 대한 저항의 크기 – 탄성 : 일정크기의 힘에 의해 변형되었다가힘이 제거될 때 다시 복귀되는 정도 – 부착성 : 식품표면이 접촉 부위에 달라붙어 있는 인력을 분리하는데 필요한 힘
이차적 특성	– 부서짐성 : 식품이 부서지는데 필요한 힘 – 씹힘성 : 고체 식품을 삼킬때까지 씹는데 필요한 힘 – 검성 : 반고체 식품을 삼킬 수 있을때까지 씹는데 필요한 힘

26 15%의 설탕 용액에 0.15%의 소금 용액을 동량 가하면 용액의 맛은?

① 짠맛이 증가한다.
② 단맛이 증가한다.
③ 단맛이 감소한다.
④ 맛의 변화가 없다.

🔍해설

관능적 특성의 생리적 요인	
순응 (적응)	– 동일한 자극을 계속 받을 때 민감도가 낮아지거나 변화하는 것 – 한계치 강도 평가 시 발생 – 설탕과 물을 비교(설탕 단맛 강함) – 설탕과 아스파탐 비교(설탕 단맛 약함)

💡정답   **24** ③   **25** ④   **26** ②

강화	– 하나의 자극이 그 다음 이어지는 자극의 강도를 증가시키는 효과 – 서로 다른 정미성분이 혼합되었을 때 주된 정미성분의 맛이 증가하는 현상 – 설탕용액에 소금첨가 시 단맛증가 – 소금용액에 소량의 구연산 첨가 시 짠맛 증가
억제	– 하나의 자극이 두 가지 또는 그 이상의 혼합물의 강도를 감소시키는 효과
상승 (시너지)	– 하나의 자극이 다른 자극과 혼합되었을 때 강도를 증가시키는 효과. 각각의 강도 합보다 혼합물의 강도가 큼

27 적색의 양배추를 식초를 넣은 물에 담글 때 나타나는 현상은?

① 녹색으로 변한다. ② 흰색으로 변한다.
③ 적색이 보존한다. ④ 청색으로 변한다.

🔍해설

안토시아닌(Anthocyanine) 색소
– 식품의 씨앗, 꽃, 열매, 줄기, 뿌리 등에 있는 적색, 자색, 청색, 보라색, 검정색 등의 수용성 색소 – 당과 결합된 배당체로 존재 – 안토시아닌은 수용액의 pH에 따라 색깔이 쉽게 변함 – 산성에서 적색, 중성에서 자주색, 알칼리성에서 청색으로 변함

28 우유 단백질 중 치즈 제조 시에 사용되는 것은?

① 락토글로블린(Lactoglobulin)
② 락토알부민(Lactialbumin)
③ 카제인(Casein)
④ 글루텐(Gluten)

🔍해설

카제인
– 인단백질 – 산이나 레닌에 의하여 응고 – 우유에 산을 첨가하여 카제인의 등전점(pH 4.6)으로 하면 침전하는 우유단백질 – 유화제로 사용 – 레닌에 의하여 파라카제인이 되어 Ca^{2+}의 존재 하에 응고되어 치즈제조에 이용

29 단백질의 변성인자가 아닌 것은?

① 산   ② 염류
③ 아미노산   ④ 표면장력

🔍해설

단백질 변성		
정의	천연단백질이 외부의 작용에 의해 공유결합은 파괴되지 않고 분자 내 고차구조의 변형을 가져오는 현상	
단백질 변성요인	물리적	가열, 동결, 건조, 광선, 압력, 표면장력 등
	화학적	산, 알칼리, 중성염, 유기용매, 알칼로이드, 중금속 등

30 녹색채소(시금치 등)를 살짝 데칠 경우 그 녹색이 더욱 선명해지는 이유는?

① 데치기에 의하여 글로로필 색소의 Mg이 Cu로 치환되었기 때문이다.
② 데치기에 의하여 식물조직에 존재하는 Chlorophyllase가 활성화되었기 때문이다.
③ 데치기에 의하여 식물조직에 산이 생성되었기 때문이다.
④ 데치기에 의하여 식물조직에 알칼리가 생성되었기 때문이다.

🔍해설

클로로필	
피롤(pyrole) 핵 4개가 결합한 포피린(porphyrin)유도체의 중심에 마그네슘이 결합된 마그네슘포피린이 기본구조	
산에 의한 변화	산에 의해 클로로필의 중앙에 있는 마그네슘이 빠져나오고 수소이온이 그 자리에 치환 갈색의 페오피틴 생성 계속 산 반응 시 갈색의 페오포바이드생성
알칼리에 의한 변화	알칼리에 의해 클로로필이 클로로필라이드 생성(녹색, 수용성) 계속 알칼리 반응으로 녹색의 수용성 클로로필린 생성 녹색채소 데칠 때 탄산수소나트륨(중탄산나트륨, 중조, 식소다) 사용으로 녹색은 유지되나, 비타민 C 파괴, 조직연화 일어남
효소에 의한 변화	클로로필레이스에 의해 녹색의 수용성 클로로필라이드 생성

💡정답 **27** ③ **28** ③ **29** ③ **30** ②

금속에 의한 변화	클로로필을 구리 또는 철의 이온과 함께 가열하면 클로로필 분자 중의 마그네슘이온이 이들 금 속이온과 치환되어 안정한 청록색의 구리-클로로필 또는 선명한 갈색의 철-클로로필 형성

31 선도가 저하된 해산어류의 특유한 비린 냄새의 원인은?

① Piperidine
② Trimethylamine
③ Methyl merceptan
④ Actin

🔍 해설

생선의 비린 냄새 성분	
바닷물고기 (해산어류)	Trimethylamine(TMA), Dimethylamine(DMA) – TMA는 Trimethylamineoxide (TMAO)가 신선도 저하에 따라 세균작용에 의해 생성 – TMAO함량은 민물고기보다 바닷물고기에 더 많고 경골어보다 연골어에 더 많음
민물고기	– Piperidine – 피페리딘은 리신에서 카페버린을 거쳐 생성되며 민물고기의 선도가 더욱 저하되면 β-아미노발레르알데히드나 δ-아미노발레르산 생성
연골바다물고기	상어, 가오리, 홍어의 체내에 함유된 요소가 분해되어 암모니아 발생 요소는 민물고기보다 바닷물고기에 많이 들어 있음

32 다음 중 소수성기(소수기)에 속하는 것은?

① −OH
② −CH_2−CH_2−CH_3
③ −NH_2
④ −CHO

🔍 해설

– 친수성기(극성기)
  물 분자와 결합하는 성질
  −COOH, −NH_2, −CH, −CHO등
– 소수기(비극성기)
  물과 친화성이 적고 기름과의 친화성이 큰 무극성원자단
  −CH_3−CH_2−CH_3 −CH_4 −CCl −CF

33 1M NaOH 용액 1L에 녹아있는 NaOH 의 중량은?

① 30g
② 35g
③ 40g
④ 50g

🔍 해설

몰농도
– 용액 1L 속에 함유된 용질의 분자량   – NaOH 분자량이 40이므로, 1M NaOH용액 1L에 녹아 있는 NAOH의 중량은 40g

34 유지를 튀김에 사용하였을 때 나타나는 화학적인 현상은?

① 산가가 감소한다
② 산가가 변화하지 않는다.
③ 요오드가가 감소한다.
④ 요오드가가 변화하지 않는다.

🔍 해설

유지 가열 시 생기는 변화
– 유지의 가열에 의해 자동산화과정의 가속화, 가열분해, 가열중합반응이 일어남   – 열 산화 : 유지를 공기중에서 고온으로 가열 시 산화반응으로 유지의 품질이 저하되고, 고온으로 장기간 가열 시 산가, 과산화물가 증가   – 중합반응에 의해 중합체가 생성되면 요오드가 낮아지고, 분자량, 점도 및 굴절률은 증가, 색이 진해지며, 향기가 나빠지고 소화율이 떨어짐   – 유지의 불포화지방산은 이중결합 부분에서 중합이 일어남   – 휘발성 향미성분 생성 : 하이드로과산화물, 알데히드, 케톤, 탄화수소, 락톤, 알코올, 지방산 등   – 발연점 낮아짐   – 거품생성 증가

35 아미노산의 중성 용액 혹은 약산성 용액 시약을 가하여 같이 가열했을 때 CO_2가 발생하면서 청색을 나타내는 반응으로 아미노산이나 펩티드 검출 및 정량에 이용되는 것은?

① 밀론 반응
② 크산토프로테인 반응
③ 니히드린 반응
④ 뷰렛반응

💡 정답 31 ② 32 ② 33 ③ 34 ③ 35 ③

아미노산 정색(정성)반응	
뷰렛반응	– 단백질 정성분석 – 단백질에 뷰렛용액(청색)을 떨어뜨리면 청색에서 보라색이 됨
닌히드린반응	– 단백질 용액에 1% 니히드린 용액을 가한 후 중성 또는 약산성에서 가열하면 이산화탄소 발생 및 청색발현 – α-아미노기 가진 화합물 정색반응 – 아미노산이나 펩티드 검출 및 정량에 이용
밀론반응	– 페놀성히드록시기가 있는 아미노산인 티록신 검출법
사가구찌반응	아지닌의 구아니딘 정성
홉킨스–콜반응	트립토판 정성

36 식품의 기본 맛 4가지 중 해리된 수소 이온(H+)과 해리되지 않은 산의 염에 기인하는 것은?

① 단맛
② 짠맛
③ 신맛
④ 쓴맛

맛의 수용체	
단맛	G 단백질 연관 수용체(GPCR. G–protein–coupled receptor)
짠맛	Na+이온
신맛	– 수용체 : 해리된 수소 이온(H+)과 해리되지 않은 산의 염 – 신맛 성분 : 무기산, 유기산 및 산성염 – 신맛의 강도는 pH와 반드시 정비례하지 않음 – 동일한 pH에서도 무기산보다 유기산의 신맛이 더 강하게 느껴짐
쓴맛	G 단백질 연관 수용체(GPCR. G–protein–coupled receptor)

37 다음 중 인지질로 구성된 것은?

① Lecithin, Cephalin
② Sterol, Squalene
③ Triglyceride, Glycerol
④ Wax, Tocopherol

인지질
– 복합지질의 일종 – 세포질 성분의 구성요소로 인산 포함하는 지질 – 2개의 지방산과 1개의 인산염기고 구성 – 인산염기 머리가 친수성을 띰 – 종류 : 레시틴, 세팔린, 스핑고미엘린, 카르디올리핀 등

38 다음 중 Vitamin A를 가장 많이 함유하는 식품은?

① 우유
② 버터
③ 간유
④ 고등어

지용성 비타민		
비타민 A	기능	암적응, 상피세포분화, 성장, 촉진, 항암, 면역
	안정성	열에 비교적 안정, 빛, 공기 중의 산소에 의해 산화
	결핍증	야맹증, 각막연화증, 모낭각화증
	과잉증	임신초기유산, 기형아 출산, 탈모, 착색, 식욕상실 등
	급원식품	우유, 버터, 달걀노른자, 간, 녹황채소
비타민 D	기능	칼슘, 인 흡수촉진, 석회화, 뼈 성장
	안정성	열에 안정
	결핍증	구루병, 골연화증, 골다공증
	과잉증	연조직 석회화, 식욕부진, 구토, 체중감소 등
	급원식품	난황, 우유, 버터, 생선, 간유, 효모, 버섯
비타민 E	기능	항산화제, 비타민 A, 카로틴, 유지산화 억제, 노화지연
	안정성	산소, 열에 안정. 불포화지방산과 공존 시 쉽게 산화
	결핍증	용혈성 빈혈(미숙아), 신경계 기능저하, 망막증, 불임
	과잉증	지용성 비타민, 흡수방해, 소화기장애
	급원식품	식물성 기름, 어유 등
비타민 K	기능	혈액응고, 뼈기질단백질 합성
	안정성	열,산에 안정. 알칼리, 빛, 산화제 불안정
	결핍증	지혈시간 지연, 신생아 출혈
	과잉증	합성메나디온의 경우 간독성
	급원식품	푸른잎 채소, 장내 미생물에 의해 합성

💡정답 36 ③ 37 ① 38 ③

39 다음 중 식물성 식품 성분 가운데 자외선을 쪼이면 비타민 D로 전환되는 것은?

① Cholesterol
② Sitosterol
③ Ergosterol
④ Stigmasterol

🔍 해설

종류	비타민 D 전구체	생성 비타민 D
식물	에르고스테롤(Ergosterol)	비타민 D_2 (에르고칼시페롤)
동물	7-디하이드로콜레스테롤 (7-dehydrocholesterol)	비타민 D_3 (콜레칼시페롤)

40 수분활성도에 대한 설명 중 틀린 것은?

① 일반적으로 수분활성도가 0.3 정도로 낮으면 식품 내의 효소반응은 거의 정지된다.
② 일반적으로 수분활성도가 0.85 이하이면 미생물 중 세균의 생장은 거의 정지된다.
③ 일반적으로 수분활성도가 0.7 이상이 되면 비효소적 갈변반응의 속도는 감소하기 시작한다.
④ 일반적으로 수분활성도가 0.2 이하에서는 지질산화의 반응 속도가 최저가 된다.

🔍 해설

수분활성도(Water Activity, AW)	
정의	– 어떤 온도에서 식품이 나타내는 수증기압(Ps)에 대한 순수한 물의 수증기압(P0)의 비율 AW = Ps / P0
특징	– 미생물이 이용하는 수분은 자유수 – 수분활성도가 낮으면 미생물 생육 억제 – 미생물의 최소수분활성도 – 세균 0.90 〉 효모 0.88 〉 곰팡이 0.80

---

41 어패육이 식육류에 비하여 쉽게 부패하는 이유가 아닌 것은?

① 수분과 지방이 적어 세균 번식이 쉽다.
② 어체 중의 세균은 단백질 분해효소의 생산력이 크다.
③ 자기소화작용이 커서 육질의 분해가 쉽게 일어난다.
④ 조직이 연약하여 외부로부터 세균의 침입이 쉽다.

🔍 해설

– 어패육은 식육류에 비해 수분이 많고 지방이 적어 세균 번식이 쉽다.
– 어체 중의 세균은 단백질 분해효소의 생산력이 크다.
– 자기소화작용이 커서 육질의 분해가 쉽게 일어난다.
– 조직이 연약하여 외부로부터 세균의 침입이 쉽다.

42 수산물이 화학적 선도판정의 지표가 되지 않는 것은?

① pH
② 휘발성 염기질소
③ 트리메틸아민옥시드(Trimethylamine oxide)
④ K value

🔍 해설

수산물의 선도 판정법		
관능적	외관, 색, 광택, 냄새. 조직감 등	
미생물학적	어육에 부착된 세균 수	
물리적	어육의 경도, 어체의 전기저항측정, 안구 수정체 혼탁도, 어육 압착즙의 점도 측정	
화학적	휘발성 염기질소	– 어육 선도 저하로 생성되는 암모니아, 트리메틸아민, 디메틸아민 등 – 휘발성 염기질소량 – 신선육 : 5~10mg % – 보통 어육 : 15~25mg % – 초기부패육 30~40mg % – 부패육 50mg % 이상

---

	k값	– ATP 분해과정 생성물 중의 이노신과 히포크레산틴의 양을 ATP 분해 전 과정의 생성물 총량으로 나눈 값. – K값이 낮을수록 선도 좋음
화학적	트리메틸아민	– 신선육에 거의 존재하지 않으나 사후 세균의 환원작용에 의하여 TMAO(trimethylamineoxide)가 환원되어 생성 – TMA함량이 3~4mg%를 넘어서면 초기부패로 판정
	pH	– 어육 사후 pH가 내려갔다가 선도의 저하와 더불어 다시 상승 – 초기부패 – 붉은살 어류 6.2~6.4 – 흰살 어류 6.7~6.8

43 과일 및 채소의 수확 후 생리현상으로 중량 감소를 일으키는 가장 주된 작용은?

① 휴면작용 ② 증산작용
③ 발아발근작용 ④ 후숙작용

💬 해설

작용	변화상태	품질저하	품질향상	억제 촉진법
호흡작용	성분손실 발열	사과의 심부, 감의 흑변, 고구마 경화	저장 밀감 산미 감소, 떫은 감의 탈삽	
생장작용	발아 섬유화	양파, 고구마의 발아, 무의 바람들이, 아스파라거스의 섬유화	대두 발아 (콩나물)	CA저장, 온도조절, 약제처리, 방사선조사
후숙작용	경화 착색	감의 후숙	바나나 또는 서양배의 연화, 사과, 토마토, 레몬의 착색	
증산작용	수분손실 변색 육질품질 감소	시듦		저온처리, 습도조절, 피막형성포장

44 육질의 연화를 위한 숙성과정에서 일어나는 현상에 대한 설명으로 틀린 것은?

① Pepsin, Trysin, Cathepsin 등의 효소작용에 의한 단백질 가수분해작용이 일어난다.
② Actomycin의 해리현상이 일어난다.
③ 혈색소인 Hemoglobin이나 Myoglobin은 Fe_2^+가 Fe_3^+로 된다.
④ 숙성과정에서 도살전과 비교하여 pH의 변화는 없다.

💬 해설

식육의 사후경직과 숙성	
도축	도축(pH 7) → 글리코겐 분해 → 젖산생성 → pH 저하
사후강직	– 초기 사후 강직(pH 6.5) – ATP → ADP → AMP, 액토미오신 생성
	– 최대 사후강직(pH 5.4) – 해당작용(혐기적 대사), 근육강직, 젖산생성, pH 낮음 – 글리코겐 감소, 젖산 증가
숙성	– 퓨린염기, ADP, AMP, IMP, 이노신, 히포크산틴 증가 – 단백질 가수분해 – 액토미오신 해리 – Hemoglobin이나 Myoglobin은 Fe_2^+에서 Fe_3^+로 전환 – 적자색에서 선홍색으로 변화

45 냉동포장재로 가장 적합한 것은?

① 염화비닐리덴
② 염산고무
③ 염화비닐
④ 폴리에스테르

포장재		특성
합성 수지제 (플라 스틱)	염화비닐리덴 (VDC)	– 투명성, 방습성, 시체차단성 등 우수 – 건조식품, 진공 또는 가스충 진포장에 이용
	염화비닐(VC)	기체나 수분투과 차단성 좋음
	폴리에틸렌(PE)	– 저밀도폴리에틸렌 투명, 냉동식품 포장.일회용 장갑, 마요네즈 및 케찹 용 기 – 고밀도폴리에틸렌 불투명, 우유, 주스용기, 레 토르트 포장재
	폴리에스테르 (PET) (폴리에틸렌 테 레프탈레이트)	– 투명성 우수 – 기체나 수분투과 차단성 우 수 – 냉동식품, 햄, 소시지포장
고무제	염산고무	

46 밀가루를 점탄성이 강한 반죽으로 만들기 위한 조치 방법으로 옳은 것은?

① 혼합을 과도하게 한다.
② 밀가루를 숙성, 산화시킨다.
③ 회분함량이 많은 전분을 사용한다.
④ 글루텐 함량이 적은 박력분을 사용한다.

해설

점탄성 강한 반죽 방법	
밀가루 숙성 · 산화	– 제빵 적성과 색 개선을 위해 숙성 – 자연 숙성은 시간이 걸려, 일반적으로 인 공숙성으로 산화제(이산화질소, 과산화벤 조일 등) 사용하여 밀가루의 점탄성 증가
강력분	– 회분함량이 많음(13% 이상) – 점탄성 높음
소금	– 밀가루 반죽 시 소금(1~2%)은 반죽의 글 루텐에 작용하여 탄력성 증가

47 우유가 단맛을 약간 가진 것은 어떤 성분 때문인가?

① 나이아신   ② 리파아제
③ 포도당   ④ 유당

해설

우유 단맛	
유당	우유에는 5% 정도의 탄수화물 함유되어 있고, 거의 대부분이 유당에 해당함
	유당 당도는 설탕(100)을 기준으로 대략 16~28 정도로 약간 단맛 가짐

48 유지의 탈색 공정 방법으로 사용되지 않는 것은?

① 수증기증류법   ② 활성백토법
③ 산성백토법   ④ 활성탄소법

해설

유지 탈색 공정	
가열법	– 직화(200~250℃)로 가열하여 색소류 산화 분해 – 유지의 산화일어나기 쉬운 단점
흡착법	– 흡착제 사용 – 산성백토, 활성탄소, 활성백토

49 다음 중 유화제가 아닌 것은?

① Lecithin   ② Monoglyceride
③ Cephalin   ④ Arginine

해설

유화제(계면활성제)	
유화제	– 서로 섞이지 않는 기름과 물 또는 고체를 서 로 섞이게 하는 물질 – 한 분자 내에 친수기과 친유성의 두 성질을 갖고 있는 물질
유화제 종류	– 레시틴, 대두인지질, 모노글리세라이드, 글 리세린지방산에스테르, 프로필렌글리콜지방 산에스테르, 폴리소르베이트, 세팔린, 콜레 스테롤, 담즙산 – 천연유화제는 복합지질들이 많음

정답   **46** ②   **47** ④   **48** ①   **49** ④

50 아이스크림 품질 평가 중 큰 유당결정이 생겨 사상 조직이 나타나는 현상은?

① Butter body
② Crumbly body
③ Fluffy body
④ Sandiness

사상조직(모래알상)
아이스크림 제조 시 무지고형분의 과량으로 유당 결정 생성 또는 유화제 부족으로 빙결정이 생겨 입안에서 모래알 씹는 감촉이 느껴짐

51 고기의 신선도를 유지하기 위하여 냉동법으로 저장한 경우 얼음 결정에 의하여 발생할 수 있는 변화가 아닌 것은?

① 근육조직 손상
② 탈수
③ 산패
④ 부피 감소

육류 냉동 시 품질 변화	
염석 (salting out)	육류 조직 내 수분의 동결로 얼음 결정이 생성되고 이로 인해 무기물성분이 농축되어 단백질과 결합하여 단백질 변성 일어남
응집 (coagulation)	얼음 결정 생성으로 단백질 분자 주위 탈수가 일어나 단백질 분자간에 수소결합 등의 결합 형성됨
빙결정 (ice crystal)	완만 또는 급속 동결에 의해 빙결정 형성. 빙결정 크기가 큰 완만동결 시 냉동 변성이 심함
유화 (emulsion)	기름과 물의 혼합상태를 안정화 시킴 유화제는 친수성과 친유성 성분 모두 함유

52 사과통조림을 최종당도 20°BX로 하고자 한다. 이 때 고형량은 250g, 고형분 중 당은 6%, 내용총량 430g으로 하고자 할 때 주입액의 당도는 얼마인가?

① 20°BX
② 28.6°BX
③ 39.4°BX
④ 20°BX

주입액 당도 결정법	
계산식	W1X + W2Y = W3Z W1 : 담는 과일의 무게(g) W2 : 주입당액의 무게(g) W3 : 제품 내용 총량(g) X : 과육의 당도 Y : 주입액의 당도 Z : 제품의 최종 당도
계산결과	W1 = 250g, W3 = 430g W2 = 430−250 = 180g X = 6, Z = 20 W1X + W2Y = W3Z에 대입 (250 × 6) + (180 × Y) = (430 × 20) 180Y = (430 × 20) (250 × 6) 180Y = 7100. Y = 39.4

53 청국장에 대한 설명으로 틀린 것은?

① 타르색소가 검출되어서는 안된다.
② 된장보다 고형물 덩어리가 많다.
③ 콩은 황백색 종자가 좋다.
④ 제조에 사용되는 natto균은 *Aspergillus* 속이다.

청국장	
일명 담북장이라며, 일본에서는 나토(natto)라 함	
전통제조법	삶은 콩을 식혀 볏짚에 싸서 볏짚에 있는 고초균(*Bacillus subtilis*)이 증식하여 콩에 실가닥의 점질물 생성하면 소금과 양념을 가해 숙성시킴
개량제조법	삶은 콩에 납두균(*Bacillus natto*)을 접종하여 번식하면 콩에 실가닥의 점질물이 생성하면 소금과 양념을 가해숙성

54 식품의 기준 및 규격에서 사용되는 단위가 아닌 것은?

① 길이 : m, cm, mm
② 용량 : L, mL
③ 압착강도 : N
④ 열량 : W, kW

🔍해설

식품의 기준 및 규격에 사용되는 단위

길이	m, cm, mm, μm, nm
용량	L, mL, uL
중량	kg, g, mg, ug, ng, pg
넓이	cm2
열량	kcal, kj
압착강도	N(Newton)
온도	℃

55 효소 당화법에 의한 포도당 제조에 대한 설명으로 틀린 것은?

① 분말액은 식용이 가능하다.
② 산 당화법에 비해 당화 시간이 길다.
③ 원료는 완전히 정제할 필요가 없다.
④ 당화액은 고미가 강하고 착색물질이 많다.

🔍해설

구분	산당화법	효소당화법
원료전분 상태	완전 정제	정제 필요 없음
당화전분 농도	20~25%	50%
분해 한도	90%	97% 이상
당화 시간	1시간	48시간
당화의 설비	내산, 내압의 재료 사용	특별한 재료가 필요 없음
당화액 상태	쓴맛이 강하며 착색물이 생김	쓴맛이 없고 착색물이 생기지 않음
당화액의 정제	활성탄 이온교환수지	–
관리	일정하게 분해율을 관리하기 어렵고 중화해야함	보온(55℃)하고 중화할 필요 없음
수율	– 결정포도당 약 70% – 분말액 : 식용불가	– 결정포도당 80% 이상 – 분말포도당 100% – 분말액 : 식용가능
설비비	생산비 비싸다.	산당화법에 비해 30% 정도 싸다.

56 가열치사 시간을 1 / 10로 감소시키기 위하여 처리하는 가열온도의 변화를 나타내는 값은?

① D값
② Z값
③ F값
④ L값

🔍해설

가열치사시간

D값	– 균수가 처음 균수의 1 / 10로 감소(90% 사멸)하는 데 소요되는 기간 – 균수를 90% 사멸하는데 소요되는 시간 – 온도에 따라 달라지므로 반드시 온도표시
Z값	– 가열치사시간(또는 사멸 속도)의 1 / 10에 대응하는 가열 온도의 변화를 나타내는 값
F값	– 일정온도(특별언급 없으면 121℃ 또는 250℉)에서 일정 농도의 균수를 완전히 사멸시키는데 소요되는 시간

57 간장코지 제조 중 시간이 지남에 따라 역가가 가장 높아지는 효소는?

① α-Amylase
② β-Amylase
③ Protease
④ Lipase

🔍해설

간장 코지 제조

코지 (koji, 국)	곡류를 쪄서 코지균을 번식시킨 것으로 개량간장에 메주 대신 사용
코지 사용 목적	강력한 효소(아밀라아제, 프로테아제 등)를 생성하게 하여 전분 또는 단백질을 분해하기 위함
간장 코지 구성요소	증자 콩, 볶은 밀, 종국(seed koji)
코지 제조용 콩	– 종자 굵은 것을 세척, 침지, 수화하여 증자 – 증자 한 콩은 손으로 눌러 쉽게 부서지고, 단맛과 끈기가 있는 것

코지 제조용 볶음 밀	– 볶은 밀을 가루로 만들어 사용 – 간장의 향과 색을 좋게 함 – 전분을 호화시켜 코지균의 번식 잘되게 함 – 콩과 섞을 때 수분을 흡수함으로 수분조절 효과
코지균	– 발육 번식하면서 단백질 분해효소와 전분분해효소를 강력하게 생성하여 원료 성분을 분해시킴 – 간장제조에서는 단백질의 분해가 탄수화물 분해보다 중요하므로 단백질 분해력이 강한 단모균을 코지균으로 사용

58 전단 속도 25s−1에서 토마토 케첩(K = 1.5Pa · s0.5, n = 0.5)의 겉보기 점도를 계산하면 얼마인가?(단, 토마토 케첩의 항복응력은 없다)

① 0.3Pa · s   ② 0.3Pa · s
③ 1.0Pa · s   ④ 1.5Pa · s

🔍 해설

점도 = [Pa] / [S−n] = 1.5 / 250.5 = 0.3

59 전분 200kg을 산당화법으로 분해시켜 포도당을 제조하면 그 생산량은 약 얼마인가?

① 111 kg   ② 222 kg
③ 333 kg   ④ 55 kg

🔍 해설

전분 : $C_6H_{10}O_5$
포도당 : $C_6H_{12}O_6$
전분 분자량 : 포도당 분자량 = 162 : 180
전분 200 : x = 162 : 180
x = 222.2

60 소금의 방부력과 관계가 없는 것은?

① 원형질의 분리
② 펩타이드 결합의 분해
③ 염소이온의 살균작용
④ 산소의 용해도 감소

🔍 해설

소금의 방부력
– 삼투압에 의한 원형질 분리 – 수분활성도 저하 – 산소 용해도 감소 – 소금에서 해리된 염소이온(Cl−)의 미생물 살균 작용 – 고농도의 소금용액에서 미생물 발육 억제 – 단백질 가수분해효소 작용 억제 – 탈수작용

4 식품미생물학

61 곰팡이에서 포복자(Stolon)와 가근(Rhizoid)을 가진 속은?

① *Penicillium* 속   ② *Mucor* 속
③ *Aspergillus* 속   ④ *Rhizophus* 속

🔍 해설

곰팡이
– 균사 조각이나 포자에 의해 증식 – 곰팡이의 균사는 단단한 세포벽으로 되어 있고 엽록소가 없음 – 다른 미생물에 비해 비교적 건조한 환경에서 생육 가능

곰팡이 분류		
생식 방법	무성 생식	세포핵 융합없이 분열 또는 출아증식 포자낭포자, 분생포자, 후막포자, 분절포자
	유성 생식	세포핵 융합, 감수분열로 증식하는 포자 접합포자, 자낭포자, 난포자, 담자포자
균사 격벽 (격막) 존재 여부	조상 균류 (격벽 없음)	– 무성번식 : 포자낭포자 – 유성번식 : 접합포자, 난포자
		거미줄곰팡이(*Rhizopus*) – 포자낭 포자, 가근과 포복지를 각 가짐 – 포자낭병의 밑 부분에 가근 형성 – 전분당화력이 강하여 포도당 제조, 당화효소 제조에 사용
		털곰팡이(*Mucor*) – 균사에서 포자낭병이 공중으로 뻗어 공모양의 포자낭 형성
		활털곰팡이(*Absidia*) – 균사의 끝에 중축이 생기고 여기에 포자낭을 형성하여 그 속에 포자낭포자를 내생

균사 격벽 (격막) 존재 여부	순정 균류 (격벽 있음)	자낭균류	– 무성생식 : 분생포자
			– 유성생식 : 자낭포자
			누룩곰팡이(*Aspergillus*) – 자낭균류의 불완전균류 – 병족세포 있음
			푸른곰팡이(*Penicillium*) – 자낭균류의불완전균류 – 병족세포 없음
			붉은 곰팡이(*Monascus*)
		담자균류	버섯
		불완전균류	푸사리움

- 코오지 곰팡이의 대표적인 균종이다.
- 청주, 된장, 간장, 감주 등의 제품에 이용된다.
- 처음에는 백색이나 분생자가 생기면서부터 황색에서 황녹색으로 되고 더 오래되면 갈색을 띤다.

62 아래 설명에 가장 적합한 균종은?

① *Aspergillus ousami*
② *Aspergillus flavus*
③ *Aspergillus niger*
④ *Aspergillus oryzae*

🔍 해설

Aspergillus oryzae

- 황국균(누룩곰팡이)이라고 한다.
- 전분당화력, 단백질 분해력, 펙틴 분해력이 강하여 간장, 된장, 청주, 탁주, 약주 제조에 이용한다.
- 처음에는 백색이나 분생자가 생기면서부터 황색에서 황녹색으로 되고 더 오래되면 갈색을 띤다.
- Amylase, Protease, Pectinase, Maltase, Invertase, Cellulase, Inulinase, Glucoamylase, Papain, Trypsin 등의 효소분비
- 생육온도 : 25~37℃

63 세균을 분류하는 기준으로 볼 수 없는 것은?

① 편모의 유무 및 착생 부위
② 격벽(Septum)의 유무
③ 그람 염색성
④ 포자의 형성 유무

🔍 해설

세균 분류 기준

- 형태학적 성질 : 세균의 형태, 크기, 접합상태, 포자, 운동성, 그람염색 등.
- 배양적 성질 : 천연배지 및 인공배지에 대한 발육여부, 발육상태
- 생리학적 성질 : 온도, pH, 산소요구성, 영양, 생성물, 병원성, 기생성, 효모성 등
- 진균류(곰팡이)는 격벽유무에 따라 격벽이 없으면 조상균류, 격벽이 있으면 순정균류로 나눔

64 혈구계수기를 이용하는 총균수 측정법에서 말하는 총균수(Total count)란?

① 살아있는 미생물 수
② 고체 배지상에 나타난 미생물 수
③ 사멸된 미생물을 제외한 수
④ 현미경 하에서 셀 수 있는 미생물 수

🔍 해설

총균수

- 현미경 하에서 셀 수 있는 미생물 수
- 식품 등 검체 중에 존재하는 미생물의 수를 동시에 측정하는 것으로 사멸된 균도 포함
- 가공전의 원료에 대한 신선도와 오염도를 파악할 수 있음
- 검사법 : Breed법, 혈구 계수기 이용

65 효모에 의한 발효성 당류가 아닌 것은?

① 과당
② 전분
③ 설탕
④ 포도당

🔍 해설

효모에 의한 발효성 당류	포도당, 과당, 맥아당, 설탕, 전화당, 트레할로스 등
효모에 의한 비발효성 당류	유장, 셀로비오스, 전분 등

66 맥주제조용 양조 용수의 경도(Hardness)를 저하시키는 방법으로 부적당한 것은?

① 염소 첨가
② 가열
③ 석회수 첨가
④ 이온 교환수지 사용

맥주 제조용 양조 용수의 경도를 저하시키는 방법
– 맥주 제조용 양조 용수는 염도가 적고 경도가 낮은 물이 적합 – 자비에 의한 경도 저하 – 석회수 첨가에 의한 경도 저하 – 산에 의한 탄산염의 중화 – 석고첨가에 의한 탄산염 작용의 일부 제거 – 전기투석에 의한 염류 제거 – 이온교환수지에 의한 염류 제거

67 *Penicillium roqueforti*와 가장 관계가 깊은 것은?

① 치즈
② 버터
③ 유산균 음료
④ 절임류

Penicillium roqueforti
– 푸른 곰팡이 치즈 – 프랑스 roqueforti 치즈 숙성과 향미에 관여 – 치즈의 카제인을 분해하여 독특한 향기와 맛 부여 – 녹색의 고은 반점 생성

68 클로렐라에 대한 설명으로 틀린 것은?

① 단세포의 녹조류이다.
② 엽록소를 갖고 있다.
③ 형태는 나선형이다.
④ 양질의 단백질을 다량 함유한다.

클로렐라
– 플랑크톤의 일종 – 단세포 녹조류 – 형태는 구형 또는 난형 – 엽록소를 가지며 광합성으로 에너지 얻어 증식 – 단세포단백질(균체단백질 SCP)로 이용 – 기능성 식품 및 우주식량으로 이용 가능 – 소화율이 떨어짐 – 건조율의 50%가 단백질이며 필수아미노산, 비타민, 무기질이 풍부하게 함유

69 세균의 포자에만 존재하는 저분자화합물은?

① Peptidoglycan
② Dipicolinic acid
③ Lipopoly saccharide(LPS)
④ Muraminic acid

세균 포자
– 영양 등 환경조건이 나쁘면 세균 스스로 외부환경으로부터 자신을 보호하기 위하여 만드는 포자 – 내생포자 – 열, 건조, 방사선, 화학약품 등에 저항성이 매우 강함 – 영양세포에 비하여 대부분의 수분이 결합수로 되어 있어서 상당한 내건조성을 나타냄 – 내생포자는 세균의 DNA, 리보솜 및 다량의 dipicolinic acid로 구성되어 있음 – dipicolinic acid는 포자 특이적 화학물질로 내생포자가 휴면상태를 유지하는데 도움을 주는 성분으로 포자 건조 중량의 10%를 차지 – 적당한 조건에서 발아하여 새로운 영양세포로 분열 증식 – 포자형성균 호기성의 *Bacillus* 속, 혐기성 *Clostridum* 속

70 원핵세포생물에 대한 설명 중 틀린 것은?

① 핵막과 미토콘드리아가 없다.
② 호흡효소는 대부분 Mesosome에 존재한다.
③ 진화발달된 세포이다.
④ 일반적으로 Sterol이 없다.

66 ① **67** ① **68** ③ **69** ② **70** ③

원핵세포와 진핵세포의 특징 비교

특징	원핵세포	진핵세포
핵막	없음	있음
세포분열 방법	무사분열	유사분열
세포벽 유무	있음 (Peptidoglycan Polysaccharide Lipopolysaccharide Lipoproten , techoic)	−식물, 조류, 곰팡이 : 있음 − 동물 : 없음 (Glucan, Mannan−protein 복합체, Cellulose, Chitin)
소기관	없음	있음(미토콘드리아, 액포, Lysosome. Microbodies)
인	없음	있음
호흡계	원형질막 또는 메소좀	미토콘드리아 내에 존재
리보솜	70S	80S
원형질막	보통은 섬유소 없음	보통 스테롤 함유
염색체	단일, 환상	복수로 분할
DNA	단일분자	복수의 염색체 중에 존재, 히스톤과 결합
미생물	세균, 방선균	효모, 곰팡이, 조류, 원생동물

71 미생물의 영양상 특징이 아닌 것은?

① 미생물의 영양은 탄소원 또는 에너지원의 이용이 다양하다.

② 증식은 첨가영양원의 농도에 대응해서 증가하고 어느 농도 이상에서는 일정하게 된다.

③ 증식에 필요한 모든 영양원이 충족되어야 하며 필수 영양원이 조금 부족해도 증식할 수 있다.

④ 같은 화합물이라도 농도에 따라 미생물에 대한 영향은 다르다.

미생물의 영양

– 필수 영양원이 결핍되면 다 영양소의 농도에 관계없이 증식이 제한된다.
– 영양분의 균형이 중요하다.

72 박테리오파지에 대한 설명으로 틀린 것은?

① 광학 현미경으로 관찰할 수 없다.

② 세균의 용균현상을 일으키기도 한다.

③ 독자적으로 증식할 수 없다.

④ 기생성이기 때문에 자체의 유전물질이 없다.

박테리오파지(Bacteriophage)

– 세균(bacteria)과 먹는다(phage)가 합쳐진 합성어로 세균을 죽이는 바이러스라는 뜻임
– 동식물의 세포나 미생물의 세포에 기생
– 살아있는 세균의 세포에 기생하는 바이러스
– 세균여과기를 통과
– 독자적인 대학 기능은 없음
– 한 phage의 숙주균은 1균주에 제한 (phage의 숙주특이성)
– 핵산(DNA와 RNA) 중 어느 한 가지 핵산만 보유(대부분 DNA)
– 박테리오파지 피해가 발생하는 발효 : 요구르트, 항생물질, glutamic acid 발효, 치즈, 식초, 아밀라제, 납두, 핵산관련물질 발효 등

73 포도당 100g을 정상형(homofermentative) 젖산균을 사용하여 젖산 발효시킬 때 얻어지는 젖산의 이론치는?

① 80g   ② 86g

③ 92g   ④ 100g

정상형 젖산 발효

– 당을 발효하여 젖산만 생성하는 발효과정
– $C_6H_{12}O_6$(포도당) → $2CH_3CHOHCOOH$(젖산)
– $C_6H_{12}O_6$(포도당) 분자량 180
– $CH_3CHOHCOOH$(젖산) 분자량 90
– 포도당 100g으로부터 이론인 젖산 생성량
 $180 : 90 \times 2 = 100 : x$
 $x = 100g$

74 버섯에 대한 설명 중 틀린 것은?

① 대부분은 담자균류에 속한다.

② 담자균류는 균사에 격막이 있다.

③ 2차 균사는 단핵균사이다.

④ 동담자균류와 이담자균류가 있다.

버섯

- 곰팡이류에 속하고 분류학상 대부분은 담자균류에 속하며 일부는 자낭균류에 속함
- 버섯의 생활사 : 버섯포자 발아 → 1차 균사 → 균사간 핵 융합 → 2차 균사 → 자실체 → 대주머니(위로 자루, 자루피, 갓 생성) → 버섯
- 버섯 갓 내부에 자실층이 형성되고 그 안의 주름살 위에 다수의 담자기가 형성되고, 그 선단에 보통 4개의 병자가 있고 그 위에 담자포자를 한 개 씩 착생
- 담자균류는 균사에 격막이 있고 담자포자인 유성포자가 담자기 위에 외생
- 담자기 형태에 따라 분류
  동담자균류 : 담자기에 격막이 없음. 송이버섯목
  이담자균류 : 담자기가 부정형이고 간혹 격막이 있음
  백목이균목(흰목이버섯)

75 한식(재래식)된장 제조 시 메주에 생육하는 세균은?

① *Bacillus subtilis*
② *Acetobacter aceti*
③ *Lactobacillus brevis*
④ *Clostridium botulinum*

해설

메주에 생육되는 주요 미생물

- 세균 : *Bacillus subtilis*, *Bacillus pumilus*
- 곰팡이
  Aspergillus oryzae, *Aspergillus sojae*,
  Rhizopus oryzae, *Rhizopus nigricans*
- 효모 : *Saccharomyces coreanus* 등

76 세균이 식품에 오염되어 증식하면서 생성한 독소를 사람이 섭취하여 중독증을 유발하는 식중독균에 속하는 것은?

① 황색포도상구균(*Staphylococcus aureus*)
② 장염비브리오균(*Vibrio parahaemolyticus*)
③ 장출혈성대장균
④ 살모넬라균(*Salmonella*)

해설

황색포도상구균

- 그람 양성, 무포자 구균, 통성혐기성 세균
- 황색포도상구균은 80℃에서 30분간 가열하면 사멸
- 내염성이 강하여 7.5% 소금 함유 배지에서도 잘 생육
- 다른 세균에 비래 산성이나 알칼리성애서 생존력이 강한 세균
- 다량의 균을 섭취 시 발병(10^6 이상)
- 토양, 하수 등 자연계에 널리 분포하며 건강인의 약 30%가 보균
- 독소
  - enterotoxin(장독소) 생성
  - 내열성이 강해 100℃에서 20분간 가열하여도 완전히 사멸되지 않기 때문에 열처리한 식품을 섭취 할 경우에도 식중독 발생 가능성 있음
- 원인식품
  - 떡, 콩가루, 쌀밥, 우유, 치즈, 과자류 등

$$C_6H_{12}O_6 + 6O_2 \rightarrow 6CO_2 + 6H_2O + 688kcal$$

77 다음 반응과 관계 깊은 것은?

① 발효작용　② 호흡작용
③ 증식작용　④ 증산작용

해설

물질대사

- TCA회로는 EMP 경로(혐기적 대사) 등에 의해 생성된 pyruvic acid가 호기적으로 완전 산화되어 CO_2와 H_2O로 된다.
- $C_6H_{12}O_6$(포도당) + $6O_2$
  → $2CH_3COCOOH$(피루브산) → $6CO_2 + 6H_2O$

78 Invertase를 생성하는 미생물은?

① *Sacchromyces carsbergensis*
② *Sacchromyces ellipsoideus*
③ *Saccharomyces coreanus*
④ *Sacchromyces cerevisiae*

해설

Invertase를 생성하는 미생물

Aspergillus aculeatus 및 그 변종, *Aspergillus awamori* 및 그 변종, *Aspergillus niger* 및 그 변종, *Arthrobacter* 속, *Bacillus* 속, *Kluyveramyces lactis* 및 그 변종, *Saccharomyces cerevisiae* 및 변종의 배양물에서 얻을 수 있다.

정답 **75** ① **76** ① **77** ② **78** ④

79 다음 중 세균이 아닌 것은?

① *Micrococcus* 속
② *Sarcina* 속
③ *Bacillus* 속
④ *Pichia* 속

Pichia 속은 대표적인 산막효모의 일종임

80 항생물질 제조에 이용되며, 황변미 독소 생성과 관계있는 자낭균류의 누룩곰팡이과 미생물은?

① *Rhizopus* 속
② *Penicillium* 속
③ *Aspergillus* 속
④ *Mucor* 속

🔍 해설

Penicillium 속

– *Penicillium roqueforti*
　프랑스 토크포르 치즈 특유의 풍미 생성
– *Penicillium chrysogenum*
　항생물질인 페니실린을 생산하는 균
– *Penicillium citrinum*
　황변미에서 분리된 균으로 독소(citrinin)을 생산

5 식품제조공정

81 수직 스크루 혼합기의 용도로 가장 적합한 것은?

① 점도가 매우 높은 물체를 골고루 섞어 준다.
② 서로가 섞이지 않는 두 액체를 균일하게 분산시킨다.
③ 고체분말과 소량의 액체를 혼합하여 반죽 상태로 만든다.
④ 많은 양의 고체에서 소량의 다른 고체를 효과적으로 혼합시킨다.

🔍 해설

수직형 스크루 혼합기

– 원통형 또는 원통형 용기에 회전하는 스크루가 수직 또는 용기 벽면에 경사지게 설치되어 자전하면서 용기벽면을 따라 공전
– 혼합이 빠르고 효율이 우수하기 때문에 많은 양의 고체에 소량의 다른 고체를 혼합하는데 효과적

82 사각형의 여과틀에 여과포를 씌우고 여과판과 세척판을 교대로 배열해서 만든 대표적인 가압 여과기는?

① 중력여과기　　② 필터프레스
③ 진공여과기　　④ 원심여과기

🔍 해설

필터프레스(판틀형 압축여과기)

– 여과판, 여과포, 여과틀을 교대로 배열, 조립한 것
– 여과판은 주로 정방형으로 양면에 많은 돌기들이 있어서 여과포(filter cloth)를 지지해주는 역할을 하여, 돌기들 상이의 홈은 여액이 흐르는 통로를 형성한다.
– 구조와 조작이 간단하고, 가격이 비교적 저렴하여 공업적으로 널리 이용
– 인건비와 여포의 소비가 크고, 케이크의 세척이 효율적이지 못함

83 일반적으로 액체식품의 건조에 가장 효율적인 건조방법은?

① 진공 건조　　② 가압 건조
③ 냉동 건조　　④ 분무 건조

🔍 해설

분무 건조기

– 액체 식품을 분무기를 이용하여 미세한 액체 방울로 분사하여 열풍에 의해 순간적으로 수분을 증발하여 건조, 분말화 하는 것
– 우유, 커피, 과즙, 향신료, 유지, 간장, 된장과 치즈의 건조 등 광범위하게 사용
– 열에 민감한 식품건조에 알맞고 연속 대량 생산에 적합하여 생산 시 맛과 영양소 손실이 적은 친수성 제품 생산이 가능
– 제품 형상을 구형의 다공질 입자 가능

💡 정답　**79** ④　**80** ②　**81** ④　**82** ②　**83** ④

84 농도 5%(wt)의 식염수 1톤을 50%(wt)로 농축시키려면 몇 kg의 수분증발이 필요한가?

① 120kg

② 250kg

③ 630kg

④ 900kg

🔍 해설

농축 시 필요한 수분증발량
농도 5%의 식염수 1000kg의 고형분량 $1000 \times 0.05 = 50kg$ 50%의 농축액을 얻으려면 $50 = \dfrac{50}{100}(1000 - x)$ $x = 9000\ kg$

85 초임계유체 추출방법이 효과적으로 쓰이는 식품군이 아닌 것은?

① 커피

② 유지

③ 스낵

④ 향신료

🔍 해설

초임계 유체 추출방법
– 초임계 유체를 용제로 하여 추출분리하는 방법 – 물질이 그의 임계점보다 높은 온도와 압력하에 있을 때, 즉, 초임계 이상의 상태에 있을 때 이물질의 상태를 초임계 유체라 하며, 초임계 유체를 용매로 사용하여 물질을 분리하는 기술을 초임계 유체 추출 기술이라 한다. – 초임계 유체로 자주 사용하는 물질은 물과 이산화탄소이다. – 초임계 상태의 이산화탄소는 여러 가지 물질을 잘 용해한다. – 목표물을 용해한 초임계 이산화탄소를 임계점 이하로 하면, 이산화탄소는 기화하여 대기로 날아가고 용질만이 남는다. – 공정은 용매의 압축, 추출, 회수, 분리로 나눈다. – 초임계 가스 추출방법은 성분의 변화가 거의 없고 특정 성분을 추출하고 분리하는데, 이용되어 식품에서는 커피, 홍차 등에서 카페인 제거, 동식물성 유지 추출, 향신료 및 향료의 추출 등에 이용

86 식품공업에서 원료 중의 고형물을 회수할 때나 물에 녹지 않는 액체를 분리할 때 고속 회전시켜 비중의 차이에 의해 분리하는 조작은?

① 추출

② 여과

③ 조립

④ 원심분리

🔍 해설

원심분리
– 원심력을 이용하여 물질들을 분리하는 단위공정으로 섞이지 않는 액체의 분리, 액체로부터 불용성 고체의 분리, 원심여과 등을 모드 일컫는 용어 – 액체–액체 분리가 가장 일반적이나 고체–액체 분리도 가능 – rpm(분단회전수)이 높을수록, 질량이 클수록, 반지름이 클수록, 받는 원심력이 크며, 이로 인해 원심력의 방향으로 무거운 물질이 이동하게 되어 빠른 침전이 가능 – 결과적으로 무거운 물질은 아래에 가벼운 물질은 위에 있게 됨 – 원심력 = $mr\omega^2$ = 물질의 질량 × 반지름 × (각 속도)^2 – 단위는 rpm(분당회전수)

87 밀가루 반죽과 같은 고점도 반고체의 혼합에 관여하는 운동과 관계가 먼 것은?

① 절단(Cutting)

② 치댐(Kneading)

③ 접음(Folding)

④ 전단(Shearing)

🔍 해설

고점도 반고체의 혼합 운동
– 고점도 물체 또는 반고체 물체는 점도가 낮은 액체에서 처럼 임펠러에 의해서 유동이 생성되지 않으므로 물체와 혼합날개가 직접적인 접촉에 의해 물체는 비틀림, 이기기, 접음, 전단, 압축작용을 연속적으로 받아 혼합한다. – 치댐(Kneading) : 혼합물을 용기나 벽 등에 문대기고 때리기 – 접음(Folding) : 혼합물을 접어 골고루 섞이도록 혼합 – 전단(Shearing) : 혼합물 분리

88 물리적 비가열 살균 기술이 아닌 것은?

① 초음파 살균 기술
② 고전압 펄스 전기장 기술
③ 생리활성물질 첨가 기술
④ 초고압기술 .

🔍해설

비가열 살균
– 가열 처리를 하지 않고 살균하는 방법 – 효율성, 안전성, 경제성 등을 고려할 때 일반적인 살균법인 열 살균보다 떨어질때가 많으나 열로 인한 품질 변화, 영양파괴를 최소화하는 장점이 있음 – 약제살균, 방사선조사, 자외선살균, 전자선 살균, 여과제균, 고주파 유도살균, 초고압살균, 고전장펄스, 오존살균법, 초음파 살균 등

89 김치 제조에서 배추의 소금 절임 방법이 아닌 것은?

① 압력법   ② 검염법
③ 혼합법   ④ 염수법

🔍해설

김치 제조 절임 방법
– 소금의 농도, 절임시간, 온도가 매우 중요 – 사용하는 물의 수질 및 절임방법 등에 따라 절임식품 김치의 발효에 큰 영향을 줌 – 절임방법 : 건염법, 염수법, 혼합법 – 건염법 : 마른 소금을 배추사이에 뿌려 절이는 방법 – 염수법 : 식염수에 배추를 담가 절이는 방법으로 식염숭의 염도에 따라 절이는 시간 달라짐 – 혼합법 : 배추가 소금에 고루 절여지도록 건염법과 염수법을 섞어서 사용

90 진공동결건조에 대한 설명으로 틀린 것은?

① 향미 성분의 손실이 적다.
② 감압 상태에서 건조가 이루어진다.
③ 다공성 조직을 가지므로 복원성이 좋다.
④ 열풍건조에 비해 건조시간이 적게 걸린다.

🔍해설

진공 동결 건조

• 식품재료를 −40∼−30℃로 급 속 동결시키고 감압하여 높은 진공 장치 내에서 얼음을 액체상태를 거치지 않고 기체상태로 승화시켜 수분을 제거하는 건조 방법
• 장점
  – 위축변형이 거의 없으며 외관이 양호
  – 효소적 또는 비효소적 성분간의 화학반응이 없어 향미, 색 및 영양가의 변화가 거의 없음
  – 제품의 조직이 다공질이고 변성이 적음으로 물에 담갔을 때 복원성이 좋음
  – 품질의 손상없이 2∼3% 정도의 저수분으로 건조 가능
  – 높은 저장성 가짐
  – 고급채소, 고급 인스턴트 커피 등에 이용
• 단점
  – 건조시간이 김
  – 시설비와 운전 경비가 비쌈
  – 수분이 3% 이하로 적기 때문에 부스러지기 쉽고 지질산화 쉬움
  – 다공질 상태이기 때문에 공기와의 많은 접촉면적으로 흡습산화의 염려가 큼

91 냉동건조(Freeze Drying)방법으로 제조된 식품의 특징으로 틀린 것은?

① 제품의 밀도가 증가한다.
② 향미 성분이 보존된다.
③ 승화와 탈습의 과정을 거쳐 제조된다.
④ 제품의 물리적 변형이 적다.

🔍해설

냉동 건조 식품 특성
– 향미 성분이 보존된다. – 승화와 탈습의 과정을 거쳐 제조된다. – 제품의 물리적 변형이 적다.

92 유지의 채취법으로 적당하지 않은 것은?

① 증류법
② 추출법
③ 용출법
④ 압착법

💡**정답** 88 ③   89 ①   90 ④   91 ①   92 ①

유지 채취법

채취법	특성	용도
용출법	가열시켜서 유지 용출	동물성 유지
압착법	기계적 압력으로 압착	식물성 유지
추출법	유기용제에 유지 녹여 채취	식물성 유지

유지의 채취법

- 압착법, 추출법, 용출법이 있다.
- 식물성 유지 채취법 : 압착법, 추출법
- 동물성 유지 채취법 : 용출법
- 압착법 : 기계적인 압력을 가하여 압착하여 기름 채취하는 방법
- 추출법(침출법) : 원료를 휘발성 유기용제를 사용하여 유기용제에 유지를 족이고 그 유기용제를 휘발시켜 유지를 채취하는 방법
- 용출법 : 가열시켜서 유지를 녹아 나오게 하는 방법

93 다음 중 입자 크기 −10+20mesh의 의미로 옳은 것은?

① 10mesh 체는 통과한 20mesh 체는 통과하지 못하는 입자
② 10mesh 체는 통과하지 못하나 20mesh 체는 통과하는 입자
③ 10mesh 체와 20mesh 체를 모두 통과하는 입자
④ 10mesh 체와 20mesh 체를 모두 통과하지 못하는 입자

메쉬(mesh)

- 표준체의 체눈의 개수를 표시하는 단위
- 고체 입자크기를 표시하는 단위
- 체눈(Screen Aperture)은 메쉬체(Mesh Screen)의 교차한 체망의 간격 혹은 타공망의 구멍과 평행 선체의 간격을 말함
- 1 mesh는 체망 길이 1 inch(25.4mm)의 세로 × 가로 크기 체눈의 개수
- 메쉬의 숫자가 클수록 체의 체눈의 크기가 작음
- 메쉬의 숫자가 작을수록 체의 체눈의 크기가 큼

94 고춧가루나 떡 제조용 쌀가루를 제조할 때 사용하는 롤러밀은 2개의 롤러의 회전 속도가 달라 분쇄력을 갖게 된다. 롤러의 표준 회전 속도비는?

① 1 : 1
② 1 : 2.5
③ 1 : 5
④ 1 : 10

롤러의 표준 회전 속도비

롤러 직경의 비율에 따라 롤러의 표준 회전 속도비는 2.5배이다.

95 가열살균에 있어 D값이 120℃에서 20초인 세균을 초기농도 10^5에서 10^1까지 부분 살균하는데 소요되는 총 살균시간은?

① 120초
② 100초
③ 80초
④ 50초

D값

미생물의 사멸률을 나타내는 값
균을 90% 사멸시키는데 걸리는 시간
균수를 1 / 10으로 줄이는 데 걸리는 시간

$$D값 = \frac{U}{\log A - \log B}$$

(U : 가열시간, A : 초기균수 B : 가열시간 후 균수)

$$D_{120} = \frac{U}{\log 10^5 - \log 10^1} = \frac{U}{5-1}$$

U = 20초

96 식품가공방법 중 배럴(Barrel)의 한쪽에는 원료투입구가 있고 다른 쪽에는 작은 구멍(Die)이 뚫려 있으며 배럴안쪽에 회전 스크류(Screw)에 의해 가압된 원료가 나오는 형태의 성형방법은?

① 과립성형(Agglomeration)
② 주조성형(Casting)
③ 압출성형(Extrusion)
④ 압연성형(Sheeting)

압출 성형기
• 반죽, 반고체, 액체식품을 스크류 등의 압력을 이용하여 노즐 또는 다이스와 같은 구멍을 통하여 밀어내어 연속적으로 일정한 형태로 성형하는 방법 • 원료의 사입구에서 사출구에 이르기까지 압축, 분쇄, 혼합, 반죽, 층밀림, 가열, 성형, 용융, 팽화 등의 여러 가지 단위공정이 이루어지는 식품가공기계 • Extrusion Cooker – 공정이 짧고 고온의 환경이 유지되어야하기 때문에 고온 단시간 공정이라함 – 성형물의 영양적 손실이 적고 미생물 오염의 가능성 적음 – 공정 마지막의 급격한 압력 저하에 의해 성형물이 팽창하여 원료의 조건과 압출기의 압력, 온도에 의해 팽창율이 영향 받음 • Cold Extruder – 100℃ 이하의 환경에서 느리게 회전하는 스크류의 낮은 마찰로 압출하는 방법 – Extrusion Cooker와 달리 팽창에 의한 영향없이 긴 형태의 성형물 얻음 – 주로 파스타, 제과에 이용 • 압출성형 스낵 – 압출 성형기를 통하여 혼합, 압출, 팽화, 성형시킨 제품으로 extruder내에서 공정이 순간적으로 이루어지기 때문에 비교적 공정이 간단하고 복잡한 형태로 쉽게 가공 가능

97 판상식 열교환기에 관한 설명으로 틀린 것은?

① 총괄 열전달계수가 매우 작아서 열전달이 천천히 된다.
② 사용 후 청소가 쉽다.
③ 판의 수를 조정함으로써 가열 용량을 쉽게 조정할 수 있다.
④ 점도가 높은 유체에는 사용하기 곤란하다.

판형 열교환기(plate type exchanger) 특징
– 판형 열교환기는 점도가 낮은 액체(우유, 과일주스 등)을 위한 열교환기 – 아주 짧은 시간에 고온 가열 가능 – 장치의 크기에 비해 열전달 면적이 커서 좁은 면적에 설치가 가능 – 판을 분해할 수 있어 청소가 용이 – 총괄 열전달 계수가 큼

98 제조공정 중 압출 과정으로 제조되는 면이 아닌 것은?

① 소면
② 스파게티면
③ 당면
④ 마카로니

압출면
– 작은 구멍으로 압출하여 만든 면 – 녹말을 호화시켜 만든 전분면, 당면 등 – 강력분 밀가루를 사용하여 호화시키지 않고 만든 마카로니, 스파게티, 버미셀, 누들 등

99 0.0029 인치 크기의 체 눈을 형성하는 200 메시 체를 기준으로 하여 다음 체 눈의 크기를 $\sqrt{2}$만큼 씩 증가시키는 체의 표준시리즈는?

① Tyler Series
② British standards
③ ASTM-E 11
④ Mesh standards

🔍해설

미국의 Tyler 표준체
– 호칭은 메쉬(mesh)로 나타낸다 – 1인치(25.4mm)안의 눈 수를 나타낸다 – 숫자가 클수록 체 눈 크기는 작다 – 메쉬 크기 간격은 $\sqrt{2}$배 scale이다 – 0.0029인치(0.074mm)의 체 눈을 형성하는 200메쉬 체를 기준으로 한다.

100 건량기준(Dry base) 수분함량 25%인 식품의 습량기준(Wet base) 수분함량은?

① 20%   ② 25%
③ 30%   ④ 18%

🔍해설

– 건량기준 수분함량(%)

$$M(\%) = \frac{W_w}{W_s} \times 100$$

M : 건량기준 수분함량(%)
W_w : 완전히 건조된 물질의 무게(%)
W_s : 물질의 총 무게(%)

– 습량기준 수분함량(%)

$$m(\%) = \frac{W_w}{W_w + W_s} \times 100$$

m : 습량기준 수분함량(%)

– 건량 기준 수분함량이 25%일 때

$$M(\%) = \frac{25}{100} \times 100 = 25$$

Ww : 25, Ws : 100

$$m(\%) = \frac{25}{25+100} \times 100 = 20\%$$

2017년 출제문제 2회

1 식품위생학

1 식품의 방사능 오염에서 생성률이 크고 반감기도 길어 가장 문제가 되는 핵종만을 묶어 놓은 것은?

① ^{89}Sr, ^{95}Zr ② ^{140}Ba, ^{141}Ce

③ ^{90}Sr, ^{137}Cs ④ ^{59}Fe, ^{131}I

> **해설**

방사능 오염

- 방사능을 가진 방사선 물질에 의해서 환경, 식품, 인체가 오염되는 현상으로 핵분열 생성물의 일부가 직접 또는 간접적으로 농작물에 이행 될 수 있다.
- 식품에 문제 되는 방사선 물질
  - 생성율이 비교적 크고 반감기가 긴 ^{90}Sr(29년)과 ^{137}Cs(30년), ^{131}I-(8일)는 반감기가 짧으나 비교적 양이 많아 문제가 된다.

2 다음 중 tar색소를 사용해도 되는 식품은?

① 면류   ② 레토르트식품

③ 어육소시지   ④ 인삼·홍삼음료

> **해설**

타르색소를 사용할 수 없는 식품

면류, 레토르크식품, 어유가공품(어육 소시지 제외), 인삼 홍삼 음료 등

3 식품과 유해성분의 연결이 틀린 것은?

① 독미나리 시큐톡신(cicutoxin)

② 황변미 시트리닌(citrinin)

③ 피마자유 고시폴(gossypol)

④ 독버섯 콜린(choline)

> **해설**

독성물질과 유래식품

- solanine : 감자
- tetrodotoxin : 복어
- venerupin : 모시조개(바지락), 굴
- saxitoxin : 섭조개
- amygdalin : 청매(덜익은 매실), 살구씨
- muscarine : 버섯
- cicutoxin : 독미나리
- ricin : 피마자 종자유
- gossypol : 면실유

4 식품공장 폐수와 가장 관계가 적은 것은?

① 유기성 폐수이다.   ② 무기성 폐수이다.

③ 부유물질이 많다.   ④ BOD가 높다.

> **해설**

공장 폐수

- 무기성 폐수와 유기성 폐수로 구분
- 도금 공장, 금 속공장, 화학공장 등의 무기성 폐수 중에 화학적 유해물질 함유
- 식품공장의 유기성 폐수는 BOD가 높고, 부유물질이 다량 함유하고 있으므로 이에 의해서 공공용수가 오염되어 2차적인 피해 가능함

5 간디스토마의 제 1 중간숙주는?

① 붕어   ② 우렁이

③ 가재   ④ 은어

> **해설**

기생충의 분류

중간숙주 없는 것	회충, 요충, 편충, 구충(십이지장충), 동양모양선충
중간숙주 한 개	무구조충(소), 유구조충(갈고리촌충)(돼지), 선모충(돼지 등 다숙주성), 만소니열두조충(닭)

정답   **1** ③   **2** ②   **3** ③   **4** ②   **5** ②

중간숙주 두 개	질병	제1중간숙주	제2중간숙주
	간흡충 (간디스토마)	왜우렁이	붕어, 잉어
	폐흡충 (폐디스토마)	다슬기	게, 가재
	광절열두조충 (긴촌충)	물벼룩	연어, 송어
	아나사키스충	플랑크톤	조기, 오징어

6 LD50에 대한 설명으로 틀린 것은?

① 한 무리의 실험동물 50%를 사망시키는 독성물질의 양이다.

② 실험방법은 검체의 투여량을 고농도로부터 순차적으로 저농도까지 투여한다.

③ 독성물질의 경우 동물체중 1kg에 대한 독물량(mg)으로 나타내며 동물의 종류나 독물경로도 같이 표기한다.

④ LD50의 값이 클수록 안전성은 높아진다.

Q 해설

LD50(Lethal Dose 50%)

– 실험동물의 반수(50%)가 1주일이내에 치사되는 화학물질의 투여량

– 급성독성 강도를 결정

– LD50(Lethal Dose 50%) 수치가 낮을수록 독성 강하고 수치가 높을수록 안전성이 높아짐

7 민물고기의 생식에 의하여 감염되는 기생충증은?

① 간흡충증　　② 선모충증

③ 무구조충　　④ 유구조충

Q 해설

기생충과 매개 식품

– 채소를 매개로 감염되는 기생충 : 회충, 요충, 십이지장충(구충), 동양모양선충, 편충 등

– 어패류를 매개로 감염되는 기생충 : 간디스토마(간흡충), 폐디스토마(폐흡충), 요고가와흡충, 광절열두조충, 아니사키스 등

– 수육을 매개로 감염되는 기생충 : 무구조충(민촌충), 유구조충(갈고리촌충), 선모충 등

8 건조식품의 포장재료로 가장 적합한 것은?

① 산소와 수분의 투과도가 모두 높은 것

② 산소와 수분의 투과도가 모두 낮은 것

③ 산소의 투과도는 높고 수분의 투과도는 낮은 것

④ 산소의 투과도는 낮고 수분의 투과도는 높은 것

Q 해설

건조식품의 포장재

건조식품은 방습성이 크고(수분투과성이 낮고), 가스투과성이 적은 PVDC필름, PE필름, Polyester 필름 등의 포장재료 사용

9 다음 중 식품을 매개로 감염될 수 있는 가능성이 가장 높은 바이러스성 질환은?

① A형 간염

② B형 간염

③ 후천성면역결핍증(AIDS)

④ 유행성출혈열

Q 해설

A형 간염

– 식수나 식품을 매개로 하거나, 대변구강 경로, 혈액(주사기 공동사용, 수혈) 등을 통해 감염

– 잘 익히지 않은 조개류를 통해 자주 발생

– A형 간염에 감염된 사람들과 밀접 접촉을 통해서 발병

10 Clostridium botulinum의 특성이 아닌 것은?

① 통조림, 병조림 등의 밀봉식품의 부패에 주로 관여된 균이다.

② 그람양성 간균으로 내열설 아포를 형성한다.

③ 치사율이 매우 높은 식중독균이다.

④ 100℃, 30초 정도 살균하면 사멸된다.

💡 정답　6 ②　7 ①　8 ②　9 ①　10 ④

클로스트리듐 보튤리늄 식중독	
특성	- 원인균 : *Clostridium botulinum* - 그람양성, 편성혐기성, 간균, 포자형성, 주편모, 신경독소(neurotoxin)생산 - 콜린 작동성의 신경접합부에서 아세틸콜린의 유리를 저해하여 신경을 마비 - 독소의 항원성에 따라 A~G형균으로 분류되고 그 중 A, B, E, F 형이 식중독 유발 - A, B, F 형 : 최적 37~39℃, 최저 10℃, 내열성이 강한 포자 형성 - E 형 : 최적 28~32℃, 최저 3℃(호냉성) 내열성이 약한 포자 형성 - 독소는 단순단백질로서 내생포자와 달리 열에 약해서 80℃ 30분 또는 100℃ 2~3분간 가열로 불활성화 - 균 자체는 비교적 내열성(A와 B형 100℃ 360분, 120℃ 14분)이 강하나 독소는 열에 약함 - 치사율(30~80%) 높음
증상	- 메스꺼움, 구토, 복통, 설사, 신경증상
원인 식품	통조림, 진공포장, 냉장식품
예방법	- 3℃ 이하 냉장 - 섭취 전 80℃, 30분 또는 100℃, 3분 이상 충분한 가열로 독소 파괴 - 통조림과 병조림 제조 기준 준수

11 포스트 하베스트(Post Harvest) 농약이란?

① 수확 후의 농산물의 품질을 보존하기 위하여 사용하는 농약
② 소비자의 신용을 얻기 위하여 사용하는 농약
③ 농산물 재배 중에 사용하는 농약
④ 농산물에 남아 있는 잔류농약

포스트 하베스트(Post Harvest) 농약
- 수확 후 처리농약 - 농사를 짓는 동안 뿌리는 농약이 아니라 저장 농산물의 병충해 방지 또는 품질을 보존하기 위하여 출하 직전에 뿌리는 농약 - 수입된 밀, 옥수수, 오렌지, 그레이프 프루트, 레몬, 바나나, 파인애플 등의 농산물에 많은 양의 포스트 하바스트가 뿌려져 들어옴

12 다음 중 유해성이 높아 허가되지 않은 보존료는?

① 안식향산
② 붕산
③ 소르빈산
④ 데히드로초산나트륨

유해 보존료
붕산, 포름알데히드, 불소화합물, b-naphthol, 승홍, urotropin 등

13 아플라톡신(aflatoxin)에 대한 설명으로 틀린 것은?

① 생산균은 *Penicillium* 속으로서 열대 지방에 많고 온대지방에서는 발생건수가 적다.
② 생산 최적온도는 25~30℃, 수분 16% 이상, 습도는 80~85% 정도이다.
③ 주요 작용물질은 쌀, 보리, 땅콩 등이다.
④ 예방의 확실한 방법은 수확 직후 건조를 잘 하며 저장에 유의해야 한다.

아플라톡신(aflatoxin)	
- *Aspergillus flavus*, *Aspergillus parasticus*가 생성하는 곰팡이 독소 - 강력한 간장독 성분으로 간암유발. 인체발암물질 group 1로 분류됨	
종류	- aflatoxin B_1, B_2, G_1, G_2, M_1, M_2 - aflatoxin $B_{1은}$ 급성과 만성독성으로 가장 강력함
특성	- 강산과 강알칼리에는 대체로 불안정 - 약 280℃이상에서 파괴되므로 일반식품조리과정으로 독성제거 어려움
생성최적 조건	- 수분 16% 이상 - 최적 온도 : 30℃ - 상대습도 80~85% 이상
원인식품	탄수화물이 풍부한 곡류에 잘 번식

14 우유에 대한 검사 중 Babcock법은 무엇에 대한 검사법인가?

① 우유의 지방
② 우유의 비중
③ 우유의 신선도
④ 우유중의 세균수

🔍 **해설**

우유의 지방검사
– 황산을 이용한 Babcock법과 Gerber법 – ether를 이용한 Rose-Gottlieb법 – 우유의 지방구는 단백질이 둘러싸여 있어서 ether, 석유 ether 등의 유기용매로는 추출이 어렵기 때문에 91~92% 황산으로 지방 이외의 물질을 분해한 후 지방을 원심분리하여 측정하는 Babcock과 Gerber법이 주로 사용

15 식품위생검사를 위한 검체의 일반적인 채취방법 중 옳은 것은?

① 깡통, 병, 상자 등 용기에 넣어 유통되는 식품등은 반드시 개봉한 후 채취한다.
② 합성착색료 등의 화학 물질과 같이 균질한 상태의 것은 가능한 많은 양을 채취하는 것이 원칙이다.
③ 대장균이나 병원 미생물의 경우와 같이 목적물이 불균질할 때는 최소량을 채취하는 것이 원칙이다.
④ 식품에 의한 감염병이나 식중독의 발생 시 세균학적 검사에는 많은 양을 채취하는 것이 원칙이다.

🔍 **해설**

식품위생검사를 위한 검체의 일반적인 채취방법
– 검체는 검사목적, 검사항목 등을 참작하여 검사대상 전체를 대표할 수 있는 최소한도의 양을 수거하여야 한다. – 깡통, 병, 상자 등 용기에 넣어 유통되는 식품 등은 가능한 개봉하지 않고 그대로 채취한다. – 채취된 검체가 검사대상이 손상되지 않도록 주의하여야 하고, 식품을 포장하기전 또는 포장된 것을 개봉하여 검체로 채취하는 경우에는 이물질의 혼입, 미생물의 오염 등이 되지 않도록 주의하여야 한다.

– 제1. 미생물 검사를 위한 시료채취는 검체채취결정표에 따르지 아니하고 제2. 식품일반에 대한 공통기준 및 규격, 제3. 영·유아를 섭취대상으로 표시하여 판매하는 식품의 기준 및 규격, 제4. 장기보존식품의 기준 및 규격, 제5. 식품별 기준 및 규격에서 정하여진 시료수(n)에 해당하는 검체를 채취한다.
– 식품에 의한 감염병이나 식중독의 발생 시 세균학적 검사에는 가능한 많은 양을 채취하는 것이 원칙이다.

16 종이류 등의 용기나 포장에서 위생 문제를 야기시킬수 있는 대표적인 물질은?

① Formalin의 용출
② 형광증백제의 용출
③ BHA의 용출
④ 2-mercaptoimidazole의 용출

🔍 **해설**

종이류 등의 용기나 포장에서의 위생문제
– 종이류 포장의 보건상 문제점은 종이포장 가공 시 유해물질 용출 가능성 – 착색료 용출, 형광염료의 이행, 파라핀, 납 등

17 다음 중 식육가공품의 발색제와 반응하여 형성되는 발암 물질은?

① 아세틸아민(acetyl-amine)
② 소명반(burnt alum)
③ 황산제일철(ferrous sulfate)
④ 니트로소아민(nitrosoamine)

🔍 **해설**

발색제
– 질산염($NaNO_3$), 아질산염($NaNO_2$), 질산칼륨(KNO_3), 아질산칼륨(KNO_2) – 발색제는 식품 중의 dimethylamine과 반응하여 발암물질의 일종인 nitrosamine을 생성하기 때문에 사용허가 기준내에서 유효적절하게 사용

18 식품첨가물의 주요 용도의 연결이 바르게 된 것은?

① 규소수지 추출제
② 염화암모늄 보존료
③ 알긴산나트륨 산화방지제
④ 초산비닐수지 껌기초제

 해설

식품첨가물 용도
– 규소수지 : 소포제 – 염화암모늄 : 발효 촉진 – 알긴산나트륨 : 증점제 – 초산비닐수지 : 추잉껌 기초제, 과일 등의 피막제

19 PCB에 대한 설명 중 틀린 것은?

① 미강유에 원래 들어 있는 성분이다.
② Polychlorinated biphenyl의 약어이다.
③ 1968년 일본에서 처음 중독증상이 보고되었다.
④ 인체의 지방조직에 축적되며, 배설 속도가 늦다.

해설

PCB(PolyChloroBiphenyls)
– 가공된 미강유를 먹는 사람들이 색소침착, 발진. 종기 등의 증상을 나타내는 괴질 – 1968년 일본의 규슈를 중심으로 발생하여 112명 사망 – 미강유 제조 시 탈취 공정에서 가열매체로 사용한 PCB가 누출되어 기름에 혼입되어 일어난 중독사고 – 증상은 안질에 지방이 증가하고 손통, 구강 점막에 갈색 내지 흑색의 색소 침착

20 대장균 O157 : H7의 시험에서 확인 시험 후 행하는 시험은?

① 정성시험
② 증균시험
③ 혈청형 시험
④ 독소시험

해설

대장균 O157 : H7의 시험
– 증균배양 : 검체 TSB배지에 35~37℃, 24시간 배양 – 분리배양 : 선택배지에 접종하여 35~37℃에서 24시간 배양 – 확인시험 : 집락 확인 – 항혈청 평판응집 반응검사 – 생화학적 검사 – 혈청학적 검사 (PCR) – 베로세포 독성검사 – 최종확인

2 식품화학

21 밥을 상온에 오래 두었을 때 생쌀과 같이 굳어지는 현상은?

① 호화
② 호정화
③ 노화
④ 캐러멜화

해설

전분의 노화	
특징	– 호화된 전분(α전분)을 실온에 방치하면 굳어져 β전분으로 되돌아가는 현상 – 호화로 인해 불규칙적인 배열을 했던 전분분자들이 실온에서 시간이 경과됨에 따라 부분적으로나마 규칙적인 분자배열을 한 미셀(micelle) 구조로 되돌아가기 때문임 – 떡, 밥, 빵이 굳어지는 것은 이러한 전분의 노화 현상 때문임
노화 억제 방법	– 수분함량 : 30~60% 노화가 가장 잘 일어나고, 10% 이하 또는 60% 이상에서는 노화 억제 – 전분 종류 : 아밀로펙틴 함량이 높을수록 노화 억제(아밀로스가 많은 전분일수록 노화가 잘 일어남) – 온도 : 0~5℃ 노화 촉진. 60℃ 이상 또는 0℃ 이하의 냉동으로 노화 억제 – pH : 알칼리성일 때 노화가 억제됨 – 염류 : 일반적으로 무기염류는 노화 억제하지만 황산염은 노화 촉진 – 설탕첨가 : 탈수작용에 의해 유효수분을 감소시켜 노화 억제 – 유화제 사용 : 전분 콜로이드 용액의 안정도를 증가시켜 노화 억제

22 2N HCI 40mL와 4N HCI 60mL를 혼합했을 때의 농도는?

① 3.0N
② 3.2N
③ 3.4N
④ 3.6N

용액의 농도
– 1N HCI 용액은 1,000ml 중에 1g 당량인 36.46g 함유 – 2N HCI 용액은 1,000ml 중에는 72.92g 함유 – 2N HCI 용액은 40ml 중에는 2.9168g 함유 – 4N HCI 용액은 1,000ml 중에는 145.84g 함유 – 4N HCI 용액은 60ml 중에는 8.7504g 함유 – 2N HCI 용액 40ml와 4N HCI 용액은 60ml 혼합하면 　100ml 중에 11.6672g 함유 – 1000ml 중에 116.672g 함유하므로 　1N : 36.46g = X : 116.672g 　X = 3.2 N

23 닌히드린 반응(ninhydrin reaction)이 이용되는 것은?

① 아미노산의 정성
② 지방질의 정성
③ 탄수화물의 정성
④ 비타민의 정성

아미노산 정색(정성)반응	
뷰렛반응	– 단백질 정성분석 – 단백질에 뷰렛용액(청색)을 떨어뜨리면 청색에서 보라색이 됨
닌히드린반응	– 단백질 용액에 1% 니히드린 용액을 가한 후 중성 또는 약산성에서 가열하면 이산화탄소 발생 및 청색발현 – a-아미노기 가진 화합물 정색반응 – 아미노산이나 펩티드 검출 및 정량에 이용
밀론반응	– 페놀성히드록시기가 있는 아미노산인 티로신 검출법
사가구찌반응	아지닌의 구아니딘 정성
홉킨스-콜반응	트립토판 정성

24 유지의 가공 중 경화(hydrogenation)와 관련이 없는 것은?

① 경화란 지방산의 이중결합에 수소를 첨가하는 공정이다.
② 경화의 목적은 유지의 산화안전성을 높이는 것이다.
③ 경화유에는 트랜스지방산이 들어 있지 않다.
④ 경화유는 쇼트잉이나 마가린 제조에 이용된다.

경화공정에 의한 트랜스지방 생성
– 일반적으로 유지의 이중결합은 cis 형태로 수소결합되어 있으나 수소첨가과정을 유지의 경우는 일부가 trans 형태로 전환 – 이중결합에 수소의 결합이 서로 반대방향에 위치한 trans 형태의 불포화지방산을 트랜스지방이라고 한다 – 그러므로 트랜스지방은 이중결합이 있는 불포화지방산에 의해 생성된다.

25 연유 중에 젓가락을 세워 회전시키면 연유가 젓가락을 따라 올라간다. 이런 성질을 무엇이라고 하는가?

① Weissenberg 효과
② 예사성
③ 경점성
④ 신전성

점탄성 점성 유동과 탄성 변형이 동시에 일어나는 성질	
종류	특징
예사성	달걀흰자나 답두 등 점성이 높은 콜로이드 용액 등에 젓가락을 넣었다가 당겨 올리면 실을 뽑는 것과 같이 되는 성질
바이센베르그 효과	액체의 탄성으로 일어나는 것으로 연유에 젓가락을 세워 회전시키면 연유가 젓가락을 따라 올라가는 성질
경점성	점탄성을 나타내는 식품에서의 경도를 의미하며, 밀가루 반죽 또는 떡의 경점성은 패리노그라프를 이용하여 측정
신전성	국수 반죽과 같이 긴 끈 모양으로 늘어나는 성질
팽윤성	건조한 식품을 물에 담그면 물을 흡수하여 팽창하는 성질

22 ② **23** ① **24** ③ **25** ①

26 식용유지의 발연점(smoke point)에 대한 설명으로 틀린 것은?

① 유지 중의 유리지방산 함량이 많을수록 발연점은 낮아진다.
② 유지를 가열하여 유지의 표면에서 엷은 푸름연기가 발생할 때의 온도를 말한다.
③ 노출된 유지의 표면적이 클수록 별연점은 낮아진다.
④ 식용유지의 발연점은 낮을수록 좋다.

🔍 해설

발연점
• 유지 중의 유리지방산 함량이 많을수록 노출된 유지의 표면이 클수록, 이물질의 함량이 많을수록 낮아진다. • 유지의 발연점을 높을수록 좋다 • 유지의 발연점에 영향을 미치는 인자 　– 유리지방산의 함량 　– 노출된 유지의 표면적 　– 혼합 이물질의 존재 　– 유지의 사용 횟수

27 단맛의 큰 순서로 나열되어 있는 것은?

① 설탕 > 과당 > 맥아당 > 젖당
② 맥아당 > 젖당 > 설탕 > 과당
③ 과당 > 설탕 > 맥아당 > 젖당
④ 젖당 > 맥아당 > 과당 > 설탕

🔍 해설

당류의 감미도
– 설탕의 감미를 100으로 기준 – 과당(150) 〉 설탕(100) 〉 포도당(70) 〉 맥아당(50) 〉 젖당(20)

28 소수성 졸(sol)에 소량의 전해질을 넣을 때 콜로이드 입자가 침전되는 현상은?

① 브라운 운동
② 응결
③ 흡착
④ 유화

🔍 해설

교질(콜로이드)

• 교질(콜로이드)
1~100nm의 입자가 물에 분산되어있는 상태의 미세입자

액체유형	분산된 입자 크기	분산액
진용액	1nm 이하	설탕물, 소금물
콜로이드	1~100nm	우유, 먹물
현탁액	100nm 이상	흙탕물, 된장국, 초콜릿의 교질상태

• 교질(콜로이드) 성질
– 반투성 : 콜로이드 입자가 반투막을 통과하지 못하는 성질
– 브라운 운동 : 콜로이드 입자의 불규칙 직선운동 콜로이드입자와 분산매가 충돌에 의함. 콜로이드 입자는 같은 전하는 서로 반발
– 틴들현상 : 어두운 곳에서 콜로이드 용액에 직사광선을 쪼이면 빛의 진로가 보이는 현상
틴들현상에 의해 콜로이드 용액이 탁하게 보이며 콜로이드 입자가 일정한 크기를 가지고 있을 때 혼탁도가 최대가 됨
– 흡착 : 콜로이드 입자표면에 다른 액체, 기체분자나 이온이 달라붙어 이들의 농도가 증가되는 현상. 콜로이드 입자의 표면적이 크기 때문에 발생
– 전기이동 : 콜로이드 용액에 직류전류를 통하면 콜로이드 전하와 반대쪽 전극으로 콜로이드 입자가 이동하는 현상
– 응결(엉김) : 소량의 전해질을 넣으면 콜로이드 입자가 반발력을 잃고 침강되는 현상
– 염석 : 다량의 전해질을 가해서 엉김이 생기는 현상
– 유화 : 분산질과 분산매가 다 같이 액체로 섞이지 않는 두 액체가 섞여 있는 현상. 물(친수성)과 기름(친유성)의 혼합 상태를 안정화시킴

💡 정답　**26** ④　**27** ③　**28** ②

29 맛에 대한 설명으로 틀린 것은?

① 단팥죽에 소량의 소금을 넣으면 단맛이 더욱 세게 느껴진다.

② 오징어를 먹은 직후 귤을 먹으면 감칠맛을 느낄 수 있다.

③ 커피에 설탕을 넣으면 쓴맛이 억제된다.

④ 신맛이 강한 레몬에 설탕을 뿌려 먹으면 신맛이 줄어든다.

🔍 해설

미각의 생리
1) 한계값 　– 역치 또는 역가 　– 미각으로 비교 구분할 수 있는 최소 농도 　– 절대한계값 : 맛을 인식하는 최저농도 　– 인지한계값 : 특정 맛을 구분할 수 있는 최저농도 　– 인지한계값 〉 절대한계값 2) 맛의 순응(피로) 　– 특정 맛을 장기간 맛보면 미각의 강도가 약해져서 역치가 상승하고 감수성이 약해지는 현상 3) 맛의 대비(강화) 　– 서로 다른 맛이 혼합되었을 때 주된 맛이 강해지는 현상 　– 단팥죽에 소금 조금 첨가 시 단맛 증가 4) 맛의 억제 　– 서로 다른 맛이 혼합되었을 때 주된 물질의 맛이 약화되는 현상 　– 커피에 설탕 넣으면 쓴맛 감소 5) 맛의 상승(시너지 효과) 　– 동일한 맛의 2가지 물질을 혼합하였을 경우 각각의 맛보다 훨씬 강하게 느껴지는 현상 　– 핵산계 조미료 + 아미노산계 조미료 → 감칠맛 상승 6) 맛의 상쇄 　– 서로 다른 맛을 내는 물질을 혼합했을 때 각각의 고유한 맛이 없어지는 현상 　– 단맛과 신맛이 혼합하면 조화로운 맛이 남(청량음료) 7) 맛의 상실 　– 열대식품의 잎을 씹은 후 잎의 성분(gymneric acid) 때문에 일시적으로 단맛과 쓴맛을 느끼지 못하는 현상 8) 맛의 변조 　– 1가지 맛을 느낀 직후 다른 맛을 정상적으로 느끼지 못하는 현상 　– 쓴 약을 먹은 후 물의 맛 → 단맛

30 염기성 아미노산이 아닌 것은?

① lysine

② arginine

③ histidine

④ alanine

🔍 해설

아미노산 분류		
분류	세분류	
중성 아미노산	비극성(소수성) R기 아미노산	극성(친수성) R기 아미노산
	알라닌 발린 류신 이소류신 프롤린(복소환) 페닐알라닌 　(방향족–벤젠고리) 트립토판(복소환) 메티오닌(함황)	글리신 세린 트레오닌 시스테인(함황) 티로신 　(방향족–벤젠고리)
산성 아미노산	(전하를 띤 R기 아미노산) 카르복실기 수 〉 아미노기 수 아스파르트산 글루탐산 아스파라진 글루타민	
염기성 아미노산	(+ 전하를 띤 R기 아미노산) 카르복실기 수 〈 아미노기 수 리신(라이신) 아르기닌 히스티딘(방향족)	
필수 지방산	류신, 이소류신, 리신, 메티오닌, 발린, 트레오닌, 트립토판, 페닐알라닌 (성장기 어린이와 회복기 환자 추가 : 아르기닌, 히스티딘)	

💡 정답 **29** ②　**30** ④

31 천연지방산의 특징이 아닌 것은?

① 불포화지방산은 이중결합이 없다.
② 대부분 탄소수가 짝수이다.
③ 불포화 지방산은 대부분 cis형이다.
④ 카르복실기가 하나이다.

🔍해설

지방산
① 유지의 대부분을 차지하는 성분으로 카복실기(COOH)를 가지고 있는 직쇄상의 화합물
② 자연계의 대부분의 지방산은 14~24개의 짝수개 탄소가 직선으로 연결된 구조
③ 지방산의 탄소 수(분자량 크기)에 따라 저급 또는 고급 지방산으로 나눔 • 저급지방산(융점 낮고 휘발성) 　지방산의 탄소수가 12개 이하 • 고급지방산(융점 높고 비휘발성) 　지방산의 탄소수가 14개 이상
④ 지방산의 이중결합 유무에 따라 포화지방산과 불포화지방산으로 나눔 • 포화지방산 　– 알킬기 내에 이중결합 없음. 　– 상온에서 고체상태 　– 탄소수가 증가할수록 융점 높아지고 물에 녹기 어려움 • 불포화지방산 　– 알킬기 내에 이중결합 있음 　– 불안정한 cis형 　– 상온에서 액체상태 　– 공기 중의 산소에 의해 쉽게 산화 　– 이중결합 증가할수록 산화 속도 빨라지고 융점 낮아짐

32 식품 중의 수분함량(%)을 가열건조법에 의해 측정할 때 계산식은?

W_0	칭량병의 무게
W_1	건조 전 시료의 무게 + 칭량병 무게
W_2	건조 후 항량에 달했을 때 무게 + 칭량병의 무게

① 수분% = $\left(\dfrac{W_1-W_0}{W_1-W_2}\right) \times 100$

② 수분% = $\left(\dfrac{W_1-W_0}{W_2-W_1}\right) \times 100$

③ 수분% = $\left(\dfrac{W_1-W_2}{W_1-W_0}\right) \times 100$

④ 수분% = $\left(\dfrac{W_2-W_1}{W_1-W_0}\right) \times 100$

상압가열건조법
– 물의 끓는 점보다 약간 높은 온도(105℃)에서 시료를 건조하고 그 감량의 항량값을 수분함량(%)으로 한다. – 수분 = $\dfrac{W_1-W_2}{W_1-W_0} \times 100$ 　W_0 : 칭량접시의 항량 　W_1 : 건조 전 칭량접시 + 시료의 항량 　W_2 : 건조 후 칭량접시 + 시료의 항량

33 다음 중 감칠맛과 관계깊은 아미노산은?

① glycine　　　　② asparagine
③ glutamic acid　④ valine

🔍해설

glutamic acid
L-glutamic acid의 –NH기에 대하여 a위치에 있는 –COOH기가 중화된 monosodium glutamic acid(MSG)는 다시마와 미역의 감칠맛 성분이다. 공업적으로 생산되는 대표적인 조미료

34 전분의 노화 억제와 관련이 없는 것은?

① 냉동　　　　② 냉장
③ 유화제 첨가　④ 자당 첨가

🔍해설

전분의 노화	
특징	– 호화된 전분(α전분)을 실온에 방치하면 굳어져 β전분으로 되돌아가는 현상 – 호화로 인해 불규칙적인 배열을 했던 전분분자들이 실온에서 시간이 경과됨에 따라 부분적으로나마 규칙적인 분자배열을 한 미셀(micelle) 구조로 되돌아가기 때문임 – 떡, 밥, 빵이 굳어지는 것은 이러한 전분의 노화 현상 때문임
노화 억제 방법	– 수분함량 : 30~60% 노화가 가장 잘 일어나고, 10% 이하 또는 60% 이상에서는 노화 억제 – 전분 종류 : 아밀로펙틴 함량이 높을수록 노화 억제(아밀로스가 많은 전분일수록 노화가 잘 일어남) – 온도 : 0~5℃ 노화 촉진. 60℃ 이상 또는 0℃ 이하의 냉동으로 노화 억제 – pH : 알칼리성일 때 노화가 억제됨 – 염류 : 일반적으로 무기염류는 노화 억제하지만 황산염은 노화 촉진 – 설탕첨가 : 탈수작용에 의해 유효수분을 감소시켜 노화 억제 – 유화제 사용 : 전분 콜로이드 용액의 안정도를 증가시켜 노화 억제

35 사람이나 가축의 장 내 미생물에 의해 합성되어 사용되는 비타민은?

① 비타민 B   ② 비타민 K

③ 비타민 C   ④ 비타민 E

🔍 해설

지용성 비타민		
비타민 A	기능	암적응, 상피세포분화, 성장, 촉진, 항암, 면역
	안정성	열에 비교적 안정, 빛, 공기 중의 산소에 의해 산화
	결핍증	야맹증, 각막연화증, 모낭각화증
	과잉증	임신초기유산, 기형아 출산, 탈모, 착색, 식욕상실 등
	급원식품	우유, 버터, 달걀노른자, 간, 녹황채소
비타민 D	기능	칼슘, 인 흡수촉진, 석회화, 뼈 성장
	안정성	열에 안정
	결핍증	구루병, 골연화증, 골다공증
	과잉증	연조직 석회화, 식욕부진, 구토, 체중감소 등
	급원식품	난황, 우유, 버터, 생선, 간유, 효모, 버섯
비타민 E	기능	항산화제, 비타민 A, 카로틴, 유지산화 억제, 노화지연
	안정성	산소, 열에 안정. 불포화지방산과 공존 시 쉽게 산화
	결핍증	용혈성 빈혈(미숙아), 신경계 기능저하, 망막증, 불임
	과잉증	지용성 비타민, 흡수방해, 소화기장애
	급원식품	식물성 기름, 어유 등
비타민 K	기능	혈액응고, 뼈기질단백질 합성
	안정성	열, 산에 안정. 알칼리, 빛, 산화제 불안정
	결핍증	지혈시간 지연, 신생아 출혈
	과잉증	합성메나디온의 경우 간독성
	급원식품	푸른잎 채소, 장내 미생물에 의해 합성

36 매운맛 성분으로 진저롤이 있는 것은?

① 마늘   ② 생강

③ 고추   ④ 후추

🔍 해설

식품의 매운맛 성분
– 마늘 : 알리신, 디알릴디설파이드
– 생강 : 진저롤, 진저론, 쇼가올
– 고추 : 캡사이신
– 후추 : 차비신
– 산초 : 산솔(sanshol)
– 겨자 : 알릴이소티오시아네이트

37 칼슘(Ca)의 흡수를 저해하는 인자가 아닌 것은?

① 수산(oxalic acid)

② 비타민 D

③ 피틴산(phytic acid)

④ 식이섬유

🔍 해설

칼슘(Ca) 흡수	
칼슘 흡수 촉진 인자	비타민 D, 유당, 젖산, 단백질, 아미노산 등 장내의 pH를 산성으로 유지하는 물질 칼슘과 인의 비율이 1~2 : 1일 때 흡수가장 좋음
칼슘 흡수 저해 인자	수산, 피틴산, 탄닌, 식이섬유, 지방, 과도한 인 섭취 등

38 호화(糊化)된 전분이 갖는 성질이 아닌 것은?

① 점도의 증가

② 소화율의 증가

③ 방향 부동성(anisotropy)의 손실

④ 수분 흡수정도의 감소

🔍 해설

전분 호화	
특징	– 생전분(β–전분)에 물을 넣고 가열하였을 때 소화되기 쉬운 α 전분으로 되는 현상 – 물을 가해서 가열한 생전분은 60~70℃에서 팽윤하기 시작하면서 점성이 증가하고 반투명 콜로이드 물질이 되는 과정 – 팽윤에 의한 부피 팽창 – 방향부동성과 복굴절 현상 상실

영향 인자	– 전분종류 : 전분입자가 클수록 호화 빠름 고구마, 감자의 전분입자가 쌀의 전분입자보다 크다. – 수분 : 전분의 수분함량이 많을수록 호화 잘 일 어남 – 온도 : 호화최적온도(60℃ 전후). 온도가 높을 수록 호화시간 빠름 – pH : 알칼리성에서 팽윤과 호화 촉진 – 염류 : 알칼리성 염류는 전분입자의 팽윤을 촉 진시켜 호화온도 낮추는 팽윤제로 작용 강함 (NaOH, KOH, KCNS 등) – OH 〉 CNS 〉 Br 〉 Cl- 단, 황산염은 호화억제(노화 촉진)

닌히드린반응	– 단백질 용액에 1% 니히드린 용액을 가한 후 중성 또는 약산성에서 가열하 면 이산화탄소 발생 및 청색발현 – a-아미노기 가진 화합물 정색반응 – 아미노산이나 펩티드 검출 및 정량에 이용
홉킨스–콜반응	트립토판 정성

39 다음 중 동물성 스테롤(sterol)은?

① cholesterol   ② ergosterol
③ sitosterol   ④ stigmasterol

🔍 해설

스테롤 종류	
동물성 스테롤	cholesterol
식물성 스테롤	sitosterol, stigmasterol
효모가 생산하는 스테롤	ergosterol

40 단백질 분자 내에 티로신(tyrosine)과 같은 페놀(phenol) 잔기를 가진 아미노산의 존재에 의해서 일어나는 정색반응은?

① 밀론(Millon)반응
② 뷰렛(Biuret)반응
③ 닌히드린(Ninhydrin)반응
④ 유황반응

🔍 해설

아미노산 정색(정성)반응	
뷰렛반응	– 단백질 정성분석 – 단백질에 뷰렛용액(청색)을 떨어뜨리 면 청색에서 보라색이 됨
밀론반응	페놀성히드록시기가 있는 아미노산인 티 록신 검출법
사가구찌반응	아지닌의 구아니딘 정성

3 식품가공학

41 염장 원리에서 가장 주요한 요인은?

① 단백질 분해효소의 작용 억제
② 소금의 삼투작용 및 탈수작용
③ CO_2에 대한 세균의 감도 증가
④ 산소의 용해도를 감소

🔍 해설

염장의 삼투작용(소금의 방부력)
– 삼투압에 의한 원형질 분리 – 탈수작용 – 수분활성도 저하 – 산소 용해도 감소 – 소금에서 해리된 염소이온(Cl-)의 미생물 살균 작용 – 고농도의 소금용액에서 미생물 발육 억제 – 단백질 가수분해효소 작용 억제

42 달걀의 저장법으로 부적합한 것은?

① 가스 냉장법   ② 냉장법
③ 도포법   ④ 온탕법

🔍 해설

달걀 저장법
– 냉장법(8~10개월 저장 가능) – 냉동법(액란) – 가스저장(1년 저장 가능) – 도포저장(3~6개월 저장 가능) – 침지법(3개월 저장 가능) – 건조법(6~12개월 가능) – 피단, 훈제, 방습법(1~2개월 저장 가능)

💡정답   39 ①   40 ①   41 ②   42 ④

43 통조림의 제조 주요 공정 순서가 바르게 된 것은?

① 밀봉 살균 탈기
② 탈기 밀봉 살균
③ 살균 밀봉 탈기
④ 살균 탈기 밀봉

🔍 해설

통조림 제조 공정
원료 → 선별 → 씻기 → 제조(데치기, 씨빼기, 박피, 가미) → 담기 → 조미에 넣기 → 탈기 → 밀봉 → 살균 → 냉각 → 검사 → 제품
주요 4대 공정 : 탈기 → 밀봉 → 살균 → 냉각

44 냉훈법에 비하여 온훈법의 장점이 아닌 것은?

① 고기가 더 연하다.
② 고기의 향기가 좋다.
③ 고기의 맛이 좋다.
④ 저장성이 우수하다.

🔍 해설

훈연방법				
종류	온도(℃)	시간	풍미	보존성
냉훈법	15~20	수일~수주	강	장시간
온훈법	25~45	수시간	약	중간
고온훈연법	50~90	0.5~2시간	매우 약	짧음

45 찹쌀과 멥쌀의 성분상 큰 차이는?

① 단백질함량
② 지방함량
③ 회분함량
④ 아밀로펙틴(amylopectin) 함량

🔍 해설

찹쌀과 멥쌀의 성분 차이
– 아밀로스와 아밀로펙틴의 함량 비율이 다름
– 멥쌀은 아밀로스와 아밀로스펙틴 비율이 20 : 80
– 찹쌀은 아밀로스가 함유되어있지 않고 거의 아밀로펙틴 으로만 구성되어 있음

46 햄, 소시지, 베이컨 등의 가공품 제조 시 단백질의 보수력 및 결착성을 증가시키기 위해 사용되는 첨가물은?

① M.S.G
② ascorbic acid
③ polyphosphate
④ chlorine

🔍 해설

중합인산염(polyphosphate) 사용 목적
– 단백질 보수력 증가
– 결착성 증진
– pH 완충작용
– 금속이온 차단
– 육색 개선
– 햄, 소시지, 베이컨, 어육연제품 등에 첨가

47 치즈의 숙성률을 나타내는 기준이 되는 성분은?

① 수용성 질소화합물
② 유리 지방산
③ 유리 아미노산
④ 환원당

🔍 해설

치즈 숙성
카세인(우유 단백질)은 우유에서 칼슘카세인(Ca-caseinate)의 형태로 존재하여 레닌(응유효소)에 의해 불용성인 파라칼슘카세인이 분해되어 숙성이 진행됨에 따라 수용성으로 변함. 수용성 질소 화합물의 양은 치즈의 숙성 도를 나타냄.
치즈숙성도(%) = 수용성질소화합물(WSN) / 총질소(TN) × 100

48 통조림 식품의 변패 및 그 원인의 연결이 틀린 것은?

① 밀감 통조림의 백탁 : 과육 중의 hesperidin 의 불용출
② 관 내면 부식 : 주석, 철 등 용기 성분의 이상요출
③ 관 외면 부식 : 부식성 용수의 사용
④ 다랑어 통조림의 청변 : met-Mb, TMAO, cytein의 관여

💡 정답　**43** ②　**44** ④　**45** ④　**46** ③　**47** ①　**48** ①

밀감 통조림 백탁

- 밀감통조림 백탁은 헤스페리딘의 침전에 의함
- 백탁 억제법
  - 내열성 hesperidinase 첨가
  - 헤스페리딘 함량 적은 품종 선택
  - CMC(carboxymethyl cellulose) 10ppm 첨가하여 pH를 저하시키는 방법

49 식물성 유지에 대한 설명으로 옳은 것은?

① 건성유에는 올리브유, 땅콩기름 등이 있다.
② 불건성유에는 들기름, 팜유 등이 있다.
③ 반건성유에는 대두유, 참기름, 미강유 등이 있다.
④ 불건성유는 요오드값이 150 이상이다.

식물성 유지

- 식물성유(oil)
  - 건성유(요오드가 130 이상) : 아마인유, 도유, 들기름
  - 반건성유(요오드가 100~130) : 참기름, 대두유, 면실유, 미강유
  - 불건성유(요오드가 100 이하) : 올리브유, 땅콩기름, 피마자유
- 식물성지(fat)
  - 야자유, 코코아유

50 물의 밀도는 1g / cm³이다. 이를 lb / ft³ 단위로 환산하면 약 얼마인가? (단, 1lb는 454g, 1ft는 30.5cm로 계산한다.)

① 60.6 lb / ft³   ② 62.5 lb / ft³
③ 64.4 lb / ft³   ④ 66.6 lb / ft³

lb / ft³ 단위 환산

1ft = 30.5cm
ft³ = 30.5³ = 28,372.6
1lb = 454g
28,372.6 ÷ 454 = 62.5lb / ft³

51 일반적인 밀가루 품질시험 방법과 거리가 먼 것은?

① amylase 작용력 시험
② 면의 신장도 시험
③ gluten 함량 측정
④ protease 작용력 시험

밀가루 품질

측정 기준	글루텐 함량, 점도, 흡수율, 회분 및 색상, 효소함량, 입도, 숙도, 손상전분, 첨가물 등

측정 기기	용도
Amylograph	전분의 호화도, a-amylase역가 강력분과 중력분 판정
Extensograph	반죽의 신장도와 인장항력 측정
Fariongraph	밀가루 반죽 시 생기는 점탄성
Peker test	색도, 밀기울의 혼입도 측정
Gluten 함량	밀단백질인 Gluten 함량에 따라 밀가루 사용용도 구분 - 강력분(13%, 제빵) - 중력분(10~13%, 제면) - 박력분(10% 이하, 과자 및 튀김)

52 HTST법(고온 단시간 살균법)은 72~75℃에서 얼마 동안 열처리하는 것인가?

① 0.5초 내지 5초간
② 15초 내지 20초간
③ 1분간
④ 5분간

우유 살균법

- 저온장시간살균법(LTLT) : 62~65℃ 20~30분 살균
- 고온단시간살균법(HTST) : 71~75℃ 15~16초 살균
- 초고온순간살균법(UHT) : 130~150℃ 0.5~5초 살균

💡정답 **49** ③   **50** ②   **51** ④   **52** ②

53 병류식과 비교할 때 향류식 터널건조기의 일반적인 특징으로 옳은 것은?

① 수분함량이 낮은 제품을 얻기 어렵다.

② 식품의 건조초기에 고온 저습의 공기와 접하게 된다.

③ 과열될 염려가 없어 제품의 열손상을 적게 받고 건조 속도도 빠르다.

④ 열의 이용도가 높고 경제적이다.

🔍 **해설**

터널건조기	
병류식(식품→)(열풍→)	
열품흐름	식품과 열풍이 같은 방향으로 이동
장점	− 초기 빠르게 건조 − 수축현상 적음 − 낮은 밀도, 열 손상 적음 − 변패위험없음
단점	차갑고 습한 공기가 건조된 식품 위를 지나므로 낮은 수분제품을 얻기 어려움
향류식(식품→)(열풍←)	
열품흐름	식품과 열풍이 반대 방향으로 이동
장점	− 에너지를 경제적으로 이용 − 뜨거운 공기가 건조된 식품 위를 지나므로 최종 제품의 수분함량 낮음
단점	− 수축현상과 열 손상의 위험 − 수분함량이 높은 식품이 따뜻하고 습한 공기와 접촉하여 변패 위험성 높음
혼합류식(식품→)(열풍→↑←)	
열품흐름	병류식과 향류식 조합(식품 한방향, 열풍은 양방향이동)
장점	병류식과 향류식 장점 통합
단점	복잡하고 가격 고가
횡류식(식품→)(열풍↑↓)	
열품흐름	열풍과 식품의 이동방향 교차
장점	가열지역을 유연하게 조절할 수 있어 균일하게 건조하고 건조속도 빠름
단점	기계설치비와 유지 작동비 높음

54 식품의 저장방법 중 식염절임에 대한 설명으로 틀린 것은?

① 염수과정에서 식염의 침투로 식염용액이 형성되고 여기에 육단백질이 용해되어 콜로이드용액을 만들어 수분을 흡수하는 경우도 있다.

② 일반적으로 식염농도가 증가하거나 온도가 높아지면 삼투압이 커지게 된다.

③ 건염법은 염수법에 비하여 유지 산화가 많이 일어날 가능성이 있다.

④ 식염 중에 칼슘염이나 마그네슘염이 들어 있으면 식염의 침투 속도가 높아진다.

🔍 **해설**

식염 절임		
종류	방법	특징
물간법 (습염법)	일정 농도의 소금물에 식품을 염지	− 식염침투 균일 − 외관, 풍미, 수율 좋음 − 용염량 많음 − 염장 주에 자주 교반해야 함
마른간법 (건염법)	식품에 소금(원료무게의 20~30%)을 직접 뿌려 염장	− 염장에 특별한 설비가 필요하지 않음 − 염의 침투가 빠름 − 식염의 침투균일 − 지방이 산화되어 변색 가능
개량물간법	마른 간을 하여 쌓은 뒤 누름돌을 얹어 가압	− 마른간법과 물간법을 혼합하여 단점보완 − 외관과 수율좋음 − 식염의 침투균일
개량 마른간법	소금물에 가염지 후 마른간으로 본 염지	− 기온이 높거나 선도가 나쁜 어육을 염장할 때 그 변패를 막는데 효과적

55 포도당 당량(DE : Dextrose equivalent)이 높을 때의 현상은?

① 점도가 떨어진다.
② 삼투압이 낮아진다.
③ 평균분자량이 증가한다.
④ 덱스트린이 증가한다.

 해설

포도당 당량(DE, Dextrose Equivalent)
– 전분의 가수분해 정도를 나타내는 지표 – $DE = \dfrac{직접환원당(포도당으로서)}{고형분} \times 100$ – 단맛이 강한 결정포도당은 DE가 100에 가까움 – 전분은 분해도가 높아지면 포도당이 증가되어 단맛과 결정성이 증가되는 반면, 덱스트린은 감소되어 평균 분자량이 적어지고 흡습성 및 점도가 떨어진다.

56 두류가공품 중 소화율이 가장 높은 것은?

① 된장 ② 두부
③ 납두 ④ 콩나물

 해설

두류 가공품 소화율
콩은 여러 영양성분을 함유한 식품이나 조직이 단단하여 그대로 삶거나 볶아서 먹으면 소화와 흡수가 잘 안됨 가공하여 소화율과 영양가 높여서 먹는 것이 좋음

콩&콩제품	소화율(%)	가공수율(%)	영양량(%)
볶은콩	50~70	–	–
간장	98	35	34
된장	85	90	77
두부	95	–	–
납두	85	90	77
콩나물	55	75	42

57 당도가 12%인 사과과즙 10kg을 당도가 24%가 되도록 하기 위하여 첨가해야 할 설탕량은 약 몇 kg인가?

① 1.2750 kg ② 1.5789 kg
③ 2.3026 kg ④ 2.5431 kg

해설

첨가해야 할 설탕량
$설탕량 = \dfrac{10kg(24\%-12)}{100-24\%} = 1.578kg$

58 샐러드 기름을 제조할 때 탈납(winterization) 과정의 주요 목적은?

① 불포화 지방산을 제거한다.
② 저온에서 고체상태로 존재하는 지방을 제거한다.
③ 지방 추출원료의 찌꺼기를 제거한다.
④ 수분을 제거한다.

해설

유지의 정제		
순서	제조공정	방법
1	전처리	– 원유 중의 불순물을 제거 – 여과, 원심분리, 응고, 흡착, 가열처리
2	탈검	– 유지의 불순물인 인지질(레시틴), 단백질, 탄수화물 등의 검질제거 – 유지을 75~80℃ 온수(1~2%)로 수화하여 검질을 팽윤·응고시켜 분리제거
3	탈산	– 원유의 유리지방산을 제거 – 유지를 가온(60~70℃)·교반 후 수산화나트륨용액(10~15%)을 뿌려 비누액을 만들어 분리제거
4	탈색	– 원유의 카로티노이드, 클로로필, 고시폴 등 색소물질 제거 – 흡착법(활성백토, 활성탄 이용) – 산화법(과산화물 이용) – 일광법(자외선 이용)
5	탈취	– 불쾌취의 원인이 되는 저급카보닐화합물, 저급지방산, 저급알코올, 유기용매 등 제거 – 고도의 진공상태에서 행함
6	탈납	– 냉장 온도에서 고체가 되는, 녹는점이 높은 납(wax) 제거 – 탈취 전에 미리 원유를 0~6℃에서 18시간 정도 방치하여 생성된 고체지방을 여과 또는 원심분리하여 제거하는 공정 – 동유처리법(Winterization) – 면실유, 중성지질, 가공유지 등에 사용

정답 **55** ① **56** ② **57** ② **58** ②

59 아이스크림 제조 시 사용하는 안정제가 아닌 것은?

① 젤라틴(gelatin)
② 알긴산염(Na-alginate)
③ CMC
④ 구아닐산이나트륨(disodium 5'-guanylate)

아이스크림 제조 시 사용하는 안정제
sodium alginate, CMC-Na. gelatin, vsgstable gum 등

60 라면 한 그릇에 나트륨이 2000mg 들어 있다면, 이것을 소금양으로 환산하면 얼마인가?

① 5g ② 8g
③ 12g ④ 20g

소금량 측정하기
– 소금은 나트륨(Na, 40%)과 염소(Cl, 60%)로 이루어진 염화나트륨이다.
– 소금함량 중 나트륨은 $\frac{100}{40} = 2.5$이므로 2.5곱함
– 소금량은 나트륨량 × 2.5 = 2g × 2.5 = 5g

4 식품미생물학

61 유기산과 생산 미생물과의 연결이 틀린 것은?

① 구연산 *Aspergillus niger*
② 초산 *Acetobacter aceti*
③ 젖산 *Leuconostoc mesenteriodes*
④ 프로피온산 *Propionibacterium shermanii*

Leuconostoc mesenteroides
– 그람양성 쌍구균 또는 연쇄상 구균, 헤테로젖산균(이상발효 젖산균)
– 김치 발효 초기에 주로 이상젖산균인 *Leuconostoc mesenteroides*가 발효
– 젖산과 함께 탄산가스 및 초산을 생성
– 설탕을 기질로 덱스트란 생산에 이용
– 내염성을 갖고 있어서 김치의 발효 초기에 주로 발육하여 김치를 산성화와 혐기상태로 해줌으로써 호기성 세균의 생육을 억제

62 다음 중 koji 곰팡이의 특징과 거리가 먼 것은?

① *Aspergillus oryzae group*이다.
② 단백질 분해력이 강하다.
③ 곰팡이 효소에 의하여 아미노산으로 분해한다.
④ 일반적으로 당화력이 약하다.

Koji 곰팡이의 특징
– 대표 코지 곰팡이 : *Aspergillus oryzae*
– 프로테아제(protease)의 활성이 강하여 단백질 분해력이 강하다.
– glutamic acid의 생산능력이 강하다.
– 아밀라제 활성이 강하여 전분의 당화력도 강하다.
– 포자형성이 왕성하고 제국이 용이하다.

63 아황산펄프폐액을 사용한 효모생산을 위하여 개발된 발효조는?

① Waldhof형 배양장치
② Vortex형 배양장치
③ Air lift형 배양장치
④ Plate tower형 배양장치

Waldhof형 배양장치
– 아황산 펄프폐액을 사용한 효모생산을 위하여 독일에서 개발된 배양장치
– 공기는 회전축(shaft)으로 들어가서 통기회전원판(aeration wheel)으로부터 액중에 방출
– 연속 배양 가능

64 출아법으로 증식하며 포자를 형성하는 미생물은?

① *Saccharomyces* 속
② *Mucor* 속
③ *Rhizopus* 속
④ *Torulopsis* 속

🔍 해설

Saccharomyces 속
– 알코올 발효력이 강한 종이 많음
– 각종 주류 제조, 알코올 제조, 제빵 등에 이용
– 효모형태는 구형, 달걀형, 타원형 또는 원통형
– 다극출아를 하는 자낭포자효모

65 일반적으로 위균사(Pseudomycelium)를 형성하는 효모는?

① *Saccharomyces* 속
② *Candida* 속
③ *Hanseniaspora* 속
④ *Trigonopsis* 속

🔍 해설

- *Saccharomyces* 속
  - 구형, 난형, 또는 타원형
  - 위균사를 만드는 종도 있음
- *Candida* 속
  - 레몬형, 위균사 형성하지 않음
- *Hanseniaspora* 속
  - 구형, 난형, 원통형, 대부분 위균사 잘 형성
- *Trigonopsis* 속
  - 소형의 구형 또는 난황, 위균사를 형성하지 않음

66 미생물의 생육에 직접 관계하는 요인이 아닌 것은?

① pH
② 수분
③ 이산화탄소
④ 온도

🔍 해설

미생물 생육 요인
온도, 산소, pH, 수분, 삼투압, 수압, 자외선, 전리방사선 등

67 적당한 수분이 있는 조건에서 식빵에 번식하여 적색을 형성하는 미생물은?

① *Lactobacillus plantarum*
② *Staphylococcus aureus*
③ *Pseudomonas fluorescens*
④ *Serratia marcescens*

🔍 해설

Serratia marcescens
– 단백질 분해력이 강하여 빵, 어육, 우육, 우유 등의 부패에 관여
– 비수용성인 prodigiodin의 적색색소 생성으로 제품의 품질 저하 원인
– 적색 색소 생성은 25~28℃에서 호기적 배양 시 가장 양호하나 혐기적 배양에 의하여 색소 생성 억제 됨

68 독버섯의 독성분이 아닌 것은?

① enterotoxin
② neurine
③ muscarine
④ phaline

🔍 해설

독버섯의 독성분	
muscarine	발한, 구토, 위경련
muscaridine	광대버섯에 존재. 뇌증상, 동공확대, 발작증상
phaline	알광대버섯에 존재. 강한 용혈작용을 갖는 맹독성성분
neurine	호흡곤란, 설사, 경련, 마비

* enterotoxin : 황색포도상구균이 생성하는 독성분

69 Bacteriophage의 설명으로 틀린 것은?

① 세균에 감염 기생하여 기생적으로 증식한다.
② 생물과 무생물의 중간 위치이다.
③ DNA, RNA, 효소를 모두 가지고 있다.
④ 살아있는 세포에만 기생한다.

🔍 정답 **64** ① **65** ② **66** ③ **67** ④ **68** ① **69** ③

박테리오파지(Bacteriophage)

– 세균(bacteria)과 먹는다(phage)가 합쳐진 합성어로 세균을 죽이는 바이러스라는 뜻임
– 동식물의 세포나 미생물의 세포에 기생
– 살아있는 세균의 세포에 기생하는 바이러스
– 세균여과기를 통과
– 독자적인 대학 기능은 없음
– 한 phage의 숙주균은 1균주에 제한 (phage의 숙주특이성)
– 핵산(DNA와 RNA) 중 어느 한 가지 핵산만 보유(대부분 DNA)
– 박테리오파지 피해가 발생하는 발효 : 요구르트, 항생물질, glutamic acid 발효, 치즈, 식초, 아밀라제, 납두, 핵산관련물질 발효 등

70 Bacteriophage에 의해서 유전자 전달이 이루어지는 현상은?

① 형질전환(transformation)
② 접합(conjugation)
③ 형질도입(transduction)
④ 유전자재조합(genetic recombination)

형질도입

– 바이러스나 박테리오파지에 의해 공여균세포의 유전자가 수용균세포로 이동하는 유전자교환방법
– 박테이로파지는 공여균세포를 감염시키면 세균이 파괴되고 일부유전자를 보유한 DNA가 남음
– 이를 파지입자에 의해 포장하면 세균의 DNA가 포함된 박테리오파지가 되며 이를 수용균세포에 감염시키면 공여균세포의 유전자가 수용균세포로 주입됨

71 누룩 곰팡이에 대한 설명으로 거리가 먼 것은?

① 단모균은 단백질 분해력이 강하다
② 장모균은 당화력이 강하다.
③ 분생포자를 형성하지 않으며 끝이 빗자루 모양이다.
④ 최적생육온도는 20~37℃이다.

Aspergillus oryzae

– 황국균(누룩곰팡이)이라고 한다.
– 전분당화력, 단백질 분해력, 펙틴 분해력이 강하여 간장, 된장, 청주, 탁주, 약주 제조에 이용한다.
– 처음에는 백색이나 분생자가 생기면서부터 황색에서 황녹색으로 되고 더 오래되면 갈색을 띤다.
– Amylase, Protease, Pectinase, Maltase, Invertase, Cellulase, Inulinase, Glucoamylase, Papain, Trypsin 등의 효소분비
– 생육온도 : 25~37℃

72 탄소원으로 포도당 1kg에 Saccharomuces cerevisiae를 배양하여 발효시켰을 때 얻어지는 에틸알코올의 이론적인 최대 생성양은 약 얼마인가?

① 423g
② 511g
③ 645g
④ 786g

알코올의 이론적 최대 생성량(Gey Lusacc식)

– $C_6H_{12}O_6$(포도당) → $2C_2H_5OH$(에탄올) + $2CO_2$
– 이론적으로 포도당으로부터 51.1%의 알코올 생성

$$\frac{1000 \times 51.1}{100} = 51.1g$$

73 *Acetobacter* 속의 특성이 아닌 것은?

① Gram 음성의 무포자 간균이다.
② 혐기성균이다.
③ 액체 배지에서 피막을 형성한다.
④ 에탄올을 산화시킨다.

초산균(*Acetobacter* 속)

– 그람 음성, 호기성 무포자 간균
– 편모는 2가지 유형으로 주모와 극모
– 포도당이나 에탄올(에틸알코올)로부터 초산을 생성하는 균
– 초산균은 알코올 농도가 10%정도일 때 가장 잘 자라고 5~8%의 초산을 생성
– 대부분 액체배양에서 산막(피막)을 만들어 알코올을 산화하여 초산을 생성
– 식초양조에 유용
– 식초공업에 사용하는 유용균
Acetobacter aceti, *Acetobacter acetosum*, *Acetobacter oxydans*, *Acetobacter rancens*

💡 정답 **70** ③ **71** ③ **72** ② **73** ②

74 에틸알코올 발효 시 에틸알코올과 함께 가장 많이 생성되는 것은?

① CO_2
② CH_3CHO
③ $C_3H_5(OH)_3$
④ CH_3OH

🔍해설

에틸알코올 발효
– 에틸알코올 발효 시 에틸알코올과 거의 같은 양의 이산화탄소 생성 – 발효 중 이산화탄소를 회수하여 액체탄산가스와 고체탄산가스(드라이아이스) 제조

75 조상균류에 속하는 곰팡이는?

① *Fusarium* 속
② *Eremothecium* 속
③ *Mucor* 속
④ *Aspergillus* 속

🔍해설

곰팡이
– 균사 조각이나 포자에 의해 증식 – 곰팡이의 균사는 단단한 세포벽으로 되어 있고 엽록소가 없음 – 다른 미생물에 비해 비교적 건조한 환경에서 생육 가능

곰팡이 분류		
생식 방법	무성 생식	세포핵 융합없이 분열 또는 출아증식 포자낭포자, 분생포자, 후막포자, 분절포자
	유성 생식	세포핵 융합, 감수분열로 증식하는 포자 접합포자, 자낭포자, 난포자, 담자포자
균사 격벽 (격막) 존재 여부	조상 균류 (격벽 없음)	– 무성번식 : 포자낭포자 – 유성번식 : 접합포자, 난포자
		거미줄곰팡이(*Rhizopus*) – 포자낭 포자, 가근과 포복지를 각 가짐 – 포자낭병의 밑 부분에 가근 형성 – 전분당화력이 강하여 포도당 제조 당화효소 제조에 사용 사용
		털곰팡이(*Mucor*) – 균사에서 포자낭병이 공중으로 뻗어 공모양의 포자낭 형성
		활털곰팡이(*Absidia*) – 균사의 끝에 중축이 생기고 여기에 포자낭을 형성하여 그 속에 포자낭포자를 내생

			– 무성생식 : 분생포자
균사 격벽 (격막) 존재 여부	순정 균류 (격벽 있음)	자낭균류	– 유성생식 : 자낭포자
			누룩곰팡이(*Aspergillus*) – 자낭균류의 불완전균류 – 병족세포 있음
			푸른곰팡이(*Penicillium*) – 자낭균류의불완전균류 – 병족세포 없음
			붉은 곰팡이(*Monascus*)
		담자균류	버섯
		불완전균류	푸사리움

76 생선이나 수육이 변패할 때 인광을 나타내는 원인균은?

① *Bacillus coagulans*
② *Salmonella enteritidis*
③ *Vibrio indicus*
④ *Erwinia carotovora*

🔍해설

해광 발광 미생물
Vibrio 속, *Photobacterium* 속, *Alteromonas* 속

77 세균에 대한 설명으로 틀린 것은?

① 분열에 의해 증식한다.
② 내생포자를 형성할 수 있다.
③ 형태에 따라 구분, 간균, 나선균 등으로 구분한다.
④ 핵과 세포질이 핵막에 의해 구분된다.

🔍해설

세균
– 진핵세포(핵막 있음)로 되어 있는 미생물을 고등미생물, 원핵세포(핵막 없음)로 되어 있는 미생물을 하등미생물로 구분 – 세균은 하등미생물로 원핵세포에 속함 – 세균은 모양에 따라 구균, 간균, 나선균으로 구분 – 세균의 편모는 운동성을 부여하는 기관으로 편모의 유무에 따라서도 구분 – 세균은 분열법으로 증식하나 일부는 세포내에 포자를 형성

💡정답 **74** ① **75** ③ **76** ③ **77** ④

78 전분 당화력이 강해서 구연산 생성 및 소주제조에 사용되는 곰팡이는?

① *Aspergillus flavus*
② *Penicillium citrinum*
③ *Monascus purpureus*
④ *Aspergillus niger*

🔍 해설

Aspergillus niger
– 전분당화력(b-amylase)이 강하고, 펙틴 분해효소(pectinase)를 많이 분비하여 포도당으로부터 gluconic acid, oxalic acid, citric acid 등을 다량으로 생산하므로 유기산 발효 공업에 이용 – 균총은 흑갈색으로 흑국균이라고 함

79 미생물이 탄소원으로 가장 많이 이용하는 당질은?

① 포도당(glucose)
② 자일로오스(xylose)
③ 유당(lactose)
④ 라피노오스(raffinose)

🔍 해설

미생물의 탄소원
– 포도당, 과당의 단당류와 설탕, 맥아당의 이당류를 이용 – 자일로스, 아라비노스 등의 5탄당 및 올리고당을 이용 – 젖당은 장내 세균과 유산균의 일부에 이용되나 효모의 균주는 이용하지 못함

80 스위스치즈의 치즈눈 생성에 관여하는 미생물은?

① *Propionibacterium shermanii*
② *Lactobacillus bulgaricus*
③ *Penicillium requeforti*
④ *Sterptococcus thermophilus*

🔍 해설

프로피온산균(*Propionic acid bacteria*)
– 당류나 젖산을 발효하여 프로피온산, 초산, 이산화탄소, 호박산 등을 생성하는 혐기성 균 – pantothenic acid, biotin을 생육인자로 요구 – *Propionibacterium shermanii*는 스위스 치즈 숙성 시 이산화탄소를 생성하여 치즈에 구멍을 형성하는 세균

5 식품제조공정

81 열에 의한 변질 방지에 가장 적합한 것은?

① 저압 증발
② 진공 증발
③ 단일 효용 증발
④ 다중 효용 증발

🔍 해설

진공건조(진공증발)
30~100torr 정도의 감압상태에서 온도를 50℃ 이하로 조절된 건조실을 이용하여 수분을 증발시켜 말리는 방법 단백질의 변성과 지질의 산화 등의 억제 가능

82 가열 팽화에 의한 전분의 호화를 이용한 식품의 가공 시 사용되는 기기는?

① 압출성형기
② 원심분리기
③ 초임계장치
④ 균질기

🔍 해설

압출 성형기
• 반죽, 반고체, 액체식품을 스크류 등의 압력을 이용하여 노즐 또는 다이스와 같은 구멍을 통하여 밀어내어 연속적으로 일정한 형태로 성형하는 방법 • 원료의 사입구에서 사출구에 이르기까지 압축, 분쇄, 혼합, 반죽, 층밀림, 가열, 성형, 용융, 팽화 등의 여러 가지 단위공정이 이루어지는 식품가공기계 • Extrusion Cooker 　– 공정이 짧고 고온의 환경이 유지되어야하기 때문에 고온 단시간 공정이라 함 　– 성형물의 영양적 손실이 적고 미생물 오염의 가능성 적음 　– 공정 마지막의 급격한 압력 저하에 의해 성형물이 팽창하여 원료의 조건과 압출기의 압력, 온도에 의해 팽창율이 영향 받음 • Cold Extruder 　– 100℃ 이하의 환경에서 느리게 회전하는 스크류의 낮은 마찰로 압출하는 방법 　– Extrusion Cooker와 달리 팽창에 의한 영향없이 긴 형태의 성형물 얻음 　– 주로 파스타, 제과에 이용 • 압출성형 스낵 　– 압출 성형기를 통하여 혼합, 압출, 팽화, 성형시킨 제품으로 extruder내에서 공정이 순간적으로 이루어지기 때문에 비교적 공정이 간단하고 복잡한 형태로 쉽게 가공 가능

💡 정답　**78** ④　**79** ①　**80** ①　**81** ②　**82** ①

83 와이어 메시체 또는 다공판과 이를 지지하는 구조물로 되어 있으며, 진동운동은 기계적 또는 전자기적 장치로 이루어지는 설비로, 미분쇄된 곡류의 분말 등을 사별하는 데 사용하는 설비는?

① 바스크린(Bar screen)
② 진동체(Vibration screen)
③ 릴(Reels)
④ 사이클론(cyclone)

🔍 해설

진동체
– 여러 가지 체면을 붙인 상자형태의 체를 수평 혹은 경사(15~20°)시켜 직선진동(수평만), 원진동(경사만), 타원진동(수평과 경사) 등의 고 속진동을 주어 체면상의 입자군을 분산이동시켜서 사별하는 체 – 기초에 진동이 전해지지 않도록 코일스프링, 진동고무, 공기스프링 등으로 지지 – 체가 1, 2, 3상으로 되어 있으며, 2~4종의 입자군으로 사별 가능

84 r-선, X-선, 가시광선, 마이크로파 등의 광범위한 스펙트럼을 사용하는 광학적 방법에 의한 선별에 적절하지 않은 항목은?

① 숙도   ② 색깔
③ 크기   ④ 중심체의 이상여부

🔍 해설

선별
(1) 선별 정의 　• 수확한 원료에 불필요한 화학적 물질(농약, 항생물질), 물리적 물질(돌, 모래, 흙, 금속, 털 등) 등을 측정 가능한 물리적 성질을 이용하여 분리·제거하는 공정 　• 크기, 모양, 무게, 색의 4가지 물리적 특성 이용 (2) 선별방법 　1) 무게에 의한 선별 　　• 무게에 따라 선별 　　• 과일, 채소류의 무게에 따라 선별 　　• 가장 일반적 방법 　　• 선별기 종류: 기계선별기, 전기-기계선별기, 물을 이용한 선별기, 컴퓨터를 이용한 자동선별기

　2) 크기에 의한 선별(사별공정)
　　• 두께, 폭, 지름 등의 크기에 의해 선별
　　• 선별방법
　　　– 덩어리나 가루를 일정 크기에 따라 진동체나 회전체 이용하는 체질에 의해 선별하는 방법
　　　– 과일류나 채소류를 일정 규격으로 하여 선별하는 방법
　　　– 선별기 종류 : 단순체 스크린, 드럼스크린을 이용한 스크린 선별기, 롤러선별기, 벨트식선별기, 공기이용선별기
　3) 모양에 의한 선별
　　• 쓰이는 형태에 따라 모양이 다를 때 (둥근감자, 막대모양의 오이 등) 사용
　　• 선별방법
　　　– 실린더형 : 회전시키는 실린더를 수평으로 통과시켜 비슷한 모양을 수집
　　　– 디스크형 : 특정 디스크를 회전시켜 수직으로 진동시키면 모양에 따라 각각의 특정 디스크 별로 선별
　　• 선별기기
　　　– belt roller sorter, variable-aperture screen
　4) 광학에 의한 선별
　　• 스펙트럼의 반사와 통과 특성을 이용하는 X-선, 가시광선, 마이크로파, 라디오파 등의 광범위한 분광스펙트럼을 이용하여 선별
　　• 선별방법 : 통과특성 이용법, 반사특성 이용법
　　　– 통과특성 이용하는 선별 : 식품에 통과하는 빛의 정도를 기준으로 선별 (달걀의 이상여부 판단, 과실류 성숙도, 중심부의 결함 등)
　　　– 반사특성을 이용하는 선별 : 가공재료에 빛을 쪼이면 재료 표면에서 나타난 빛의 산란, 복사, 반사 등의 성질을 이용해 선별. 반사정도는 야채, 과일, 육류 등의 색깔에 의한 숙성 정도 등에 따라 달라짐
　　　– 기타 : 기기적 색채선별방법과 표준색과의 비교에 의한 광학적 색채선별로 직접육안으로 선별하는 방법

85 같은 부피를 가진 다양한 형태의 딸기제품을 냉동시켰을 때 냉동전후에 일어나는 부피 변화가 가장 작은 것은?

① 딸기열매
② 거칠게 분쇄한 딸기 페이스트
③ 딸기잼
④ 딸기넥타

🔍 해설

신선한 원료 냉동 시 부피 변화 등의 품질변화가 적다

💡 정답   **83** ②   **84** ③   **85** ①

86 식품 공장 내 공기를 살균하는 데 적절한 방법은?

① 마이크로파 살균

② 자외선 살균

③ 가열 살균

④ 과산화수소수 살포 살균

🔍 해설

자외선 살균법
– 자외선을 이용하여 미생물을 사멸하는 방법
– 살균력이 높은 파장은 250~260nm
– 자외선의 살균작용은 자외선의 파장, 조사조도와 조사시간에 비례
– 열을 사용하지 않으므로 사용이 간편
– 피조사물에 대한 변화가 거의 없음
– 균에 내성을 주지 않음
– 살균효과가 표면에 한정
– 지방류에 장시간 조사 시 산패취
– 식품공장의 실내 공지 소독, 조리대 등의 살균

87 식품 성분을 분리할 때 사용하는 막 분리법 중 관계가 옳은 것은?

① 농도차 삼투압 ② 온도차 투석

③ 압력차 투과 ④ 전위차 한외여과

🔍 해설

막분리 기술의 특징		
막분리법	막기능	추진력
확산투석	확산에 의한 선택 투과성	농도차
전기투석	이온성물질의 선택 투과성	전위차
정밀여과	막 외경에 의한 입자크기 분배	압력차
한외여과	막 외경에 의한 분자크기 선별	압력차
역삼투	막에 의한 용질과 용매 분리	압력차

88 식품재료들 간의 부딪힘이나 식품재료와 세척기의 움직이에 의해 생기는 힘을 이용하여 오염물질을 제거하는 세척방법은?

① 마찰 세척 ② 흡인 세척

③ 자석 세척 ④ 정전기 세척

🔍 해설

세척 분류	
건식세척	– 마찰세척 – 흡인세척 – 자석세척 – 정전기적 세척
습식세척	– 담금 세척 – 분무세척 – 부유세척 – 초음파 세척
마찰세척	재료간의 상호 마찰 또는 재로의 세척기의 움직이는 부분과의 상호 접촉에 의해 오염물질이 제거되는 방법
흡인세척	– 식품을 공기분리기의 공기 흐름 속으로 넣어 속도가 다른 2가지 이상의 흐름을 통과시켜 재료와 오염물질이 부력과 기체역학 성질에 따라 서로 분리되도록 고안된 방법 – 양파, 수박, 계란 등의 세척에 이용 – 겨 제거에도 이용
자석세척	식품을 강력한 자기장 속으로 통과시키면 금속을 비롯하여 각종 이물질이 제거
정전기세척	– 서로 다른 정전기적 전하를 가진 재료를 반대 전하로부터 제거하는 방법 – 보통 재료에 함유된 미세먼지 제거에 이용 – tea 세척에 이용

89 상업적 살균에 대한 설명 중 옳은 것은?

① 통조림 관 내에 부패세균만을 완전히 사멸시킨다.

② 통조림 관 내에 포자 형성 세균을 완전히 사멸시킨다.

③ 통조림 저장성에 영향을 미칠 수 있는 일부 세균의 사멸만을 고려한다.

④ 통조림 관 내에 포자 형성 세균과 생활세포를 모두 완전히 사멸시킨다.

💡 정답 **86** ② **87** ① **88** ① **89** ③

상업적 살균
– 살균 후 위생상 문제가 되는 미생물이 생존할 수 없는 수준으로 살균하는 방법을 의미 – 가열살균에 있어서 식품의 저장성과 품질을 양립시킬 수 있는 최저한도의 열처리를 말함 – 식품의 품질을 최대한 유지하기 위하여 식중독균이나 부패에 관여하는 미생물만을 선택적으로 살균하는 기법 – 보통의 상온 저장조건 하에서 증식할 수 있는 미생물이 사멸됨 – 산성의 과일통조림에 많이 이용

90 다음 미생물 중 121.1℃에서 D값이 가장 큰 것은?

① *Clostridium botulinum*
② *Clostridium sprogenes*
③ *Bacillus subtilis*
④ *Bacillus stearothermophilus*

변패미생물의 121.1℃에서 D값
– *Clostridium botulinum* : 0.1~0.3분 – *Clostridium sprogenes* : 0.8~1.5분 – *Bacillus subtilis* : 0.1~0.4분 – *Bacillus stearothermophilus* : 4~5분

91 쌀도정 공장에서 도정이 끝난 백미와 쌀겨를 분리 정선하고자 한다. 이때 가장 효과적인 정선법은?

① 자석식 정선법
② 기류정선법
③ 채정선법
④ 디스크 정선법

기류 정선법
쌀도정 공장에서 도정이 끝난 백미와 쌀겨를 분리 정선하고자 할 때 가장 효과적인 정선법

92 우유로부터 크림을 분리할 때 많이 사용되는 분리기술은?

① 가열
② 여과
③ 탈수
④ 원심분리

원심분리
우유로부터 크림을 분리하는 공정에서 적용되는 분리기술 원판형 원심분리기를 많이 사용

93 초임계 유체의 설명으로 틀린 것은?

① 초임계 유체의 점도는 일정한 온도에서 압력변화에 민감하다.
② 초임계 유체의 확산도는 압력이 높아질수록 증가한다.
③ 초임계 유체의 용해도는 압력이 높아질수록 증가한다.
④ 임계점(critical point) 이상의 온도와 압력에서의 유체 상태를 초임계 유체라고 한다.

초임계 유체
– 임계압력 및 임계 온도 이상의 조건을 갖는 상태에 있는 비응축성 유체 – 일반적인 액체나 기체와는 다른 고유의 특성을 가짐 – 점도는 온도가 낮을수록, 압력이 높을수록 증가 – 용해도는 압력이 증가하면 커짐 – 밀도가 일정할 때 용해도는 온도가 상승하면 증가 – 확산계수는 온도가 높을수록, 압력이 낮을수록 증가

94 가루나 알갱이 모양의 원료를 관 속으로 수송하기 때문에 건물의 안팎과 관계없이 자유롭게 배관이 가능하며, 위생적이고, 기계적으로 움직이는 부분이 없어 관리가 쉬운 특성을 지닌 수송 기계는?

① 벨트 컨베이어
② 롤러 컨베이어
③ 스크류 컨베이어
④ 공기 압송식 컨베이어

💡정답 **90** ④ **91** ② **92** ④ **93** ② **94** ④

해설

공기압송식 컨베이어
- 수송관을 흐르는 고압의 공기에 의하여 곡식의 낟알 따위를 운반하는 수송장치 - 건물의 안팎과 관계없이 자유롭게 배관가능 - 고압의 공기를 사용하므로 장거리 수송 가능 - 위생적 - 기계적으로 움직이는 부분이 없어 관리 용이 - 운반물체는 건조된 것으로 부착성이 없어야 함

95 식품원료 분쇄기 중 버밀(burr mill)의 특징에 대한 설명으로 틀린 것은?

① 이물질이 들어가면 쉽게 고장이 난다.
② 구입가격이 비싸다.
③ 소요동력이 낮다.
④ 공회전 시 판의 마모가 심하다.

해설

버밀(bur mill)
- 전단에 의해 분쇄되는 기기 - 일정 간격이 떨어져 있는 두 개의 회전하는 연마표면사이에서 단단하고 작은 식품을 갈아내는 분쇄기 - 두 표면 사이를 가깝게 설정하면 재료가 더 미세하게 분쇄됨 - 단단한 이물질이 들어가면 쉽게 고장남 - 초퍼만큼 마찰에 의해서 분쇄된 제품에 열이 발생하지 않음 - 균일한 크기의 입자를 생성 - 구입가격 저렴 - 동력 소비 적음

96 수분함량 12%인 옥수수가루를 사용하여 압출성형 스낵을 제조하고자 한다. 옥수수가루를 압출성형기에 투입하기 전에 수분함량을 18% 맞추어야 한다면 옥수수가루 10kg당 가해야 하는 물의 양은 얼마인가?

① 0.37kg
② 0.73kg
③ 1.11kg
④ 1.48kg

해설

첨가해야 할 물의 양
첨가할 가수량 $= 옥수수가루\ 무게 \times \left(\dfrac{100-원료수분}{100-목표수분} -1 \right)$ $= 10 \times \left(\dfrac{100-12}{100-18} -1 \right)$ $= 0.73kg$

97 카페인이 일부 제거된 커피를 생산하기 위해 적용해야 할 식품 제조 공정은?

① 미분쇄
② 압출 과립
③ 압출 성형
④ 초임계 가스 추출

해설

초임계 유체 가스 추출
- 초임계 유체를 용제로 하여 추출분리하는 방법 - 물질이 그의 임계점보다 높은 온도와 압력하에 있을 때, 즉, 초임계 이상의 상태에 있을 때 이물질의 상태를 초임께 유체라 하며, 초임계 유체를 용매로 사용하여 물질을 분리하는 기술을 초임계 유체 추출 기술이라 한다. - 초임계 유체로 자주 사용하는 물질은 물과 이산화탄소이다. - 초임계 상태의 이산화탄소는 여러 가지 물질을 잘 용해한다. - 목표물을 용해한 초임계 이산화탄소를 임계점 이하로 하면, 이산화탄소는 기화하여 대기로 날아가고 용질만이 남는다. - 공정은 용매의 압축, 추출, 회수, 분리로 나눈다. - 초임계 가스 추출방법은 성분의 변화가 거의 없고 특정 성분을 추출하고 분리하는데, 이용되어 식품에서는 커피, 홍차 등에서 카페인 제거, 동식물성 유지 추출, 향신료 및 향료의 추출 등에 이용된다.

98 살균방법으로 적합하지 않은 것은?

① 0.1% 승홍수 살균
② 3% 석탄산액 살균
③ 70% 알코올용액 살균
④ 90% 메탄올 살균

해설

메탄올은 독성이 강해서 살균용액으로 사용하지 않는다.

99 착즙된 오렌지 주스는 15%의 당분을 포함하고 있는데 농축공정을 거치면서 당함량이 60%인 농축 오렌지 주스가 되어 저장된다. 당함량이 45%인 오렌지 주스 제품 100kg을 만들려면 착즙 오렌지 주스와 농축 오렌지 주스를 어떤 비율로 혼합해야 하겠는가?

① 1 : 2
② 1 : 2.8
③ 1 : 3
④ 1 : 4

🔍 해설

농도 변경 계산
– 농축 오렌지 60%   45–15 = 30
45%
– 착즙 오렌지 15%   60–45 = 15
– 60% 농축오렌지 주스 = $\dfrac{30}{30+15} \times 100 = 66.6$kg
– 15% 착즙오렌지 주스 = $\dfrac{15}{30+15} \times 100 = 33.3$kg
– 15% 착즙오렌지주스 : 60% 농축오렌지주스 = 1 : 2

100 식품의 건조방법과 그에 적합한 식품이 잘못 연결된 것은?

① 분무건조 우유
② 동결건조 설탕
③ 드럼건조 이유식류
④ 마이크로파 건조 칩(chip)

🔍 해설

진공 동결 건조
• 식품재료를 –40~–30℃로 급 속 동결시키고 감압하여 높은 진공 장치 내에서 얼음을 액체상태를 거치지 않고 기체상태로 승화시켜 수분을 제거하는 건조 방법
• 장점
– 위축변형이 거의 없으며 외관이 양호
– 효소적 또는 비효소적 성분간의 화학반응이 없어 향미, 색 및 영양가의 변화가 거의 없음
– 제품의 조직이 다공질이고 변성이 적음으로 물에 담갔을 때 복원성이 좋음
– 품질의 손상없이 2~3% 정도의 저수분으로 건조 가능
– 높은 저장성 가짐
– 고급채소, 고급 인스턴트 커피 등에 이용
• 단점
– 건조시간이 김
– 시설비와 운전 경비가 비쌈
– 수분이 3% 이하로 적기 때문에 부스러기기 쉽고 지질산화 쉬움
– 다공질 상태이기 때문에 공기와의 많은 접촉면적으로 흡습산화의 염려가 큼

2018년 출제문제 1회

1 식품위생학

1 먹는 물의 수질기준 중 미생물에 관한 일반기준으로 잘못된 것은?

① 일반세균은 1mL 중 100CFU를 넘지 아니할 것(샘물 및 염지하수 제외)

② 총 대장균군은 100mL에서 검출되지 아니할 것(샘물, 먹는 샘물, 염지하수, 먹는 염지하수 및 먹는 해양심층수 제외)

③ 살모넬라, 쉬겔라는 완전 음성일 것(샘물, 먹는 샘물, 염지하수, 먹는 염지하수 및 먹는 해양심층수의 경우)

④ 여시니아균은 2L에서 검출되지 아니할 것(먹는 물, 공동시설의 물의 경우)

해설

항목	먹는물의 미생물 기준				
	식수용 수돗물	먹는 샘물	먹는해양 심층수	먹는염지 하수	먹는물 공동시설
일반세균	100CFU / mL	–	–	–	100CFU / mL
총대장균군	100mL 에서 불검출	250mL 에서 불검출	250mL 에서 불검출	250mL 에서 불검출	100mL 에서 불검출
분원성 연쇄상 구균	–	250mL 에서 불검출	250mL 에서 불검출	250mL 에서 불검출	–
녹농균	–	250mL 에서 불검출	250mL 에서 불검출	250mL 에서 불검출	–
아황산환원혐기성포자형성균	–	50mL 에서 불검출	50mL 에서 불검출	50mL 에서 불검출	–

살모넬라균	–	250mL 에서 불검출	250mL 에서 불검출	250mL 에서 불검출	–
쉬겔라균	–	250mL 에서 불검출	250mL 에서 불검출	250mL 에서 불검출	–
분원성 연쇄성 구균	100mL 에서 불검출	–	–	–	100mL 에서 불검출
대장균	100mL 에서 불검출	–	–	–	100mL 에서 불검출
여시니아균					2L 에서 불검출

2 민물의 게 또는 가재가 제2중간숙주인 기생충은?

① 폐흡충

② 무구조충

③ 요충

④ 요꼬가와흡충

해설

기생충의 분류			
중간숙주 없는 것	회충, 요충, 편충, 구충(십이지장충), 동양모양선충		
중간숙주 한 개	무구조충(소), 유구조충(갈고리촌충)(돼지), 선모충(돼지 등 다숙주성), 만소니열두조충(닭)		
중간숙주 두 개	**질병**	**제1중간숙주**	**제2중간숙주**
	간흡충 (간디스토마)	왜우렁이	붕어, 잉어
	폐흡충 (폐디스토마)	다슬기	게, 가재
	광절열두조충 (긴촌충)	물벼룩	연어, 송어
	아나사키스충	플랑크톤	조기, 오징어

정답 **1** ③ **2** ①

3 단백질 식품이 불에 탈 때 생성되어 발암물질로 작용할 수 있는 것은?

① Trihalomethane ② Polychlorobiphenyl
③ Benzopyrene ④ Choline

식품의 조리 · 가공 · 저장과정의 생성 유해물질	
아크릴아마이드	– 탄수화물 식품 굽거나 튀길 때 생성(감자칩, 감자튀김, 비스킷 등)
벤조피렌	– 발암성 다환방족탄화수소의 대표적 물질 – 숯불고기, 훈연제품, 튀김유지 등 가열분해에 의해 생성
에틸카바메이트	– 우레탄으로도 부름 – 핵과류로 담든 주류를 장기간 발효할 때 씨에서 나오는 시안화합물과 에탄올이 결합하여 생성 – 2A등급 발암물질
바이오제닉아민	– 식품저장 · 발효과정에서 생성된 유리아미노산이 존재하는 미생물의 탈탄산 작용으로 생성 – 종류 : 히스타민, 티라민, 퓨트리신, 아그마틴, 에틸아민, 메틸아민 등 – 어류제품, 육류제품, 전통발효식품 등에 검출가능

4 다음 중 산패와 관계가 있는 것은?

① 단백질의 분해 ② 탄수화물의 변질
③ 지방의 산화 ④ 지방의 환원

구분	원인	식품성분	분해물
부패	세균	단백질, 펩타이드, 아미노산	악취, 불쾌, 저분자물질, 유독물질
변패	효모 곰팡이	탄수화물, 지방	저급알코올, 저분자산(젖산, 초산 등)
발효	효모	전분, 당	맥주, 와인
	곰팡이	단백질(콩)	된장, 간장
		당	식초
	세균	당	젖산음료
산패	자동산화 효소산화 가열산화	지방	악취, 불쾌, 과산화물, 카보닐화합물, 유독물질

5 *Aspergillus flavus*가 aflatoxin을 생산하는데 필요한 조건과 가장 거리가 먼 것은?

① 최적 온도 : 25~30 ℃
② 최적 상대 습도 : 80% 이상
③ 기질의 수분 : 10% 이상
④ 주요 기질 : 육류 등의 단백질 식품

아플라톡신(aflatoxin)	
– *Aspergillus flavus*, *Aspergillus parasticus*가 생성하는 곰팡이 독소 – 강력한 간장독 성분으로 간암유발. 인체발암물질 group 1로 분류됨	
종류	– aflatoxin B_1, B_2, G_1, G_2, M_1, M_2 – aflatoxin B_{12} 급성과 만성독성으로 가장 강력함
특성	– 강산과 강알칼리에는 대체로 불안정 – 약 280℃이상에서 파괴되므로 일반식품조리과정으로 독성제거 어려움
생성최적조건	– 수분 16% 이상 – 최적 온도 : 30℃ – 상대습도 80~85% 이상
원인식품	탄수화물이 풍부한 곡류에 잘 번식

6 해수에 존재하는 호염성의 식중독 원인 세균은?

① 포도상구균
② 웰치균
③ 장염비브리오균
④ 살모넬라균

장염 비브리오균	
원인균	*Vibrio parahemolyticus*, 호염성균
병원성 인자	내열성 용혈독
감염원	연안의 해수, 흙, 플랑크톤
원인식품	생선회, 어패류 및 그 가공품 등

💡 정답 **3** ③ **4** ③ **5** ④ **6** ③

7 공장폐수에 의해 바닷물에 질소, 인 등의 함량이 증가하여 플랑크톤이 다량 번식하고 용존산소가 감소되어 어패류의 폐사와 유독화가 일어나는 현상은?

① 부영양화 현상
② 신나천 현상
③ 스모그 현상
④ 밀스링케(Mils-reinke) 현상

 해설

부영양화 현상(적조현상)
공장폐수의 바닷물 유입으로 질소, 인 등의 함량이 증가로 플랑크톤이 다량 번식하여 용존산소가 감소하여 어패류의 폐사와 유독화 현상

8 미생물 중 특히 곰팡이의 증식을 억제하여 치즈, 식육가공품 등에 사용하는 합성보존료는?

① 소르빈산
② 살리실산
③ 안식향산
④ 데히드로초산

해설

보존료	사용식품
소브산(소르빈산)	치즈류, 식육가공품, 콜라겐케이싱, 젓갈류, 알로에전잎, 농축과일즙, 과채주스, 탄산음료, 잼류, 건조과일류, 절임식품, 발효음료류(살균제품 제외), 과실주·탁주·약주, 마가린, 당류가공품(시럽상 또는 페이스트상 한함), 향신료제품(건조제품 제외), 건강기능식품(액상제품에 한함)
안식향산	과일채소류음료, 탄산음료, 기타음료, 인삼·홍삼음료, 간장류, 알로에전잎 건강기능식품, 잼류, 망고처트니, 마가린, 절임식품
살리실산	식품첨가물공전에 미등재 살리실산메틸은 착향목적으로 향료로 사용
데히드로초산	지정취소 [2010.11.12.(식약처 고시 제2010-82호)]

9 식품의 보존방법 중 방사선 조사에 대한 설명으로 틀린 것은?

① 1KGy 이하의 저선량 방사선 조사를 통해, 기생충 사멸, 숙도 지연 등의 효과를 얻을 수 있다.
② 바이러스의 사멸을 위해서는 발아 억제를 위한 조사보다 높은 선량이 필요하다.
③ 10KGy 이하의 방사선 조사로는 모든 병원균을 완전히 사멸시키지는 못한다.
④ 안전성을 고려하여 식품에 사용이 허용된 방사선은 140Ba이다.

해설

식품의 방사선 조사	
– 방사선 물질을 조사시켜 살균하는 저온살균법(냉살균) – ^{60}Co의 감마선(γ-선)이 살균력이 강하고 반감기가 짧아 많이 사용	
목적	– 식품 등의 발아억제 – 해충 및 기생충 제거 – 식중독균 억제 – 저장기간 연장으로 식품보존성 연장 – 과일·채소의 숙도지연 및 물성개선
장점	– 제품 포장상태에서 방사선 조사 가능 – 조사된 식품의 온도상승이 거의 없기 때문에 가열처리 할 수 없는 식품이나 건조식품 및 냉동식품에 적용가능 – 화학적 변화가 매우 적은 편 – 연속처리 가능 – 저온 가열 진공 포장 등을 병용하여 방사선 조사량을 최소화 가능 – 1KGy 이하의 저선량 방사선 조사를 통해 기생충 사멸, 숙도 지연 등의 효과를 얻을 수 있음
단점	– 10KGy 이하의 방사선 조사로는 모든 병원균을 완전히 사멸시키지는 못함 – 외관상 비조사식품과 조사식품의 구별이 어려워 문구 및 표시 도안 필요 – 방사선 조사식품 섭취에 따른 유해성 거론 – 소비자의 조사식품 기피

10 무구조충에 대한 설명으로 틀린 것은?

① 세계적으로 쇠고기 생식 지역에 분포한다.
② 소를 숙주로 해서 인체에 감염된다.
③ 감염되면 소화장애, 복통, 설사 등의 증세를 보인다.
④ 갈고리촌충이라고도 하며, 사람의 소장에 기생한다.

해설

기생충의 분류			
중간숙주 없는 것	회충, 요충, 편충, 구충(십이지장충), 동양모양선충		
중간숙주 한 개	무구조충(소), 유구조충(갈고리촌충)(돼지), 선모충(돼지 등 다숙주성), 만소니열두조충(닭)		
중간숙주 두 개	질병	제1중간숙주	제2중간숙주
	간흡충 (간디스토마)	왜우렁이	붕어, 잉어
	폐흡충 (폐디스토마)	다슬기	게, 가재
	광절열두조충 (긴촌충)	물벼룩	연어, 송어
	아나사키스충	플랑크톤	조기, 오징어

11 비브리오 패혈증에 대한 설명으로 틀린 것은?

① 원인균은 *V. parahaemolyticus*이다.
② 간질환자나 당뇨환자들이 걸리기 쉽다.
③ 전형적인 증상은 무기력증, 오한, 발열 등이다.
④ 감염을 피하기 위해 수온이 높은 여름철에 조개류나 낙지류의 생식을 피하는 것이 좋다.

해설

비브리오 패혈증	
원인균	*Vibrio vulnificus*, 호염성균
감염	3가지 유전자형(바닷물에서 발견, 뱀장어 양식에서 발견, 민물고기 양식장에서 발견)에 의해 창상감염
증상	위장염, 패혈증, 피부 및 연부조직 감염증을 동반한 패혈증은 50% 이상 사망

장염 비브리오균	
원인균	*Vibrio parahemolyticus*, 호염성균
병원성 인자	내열성 용혈독
감염원	연안의 해수, 흙, 플라크톤
원인식품	생선회, 어패류 및 그 가공품 등

12 식품오염물은 음식물에 직접 또는 먹이사슬에 의한 생물농축을 통해 인체 건강장해를 일으키는 환경오염물질을 발생시키는데, 그 발생 원인과 거리가 먼 것은?

① 식품 또는 첨가물의 오용 및 남용 등에 의한 경우
② 식품의 제조, 가공과정에서 유해물질이 혼입되는 경우
③ 기구나 용기 포장에서 유해물질이 용출된 경우
④ 물리적 변화로 인한 식품조직의 변형에 의한 경우

해설

환경오염물질(환경호르몬) 및 이의 발생원인
• 환경호르몬은 내분비장애물질
• 산업활동에 의해 생성된 오염물질이 생물체 내로 들어간 후, 마치 호르몬처럼 작용하여 생물체의 성기능 등을 마비시킴
• 종류 : DDT, PCB류, 다이옥신, 퓨린류 등
• 발생원인 – 식품 또는 첨가물의 오용 및 남용 등 – 식품의 제조, 가공과정에서 유해물질 혼입 – 기구나 용기 포장에서 유해물질 용출 등

13 초기부패의 식별법이 아닌 것은?

① 생균수 측정
② 휘발성 염기 질소의 정량
③ 히스타민(Histamine)의 정량
④ 환원당 측정

해설

식품의 초기부패 식별법

- 관능검사
- 일반세균수 검사
- 휘발성 염기 질소 정량
- 히스타민 정량
- 트리메틸아민 정량

• 환원당 측정 : 당의 환원성 여부 판정(bertrand법, somogyi법 등)

14 Cl. perfringens에 의한 식중독에 관한 설명 중 옳은 것은?

① 우리나라에서는 발생이 보고된 바가 없다.

② 육류와 같은 고단백질 식품보다 채소류가 자주 관련된다.

③ 일반적으로 병독성이 강하여 적은 균수로도 식중독을 야기한다.

④ 포자형성(Sporulation)이 일어나는 경우에만 식중독이 발생한다.

해설

Clostridium . perfringens(웰치균)	
특성	– 그람양성, 편성혐기성, 간균, 내열성포자 형성, 운동성 없음, 독소 생산 – A~E 5가지 형의 균이 있고, 그 중 A형이 식중독 원인균
생장조건	– A형 : 장관내 증식으로 포자형성하여 균체 내 독소(enterotoxin) 생산 – 아포는 100℃ 4~5시간 가열에도 견딤 – 독소는 pH 4.5~11.0에서 안정하나 열에 불안정하여 60℃ 4분 가열에 파괴
발생	– 집단급식시설 등에서 다수 발생하여 '집단조리식중독'이라 함
오염원	– 가축, 가금류
원인식품	– 동물성 · 식물성 단백질 식품
증상	– 증상은 가벼운 편이나 일단 발생하면 규모가 큼

15 식품보존료로서 안식향산(Benzoic acid)을 사용할 수 없는 식품은?

① 과일 채소류 음료

② 탄산음료

③ 인삼음료.

④ 발효음료류.

해설

보존료	사용 식품
안식향산 (benzoic acid)	과일채소류음료, 탄산음료, 기타음료, 인삼 · 홍삼음료, 간장류, 알로에 전잎 건강기능식품, 잼류, 망고처트니, 마가린, 절임식품

16 간디스토마의 일종인 피낭유충(Metacer-caria)을 사멸시키지 못하는 조건은?

① 열탕안　　　② 냉동결빙

③ 간장　　　　④ 식초

해설

간디스토마의 피낭유충(Metacercaria) 사멸 조건

- 열에 약하여 55℃ 15분 사멸
- 끓는 물에는 1분 이상 가열시 사멸
- 식초 중에 1시간이면 사멸
- 0.3% 염산 및 간장에는 6시간 이상이면 사멸
- 저온에 강함

17 표백작용과 관계가 없는 것은?

① 산성 제1인산칼륨

② 과산화수소

③ 무수아황산

④ 아황산나트륨

해설

화학물	식품첨가물 공전에 명시된 사용용도	기능
과산화수소	살균제, 제조용제	표백작용
무수아황산 아황산나트륨	표백제	
산성제1인산칼륨	산도조절제, 팽창제, 영양강화제	

18 식품 등의 위생적인 취급에 관한 기준이 틀린 것은?

① 부패·변질되기 쉬운 원료는 냉동·냉장 시설에 보관하여야 한다.

② 제조·가공·조리 또는 포장에 직접 종사하는 사람은 위생포를 착용하여야 한다.

③ 최소 판매 단위로 포장된 식품이라도 소비자수요에 따라 탄력적으로 분할하여 판매할 수 있다.

④ 식품 등의 제조·가공·조리에 직접 사용되는 기계·기구는 사용 후에 세척·살균하여야 한다.

해설

**식품 등의 위생적인 취급에 관한 기준
[식품위생법 시행규칙 제2조 별표 1]**

1. 식품 등을 취급하는 원료보관실·제조가공실·조리실·포장실 등의 내부는 항상 청결 관리

2. 식품 등의 원료 및 제품 중 부패·변질이 되기 쉬운 것은 냉동·냉장시설에 보관·관리

3. 식품 등의 보관·운반·진열시에는 식품 등의 기준 및 규격이 정하고 있는 보존 및 유통기준에 적합하도록 관리하고, 냉동·냉장시설 및 운반시설은 항상 정상적으로 작동

4. 식품 등의 제조·가공·조리 또는 포장에 직접 종사하는 사람은 위생모를 착용하는 등 철저한 개인위생관리

5. 제조·가공(수입품을 포함한다)하여 최소판매 단위로 포장된 식품 또는 식품첨가물을 허가를 받지 아니하거나 신고를 하지 아니하고 판매의 목적으로 포장을 뜯어 분할하여 판매 금지
다만, 컵라면, 일회용 다류, 그 밖의 음식류에 뜨거운 물을 부어주거나, 호빵 등을 따뜻하게 데워 판매하기 위하여 분할 가능

6. 식품 등의 제조·가공·조리에 직접 사용되는 기계·기구 및 음식기는 사용 후에 세척·살균하는 등 항상 청결하게 유지·관리
어류·육류·채소류를 취급하는 칼·도마는 각각 구분하여 사용

7. 유통기한이 경과된 식품 등을 판매하거나 판매의 목적으로 진열·보관하여서는 아니됨

19 식품첨가물의 사용에 대한 설명이 틀린 것은?

① 효과 및 안전성에 기초를 두고 최소한의 양을 사용해야 한다.

② 식품첨가물의 원료자체가 완전무해하면 성분규격이 따로 정해져 있지 않다.

③ 식품첨가물의 사용으로 심각한 영양 손실을 초래할 경우, 그 사용은 고려되어야 한다.

④ 천연첨가물의 제조에 사용되는 추출용매는 식품첨가물공전에 등재된 것으로서 개별 규격에 적합한 것이어야 한다.

해설

식품 첨가물 구비조건

- 효과 및 안전성에 기초를 두고 최소한의 양을 사용할 것
- 식품첨가물의 정해진 기준 및 규격에 따라 사용할 것
- 인체 독성이 없을 것
- 물리화학적 변화에 안정할 것
- 사용하기 간편할 것
- 체내에 축적되지 않을 것
- 미량으로 효과가 있을 것
- 식품의 영양가를 유지할 것
- 식품의 외관을 좋게 할 것
- 가격 저렴
- 식품의 화학성분 등에 의해 그 첨가물 확인이 가능할 것
- 첨가물의 화학명과 제조방법 명확할 것
- 품질 특성 양호할 것
- 천연첨가물의 제조에 사용되는 추출용매는 식품첨가물공전에 등재된 것으로서 개별 규격에 적합한 것

20 수질오염과 관련하여 공장폐수의 어류에 대해 치사량을 구하는데 사용되는 단위는?

① LD_{50} ② LC

③ ADI   ④ TLm

해설

TLm(Tolerance Limit)

- 일정환경에서 어류의 50%가 생존할 수 있는 시간을 기준으로 나타내는 단위
- 어류에 대한 급성독성물질의 유해도를 나타내는 수치

21 다음 식품 중 소성 유동을 일으키는 것은?

① 인절미
② 밀가루 반죽
③ 생크림
④ 청국장

🔍 해설

식품의 유동(흐름)
• 탄성 (Elasticity) 　– 외부로부터 힘을 받아 변형된 물체가 외부의 힘을 제거하면 원래의 상태로 돌아가는 성질 　– 예 : 한천, 겔, 묵, 곤약, 양갱, 밀가루 반죽 • 가소성(Plasticity) 　– 외부로부터 힘을 받아 변형되었을 때 외부의 힘을 제거하여도 원래의 상태로 되돌아가지 않는 성질 　– 예 : 버터, 마가린, 생크림, 마요네즈 등 • 점탄성(Viscoelasticity) 　– 외부에서 힘을 가할 때 점성유동과 탄성변형을 동시에 일으키는 성질 　– 예 : 난백, 껌, 반죽 • 점성(점도)(Viscosity) 　– 액체의 유동성(흐르는 성질)에 대한 저항 　– 점성이 높을수록 유동되기 어려운 것은 내부 마찰저항이 크기 때문 　– 온도와 수분함량에 따라 맛에 영향을 줌 　– 용질의 농도 높을수록, 온도 낮을수록, 압력 높을수록, 분자량이 클수록 점성 증가함 　– 예 : 물엿, 벌꿀

22 단맛을 내는 물질이 아닌 것은?

① 아스파탐(Aspartame)
② 사카린(Saccharin)
③ 스테비오사이드(Stevioside)
④ 알칼로이드(Alkaloid)

🔍 해설

감미료	
합성감미료	D-sorbitol, aspartame disodium glycyrrhizinate, sodium saccharine, D-xylose
천연감미료	스테비아추출물, 감초엑스 등

유해성감미료	cyclamate, dulcin, ethylene glycol, perillartine, nitrotoluidine 등

* 알칼로이드 : 쓴맛 성분

23 효소는 주로 어떤 물질로 구성되어 있는가?

① 탄수화물
② 단백질
③ 인지질
④ 중성지방

🔍 해설

효소
• 생물체에서 생성되는 화학반응의 속도를 촉진시키는 촉매작용을 하는 단백질의 일종 • 단순단백질과 복합단백질(단순단백질+비단백질부분)이 있고, 복합단백질을 완전효소라함 　– 완전효소 = 아포효소(단백질)+보결분자단(비단백질, 보조효소 또는 보조인자) 　– 아포효소 : 열에 약하고 효소반응에 특이성부여 　– 보결분자단 : 열에 안정. 무기질로서 효소작용

24 식품의 저장 중 유지성분의 산패에 영향을 미치는 정도가 가장 적은 것은?

① 빛
② 온도
③ Lipoxigenase
④ 탄수화물

🔍 해설

유지의 산패에 영향을 미치는 인자
– 빛, 특히 자외선에 의해 유지 산패 촉진 – 온도 높을수록 반응 속도 발라져 유지산패촉진 – Lipoxigenase는 이중결합을 가진 불포화지방산에 반응하여 hydroperoxide가 생성되어 산화 촉진 – 지방산의 종류 : 불포화지방산의 이중결합이 많을 수록 산패 촉진 – 금속 : 코발트, 구리, 철. 니켈, 주석, 망간 등의 금 속 또는 금 속이온들 자동산화 촉진 – 수분 : 금 속의 촉매작용으로 자동산화 촉진 – 산소 농도가 낮을 때 산화 속도는 산소 농도에 비례함(산소 충분 시 산화 속도는 산소농도와 무관) – 헤모글로빈, 미오글로빈, 사이토크롬 C 등의 헴화합물과 클로로필 등의 감광물질들은 산화 촉진

💡 정답　**21** ③　**22** ④　**23** ②　**24** ④

25 교질의 성질이 아닌 것은?

① 반투성 ② 브라운 운동
③ 흡착성 ④ 경점성

교질(콜로이드)

• 교질(콜로이드)
1~100nm의 입자가 물에 분산되어있는 상태의 미세입자

액체유형	분산된 입자 크기	분산액
진용액	1nm 이하	설탕물, 소금물
콜로이드	1~100nm	우유, 먹물
현탁액	100nm 이상	흙탕물, 된장국, 초콜릿의 교질상태

• 교질(콜로이드) 성질
– 반투성 : 콜로이드 입자가 반투막을 통과하지 못하는 성질
– 브라운 운동 : 콜로이드 입자의 불규칙 직선운동 콜로이드입자와 분산매가 충돌에 의함. 콜로이드 입자는 같은 전하는 서로 반발
– 틴들현상 : 어두운 곳에서 콜로이드 용액에 직사광선을 쪼이면 빛의 진로가 보이는 현상
틴들현상에 의해 콜로이드 용액이 탁하게 보이며 콜로이드 입자가 일정한 크기를 가지고 있을 때 혼탁도가 최대가 됨
– 흡착 : 콜로이드 입자표면에 다른 액체, 기체분자나 이온이 달라붙어 이들의 농도가 증가되는 현상. 콜로이드 입자의 표면적이 크기 때문에 발생
– 전기이동 : 콜로이드 용액에 직류전류를 통하면 콜로이드 전하와 반대쪽 전극으로 콜로이드 입자가 이동하는 현상
– 응결(엉김) : 소량의 전해질을 넣으면 콜로이드 입자가 반발력을 잃고 침강되는 현상
– 염석 : 다량의 전해질을 가해서 엉김이 생기는 현상
– 유화 : 분산질과 분산매가 다 같이 액체로 섞이지 않는 두 액체가 섞여 있는 현상. 물(친수성)과 기름(친유성)의 혼합 상태를 안정화시킴

26 단백질에 대한 설명으로 틀린 것은?

① 단백질 함량은 질소함량을 통해 추정할 수 있다.
② 단백질의 약 16%는 질소분이다.
③ 식품 중 단백질의 질소함량은 식품의 형태에 따라 크게 달라진다.
④ 질소 함량은 보통 Kjeldahl법에 의해서 측정된다.

단백질과 질소환산계수

– 단백질은 약 16%의 질소 함유
– 식품 중의 단백질을 정량 할 때 질소량은 측정하여 100 / 16, 즉 6.25 질소계수를 곱하여 조단백질 함량 산출
– 단백질 종류에 따라 질소환산계수 다름
– 질소 함량은 보통 Kjeldahl법에 의해서 측정

27 지방의 가수분해에 의한 생성물은?

① 글리세롤과 에테르
② 글리세롤과 지방산
③ 에스테르와 에테르
④ 에스테르와 지방산

단백질과 질소환산계수

– 단백질은 약 16%의 질소 함유
– 식품 중의 단백질을 정량 할 때 질소량은 측정하여 100 / 16, 즉 6.25 질소계수를 곱하여 조단백질 함량 산출
– 단백질 종류에 따라 질소환산계수 다름
– 질소 함량은 보통 Kjeldahl법에 의해서 측정

28 다음 중 필수 아미노산에 해당하지 않는 것은?

① 알라닌 ② 히스티딘
③ 라이신 ④ 발린

필수아미노산

– 체내에서 합성되지 못하거나 필요한 만큼 양이 합성되지 못하는 아미노산
– 성인 : 이소루신, 루신, 리신, 메티오닌, 페닐알라닌, 트레오닌, 트립토판, 발린
– 어린이와 회복기환자 : 아르기닌, 히스티딘 첨가

29 6mg의 All-trans-retinol은 몇 International Unit(IU)의 비타민 A에 해당하는가?

① 10000 IU ② 20000 IU
③ 30000 IU ④ 40000 IU

💡 정답 25 ④ 26 ③ 27 ② 28 ① 29 ②

30 새우, 게 등을 가열할 때 생기는 적색 물질은?

① 아스타크산틴(Astaxanthin)
② 아스탄신(Astacin)
③ 루테인(Lutein)
④ 크립토크산틴(Cryptoxanthin)

해설

아스타신
새우, 게 등의 갑각류에는 카로티노이드계의 잔토필류에 속하는 아스타잔틴이 단백질과 결합하여 청록색을 띠고 있으나, 가열하면 아스타잔틴이 단백질과 분리하는 동시에 공기에 의하여 산화를 되면 아스타신으로 변환

31 식품 중의 회분(%)을 회화법에 의해 측정할 때 계산식이 옳은 것은?(단, S : 건조 전 시료의 무게, W : 회화 후의 회분과 도가니의 무게, W_0 : 회화 전의 도가니 무게)

① $[(W-S)/W_0] \times 100$
② $[(W_0-W)/S] \times 100$
③ $[(W-W_0)/S] \times 100$
④ $[(S-W_0)/W] \times 100$

해설

회분정량

– 건식회화법
– 시료의 회분(%) = $[(W-W_0)/S] \times 100$
  W : 회화 후의 회분과 도가니의 무게
  WW_0 : 회화 전의 도가니 무게
  S : 건조 전 시료의 무게

32 포화지방산으로 조합된 것은?

① 아라키드산, 올레인산, 리놀렌산, 스테아르산
② 팔미틴산, 스테아르산, 올레인산, 아라키드산
③ 라우르산, 스테아르산, 리놀렌산, 올레인산
④ 미리스트산, 스테아르산, 팔미트산, 아라키드산

해설

지방산 종류		탄소수 : 이중결합수
포화지방산	미리스트산 (myristic acid)	14 : 0
	팔미트산 (palmitic acid)	16 : 0
	스테아르산 (stearic acid)	18 : 0
	아라키드산 (arachidic acid)	20 : 0
불포화지방산	올레산 (oleic acid)	18 : 1
	리놀레산 (linoleic acid)	18 : 2
	리놀렌산 (linolenic acid)	18 : 3
	아라키돈산 (arachidonic acid)	20 : 4

33 독성이 매우 강하여 면실유 정제 시에 반드시 제거하여야 하는 천연 항산화제는?

① Sesamol ② Guar gum
③ Gossypol ④ Galic acid

해설

고시폴(Gossypol)
– 면실유에 함유된 독성이 강한 성분 – 면실유 제조 시 반드시 정제 필요 – 천연항산화제로 사용

34 Ca의 흡수를 촉진하는 비타민은?

① 비타민 A   ② 비타민 B₁

③ 비타민 B₂   ④ 비타민 D

	칼슘(Ca) 흡수
칼슘 흡수 촉진 인자	비타민 D, 유당, 젖산, 단백질, 아미노산 등 장내의 pH를 산성으로 유지하는 물질 칼슘과 인의 비율이 1~2 : 1일 때 흡수가장 좋음
칼슘 흡수 저해 인자	수산, 피틴산, 탄닌, 식이섬유, 지방, 과도한 인 섭취 등

35 채소 중 카로틴 성분은 어느 비타민의 효력을 가지는가?

① 비타민 A   ② 비타민 B₁

③ 비타민 B₂   ④ 비타민 D

Carotenoid계	
– 노란색, 주황색, 붉은색의 지용성색소 – 당근, 고추, 토마토, 새우, 감, 호바 등에 함유 – 산이나 알칼리에 안정적이며 산소가 없는 상태에서는 광선의 조사에 영향 받지 않음	
Carotene 류	a-carotene, b-carotene, c-carotene, lycopens
Xanthophyll류	lutein, zeaxanthin, cryptoxanthin

프로비타민 A(비타민 A 전구체)
– Carotenoid계 색소 중에서 b-ionone 핵을 갖는 a-carotene, b-carotene, c-carotene과 Xanthophyll류의 cryptoxanthin이 프로비타민 A로 전환됨 – 비타민 A로서의 효력은 b-carotene이 가장 큼

36 다음 중 식품의 수분정량법이 아닌 것은?

① 건조 감량법

② 증류법

③ karl-Fisher법

④ 자외선 사용법

식품의 수분정량법	
상압가열건조법 (건조감량법)	– 일정량의 시료를 칭량병에 넣고 105~110℃의 항온건조기에 서 항량이 될 때까지 건조시킨 후 데시케이터에 옮겨 일정시간 후에 칭량 – 건조 전후의 질량차이가 수분함량
적외선 수분계법	– 적외선 램프에 나오는 복사에너지로 시료의 수분을 증발시켜 시료의 질량변화에 의해 수분함량 계산
증류법	– 물에 섞이지 않는 용매를 시료와 함께 넣고 가열해서 물은 용매와 같이 증발하는데 여기에서 분리된 물의 부피 측정
칼피셔법 (Karl Fischer 법)	– 칼피셔 시약 사용 – 기체, 액체 및 고체 시료 중의 수분함량만을 선택적으로 측정하여 시료 중 휘발성분에 의해 수분량이 높게 나타나는 것 방지

37 O / W형 유화액(Emulsion)에 해당하지 않는 식품은?

① 우유   ② 마가린

③ 마요네즈   ④ 아이스크림

유화액
– HLB(Hydrophilie-Lipophile Balance) • 친수성친유성의 상대적 세기 • HLB값 8~18 유화제 수중유적형(O / W) • HLB값 3.5~6 유화제 유중수적형(W / O) – 수중유적형(O / W) 식품 : 우유, 아이스크림, 마요네즈 – 유중수적형(W / O) 식품 : 버터, 마가린

38 식품의 전형적인 등온흡(탈)습곡선에 관한 설명으로 틀린 것은?

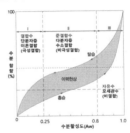

① 식품이 놓여져 있는 환경의 상대습도가 높아질수록 식품의 수분함량은 증가한다.
② A영역은 식품 중의 수분이 단분자층을 형성하고 있는 부분이다.
③ A영역의 수분은 식품 중 아미노(Amino)기나 카르복실(Carboxyl)기와 이온결합하고 있다.
④ C영역은 다분자층 영역으로 물 분자 간 수소결합이 주요한 결합형태이다.

🔍 해설

등온흡(탈)습곡선

영역	물 결합	특징
A	이온결합 (극성결합)	– 수분활성도 낮음(0~0.25) – 수분함량 : 5~10% – A영역과 B영역의 경계부분은 단분자층 수분 – 온도를 낮추어도 얼지 않음 – 용매로 사용할 수 없음 – B영역에 해당하는 물보다 저장성 낮음 – 광선 조사에 의한 지방질의 산패 심하게 일어남 – 해당식품 : 인스턴트커피분말, 분유, 건조식품 등
B	수소결합 (비극성결합)	– 수분활성도 낮음(0.25~0.8) – 수분함량 : 20~40% – 다분자층 – A영역에 비해 느슨한 결합 – 거의 용매로 사용할수 없음 – 해당식품 : 국수, 건조식품
C	결합없음 (비결합)	– 수분활성도 낮음(0.8 이상) – 모세관 응고 영역으로 식품의 다공질 구조 – 모세관에 수분이 자유로이 응결되어 식품 성분에 대해 용매로 작용 – 화학, 효소반응 촉진 – 미생물 생육 가능

39 특성 차이를 검사하는 관능검사방법 중 동시에 두 개의 실를 제공하여 특정 특성이 더 강한 것을 식별하도록 하는 것은?

① 이점비교검사
② 다시료비교검사
③ 순위법
④ 평점법

🔍 해설

특성차이 관능검사 방법

– 이점비교검사
 동시에 2개의 검사물을 제시하고 주어진 특성에 대해 어떤 검사물의 강도가 더 큰지를 선택하도록 하는 방법
– 다시료 비교검사
 어떤 정해진 성질에 대해 여러 검사물을 기준과 빅하여 점수를 정하도록 하는 방법. 비교되는 검사물 중에 기준과 동일한 검사물 포함
– 순위법
 3개 이상의 시료를 제시하고 주어진 특성이 제일 강한 것부터 순위를 정하게 하는 방법
– 평점법
 척도법이라고 함. 3개 이상의 특정 성질이 어떤 양상으로 다른지를 조사할 때 사용하는 방법. 5점, 7점, 9점 척도법 등

40 엽록소(Chlorophyll)의 녹색을 오래 보존하기 위해 chlorophyll의 Mg을 무엇으로 치환하는 것이 좋은가?

① Cu
② H
③ K
④ N

🔍 해설

클로로필

피롤(pyrole) 핵 4개가 결합한 포피린(porphyrin) 유도체의 중심에 마그네슘이 결합된 마그네슘포피린이 기본구조	
산에 의한 변화	산에 의해 클로로필의 중앙에 있는 마그네슘이 빠져나오고 수소이온이 그 자리에 치환 갈색의 페오피틴 생성 계속 산 반응 시 갈색의 페오포바이드생성
알칼리에 의한 변화	알칼리에 의해 클로로필이 클로로필라이드 생성(녹색, 수용성) 계속 알칼리 반응으로 녹색의 수용성 클로로필린 생성 녹색채소 데칠 때 탄산수소나트륨(중탄산나트륨, 중조, 식소다) 사용으로 녹색은 유지되나, 비타민 C 파괴, 조직연화 일어남

효소에 의한 변화	클로로필레이스에 의해 녹색의 수용성 클로 로필라이드 생성
금속에 의한 변화	클로로필을 구리 또는 철의 이온과 함께 가열 하면 클로로필 분자 중의 마그네슘이온이 이 들 금속이온과 치환되어 안정한 청록색의 구 리-클로로필 또는 선명한 갈색의 철-클로로 필 형성

3 식품가공학

41 냉동화상(Freezer Burn)에 대한 설명이 틀린 것은?

① 동결된 식품의 표면이 공기와 접촉하여 발생한다.
② 다공질의 건조층이 생긴다.
③ 색깔, 조직, 향미, 영양가는 변화가 없다.
④ 냉동 육류의 저장에서 많이 발생한다.

🔍 해설

냉동화상(Freezer Burn)
식육의 냉동 저장이 지속되면 동결 중 빙결정 부분의 승화로 수분 증발된 부위에 미세다공이 형성되어 냉동육 표면의 건조 · 탈수가 일어나고 산화에 의해 냉동육의 색, 조직, 향미, 영양가 등이 변함

42 수산식품자원으로서 동물성자원이 아닌 것은?

① 어류　　　　② 갑각류
③ 연체동물류　④ 조류

🔍 해설

수산식품자원	
어류	갈치, 고등어, 가자미 등
갑각류	새우, 게 등
연체동물류	오징어, 낙지 등

*조류 : 광합성을 하는 독립영양생물.
녹조류(청각, 파래 등), 갈조류(다시마, 미역, 톳) 홍조류(김, 우뭇가사리)

43 7분도미의 도정률은 약 몇 %인가?

① 100　　　　② 97
③ 94　　　　④ 91

🔍 해설

쌀의 도정에 따른 분류				
종류	특성	도정률 (%)	도감률 (%)	소화률 (%)
현미	왕겨층만 제거	100	0	95.3
3분도미		98	2	
5분도미	겨층 50% 제거	96	4	97.2
7분도미	겨층 70% 제거	94	6	97.7
10분 도미 (백미)	현미도정. 배아, 호 분층, 종피, 과피 등 제거. 배유만 남음	92	8	98.4
배아미	배아 떨어지지 않도 록 도정			
주조미	술 제조 이용. 미량 의 쌀겨도 없도록 배유만 남음	75 이하	25 이상	

44 잼 제조 시 겔(gel)화의 조건으로 적합한 것은?

① 당도 60~65%
② 펙틴 2.0 ~2.5%
③ 산도 0.5%
④ pH 4.0

🔍 해설

젤리화 요소	
당	60~65%
펙틴	1.0~1.5%
유기산	0.3%, pH 3.0

잼의 완성점 결정	
방법	특징
컵테스트	냉수가 담아 있는 컵에 농축물을 떨어뜨렸을 때 분산되지 않을 때
스푼 테스트	농축물을 스푼으로 떠서 기울였을 때 시럽 상 태가 되어 떨어지지 않고 은근히 늘어짐
온도계법	농축물의 끓는 온도가 104~105℃ 될 때
당도계법	굴절당도계로 측정 60~65% 될 때

45 유지의 산패 측정 방법 중 화학적 방법이 아닌 것은?

① 과산화물가 측정 ② TBA가 측정
③ Oven Test ④ AOM법

유지의 산패 측정법		
화학적 방법	과산화물가(과산화물 생성량 측정)	
	TBA가(2차 산화생성물 말론알데히드 양 측정)	
	활성산소법(AOM) : 유지 산패 신속측정법	
	카르보닐가(카보닐 화합물의 생성량 측정)	
	랜시매트법 : 유지 산패 신속측정법	
물리적 방법	산소흡수량 측정	
관능적 방법	oven test	

46 산을 첨가했을 때 응고, 침전하는 우유 단백질로, 유화제로도 사용되는 것은?

① 레닌(Rennin)
② 글로블린(Globulin)
③ 카제인(Casein)
④ 알부민(Albumin)

카제인
인단백질
산이나 레닌에 의하여 응고
우유에 산을 첨가하여 카제인의 등전점(pH 4.6)으로 하면 침전하는 우유단백질
유화제로 사용
레닌에 의하여 파라카제인이 되어 Ca_2^+의 존재 하에 응고되어 치즈제조에 이용

47 과실주스제조 시 청징에 사용하지 않는 것은?

① 난백 ② 펙틴 분해효소
③ 젤라틴 및 탄닌 ④ 아스코르빈산

과실주스 청징 방법
– 난백(2% 건조 난백) 사용
– 카제인 사용
– 탄닌 및 젤라틴 사용
– 흡착제(규조토) 사용
– 효소처리 : pectinase, polygalacturonase

48 우유 5000kg / h를 5℃에서 55℃까지 열교환기로 가열하고자 한다. 우유의 비열이 3.85KJ/Kg · K일 때 필요한 열에너지 양은?

① 267.4 kW ② 275.2 kW
③ 282.3 kW ④ 323.5 kW

열에너지	
계산식	$Q = cm\Delta t$ Q : 열에너지 c : 비열 m : 무게 △t : 온도차
계산 결과	$Q = 3.85kj / kg \times 5000kg / h \times (55-5)℃$ $= 962,500$ W(전력, 열에너지양) = j / sec 위의 계산값의 시간(h)을 초(s)단위로 전환하기 위해 3600으로 나눔 W = 962,500 / 3600 = 257.4 kW

49 식품의 수증기압이 10mmHg이고 같은 온도에서 순수한 물의 수증기압이 20mmHg일 때 수분활성도는?

① 0.1 ② 0.2
③ 0.5 ④ 1.0

수분활성도(Water Activity, AW)	
정의	어떤 온도에서 식품이 나타내는 수증기압(Ps)에 대한 순수한 물의 수증기압의 비율(P0)
계산식	AW = Ps / P0 AW = 10 / 20 = 0.5

50 채소나 과실을 알칼리로 박피할 때 껍질이 제거되는 원리는?

① 껍질 자체를 알칼리가 분해시키기 때문
② 알칼리가 고온에서 전분을 분해시키기 때문
③ 껍질 밑층의 Pectin질 등을 분해시켜 수용성으로 만들기 때문
④ 알칼리가 Cellulose를 분해시키기 때문

🔍 해설

1~3%의 수산화나트륨(NaOH)용액으로 채소나 과일 껍질의 펙틴질을 쉽게 가수분해시킴

51 장류 제조 시 코지(Koji)를 사용하는 주된 목적은?

① 호기성균을 발육시켜 호흡작용을 정지시키기 위해
② 아미노산, 에스테르 등의 물질을 얻기 위해
③ 아밀라아제, 프로테아제 등의 효소를 생성하기 위해
④ 잡균의 번식을 방지하기 위해

🔍 해설

코지 제조	
코지 (koji, 국)	곡류를 쪄서 코지균을 번식시킨 것
코지 사용 목적	강력한 효소(아밀라아제, 프로테아제 등)를 생성하게 하여 전분 또는 단백질을 분해하기 위함

52 유통기한 설정을 위한 실험결과 보고서의 내용 중 '제품의 특성'에 들어가지 않아도 되는 것은?

① 제조 · 가공 공정
② 사용원료 생산자
③ 포장 재질, 포장 방법, 포장 단위
④ 보존 및 유통 온도

🔍 해설

유통기한 설정 시 제품의 특성으로 제조 · 가공공정, 포장 재질, 포장방법, 포장단위, 보존 및 유통 온도 등이 포함된다.

53 달걀을 이루는 세 가지 구조에 해당하지 않는 것은?

① 난각
② 난황
③ 난백
④ 기공

🔍 해설

달걀의 구조	
난각과 난각막	– 난각 : 전난 중의 9~12% 차지. 다공성구조. 난각에 기공이 1cm² 당 129.1±1.1개나 된다 – 난각 두께 : 0.27~0.35mm. 보통 난각막과 같이 측정 – 난각막 : 난각의 4~5% 백색불투명 얇은 막
난백	– 난 중의 약 60%로서 난황을 둘러싸고 있음 – 외수양난백, 농후난백, 내수양난백으로 구성
난황	– 난 중의 약 30%로서 배반을 중심으로 백색난황과 황색난황으로 층 구성 – 신선 난황의 pH 6.2~6.5

54 무발효빵 제조 시 사용되는 팽창제와 관계없는 것은?

① 과붕산나트륨
② 탄산수소나트륨
③ 탄산암모늄
④ 주석산수소칼륨

🔍 해설

팽창제	
종류	탄산수소나트륨, 탄산암모늄, 주석산수소칼륨 등
사용량	사용 밀가루의 2% 이내

55 달걀 저장 중 일어나는 변화로 틀린 것은?

① 농후난백의 수양화
② 난황계수의 감소
③ 난중량 감소
④ 난백의 pH 하강

🔍 해설

달걀 저장 중 변화

– 농후 난백의 수양화
– 난황계수 감소
– 난각을 통해 수분 상실로 난중량 감소
– 난백에서 이산화탄소 방출로 난백의 pH 상승

💡 정답 **50** ③ **51** ③ **52** ② **53** ④ **54** ① **55** ④

56 육제품의 주요 훈연 목적과 거리가 먼 것은?

① 저장성 증진　　② 산화 방지
③ 풍미 증진　　④ 영양 증진

해설

육제품 훈연 목적
– 연기성분에 의한 보존 효과로 저장기간 연장
– 표면의 수분을 제거하여 미생물 증식 억제
– 지방의 산화방지, 특유의 색과 향 증진

57 각 전분의 특성에 대한 설명이 틀린 것은?

① 감자 전분 – 전분의 입자 크기가 크다
② 찰옥수수전분 – 아밀로펙틴의 함량이 높다
③ 밀전분 – 아밀로오스와 아밀로펙틴의 비율이 25 : 75정도이다
④ 타피오카 전분 – 아밀로오스 100%로 구성되어 있다.

해설

타피오카 전분
아밀로스(17%)와 아밀로펙틴(83%)의 비율로 호화하기 쉽고 노화하기 어려운 전분

58 육류가 사후경직되면 글리코겐과 젖산은 각각 어떻게 변하는가?

① 글리코겐 증가, 젖산 증가
② 글리코겐 감소, 젖산 감소
③ 글리코겐 증가, 젖산 감소
④ 글리코겐 감소, 젖산 증가

해설

식육의 사후경직과 숙성	
도축	도축(pH 7) → 글리코겐 분해 → 젖산생성 → pH 저하
사후강직	– 초기 사후 강직(pH 6.5) – ATP → ADP → AMP, 액토미오신 생성 – 최대 사후강직(pH 5.4) – 해당작용(혐기적 대사), 근육강직, 젖산생성, pH 낮음 – 글리코겐 감소, 젖산 증가
숙성	– 퓨린염기, ADP, AMP, IMP, 이노신, 히포크산틴 증가 – 단백질 가수분해 – 액토미오신 해리 – Hemoglobin이나 Myoglobin은 Fe_2^+에서 Fe_3^+로 전환 – 적자색에서 선홍색으로 변화

59 염장을 통한 방부 효과의 원리가 아닌 것은?

① 탈수에 의한 수분활성도 감소
② 삼투압에 의한 미생물의 원형질 분리
③ 산소 용해도 감소
④ 단백질 분해효소의 작용 촉진

해설

소금의 방부 효과 원리
– 삼투압에 의한 원형질 분리
– 수분활성도 저하
– 산소 용해도 감소
– 소금에서 해리된 염소이온(Cl–)의 미생물 살균 작용
– 고농도의 소금용액에서 미생물 발육 억제
– 단백질 가수분해효소 작용 억제
– 탈수작용

60 극성이 낮아 유지 작물로부터 식용 유지를 추출할 때 가장 많이 사용하는 용매는?

① 물(Water)
② 핵산(Hexane)
③ 벤젠(Benzene)
④ 에테르(Ether)

해설

식용 유지 추출 용매
– 핵산(Hexane)을 가장 많이 사용
– 그 외, 헵탄, 석유에테르, 벤젠, 사염화탄소, 이황화탄소, 아세톤 등

정답 **56** ④　**57** ④　**58** ④　**59** ④　**60** ②

61 포도주발효에 가장 많이 사용되는 효모는?

① *Saccharomyces sake*

② *Saccharomyces coreanus*

③ *Saccharomyces ellipsoides*

④ *Saccharomyces carsbergensis*

🔍 해설

Saccharomyces sake : 일본 청주 효모
Saccharomyces coreanus : 한국의 약주 탁주 효모
Saccharomyces ellipsoides : 포도주 효모
Saccharomyces carsbergensis
 : 맥주의 하면발효 효모

62 곰팡이에 대한 설명 중 틀린 것은?

① 균사 조각이나 포자에 의해 증식한다.

② 자낭포자는 무성생식에 의해 형성된다.

③ 호기성미생물이다.

④ 유성생식 세대가 없는 것을 불완전균류라 한다.

🔍 해설

곰팡이
– 균사 조각이나 포자에 의해 증식 – 곰팡이의 균사는 단단한 세포벽으로 되어 있고 엽록소가 없음 – 다른 미생물에 비해 비교적 건조한 환경에서 생육 가능

곰팡이 분류		
생식 방법	무성 생식	세포핵 융합없이 분열 또는 출아증식 포자낭포자, 분생포자, 후막포자, 분절포자
	유성 생식	세포핵 융합, 감수분열로 증식하는 포자 접합포자, 자낭포자, 난포자, 담자포자
균사 격벽 (격막) 존재 여부	조상 균류 (격벽 없음)	– 무성번식 : 포자낭포자 – 유성번식 : 접합포자, 난포자
		거미줄곰팡이(*Rhizopus*) – 포자낭 포자, 가근과 포복지를 각 가짐 – 포자낭병의 밑 부분에 가근 형성 – 전분당화력이 강하여 포도당 제조 – 당화효소 제조에 사용 사용
		털곰팡이(*Mucor*) – 균사에서 포자낭병이 공중으로 뻗어 공모 양의 포자낭 형성
		활털곰팡이(*Absidia*) – 균사의 끝에 중축이 생기고 여기에 포자낭 을 형성하여 그 속에 포자낭포자를 내생

균사 격벽 (격막) 존재 여부	순정 균류 (격벽 있음)	자낭균류	– 무성생식 : 분생포자 – 유성생식 : 자낭포자
			누룩곰팡이(*Aspergillus*) – 자낭균류의 불완전균류 – 병족세포 있음
			푸른곰팡이(*Penicillium*) – 자낭균류의 불완전균류 – 병족세포 없음
			붉은 곰팡이(*Monascus*)
		담자균류	버섯
		불완전균류	푸사리움

63 아밀라아제(Amylase)를 생산하지 못하는 미생물은?

① *Aspergillus oryzae*

② *Rhizopus delemar*

③ *Aspergillus niger*

④ *Acetobacter aceti*

🔍 해설

아밀라제를 생산하는 미생물
Aspergillus oryzae, Aspergillus niger, Rhizopus delemar, Rhizopus oryzae, Bacillus mesentericus, Bacillus subtilis, Endomycopsis fibuliger

* *Acetobacter aceti* : 알코올을 산화하여 초산 생성

64 고정화 효소(Immobilized enzyme)에 대한 설명으로 틀린 것은?

① 미생물 오염의 위험성이 감소한다.

② 안정성이 증가한다.

③ 재사용이 가능하다.

④ 반응의 연속화가 가능하다.

🔍 해설

고정화 효소
• 효소의 활성을 유지시키기 위해 불용성인 유기 또는 무기운반체에 공유결합 따위로 고정시키는 것 • 이용목적 　– 효소의 안정성 증가 　– 효소를 오랜 시간 재사용 가능 　– 연속반응 가능하며 효소 손실 막음 　– 반응생성물 순도 및 수득률 향상

💡 정답 **61** ③ **62** ② **63** ④ **64** ①

65 영양세포의 원형질 속에 가장 많이 포함되어 있는 성분은?

① 단백질　　② 당분
③ 지방　　　④ 수분

원형질
– 세포를 이루는 세포질과 세포핵을 통틀어 이르는 것이며, 세포막내에 존재하는 물질들 – 원형질 구성 – 물(85~90%), 단백질(7~10%), 지질(1~2%), 기타 유기물(1~1.5%), 무기이온(1~1.5%)

66 다음 중 포자형성 세균은?

① *Acetobacter aceti*
② *Escherichia coli*
③ *Bacillus subtilis*
④ *Streptococcus cremoris*

포자형성 세균
– 호기성 포자 형성균 : *Bacillus* – 혐기성 포자 형성균 : *Clostridium*

67 미생물 증식량의 측정법과 거리가 먼 것은?

① 건조 균체량 측정
② 균체 질소량 측정
③ 비탁법에 의한 측정
④ micrometer 이용법

미생물의 증식도 측정법
건조균체량, 균체 질소량, 원심침전법, 광학적 측정법, 총균계수법. 생균계수법, 생화학적 방법 등

68 포도당 1kg이 젖산으로 모두 발효될 때 얻어지는 젖산은 몇 g인가?(단, 포도당 분자량 : 180, 젖산 분자량 : 90)

① 500g　　② 800g
③ 1000g　　④ 2000g

정상형 젖산 발효
– 당을 발효하여 젖산만 생성하는 발효과정 – $C_6H_{12}O_6$(포도당) → $2CH_3CHOHCOOH$(젖산) – $C_6H_{12}O_6$(포도당) 분자량 180 – $CH_3CHOHCOOH$(젖산) 분자량 90 – 포도당 100g으로부터 이론적인 젖산 생성량 　$180 : 90 \times 2 = 100 : x$ 　$x = 100g$

69 원핵세포의 구조와 기능이 잘못 연결된 것은?

① 세포벽 – 세포의 기계적 보호
② 염색체 – 단백질의 합성 장소
③ 편모 – 운동력
④ 세포막 – 투과 및 수송능

원핵세포(세균)의 구조와 기능		
구조	기능	화학조성분
편모	운동력	단백질
선모	유성적인 접합과정에서 DNA의 이동통로의 부착기관	단백질
협막(점질층)	건조와 기타 유해요인에 대한 세포의 보호	다당류나 폴리펩타이드 중합체
세포벽	세포의 기계적 보호	teichoic acid, polysaccharide와의 moco complex
세포막	투과와 수송능	단백질과 지질
메소좀	세포의 호흡능이 집중된 부위로 추정	단백질과 지질
리보솜	단백질 합성	대부분 RNA와 단백질
염색체	유전정보	단일, 환상

💡 정답　**65** ④　**66** ③　**67** ④　**68** ③　**69** ②

70 액체 배지에서 초산균의 특징은?

① 균막을 형성하고 혐기성이다.
② 균막을 형성하고 호기성이다.
③ 균막을 형성하지 않으며 혐기성이다.
④ 균막을 형성하지 않으며 호기성이다.

🔍해설

초산균(Acetobacter 속)
– 그람 음성, 호기성 무포자 간균
– 편모는 2가지 유형으로 주모와 극모
– 포도당이나 에탄올(에틸알코올)로부터 초산을 생성하는 균
– 초산균은 알코올 농도가 10%정도일 때 가장 잘 자라고 5~8%의 초산을 생성
– 대부분 액체배양에서 산막(피막)을 만들어 알코올을 산화하여 초산을 생성
– 식초양조에 유용
– 식초공업에 사용하는 유용균 *Acetobacter aceti*, *Acetobacter acetosum*, *Acetobacter oxydans*, *Acetobacter rancens*

71 김치발효에서 발효초기 우세균으로 김치맛에 영향을 미치는 미생물은?

① *Leuconostoc mesenteroides*
② *Streptococcus thermophilus*
③ *Saccharomyces cerevisiae*
④ *Aspergillus oryzae*

🔍해설

Leuconostoc mesenteroides
– 그람양성 쌍구균 또는 연쇄상 구균, 헤테로젖산균(이상발효 젖산균)
– 김치 발효 초기에 주로 이상젖산균인 *Leuconostoc mesenteroides*가 발효
– 젖산과 함께 탄산가스 및 초산을 생성
– 설탕을 기질로 덱스트란 생산에 이용
– 내염성을 갖고 있어서 김치의 발효 초기에 주로 발육하여 김치를 산성화와 혐기상태로 해줌으로써 호기성 세균의 생육을 억제

72 간장의 제조공정에 사용되는 균주는?

① *Aspergillus tamari*
② *Aspergillus sojae*
③ *Aspergillus flavus*
④ *Aspergillus glaucus*

🔍해설

곰팡이	특징
Aspergillus tamari	단백질 분해력이 강하며 일본의 타마리 간장의 코지에 이용
Aspergillus sojae	단백질 분해력이 강하며 간장제조에 이용
Aspergillus flavus	발암물질인 아플라톡신을 생성하는 유해균
Aspergillus glaucus	고농도의 설탕이나 소금에서도 잘 증식되어 식품을 변패

73 각 효모의 특징에 대한 설명으로 틀린 것은?

① *Schizosaccharomyces* 속 – 분열법으로 증식한다.
② *Torulopsis* 속 – 유지생산균이다.
③ *Candida* 속 – 탄화수소 자화시키는 효모가 많다.
④ *Debaryomyces* 속 – 내염성 산막 효모이다.

🔍해설

Schizosaccharo-myces 속	– 자낭균 효모 – 영양세포가 공이나 원통모양 – 분열법으로 증식
Torulopsis 속	– 소형의 구형 또는 난형의 무포자 효모 – 내당성, 내염성 효모 – 오렌지주스나 벌꿀 등에 발육하여 변패 – 간장의 방향 성분 생성에 작용하는 후숙효모
Candida 속	– 무포자 효모 – 위균사, 진균사 – 알코올 발효능을 갖는 산막효모
Debaryomyces 속	– 산막효모, 내염성

74 다음 중 대장균군에 대한 설명이 틀린 것은?

① Gram 음성무포자 간균이며, 호기성 또는 통성혐기성이다.
② 유당을 분해하여 가스를 발생하는 특징이 있다.

③ 일반적으로 식품이나 용수의 오염지표균으로 사용된다.

④ 호염성 세균으로 해수에 주로 존재한다.

🔍해설

대장균
– 사람, 포유동물의 대표적인 장내 세균
– 그람 음성, 호기성 또는 통성혐기성, 주모성편모, 무포자 간균
– 유당을 분해하여 이산화탄소와 수소가스를 생성
– 대장균군 분리동정에 유당을 이용한 배지 사용
– 분변오염의 지표세균

75 유산균이 아닌 것은?

① *Lactobacillus* 속 ② *Leuconostoc* 속
③ *Pediococcus* 속 ④ *Streptomyces* 속

🔍해설

젖산균(유산균)
– 그람 양성, 무포자, catalase 음성, 간균 또는 구균, 통성혐기성 또는 편성 혐기성균
– 포도당 등의 당류를 분해하여 젖산 생성하는 세균
– 유산균에 의한 유산발효형식으로 정상유산발효와 이상유산발효로 구분
– 정상유산발효 : 당을 발효하여 젖산만 생성
– 정상발효젖산균
Streptococcus 속, *Pediococcus* 속,
일부 *Lactobacillus* 속
(*Lactobacillus acidophilus*,
Lactobacillus bulgaricus,
Lactobacillus casei, Lactobacillus lactis
Lactobacillus plantarum
Lactobacillus homohiochii)
– 이상유산발효 : 혐기적으로 당이 대사되어 젖산 이외에 에탄올, 초산, 이산화탄소가 생성
– 이상발효젖산균
Leuconostoc 속(*Leuconostoc mesenteroides*),
일부 *Lactobacillus* 속
(*Lactobacillus fermentum*,
Lactobacillus brevis,
Lactobacillus heterohiochii)
– 유제품, 김치류, 양조식품 등의 식품제조에 이용
– 장내 유해균의 증식 억제

76 청주, 간장, 된장의 제조에 사용되는 Koji곰팡이의 대표적인 균종으로 황국균이라고 하는 곰팡이는?

① *Aspergillus oryzae*
② *Aspergillus niger*
③ *Aspergillus flavus*
④ *Aspergillus fumigatus*

🔍해설

Aspergillus oryzae
– 황국균(누룩곰팡이)이라고 한다.
– 전분당화력, 단백질 분해력, 펙틴 분해력이 강하여 간장, 된장, 청주, 탁주, 약주 제조에 이용한다.
– 처음에는 백색이나 분생자가 생기면서부터 황색에서 황녹색으로 되고 더 오래되면 갈색을 띤다.
– Amylase. Protease, Pectinase, Maltase, Invertase, Cellulase, Inulinase, Glucoamylase, Papain, Trypsin 등의 효소분비
– 생육온도 : 25~37℃

77 이상발효 젖산균의 대표적인 포도당 대사 반응식은?

① $C_6H_{12}O_6 \rightarrow 2C_2H_3OH\ 2CO_2$
② $C_6H_{12}O_6 \rightarrow 2CH_3 \cdot CHOH \cdot COOH$
③ $C_6H_{12}O_6 \rightarrow CH_3 \cdot CHOH \cdot COOH + C_2H_3OH + CO_2$
④ $C_6H_{12}O_6 \rightarrow CH_3 \cdot CHOH \cdot COOH + CH_3CHO + CO_2$

🔍해설

젖산균의 발효 형식에 따라
• 정상발효 형식(homo type)
: 당을 발효하여 젖산만 생성
– $C_6H_{12}O_6 \rightarrow 2CH_3 \cdot CHOH \cdot COOH$
• 이상발효형식 (hetero type)
: 당을 발효하여 젖산 외에 알코올, 초산, 이산화탄소 등 부산물 생성
– $C_6H_{12}O_6 \rightarrow 2CH_3 \cdot CHOH \cdot COOH + C_2H_5OH +CO_2$
– $2C_6H_{12}O_6+H_2O \rightarrow 2CH_3 \cdot CHOH \cdot COOH + C_2H_5OH + CH_3COOH + 2CO_2 + 2H_2$

💡정답 **75** ④ **76** ① **77** ③

78 맥주의 제조에 사용되는 효모는?

① *Saccharomyces fragilis*

② *Saccharomyces peka*

③ *Saccharomyces cerevisiae*

④ *Zygosaccharomyces rouxii*

🔍 해설

맥주 발효 효모
– 맥주 제조용 효모는 그 발효 형식에 의해서 상면발효 효모와 하면 발효 효모로 나눔 – 상면 발효 효모 　*Saccharomyces serevisiae* – 영국, 캐나다, 독일의 북부지방 등에 주로 생산하면 발효 효모 　*Saccharomyces carsbergensis* 　한국, 일본, 미국 등에 주로 생산

79 통조림의 살균 부족으로 잔존하기 쉬운 독소형 성세균은?

① *Streptococcus faecalis*

② *Clostridium botulinum*

③ *Bacillus subtilis*

④ *Lactobacillus caseii*

🔍 해설

	Clostridium botulinum
특성	– 그람양성, 편성혐기성, 간균, 포자형성, 주편모, 신경독소(neurotoxin) 생산 – 콜린 작동성의 신경접합부에서 아세틸콜린의 유리를 저해하여 신경을 마비 – 독소의 항원성에 따라 A~G형균으로 분류되고 그 중 A, B, E, F 형이 식중독 유발
생장 조건	– A, B, F 형 : 최적 37~39℃, – 최저 10℃, 내열성이 강한 포자 형성 – E 형 : 최적 28~32℃, 최저 3℃(호냉성) 내열성이 약한 포자 형성
증상	– 메스꺼움, 구토, 복통, 설사, 신경증상
원인 식품	– 통조림, 진공포장, 냉장식품

80 제조방법에 따른 술의 분류 시 단행 복발효주에 해당하는 것은?

① 맥주　　　　② 포도주

③ 위스키　　　④ 고량주

🔍 해설

주류의 분류			
종류	발효법		예
양조주 (발효주) 전분이나 당분을 발 효하여 만 든 술	단발효주	원료의 당 성분으로 직접 발효	포도주, 사과주, 과실주
	복발효주	단행복발효주 (당화와 발효 단계적 진행)	맥주
		병행복발효주 (당화 · 발효 동시 진행)	청주, 탁주, 약주, 법주
증류주 (양조주) 발효된 술 또는 액즙 을 증류	단발효 주원료	과실	브랜디
		당밀	럼
	단행복 발효주 원료	보리, 옥수수	위스키
		곡류	보드카, 진
	병행복 발효주 원료	전분 또는 당밀	소주, 고량주
혼성주	증류주 또는 알콜에 기타 성분 첨가		제제주, 합성주, liqueur

5 식품제조공정

81 액체 중에 들어 있는 침전물이나 불순물을 걸러내는 여과기에 속하지 않는 것은?

① 중력여과기　　② 압축여과기

③ 진공여과기　　④ 이송여과기

🔍 해설

여과장치
– 여과는 고체와 액체를 분리하는 방법 – 여과의 추진력에 따라 중력여과기, 압력(압축)여과기, 원심여과기, 진공여과기가 있다

💡 정답　**78** ③　**79** ②　**80** ①　**81** ④

82 반죽 상태의 식품을 노즐을 통해 밀어내어 일정한 모양을 가지게 하는 식품성형기는?

① 압출성형기　　　② 압연 성형기
③ 응괴 성형기　　　④ 주조 성형기

🔍해설

압출 성형기
• 반죽, 반고체, 액체식품을 스크류 등의 압력을 이용하여 노즐 또는 다이스와 같은 구멍을 통하여 밀어내어 연속적으로 일정한 형태로 성형하는 방법 • 원료의 사입구에서 사출구에 이르기까지 압축, 분쇄, 혼합, 반죽, 층밀림, 가열, 성형, 용융, 팽화 등의 여러 가지 단위공정이 이루어지는 식품가공기계 • Extrusion Cooker 　– 공정이 짧고 고온의 환경이 유지되어야하기 때문에 고온 단시간 공정이라함 　– 성형물의 영양적 손실이 적고 미생물 오염의 가능성 적음 　– 공정 마지막의 급격한 압력 저하에 의해 성형물이 팽창하여 원료의 조건과 압출기의 압력, 온도에 의해 팽창율이 영향 받음 • Cold Extruder 　– 100℃ 이하의 환경에서 느리게 회전하는 스크류의 낮은 마찰로 압출하는 방법 　– Extrusion Cooker와 달리 팽창에 의한 영향없이 긴 형태의 성형물 얻음 　– 주로 파스타, 제과에 이용 • 압출성형 스낵 　– 압출 성형기를 통하여 혼합, 압출, 팽화, 성형시킨 제품으로 extruder내에서 공정이 순간적으로 이루어지기 때문에 비교적 공정이 간단하고 복잡한 형태로 쉽게 가공 가능

83 일반적으로 여과조제로 많이 사용하는 재료는?

① 규조토　　　② 한천
③ 벤젠　　　　④ 다이옥신

🔍해설

여과 조제
– 매우 작은 콜로이드상의 고형물을 함유한 액체의 여과를 용이하게 하기 위하여 사용 – 여과면에 치밀한 층이 형성되는 것을 방지하는 목적으로 첨가 – 규조토, 펄프, 활성탄, 실리카겔, 카본 등 사용

84 추출공정에서 용매로서의 조건과 거리가 먼 것은?

① 가격이 저렴하고 회수가 쉬워야 한다.
② 물리적으로 안정해야 한다.
③ 화학적으로 안정해야 한다.
④ 비열 및 증발열이 적으며 용질에 대하여는 용해도가 커야 한다.

🔍해설

추출공정에서 용매로서의 조건
– 비열 및 증발열이 작아 회수가 용이할 것 – 화학적으로 안정하여 인화, 폭발, 독성 등의 위험성이 적은 것 – 유지와 추출박에 이취, 이미가 남지 않도록 유지만 잘 추출되는 것(원하는 용질만 선택적으로 용해해야 함) – 가격이 저렴할 것

85 각 분쇄기의 설명으로 틀린 것은?

① 롤 분쇄기 : 두 개의 롤이 회전하면서 압축력을 식품에 작용하여 분쇄한다.
② 해머밀 : 곡물, 건채소류 분쇄에 적합하다.
③ 핀밀 : 충격식 분쇄기이며 충격력은 핀이 붙은 디스크의 회전 속도에 비례한다.
④ 커팅 밀 : 열과 인장력을 작용하여 분쇄한다.

🔍해설

커팅밀
– 절단에 의한 분쇄 – 건어육, 건채소, 검상으로 된 식품은 충격력이나 전단력만으로는 잘 부서지지 않기 때문에 조직을 자르는 형태로 절단형 분쇄방식을 이용 – 연질, 탄성, 섬유질 제품에 적합

💡정답　**82** ①　**83** ①　**84** ②　**85** ④

86 포자를 형성하는 Bacillus 속의 내열성균을 완전히 살균하기 위하여 100℃에서 일정 시간 간격으로 반복하여 멸균하는 살균법은?

① 초고온살균법(UHT)
② 고온순간살균법(HTST)
③ 간헐살균법
④ 전자파살균법

🔍해설

살균처리법	
저온장시간살균법 (LTLT)	62~65℃에서 20~30분
고온단시간살균법 (HTST)	70~75℃에서 10~20초
초고온순간살균법 (UHT)	130~150℃에서 1~5초
간헐살균법	– 완전멸균법 – 1일1회씩 100℃에서 30분간 24시간 간격으로 3회(3일) 가열하는 방법 – 아포형성 내열성균까지 사멸 – 통조림 멸균에 이용

87 흡출, 송출밸브가 설치된 실린더 속을 피스톤이 왕복하여 액체를 이송시키는 펌프가 아닌 것은?

① 워싱 펌프(Washing Pump)
② 프런저 펌프(Plunger Pump)
③ 메터링 펌프(Metering Pump)
④ 스크류 펌프(Screw Pump)

🔍해설

스크류 펌프
회전자의 회전으로 액체를 흡입축에서 토출축으로 밀어내는 펌프

88 단팥죽을 제조하기 위해 팥을 구입했는데, 완두콩과 대두가 섞여 있는 경우가 발생하였다. 팥의 순도를 올리기 위해 어느 선별기를 선택하는 것이 좋은가?

① 풍력 선별기 ② 색채 선별기
③ 비중 선별기 ④ 중력 선별기

🔍해설

광학선별기(색채선별기)
– 개체의 표면 빛깔에 의한 반사특성을 이용하여 표면 빛깔에 따라 개체를 분류 – 쇄미를 제거한 완전미 중에 혼입되어 있는 착색립이나 완전미와 같은 크기의 이물질을 제거 – 곡류, 과일류, 채소류, 가공식품 등에 이르기까지 다양한 품목 선별 가능

89 곡류와 같은 고체를 분쇄하고자 할 때 사용하는 힘이 아닌 것은?

① 충격력(Impact force)
② 유화력(Emulsification)
③ 압축력(Compression force)
④ 전단력(Shear force)

🔍해설

고체 식품 분쇄 시 작용하는 힘
압축, 충격, 전단 등의 힘이 작용한다.

90 원심분리기에 회전 속도를 2배 늘리면 원심력은 몇 배 증가하는가?

① 1배 ② 2배
③ 4배 ④ 8배

🔍해설

원심력
$Z = 0.011 \dfrac{RN^2}{g}$ (Z : 원심력, R : 반지름, N : 회전 속도, g : 중력) 회전 속도를 2배 늘리면 원심력은 4배로 증가한다.

정답 **86** ③ **87** ④ **88** ② **89** ② **90** ③

91 다음 중 열의 대류에 의해 건조하는 방법이 아닌 것은?

① 유동층 건조
② 분무 건조
③ 드럼 건조
④ 터널형 열풍 건조

🔍 해설

열전달 방식에 따른 건조 장치 분류		
대류	식품 정치 및 반송형	캐비넷(트레이), 컨베이어, 터널, 빈
	식품 교반형	회전, 유통층
	열풍 반송형	분무, 기송
전도	식품 정치 및 반송형	드럼, 진공, 동결
	식품 교반형	팽화
복사	적외선, 초단파, 동결	

92 증발 농축시 관석현상에 대한 설명이 아닌 것은?

① 관석현상이 일어나며 열전달이 방해되어 증발효율이 떨어진다.
② 원료에 섬유질이나 단백질이 많으면 더욱 잘 일어난다.
③ 관석현상을 줄이려면 원료의 흐름을 느리게 해야 한다.
④ 관석현상을 줄이려면 주기적으로 가열부를 청소해야 한다.

🔍 해설

증발 농축 시 관석 현상
– 관석의 생성 : 수용액이 가열부와 오랜 기간 동안 접촉하면 가열표면에 고형분이 쌓여 딱딱한 관석이 형성된다.
– 관석은 U값을 크게 떨어뜨려 열전달을 방해한다
– 액의 순환 속도가 낮을수록 관석 현상이 잘 일어난다.
– 증발관은 일정기간 사용한 후에 가열부를 해체하여 관석을 제거해 주어야 한다.

93 다음 중 건조한 상태에서 세척하는 방법이 아닌 것은?

① 초음파세척(Ultrasonic Cleaning)
② 마찰세척(Abrasion Cleaning)
③ 흡인세척(Aspiration Cleaning)
④ 자석세척(Magnetic Cleaning)

🔍 해설

세척 분류	
건식세척	– 마찰세척 – 흡인세척 – 자석세척 – 정전기적 세척
습식세척	– 담금 세척 – 분무세척 – 부유세척 – 초음파 세척

94 식품의 내열성에 영향을 미치는 인자가 아닌 것은?

① 열처리 온도
② 식품의 구성성분
③ 수분활성도
④ 열공급원

🔍 해설

식품의 내열성에 영향을 미치는 인자
– 열처리 온도
– 식품 pH
– 식품의 이온 환경
– 식품의 수분활성도
– 식품의 성분 조성

95 건조에 의한 건조법에서 사용하는 건조제로 적합하지 않은 것은?

① 무수 염화칼슘
② 오산화인
③ 실리카겔
④ 염산

🔍 해설

건조법에 사용하는 건조제
산화칼슘, 오산화인, 진한 황산, 수산화나트륨, 염화칼슘, 실리카겔 등

💡 정답 **91** ③ **92** ③ **93** ① **94** ④ **95** ④

96 가장 작은 크기의 용질을 분리할 수 있는 방법은?

① 정밀여과(Microfiltration)

② 역삼투(Reverse Osmosis)

③ 한외여과(Ultrafiltration)

④ 체분리

🔍 **해설**

막분리 공정
• 막분리 　– 막의 선택 투과성을 이용하여 상의 변화없이 대상물질을 여과 및 확산에 의해 분리하는 기법 　– 열이나 pH에 민감한 물질에 유용 　– 휘발성 물질의 손실 거의 없음 　– 막분리 여과법에는 확산투석, 전기투석, 정밀여과법, 한외여과법, 역삼투법 등이 있음
• 막분리 장점 　– 분리과정에서 상의 변화가 발생하지 않음 　– 응집제가 필요 없음 　– 상온에서 가동되므로 에너지 절약 　– 열변성 또는 영양분 및 향기성분의 손실 최소 　– 가압과 용액 순환만으로 운행 – 장치조작 간단 　– 대량의 냉각수가 필요 없음 　– 분획과 정제를 동시에 진행 　– 공기의 노출이 적어 병원균의 오염 저하 　– 화학약품을 거의 필요로 하지 않기 때문에 2차 환경오염 유발하지 않음
• 막분리 단점 　– 설치비가 비쌈 　– 최대 농축 한계인 약 30% 고형분 이상의 농축 어려움 　– 순수한 하나의 물질은 얻기까지 많은 공정 필요 　– 막을 세척하는 동안 운행 중지

막분리 기술의 특징		
막분리법	막기능	추진력
확산투석	확산에 의한 선택 투과성	농도차
전기투석	이온성물질의 선택 투과성	전위차
정밀여과	막 외경에 의한 입자크기 분배	압력차
한외여과	막 외경에 의한 분자크기 선별	압력차
역삼투	막에 의한 용질과 용매 분리	압력차

97 식품원료를 광학 선별기로 분리할 때 사용되는 물리적 성질은?

① 무게　　　　　② 색깔

③ 크기　　　　　④ 모양

🔍 **해설**

광학선별기(색채선별기)
– 개체의 표면 빛깔에 의한 반사특성을 이용하여 표면 빛깔에 따라 개체를 분류 – 쇄미를 제거한 완전미 중에 혼입되어 있는 착색립이나 완전미와 같은 크기의 이물질을 제거 – 곡류, 과일류, 채소류, 가공식품 등에 이르기까지 다양한 품목 선별 가능

98 식품의 식중독균이나 부패에 관여하는 미생물만 선택적으로 살균하여 소비자의 건강에 해를 끼치지 않을 정도로 부분 살균하는 방법은?

① 냉살균

② 상업적 살균

③ 멸균

④ 무균화

🔍 **해설**

상업적 살균
– 살균 후 위생상 문제가 되는 미생물이 생존할 수 없는 수준으로 살균하는 방법을 의미 – 가열살균에 있어서 식품의 저장성과 품질을 양립시킬 수 있는 최저한도의 열처리를 말함 – 식품의 품질을 최대한 유지하기 위하여 식중독균이나 부패에 관여하는 미생물만을 선택적으로 살균하는 기법 – 보통의 상온 저장조건 하에서 증식할 수 있는 미생물이 사멸됨 – 산성의 과일통조림에 많이 이용됨

99 식품 Extruder에서 수행될 수 있는 단위공정이 아닌 것은?

① 냉각(Cooling)
② 혼합(Mixing)
③ 조리(Cooking)
④ 성형(Forming)

🔍 해설

압출
- 여러개의 작은 구멍에 식품을 힘껏 밀어냄으로써 일정한 모양을 갖도록 성형하는 것 - 식품가공에 이용 : 살균, 성형, 팽화, 혼합, 반죽, 압축, 가열, 압축 등 매우 다양하게 이용 - 이송, 혼합, 압축, 가열, 반죽, 전단, 성형 등 여러 가지 단위공정이 복합된 가공방법

100 사탕 등 당류 가공품을 제조할 때 Kneading 공정을 설명한 것 중 틀린 것은?

① Kneading은 점성이 높은 액상물질의 혼합에 적합하다.
② Kneading 과정에 Carbonation을 할 수 있다.
③ Kneading 공정을 통해 조직이 치밀해진다.
④ Z형 교반날개가 장착되어 있으며, 원료 혼합물의 신연, 포갬, 뒤집힘 등 다양한 동작이 가능하다.

🔍 해설

반죽(Kneading)
고점도 물질을 혼합하거나 분체에 소량의 액채를 첨가하여 반죽상태를 만들거나 반고체상태의 물질에 첨가물을 혼합할 때 적합

1 식품위생학

1 오크라톡신(Ochratoxin)은 무엇에 의해 생성되는 독소인가?

① 곰팡이　　　② 세균
③ 바이러스　　④ 복어의 일종

🔍 **해설**

오크라톡신(*Ochratoxin*)
– *Penicillium ochraceus* 곰팡이가 옥수수에 기생하여 생산하는 곰팡이독 – 간장, 신장 장애

2 공장지대의 매연 및 훈연한 육제품 등에서 검출 분리되는 강력한 발암성 물질로 식품오염에 특히 주의하여야 하는 다환방향족 탄화수소는?

① methionine sulfoximine
② polychlorobiphenyl
③ nitroanillin
④ benzopyrene

🔍 **해설**

방향족 탄화수소 화합물
– 벤젠고리를 갖는 유기화합물로 벤조피렌, 벤조안트라젠 등 50여종 – 음식물을 300℃ 이상의 고온으로 가열하는 동안 음식물을 구성하는 지방, 탄수화물, 단백질이 불완전 연소되면서 생성 – 벤조피렌은 강력한 발암물질로 발암성, 돌연변이성 가짐. 국제암연구소에서 인체발암물질 1군으로 규정 – 벤조피렌은 조리과정 중 음식이 불꽃과 직접 접촉할 때 가장 많이 생성 – 숯불구이, 훈제식품, 가열처리한 튀김유지, 볶은 커피, 견과류 및 식용유지류의 정제관정, 육류나 육가공품 등에서 검출

3 식품의 포장재로 사용되는 종이류가 위생상 문제가 되는 이유가 아닌 것은?

① 형광 염료의 이행
② 포장 착색료의 용출
③ 저분자량 물질의 혼입
④ 납 등 유해물질의 혼입

🔍 **해설**

종이류 등의 용기나 포장에서의 위생문제
– 종이류 포장의 보건상 문제점은 종이포장 가공 시 유해물질 용출 가능성 – 착색료 용출, 형광염료의 이행, 파라핀, 납 등

4 다음의 목적과 기능을 하는 식품 첨가물은?

– 식품의 제조 과정이나 최종 제품의 pH 조절을 위한 완충역할 – 부패균이나 식중독 원인균을 억제하는 식품 보존제 기능 – 유지의 항산화제나 갈색화 반응 억제 시의 상승제 – 밀가루 반죽의 점도 조절제

① 산미료(acidulant)
② 조미료(seasoning)
③ 호료(thickening agent)
④ 유화제(emulsifier)

🔍 **해설**

산미료
– 산미료는 식품에 신맛을 부여하기 위해 사용되는 첨가물 – 허가된 산미료는 인산을 제외하고 모두 유기산 – 산미료는 소화액 분비 촉진, 식욕 향상, 세균 증식 억제의 항균효과 있음 – 허용산미료 : 구연산, 글루코노-δ-락톤, 사과산, 주석산 등 – 식품첨가물공전에서는 산도조절제(식품의 산도 또는 알칼리도를 조정하는 식품첨가물)로 명명함

🔒 **정답**　**1** ①　**2** ④　**3** ③　**4** ①

5 대장균군의 추정, 확정, 완전시험에서 사용되는 배지가 아닌 것은?

① TCBS agar   ② Endo agar
③ EMB agar   ④ BGLB

🔍 해설

대장균 정성시험
– 추정시험 : 젖당부이온배지(LB) 사용 – 확정시험 : BGLB, EMB, Endo 배지 사용 – 완전시험 : EMB 배지 사용

6 폐기물 처리에 대한 설명으로 옳지 않은 것은?

① 용기는 밀폐구조이어야 한다.
② 용기의 세척·소독은 적정 주기로 이루어져야 한다.
③ 식품용기와 구분되어야 한다.
④ 용기는 냄새가 누출되어도 된다.

🔍 해설

폐기물 처리
– 폐기물·폐수처리시설은 작업장과 격리된 일정장소에 설치 운영한다. – 폐기물 등의 처리용기는 밀폐 가능한 구조로 침출수 및 냄새가 누출되지 않도록 한다. – 폐기물 용기는 적정주기로 세척·소독한다. – 폐기물 용기는 식품용기와 구분되어야 한다. – 관리계획에 따라 폐기물을 처리·반출·기록한다.

7 식중독의 발생 조건으로 틀린 것은?

① 원인 세균이 식품에 부착하면 어떤 경우라도 발생한다.
② 특수원인세균으로서 특정 식품을 오염시키는 특수 관계가 성립하는 경우가 있다.
③ 적합한 습도와 온도일 때 식중독 세균이 발육한다.
④ 일반인에 비하여 면역기능이 저하된 위험군은 식중독 세균에 감염 시 발병할 가능성이 더 높다.

🔍 해설

식중독 발생 조건
– 세균의 수분, 온도, 영양 등의 조건이 갖추어지면 활발하게 증식하여 식중독 발생 – 모든 식품이 식중독 원인이 되므로 식품을 충분한 온도와 시간으로 조리하지 못할 때 발생 – 조리 후 음식물을 부적절한 온도에서 장시간 보관함으로서 발생 – 오염된 기구와 용기 및 불결한 조리기구의 관리·사용으로 인하여 발생 – 개인의 비위생적인 습관, 손세척 소홀, 개인 질별, 식품 취급 부주의에 의하여 발생 – 비위생적이거나 안전하지 못할 식품원료의 사용으로 인하여 발생 – 일반인에 비하여 면역기능이 저하된 위험군은 식중독 세균에 감염 시 발병할 가능성 높음

8 위해물질인 bisphenol의 사용용도가 아닌 것은?

① 폴리카보네이트수지
② 농약첨가제
③ 플라스틱강화제
④ 질산염

🔍 해설

bisphenol A
– 폴리카보네이트(PC)[식품보관용기, 물병]와 에폭시수지[(epoxy resin), 통조림 캔 내부 부식 방지의 코팅제] 제조 시 사용되는 원료물질 – 비스페놀 A를 원료물질로 사용할 필요가 없는 폴리에틸렌(PE), 폴리프로필렌(PP), 폴리에틸렌테레프탈레이트(PET) 등에서는 비스페놀 A가 용출되지 않음

9 식품의 포장 및 용기에 있는 아래 도안의 의미는?

① 방사선 조사처리 식품
② 유기농법 식품
③ 녹색 신고 식품
④ 천연 첨가물 함유 식품

방사선 조사 처리 식품	
보존성 향상, 살균 등의 효과를 얻기 위해 일정시간 동안 이온화에너지(방사선에너지)에 노출시켜 처리한 식품	

10 개인 위생이란?

① 식품종사자들이 사용하는 비누나 탈취제의 종류

② 식품종사자들이 일주일에 목욕하는 회수

③ 식품종사자들이 건강, 위생복장 착용 및 청결을 유지하는 것

④ 식품종사자들이 작업 중 항상 장갑을 끼는 것

해설

개인위생
– 식품 종사자들이 건강, 위생복장 착용 및 청결을 유지하는 것 – 신체를 포함한 복장과 식품취급 습관 등이 안전한 식품 생산에 적합하도록 관리

11 간장을 양조할 때 착색료로서 가장 많이 쓰이는 첨가물은?

① caramel　　② methionine

③ menthol　　④ vanillin

해설

캐러멜 색소
음료수, 흑맥 등의 알코올류, 소스, 간장, 과자, 약식에 착색과 향미 부여로 사용

12 식품 등의 표시기준에 의거 아래의 표시가 잘못된 이유는?

두부 제품에 "소르빈산 무첨가, 무보존료"로 표시

① 식품 등의 표시사항에 해당하지 않는 식품첨가물의 표시

② 원래의 식품에 해당 식품첨가물의 함량이 전혀 들어있지 않은 경우 그 영양소에 대한 강조표시

③ 해당 식품에 사용하지 못하도록 한 식품첨가물에 대하여 사용을 하지 않았다는 표시

④ 건강기능식품과 혼동하여 소비자가 오인할 수 있는 표시

해설

부당한 표시 또는 광고의 내용 식품 등의 표시 · 광고에 관한 법률 시행령[별표 1]
• 소비자를 기만하는 표시 또는 광고 　– 해당 제품에 사용이 금지된 식품첨가물이 함유되지 않았다는 내용을 강조함으로써 소비자로 하여금 해당 제품만 금지된 식품첨가물이 함유되지 않은 것으로 오인하게 할 수 있는 표시 · 광고

13 콜라 음료의 산미료로 사용되는 것은?

① 구연산　　② 사과산

③ 인산　　④ 젖산

해설

콜라의 산미료
– 콜라는 산미료로 인산 사용 – 인은 칼슘의 1 / 2정도 비율 필요 – 인을 많이 섭취하면 칼슘 흡수를 방해하고 체내에서 칼슘 방출

14 바실러스 세레우스(*Bacillus cereus*)를 MYP 한천배지에 배양한 결과 집락의 색깔은?

① 분홍색　　② 흰색

③ 녹색　　④ 흑녹색

해설

바실러스 세레우스 정량시험
1) 균수 측정 　시료의 희석용액을 MYP 한천평판배지에 도말하여 배양한 후 집락 주변에 lecithinase를 생성하는 혼탁한 환이 있는 분홍색 집락 계수 2) 확인 시험 　계수한 평판에서 5개 이상의 전형적인 집락을 선별하여 보통한천배지에 접종하고 배양한 후 확인시험 실시 3) 균수 계산 　확인 동정된 균수에 희석배수를 곱하여 계산

15 쥐와 관련되어 감염되는 질병이 아닌 것은?

① 유행성출혈열   ② 살모넬라증
③ 페스트   ④ 폴리오

🔍 해설

쥐에 의한 감염병
– 세균성 질환 : 페스트, 와일씨병 – 리케차성 질환 : 발진열, 쯔쯔가무시병 – 식중독 : 살모넬라 식중독 – 바이러스성 질환 : 유행성 출혈열 등

* 폴리오(소아마비)는 파리에 의하여 전파

16 다음의 첨가물 중 현재 살균제로 지정되고 있는 것은?

① 아황산나트륨   ② 차아염소산나트륨
③ 프로피온산   ④ 소르빈산

🔍 해설

현재 지정 살균제
차아염소산나트륨, 이염화이소시아누산나트륨, 과산화수소, 표백분, 고도표백분

17 리켓치아에 의하여 감염되는 질병은?

① 탄저병   ② 비저
③ Q열   ④ 광견병

🔍 해설

인수공통감염병 (사람과 동물 사이에 동일 병원체로 발생)		
병원체	병명	감염 동물
세균	장출혈성대장균감염증	소
	브루셀라증(파상열)	소, 돼지, 양
	탄저	소, 돼지, 양
	결핵	소
	변종크로이츠펠트 – 야콥병(vCJD)	소
	돈단독	돼지
	렙토스피라	쥐, 소, 돼지, 개
	야토병	산토끼, 다람쥐

	조류인플엔자	가금류, 야생조류
바이러스	일본뇌염	빨간집모기
	공수병(광견병)	개, 고양이, 박쥐
	유행성출혈열	들쥐
	중증급성호흡기증후군 (SARS)	낙타
	중증열성혈소판감소 증후군(SFTS)	진드기
리케차	발진열	쥐벼룩, 설치류, 야생동물
	Q열	소, 양, 개, 고양이
	쯔쯔가무시병	진드기

18 식품위생 검사와 가장 관계가 깊은 세균은?

① 대장균   ② 젖산균
③ 초산균   ④ 낙산균

🔍 해설

식품위생 지표 미생물	
일반 세균수	총균수라 불리며, 식품위생에 있어서 기초적인 지표미생물 수로 활용
대장균군	– 대장균을 포함한 토양, 식물, 물 등에 널리 존재하는 균 – Escherichia를 비롯하여 Citrobactor, Klebsiella, Enterobactor, Erwinia 포함 – 보통 사람이나 동물의 장내에서 기생하는 대장균군, 대장균과 유사한 성질을 가진 균을 총칭(모든 균이 유해란 것은 아님) – 환경오염의 대표적 식품위생지표균 – 식품에서 대장균군이 검출되었다고 하더라도 분변에서 유래한 균이 아닐 수도 있음(대장균에 비해 규격이 덜 엄격함)
분원성 대장균군	– 대장균군의 한 분류 – 대장균군보다 대장균과 더 유사한 특성 가짐 – 분변 오염
대장균	– 사람과 동물 장내에 존재하는 균 – 비병원성과 병원성대장균으로 나눔 – 분변으로 배출되기 때문에 분변오염지표균으로 활용 – 식품에서 대장균이 검출되었다면 식품에 인간이나 동물의 분변이 오염된 것으로 볼 수 있음
장구균	상대적으로 다른 식품위생지표균에 비해 열처리, 건조 등의 물리적 처리나 화학제 처리에도 장기간 생육이 가능하여 건조식품이나 가열조리 식품 등에서 분변오염에 대한 지표미생물로 유용

💡 정답   **15** ④   **16** ②   **17** ③   **18** ①

19 인체에 감염되어도 충란이 분변으로 배출되지 않는 기생충은?

① 아니사키스
② 유구조충
③ 폐흡충
④ 회충

🔍 해설

아니사키스
– 고래 등의 바다 포유류에 기생하는 회충 – 제1중간숙주는 갑각류, 제2중간숙주는 오징어, 대구, 가다랭이 등의 해산 어류 – 주로 소화관에 궤양, 종양, 봉와직염을 일으킴 – 위장벽의 점막에 콩알크기의 호산구성 육아종이 생기는 특징 – 유충은 50℃에서 10분, 55℃에서 2분, -10℃에서 6시간 생존

20 수질오염 지표에 대한 설명 중 틀린 것은?

① 수중 미생물이 요구하는 산소량을 ppm 단위로 나타낸 것이 BOD(생물학적 산소요구량)이다.
② 물 속에 녹아 있는 용존산소(DO)는 4 ppm 이상 이고 클수록 좋은 물이다.
③ 유기물질을 산화하기 위해 사용하는 산화제의 양에 상당하는 산소의 양을 ppm으로 나타낸 것이 COD(화학적 산소요구량)이다.
④ BOD가 높다는 것은 물 속에 분해되기 쉬운 유기물의 농도가 낮음을 의미한다.

🔍 해설

수질오염지표	
DO (Dissolved Oxygen)	– 용존산소 – 물에 용해된 산소량 – DO가 높다는 것은 부패유기물이 적은 것으로 좋은 물을 의미
BOD (Biochemical Oxygen Demand)	– 생물학적 산소요구량 – 수질오염을 나타내는 지표 – BOD가 높다는 것은 분해되기 쉬운 유기물이 많은 것으로 수질이 나쁘다는 의미
COD (Chemical Oxygen Demand)	– 화학적 산소요구량 – 유기물 등의 오염물질이 산화제로 산화할 때 필요한 산소량 – COD가 높다는 것은 수질이 나쁘다는 의미

2 식품화학

21 다음 중 필수 아미노산이 아닌 것은?

① 트립토판(tryptophane)
② 라이신(lysine)
③ 루신(leucine)
④ 글루탐산(glutamic acid)

🔍 해설

아미노산 분류		
분류	세분류	
	비극성(소수성) R기 아미노산	극성(친수성) R기 아미노산
중성 아미노산	– 알라닌 – 발린 – 류신 – 이소류신 – 프롤린(복소환) – 페닐알라닌 (방향족-벤젠고리) – 트립토판(복소환) – 메티오닌(함황)	– 글리신 – 세린 – 트레오닌 – 시스테인(함황) – 티로신 (방향족-벤젠고리)
염기성 아미노산	(+ 전하를 띤 R기 아미노산) 카르복실기 수 〈 아미노기 수 – 리신(라이신) – 아르기닌 – 히스티딘(방향족)	
산성 아미노산	(- 전하를 띤 R기 아미노산) 카르복실기 수 〉 아미노기 수 – 아스파르트산 – 글루탐산 – 아스파라진 – 글루타민	
필수 지방산	류신, 이소류신, 리신, 메티오닌, 발린, 트레오닌, 트립토판, 페닐알라닌 (성장기 어린이와 회복기 환자 추가 : 아르기닌, 히스티딘)	

💡 정답 **19** ① **20** ④ **21** ④

22 다음 프로비타민(provitamin) A 중, 비타민 A의 효율이 제일 큰 것은?

① cryptoxanthin ② α-carotene

③ β-carotene ④ γ-carotene

🔍 해설

프로비타민 A(비타민 A 전구체)
– Carotenoid계 색소 중에서 b-ionone 핵을 갖는 a-carotene, b-carotene, c-carotene과 Xanthophyll류의 cryptoxanthin이 프로비타민 A로 전환됨 – 비타민 A로서의 효력은 b-carotene이 가장 큼

23 생고기를 숯불로 구울 때 생성될 수 있는 유해 성분은?

① 니트로사민
② 다환 방향족 탄화수소
③ 아플라톡신
④ 테트로도톡신

🔍 해설

다환방향족탄화수소
– 두 개 이상의 벤젠고리를 가지는 방향족 화합물 – 독성을 지닌 물질이 많고 일부는 발암물질로 알려짐 – 음식을 고온으로 가열하면 지방, 탄수화물, 단백질이 탄화되어 생성. – 숯으로 구운 고기, 훈연한 육제품, 식용유, 커피 등에서도 벤조피렌 등의 각종 다환방향족 탄화수소 발견

24 쓴 맛을 나타내는 물질 중 배당체의 구조를 갖는 것은?

① 카페인(caffeine)
② 테오브로민(theobromine)
③ 쿠쿠르비타신(cucurbitacin)
④ 휴물론(humulone)

🔍 해설

쓴맛
분자 내에 ≡N, –N=N, –SH, –S–S–, –CS–, –SO₂, –NO₂ 등의 고미기에 의하여 형성되는 맛 1) 알칼로이드 – 약리작용이 있는 함질소염기화합물 – 차, 커피 : 카페인 – 코코아, 초콜릿 : 테오브로민 2) 배당체 – 당과 비당(아글리콘)이 결합한 화합물로 다양한 생리작용 갖는 물질 – 감귤류껍질 : 나린진 – 오이꼭지부 : 쿠쿠르비타신 – 양파 껍질 : 케르세틴 3) 케톤 – 홉 암꽃 : 후물론, 루푸론 – 고구마 흑반병 : 이포메아메론 – 쑥 : 튜존 4) 무기염류 및 기타 – 간수 : 염화마그네슘, 염화칼슘 – 감귤류 : 리모넨 – 콩, 도토리, 인삼, 팥 : 사포닌

25 식물성 검이 아닌 것은?

① 아라비아 검 ② 콘드로이친
③ 로커스트 검 ④ 타마린드 검

🔍 해설

검질류
• 적은 양의 용액으로 높은 점성을 나타내는 다당류 및 그 유도체 • 식물조직에서 추출되는 검질 : 아라비아검 • 식물종자에서 얻어지는 검질 : 로커스트빈검, 구아검, 타마린드 검 • 해조류에서 추출되는 검질 – 한천[홍조류(김, 우뭇가사리)와 녹조류에서 추출한 복합다당류] – 알긴산[갈조류(미역, 다시마)의 세포벽 구성성분] – 카라기난-홍조류를 뜨거운 물이나 뜨거운 알칼리성 수용액으로 추출한 물질 • 미생물이 생성하는 검질 : 덱스트란, 잔탄검

* 콘드로이틴 : 글리코사미노글리칸의 일종
콘드로이틴 황산은 연골의 주성분으로 N–아세틸갈락토사민, 우론산, 황산으로 이루어진 다당류

26 0.01 N CH₃COOH(초산의 전리도는 0.01) 용액의 pH는?

① 2 　　　　　② 3
③ 4 　　　　　④ 5

0.01 N CH₃COOH(초산의 전리도는 0.01) 용액의 pH
CH₃COOH는 1몰이 1당량과 같으며 전리도가 0.01이기 때문에 0.01N CH₃COO용액 중의 수소이온 농도는 0.01의 0.01배에 해당 $[H^+] = 10^{-4}$이며 $pH = log\frac{1}{[H^+]} = -log10^{-4} = 4$

27 식품 중 수분의 역할이 아닌 것은?

① 모든 비타민을 용해한다.
② 화학반응의 매개체 역할을 한다.
③ 식품의 품질에 영향을 준다.
④ 미생물의 성장에 영향을 준다.

🔍해설

식품에서의 수분의 역할

• 화학적 역할
   – 화학적 변화과정에서 용매, 운반체 혹은 반응성분이 됨
 • 물리적 역할
   – 형태 유지에 필요한 압력 부여, 식품의 조직감 관여
   – 건조식품 : 조직감, 밀도, 물리적인 구조의 변화(수축)
 • 미생물학적 역할
   – 미생물의 성장, 증식, 생존에 일정량의 수분이 필수적
   – 경제적인 역할
   – 수분(증량)의 변화 = 식품의 경제성 결정
   – 건조식품 : 수분제거로 경량화, 부패 억제
   – 저장 수명기간 연장
 • 영양학적 역할
   – 생명유지에 필수적 : 체온 유지, 영양소, 노폐물 운반
   – 체내 항상성 유지
   – 수용성 비타민, 일부 단백질 및 아미노산의 형태와 성질 보존

28 밀가루 반죽의 점탄성을 측정하는 장비로 강력분, 박력분의 판정 및 반죽이 굳기까지의 흡수율을 측정할 수 있는 것은?

① amylograph 　　② extensograph
③ farinograph 　　④ penetrometer

🔍해설

밀가루 반죽 품질 검사기기	
Amylograph	전분의 호화도, a-amylase역가 강력분과 중력분 판정
Extensograph	반죽의 신장도와 인장항력 측정
Fariongraph	밀가루 반죽 시 생기는 점탄성 측정
penetrometer	식품의 경도 측정

29 가공식품에 사용되는 솔비톨(sorbitol)의 기능이 아닌 것은?

① 저칼로리 감미료
② 계면활성제
③ 비타민 C 합성 시 전구물질
④ 착색제

🔍해설

솔비톨(D-sorbitol)
– 백색 결정성 분말의 당알코올   – 설탕의 50배 단맛   – 자연 상태로 존재하기도 하고 포도당으로부터 화학적으로 합성   – 다른 알코올류와 달리 생체 내에서 중간대사산물로서 존재   – 묽은 산, 알칼리에 안정   – 식품조리온도에서도 안정   – 비타민 C 합성 시 전구물질   – 흡수성 강하며, 보수성, 보향성 우수   – 과자류의 습윤조정제, 과일통조림의 비타민 C 산화방지제, 냉동품의 탄력과 선도 유지, 계면활성제, 부동제, 연화제 등

30 약한 산이나 알칼리에 파괴되지 않고 쉽게 변색되지 않는 색소를 주로 함유한 식품은?

① 검정콩 　　　② 당근
③ 가지 　　　　④ 옥수수

Carotenoid계	
– 노란색, 주황색, 붉은색의 지용성색소 – 당근, 고추, 토마토, 새우, 감, 호박 등에 함유 – 산이나 알칼리에 안정적이며 산소가 없는 상태에서는 광선의 조사에 영향 받지 않음	
Carotene 류	α-carotene, β-carotene, γ-carotene, lycopens
Xanthophyll류	lutein, zeaxanthin, cryptoxanthin

31 글리코겐(glycogen)이 가장 높은 농도로 함유된 것은?

① 동물의 혈액
② 동물의 간
③ 동물의 뼈
④ 식물의 뿌리

글리코겐
– α-D-glucose사 α-1,4 결합 및 α-1.6결합으로 구성 – 아밀로펙틴에 비해 가지가 많고 사슬 길이는 짧다. – 요오드 반응은 아밀로펙틴과 같이 적갈색이다. – 동물성 지방 다당류로 동물성 전분이다. – 동물의 간, 근육, 굴 등과의 조개류(5~10%)에 많이 함유

32 포도당 용액의 펠링(Fehling)시약을 가하고 가열하면 어떤 색깔의 침전물이 생기는가?

① 푸른색
② 붉은색
③ 검은색
④ 흰색

환원당
– 펠링 용액을 떨어뜨려 적색의 침전물이 생성 – 환원당에는 포도당, 과당, 젖당이 있고 비환원당에는 설탕이 있음

33 채소를 삶을 때 나는 냄새의 주성분에 해당하는 것은?

① 알코올(alcohol)
② 클로로필(chlorophyll)
③ 디메틸설파이드(dimethylsulfide)
④ 암모니아(ammonia)

채소를 삶을 때 나는 냄새의 주성분
– 양의 차이는 있으나, 일반적으로 황산, 포름알데히드, 메르캅탄, 아세트알데히드, 에틸메르캅탄, 이메틸 설파이드, 프로필메르캅탄, 메탄올 등이 생성 – 주 냄새성분은 디메틸설파이드 – 양배추, 아스파라거스 삶을 때, 해조류 가열 시, 김 구울 때 발생

34 채소, 과일에 많이 존재하는 강력한 천연항산화물질은?

① sorbic acid
② salicylic acid
③ ascorbic acid
④ benzoic acid

비타민 C(아스코르브산)
– 콜라겐합성, 항산화작용, 해독작용, 철흡수 촉진 – 부족 시 괴혈병 – 과잉섭취 경우, 위장관증상, 신장결석, 철독성 – 채소, 과일에 함유

35 다음 중 산성식품이 아닌 것은?

① 달걀
② 육류
③ 어류
④ 고구마

무기질	
알칼리성 식품	– Ca, Mg, Na, K 등의 알칼리 생성 원소를 많이 함유한 식품 – 해조류, 과일류, 야채류
산성식품	– P, S, Cl 등의 산성 생성 원소를 많이 함유한 식품 – 육류, 어류, 달걀, 곡류 등

💡 정답 31 ② 32 ② 33 ③ 34 ③ 35 ④

36 전분의 노화를 억제하는 방법으로 적합하지 않은 것은?

① 수분함량의 조절 ② 냉장 보관
③ 설탕 첨가   ④ 유화제 사용

🔍 해설

전분의 노화	
특징	– 호화된 전분(α전분)을 실온에 방치하면 굳어져 β전분으로 되돌아가는 현상 – 호화로 인해 불규칙적인 배열을 했던 전분분자들이 실온에서 시간이 경과됨에 따라 부분적으로나마 규칙적인 분자배열을 한 미셀(micelle) 구조로 되돌아가기 때문임 – 떡, 밥, 빵이 굳어지는 것은 이러한 전분의 노화 현상 때문임
노화 억제 방법	– 수분함량 : 30~60% 노화가 가장 잘 일어나고, 10% 이하 또는 60% 이상에서는 노화 억제 – 전분 종류 : 아밀로펙틴 함량이 높을수록 노화 억제(아밀로스가 많은 전분일수록 노화가 잘 일어남) – 온도 : 0~5℃ 노화 촉진. 60℃이상 또는 0℃ 이하의 냉동으로 노화 억제 – pH : 알칼리성일 때 노화가 억제됨 – 염류 : 일반적으로 무기염류는 노화 억제하지만 황산염은 노화 촉진 – 설탕첨가 : 탈수작용에 의해 유효수분을 감소시켜 노화 억제 – 유화제 사용 : 전분 콜로이드 용액의 안정도를 증가시켜 노화 억제

37 연유 속에 젓가락을 세워서 회전시켰을 때 연유가 젓가락을 따라 올라가는 현상은?

① 점조성(consistency)
② 예사성(spinability)
③ 바이센베르그 효과(Weissenberg effect)
④ 신전성(extensibility)

🔍 해설

점탄성 점성 유동과 탄성 변형이 동시에 일어나는 성질	
종류	특징
예사성	달걀흰자나 답두 등 점성이 높은 콜로이드 용액 등에 젓가락을 넣었다가 당겨 올리면 실을 뽑는 것과 같이 되는 성질

바이센베르그 효과	액체의 탄성으로 일어나는 것으로 연유에 젓가락을 세워 회전시키면 연유가 젓가락을 따라 올라가는 성질
경점성	점탄성을 나타내는 식품에서의 경도를 의미하며, 밀가루 반죽 또는 떡의 경점성은 패리노그라프를 이용하여 측정
신전성	국수 반죽과 같이 긴 끈 모양으로 늘어나는 성질
팽윤성	건조한 식품을 물에 담그면 물을 흡수하여 팽창하는 성질

38 아미노산인 트립토판을 전구체로 하여 만들어지는 수용성 비타민은?

① 비오틴(biotin)
② 엽산(folic acid)
③ 나이아신(niacin)
④ 리보플라빈(riboflavin)

🔍 해설

수용성 비타민			
종류	기능	결핍증	급원식품
비타민 B_3 (니아신) 트립토판전구체	탈수소조효소(NAD, NADP), 대사과정의 산화환원반응	펠라그라 (*과잉섭취 경우, 피부 홍조, 간기능 이상)	육류, 버섯, 콩류

39 대두에 많이 함유되어 있는 기능성 물질은?

① 라이코펜(lycopene)
② 아이소플라본(isoflavone)
③ 카로티노이드(carotenoid)
④ 세사몰(sesamol)

🔍 해설

대두의 기능성 물질
– 대두에는 영양성분과 생리활성물질 다양하게 함유 – 기능성물질 : 아이소플라본, 제니스테인 등

40 식물성 색소 중 지용성(脂溶性) 색소인 것은?

① corotenoid
② flavonoid
③ anthocyanin
④ tannin

🔍 해설

Carotenoid계	
– 노란색, 주황색, 붉은색의 지용성 색소	
– 당근, 고추, 토마토, 새우, 감, 호박 등에 함유	
– 산이나 알칼리에 안정적이며 산소가 없는 상태에서는 광선의 조사에 영향 받지 않음	
Carotene 류	α–carotene, β–carotene, γ–carotene, lycopens
Xanthophyll류	lutein, zeaxanthin, cryptoxanthin

3 식품가공학

41 잼 제조시 젤리점(jelly point)을 결정하는 방법이 아닌 것은?

① 스푼 테스트
② 컵 테스트
③ 당도계에 의한 당도 측정
④ 알칼리 처리법

🔍 해설

젤리점을 결정하는 방법	
방법	특징
컵테스트	냉수가 담아 있는 컵에 농축물을 떨어뜨렸을 때 분산되지 않을 때
스푼 테스트	농축물을 스푼으로 떠서 기울였을 때 시럽상태가 되어 떨어지지 않고 은근히 늘어짐
온도계법	농축물의 끓는 온도가 104~105℃ 될 때
당도계법	굴절당도계로 측정 60~65% 될 때

42 식용유의 정제공정으로 볼 수 없는 것은?

① 탈검(degumming)
② 탈산(deacidification)
③ 산화(oxidation)
④ 탈색(bleaching)

🔍 해설

유지의 정제		
순서	제조공정	방법
1	전처리	– 원유 중의 불순물을 제거 – 여과, 원심분리, 응고, 흡착, 가열처리
2	탈검	– 유지의 불순물인 인지질(레시틴), 단백질, 탄수화물 등의 검질제거 – 유지을 75~80℃ 온수(1~2%)로 수화하여 검질을 팽윤·응고시켜 분리제거
3	탈산	– 원유의 유리지방산을 제거 – 유지를 가온(60~70℃)·교반 후 수산화나트륨용액(10~15%)을 뿌려 비누액을 만들어 분리제거
4	탈색	– 원유의 카로티노이드, 클로로필, 고시폴 등 색소물질 제거 – 흡착법(활성백토, 활성탄 이용) – 산화법(과산화물 이용) – 일광법(자외선 이용)
5	탈취	– 불쾌취의 원인이 되는 저급카보닐화합물, 저급지방산, 저급알코올, 유기용매 등 제거 – 고도의 진공상태에서 행함
6	탈납	– 냉장 온도에서 고체가 되는, 녹는점이 높은 납(wax) 제거 – 탈취 전에 미리 원유를 0~6℃에서 18시간 정도 방치하여 생성된 고체지방을 여과 또는 원심분리하여 제거하는 공정 – 동유처리법(Winterization) – 면실유, 중성지질, 가공유지 등에 사용

43 과채류의 장기 저장을 위한 일반적인 공기조성으로 옳은 것은?

① O_2 농도 높게 – CO_2 농도 높게
② O_2 농도 낮게 – CO_2 농도 낮게
③ O_2 농도 낮게 – CO_2 농도 높게
④ O_2 농도 높게 – CO_2 농도 낮게

💡 정답 **40** ① **41** ④ **42** ③ **43** ③

CA 저장법
• 저장고내의 공기 조성을 인위적으로 변화시키고 또한 냉장하여 인위적으로 증산 및 호흡 속도를 늦추어서 청과물의 저장 중의 품질을 유지하는 방법
• 대기 공기조성(질소 78%, 산소21%, 이산화탄소 0.03%)을 인위적으로 변화시켜 질소 농도 92%, 산소 농도 3%, 이산화탄소 농도는 5%로 조절하고 0~4℃ 저온으로 저장하는 방법
• CA 저장의 효과 – 호흡, 에틸렌 발생, 연화, 성분변화와 같은 생화학적, 생리적 변화와 연관된 작물의 노화 방지 – 에틸렌 작용에 대한 작물의 민감도 감소 – 작물에 따라 저온장해와 같은 생리적 장애 개선 – 조절된 대기가 병원균에 직접 혹은 간접으로 영향을 미침으로써 곰팡이 발생률을 감소
• CA저장의 문제점 – 시설비와 유지비가 많이 필요 – 공기조성이 부적절할 경우 장해 일어남 – 저장고를 자주 열수 없으므로 저장물의 상태 파악 어려움

44 육류의 사후경직이 완료되었을 때의 pH는?

① pH 7.4 정도 ② pH 6.4 정도
③ pH 5.4 정도 ④ pH 4.4 정도

해설

식육의 사후경직과 숙성	
도축	도축(pH 7) → 글리코겐 분해 → 젖산생성 → pH 저하
사후 강직	– 초기 사후 강직(pH 6.5) – ATP → ADP → AMP, 액토미오신 생성 – 최대 사후강직(pH 5.4) – 해당작용(혐기적 대사), 근육강직, 젖산생성, pH 낮음 – 글리코겐 감소, 젖산 증가
숙성	– 퓨린염기, ADP, AMP, IMP, 이노신, 히포크산틴 증가 – 단백질 가수분해 – 액토미오신 해리 – Hemoglobin이나 Myoglobin은 Fe^{2+}에서 Fe^{3+}로 전환 – 적자색에서 선홍색으로 변화

45 다음 중 제조시 균질화(homogenization) 과정을 거치지 않는 것은?

① 시유 ② 버터
③ 무당연유 ④ 아이스크림

해설

버터	– 원유, 우유류 등에서 유지방분을 분리한 것 또는 발효시킨 것을 교반하여 연압한 것(식염이나 식용색소를 가한 것 포함) – 크림은 지방구가 클수록 잘 분리 – 버터는 균질과정이 필요 없음
버터 제조공정	원료유 → 크림 분리 → 크림 중화 → 살균·냉각 → 발효(숙성) → 착색 → 교동 → 가염 및 연압 → 충전 → 포장 → 저장

46 두부 응고제의 장점과 단점에 대한 설명으로 옳은 것은?

① 염화칼슘의 장점은 응고시간이 빠르고, 보존성이 양호하다.
② 황산칼슘의 장점은 사용이 편리하고, 수율이 높다.
③ 염화칼슘의 단점은 신맛이 약간 있는 것이다.
④ 글로코노델타락톤의 단점은 수율이 낮고, 두부가 거칠고 견고한 것이다.

해설

두부 응고제
• 간수(염화마그네슘, 황산마그네슘) – 저장 중인 소금이 공기 중의 수분을 흡수하여 흘러내리는 액 – 10~15%의 간수 수용액으로 만들어 원료 콩의 10%에 해당하는 양을 3회 걸쳐 넣음
• 황산칼슘 – 장점은 두부의 색상이 좋고, 조직이 연하고, 탄력성이 있고 수율이 높음. 단점은 사용 불편
• 염화칼슘 – 장점은 응고시간이 빠르고 보존성이 양호, 압착 시 물이 잘 빠짐, 단점은 수율이 낮고 두부가 거칠고 견고
• 글루코노델타락톤 – 장점은 사용 편리, 응고력 우수, 수율 높음, 단점은 약간의 신맛이 나고 조직 대단히 연함

정답 **44** ③ **45** ② **46** ①

47 덱스트린(dextrin)의 요오드 반응 색깔이 잘 못 연결된 것은?

① amylo dextrin – 청색

② erythro dextrin – 적갈색

③ achro dextrin – 청색

④ malto dextrin – 무색

🔍해설

전분의 요오드 정색반응
– 전분 구성 : 아밀로스(a–1,4 결합, 나선상직선구조)와 아밀로펙틴(아밀로스 사슬상이에 a–1,6 결합)으로 구성 – 아밀로스 나선의 내부공간에 요오드 분자 들어가서 포접 화합물 형성하여 특유의 정색반응나타남(요오드–전분반응) – 요오드–전분반응 : 아밀로스의 사슬길이가 길수록 청색이 짙어짐

덱스트린 종류 및 특성	
가용성전분 (soluble starch)	– 생전분을 묽은 염산처리 – 뜨거운 물에 잘 분산 – 펠링용액을 환원시키지 않음 – 요오드정색반응에 청색 띰
아밀로덱스트린 (amylodextrin)	– 가용성 전분보다 가수분해 좀 더 진행 – 요오드정색반응에 청색 띰
에리스로덱스트린 (erythrodextrin)	– 아밀로덱스트린보다 가수분해 좀 더 진행 – 맥아당 함유하고 있어 환원성나타 냄 – 냉수에 녹음 – 요오드정색반응에 적색 띰
아크로덱스트린 (archrodextrin)	– 에리스로덱스트린보다 가수분해 좀 더 진행 – 환원성 있음 – 요오드정색반응에 무반응
말토덱스트린 (maltodextrin)	– 아크로덱스트린보다 가수분해 더 진행 – 덱스트린 중합도 가장 적음 – 환원성 가장 큼 – 요오드정색반응에 무반응

48 유지를 채취하는데 적합하지 않은 방법은?

① 가열하여 흘러나오는 기름을 채취한다.

② 산을 첨가하여 가수분해시킨다.

③ 기계적인 압력으로 압착하여 기름을 짜낸 다.

④ 휘발성 용제를 사용하여 추출한다.

🔍해설

유지 채취법		
채취법	특성	용도
용출법	가열시켜서 유지 용출	동물성 유지
압착법	기계적 압력으로 압착	식물성 유지
추출법	유기용제에 유지 녹여 채취	식물성 유지

49 달걀을 분무 건조한 난분의 변색에 관여한 갈변 반응은?

① 마이야르 반응

② 카라멜화 반응

③ 폴리페놀 산화반응

④ 아스코르브산 산화반응

🔍해설

난분 변색
– 계란의 난황에 0.2%, 난백에 0.4%. 전란 중에 0.3% 정도의 유리포도당이 존재하여, 전란을 건조시킬 경우 이 유리 포도당이 난단백 중의 아미노기와 반응하여 마 이야르반응이 나타남 – 마이야르반응의 결과 건조란은 갈변, 이취(불쾌취)의 생 성, 불용화 현상(용해도 감소)등이 나타나 품질저하를 일으키기 때문에 당을 제거해야 함 – 마이야르(maillard) 반응 : 비효소적 갈변으로 식품을 가열할 때 당류와 아미노산의 상호작용에 의해 일어나는 반응 – 아미노–카보닐반응, 멜라노이딘 반응이라고도 함 – 갈색 색소인 melanoidine생성

💡정답 **47** ③ **48** ② **49** ①

50 어류에 대한 설명으로 틀린 것은?

① 적색육에는 히스티딘(histidine), 백색육에는 글리신(glycine)과 알라닌(alanine)이 풍부하다.

② 비린내의 주성분은 TMAO (trimethylamine oxide)이다.

③ 사후변화는 해당 → 사후경직 → 해경 → 자기소화 → 부패의 순서로 일어난다.

④ 안구는 신선도 저하에 따라 혼탁과 내부 침하가 진행된다.

🔍 **해설**

수산물의 냄새
– 휘발성 염기 질소, 휘발성 황화합물
– 해수어 : TMAO(trimethylamineoxide, 트리메틸아민옥사이드) → TMA(trimethylamin, 트리메틸아민, 비린내)
– 담수어의 비린내   : 라이신의 분해 생성물(피페리딘)

51 유지 가공시 수소첨가(hydrogenation)의 목적이 아닌 것은?

① 유지의 불포화도가 감소되어 산화 안정성을 증가시킨다.

② 가소성과 경도를 부여하여 물리적 성질을 개선한다.

③ 융점과 응고점을 낮춰준다.

④ 냄새, 색깔 및 풍미를 개선한다.

🔍 **해설**

경화유 제조 시 수소 첨가 목적
– 글리세리드의 불포화결합에 수소를 첨가하여 산화안정성을 좋게 함
– 유지에 가소성이나 경도를 부여하여 물리적 성질 개선
– 색깔 개선
– 식품으로서의 냄새, 풍미 개선

52 내건성 곰팡이가 생육할 수 있는 수분활성도 한계 값은?

① 0.90 ② 0.88

③ 0.70 ④ 0.65

🔍 **해설**

미생물 성장에 필요한 최저 수분활성도(Aw)
– 세균 0.90 ～ 0.94
– 효모 0.88
– 곰팡이 0.80
– 내건성곰팡이 0.65
– 내삼투압성 곰팡이 0.60

측정 기기	용도
Amylograph	전분의 호화도, a-amylase역가 강력분과 중력분 판정
Extensograph	반죽의 신장도와 인장항력 측정
Fariongraph	밀가루 반죽 시 생기는 점탄성
Peker test	색도, 밀기울의 혼입도 측정
Gluten 함량	밀단백질인 Gluten 함량에 따라 밀가루 사용용도 구분 – 강력분(13%, 제빵) – 중력분(10～13%, 제면) – 박력분(10% 이하, 과자 및 튀김)

53 60%의 고형분을 함유하고 있는 농축 오렌지주스 100kg이 있다. 45% 고형분을 함유하고 있는 최종제품을 얻기 위해, 15%의 고형분을 함유하고 있는 오렌지주스를 얼마나 가하여야 하는가?

① 30kg ② 40kg

③ 50kg ④ 60kg

🔍 **해설**

농도 변경(피어슨 공식)
$(45-15) : (60-45) = 100 : x$ $x = \dfrac{100(60-45)}{45-15}$ $x = 50$

💡 **정답** 50 ② 51 ③ 52 ④ 53 ③

348 • 식품산업기사 필기7년간 기출문제

54 제빵공정에서 처음에 밀가루를 체로 치는 가장 큰 이유는?

① 불순물을 제거하기 위하여
② 해충을 제거하기 위하여
③ 산소를 풍부하게 함유시키기 위하여
④ 가스를 제거하기 위하여

🔍 **해설**

밀가루를 체로 치는 이유
– 밀가루 입자사이에 산소(공기)접촉시켜 발효를 도움 (가장 큰 이유) – 협잡물 제거 – 반죽 뭉침 방지

55 식품냉동에서 냉동곡선이란?

① 식품이 냉동되는 시간과 빙결정 생성량의 관계를 나타낸 것
② 식품이 냉동되는 과정을 시간과 온도의 관계식으로 나타낸 것
③ 식품이 냉동되는 시간과 육단백 변성의 관계를 나타낸 것
④ 식품이 냉동되는 시간과 빙결정 크기의 관계를 나타낸 것

🔍 **해설**

냉동 곡선(Freezing curve)
– 식품의 냉각, 냉동과정에서 식품의 온도와 시간의 관계를 나타낸 곡선을 말함 – 식품동결에 있어서 냉동시간과 온도변화의 관계곡선

56 밀가루 반죽의 점탄성을 측정하는 장치는?

① 아밀로그래프(Amylograph)
② 익스텐소그래프(Extensograph)
③ 패리노그래프(Farinograph)
④ 브라벤더 비스코미터(Brabender Viscometer)

57 분유류에 대한 설명 중 틀린 것은?

① 분유류라 함은 원유 또는 탈지유를 그대로 또는 이에 식품 또는 식품첨가물을 가하여 가공한 분말상의 것을 말한다.
② 전지분유는 원유에서 수분을 제거하여 분말화한 것으로 원유 100%이다.
③ 가당분유는 원유에 설탕, 과당, 포도당, 올리고당류를 가하여 분말화한 것이다.
④ 장기저장에 적합한 분유의 수분함량 기준은 6~10%이다.

🔍 **해설**

분유류의 장기 저장
– 분유는 수분이 적기 때문에 미생물의 생육이 어려우므로 상온에서 보관할 수 있으나, 분유 중의 지방이 산화되어 풍미의 저하 초래 – 탈지분유는 약 3년간 보존가능하고, 전지분유는 6개월 보존 가능함 – 분유류의 수분함량은 5% 이하여야 함

58 어육을 소금과 함께 갈아서 조미료와 보강재료를 넣고 응고시킨 식품을 나타내는 용어는?

① 수산 훈제품
② 수산 염장품
③ 수산 건제품
④ 수산 연제품

🔍 **해설**

수산제품
– 수산훈제품 : 목재를 불완전 연소시켜 발생하는 연기에 어패류를 쐬어 건조시켜 독특한 풍미와 보존성을 가진 제품 – 수산염장품 : 어패류를 소금에 절여 풍미와 저장성을 좋게 한 제품 – 수산건제품 : 어류, 조개류 및 해조류 등을 태양열과 인공열에 의하여 건조시켜 수분함량을 적게하여 세균의 발육을 억제시킨 제품 – 수산연제품 : 어육을 소량의 소금과 함께 잘 갈아서 조미료와 보강 재료를 넣고 증자, 배소, 그 외의 방법으로 어육을 가열, 응고시킨 제품

🔍 **정답**   54 ③   55 ②   56 ③   57 ④   58 ④

59 과즙 청징 방법 중 색소 및 비타민의 손실이 가장 큰 것은?

① 펙티나이제(pectinase) 사용
② 난백처리
③ 규조토 사용
④ 젤라틴 및 탄닌처리

60 압출성형기의 공급되는 원료의 수분 함량을 15%(습량기준)로 맞추고자 한다. 물을 첨가하기 전 분말의 수분 함량이 10%라면 분말 1kg 당 추가해야 하는 물의 양은?

① 약 0.014 kg　　② 약 0.026 kg
③ 약 0.042 kg　　④ 약 0.058 kg

4 식품미생물학

61 방선균에 대한 설명이 틀린 것은?

① 항생물질 생산균으로 유용하게 이용된다.

② 진핵세포 생물로 세포벽의 화학적 성분이 그람음성 세균과 유사하다.
③ 주로 토양에 서식하며 흙 냄새의 원인균이다.
④ 균사상으로 발육한다.

62 한류해수에 잘 서식하고 육안으로 볼 수 있는 다세포형으로 다시마, 미역이 속하는 조류는?

① 규조류　　　② 남조류
③ 홍조류　　　④ 갈조류

💡 정답　**59** ③　**60** ④　**61** ②　**62** ④

63 미생물의 동결보존법에 대한 설명으로 옳은 것은?

① glycerol, 디메틸항산화물과 같은 보존제를 첨가하여 보존한다.
② 배지를 선택 배양하여 저온실에 보관하고 정기적으로 이식하여 보존한다.
③ 시험관을 진공상태에서 불로 녹여 봉해서 보존한다.
④ 멸균한 유동 파라핀을 첨가하여 저온 또는 실온에서 보존한다.

🔍 **해설**

미생물의 동결보존법
– 수분을 제한하여 미생물의 대사활동을 억제하는 방법 – 미생물에 동해방지제(glycerol, dimethyl sulfoxide)을 섞어서 일반냉동(-20℃ 이하), 초냉동(-60~-80℃), 액체질소(-150~-190℃)에서 보존 – 동해방지제로 각종의 당류, 탈지유, 혈텅 등을 첨가해도 보호효과를 기대할 수 있음

64 미생물의 증식 곡선에서 정지기와 사멸기가 형성되는 이유가 아닌 것은?

① 배지의 pH 변화
② 영양분의 고갈
③ 유해 대사 산물의 축적
④ Growth factor 의 과다한 합성

🔍 **해설**

미생물 생육 곡선
• 배양시간과 생균수의 대수(log)사이의 관계를 나타내는 곡선. S 곡선 • 유도기, 대수기, 정상기(정지기), 사멸기로 나눔 • 유도기(lag phase) – 잠복기로 미생물이 새로운 환경이나 배지에 적응하는 시기 – 증식은 거의 일어나지 않고, 세포 내에서 핵산이나 효소단백질의 합성이 왕성하고, 호흡활동도 높으며, 수분 및 영양물질의 흡수가 일어남. – DNA합성은 일어나지 않음

• 대수기(logarithmic phase)
  – 급속한 세포분열 시작하는 증식기로 균수가 대수적으로 증가하는 시기. 미생물 성장이 가장 활발하게 일어나는 시기
• 정상기(정지기, Stationary phase)
  – 영양분의 결핍, 대사산물(산, 독성물질 등)의 축적, 에너지 대사와 몇몇의 생합성과정을 계 속되어 항생물질, 효소 등과 같은 2차 대사산물 생성
  – 생균수는 일정하게 유지되고 총균수는 최대가 되는 시기. 증식 속도가 서서히 늦어지면서 생균수와 사멸균수가 평형이 되는 시기
  – 배지의 pH 변화
• 사멸기(Death phase)
  – 감수기로 생균수가 감소하여 생균수보다 사멸균수가 증가하는 시기

65 김치 숙성에 주로 관계되는 균은?

① 고초균
② 대장균
③ 젖산균
④ 황국균

🔍 **해설**

Lactobacillus plantarum	– 김치의 후기발효에 관여하고, 김치의 과숙 시 최고의 생육을 나타내어 김치의 산패
Leuconostoc mesenteroi-des	– 그람양성 쌍구균 또는 연쇄상 구균, 헤테로젖산균(이상발효 젖산균) – 발효 초기에 주로 이상젖산균인 *Leuconostoc mesenteroides*가 발효 – 젖산과 함께 탄산가스 및 초산을 생성 – 설탕을 기질로 덱스트란 생산에 이용 – 내염성을 갖고 있어서 김치의 발효 초기에 주로 발육하여 김치를 산성화와 혐기상태로 해줌으로써 호기성 세균의 생육을 억제

66 포도당을 발효하여 젖산만 생성하는 젖산균은?

① 정상 발효 젖산균
② α-hetero형 젖산균
③ β-hetero형 젖산균
④ 가성 젖산균

젖산균의 발효 형식에 따라

- 정상발효 형식(homo type)
  : 당을 발효하여 젖산만 생성
  − $C_6H_{12}O_6 \rightarrow 2CH_3 \cdot CHOH \cdot COOH$
- 이상발효형식 (hetero type)
  : 당을 발효하여 젖산 외에 알코올, 초산, 이산화탄소 등 부산물 생성
  − $C_6H_{12}O_6 \rightarrow 2CH_3 \cdot CHOH \cdot COOH + C_2H_5OH + CO_2$
  − $2C_6H_{12}O_6 + H_2O \rightarrow 2CH_3 \cdot CHOH \cdot COOH + C_2H_5OH + CH_3COOH + 2CO_2 + 2H_2$

67 세포질이 양분되면서 격막이 생겨 분열 · 증식하는 분열효모는?

① *SAccharomyces* 속
② *Schizosaccharomyces* 속
③ *Candida* 속
④ *Kloeckera* 속

Schizosacharomyces 속

− 가장 대표적인 분열효모
− 세균과 같이 이분법으로 증식
− 포도당, 맥아당, 설탕, 덱스트린, 이눌린 발효
− 알코올 발효 강함
− 질산염 이용 못함
− *Schizosaccharomyces pombe* 대표적 효모

68 분홍색 색소를 생성하는 누룩곰팡이로 홍주의 발효에 이용되는 것은?

① *Monascus purpureus*
② *Neurospora sitophila*
③ *Rhizopus javanicus*
④ *Botrytis cinerea*

Monascus purpureus

− 분홍색 색소를 생성하는 누룩곰팡이로 홍주의 발효에 이용
− 우리나라 누룩에 많이 검출
− 집락은 적색이나 적갈색

69 성숙한 효모세포의 구조에서 중앙에 위치하며 가장 큰 공간을 차지하고, 노폐물을 저장하는 장소는?

① 핵(nucleus)
② 저장립(lipid granule)
③ 세포막(cell membrane)
④ 액포(vacuole)

효모의 액포

− 성숙한 효모세포 중앙에 위치
− 액포내에 브라운 운동을 하는 미립자가 있고 이는 polymetaphosphate로 구성
− 독성물질 및 노폐물등의 세포액을 액포에 저장

70 토양이나 식품에서 자주 발견되고 aflatoxin이라는 발암성 물질을 생성하는 유해 곰팡이는?

① *Aspergillus flavus*
② *Aspergillus niger*
③ *Aspergillus oryzae*
④ *Aspergillus sojae*

- *Aspergillus flavus*
  발암물질인 aflatoxin을 생성하는 유해균
- *Aspergillus niger*
  전분당화력이 강하고 당액을 발효하며 구연산이나 글루콘산 생산하는 균주
- *Aspergillus oryzae*
  전분당화력과 단백질 분해력이 강해 간장, 된장, 청주, 탁주, 약주 제조에 이용
- *Aspergillus sojae*
  단백질 분해력이 강하며 간장제조에 이용

71 Gram 양성이며 포자를 형성하는 편성혐기성 균은?

① *Bacillus* 속
② *Clostridium* 속
③ *Escherichia* 속
④ *Corynebacterium* 속

정답 **67** ② **68** ① **69** ④ **70** ① **71** ②

Baciilus 속	그람양성 간균, 포자형성, 호기성 또는 통성혐기성균
Clostridium 속	그람양성 간균, 포자형성, 편성혐기성균
Escherichia 속	그람음성 간균, 운동성, 호기성 및 통성혐기성균
Corynebacterium 속	그람양성, 무아포, 비운동성, 호기성 간균

72 Gram 음성의 간균이며 주로 단백질 식품의 부패에 관여하는 세균은?

① Staphylococcus 속
② Baciilus 속
③ Micrococcus 속
④ Proteus 속

Staphylococcus 속	그람양성, 포도상구균. 화농성구균. 무아포, 독소생성
Baciilus 속	그람양성 간균, 포자형성, 호기성 또는 통성혐기성균
Micrococcus 속	그람양성 구균, 호기성 또는 통성혐기성균, 포도당을 호기적 조건으로 분해
Proteus 속	그람음성간균, 중온성균, 병원성 장내세균, 주편모 있어 활발한 운동성, 단백질식품 부패 관여균, histamine decarboxylase활성이 있어 알러지성 식중독 원인균

73 세균의 편모에 대한 설명으로 틀린 것은?

① 편모는 세균의 온동기간으로서 대부분 단백질로 구성되어 있다.
② 편모는 구균보다 간균에서 많이 볼 수 있다.
③ 편모는 대부분 세포벽에서부터 나온다.
④ 편모는 없는 세균도 있다.

편모
– 긴털, 길고 움직이는 편상돌기 또는 튼튼한 섬모로서, 세포벽 또는 세포질 외층에서 돌출한 세균의 운동기관
– 지름 20nm, 길이 15~20 μm, 단백질로 구성
– 한 개의 편모를 지닌 세균은 단모성, 두 개 또는 그 이상을 가진 것은 총모성, 양쪽 끝에 있는 양모성, 표면 전체에 있는 주모성으로 구분

74 진핵세포와 원핵세포에 관한 설명 중 틀린 것은?

① 원핵세포는 하등미생물로 세균, 남조류가 속한다.
② 원핵세포에는 핵막, 인, 미토콘드리아가 없다.
③ 진핵세포의 염색체 수는 1개이다.
④ 진핵세포에는 핵막이 있다.

원핵세포와 진핵세포의 특징 비교		
특징	원핵세포	진핵세포
핵막	없음	있음
세포분열 방법	무사분열	유사분열
세포벽 유무	있음 (Peptidoglycan Polysaccharide Lipopolysaccharide Lipoproten , techoic)	–식물, 조류, 곰팡이 : 있음 – 동물 : 없음 (Glucan, Mannan–protein 복합체, Cellulose, Chitin)
소기관	없음	있음(미토콘드리아, 액포, Lysosome. Microbodies)
인	없음	있음
호흡계	원형질막 또는 메소좀	미토콘드리아 내에 존재
리보솜	70S	80S
원형질막	보통은 섬유소 없음	보통 스테롤 함유
염색체	단일, 환상	복수로 분할
DNA	단일분자	복수의 염색체 중에 존재, 히스톤과 결합
미생물	세균, 방선균	효모, 곰팡이, 조류, 원생동물

정답 72 ④ 73 ③ 74 ③

75 아래의 맥주 제조 공정 중 호프(hop)를 첨가하는 공정은?

보리 → 맥아 제조 → 분쇄 → 당화 → 자비 → 여과 → 발효 → 저장 → 제품

① 분쇄
② 당화
③ 자비
④ 여과

🔍 해설

맥주 제조 공정 중 호프 첨가 시기
– 당화가 끝나면 곧 여과하여 여과 맥아즙에 0.3~0.5%의 호프 첨가
– 호프 첨가 후 1~2시간 끓여 유효성분 추출

76 청주의 제조에 관한 설명으로 틀린 것은?

① 쌀, 코지, 물로 제조되는 병행 복발효주다.
② 코지 곰팡이는 *Aspergillus oryzae*가 사용된다.
③ 좋은 코지를 제조하기 위해서는 산소와의 접촉을 차단해야 한다.
④ 주모(moto)는 양조 효모를 활력이 좋은 상태로 대량 배양해 놓은 것이다.

🔍 해설

청주 코지 제조
– 적당한 온도와 습도로 조절된 공기를 원료 증미 층을 통하게 하여 발생된 열과 탄산가스를 밖으로 배출시킴
– 품온 조절과 산소 공급을 적당히 해야 함

77 상면발효효모의 특성은?

① 발효 최적 온도는 10~25℃이다.
② 세포가 침강하므로 발효액이 투명해진다.
③ 독일계 맥주의 효모가 여기에 속한다.
④ 라피노오스(raffinose)를 발효시킬 수 있다.

🔍 해설

형식	상면효모	하면효모
	영국계	독일계
형태	– 대부분 원형 – 소량의 효모 점질물 polysaccharide 함유	– 난형, 또는 타원형 – 다량의 효모점질물 polysaccharide 함유
배양	– 세포는 액면으로 뜨므로 발효액이 혼탁 – 균체가 균막 형성	– 세포는 저면으로 침강하므로 발효액이 투명 – 균체가 균막을 형성하지 않음
생리	– 발효작용 빠름 – 다량의 글리코겐 형성 – raffinose, melibiose를 발효하지 않음 – 최적온도 10~25℃	– 발효작용 느리다 – 소량의 글리코겐 형성 – raffinose, melibiose발효 – 최적온도 5~10℃
대표 효모	*Saccharomyces cerevisiae*	*Saccharomyces carsbergensis*

78 고정화 효소의 일반적인 제법이 아닌 것은?

① 담체결합법
② 가교법
③ 자기소화법
④ 포괄법

🔍 해설

고정화 효소
• 효소의 활성을 유지시키기 위해 불용성인 유기 또는 무기운반체에 공유결합 따위로 고정시키는 것
• 이용목적 　– 효소의 안정성 증가 　– 효소를 오랜 시간 재사용 가능 　– 연속반응 가능하며 효소 손실 막음 　– 반응생성물 순도 및 수득률 향상

79 저장 중인 사과, 배의 연부현상을 일으키는 것은?

① *Penicillium notatum*
② *Penicillium expansum*
③ *Penicillium cyclopium*
④ *Penicillium chrysogenum*

💡 정답　**75** ③　**76** ③　**77** ①　**78** ③　**79** ②

Penicillium expansum

- 사과 및 매의 표면에 많이 기생하여 저장 중인 과실을 부패시키는 연부병을 일으킴
- 비교적 저온에서 생육이 저하하기 때문에 수확 후 바로 온도를 낮추는 것이 중요

80 미생물의 증식기 중 유도기와 관계없는 것은?

① 세포 내 RNA 함량이 증가한다.
② 미생물이 가장 왕성하게 발육한다.
③ 새로운 환경에 적응하며, 각종 효소 단백질을 생합성한다.
④ 세포 내의 DNA 함량은 거의 일정하다.

미생물 생육 곡선

- 배양시간과 생균수의 대수(log)사이의 관계를 나타내는 곡선. S 곡선
- 유도기, 대수기, 정상기(정지기), 사멸기로 나눔
- 유도기(lag phase)
  - 잠복기로 미생물이 새로운 환경이나 배지에 적응하는 시기
  - 증식은 거의 일어나지 않고, 세포 내에서 핵산이나 효소단백질의 합성이 왕성하고, 호흡활동도 높으며, 수분 및 영양물질의 흡수가 일어남
  - DNA합성은 일어나지 않음
- 대수기(logarithmic phase)
  - 급속한 세포분열 시작하는 증식기로 균수가 대수적으로 증가하는 시기. 미생물 성장이 가장 활발하게 일어나는 시기
- 정상기(정지기, Stationary phase)
  - 영양분의 결핍, 대사산물(산, 독성물질 등)의 축적, 에너지 대사와 몇몇의 생합성과정을 계속되어 항생물질, 효소 등과 같은 2차 대사산물 생성
  - 생균수는 일정하게 유지되고 총균수는 최대가 되는 시기. 증식 속도가 서서히 늦어지면서 생균수와 사멸균수가 평형이 되는 시기
  - 배지의 pH 변화
- 사멸기(death phase)
  - 감수기로 생균수가 감소하여 생균수보다 사멸균수가 증가하는 시기

5 식품제조공정

81 크고 무거운 식품 원료를 운반하는데 주로 사용되는 고체 이송기로 수직 방향 운반용의 양동이를 사용하는 것은?

① 체인 컨베이어
② 롤러 컨베이어
③ 버킷 컨베이어
④ 스크루 컨베이어

버킷엘리베이터

- endless 체인 또는 벨트에 일정 간격으로 버킷(운반용 양동이)을 달고, 버킷의 내용물을 연속적으로 운반하는 고체이송기
- 크고 무거운 식품원료를 운반하는데 주로 사용

82 점도가 높은 액상 식품 또는 반죽 상태의 원료를 가열된 원통 표면과 접촉시켜 회전하면서 건조시키는 장치는?

① 드럼 건조기
② 분무식 건조기
③ 포말식 건조기
④ 유동층식 건조기

건조기	
종류	특징
드럼 건조기	- 원료를 수증기로 가열되는 원통표면에 얇은 막 상태로 부착시켜 건조 - 드럼 표면에 있는 긁는 칼날로 건조된 제품 긁어냄
분무 건조기	- 열에 민감한 액체 또는 반액체 상태의 식품을 열풍의 흐름에 미세입자($10 \sim 100\mu m$)로 분무시켜 신속($1 \sim 10$초)하게 건조 - 열풍온도는 높지만 열변성 받지 않음
열풍 건조기	- 식품을 건조기에 넣고 가열된 공기를 강제적으로 송풍기를 이용하여 불어주는 강제 대류 방식에 의해 건조
유동층 건조기	- 입자 또는 분말 식품을 열풍으로 불어 올려 위로 뜨게 하여 재료와 열풍의 접촉을 좋게 한 장치

83 다음 농축 공정 중 원료의 온도변화가 가장 작은 공정은?

① 증발 농축 ② 동결 농축
③ 막 농축 ④ 감압 농축

🔍 해설

막분리 공정

• 막분리
   – 막의 선택 투과성을 이용하여 상의 변화없이 대상물질을 여과 및 확산에 의해 분리하는 기법
   – 열이나 pH에 민감한 물질에 유용
   – 휘발성 물질의 손실 거의 없음
   – 막분리 여과법에는 확산투석, 전기투석, 정밀여과법, 한외여과법, 역삼투법 등이 있음
 • 막분리 장점
   – 분리과정에서 상의 변화가 발생하지 않음
   – 응집제가 필요 없음
   – 상온에서 가동되므로 에너지 절약
   – 열변성 또는 영양분 및 향기성분의 손실 최소
   – 가입과 용액 순환만으로 운행 – 장치조작 간단
   – 대량의 냉각수가 필요 없음
   – 분획과 정제를 동시에 진행
   – 공기의 노출이 적어 병원균의 오염 저하
   – 화학약품을 거의 필요로 하지 않기 때문에 2차 환경오염 유발하지 않음
 • 막분리 단점
   – 설치비가 비쌈
   – 최대 농축 한계인 약 30% 고형분 이상의 농축 어려움
   – 순수한 하나의 물질은 얻기까지 많은 공정 필요
   – 막을 세척하는 동안 운행 중지

막분리 기술의 특징		
막분리법	막기능	추진력
확산투석	확산에 의한 선택 투과성	농도차
전기투석	이온성물질의 선택 투과성	전위차
정밀여과	막 외경에 의한 입자크기 분배	압력차
한외여과	막 외경에 의한 분자크기 선별	압력차
역삼투	막에 의한 용질과 용매 분리	압력차

84 고체의 양은 많으나 유동성이 비교적 큰 계란, 크림, 쇼트닝의 제조에 가장 적합한 혼합기는?

① 드럼 믹서(drum mixer)
② 스크루 믹서(screw mixer)
③ 반죽기(kneader)
④ 팬 믹서(pan mixer)

🔍 해설

팬 믹서
– 고체의 양은 많흐나 유동성이 비교적 큰 달걀, 크림, 쇼트닝, 과자원료 등을 혼합하는 혼합기 – 교반 날개가 교반용기 내를 고루 옮겨 다니며 혼합하는 기기와 교반날개의 위치를 고정시켜 놓고 용기를 회전하는 기기의 형태가 있음

85 식품재료에 들어 있는 불필요한 물질이나, 변형 · 부패된 재료를 분리 · 제거하는 선별법의 선별 원리에 해당하지 않는 것은?

① 무게에 의한 선별 ② 크기에 의한 선별
③ 모양에 의한 선별 ④ 경험에 의한 선별

🔍 해설

선별

(1) 선별 정의
   • 수확한 원료에 불필요한 화학적 물질(농약, 항생물질), 물리적 물질(돌, 모래, 흙, 금속, 털 등) 등을 측정 가능한 물리적 성질을 이용하여 분리 · 제거하는 공정
   • 크기, 모양, 무게, 색의 4가지 물리적 특성 이용
 (2) 선별방법
   1) 무게에 의한 선별
     • 무게에 따라 선별
     • 과일, 채소류의 무게에 따라 선별
     • 가장 일반적 방법
     • 선별기 종류: 기계선별기, 전기-기계선별기, 물을 이용한 선별기, 컴퓨터를 이용한 자동선별기
   2) 크기에 의한 선별(사별공정)
     • 두께, 폭, 지름 등의 크기에 의해 선별
     • 선별방법
       – 덩어리나 가루를 일정 크기에 따라 진동체나 회전체 이용하는 체질에 의해 선별하는 방법
       – 과일류나 채소류를 일정 규격으로 하여 선별하는 방법
       – 선별기 종류 : 단순체 스크린, 드럼스크린을 이용한 스크린 선별기, 롤러선별기, 벨트식선별기, 공기이용선별기
   3) 모양에 의한 선별
     • 쓰이는 형태에 따라 모양이 다를 때 (둥근감자, 막대 모양의 오이 등) 사용
     • 선별방법
       – 실린더형 : 회전시키는 실린더를 수평으로 통과시켜 비슷한 모양을 수집

💡 정답 **83** ③ **84** ④ **85** ④

- 디스크형 : 특정 디스크를 회전시켜 수직으로 진동시키면 모양에 따라 각각의 특정 디스크 별로 선별
- 선별기기
  - belt roller sorter, variable-aperture screen
4) 광학에 의한 선별
- 스펙트럼의 반사와 통과 특성을 이용하는 X-선, 가시광선, 마이크로파, 라디오파 등의 광범위한 분광 스펙트럼을 이용하여 선별
- 선별방법 : 통과특성 이용법, 반사특성 이용법
  - 통과특성 이용하는 선별 : 식품에 통과하는 빛의 정도를 기준으로 선별 (달걀의 이상여부 판단, 과실류 성숙도, 중심부의 결함 등)
  - 반사특성을 이용하는 선별 : 가공재료에 빛을 쪼이면 재료 표면에서 나타난 빛의 산란, 복사, 반사 등의 성질을 이용해 선별. 반사정도는 야채, 과일, 육류 등의 색깔에 의한 숙성 정도 등에 따라 달라짐
  - 기타 : 기기적 색채선별방법과 표준색과의 비교에 의한 광학적 색채선별로 직접육안으로 선별하는 방법

86 교반 속도가 빠른 약체 혼합기에서 방해판(baffle)이 하는 주된 역할은?

① 소용돌이를 완하하여 내용물이 넘치지 않도록 한다.
② 교반에 필요한 에너지의 소비를 줄여준다.
③ 회전 속도를 높여준다.
④ 열발생으로 내용물의 점도를 낮춰준다.

🔍 해설

혼합기 방해판
교반기를 액체 속에 넣고 회전시키면 와류(vortex)가 발생되어 혼합을 방해하기 때문에 장애판(buffle)을 설치하여 이를 방지한다.

87 제면공정 중 반죽을 작은 구멍으로 압출하여 만든 식품이 아닌 것은?

① 당면   ② 마카로니
③ 우동   ④ 롱스파게티

🔍 해설

압출면
- 작은 구멍으로 압출하여 만든 면
- 녹말을 호화시켜 만든 전분면, 당면 등
- 강력분 밀가루를 사용하여 호화시키지 않고 만든 마카로니, 스파게티, 버미셀, 누들 등

88 식품의 건조 중 일어나는 화학적 변화가 아닌 것은?

① 갈변 현상 및 색소 파괴
② 단백질 변성 및 아미노산 파괴
③ 가용성 물질의 이동
④ 지방의 산화

🔍 해설

식품 건조 과정에서 일어나는 변화		
물리적 변화	- 가용성 물질의 이동 - 표면경화	- 수축현상 - 성분의 석출
화학적 변화	- 영양가 변화 - 비타민 다소 손실 - 아스코르브산과 카로틴 상당량파괴 - 단백질 변성 : 열변성 - 탄수화물 변화 : 갈변 - 지방의 산화 : 유지산패, 기름 변색 - 핵산계 물질 변화 - 향신료 성분 변화 - 식품 색소 변화 : 카로틴색소 변화 큼	
생물학적 변화	미생물 생육 제어 가능(자유수 함량 감소)	

89 연속조업이 가능한 장점이 있고 우유에서 크림을 분리할 때 주로 사용되는 원심분리기는?

① 관형(tubular) 원심분리기
② 원판형(disc) 원심분리기
③ 바스켓(basket) 원심분리기
④ 진공식(vacuum) 원심분리기

🔍 해설

원판형 원심분리기(disc bowl centrifuge)
- 우유로부터 크림을 분리하는 공정에서 많이 적용
- 동·식물유 및 어유의 정제 과정 중 탈수 및 청징
- 과일주스의 감귤류의 청징

💡 정답 86 ①   87 ③   88 ③   89 ②

90 계란의 껍질에 묻은 오염물, 과일 표면의 기름(grease)이나 왁스 등을 제거할 때, 주로 물 또는 세척수를 이용하여 세척하는 방법으로 가장 효과적인 것은?

① 첨지세척(Soaking cleaning)
② 분무세척(Spray cleaning)
③ 부유세척(Flotation cleaning)
④ 초음파세척(Ultrasonic cleaning)

🔍 해설

초음파 세척
– 물질을 강하게 흔드는 힘(교반)을 이용하여 세척하는 방법 – 좁은 홈, 복잡한 내면 등을 간단하고 빠른 시간에 세척할 수 있는 방법 – 오염된 정밀 기계 부품, 채소의 모래 제거, 달걀의 오염물, 과일의 그리스나 왁스 등을 제거

91 다음 중 압출성형기의 기본 기능과 관계가 먼 것은?

① 혼합
② 가수분해
③ 팽화
④ 조직화

🔍 해설

압출 성형기
• 반죽, 반고체, 액체식품을 스크류 등의 압력을 이용하여 노즐 또는 다이스와 같은 구멍을 통하여 밀어내어 연속적으로 일정한 형태로 성형하는 방법 • 원료의 사입구에서 사출구에 이르기까지 압축, 분쇄, 혼합, 반죽, 층밀림, 가열, 성형, 용융, 팽화 등의 여러 가지 단위공정이 이루어지는 식품가공기계 • Extrusion Cooker – 공정이 짧고 고온의 환경이 유지되어야하기 때문에 고온 단시간 공정이라함 – 성형물의 영양적 손실이 적고 미생물 오염의 가능성 적음 – 공정 마지막의 급격한 압력 저하에 의해 성형물이 팽창하여 원료의 조건과 압출기의 압력, 온도에 의해 팽창율이 영향 받음 • Cold Extruder – 100℃ 이하의 환경에서 느리게 회전하는 스크류의 낮은 마찰로 압출하는 방법 – Extrusion Cooker와 달리 팽창에 의한 영향없이 긴 형태의 성형물 얻음 – 주로 파스타, 제과에 이용

• 압출성형 스낵
– 압출 성형기를 통하여 혼합, 압출, 팽화, 성형시킨 제품으로 extruder내에서 공정이 순간적으로 이루어지기 때문에 비교적 공정이 간단하고 복잡한 형태로 쉽게 가공 가능

92 증발 농축이 진행될수록 용액에 나타나는 현상으로 옳은 것은?

① 농도가 낮아진다.
② 비점이 높아진다.
③ 거품이 없어진다.
④ 점도가 낮아진다.

🔍 해설

증발농축
일반적으로 농축이 진행되면 점도가 커지고, 비등점이 높아져 타기 쉽다

93 표면에 홈이 있는 원판이 회전하면서 통과하는 고형 식품을 전단력에 의하여 분쇄하는 분쇄장치는?

① 디스크 밀(disc mill)
② 햄머 밀(hammer mill)
③ 롤 밀(roll mill)
④ 볼 밀(ball mill)

🔍 해설

디스크 밀(disc mill)
– 전단형 분쇄기 – 초미분쇄기 – 예전의 맷돌 원리 – 돌이나 금속으로 된 원판(디스크)을 다른 디스크와 서로 맞대어 서로 반대방향으로 회전시킴 – 디스크가 회전할 때 생기는 마찰력과 전단력에 의해 분쇄 – 옥수수의 습식분쇄, 곡류가루의 제조, 섬유질 식품의 미분쇄 등에 사용

94 초임계 가스 추출법에서 주로 사용되는 초임계 가스로 맞는 것은?

① 이산화탄소 가스
② 수소 가스
③ 헬륨 가스
④ 질소 가스

💡 정답   **90** ④   **91** ②   **92** ②   **93** ①   **94** ①

초임계 가스 추출법에 사용되는 가스

• 기존 추출은 대부분의 경우가 유기용매에 의한 추출이며 모두가 인체에 유해한 물질
• 초임계 이산화탄소 추출의 장점
  – 인체에 무해한 이산화탄소를 용매로 사용
  – 초임계 이산화탄소 용매의 경우 온도와 압력의 조절만으로 선택적 물질 추출 가능

95 설비비가 비싸고, 처리량이 적어 점도가 높은 최종 단계의 농축에 많이 사용하는 증발기는?

① 긴 관형 증발기
② 코일 및 재킷식 증발기
③ 기계 박막식 증발기
④ 플레이트식 증발기

기계박막식 증발기
– 열에 민감한 액체이면서 점도가 높은 용액이나 거품형 용액의 농축에 사용하는 증발기 – 설비비가 비싸고 처리량이 적음

96 수분함량 50%(습량 기준)인 식품 100kg을 건조기에 투입하여 수분함량 20%로 낮추고자 한다. 제거하여야 할 수분의 양은?

① 50kg ② 27.5kg
③ 37.5kg ④ 30kg

제거해야 할 수분량
$\dfrac{50}{100} \times 100 = \dfrac{80}{100}(100-x)$ $x = \dfrac{30}{0.8} = 37.5g$

97 색채선별기(Color Sorting System)로 선별이 적합하지 않은 식품은?

① 숙성정도가 다른 토마토
② 과도하게 열처리 된 잼
③ 크기가 다른 오이
④ 표면 결점을 가진 땅콩

선별

(1) 선별 정의
  • 수확한 원료에 불필요한 화학적 물질(농약, 항생물질), 물리적 물질(돌, 모래, 흙, 금속, 털 등) 등을 측정 가능한 물리적 성질을 이용하여 분리·제거하는 공정
  • 크기, 모양, 무게, 색의 4가지 물리적 특성 이용
(2) 선별방법
 1) 무게에 의한 선별
  • 무게에 따라 선별
  • 과일, 채소류의 무게에 따라 선별
  • 가장 일반적 방법
  • 선별기 종류: 기계선별기, 전기-기계선별기, 물을 이용한 선별기, 컴퓨터를 이용한 자동선별기
 2) 크기에 의한 선별(사별공정)
  • 두께, 폭, 지름 등의 크기에 의해 선별
  • 선별방법
   – 덩어리나 가루를 일정 크기에 따라 진동체나 회전체 이용하는 체질에 의해 선별하는 방법
   – 과일류나 채소류를 일정 규격으로 하여 선별하는 방법
   – 선별기 종류 : 단순체 스크린, 드럼스크린을 이용한 스크린 선별기, 롤러선별기, 벨트식선별기, 공기이용선별기
 3) 모양에 의한 선별
  • 쓰이는 형태에 따라 모양이 다를 때 (둥근감자, 막대 모양의 오이 등) 사용
  • 선별방법
   – 실린더형 : 회전시키는 실린더를 수평으로 통과시켜 비슷한 모양을 수집
   – 디스크형 : 특정 디스크를 회전시켜 수직으로 진동시키면 모양에 따라 각각의 특정 디스크 별로 선별
  • 선별기기
   – belt roller sorter, variable-aperture screen
 4) 광학에 의한 선별
  • 스펙트럼의 반사와 통과 특성을 이용하는 X-선, 가시광선, 마이크로파, 라디오파 등의 광범위한 분광 스펙트럼을 이용하여 선별
  • 선별방법 : 통과특성 이용법, 반사특성 이용법
   – 통과특성 이용하는 선별 : 식품에 통과하는 빛의 정도를 기준으로 선별 (달걀의 이상여부 판단, 과실류 성숙도, 중심부의 결함 등)
   – 반사특성을 이용하는 선별 : 가공재료에 빛을 쪼이면 재료 표면에서 나타난 빛의 산란, 복사, 반사 등의 성질을 이용해 선별. 반사정도는 야채, 과일, 육류 등의 색깔에 의한 숙성 정도 등에 따라 달라짐
   – 기타 : 기기적 색채선별방법과 표준색과의 비교에 의한 광학적 색채선별로 직접육안으로 선별하는 방법

95 ③ **96** ③ **97** ③

98 원료를 파쇄실의 회전 칼날로 절단한 뒤 스크린을 통과시켜 일정한 크기나 모양으로 조립하는 대표적인 파쇄형 조립기는?

① 피츠 밀(Fitz mill)
② 니더(kneader)
③ 핀 밀(pin mill)
④ 위노어(winnower)

🔍해설

파츠밀(Fitz mill)의 원리
– 조분쇄기로 널리 사용 – 구조가 단순하고 조작이 간편하여 쉽게 분쇄입도 변화 가능 – 회전하는 rotor에 다수의 knife 형상의 분쇄날이 있으며, 해머밀과 달리 충격력보다는 전단력이 더 크게 작용하므로 미분발생을 최대한 억제하면서 공정에 맞는 적절한 입자로 분쇄가능 – 분쇄날 하부에 screen이 있어 screen의 hole size와 분쇄 날의 회전 속도 변환에 의해 분쇄입자 변화 가능

99 식품 원료의 전처리 공정으로써 분쇄의 목적이 아닌 것은?

① 원료의 입자 크기를 감소시켜 건조 속도를 느리게 하기 위하여
② 특정한 원료의 입자 크기를 균일하게 하기 위하여
③ 원료의 혼합 공정을 쉽고 효과적으로 하기 위하여
④ 조직으로부터 원하는 성분을 효율적으로 추출하기 위하여

🔍해설

분쇄의 목적
– 조직의 파괴로 성분의 추출 및 분리 용이 – 혼합 용이 – 조제식품, 분말수프 등의 제조 시 균일한 혼합 가능 – 균일한 입자 크기 가능 – 표면적 상승으로 화학반응, 건조, 추출, 용해 증자 등 용이 – 입자크기 줄여 표면적 증대 – 수분함량이 많은 고체입자를 건조 시 건조시간 단축 – 특정 제품의 입자 규격을 맞추어 분말음료용 설탕입자의 조정, 향신료의 제조, 초콜릿의 정제가능

100 무균 충전 시스템에 대한 설명으로 틀린 것은?

① 용기에 관계 없이 균일한 품질의 제품을 얻을 수 있다.
② 무균 환경 하에서 작업이 이루어진다.
③ 포장 용기에 식품을 담아 밀봉 후 살균한다.
④ 주로 초고온 순간(UHT) 살균으로 처리한다.

🔍해설

무균 충전 시스템
– 초고온순간살균법 방식으로 살균 한 후, 무균 밀폐 공간에서 충진 – 살균 후 내용물을 바로 냉각시켜 상온에서 충전하기 때문에 제품의 맛과 향, 영양소 파괴를 최소화 – 포장 용기에 무관하게 균일한 제품 생산 가능

1 식품위생학

1 식품공업에 있어서 폐수의 오염도를 판정하는 데 필요치 않는 것은?

① DO
② BOD
③ WOD
④ COD

🔍 해설

수질오염지표	
DO (Dissolved Oxygen)	- 용존산소 - 물에 용해된 산소량 - DO가 높다는 것은 부패유기물이 적은 것으로 좋은 물을 의미
BOD (Biochemical Oxygen Demand)	- 생물학적 산소요구량 - 수질오염을 나타내는 지표 - BOD가 높다는 것은 분해되기 쉬운 유기물이 많은 것으로 수질이 나쁘다는 의미
COD (Chemical Oxygen Demand)	- 화학적 산소요구량 - 유기물 등의 오염물질이 산화제로 산화할 때 필요한 산소량 - COD가 높다는 것은 수질이 나쁘다는 의미

2 수돗물의 염소 소독 중 염소와 미량의 유기물질과의 반응으로 생성 될 수 있는 발암성 물질은?

① benzopyrene
② nitrosoamine
③ toluene
④ trihalomethane

🔍 해설

트리할로메탄(THM, trihalomethane)
- 염소 소독 시 발생하는 소독 부산물 - 미량으로 발암이나 만성중독을 유발 - 사용하는 염소량이 많을수록, 수소이온 농도가 높을수록, 수온이 높을수록, 유기물이 많을수록, 살균과정에서 반응과정이 길수록, 급수관에서 체류가 길수록 생성 활발

3 다음 중 식품위생분야 종사자 등의 건강진단규칙에 의한 연1회 정기 건강 진단 항목이 아닌 것은?

① 성병
② 장티푸스
③ 폐결핵
④ 전염성 피부질환

🔍 해설

식품위생분야 종사자 등의 건강진단 항목
- 장티푸스(식품위생 관련 영업 및 집단급식소 종사자만 해당) - 폐결핵 - 전염성 피부질환(한센병 등 세균성 피부질환을 말함)

4 보툴리누스균에 의한 식중독이 가장 일어나기 쉬운 식품은?

① 유방염에 걸린 소의 우유
② 분뇨에 오염된 식품
③ 살균이 불충분한 통조림 식품
④ 부패한 식육류

🔍 해설

클로스트리듐 보툴리늄 식중독	
특성	- 원인균 : *Clostridium botulinum* - 그람양성, 편성혐기성, 간균, 포자형성, 주편모, 신경독소(neurotoxin) 생산 - 콜린 작동성의 신경접합부에서 아세틸콜린의 유리를 저해하여 신경을 마비 - 독소의 항원성에 따라 A~G형균으로 분류되고 그중 A, B, E, F 형이 식중독 유발 - A, B, F 형 : 최적 37~39℃, 최저 10℃, 내열성이 강한 포자 형성 - E 형 : 최적 28~32℃, 최저 3℃(호냉성) 내열성이 약한 포자 형성 - 독소는 단순단백질로서 내생포자와 달리 열에 약해서 80℃ 30분 또는 100℃ 2~3분간 가열로 불활성화. - 균 자체는 비교적 내열성(A와 B형 100℃ 360분, 120℃ 14분) 강하나 독소는 열에 약함 - 치사율(30~80%) 높음

정답 1 ③ 2 ④ 3 ① 4 ③

증상	– 메스꺼움, 구토, 복통, 설사, 신경증상
원인 식품	통조림, 진공포장, 냉장식품
예방법	– 3℃ 이하 냉장 – 섭취 전 80℃, 30분 또는 100℃, 3분 이상 충분한 가열로 독소 파괴 – 통조림과 병조림 제조 기준 준수

5 미생물학적 검사를 위해 고형 및 반고형인 검체의 균질화에 사용하는 기계는?

① 초퍼(Chopper)
② 원심분리기(Centrifuge)
③ 균질기(Stomacher)
④ 냉동기(freezer)

🔍 해설

미생물학적 검사를 위해 고형 및 반고형인 검체의 균질화에 사용하는 기계는 균질기이다

6 다음 물질 중 소독효과가 거의 없는 것은?

① 알코올
② 석탄산
③ 크레졸
④ 중성세제

🔍 해설

화학적 소독법		
소독약	용도	허용농도
에틸알콜	손소독	70%
석탄산 (석탄산계수 : 소독약 의 소독력을 나타내는 기준)	분뇨, 상수도, 오물	3%
크레졸	화장실, 하수도, 진개, 오물, 손 소독	3%
과산화수소	피부, 상처소독	3%
승홍수	피부소독	0.1%
염소	수돗물, 과일, 식기	0.2 ppm

* 중성세제 : 소독효과 거의 없음

7 일반적으로 열경화성 수지에 해당되는 플라스틱수지는?

① 폴리에틸렌(polyethylene)
② 폴리프로필렌(polyproplene)
③ 폴리아미드(polyamide)
④ 요소(urea)수지

🔍 해설

요소수지
– 포름알데히드의 축합반응으로 생기는 열경화성 수지 – 신장강도가 높고 잘 휘어지며 열에 의한 비틀림 온도가 높음 – 열, 산성에 분해하여 포름알데히드를 유리시킴

8 식품오염에 문제가 되는 방사능 핵종이 아닌 것은?

① Sr−90   ② Cs−137
③ I−131   ④ C−12

🔍 해설

방사능 오염
• 방사능을 가진 방사선 물질에 의해서 환경, 식품, 인체가 오염되는 현상으로 핵분열 생성물의 일부가 직접 또는 간접적으로 농작물에 이행 될 수 있다. • 식품에 문제 되는 방사선 물질 – 생성율이 비교적 크고 반감기가 긴 ^{90}Sr(29년)과 ^{137}Cs(30년), ^{131}I−(8일)는 반감기가 짧으나 비교적 양이 많아 문제가 된다.

9 어패류가 주요 원인식품이며 3%의 식염배지에서 생육을 잘하는 식중독균은?

① *Staphylococcus aureus*
② *Clostridium botulinum*
③ *Vibrio parahaemolyticus*
④ *Salmonella enteritidis*

🔍 해설

장염 비브리오균	
원인균	*Vibrio parahemolyticus*, 호염성균
병원성 인자	내열성 용혈독
감염원	연안의 해수, 흙, 플랑크톤
원인식품	생선회, 어패류 및 그 가공품 등

10 민물고기를 섭취한 일이 없는데도 간흡충에 감염되었다면 이와 가장 관계가 깊은 감염경로는?

① 채소생식으로 인한 감염
② 가재요리 섭취로 인한 감염
③ 쇠고기 생식으로 인한 감염
④ 민물고기를 요리한 도마를 통한 감염

🔍 해설

기생충의 분류			
중간숙주 없는 것	회충, 요충, 편충, 구충(십이지장충), 동양모양선충		
중간숙주 한 개	무구조충(소), 유구조충(갈고리촌충)(돼지), 선모충(돼지 등 다숙주성), 만소니열두조충(닭)		
중간숙주 두 개	질병	제1중간숙주	제2중간숙주
	간흡충 (간디스토마)	왜우렁이	붕어, 잉어
	폐흡충 (폐디스토마)	다슬기	게, 가재
	광절열두조충 (긴촌충)	물벼룩	연어, 송어
	아나사키스충	플랑크톤	조기, 오징어

11 식품첨가물의 구비조건으로 옳지 않은 것은?

① 체내에 무해하고 축적되지 않아야 한다.
② 식품의 보존효과는 없어야 한다.
③ 이화학적 변화에 안정해야 한다.
④ 식품의 영양가를 유지시켜야 한다.

🔍 해설

식품 첨가물 구비조건
– 효과 및 안전성에 기초를 두고 최소한의 양을 사용할 것
– 식품첨가물의 정해진 기준 및 규격에 따라 사용할 것
– 인체 독성이 없을 것
– 물리화학적 변화에 안정할 것
– 사용하기 간편할 것
– 체내에 축적되지 않을 것
– 미량으로 효과가 있을 것
– 식품의 영양가를 유지할 것
– 식품의 외관을 좋게 할 것
– 가격 저렴
– 식품의 화학성분 등에 의해 그 첨가물 확인이 가능할 것
– 첨가물의 화학명과 제조방법 명확할 것
– 품질 특성 양호할 것
– 천연첨가물의 제조에 사용되는 추출용매는 식품첨가물 공전에 등재된 것으로서 개별 규격에 적합한 것

12 식품 중 진드기류의 번식 억제방법이 아닌 것은?

① 밀봉 포장에 의한 방법
② 습도를 낮추는 방법
③ 냉장 보관하는 방법
④ 30℃ 정도로 가열하는 방법

🔍 해설

진드기류	
진드기 매개 감염병	쯔쯔가무시증, 중증열성혈소판감소증후군
증식 억제 방법	밀봉 포장, 습도 저하, 냉장, 가열 (60℃ 이상), 살충

13 실험물질 사육 동물에 2년 정도 투여하는 독성실험 방법은?

① LD50
② 급성독성실험
③ 아급성독성실험
④ 만성독성실험

🔍 해설

독성시험	
급성 독성시험	저농도에서 고농도까지 일정 용량별로 1회 투여 후 1주간 관찰하여 50% 치사량(LD_{50})를 구하는 시험
아급성 독성시험	1~3개월 정도의 시험기간 동안에 치사량 (LD_{50}) 이하의 여러 용량을 투여하여 생체에 미치는 영향을 관찰하는 시험
만성 독성시험	– 비교적 소량의 검체를 장기간 계속 투여하여 생체에 미치는 영향 관찰하는 시험 – 실험물질은 사육동물에게 2년 정도 투여하는 시험 – 식품·식품첨가물의 독성평가를 위해 실시 – 최대무작용량 판정 목적

14 다음 중 우리나라에서 허용된 식품첨가물은?

① 롱가리트   ② 살리실산

③ 아우라민   ④ 구연산

🔍 해설

허용식품첨가물	사용 용도
구연산	산도조절제
롱가리트	유해표백제
살리실산	허용 안됨
아우라민	유해색소

15 식품 포장재로부터 이행 가능한 유해물질이 잘못 연결된 것은?

① 금속포장재 − 납, 주석

② 요업 용기 − 첨가제, 잔존단위체

③ 고무마개 − 첨가제

④ 종이포장재 − 착색제

🔍 해설

도자기 등에 사용되는 유약
납, 카드뮴, 아연 등 유해금 속화합물이 용출될 위험있음
유약은 산성식품 등에 의하여 납 등이 쉽게 용출

16 곰팡이의 대사산물 중 사람에게 질병이나 생리작용의 이상을 유발하는 물질이 아닌 것은?

① 아플라톡신(aflatoxin)

② citrinin

③ patulin

④ saxitoxin

🔍 해설

곰팡이	생성 독소
Aspergillus flavus	Aflatoxin
Aspergillus versicolor	Sterigmatocystin
Fusarium graminearum	Zearalenone
Fusarium 속, *Trichaderma* 속	T−2 toxin
Penicillium citrinin	citrinin
Aspergillus ochraceus	Ochratoxin
Penicillium patulin	Patulin

자연독	
독성분	독성 함유 식품
테트로도톡신	복어
삭시톡신	검은조개, 섭개, 대합
베네루핀	모시조개, 바지락, 굴
시쿠톡신	독미나리
무스카린	버섯
에르고톡신	맥각

17 세균성 식중독과 비교하였을 때 경구 감염병의 특징에 해당하는 것은?

① 발병은 섭취한 사람으로 끝난다.

② 잠복기가 짧아 일반적으로 시간 단위로 표시한다.

③ 면역성이 없다.

④ 소량의 균에 의하여 감염이 가능하다.

🔍 해설

경구 감염병과 세균성 식중독 차이		
항목	경구 감염병	세균성식중독
균특성	미량의 균으로 감염된다	일정량 이상의 다량균이 필요하다
2차 감염	빈번하다	거의 드물다
잠복기	길다	비교적 짧다
예방조치	전파 힘이 강해 예방이 어렵다	균의 증식을 억제하면 예방이 가능하다
면역	면역성 있다	면역성 없다

18 대부분의 식중독 세균이 발육하지 못하는 온도는?

① 37℃ 이하   ② 27℃ 이하

③ 17℃ 이하   ④ 3.5℃ 이하

🔍 해설

세균의 최적 생육 온도	
고온균	50~60℃
중온균	25~37℃
저온균	15~20℃

💡 정답   **14** ④   **15** ②   **16** ④   **17** ④   **18** ④

19 우유의 저온 살균이 완전히 이루어졌는지를 검사하는 방법은?

① 메틸렌블루(Methylene blue)환원 시험
② 포스파테이즈(Phosphatase) 검사법
③ 브리드씨법(Breeds method)
④ 알코올 침전 시험

🔍 해설

원유 및 유제품 검사	
관능검사	외관, 색, 향, 맛 등 육안검사
물리적 검사	비중검사, 빙점측정
화학적 검사	pH측정, 알코올검사, 산도검사, 유지방검사(뢰제고트리브버브 바브콕시험법, 게르베르법
미생물학적 검사	메틸렌블루환원법, 레자주린환원법, 총균수, 대장균검사, 젖산균수 측정
생화학적 검사	포스파테이스시험 : 소의 결핵균 사멸도와 염기성 포스파테이스의 실활온도(63℃, 30분)가 일치하므로 가열처리 기준으로 활용
항균물질잔류시험	TTC(triphenyltetrazolium chloride)

20 식품의 보존료중 장류, 망고처트니, 간장 식초 등에 사용이 허용되었으나, 내분비 및 생식 독성 등의 안전성이 문제가 되어 2008년 식품첨가물 지정이 취소된 것은?

① 데히드로초산
② 프로피온산
③ 파라옥시 안식향산프로필
④ 파라옥시 안식향산 에틸

🔍 해설

첨가물	사용여부
데히드로초산	고시 제2020-82호(2020.11.12.) 지정취소
프로피온산	보존료, 향료로 사용 빵류, 치즈류, 잼류, 착향목적
파라옥시 안식향산프로필	고시 제2008-34호(2008.6.24.) 지정취소
파라옥시 안식향산 에틸	보존료로 사용 캡슐류, 잼류, 망고처트니, 간장류, 식초, 기타음료(분말제품 제외), 인삼홍삼음료, 소스, 과일류(표피부분에 한함), 채소류(표피부분에 한함)

2 식품화학

21 식품을 장기간 보관할 때 고유의 냄새가 없어지게 되는 주된 이유는?

① 식품의 냄새 성분은 휘발성이기 때문이다.
② 식품의 냄새 성분은 친수성이기 때문이다.
③ 식품의 냄새 성분은 소수성이기 때문이다.
④ 식품의 냄새성분은 비휘발성이기 때문이다.

🔍 해설

식품의 휘발성 성분
식품의 냄새 성분은 휘발성이기 때문에 식품을 장기간 보관할 때 고유의 냄새가 없어지게 된다.

22 지방 1g 중에 oleic acid 20mg이 함유되어 있을 경우의 산가는?(단, KOH의 분자량은 56이고, Oleic acid $C_{18}H_{36}O_2$의 분자량은 282이다)

① 3.97
② 0.0397
③ 100.7
④ 1.007

🔍 해설

산가 측정법

- 산가 : 유지 1g 중에 함유되어 있는 유리 지방산을 중화하는데 필요한 KOH의 mg수
- 산가 = 5.6 = ((V_1-V_0) x 5.611 x F) / S
  V_1 : 본시험의 0.1N-KOH용액의 적정소비량(mℓ)
  V_0 : 공시험의 0.1N-KOH용액의 적정소비량(mℓ)
  F : 0.1N-KOH용액의 역가
  S : 시료채취량(g)
- 유지 중의 유리지방산의 함량을 %로 표시하는 경우도 있음
- 유리지방산(%) = 산가 × 282 / 56 × 100 / 1000
- 계산식
  oleic acid(%) = 산가 × 282 / 56 × 100 / 1000
  산가 = 3.97

23 딸기, 포도, 가지 등의 붉은 색이나 보라색이 가공, 저장 중 불안정하여 쉽게 갈색으로 변하는데 이 색소는?

① 엽록소 ② 카로티노이드계
③ 플라보노이드계 ④ 안토시아닌계

🔍해설

안토시아닌(Anthocyanine) 색소
– 식품의 씨앗, 꽃, 열매, 줄기, 뿌리 등에 있는 적색, 자색, 청색, 보라색, 검정색 등의 수용성 색소 – 당과 결합된 배당체로 존재 – 안토시아닌은 수용액의 pH에 따라 색깔이 쉽게 변함 – 산성에서 적색, 중성에서 자주색, 알칼리성에서 청색으로 변함

24 식품의 효소적 갈변을 방지하는 물리적 방법과 가장 거리가 먼 것은?

① 공기 주입 ② 데치기
③ 산 첨가 ④ 저온 저장

🔍해설

식품의 효소적 갈변 방지
– 열처리 : 데치기, 끓이기 등의 가열처리로 효소의 불활성화 – 염류첨가 : 소금의 염소이온에 의해 효소활성 억제(껍질을 벗긴 과일을 소금물에 담금) – 산소차단 – 산 첨가 : 효소의 최적 pH(6~7) 낮춤 – 냉장저장 : 효소작용 억제 – 환원성물질 이용 : 아황산가스, 아황산염, 아스코르브산, 주석이온 등 – 금속이온 제거

25 a형 이성질체보다 b형 이성질체의 단맛이 강한 당류는?

① 과당 ② 맥아당
③ 설탕 ④ 포도당

🔍해설

과당
– 설탕의 1.5배 정도의 단맛을 낸다.

– 과당은 포도당과 함께 유리상태로 과일 벌꿀 등에 함유되어 있다.
– 과당은 환원당이며, a형과 b형의 두 개 이성체가 존재한다.
– 천연당류 중 단맛이 가장 강하다.
– 단맛은 b형이 a형보다 3배 강하다.
– 물에 대한 용해도가 커서 과포화되기 쉽다.
– 과당의 수용액을 가열하면 b형은 a형으로 변하여 단맛이 현저히 저하된다.
– 단맛 강도 순서 : 과당 〉 전화당 〉 설탕 〉 포도당 〉 맥아당 〉 갈락토스 〉 젖당
– 맥아당과 포도당은 a형이 b형보다 더 달다.

26 단백질을 등전점과 같은 pH 용액에서 전기영동을 하면 어떻게 이동하는가?

① 전혀 움직이지 않는다.
② (+)극으로 빠르게 움직인다.
③ (−)극으로 빠르게 움직인다.
④ (−)극으로 움직이다가 다시 (+)극으로 움직인다.

🔍해설

단백질의 등전점 및 전기영동
• 단백질 등전점 – 단백질 등전점 : 단백질은 한 분자내에 양이온과 음이온이 동시에 공존하여, 어떤 특정한 pH에서는 양전하와 음전하의 양이 동일하게 전체 분자는 전기적으로 0의 하전, 즉 중성이 되는 때의 pH 값 – 식품 단백질의 등전점은 pH 4~6에 있으며 단백질에 산성아미노산이 많으면 산성 pH로 되고, 염기성 아미노산이 많으면 알칼리성 pH로 됨 – 단백질 등전점에서 나타나는 현상 – 전하가 상쇄되어 양극이나 음극으로 이동 안함 – 단백질의 용해도가 가장 적어 쉽게 침전 – 단백질의 점도, 삼투압, 팽윤 등은 최소 – 단백질의 흡착성, 기포력, 탁도, 침전은 최대 • 단백질 전기영동 – 단백질 등전점보다 산성쪽 : 양으로 하전되어 음극으로 이동 – 단백질 등전점보다 알칼리성쪽 : 음으로 하전되어 양극으로 이동 – 단백질 용액에 양·음의 전극을 연결하면 등전점 이외의 pH에서는 단백질의 하전과 반대방향으로 이동 – 단백질의 전기영동의 이동은 단백질의 분자량, 전하의 대소, 분자의 모양 등과 관련 있음

💡정답 **23** ④ **24** ① **25** ① **26** ①

27 요오드 정색반응에 청색을 나타내는 덱스트린 (dextrin)은?

① 아밀로덱스트린(amylodextrin)
② 에리스로덱스트린(erythrodextrin)
③ 아크로덱스트린(archrodextrin)
④ 말토덱스트린(maltodextrin)

🔍해설

전분의 요오드 정색반응
– 전분 구성 : 아밀로스(a-1,4 결합, 나선상직선구조)와 아밀로펙틴(아밀로스 사슬상에 a-1,6 결합)으로 구성 – 아밀로스 나선의 내부공간에 요오드 분자 들어가서 포접 화합물 형성하여 특유의 정색반응나타남(요오드-전분반응) – 요오드-전분반응 : 아밀로스의 사슬길이가 길수록 청색이 짙어짐

덱스트린 종류 및 특성	
가용성전분 (soluble starch)	– 생전분을 묽은 염산처리 – 뜨거운 물에 잘 분산 – 펠링용액을 환원시키지 않음 – 요오드정색반응에 청색 띰
아밀로덱스트린 (amylodextrin)	– 가용성 전분보다 가수분해 좀 더 진행 – 요오드정색반응에 청색 띰
에리스로덱스트린 (erythrodextrin)	– 아밀로덱스트린보다 가수분해 좀 더 진행 – 맥아당 함유하고 있어 환원성 나타냄 – 냉수에 녹음 – 요오드정색반응에 적색 띰
아크로덱스트린 (archrodextrin)	– 에리스로덱스트린보다 가수분해 좀 더 진행 – 환원성 있음 – 요오드정색반응에 무반응
말토덱스트린 (maltodextrin)	– 아크로덱스트린보다 가수분해 더 진행 – 덱스트린 중합도 가장 적음 – 환원성 가장 큼 – 요오드정색반응에 무반응

28 식품의 텍스처(texture)를 나타내는 변수와 가장 거리가 먼 것은?

① 경도(hardness)
② 굴절률(refractive index)
③ 탄성(elasticity)
④ 부착성(adhesiveness)

🔍해설

조직감(Texture) 특성	
일차적 특성	– 견고성(경도) : 식품을 압축하여 일정한 변형을 일으키는데 필요한 힘 – 응집성 : 식품의 형태를 유지하는 내부결합력에 관여하는 힘 – 점성 : 흐름에 대한 저항의 크기 – 탄성 : 일정크기의 힘에 의해 변형되었다가 힘이 제거될 때 다시 복귀되는 정도 – 부착성 : 식품표면이 접촉 부위에 달라붙어 있는 인력을 분리하는데 필요한 힘
이차적 특성	– 부서짐성 : 식품이 부서지는데 필요한 힘 – 씹힘성 : 고체 식품을 삼킬때까지 씹는데 필요한 힘 – 검성 : 반고체 식품을 삼킬 수 있을때까지 씹는데 필요한 힘

29 단백질의 열변성에 영향을 주는 요인이 아닌 것은?

① 수분
② 전해질의 존재
③ pH
④ 수소이온농도

🔍해설

단백질의 열변성에 영향을 주는 요인
– 온도 : 60~70℃에서 일어남 – 수분 : 수분함량 많으면 낮은 온도에서도 열변성이 일어나고, 수분이 적으면 고온에서 변성일어남 – 전해질 : 단백질에 염화물, 황산염, 인산염, 젖산염 등 전해질가하면 변성온도가 낮아질 뿐만아니라 그 속도도 빨라짐 – pH : 단백질 등전점에서 가장 잘 일어남(쉽게 응고) – 설탕 : 단백질 열 응고 방해

30 가공육의 색의 변화에 대한 설명으로 틀린 것은?

① 가공육은 저장 기간이 길어지면서 육색의 변화가 문제가 된다.

② 미오글로빈과 옥시미오글로빈은 육색을 붉게 하는 색소이다.

③ 아질산염은 메트미오글로빈을 형성시켜 육색을 붉게 유지시킨다.

④ 가열을 오래하면 포피린류가 생성되어 갈색 등으로 변한다.

해설

육류 가공품의 발색
– 발색제 : 질산염, 아질산염
– 육류 중의 환원성물질에 의해서 아질산으로부터 생성된 일산화질소(NO)는 환원형 미오글로빈(Mb)과 결합하여 선명한 적색의 니트로소미오글로빈(Nitrosomyoglobin, NOMb)을 형성

31 분산상과 분산매가 모두 액체인 식품은?

① 맥주　　　　② 우유

③ 전분액　　　④ 초코릿

해설

식품에서의 콜로이드 상태			
분산매	분산질	분산계	식품
액체	기체	거품	맥주 및 사이다 거품
	액체	유화	수중유적형 (O / W형) : 우유, 아이스크림, 마요네즈
			유중수적형 (W / O형) : 버터, 마가린
	고체	현탁질	된장국, 주스, 전분액
		졸	소스, 페이스트
		겔	젤리, 양갱
고체	기체	고체거품	빵, 쿠키
	액체	고체젤	한천, 과육, 두부
	고체	고체교질	사탕, 과자
기체	액체	에어졸	향기부여 스모그
	고체	분말	밀가루, 진문, 설탕

액체유형	분산된 입자 크기	분산액
진용액	1nm 이하	설탕물, 소금물
콜로이드	1~100nm	우유, 먹물
현탁액	100nm 이상	흙탕물, 된장국, 초콜릿의 교질상태

32 다음 중 이중결합이 2개인 지방은?

① 팔미트산(palmitic acid)

② 올레산(oleic acid)

③ 리놀레산(linoleic acid)

④ 리놀렌산(linolenic acid)

해설

지방산 종류		탄소수 : 이중결합수
포화지방산	미리스트산 (myristic acid)	14 : 0
	팔미트산 (palmitic acid)	16 : 0
	스테아르산 (stearic acid)	18 : 0
	아라키드산 (arachidic acid)	20 : 0
불포화지방산	올레산 (oleic acid)	18 : 1
	리놀레산 (linoleic acid)	18 : 2
	리놀렌산 (linolenic acid)	18 : 3
	아라키돈산 (arachidonic acid)	20 : 4

33 과당(Fructose)에 대한 설명으로 틀린 것은?

① 과당은 포도당과 함께 유리상태로 과일 벌꿀 등에 함유되어 있다.

② 과당은 환원당이며, α형과 β형의 두 개 이성체가 존재한다.

③ 설탕에 비하여 단맛이 약하다.

④ 물에 대한 용해도가 커서 과포화되기 쉽다.

해설

과당
– 설탕의 1.5배 정도의 단맛을 낸다.
– 과당은 포도당과 함께 유리상태로 과일 벌꿀 등에 함유되어 있다.
– 과당은 환원당이며, a형과 b형의 두 개 이성체가 존재한다.
– 천연당류 중 단맛이 가장 강하다.
– 단맛은 b형이 a형보다 3배 강하다.

정답 **30** ③　**31** ②　**32** ③　**33** ③

- 물에 대한 용해도가 커서 과포화되기 쉽다.
- 과당의 수용액을 가열하면 b형은 a형으로 변하여 단맛이 현저히 저하된다.
- 단맛 강도 순서 : 과당 〉 전화당 〉 설탕 〉 포도당 〉 맥아당 〉 갈락토스 〉 젖당
- 맥아당과 포도당은 a형이 b형보다 더 달다.

34 단백질의 변성에 대한 설명으로 틀린 것은?

① 단백질의 변성은 등전점에서 가장 잘 일어난다.

② 단백질의 열응고 온도는 대개 60~70℃이다.

③ 육류 단백질의 동결변성은 −5~−1℃에서 가장 잘 일으킨다.

④ 콜라겐은 가열에 의해서 불용성의 젤라틴으로 된다.

🔍 해설

단백질의 열변성에 영향을 주는 요인
- 온도 : 60~70℃에서 일어남
- 수분 : 수분함량 많으면 낮은 온도에서도 열변성이 일어나고, 수분이 적으면 고온에서 변성 일어남
- 전해질 : 단백질에 염화물, 황산염, 인산염, 젖산염 등 전해질가하면 변성온도가 낮아질 뿐만아니라 그 속도도 빨라짐
- pH : 단백질 등전점에서 가장 잘 일어남(쉽게 응고)
- 설탕 : 단백질 열 응고 방해

35 함황 아미노산이 아닌 것은?

① lysine

② crysteine

③ methionine

④ cystine

🔍 해설

함황아미노산
- 아미노산의 화학구조 상 측쇄에 황(S)을 함유하는 아미노산
- 종류 : 메티오닌, 시스테인, 시스틴

36 향기 성분으로 알리신(allicin)이 들어 있는 것은?

① 마늘

② 사과

③ 고추

④ 무

🔍 해설

향기성분	
마늘	알리신
사과	알코올류, 알데히드류, 초산, 프로피온산, 부티르산류의 유기산류와 에스테르류
고추	캡사이신, 디하이드로캡사이신
무	메틸메르캅탄(황화합물)

37 유지의 산패를 측정하는 화학적 성질과 거리가 먼 것은?

① 과산화물가

② 요오드가

③ 산가

④ 폴렌스케가

🔍 해설

유지의 화학적 시험법			
시험법	목적	측정방법	비고
산가	유리지방산량	유지 1g에 존재하는 유리지방산을 중화하는데 소요되는 KOH의 mg수	신선유지에는 유리지방산 함량이 낮으나, 유지를 가열 또는 저장시 가수분해로 유리지방산 형성
검화가	검화에 의해 생기는 유리지방산의 양	유지 1g을 검화가는데 소요되는 KOH의 mg수	저급지방산 많이 함유 : 검화가 높음 고급지방산 많이 함유 : 검화가 낮음
요오드가	불포화지방산량	유지 100g에 첨가되는 요오드의 g수	요오드가 건성유 : 130 이상 반건성유 : 100~130 불건성류 : 100 이하
과산화물가	과산화물량	유지 1kg에 생성된 과산화물의 mg당량	신선유 : 10 이하

아세틸가	유 리 된 -OH기 측정	무수초산으로 아세틸화한유지 1g을 검화하여 생성된 초산을 중화하는 데 필요한 KOH의 mg수	신선유 : 10 이하 신선유지 및 피마자유는 높음
폴렌스커가	불용성 휘발성 지방산 량	5g의 유지 속의 휘발성불용성지방산을 중화하는 데 필요한 KOH의 mL수	야자유와 다른 유지와의 구별 야자유 : 18.8~17.8 버터 : 1.9~3.5 일반 : 1.0 이하
라이케르트 −마이슬가	수용성 휘발성 지방산	5g의 유지를 검화하여 산성에서 증류, 유출액을 중화하는 데 필요한 0.1N KOH의 mL수	버터 위조 판정에 이용 버터 : 26~32 야자유 : 5~9 기타신선유지 : 1 이하

38 일반적으로 효소의 활성에 크게 영향을 미치지 않는 것은?

① 공기 　　② 온도
③ pH 　　④ 기질의 양

 해설

효소 및 효소활성에 영향을 미치는 인자
• 효소 : 생물체에서 생성되는 화학반응의 속도를 촉진시키는 촉매작용을 하는 단백질의 일종 • 효소에는 단순단백질과 복합단백질(단순단백질+비단백질부분)이 있고, 복합단백질을 완전효소라 함 　－ 완전효소 = 아포효소(단백질)+보결분자단(비단백질, 보조효소 또는 보조인자) 　－ 아포효소 : 열에 약하고 효소반응에 특이성 부여 　－ 보결분자단 : 열에 안정. 무기질로서 효소작용 • 효소 활성에 영향을 미치는 인자 　－ pH : 일정 pH 범위에서 효소 특이성 활성가짐 　－ 온도 : 온도 10℃ 상승에 반응 속도 약 2배 증가. 온도상승에 따라 효소반응 속도 증가하나, 온도가 너무 올라가면 변성 일어남 　－ 효소 농도 : 비례하여 증가하나, 반응생성물이 효소작용을 억제하는 경우도 있음 　－ 기질농도 : 비례하나, 일정 범위를 넘으면 비례하지 않음

39 단백질의 등전점에서 나타나는 현상이 아닌 것은?

① 기포력이 최소가 된다.
② 용해도가 최소가 된다.
③ 팽윤이 최소가 된다
④ 점도가 최소가 된다.

🔍 해설

단백질의 등전점 및 전기영동
• 단백질 등전점 　－ 단백질 등전점 : 단백질은 한분자내에 양이온과 음이온이 동시에 공존하여, 어떤 특정한 pH에서는 양전하와 음전하의 양이 동일하게 전체 분자는 전기적으로 0의 하전, 즉 중성이 되는 때의 pH 값 　－ 식품 단백질의 등전점은 pH 4~6에 있으며 단백질에 산성아미노산이 많으면 산성 pH로 되고, 염기성 아미노산이 많으면 알칼리성 pH로 됨 　－ 단백질 등전점에서 나타나는 현상 　－ 전하가 상쇄되어 양극이나 음극으로 이동 안함 　－ 단백질의 용해도가 가장 적어 쉽게 침전 　－ 단백질의 점도, 삼투압, 팽윤 등은 최소 　－ 단백질의 흡착성, 기포력, 탁도, 침전은 최대 • 단백질 전기영동 　－ 단백질 등전점보다 산성쪽 : 양으로 하전되어 음극으로 이동 　－ 단백질 등전점보다 알칼리성쪽 : 음으로 하전되어 양극으로 이동 　－ 단백질 용액에 양·음의 전극을 연결하면 등전점 이외의 pH에서는 단백질의 하전과 반대방향으로 이동 　－ 단백질의 전기영동의 이동은 단백질의 분자량, 전하의 대소, 분자의 모양 등과 관련 있음

40 다음의 식품 중 소상체의 특성을 나타내는 것은 어느 것인가?

① 가당연유
② 생크림
③ 물엿
④ 난백

식품의 유동(흐름)

- 탄성 (Elasticity)
  - 외부로부터 힘을 받아 변형된 물체가 외부의 힘을 제거하면 원래의 상태로 돌아가는 성질
  - 예 : 한천, 겔, 묵, 곤약, 양갱, 밀가루 반죽
- 가소성(Plasticity)
  - 외부로부터 힘을 받아 변형되었을 때 외부의 힘을 제거하여도 원래의 상태로 되돌아가지 않는 성질
  - 예 : 버터, 마가린, 생크림, 마요네즈 등
- 점탄성(Viscoelasticity)
  - 외부에서 힘을 가할 때 점성유동과 탄성변형을 동시에 일으키는 성질
  - 예 : 난백, 껌, 반죽
- 점성(점도)(Viscosity)
  - 액체의 유동성(흐르는 성질)에 대한 저항
  - 점성이 높을수록 유동되기 어려운 것은 내부 마찰저항이 크기 때문
  - 온도와 수분함량에 따라 맛에 영향을 줌
  - 용질의 농도 높을수록, 온도 낮을수록, 압력 높을수록, 분자량이 클수록 점성 증가함
  - 예 : 물엿, 벌꿀

3 식품가공학

41 유지에 수소를 첨가하는 목적과 거리가 먼 것은?

① 색깔을 개선한다.
② 산화안정성을 좋게 한다.
③ 식품의 냄새, 풍미를 개선한다.
④ 유지의 유통기한을 연장시킨다.

🔍 해설

유지에 수소 첨가 목적

- 삼투압에 의한 원형질 분리
- 수분활성도 저하
- 산소 용해도 감소
- 소금에서 해리된 염소이온(Cl^-)의 미생물 살균 작용
- 고농도의 소금용액에서 미생물 발육 억제
- 단백질 가수분해효소 작용 억제
- 탈수작용

42 두부 제조와 가장 밀접한 단백질은?

① 글루테닌
② 글리아딘
③ 글리시닌
④ 카제인

🔍 해설

두부 제조

두부	두류를 주원료로 하여 얻은 두유액을 응고 시켜 제조 · 가공한 것으로 두부, 유바, 가공두부를 말함
주요 단백질	콩단백질의 주성분 : 글리시닌
응고제	염화마그네슘, 염화칼슘, 황산칼슘 등
제조 공정	콩 → 침지 → 마쇄 → 두미(콩죽) → 가열 → 여과 → 두유 → 응고 → 압착 → 두부

43 햄과 베이컨의 제조공정에서 간 먹이기에 사용되는 일반적인 재료가 아닌 것은?

① 소금
② 식초
③ 설탕
④ 향신료

🔍 해설

햄 · 베이컨 간 먹이기(염지) 재료

소금, 설탕, 질산염, 인산염, 아스코르브산염, 향신료 및 조리료

44 식품 등의 표시기준에 따라 제조일과 제조 시간을 함께 표시하여야 하는 즉석섭취 · 편의식품류는?

① 어육 연제품
② 식용유지류
③ 도시락
④ 통 · 병조림

🔍 해설

즉석섭취 · 편의식품류 유통기한 표시

즉석섭취식품 중 도시락, 김밥, 햄버거, 샌드위치, 초밥의 제조연월일 표시는 제조일과 제조시간을 함께 표시
유통기한 표시는 "○○월○○일○○시까지", "○○일○○시까지" 또는 "○○.○○.○○ ○○:○○까지"로 표시

💡 정답 **41** ④ **42** ③ **43** ② **44** ③

45 장류의 원료에 대한 설명으로 옳은 것은?

① 된장용으로 찹쌀이 가장 좋다
② 장류용 보리는 도정(겨층 제거)한 것을 사용한다.
③ 된장용 소금은 3~4 등급의 소금을 사용한다.
④ 장류용 물은 불순물이 많아도 상관없다.

🔍해설

장류 원료	
간장	콩, 밀, 소금(3~4등급)
된장	콩, 쌀(멥쌀) 또는 보리 등 전분질, 소금(상등급)
고추장	쌀, 밀가루 또는 보리 등 전분질, 소금, 고춧가루
청국장	콩, 소금, 향신료
* 장류용 물은 철분이 없고 분술물이 적을수록 좋다.	

46 비중계에 대한 설명으로 틀린 것은?

① 디지털 비중계 : 정밀하고 간편하게 비중을 측정할 수 있다.
② 경보오메계 : 비중이 물보다 가벼운 액체에 사용한다.
③ 브릭스 비중계 : 비중을 측정한 후 온도 4℃로 보정한다.
④ 중보오메계 : 비중이 물보다 무거운 액체에 사용한다.

🔍해설

비중계	
비중 : 어떤 물질의 무게가 그것과 같은 부피를 가지는 물 무게의 몇 배인가를 나타내는 것으로, 보통 4℃의 물을 표준으로 하여 측정 온도 t℃ 일 때의 부피와 비교하는 것	
표준 비중계	초산 용액 등 측정
보오링 비중계 또는 브릭스 비중계	과즙, 설탕용액, 맥아즙 등의 엑스분 측정
보오메 비중계	소금 용액 측정
	중보오메계 : 비중이 물보다 무거운 액체 측정

47 달걀 가공품에 대한 설명으로 틀린 것은?

① 액란(liquid egg)은 전란액, 난백액, 난황액이 있다.
② 피단(pidan)은 달걀 속에 소금과 알칼리성 염류를 침투시켜 노른자와 흰자를 응고, 숙성시킨 조미달걀이다.
③ 마요네즈는 노른자의 유화력을 이용한 대표적인 달걀 가공품이다.
④ 건조란은 껍데기째 탈수 건조시킨 것으로, 아이스크림, 쿠키 등에 사용되고 있다.

🔍해설

건조란
– 달걀 껍데기를 제거하고 탈수 건조한 것
– 종류 건조전란, 건조난백, 건조난황, 탈당건조전란, 탈당건조난황 등
– 건조란은 저장성이 높고 수송이 편리하나, 지방의 산패나 용해도의 저하에 유의

48 식품이 나타내는 수증기압이 0.98이고 해당 온도에서 순수한 물의 수증기압이 1.0일 때 수분활성도(Aw)는?

① 0.02   ② 0.98
③ 1.02   ④ 1.98

🔍해설

수분활성도(Water Activity, AW)	
정의	어떤 온도에서 식품이 나타내는 수증기압(Ps)에 대한 순수한 물의 수증기압의 비율(P0)
계산식	Aw = Ps / P0 Aw = 0.98 / 1 = 0.98

49 우유의 지방정량법이 아닌 것은?

① Gerber법   ② Kjeldahl법
③ Babcock법   ④ Roese-Gottieb법

🔍해설

우유의 지방 정량법
Gerber법, Babcock법, Roese-Gottieb법
* Kjeldahl법 : 조단백질 정량법

50 고형분 함량이 50%인 식품 5kg을 농축하여 고형분함량 80%로 만들려고 한다. 제거해야 할 물의 양은?

① 1.325 kg ② 1.505 kg
③ 1.625 kg ④ 1.875 kg

🔍 해설

고형분 50% 식품 5kg에는 물이 2.5kg 함유
→ 고형분 80% 함유하려면 50% / 80% = 0.625
∵ 2.5 0.625 = 1.875

51 어패류의 맛에 관여하는 함질소 엑스성분이 아닌 것은?

① TMAO ② betaine
③ 핵산관련물질 ④ 글리세라이드

🔍 해설

어패류 엑스성분

정의	어패류의 수용성 추출액에서 단백질, 지질, 색소 및 기타 고분자 화합물을 제거한 나머지 성분인 유리아미노산, 저분자펩타이드, ATP관련물질 등의 질소화합물 및 저분자 탄수화물을 통틀어 말함
함량	갑각류, 연체류 〉 적색육 어류 〉 백색육어류, 연골어 〉 경골어
기능	어패류의 맛과 밀접한 관계 있음
종류	– 유리아미노산 – ATP 관련물질 – TMAO(trimethylamie oxide) – betaine : 염기성화합물, 연체류의 단맛 – 유기산 : 젖산, 숙신산 등 – 당류 : 글리코겐, 포도당

52 잼 제조시 농축 공장에서 젤리점 판정법이 아닌 것은?

① 알코올 침전법
② 컵 테스트(cup test)
③ 스푼 테스트(spoon test)
④ 온도계법

🔍 해설

잼의 젤리점 판정법

방법	특징
컵테스트	냉수가 담아 있는 컵에 농축물을 떨어뜨렸을 때 분산되지 않을 때
스푼 테스트	농축물을 스푼으로 떠서 기울였을 때 시럽상태가 되어 떨어지지 않고 은근히 늘어짐
온도계법	농축물의 끓는 온도가 104~105℃ 될 때
당도계법	굴절당도계로 측정 60~65% 될 때

53 프로바이오틱스(Probiotics)에 대한 설명으로 틀린 것은?

① 대부분의 프로바이오틱스는 유산균들이며 일부 Bacillus 등을 포함하고 있다.
② 과량으로 섭취하면 heterofermentation을 하는 균주에 의한 가스 발생 등으로 설사를 유발할 수 있다.
③ 프로바이오틱스가 장 점막에서 생육하게 되면 장내의 환경을 중성으로 만들어 장의 기능을 향상시킨다.
④ 프로바이오틱스가 장내에 도달하여 기능을 나타내려면 하루에 108~1010 cfu 정도를 섭취하여야 한다.(단, 건강기능식품 공전에서 정하는 프로바이오틱스에 해당하는 경우이며, 새로 개발된 균주의 경우 섭취량이 달라질 수 있다)

🔍 해설

– 프로바이오틱스는 섭취되어 장에 도달하였을 때에 장내 환경에 유익한 작용을 하는 균주를 말한다.
– 즉, 장에 도달하여 장 점막에서 생육할 수 있게 된 프로바이오틱스는 젖산을 생성하여 장내 환경을 산성으로 만든다.

💡 정답 **50** ④ **51** ④ **52** ① **53** ③

54 식품을 포장하는 목적으로 거리가 먼 것은?

① 취급을 편리하게 하기위하여
② 상품가치를 향상시키기 위하여
③ 내용물의 맛을 변화시키기 위하여
④ 식품의 변패를 방지하기 위하여

🔍 해설

식품 포장의 목적
– 물리적 보전(기계적 외력, 외부 환경 보호)
– 품질보전(외적환경, 생물적 환경 보호)
– 식품 위생적 보전(생물학적 환경 보호)
– 작업성 향상, 간편성 부여, 상품성 향상

55 면 제조 시 사용하는 견수의 역할이 아닌 것은?

① 약간 노란색을 띠게 한다.
② 중화의 특유한 풍미를 부여한다.
③ 밀 녹말의 노화를 촉진하여 준다.
④ 면의 식감을 쫄깃하게 한다.

🔍 해설

견수(탄산칼륨 등의 용액)의 역할
– 면에 약간 노란색을 띠게 한다.
– 중화면에서 특유 풍미를 준다.
– 수분이 많을수록 호화가 잘 일어난다.
– 면의 식감을 쫄깃하게 한다.

56 열 이동과 물질이동의 원리가 동시에 적용되는 단위조작이 아닌 것은?

① 건조   ② 농축
③ 증류   ④ 포장

🔍 해설

식품가공의 단위조작	유체의 흐름
데치기, 끓이기, 볶기, 살균, 냉각, 냉동	열전달
건조, 농축, 증류, 결정	물질이동 및 열전달
세척, 원심분리, 침강, 교반, 여과, 유체수송	유체이동

57 과실, 채소 가공 시 데치기(Blanching)의 목적과 거리가 먼 것은?

① 박피를 쉽게 한다.
② 맛과 조직감을 좋게 한다.
③ 변색과 변질을 방지한다.
④ 가열 살균 시 부피가 줄어든 것을 방지한다.

🔍 해설

데치기 목적
– 식품 내의 효소를 불활성
– 조직연화
– 원료 조직 부드럽게 하여 통조림 충진이 쉬워지고 살균 시 부피 감소 방지
– 가공중의 변색 방지 및 고유색 유지
– 점질물 형성물질 제거
– 좋지 않은 냄새 제거
– 껍질 벗기기 용이
– 식품 세척

58 쌀의 도정률이 작은것에서 큰 순서로 옳게 나열한 것은?

① 주조미 〈 백미 〈 5분도미 〈 현미
② 주조미 〈 5분 도미 〈 백미 〈 현미
③ 현미 〈 5분 도미 〈 백미 〈 주조미
④ 현미 〈 백미 〈 5분도미 〈 주조미

🔍 해설

쌀의 도정에 따른 분류				
종류	특성	도정률 (%)	도감률 (%)	소화률 (%)
현미	왕겨층만 제거	100	0	95.3
3분도미		98	2	
5분도미	겨층 50% 제거	96	4	97.2
7분도미	겨층 70% 제거	94	6	97.7
10분도미 (백미)	현미도정. 배아, 호분층, 종피, 과피 등 제거. 배유만 남음	92	8	98.4
배아미	배아 떨어지지 않도록 도정			
주조미	술 제조 이용. 미량의 쌀겨도 없도록 배유만 남음	75 이하	25 이상	

💡 정답 **54** ③   **55** ③   **56** ④   **57** ②   **58** ①

59 식품저장을 위한 염장의 삼투작용에 대한 설명이 틀린 것은?

① 미생물의 생육 억제에 효과가 있다.

② 식품 내외의 삼투압차에 의하여 침투와 확산의 두 작용이 일어난다.

③ 소금에 의해 식품의 보수성이 좋아진다.

④ 높은 삼투압으로 미생물 세포는 원형질 분리가 일어난다.

🔍해설

염장의 삼투작용(소금의 방부력)

– 삼투압에 의한 원형질 분리
– 수분활성도 저하
– 산소 용해도 감소
– 소금에서 해리된 염소이온(Cl^-)의 미생물 살균 작용
– 고농도의 소금용액에서 미생물 발육 억제
– 단백질 가수분해효소 작용 억제
– 탈수작용

60 유지의 추출용제로 적당하지 않은 것은?

① hexane   ② acetone

③ HCl   ④ CCl₄

🔍해설

식용 유지 추출 용매

핵산(Hexane)을 가장 많이 사용.
그 외, 헵탄, 석유에테르, 벤젠, 사염화탄소, 이황화탄소, 아세톤 등

4 식품미생물학

61 청국장 발효균은?

① *Aspergillus oryzae*

② *Bacillus natto*

③ *Rhizopus delimer*

④ *Zygosaccharomyces rouxii*

🔍해설

청국장

청국장은 고초균(*Bacillus subtilis*)이나 납두균(*Bacillus natto*)을 자연적으로 콩에 증식시켜 제조한 풍미가 독특한 발효식품

62 Pichia 속과 Hansenula 속에 대한 설명으로 옳은 것은?

① 모두 질산염을 자화한다.

② *Pichia* 속만 질산염을 자화한다.

③ *Hansenula* 속만 질산염을 자화한다.

④ 모두 질산염을 자화하지 못한다.

🔍해설

효모

– 진균류의 한 종류
– 포자가 아닌 영양세포가 단세포로 존재하는 시기가 있음
– 형태는 구형, 난형, 타원형, 레몬형, 원통형, 삼각형, 균사모양의 위균사 등이 있음
– 효모 증식 : 무성생식에 의한 출아법
　　　　　　유성생식에 의한 자낭포자, 담자포자

효모의 분류

	종류	대표식품
유포자 효모 (자낭균 효모)	*Scccharomyces cerevisiae*	맥주상면발효, 제빵
	Scccharomyces carsbergensis	맥주하면발효
	Scccharomyces sake	청주제조
	Scccharomyces ellipsoides	포도주제조
	Scccharomyces rouxii	간장제조
	Schizosacharomyces 속	이분법, 당발효능 있고 알코올 발효 강함 질산염 이용 못함
	Debaryomyces 속	산막효모, 내염성
	Hansenula 속	산막효모, 야생효모, 당발효능 거의 없음 질산염 이용
	Lipomyces 속	유지효모
	Pichia 속	산막효모, 질산염 이용 못함 당발효능 거의 없음

💡정답 **59** ③   **60** ③   **61** ②   **62** ③

무포자 효모	Candida albicans	칸디다증 유발 병원균
	Candida utilis	핵산조미료원료, RNA제조
	Candida tropicalis Candida lipolytica	석유에서 단세포 단백질 생산
	Torulopsis versatilis	호염성, 간장발효 시 향기 생성
	Rhodotorula glutinis	유지생성
	Thrichosporon cutaneum Thrichosporon pullulans	전분 및 지질분해력

63 균내에 존재하는 효소를 추출하기 위한 균체파괴법에 해당하지 않는 것은?

① 기계적 마쇄법　　② 초음파 마쇄법
③ 자기 소화법　　　④ 염석 및 투석법

🔍 해설

균체내 효소 추출법

초음파 파쇄법, 기계적 마쇄법, 동결융해법, 자가소화법, 건조균체의 조제, 용재처리, 삼투압변화, 세포벽 용해 효소처리 등

• 염석법 : 염류를 용해시켜 효소단백질을 석출시키는 방법. 정제방법에 많이 사용

64 에탄올 1kg이 전부 초산발효가 될 경우 생성되는 초산의 양은 약 얼마인가?

① 667g　　　　　② 767g
③ 1204g　　　　④ 1304g

🔍 해설

포도당에서 얻어지는 초산 생성량

− $C_6H_{12}O_6$(포도당) → $2C_2H_5OH$(에탄올) + $2CO_2$
− C_2H_5OH(에탄올) + O → CH_3COOH(초산) + H_2O
− $C_6H_{12}O_6$(포도당) 분자량 : 180
− C_2H_5OH(에탄올) 분자량 : 46
− CH_3COOH(초산) 분자량 : 60
− 에탄올 1000g(1kg)으로부터 이론적인 초산 생성량
　$46 : 60 = 1000 : x$
　$x = 1,304g$

65 제빵에 주로 사용하는 균주는?

① *Acetobacter aceti*
② *Saccharomyces oleaceus*
③ *Saccharomyces cerevisiae*
④ *Acetobacter xylinum*

🔍 해설

Saccharomyces cerevisiae

− 약주, 포도주, 맥주 등 각종 주정 발효에 사용
− 빵효모, 효모균체 생산에 이용
− 상면 맥주 효모

66 포도주의 주 발효균은?

① *Saccharomyces ellipsoides*
② *Saccharomyces sake*
③ *Saccharomyces sojae*
④ *Saccharomyces coreanus*

🔍 해설

효모

− 진균류의 한 종류
− 포자가 아닌 영양세포가 단세포로 존재하는 시기가 있음
− 형태는 구형, 난형, 타원형, 레몬형, 원통형, 삼각형, 균사모양의 위균사 등이 있음
− 효모 증식 : 무성생식에 의한 출아법
　　　　　　유성생식에 의한 자낭포자, 담자포자

효모의 분류

종류		대표식품
유포자 효모 (자낭균 효모)	Scccharomyces cerevisiae	맥주상면발효, 제빵
	Scccharomyces carsbergensis	맥주하면발효
	Scccharomyces sake	청주제조
	Scccharomyces ellipsoides	포도주제조
	Scccharomyces rouxii	간장제조
	Schizosacharomyces 속	이분법, 당발효능 있고 알코올 발효 강함 질산염 이용 못함
	Debaryomyces 속	산막효모, 내염성
	Hansenula 속	산막효모, 야생효모, 당발효능 거의 없음 질산염 이용
	Lipomyces 속	유지효모
	Pichia 속	산막효모, 질산염 이용 못함 당발효능 거의 없음

💡 정답　**63** ④　**64** ④　**65** ③　**66** ①

	Candida albicans	칸디다증 유발 병원균
	Candida utilis	핵산조미료원료, RNA제조
	Candida tropicalis *Candida lipolytica*	석유에서 단세포 단백질 생산
무포자 효모	*Torulopsis versatilis*	호염성, 간장발효 시 향기 생성
	Rhodotorula glutinis	유지 생성
	Thrichosporon cutaneum *Thrichosporon pullulans*	전분 및 지질분해력

67 겨울철에 살균하지 않은 생유에 발생하면 쓴맛이 나게 하며, 단백질 분해력이 강한 균은?

① *Erwinia carotova*
② *Glucomobacter oxydans*
③ *Enterobacter aerogenes*
④ *Pseudomonas fluorescens*

🔍 해설

Pseudomonas fluorescens	
– 녹색의 형광색소 생성	– 저온성 부패균
– 우유에 번식하여 쓴맛 원인균	– 단백질 분해 강한 균

68 하등미생물 중 형태의 분화정도가 가장 앞선 균사상의 원핵 생물로 토양에 주로 존재하며 다양한 항생물질을 생산하는 미생물은?

① 방선균
② 효모
③ 곰팡이
④ 젖산균

🔍 해설

방선균
– 세포가 곰팡이 균사처럼 실 모양으로 연결되어 발육하여 그 끝에 포자 형성
– 분생자를 형성하거나 포자낭 중에 포자 형성
– 세포벽의 화학구조가 그람양성 세균과 유사
– 세균과 같은 원핵세포로 되어 있는 하등생물 중의 하나
– 토양, 식물체, 동물체, 하천, 해수 등에 균사체 및 포자체로 존재
– 난분해성 유기물 분해
– 항생물질 생산

69 통기성의 필름으로 포장된 냉장 포장육의 부패에 관여하지 않는 세균은?

① *Pseudomonas* 속
② *Clostridium* 속
③ *Moraxella* 속
④ *Acinetobacter* 속

🔍 해설

Clostridium 속
– 그람 양성 혐기성 유포자 간균
– catalase 음성
– gelatin 액화력이 있음
– 열과 소독제에 저항성이 강한 아포형성(내생포자형성)
– 살균이 불충분한 통조림, 진공포장식품에서 번식하는 식품부패균
– 육류와 어류에서 단백질 분해력이 강하고, 부패, 식중독을 일으킴
– 야채, 과실의 변질을 일으키는 당류분해성이 있는 것이 있음

70 세균의 생육에 있어 균체의 세대기간(generation)이 일정하고 생리적 활성이 최대인 것은?

① 유도기(lag phase)
② 대수기(logarithimie phase)
③ 정상기(stationary phase)
④ 사멸기(death phase)

🔍 해설

미생물 생육 곡선
• 배양시간과 생균수의 대수(log)사이의 관계를 나타내는 곡선. S 곡선
• 유도기, 대수기, 정상기(정지기), 사멸기로 나눔
• 유도기(lag phase)
 – 잠복기로 미생물이 새로운 환경이나 배지에 적응하는 시기
 – 증식은 거의 일어나지 않고, 세포 내에서 핵산이나 효소단백질의 합성이 왕성하고, 호흡활동도 높으며, 수분 및 영양물질의 흡수가 일어남
 – DNA합성은 일어나지 않음
• 대수기(logarithmic phase)
 – 급속한 세포분열 시작하는 증식기로 균수가 대수적으로 증가하는 시기. 미생물 성장이 가장 활발하게 일어나는 시기

💡 정답 **67** ④ **68** ① **69** ② **70** ②

- 정상기(정지기, Stationary phase)
  - 영양분의 결핍, 대사산물(산, 독성물질 등)의 축적, 에너지 대사와 몇몇의 생합성과정을 계 속되어 항생 물질, 효소 등과 같은 2차 대사산물 생성
  - 생균수는 일정하게 유지되고 총균수는 최대가 되는 시기. 증식 속도가 서서히 늦어지면서 생균수와 사멸 균수가 평형이 되는 시기
  - 배지의 pH 변화
- 사멸기(death phase)
  - 감수기로 생균수가 감소하여 생균수보다 사멸균수가 증가하는 시기

71 세균의 그람염색에 사용되지 않는 것은?

① Crystal violet 액 ② Lugol 액
③ Safranin 액 ④ Congo red

🔍 해설

그람 염색

- 그람 염색 순서
  도말(smearing) → 건조(drying) → 고정(firming) → 염색(staining) → 수세(washing) → 건조(drying) → 검경(speculum)
- 그람 염색약
  crystal violet, iodine(lugol액), alcohol, safranin

72 세균의 편모와 가장 관련이 깊은 것은?

① 생식기관 ② 운동기관
③ 영양축적기관 ④ 단백질합성기관

🔍 해설

세포의 운동기관

- 편모와 섬모
- 세포의 표면에 있는 가늘고 머리카락 같은 이동용 세포 소기관
- 편모와 섬모는 구조적으로 동일하나 길이, 세포당 수, 운동 형태에 따라 구분
- 편모
  - 운동 또는 이동에 사용되는 세포 표면을 따라서 긴 채찍형 돌출 구조물
  - 수가 적고 길이는 긴편이며, 파동 운동으로 이동
- 섬모
  - 9쌍의 미세소관 다발이 축사라고 불리는 중앙미세소관 한 쌍을 둘러싸고 있는 형태로 9+2구조
  - 짧고 수가 많으며 마치 노를 젓는 것처럼 차례로 운동

73 미생물 대사 중 pyruvic acid에서 TCA cycle로 들어갈 때 필요로 하는 물질은?

① Acetyl CoA
② NADP
③ FAD
④ ATP

🔍 해설

acetyl CoA(활성초산)

미생물 대사 중 pyruvic acid가 TCA cycle 로 들어갈 때 산화적 탈탄산효소(pyruvate decarboxulase)에 의한 활성초산(acetyl CoA)으로 전환

74 그람 양성균 세포벽의 특징이 아닌 것은?

① 그람 음성균에 비해 세포벽이 얇다.
② peptidoglycan을 가지고 있다.
③ 지질다당류의 외막은 없다
④ teichoic acid가 함유되어 있다.

🔍 해설

세포벽의 그람염색성

- 그람염색법 : 세균의 세포벽 구조차이를 이용하여 분류하는 세균염색법 중 하나
- 그람염색은 크리스탈바이올렛의 보라색 색소로 염색하고 알코올로 탈색 후 샤프라인의 붉은색 색소로 염색
- 세포벽의 주성분인 펩티도글루칸의 구조와 화학조성 차이에 의해 그람염색의 색깔이 다르게 나타남
- 그람양성균(그람염색-보라색)의 세포벽은 펩티도글루칸이 여러 층으로 되어 있고, 세포벽의 약 80~90%가 펩티도글루칸, 테이코산(teichoic acid), 다당류 함유
- 그람음성균(그람염색-적자색)의 세포벽은 펩티도글루칸이 한 층으로 되어있고 인지질, 리포폴리사카라이드, 리포프로테인 등으로 구성된 외막이 감싸고 있는 형태임

75 박테리오 파지의 숙주는?

① 조류
② 곰팡이
③ 효모
④ 세균

💡 정답 71 ④ 72 ② 73 ① 74 ① 75 ④

박테리오파지(Bacteriophage)

- 세균(bacteria)과 먹는다(phage)가 합쳐진 합성어로 세균을 죽이는 바이러스라는 뜻임
- 동식물의 세포나 미생물의 세포에 기생
- 살아 있는 세균의 세포에 기생하는 바이러스
- 세균여과기를 통과
- 독자적인 대학 기능은 없음
- 한 phage의 숙주균은 1균주에 제한 (phage의 숙주특이성)
- 핵산(DNA와 RNA) 중 어느 한 가지 핵산만 보유(대부분 DNA)
- 박테리오파지 피해가 발생하는 발효 : 요구르트, 항생물질, glutamic acid 발효, 치즈, 식초, 아밀라제, 납두, 핵산관련물질 발효 등

---

76 유리산소의 존재유무에 관계없이 생육이 가능한 균은?

① 편성호기성균
② 편성혐기성균
③ 통성혐기성균
④ 미호기성균

🔍 해설

산소 요구성에 의한 미생물의 분류

호기성균 (산소존재 시 생육)	절대호기성균 (편성호기성균)	산소가 있을 경우에만 생육
	미호기성균	대기 중 산소분압보다 낮은 분압일 때 더욱 잘 생육
혐기성균 (산소 없이 생육)	편성혐기성균	산소가 존재하지 않을 때 생육
	통성혐기성균	산소가 있으나 없으나 생육

---

77 균사의 끝에 중축이 생기고 여기에 포자낭을 형성하여 그 속에 포자낭포자를 내생하는 곰팡이는?

① *Aspergillus* 속
② *Neurospora* 속
③ *Absidia* 속
④ *Penicillium* 속

곰팡이

- 균사 조각이나 포자에 의해 증식
- 곰팡이의 균사는 단단한 세포벽으로 되어 있고 엽록소가 없음
- 다른 미생물에 비해 비교적 건조한 환경에서 생육 가능

곰팡이 분류

생식 방법	무성 생식	세포핵 융합없이 분열 또는 출아증식 포자낭포자, 분생포자, 후막포자, 분절포자	
	유성 생식	세포핵 융합, 감수분열로 증식하는 포자 접합포자, 자낭포자, 난포자, 담자포자	
균사 격벽 (격막) 존재 여부	조상 균류 (격벽 없음)	- 무성번식 : 포자낭포자 - 유성번식 : 접합포자, 난포자	
		거미줄곰팡이(*Rhizopus*) - 포자낭 포자, 가근과 포복지를 각 가짐 - 포자낭병의 밑 부분에 가근 형성 - 전분당화력이 강하여 포도당 제조 - 당화효소 제조에 사용	
		털곰팡이(*Mucor*) - 균사에서 포자낭병이 공중으로 뻗어 공모양의 포자낭 형성	
		활털곰팡이(*Absidia*) - 균사의 끝에 중축이 생기고 여기에 포자낭을 형성하여 그 속에 포자낭포자를 내생	
균사 격벽 (격막) 존재 여부	순정 균류 (격벽 있음)	자낭균류	- 무성생식 : 분생포자 - 유성생식 : 자낭포자
			누룩곰팡이(*Aspergillus*) - 자낭균류의 불완전균류 - 병족세포 있음
			푸른곰팡이(*Penicillium*) - 자낭균류의불완전균류 - 병족세포 없음
			붉은 곰팡이(*Monascus*)
		담자균류	버섯
		불완전균류	푸사리움

---

78 전자 및 전리방사선이 미생물을 살균시키는 주요원리는?

① 효소의 합성
② 탄수화물의 분해
③ 고온발생
④ DNA의 파괴

🔍 해설

전자 및 전리방사선이 미생물을 살균시키는 주요원리는 DNA의 파괴에 의함

---

79 포자낭병의 밑 부분에 가근을 형성하는 미생물속은?

① *Rhizopus* 속
② *Mucor* 속
③ *Aspergillus* 속
④ *Penicillium* 속

곰팡이
– 균사 조각이나 포자에 의해 증식
– 곰팡이의 균사는 단단한 세포벽으로 되어 있고 엽록소가 없음
– 다른 미생물에 비해 비교적 건조한 환경에서 생육 가능

곰팡이 분류			
생식 방법	무성 생식	세포핵 융합없이 분열 또는 출아증식 포자낭포자, 분생포자, 후막포자, 분절포자	
	유성 생식	세포핵 융합, 감수분열로 증식하는 포자 접합포자, 자낭포자, 난포자, 담자포자	
균사 격벽 (격막) 존재 여부	조상 균류 (격벽 없음)	– 무성번식 : 포자낭포자 – 유성번식 : 접합포자, 난포자	
		거미줄곰팡이(*Rhizopus*) – 포자낭 포자, 가근과 포복지를 각 가짐 – 포자낭병의 밑 부분에 가근 형성 – 전분당화력이 강하여 포도당 제조 – 당화효소 제조에 사용	
		털곰팡이(*Mucor*) – 균사에서 포자낭병이 공중으로 뻗어 공모양의 포자낭 형성	
		활털곰팡이(*Absidia*) – 균사의 끝에 중축이 생기고 여기에 포자낭을 형성하여 그 속에 포자낭포자를 내생	
균사 격벽 (격막) 존재 여부	순정 균류 (격벽 있음)	자낭균류	– 무성생식 : 분생포자 – 유성생식 : 자낭포자
			누룩곰팡이(*Aspergillus*) – 자낭균류의 불완전균류 – 병족세포 있음
			푸른곰팡이(*Penicillium*) – 자낭균류의불완전균류 – 병족세포 없음
			붉은 곰팡이(*Monascus*)
		담자균류	버섯
		불완전균류	푸사리움

80 치즈 제조시 필요한 응유효소인 rennet의 대응효소를 생산하는 곰팡이는?

① *Penicillium chrysogenumi*
② *Rhizopus japonicus*
③ *Absidia ichtheimi*
④ *Mucor pusillus*

Mucor pusillus 치즈 제조시 필요한 응유효소인 rennet의 대응효소를 생산하는 곰팡이

5 식품제조공정

81 식품원료를 무게, 크기, 모양, 색깔 등 여러 가지 물리적 성질의 차이를 이용하여 분리하는 조작은?

① 선별
② 교반
③ 교질
④ 추출

선별
– 선별이란 불필요한 화학물질(농약, 항생물질), 이물질(흙, 모래, 돌, 금속, 배설물, 털, 나뭇잎) 등을 없애는 목적으로 물리적 성질의 차에 따라 분리, 제거하는 과정을 말함
– 선별에서 물리적 성질이란 재료의 크기, 무게, 모양, 비중, 성분 조성, 전자기적 성질, 색깔 등을 말함

82 방사선 조사에 대한 설명 중 틀린 것은?

① 방사선 조사 시 식품의 온도상승은 거의 없다.
② 처리시간이 짧아 전 공정을 연속적으로 작업할 수 있다.
③ 10KGy 이상의 고선량조사에도 식품성분에서 아무런 영향을 미치지 않는다.
④ 방사선 에너지가 식품에 조사되면 식품중의 일부 원자는 이온이 된다.

해설 — 식품의 방사선 조사

- 방사선 물질을 조사시켜 살균하는 방법으로 식품, 포장식품, 약품 등의 멸균에 이용
- 저온살균법(냉살균)
- 목적 : 식품의 발아억제, 숙도조절 및 지연, 보존성 향상, 살충 및 살균 등
- ^{60}Co의 감마선 : 살균력 강하고 반감기가 짧아서 가장 많이 사용
- 허가된 품목 : 김치, 양파, 곡류, 건조과일, 딸기, 양송이, 생선, 닭고기 등
- 허용대상 흡수량
  숙도지연(망고, 파파야, 토마토) : 1.0kGy 이하
  발아억제(감자, 양파, 마늘, 파) : 0.15kGy 이하
  완전살균 또는 바이러스 멸균 : 10~50kGy 선량
  유해곤충 사멸 : 10kGy 선량
  기생충 사멸 : 0.1~0.3kGy 선량
- WHO / FAO : 평균 10kGy 이하로 조사된 모든 식품은 독성학적의 장애를 일으키지 않고 독성 시험이 필요하지 않다고 발표

83 Extruder기계를 통한 압출공정에서 나타나는 식품재료의 물리·화학적 변화가 아닌 것은?

① 단백질의 변성　② 효소의 활성화
③ 갈색화 반응　　④ 전분의 호화

해설 — 압출공정에 의한 물리·화학적 변화

- 단백질 변성
- 효소의 불활성화
- 갈색화 반응
- 전분 호화

84 밀 제분 시 원료 밀을 롤러(roller)를 사용하여 부수면서 배유부와 외피를 분리하는 공정은?

① 가수공정
② 순화공정
③ 훈증공정
④ 조쇄공정

해설 — 밀 제분 시 조쇄공정

- 브레이크 롤(break roll)을 사용하여 원료 밀의 외피는 가급적 작은 조각이 되지 않게 부수어 배유부의 외피를 분리된다.
- 분리 시 외피 부분에 남아있는 배유를 가급적 완전히 제거하며 외피는 되도록 손상되지 않도록 한다.

85 감귤통조림에서 하얀 침전물이 생성되는 현상을 방지하기 위한 방법이 아닌 것은?

① 박피에 사용된 알칼리처리 시간의 단축
② 시럽 중 산성과즙 첨가
③ Hesperidinase 효소 처리
④ 원료감귤의 아황산가스 처리

해설 — 감귤통조림에서 하얀 침전물이 생성 방지법

- 박피에 사용된 알칼리처리 시간의 단축
- 시럽 중 산성과즙 첨가
- Hesperidinase 효소 처리

86 다단추출기로 스크루컨베이어를 갖는 2개의 수직형 실린더 탑으로 구성된 연속추출기는?

① 힐데브란트 추출기
② 볼만 추출기
③ 배터리 추출기
④ 로토셀 추출기

해설

추출기 종류	특징
힐데브란트 추출기	2개의 수직형 실린더 탑으로 구성된 연속추출기
볼만추출기	수직형 추출탑 내의 여러 바스켓의 순환에 의한 추출
로토셀추출기	수평면을 회전하는 바스켓에 의해 추출

정답 **83** ② **84** ④ **85** ④ **86** ①

87 아래의 추출방법을 식품에 적용할 때 용매로 주로 사용하는 물질은?

> 물질의 기체상과 액체상의 상경계 지점인 임계점 이상의 압력과 온도를 설정하여 기체와 액체의 구별을 할 수 없는 상태가 될 때 신 속하고 선택적 추출이 가능하게 한다.

① 산소
② 이산화탄소
③ 교질
④ 추출

88 일정한 모양을 가진 틀에 식품을 담고 냉각 혹은 가열 등의 방법으로 고형화시키는 성형 방법은?

① 주조성형
② 압연성형
③ 압출성형
④ 절단성형

89 바람을 불어 넣어 비중 차이를 이용해 식품 원료에 혼입된 흙, 잡초 등의 이물질을 분리하는 장치는?

① 자석식 분리기
② 체분리기
③ 기송식분리기
④ 마찰세척기

90 가늘고 긴 원통모양의 보울(bowl)이 축에 매달려 고 속으로 회전하여 가벼운 액체는 안쪽, 무거운 액체는 벽쪽으로 이동하도록 분리시키는 기계는?

① 관형 원심분리기
② 원판형 원심분리기
③ 노즐형 원심분리기
④ 컨베이어 원심분리기

91 Cl. botulinum(D121.1 = 0.25분)의 포자가 오염되어 있는 통조림을 121.1℃에서 가열하여 미생물 수를 10대수 cycle만큼 감소시키는 데 걸리는 시간은?

① 2.5분
② 25분
③ 5분
④ 10분

D값
D121.1 = 0.25분 이므로 균수를 $\frac{1}{10}$로 줄이는데 걸리는 시간을 0.25분이다 $\frac{1}{10^{10}}$ 수준으로 감소(10배)시키는데 걸리는 시간을 0.25 × 10 = 2.5분

92 *Bacillus stearothermophillus* 포자를 열처리하여 생존균의 농도를 초기의 1 / 1000000만큼 감소시키는데 110℃에서는 50분, 125℃에서는 5분이 각각 소요되었다. 이 균의 Z 값은?

① 15℃ ② 10℃
③ 5℃ ④ 1℃

가열치사시간	
D값	– 균수가 처음 균수의 1 / 10로 감소(90% 사멸)하는 데 소요되는 기간 – 균수를 90% 사멸하는데 소요되는 시간 – 온도에 따라 달라지므로 반드시 온도표시
Z값	– 가열치사시간 (또는 사멸 속도)의 1 / 10에 대응하는 가열 온도의 변화를 나타내는 값
F값	– 일정온도(특별언급 없으면 121℃ 또는 250℉)에서 일정 농도의 균수를 완전히 사멸시키는데 소요되는 시간

Z 값 계산	
계산식	Z 값 = (T2−T1) / log(D1 / D2) T1 = 처음온도, T2 = 상향 또는 하향온도 D1 = 처음온도에서의 D값 D2 = 나중온도에서의 D값
계산결과	Z 값 = (T2−T1) / log(D1 / D2) Z 값 = 125−110 / log(50 / 5) Z 값 = 15℃

93 증발 농축이 진행될수록 용액에 나타나는 현상으로 틀린 것은?

① 농도가 상승한다. ② 비점이 낮아진다.
③ 거품이 발생한다. ④ 점도가 증가한다.

농축 공정 중 발생하는 현상	
점도 상승	농축이 진행됨에 따라 용해의 농도가 상승하면서 점도 상승 현상 일어남
비점 상승	농축이 진행되면 용액의 농도가 상승하면서 비점 상승 현상 일어남
관석 생성	수용액이 가열부와 오랜기간 동안 접촉하면 가열 표면에 고형분이 쌓여 딱딱한 관석이 형성
비말 동반	증발관 내에서 액체가 끓을 때 아주 작은 액체방울이 생기며 이것이 증기와 더불어 증발관 밖으로 나오게 됨

94 아래의 설명에 해당하는 것은?

파이프 중간에 둥근 구멍이 뚫린 원판을 삽입하여 원판 앞 · 뒤의 압력차로부터 식용유의 유량을 구할 수 있다.

① 벤츄리 유량계 ② 오리피스 유량계
③ 피토관 ④ 로터미터

오리피스(Orifice) 유량계
– 유체의 압력 손실 크고 침전물이 생길 가능성이 있음 – 제작 및 설치가 쉽고 좁은 공간에도 설치 가능

95 동결건조에 대한 설명으로 옳지 않은 것은?

① 식품조직의 파괴가 적다
② 주로 부가가치가 높은 식품에 사용한다.
③ 제조단가가 적게 든다.
④ 향미성분의 보존성이 뛰어난다.

진공 동결 건조
• 식품재료를 −40∼−30℃로 급 속 동결시키고 감압하여 높은 진공 장치 내에서 얼음을 액체상태를 거치지 않고 기체상태로 승화시켜 수분을 제거하는 건조 방법 • 장점 　– 위축변형이 거의 없으며 외관이 양호 　– 효소적 또는 비효소적 성분간의 화학반응이 없어 향미, 색 및 영양가의 변화가 거의 없음

💡 정답 **92** ① **93** ② **94** ② **95** ③

- 제품의 조직이 다공질이고 변성이 적음으로 물에 담 갔을 때 복원성이 좋음
- 품질의 손상없이 2~3% 정도의 저수분으로 건조 가 능
- 높은 저장성 가짐
- 고급채소, 고급 인스턴트 커피 등에 이용
• 단점
  - 건조시간이 김
  - 시설비와 운전 경비가 비쌈
  - 수분이 3% 이하로 적기 때문에 부스러지기 쉽고 지 질산화 쉬움
  - 다공질 상태이기 때문에 공기와의 많은 접촉면적으로 흡습산화의 염려가 큼

96 시유 제조시 균질기를 사용하는 목적이 아닌 것은?

① 크림층의 분리 방지
② 소화 흡수율 증가
③ 우유 속에 지방의 균질 분산
④ 카제인(casein)의 분리 용이

🔍 해설

시유 제조시 균질기 사용 목적
- 유화안정성을 증가하여 지방분리 방지 - 커드를 연하게 하여 소화가 잘 되게 함 - 지방구를 가늘고 작게 만들어 조직 균일화 - 점도가 높아지고 지방산화 방지

97 열교환기의 판수를 변화시키므로써 증발능력을 용이하게 조절할 수 있으며 소요면적이 작고 쉽게 해체할 수 있는 장점이 있는 플레이트식 증발기의 구성 장치에 해당하지 않는 것은?

① 응축기
② 분리기
③ 와이퍼
④ 원액펌프

🔍 해설

플레이트식 증발기
- 2장의 금 속판에 냉매가 통하는 요철을 통로로 만들고 이들을 서로 접합하여 용접한 기기 - 구성장치 : 응축기, 분리기, 원액펌프 등

98 습식세척기에 해당하지 않는 것은?

① 담금 탱크
② 분무 세척기
③ 자석 분리기
④ 초음파 세척기

🔍 해설

세척 분류		
건식세척	- 마찰세척 - 자석세척	- 흡인세척 - 정전기적 세척
습식세척	- 담금 세척 - 부유세척	- 분무세척 - 초음파 세척

99 다음 중 식품에 열을 전달하는 방식으로 전도를 이용하는 건조장치는?

① 터널 건조기(tunnel dryer)
② 트레이 건조기(tray dryer)
③ 빈 건조기(bin dryer)
④ 드럼 건조기(drum dryer)

🔍 해설

열전달 방식에 따른 건조 장치 분류		
대류	식품 정치 및 반송형	캐비넷(트레이), 컨베이어, 터널, 빈
	식품 교반형	회전, 유동층
	열풍 반송형	분무, 기송
전도	식품 정치 및 반송형	드럼, 진공, 동결
	식품 교반형	팽화
복사	적외선, 초단파, 동결	

100 식품제조공정에서 거품을 소멸시키는 목적으로 사용되는 첨가물은?

① 규소수지
② n-헥산
③ 유동파라핀
④ 규조토

🔍 해설

소포제
- 식품제조 공정 중 거품을 제거하거나 억제하기 위하여 사용하는 첨가물 - 허용된 소포제 : 규소수지

1 식품위생학

1 하천수의 DO가 적을 때 그 의미로 가장 적합한 것은?

① 오염도가 낮다.
② 오염도가 높다.
③ 부유물질이 많다.
④ 비가 온지 얼마 되지 않았다.

🔍 해설

수질오염지표	
DO (Dissolved Oxygen)	– 용존산소 – 물에 용해된 산소량 – DO가 높다는 것은 부패유기물이 적은 것으로 좋은 물을 의미
BOD (Biochemical Oxygen Demand)	– 생물학적 산소요구량 – 수질오염을 나타내는 지표 – BOD가 높다는 것은 분해되기 쉬운 유기물이 많은 것으로 수질이 나쁘다는 의미
COD (Chemical Oxygen Demand)	– 화학적 산소요구량 – 유기물 등의 오염물질이 산화제로 산화할 때 필요한 산소량 – COD가 높다는 것은 수질이 나쁘다는 의미

2 식품첨가물에서 가공보조제에 대한 설명으로 틀린 것은?

① 기술적 목적을 위해 의도적으로 사용 된다.
② 최종 제품 완성 전 분해, 제거되어 잔류하지 않거나 비의도적으로 미량 잔류할 수 있다.
③ 식품의 입자가 부착되어 고형화되는 것을 감소시킨다.

④ 살균제, 여과보조제, 이형제는 가공보조제이다.

🔍 해설

가공보조제
– 식품의 제조 과정에서 기술적 목적을 달성하기 위하여 의도적으로 사용되고 최종 제품 완성 전 분해, 제거되어 잔류하지 않거나 비의도적으로 미량 잔류할 수 있는 식품첨가물 – 식품첨가물의 용도 중 '살균제', '여과보조제', '이형제', '제조용제', '청관제', '추출용제', '효소제'가 가공보조제에 해당

3 병에 걸린 동물의 고기를 섭취하거나 병에 걸린 동물을 처리, 가공할 때 감염될 수 있는 인수공통감염병은?

① 디프테리아
② 폴리오
③ 유행성 간염
④ 브루셀라병

🔍 해설

브루셀라증(파상열)	
특징	– 염소, 양, 소, 돼지, 낙타 등에 감염 – 동물에게는 감염성 유산, 사람에게는 열성질환
감염	– 동물의 소변, 대변에서 배출된 병원균이 축사, 목초 등에 오염되어 매개체가 됨 – 균에 감염된 동물의 유즙, 유제품, 고기를 통해 경구 감염
증상	– 열이 단계적으로 올라 35~40℃의 고열이 2~3주간 반복 – 정형적인 열형이 주기적으로 반복되어 파상열이고 함 – 발한, 변비, 경련, 관절염, 간과 비장 비대 등

📋 정답 **1** ② **2** ③ **3** ④

4 지표미생물(indicator organism)의 자격 요건으로서 거리가 먼 것은?

① 분변 및 병원균들과의 공존 또는 관련성
② 분석대상 시료의 자연적 오염균
③ 분석 시 증식 및 구별의 용이성
④ 병원균과 유사한 안정성(저항성)

🔍 해설

지표 미생물 자격
– 분변 및 병원균들과의 공존 또는 관련성 – 분석 시 증식 및 구별의 용이성 – 병원균과 유사한 안정성(저항성)

식품위생 지표 미생물	
일반 세균수	총균수라 불리며, 식품위생에 있어서 기초적인 지표미생물 수로 활용
대장균군	– 대장균을 포함한 토양, 식물, 물 등에 널리 존재하는 균 – *Escherichia*를 비롯하여 *Citrobactor*, *Klebsiella*, *Enterobactor*, *Erwinia* 포함 – 보통 사람이나 동물의 장내에서 기생하는 대장균군, 대장균과 유사한 성질을 가진 균을 총칭(모든 균이 유해란 것은 아님) – 환경오염의 대표적 식품위생지표균 – 식품에서 대장균군이 검출되었다고 하더라도 분변에서 유래한 균이 아닐 수도 있음(대장균에 비해 규격이 덜 엄격함)
분원성 대장균군	– 대장균군의 한 분류 – 대장균군보다 대장균과 더 유사한 특성 가짐 – 분변 오염
대장균	– 사람과 동물 장내에 존재하는 균 – 비병원성과 병원성대장균으로 나눔 – 분변으로 배출되기 때문에 분변오염지표균으로 활용 – 식품에서 대장균이 검출되었다면 식품에 인간이나 동물의 분변이 오염된 것으로 볼 수 있음.
장구균	상대적으로 다른 식품위생지표균에 비해 열처리, 건조 등의 물리적 처리나 화학제 처리에도 장기간 생육이 가능하여 건조식품이나 가열조리 식품 등에서 분변오염에 대한 지표미생물로 유용

5 통조림 용기로 가공할 경우 납과 주석이 용출되어 식품을 오염시킬 우려가 가장 큰 것은?

① 어육
② 식육
③ 과실
④ 연유

🔍 해설

납과 주석 : 산성식품과 오랫동안 접촉하면 용출 일어남

6 유해물질에 관련된 사항이 바르게 연결된 것은?

① Hg – 이타이이타이병 유발
② DDT – 유기인제
③ Parathion – Cholinesterase 작용 억제
④ Doxin – 유해성 무기화합물

🔍 해설

유해물질과 이의 특징	
수은(Hg)	미나마타병 유발
카드뮴(Cd)	이타이이타이병 유발
유기염소제	DDT, DDD, BHC, 알드린 독성은 적으나 체내 축적
유기인제	파라티온(Parathion) 말라티온(malathion) 다이아지논(diazinon) – 독성은 강하나 체내분해 빠름 – 체내 흡수 시 콜린에스터레이스(Cholinesterase) 작용억제로 아세틸콜린의 분해를 저해로 아세틸콜린 과잉 축적으로 신경흥분전도 불가능
다이옥신 (Dioxin)	유해성 유기화합물

7 민물고기의 생식에 의하여 감염되는 기생충증은?

① 간흡충증
② 선모충증
③ 무구조충
④ 유구조충

🔍 해설

기생충의 분류	
중간숙주 없는 것	회충, 요충, 편충, 구충(십이지장충), 동양모양선충

💡 정답 4 ② 5 ③ 6 ③ 7 ①

중간숙주 한 개	무구조충(소), 유구조충(갈고리촌충)(돼지), 선모충(돼지 등 다숙주성), 만소니열두조충(닭)		
중간숙주 두 개	질병	제1중간숙주	제2중간숙주
	간흡충 (간디스토마)	왜우렁이	붕어, 잉어
	폐흡충 (폐디스토마)	다슬기	게, 가재
	광절열두조충 (긴촌충)	물벼룩	연어, 송어
	아나사키스충	플랑크톤	조기, 오징어

8 살균을 목적으로 사용되는 자외선 등에 대한 설명으로 틀린 것은?

① 자외선은 투과력이 약하다.
② 불투명체 조사시 반대방향은 살균되지 않는다.
③ 자외선은 사람이 직시해도 좋다
④ 조리실내의 살균, 도마나 조리기구의 표면 살균에 이용된다.

🔍 해설

자외선 조사
– 자외선은 250~280nm(2500~2800Å)의 파장이 미생물의 핵 구성 물질에 잘 흡수되어 변성을 일으키는 것으로 영양형 및 아포에 강한 살균력 지니나 침투성이 없음. – 자외성 살균등과의 거리가 가까울수록 효과 좋음. (물품과 조사거리 50cm 이내) – 간편하고 내성이 없으며 변질 및 변형되지 않음. – 모든 균종에 효과적이나 직접 닿는 부분만 살균. 투과력 낮음. – 단백질과 공존 시 살균효과가 현저히 저하됨. – 조사시에만 효과가 있고 잔류효과 없음. – 결막염 원인

9 포스트 하베스트(Post Harvest) 농약이란?

① 수확 후의 농산물의 품질을 보존하기 위하여 사용하는 농약
② 소비자의 신용을 얻기 위하여 사용하는 농약
③ 농산물 재배 중 사용하는 농약
④ 농산물에 남아 있는 잔류농약

🔍 해설

포스트 하베스트(Post Harvest) 농약
– 수확 후 농작물에 뿌리는 농약 – 수확 후의 농산물의 품질을 보존하기 위하여 사용하는 농약

10 살모넬라균 식중독의 대한 설명으로 틀린 것은?

① 달걀, 어육, 연제품 등 광범위 한 식품이 오염원이 된다.
② 조리가공 단계에서 오염이 증폭되어 대규모 사건이 발생하기도 한다.
③ 애완동물에 의한 2차 오염은 발생하지 않으므로 식품에 대한 위생 관리로 예방할 수 있다.
④ 보균자에 의한 식품오염도 주의를 하여야 한다.

🔍 해설

살모넬라균 식중독	
특성	– 원인균 *Salmolnella typhimurium*, *Salmolnella enteritidis* – 통성혐기성, 그람 음성, 막대균, 무포자형성균, 주모성편모
생장조건	– 열에 비교적 약하여 62~65℃ 30분 가열하면 사멸 – 저온에서는 비교적 저항성 강함 – 병원성을 나타냄
대표균	– *Salmolnella typhimurium*, *Salmolnella enteritidis* – 감염형 식중독의 대표적 세균
증상	– 복부통증, 두통, 메스꺼움, 구토, 고열, 설사
원인식품	– 생고기, 가금류, 육류가공품, 달걀, 유제품
전파경로	– 식품의 교차오염과 위생동물에 의한 전파 – 몇 년 동안 만성적인 건강보균자도 존재
예방법	– 보균자에 의한 식품오염도 주의 – 식품 완전히 조리 – 식품 62~65℃ 30분 가열

💡 정답 8 ③   9 ①   10 ③

11 식품공장 폐수와 가장 관계가 적은 것은?

① 유기성 폐수이다. ② 무기성 폐수이다.
③ 부유물질이 많다. ④ BOD가 높다.

🔍 해설

식품공장 폐수는 유기성 폐수이고 부유물질이 많고 BOD가 높다.

12 각 위생동물과 관련된 식품, 위해와의 연결이 틀린 것은?

① 진드기 : 설탕, 화학조미료 – 진드기뇨증
② 바퀴벌레 : 냉동 건조된 곡류 – 디프테리아
③ 쥐 : 저장식품 – 장티푸스
④ 파리 : 조리식품 – 콜레라

🔍 해설

위생동물	번식가능식품	병병
진드기	설탕, 된장표면, 건조과일	진드기뇨증, 쯔쯔가무시병, 재귀열, 양충병, 유행성출혈열
바퀴벌레	음식물, 따뜻하고 습기많고 어두운 곳 서식	소아마비, 살모넬라, 이질, 콜레라, 장티푸스
쥐	식품, 농작물	유행성출혈열, 쯔쯔가무시병, 발진열, 페스트, 렙토스피라증
파리	조리식품	장티푸스, 파라티푸스, 이질, 콜레라, 결핵, 폴리오

13 식용색소황색4호를 착색료로 사용하여도 되는 식품은?

① 커피   ② 어육소시지
③ 배추김치   ④ 식초

🔍 해설

식용색소황색4호 착색료로 사용식품

과자, 캔디류, 빙과, 빵류, 떡류, 만주, 기타 코코아가공품, 초콜릿류, 기타잼, 기타설탕, 기타엿, 당시럽류, 소시지류, 어육소시지, 과채음료, 탄산음료, 기타음료, 향신료가공품, 소스, 젓갈류, 절임류, 주류, 식물성크림, 즉석섭취식품, 두류가공품, 서류가공품, 전분가공품, 곡류가공품, 당류가공품, 기타수산물가공품, 기타가공품, 건강기능식품, 아이스크림류, 아이스크림믹스류, 커피(표면장식에 한함)

14 식품 매개성 바이러스가 아닌 것은?

① 노로바이러스   ② 로타바이러스
③ 레트로바이러스   ④ 아스트로바이러스

🔍 해설

원인바이러스	증상	위험식품
노로바이러스	구토, 설사, 두통, 미열	오염된물, 샐러드, 굴
로타바이러스	설사, 미열	오염된 물, 샐러드
아데노바이러스	설사, 발열, 구토	오염된 물
아스트로바이러스	설사, 발열, 구토, 복통	오염된 물

* 레트로바이러스 : 숙주가 바이러스의 유전정보를 대신 복제하게끔 만드는 바이러스 종류.
사람에 감염되는 대표적인 레트로바이러스는 HIV(후천성 면역결핍증)이다.

15 Verotoxin에 대한 설명이 아닌 것은?

① 단백질로 구성
② E.coli O157 : H7이 생산
③ 담즙 생산에 치명적 영향
④ 용혈성 요독 증후군 유발

🔍 해설

병원성 대장균의 분류	
장출혈성 대장균	– 인체 내에서 베로독소(verotoxin) 생성 – 베로독소(verotoxin) – 단백질로 구성 – E.coli O157 : H7이 생산 – 용혈성 요독 증후군 유발 – 법정감염병 제 2급에 속함(2020년 1월 기준) – 74℃ 1분 이상 가열조리시 사멸 가능
장독소원성 대장균	– 콜레라와 유사 – 이열성 장독소(열에 민감)와 내열성 장독소(열에 강함) 생산 – 설사증
장침투성 대장균	– 대장점막 상피세포 괴사 일으켜 궤양과 혈액성 설사
장병원성 대장균	– 복통, 설사 – 유아음식
장응집성 대장균	– 응집덩어리 형성하여 점막세포에 부착 – 설사, 구토, 발열

💡 정답 **11** ②   **12** ②   **13** ②   **14** ③   **15** ③

16 식품위생법상 "화학적 합성품"의 정의는?

① 화학적 수단으로 원소 또는 화합물에 분해 반응 외의 화학반응을 일으켜서 얻은 물질을 말한다.

② 물리 · 화학적 수단에 의하여 첨가 · 혼합 · 침윤의 방법으로 화학반응을 일으켜 얻은 물질을 말한다.

③ 기구 및 용기 · 포장의 살균 · 소독의 목적에 사용되어 간접적으로 식품에 이행될 수 있는 물질을 말한다.

④ 식품을 제조 · 가공 또는 보존함에 있어서 식품에 첨가 · 혼합 · 침윤 기타의 방법으로 사용되는 물질을 말한다.

🔍 해설

화학적 합성품[식품위생법 제2조(정의)]
화학적 수단으로 원소 또는 화합물에 분해반응 외의 화학 반응을 일으켜서 얻은 물질을 말한다.

17 우리나라 남해안의 항구와 어항 주변의 소라, 고동 등에서 암컷에 수컷의 생식기가 생겨 불임이 되는 임포섹스(imposex) 현상이 나타나게 된 원인 물질은?

① 트리뷰틸주석(tributyltin)

② 폴리클로로비페닐(polychrolobiphenyl)

③ 트리할로메탄(trihalomthane)

④ 디메틸프탈레이트(dimethly phthalate)

🔍 해설

임포섹스 현상
– 환경호르몬에 의한 암수 혼합
– 암컷 몸에 수컷의 성기 발생 또는 수컷의 몸체에 암컷의 성기 생성
– 1969년 영국 플리마우스에 서식하는 고동 암컷에서 처음 발견
– 선박용 페인트 등에 함유된 트리뷰틸주석(TBT)이 바다를 오염

18 영하의 조건에서도 자랄 수 있는 전형적인 저온성 병원균(*psychrotrophic pathogen*)은?

① *Vibrio parahaemolyticus*

② *Clotridium perfrigens*

③ *Yersinia enterocolitica*

④ *Bacillus cerus*

🔍 해설

여시니아식중독(*Yersinia enterocolitica*)	
특성	그람음성, 통성혐기성, 무아포, 간균, 주모성 편모가지나 37℃에서는 편모 잃음
최적조건	– 최적온도 25~30℃ – 발육온도범위 0~44℃(영하에도 생존가능) – 저온균
원인식품	생우유, 덜 익힌 육제품

19 식품 위생검사 시 일반세균수(생균수)를 측정하는데 사용되는 것은?

① 표준한천평판배지

② 젖당부용발효관

③ BGLB 발효관

④ SS 한천배양기

🔍 해설

식품위생검사
– 일반세균수(생균수) 측정 : 표준한천평판배지
– 대장균시험 : 젖당부용발효관, BGLB 발효관
– 선택배지(Selective medium) : SS한천배양기

20 간장에 사용할 수 있는 보존료는?

① benzoic acid   ② sorbic acid

③ β–naphthol   ④ penicillin

🔍 해설

보존료	사용 식품
안식향산 (benzoic acid)	과일채소류음료, 탄산음료, 기타음료, 인삼 · 홍삼음료, 간장류, 알로에 전잎 건강기능식품, 잼류, 망고처트니, 마가린, 절임식품

21 식품 중의 회분(%)을 회화법에 의해 측정할 때 계산식이 옳은 것은? (단, S : 건조전 시료의 무게, W : 회화 후의 회분과 도가니의 무게, W_0 : 회화 전의 도가니 무게)

① $[(W - S) / W_0] \times 100$

② $[(W_0 - W) / S] \times 100$

③ $[(W - W_0) / S] \times 100$

④ $[(S - W_0) / W] \times 100$

해설

회분정량
− 건식회화법 − 시료의 회분(%) = $[(W - W_0) / S] \times 100$ 　W : 회화 후의 회분과 도가니의 무게 　W_0 : 회화 전의 도가니 무게 　S : 건조 전 시료의 무게

22 전분(starch)의 글루코사이드(glucoside) 결합을 가수분해하는 효소인 b-amylase의 작용은?

① 전분 분자의 a-1,4 결합을 임의의 위치에서 크게 가수분해 하여 maltose나 dextrin을 생성한다.

② 전분에서 glucose만을 1개씩 분리한다.

③ 전분의 a-1,4 결합을 말단에서부터 분해하여 b-maltose단위로 분리시킨다.

④ 전분의 a-1,6 결합을 분리시킨다.

해설

전분 분해효소	
종류	특징
a -amylase	− 전분의 a-1,4 결합을 무작위로 가수분해하는 효소 − 전분을 용액상태로 만들기 때문에 액화효소라 함
b -amylase	− 전분의 비환원성 말단으로부터 a-1,4 결합을 말토스 단위로 가수분해하는 효소 − 전분을 말토스와 글루코스의 함량을 증가시켜 단맛을 높이므로 당화효소라 함
글루코아밀레이스 (c-amylase, 말토스가수분해효소)	− a-1,4 및 a-1,6 결합을 비환원성 말단부터 글루코스 단위로 분해하는 효소 − 아밀로스는 모두 분해하며 아밀로펙틴은 80~90% 분해 − 고순도의 결정글루코스 생산에 이용
이소아밀레이스	− 아밀로펙틴의 a-1,6 결합에 작용하는 효소 − 중합도가 4~5 이상의 a-1,6 결합은 분해하지만 중합도가 5개인 경우 작용하지 않음

23 pH 3 이하의 산성에서 검정콩의 색깔은?

① 검정색

② 청색

③ 녹색

④ 적색

해설

안토시아닌(Anthocyanine) 색소
− 식품의 씨앗, 꽃, 열매, 줄기, 뿌리 등에 있는 적색, 자색, 청색, 보라색, 검정색 등의 수용성 색소 − 당과 결합된 배당체로 존재 − 안토시아닌은 수용액의 pH에 따라 색깔이 쉽게 변함 − 산성에서 적색, 중성에서 자주색, 알칼리성에서 청색으로 변함

24 달걀 흰자나 납두 등에 젓가락을 넣어 당겨 올리면 실을 빼는 것과 같이 되는 현상은?

① 예사성

② 바이센 베르그의 현상

③ 경점성

④ 신전성

점탄성
점성 유동과 탄성 변형이 동시에 일어나는 성질

종류	특징
예사성	달걀흰자나 답두 등 점성이 높은 콜로이드 용액 등에 젓가락을 넣었다가 당겨 올리면 실을 뽑는 것과 같이 되는 성질
바이센베르그 효과	액체의 탄성으로 일어나는 것으로 연유에 젓가락을 세워 회전시키면 연유가 젓가락을 따라 올라가는 성질
경점성	점탄성을 나타내는 식품에서의 경도를 의미하며, 밀가루 반죽 또는 떡의 경점성은 패리노그라프를 이용하여 측정
신전성	국수 반죽과 같이 긴 끈 모양으로 늘어나는 성질
팽윤성	건조한 식품을 물에 담그면 물을 흡수하여 팽창하는 성질

25 칼슘은 직접적으로 어떤 무기질의 비율에 따라 체내 흡수가 조절되는가?

① 마그네슘
② 인
③ 나트륨
④ 칼륨

🔍해설

칼슘

- 인체에 가장 함량이 높은 다량 무기질
- 작용 : 골격 및 치아 형성, 근육수축이완, 혈액응고, 신경자극전달, 세포막투과성 조절, 세포대사
- 결핍증 : 구루병, 골연화증, 골다공증
- 과잉증 : 변비, 신결석, 고칼슘혈증
- 급원식품 : 우유 및 유제품, 뼈째 먹는 생선 등

칼슘(Ca) 흡수

칼슘 흡수 촉진 인자	비타민 D, 유당, 젖산, 단백질, 아미노산 등 장내의 pH를 산성으로 유지하는 물질 칼슘과 인의 비율이 1~2 : 1일 때 흡수가장 좋음
칼슘 흡수 저해 인자	수산, 피틴산, 탄닌, 식이섬유, 지방, 과도한 인 섭취 등

26 관능적 특성의 영향요인들 중 심리적 요인이 아닌 것은?

① 기대오차
② 습관에 의한 오차
③ 후광효과
④ 억제

🔍해설

관능적 특성의 생리적 요인

순응 (적응)	– 동일한 자극을 계속 받을 때 민감도가 낮아지거나 변화하는 것 – 한계치 강도 평가 시 발생 – 설탕과 물을 비교(설탕 단맛 강함) – 설탕과 아스파탐 비교(설탕 단맛 약함)
강화	– 하나의 자극이 그 다음 이어지는 자극의 강도를 증가시키는 효과 – 서로 다른 정미성분이 혼합되었을 때 주된 정미성분의 맛이 증가하는 현상 – 설탕용액에 소금첨가 시 단맛 증가 – 소금용액에 소량의 구연산 첨가 시 짠맛 증가
억제	– 하나의 자극이 두 가지 또는 그 이상의 혼합물의 강도를 감소시키는 효과
상승 (시너지)	– 하나의 자극이 다른 자극과 혼합되었을 때 강도를 증가시키는 효과. 각각의 강도 합보다 혼합물의 강도가 큼

27 염장 초기의 식품에 있어서 자유수, 결합수의 양은 어떻게 변화하는가?

① 전체 수분에 대한 자유수의 비율은 감소하고 결합수의 비율은 증가한다.
② 전체 수분에 대한 자유수의 비율은 증가하고 결합수의 비율은 감소한다.
③ 전체 수분에 대한 자유수의 비율은 증가하고 결합수의 비율도 증가한다.
④ 전체 수분에 대한 자유수의 비율은 감소하고 결합수의 비율도 감소한다.

🔍해설

염장 초기의 자유수와 결합수의 양
자유수는 결합수와 달리 식품의 구성성분과 결합되어 있지 않고 모세관을 자유로이 이동하는 물로 염장에 의해 탈수작용으로 전체 수분에 대한 자유수의 비율은 감소하고 결합수의 비율은 증가한다.

---

28 관능검사의 묘사분석 방법 중 하나로 제품의 특성과 강도에 대한 모든 정보를 얻기 위하여 사용하는 방법은?

① 텍스쳐 프로필
② 향미 프로필
③ 정량적 묘사분석
④ 스펙트럼 묘사분석

묘사분석
– 정량적 묘사분석(QDA) 　제품의 관능적 특성을 보다 정확하게 수학적으로 나타내기 위한 방법으로 제품의 특성과 강도를 수치화하여 분석 – 향미프로필 묘사분석 　복합적인 관능적 인상들로 구성되는 향미를 재현이 가능하도록 묘사하고 강도측정 – 텍스쳐프로필 묘사분석 　물성학적 원리를 관능검사에 적용하고 향미프로필 방법의 전반적인 개념을 기초하여 개발된 방법 – 스펙트럼 묘사분석 　제품의 모든 측성을 기준이 되는 절대적인 척도와 비교하여 평가함으로써 제품의 특성과 강도에 대한 모든 정성적 및 정량적 정보를 제공하기 위하여 사용되는 방법

29 녹말이 소화될 때 발생하는 분해산물이 아닌 것은?

① α-dextrin
② glucose
③ lactose
④ maltose

녹말(전분)이 소화될 때 발생하는 분해산물
전분을 산이나, 효소, 열로 가수분해할 때 글루코스나 말토스로 되기 전에 전분의 중간 가수분해 산물로 덱스트린이 생성됨

30 유화액의 형태에 영향을 주는 조건이 아닌 것은?

① 유화제의 성질
② 물과 기름의 비율
③ 물과 기름의 온도
④ 물과 기름의 첨가 순서

유화제(계면활성제)
• 한 분자 내에 친수성기(극성기)와 소수성기(비극성기)를 모두 가지고 있으며 식품을 유화시키기 위하여 사용하는 물질로 기름과 물의 계면장력을 저하시킴 • 친수성기(극성기) : 물 분자와 결합하는 성질 　–COOH, –NH₂, –CH, –CHO등 • 소수기(비극성기) : 물과 친화성이 적고 기름과의 친화성이 큰 무극성원자단 　–CH₃–CH₂–CH₃ –CH₄ –CCl –CF • HLB(Hydrophilie–Lipophile Balance) 　– 친수성친유성의 상대적 세기 　– HLB값 8～18 유화제 수중유적형(O / W) 　– HLB값 3.5～6 유화제 유중수적형(W / O) • 수중유적형(O / W) 식품 : 우유, 아이스크림, 마요네즈 • 유중수적형(W / O) 식품 : 버터, 마가린 • 유화제 종류 　– 레시틴, 대두인지질, 모노글리세라이드, 글리세린지방산에스테르, 프로필렌글리콜지방산에스테르, 폴리소르베이트, 세팔린, 콜레스테롤, 담즙산 • 천연유화제는 복합지질들이 많음

31 효소와 그 작용기질의 짝이 잘못된 것은?

① α-amylase : 전분
② β-amylase : 섬유소
③ trypsin : 단백질
④ lipase : 지방

• a-amylase : 전분 • cellulase : 섬유소 　– 글루코스(포도당)가 b-1,4결합으로 직선의 사슬로 연결되어 효소 셀룰레이스에 의해 가수분해되어 글루코스 생성 • trypsin : 단백질 분해효소 • lipase : 지방 분해효소

32 아밀로스 분자의 비환원성 말단에 작용하여 맥아당 단위로 가수분해하는 효소는?

① α-amylase
② β-amylase
③ Glucoamylase
④ Isoamylase

전분 분해효소	
종류	특징
α-amylase	- 전분의 α-1,4 결합을 무작위로 가수분해하는 효소 - 전분을 용액상태로 만들기 때문에 액화효소라 함
β-amylase	- 전분의 비환원성 말단으로부터 α-1,4 결합을 말토스 단위로 가수분해하는 효소 - 전분을 말토스와 글루코스의 함량을 증가시켜 단맛을 높이므로 당화효소라 함
글루코아밀레이스 (γ-amylase, 말토스가수분해효소)	- α-1,4 및 α-1,6 결합을 비환원성 말단부터 글루코스 단위로 분해하는 효소 - 아밀로스는 모두 분해하며 아밀로펙틴은 80~90% 분해 - 고순도의 결정글루코스 생산에 이용
이소아밀레이스	- 아밀로펙틴의 α-1,6 결합에 작용하는 효소 - 중합도가 4~5 이상의 α-1,6 결합은 분해하지만 중합도가 5개인 경우 작용하지 않음

33 유지의 자동산화에 대한 다음 설명 중 틀린 것은?

① 유지의 유도기간이 지나면 유지의 산소 흡수 속도가 급증한다.
② 식용유지가 자동산화되면 과산화물가가 높아진다.
③ 식용유지의 자동산화 중에는 과산화물의 형성과 분해가 동시에 발생한다.
④ 올레산은 리놀레산보다 약 10배 이상 빨리 산화된다.

유지의 자동산화
- 공기 중에 산소가 유지에 흡수되어 초기, 전파연쇄, 종결반응 단계로 자동산화 일어남 - 초기반응단계 : 유지의 유리라디칼 형성 - 전파 연쇄반응단계 : 과산화물 생성 - 종결반응단계 : 중합체 생성, 알코올류, 카보닐화합물, 산류, 산화물 등 생성. 과산화물가와 요오드가 감소, 이취, 점도 및 산가 증가

34 등전점이 pH 10인 단백질에 대한 설명으로 옳은 것은?

① 구성 아미노산 중에 염기성 아미노산의 함량이 많다.
② 구성 아미노산 중에 산성 아미노산의 함량이 많다.
③ 구성 아미노산 중에 중성 아미노산의 함량이 많다.
④ 구성 아미노산 중에 염기성, 산선, 중성 아미노산의 함량이 같다.

단백질의 등전점 및 전기영동
• 단백질 등전점 　- 단백질 등전점 : 단백질은 한분자내에 양이온과 음이온이 동시에 공존하여, 어떤 특정한 pH에서는 양전하와 음전하의 양이 동일하게 전체 분자는 전기적으로 0의 하전, 즉 중성이 되는 때의 pH 값 　- 식품 단백질의 등전점은 pH 4~6에 있으며 단백질에 산성아미노산이 많으면 산성 pH로 되고, 염기성 아미노산이 많으면 알칼리성 pH로 됨 　- 단백질 등전점에서 나타나는 현상 　- 전하가 상쇄되어 양극이나 음극으로 이동 안함 　- 단백질의 용해도가 가장 적어 쉽게 침전 　- 단백질의 점도, 삼투압, 팽윤 등은 최소 　- 단백질의 흡착성, 기포력, 탁도, 침전은 최대 • 단백질 전기영동 　- 단백질 등전점보다 산성쪽 : 양으로 하전되어 음극으로 이동 　- 단백질 등전점보다 알칼리성쪽 : 음으로 하전되어 양극으로 이동 　- 단백질 용액에 양·음의 전극을 연결하면 등전점 이외의 pH에서는 단백질의 하전과 반대방향으로 이동 　- 단백질의 전기영동의 이동은 단백질의 분자량, 전하의 대소, 분자의 모양 등과 관련 있음

💡정답 **33** ④　**34** ①

35 파인애플, 죽순, 포도 등에 함유되어 있는 주요 유기산은?

① 초산(acetic acid)

② 구연산(citric acid)

③ 주석산(tartaric acid)

④ 호박산(succinic acid)

유기산
– 산성을 띠는 유기화합물로 구연산, 사과산, 초산, 주석산, 호박산 등 – 초산 : 식초의 주성분 – 구연산 : 감귤, 매실, 레몬 등에 함유 – 주석산 : 포도, 파인애플, 죽순 등에 함유 – 호박산 : 청주 등의 양조제품, 조개류 등 함유

36 다음 중 식품의 수분정량법이 아닌 것은?

① 건조감량법　　　　② 증류법

③ Karl-Fisher법　　④ 자외선 사용법

식품의 수분정량법	
상압가열건조법 (건조감량법)	– 일정량의 시료를 칭량병에 넣고 105~110℃의 항온건조기에서 항량이 될 때까지 건조시킨 후 데시케이터에 옮겨 일정시간 후에 칭량 – 건조 전후의 질량차이가 수분함량
적외선 수분계법	– 적외선 램프에 나오는 복사에너지로 시료의 수분을 증발시켜 시료의 질량변화에 의해 수분함량 계산
증류법	– 물에 섞이지 않는 용매를 시료와 함께 넣고 가열해서 물은 용매와 같이 증발되는데 여기에서 분리된 물의 부피 측정
칼피셔법 (Karl Fischer 법)	– 칼피셔 시약 사용 – 기체, 액체 및 고체 시료 중의 수분함량만을 선택적으로 측정하여 시료 중 휘발성분에 의해 수분량이 높게 나타나는 것 방지

37 유지를 튀김에 사용하였을 때 나타나는 화학적인 현상에 대한 설명으로 옳은 것은?

① 산가가 감소한다.

② 산가가 변화하지 않는다.

③ 요오드가가 감소한다.

④ 요오드가가 변화하지 않는다.

유지 가열 시 생기는 변화
– 유지의 가열에 의해 자동산화과정의 가속화, 가열분해, 가열중합반응이 일어남 – 열 산화 : 유지를 공기중에서 고온으로 가열 시 산화반응으로 유지의 품질이 저하되고, 고온으로 장기간 가열 시 산가, 과산화물가 증가 – 중합반응에 의해 중합체가 생성되면 요오드가 낮아지고, 분자량, 점도 및 굴절률은 증가, 색이 진해지며, 향기가 나빠지고 소화율이 떨어짐 – 유지의 불포화지방산은 이중결합 부분에서 중합이 일어남 – 휘발성 향미성분 생성 : 하이드로과산화물, 알데히드, 케톤, 탄화수소, 락톤, 알코올, 지방산 등 – 발연점 낮아지고 거품생성 증가함

38 산성식품과 알칼리성식품에 대한 설명으로 틀린 것은?

① 무기질 중 PO_4^{3-}, SO_4^{2-} 등 음이온을 생성하는 것은 산생성 원소이다.

② 해조류, 과실류, 채소류는 알칼리성 식품이다.

③ 육류, 곡류는 산성식품이다.

④ 식품 100g을 회화하여 얻은 회분을 알칼리화하는데 소비되는 0.1N NaOH의 mL 수를 알칼리도라고 한다.

무기질	
알칼리성 식품	– Ca, Mg, Na, K 등의 알칼리 생성 원소를 많이 함유한 식품 – 해조류, 과일류, 야채류
산성식품	– P, S, Cl 등의 산성 생성 원소를 많이 함유한 식품 – 육류, 어류, 달걀, 곡류 등

💡정답　**35** ③　　**36** ④　　**37** ③　　**38** ④

39 지방의 자동산화에 가장 크게 영향을 주는 것은?

① 산소
② 당류
③ 수분
④ pH

유지의 자동산화
– 공기 중에 산소가 유지에 흡수되어 초기, 전파연쇄, 종결반응 단계로 자동산화 일어남 – 초기반응단계 : 유지의 유리라디칼 형성 – 전파 연쇄반응단계 : 과산화물 생성 – 종결반응단계 : 중합체 생성, 알코올류, 카보닐화합물, 산류, 산화물 등 생성, 과산화물가와 요오드가 감소, 이취, 점도 및 산가 증가

40 Vitamin B_{12}의 구조에 함유되어 있는 무기질은?

① Zn
② Co
③ Cu
④ Mo

수용성 비타민		
비타민 B_1 (티아민)	기능	– 탈탄산조효소(TPP) – 에너지대사. 신경전달물질합성
	결핍증	각기병
	급원식품	돼지고기, 배아, 두류
비타민 B_2 (리보플라빈)	기능	– 탈수소효소(FAD, FMN) – 대사과정의 산화환원반응
	결핍증	설염, 구각염, 지루성피부염
	급원식품	유제품, 육류, 달걀
비타민 B_3 (니아신) 트립토판 전구체	기능	– 탈수소효소(NAD, NADP) – 대사과정의 산화환원반응
	결핍증	펠라그라 (*과잉섭취 경우, 피부홍조, 간 기능 이상)
	급원식품	육류, 버섯, 콩류
비타민 B_5 (판토텐산)	기능	– coenzyme A 구성성분 – 에너지대사, 지질합성, 신경전달물질 합성
	결핍증	잘 나타나지 않음
	급원식품	모든 식품

비타민 B_6 (피리독신)	기능	아미노산 대사조효소(PLP)
	결핍증	피부염, 펠라그라, 빈혈 (*과잉섭취 경우, 관절경직, 말초신경손상)
	급원식품	육류, 생선류, 가금류
비타민 B_{12} (코발아민) Co 함유	기능	엽산과 같이 핵산대사관여, 신경섬유 수초 합성
	결핍증	악성빈혈
	급원식품	간 등의 내장육, 쇠고기
비타민 B_9 비타민 M (엽산)	기능	THFA 형태로 단일탄소단위운반, 핵산대사관여
	결핍증	거대적 아구성 빈혈
	급원식품	푸른잎채소, 산, 육류
비타민 B_7 비타민 H (비오틴)	기능	지방합성, 당, 아미노산 대사관여
	결핍증	피부발진, 탈모
	급원식품	난황, 간, 육류, 생선류
비타민 C (아스코르 브산)	기능	콜라겐합성, 항산화작용, 해독작용, 철흡수 촉진
	결핍증	괴혈병 (*과잉섭취 경우, 위장관증상, 신장결석, 철독성)
	급원식품	채소, 과일

3 식품가공학

41 개량식 간장 제조 시 장 달임의 목적이 아닌 것은?

① 갈색향상
② 향미부여
③ 청징
④ 숙성시간 단축

장 달임	
가열 처리	80℃ 30분
목적	– 미생물의 살균 효과 – 효소 불활성화 – 색을 진하게(갈색 향상) – 청징작용

42 현미는 어느 부위를 벗겨낸 것인가?

① 과종피　　　　② 왕겨층
③ 배아　　　　　④ 겨층

💬 해설

현미는 왕겨층만 제거한 것

43 버터 제조 시 크림층의 지방구막을 파괴시켜 버터입자를 생성시키는 조작은?

① 교동(churning)
② 숙성(aging)
③ 연압(working)
④ 중화(neutralizing)

💬 해설

버터 제조 공정	
원료 → 크림 분리 → 크림 중화 → 살균 냉각 → 발효 → 숙성 → 교통 → 버터밀크 배제 → 수세 → 연압 → 성형 → 포장 → 버터	
크림 분리	– 신선 원유를 크림 분리기로 분리 또는 크림 제품 사용
크림 중화	– 신선 크림 산도 : 0.10~0.14% – 산도가 높은 크림을 살균하면 카제인 응고하여 버터의 품질이 나빠져서 버터 생산량 감소의 원인 – 중화제로 알칼리중화제(탄산수소나트륨, 탄산칼슘, 산화마그네슘, 수산화마그네슘 등)을 사용하여 산도를 0.15%로 저하시켜야 함
살균 및 냉각	– 보통 저온 장시간 살균법 또는 고온 단시간 살균법 이용 – 유해균 사멸, 위생적, 보존성 향상 – 냉각은 여름 3~5℃, 겨울 6~8℃
발효	– 젖산균(유산균) 3~6% 접종. 21℃에서 6시간 발효. 산도가 0.45~0.6%정도 되면 숙성시킴 – 크림 발효는 크림의 점성저하 및 지방 분리 빨라져 교동 작업용이, 방향성 물질 생성으로 버터 풍미 양호
숙성	– 5~10℃ 8시간 이상 저장 – 크림 고형화 – 유지방 유실 방지 – 수분함량 감소로 조직 단단
교동	– 크림을 교동기에 넣고 충격을 가해 크림의 지방구막을 파괴하여 버터입자를 생성시키는 조작 – 크림 양은 기계 용적의 액 1／3~1／2 – 교동 장치 회전 속도 : 20~35 rpm – 교동시간 : 40~50분 기준으로 1분에 30회전 정도 – 크림 온도 : 여름(8~10℃), 겨울(12~14℃) – 크림 농도 : 유지방 35%~40%
연압	– 버터를 잘 이겨서 지나친 양의 수분을 제거하고 소금(2%)이 고루 분산되어 용해되도록 치밀한 버터조직을 만드는 작업 – 연압목적 : 수분함량 조절, 분사누유화, 소금 용해, 색소 분산, 버터조직을 부드럽고 치밀하게 하여 기포 형성 억제
충전 및 포장	– 무염버터(제과용) : 대형나무상자, 주석캔 – 가염버터(일반가정용) : 내포장(황산지), 외포장(비닐, 플라스틱 용기)

44 두부 제조 시 두부의 응고 정도에 미치는 영향이 가장 적은 것은?

① 응고제의 색
② 응고온도
③ 응고제의 종류
④ 응고제의 양

💬 해설

두부 제조 시 두부의 응고 정도에 미치는 영향은 응고온도, 응고제 종류, 응고제의 양에 따라 달라짐

45 달걀의 선도의 간이 검사법이 아닌 것은?

① 외관법　　　　② 진음법
③ 투시법　　　　④ 건조법

💬 해설

달걀의 선도검사	
외부 선도검사	난형, 난각, 난각의 두께, 건전도, 청결도, 난각색, 비중, 진음법, 설감법
내부 선도검사	투시검사, 할란검사(난백계수, Haugh단위, 난황계수, 난황편심도)

💡 정답　42 ②　43 ①　44 ①　45 ④

46 육질의 결착력과 보수력을 부여하는 첨가물은?

① MSG(Monosodiumglutamate)
② ATP(Adenosine trihydroxyanisole)
③ 인산염
④ BHA(Butylated hydroxyanisole)

🔍 **해설**

육질의 결착력과 보수력은 인산염의 첨가로 증가

47 유지의 제조공정으로 옳은 것은?

① 중화 → 탈취 → 탈색 → 탈검 → 원터리제
이션
② 탈색 → 탈검 → 중화 → 탈취 → 원터리제
이션
③ 중화 → 탈검 → 탈색 → 탈취 → 원터리제
이션
④ 탈검 → 탈취 → 중화 → 탈색 → 원터리제
이션

🔍 **해설**

유지제조공정	
단계	방법
전처리	– 원유지의 불순물제거 – 여과, 원심분리, 응고, 흡착, 가열
탈검	– 유지의 불순물인 인지질(레시틴, 단백질, 탄수화물 등)의 점질을 제거하는 공정 – 유지에 75~80℃ 온수(1~2%)로 수화시켜 검질물 분리
탈산	– 원유의 유리지방산 제거 공정 – 유지를 60~70℃ 가온, 교반하면서 10~15% 수산화나트륨용액으로 분리제거
탈색	– 색소물질 제거 공정 – 탈색방법 : 흡착법(활성백토, 활성탄), 산화법(과산화물), 일광법(자외선)
탈취	– 불쾌취의 원인물질 제거(저급카보닐화합물, 저급지방산, 저급알코올, 유기용매 등)
탈납	– 냉장온도에서 고체가 되는 녹는점이 높은 납(wax) 제거 공정 – 원유를 0~6℃ 16시간 방치하여 생성된 고체 지방 제거(동유처리)

48 밀가루 가공식품 중 빵에 대한 설명이 틀린 것은?

① 밀가루 반죽의 가스는 첨가하는 효모의 작용에 의해 생성
② 밀가루는 빵의 골격을 형성하고 반죽의 가스 포집역할
③ 소금은 부패 미생물 생육 억제 및 향미 촉진
④ 설탕은 발효공급원으로 전분 노화 촉진

🔍 **해설**

설탕은 효모의 영양원으로 알코올 발효 촉진, 빵 색깔 생성, 특유의 향 부여, 반죽 부드럽게 하고 빵의 노화 방지

49 121℃에서 D121값이 0.2분이고, z값이 10℃인 Cl.botulinum을 118℃에서 살균하고자 한다. D118값은? (단, log2 = 0.3으로 가정하고 계산한다.)

① 0.5분   ② 0.4분
③ 0.2분   ④ 0.1분

🔍 **해설**

가열치사시간	
D값	균수가 처음 균수의 1 / 10로 감소(90% 사멸)하는 데 소요되는 기간 균수를 90% 사멸하는데 소요되는 시간 온도에 따라 달라지므로 반드시 온도표시
Z값	가열치사시간 (또는 사멸 속도)의 1 / 10에 대응하는 가열 온도의 변화를 나타내는 값
F값	일정온도(특별언급 없으면 121℃ 또는 250℉)에서 일정 농도의 균수를 완전히 사멸시키는데 소요되는 시간

D_{118} 값 계산	
계산식	Z 값 = (T_2-T_1) / log(D_1 / D_2) T_1 = 처음온도, T_2 = 상향 또는 하향온도 D_1 = 처음온도에서의 D 값 D_2 = 나중온도에서의 D 값

💡 **정답**   46 ③   47 ③   48 ④   49 ②

계산결과	Z 값 $= (T_2 - T_1) / \log(D_1 / D_2)$ $T_1 = 121℃$, $T_2 = 118℃$ $D_1 = 0.2$분, $D_2 = ?$ $10 = 118 - 121 / \log(0.2 / D_2)$ $10 = -3 / \log(0.2 / D_2)$ $\log(0.2 / D_2) = -3 / 10$ $\log(0.2 / D_2) = -0.3$ $\log(0.2 / D_2) = -\log 2$ $0.2 / D_2 = 1 / 2$ $D_2 = 0.4 \rightarrow D118 = 0.4$분

50 밀봉두께(Seam thickness)에 대한 설명 중 옳은 것은?

① 제1시밍롤 압력이 강하면 밀봉두께는 작아진다.
② 제2시밍롤 압력이 강하면 밀봉두께는 작아진다.
③ 제2시밍롤 압력이 약하면 밀봉두께는 작아진다
④ 밀봉두께는 시밍롤의 압력과 관계가 없다.

🔍해설

제2시밍롤 압력이 강하면 밀봉두께는 작아진다.

51 유통기한 설정과 관련한 설명으로 틀린 것은?

① 실험에 사용 되는 검체는 시험용 시제품, 생산 판매하고자 하는 제품, 실제로 유통되는 제품 모두 가능하다.
② 영업자 등이 유통기한 설정 시 참고할 수 있도록 제시하는 판매가능 기간은 권장유통기간이다.
③ 제품의 제조일로부터 소비자에게 판매가 허용되는 기한은 유통기한이다.
④ 소비자에게 판매 가능한 최대기간으로써 설정실험 등을 통해 산출된 기간은 유통기간이다.

🔍해설

실험에 사용되는 검체는 생산·판매하고자 하는 제품과 동일한 공정으로 생산한 제품으로 하여야 한다.

52 통조림 당액 제조 시 준비할 당액의 당도를 구하는 식으로 옳은 것은?

W_1 : 담을 과일의 무게(g) W_2 : 주입할 당액의 무게(g) W_3 : 내용물의 총량(g) X : 과일의 당도(°brix) Z : 개관 시 규격당도(°brix)

① $\dfrac{W_1 Z - W_3 Z}{W_2}$　② $\dfrac{W_3 Z - W_1 Z}{W_2}$

③ $\dfrac{W_2 Z - W_3 Z}{W_1}$　④ $\dfrac{W_1 Z - W_2 Z}{W_3}$

🔍해설

	주입액 당도 결정법
계산식	$W_1 X + W_2 Y = W_3 Z$ W_1 : 담는 과일의 무게(g) W_2 : 주입당액의 무게(g) W_3 : 제품 내용 총량(g) X : 과육의 당도 Y : 주입액의 당도 Z : 제품의 최종 당도

53 감압건조에서 공기 대신 불활성 기체를 사용할 때 가장 효과가 큰 것은?

① 산화방지
② 비용의 감소
③ 건조시간의 단축
④ 표면경화(case hardening) 방지

🔍해설

감압건조에서 불활성 기체를 사용하면 산화방지 효과 크다.

54 치즈 제조 시 원료유 1000kg에 대한 레닛(rennet) 분말의 첨가량은 몇 kg인가?

① 0.02 ~ 0.04kg　② 0.2 ~ 0.4kg
③ 2 ~ 4kg　④ 20 ~ 40kg

🔍해설

치즈 제조 시 원료유의 0.02%에 해당하는 레닛 (rennet)을 첨가한다.

💡정답　**50** ②　**51** ①　**52** ②　**53** ①　**54** ④

55 육제품 훈연 성분 중 항산화 작용과 관련이 깊은 성분은?

① 포름알데히드　　② 식초산
③ 레진류　　　　　④ 페놀류

🔍 **해설**

훈연 연기 성분 중 페놀류는 방부성과 항산화성이 있다.

56 통조림 가열 살균 후 냉각효과에 해당되지 않는 것은?

① 호열성 세균의 발육방지
② 관내면 부식방지
③ 식품의 과열 방지
④ 생산능률의 상승

🔍 **해설**

통조림 가열 살균 후 냉각 효과
– 호열성 세균의 발육방지
– 관내면 부식방지
– 식품의 과열 방지

57 마요네즈 제조 시 유화제 역할을 하는 것은?

① 난황　　　　　② 식초
③ 식용유　　　　④ 소금

🔍 **해설**

마요네즈의 유화제는 난황이다.

58 동물 사후경직 단계에서 일어나는 근수축 결과로 생긴 단백질은?

① 미오신(myosin)
② 트로포미오신(tropomyosin)
③ 액토미오신(actomyosin)
④ 트로포닌(troponin)

🔍 **해설**

식육의 사후경직과 숙성	
도축	도축(pH 7) → 글리코겐 분해 → 젖산생성 → pH 저하
사후 강직	– 초기 사후 강직(pH 6.5) – ATP → ADP → AMP, 액토미오신 생성 – 최대 사후강직(pH 5.4) – 해당작용(혐기적 대사), 근육강직, 젖산생성, pH 낮음 – 글리코겐 감소, 젖산 증가
숙성	– 퓨린염기, ADP, AMP, IMP, 이노신, 히포크산틴 증가 – 단백질 가수분해 – 액토미오신 해리 – Hemoglobin이나 Myoglobin은 Fe_2^+에서 Fe_3^+로 전환 – 적자색에서 선홍색으로 변화

59 쌀의 도정도 판정에 이용되는 시약은?

① May Grunwald　　② Guaiacol
③ H_2O_2　　　　　④ Lugol

🔍 **해설**

도정도 결정 방법	
① 색정도	② 겨층의 박피 정도
③ 도정시간	④ 도정횟수
⑤ 전력의 소비량	⑥ 쌀겨량
⑦ MG 염색법	

60 식품의 기준 및 규격에서 사용하는 단위가 아닌 것은?

① 길이 : m, cm, mm
② 용량 : L, mL
③ 압착강도 : N(Newton)
④ 열량 : W, kW

🔍 **해설**

식품의 기준 및 규격에 사용되는 단위	
길이	m, cm, mm, μm, ㎚
용량	L, mL, uL
중량	kg, g, mg, ug, ng, pg
넓이	cm2
열량	kcal, kj
압착강도	N(Newton)
온도	℃

🔖 **정답**　55 ④　56 ④　57 ①　58 ③　59 ①　60 ④

61 아래 설명에 가장 적합한 곰팡이 속은?

> - 양조공업에 대부분 사용되어진다.
> - 강력한 당화효소와 단백질 분해효소 등을 분비한다.
> - 균총의 색깔로 구분하여 백국균, 황국균, 흑구균으로 나누어진다.
> - 널리 분포되어 있는 곰팡이로 균사에는 격벽이 있다.

① *Rhizopus* 속
② *Mucor* 속
③ *Aspergillus* 속
④ *Monascus* 속

🔍 해설

Aspergillus 속
− 자연계에 널리 분포하는 누룩곰팡이
− 균총이 황색, 녹색, 갈색, 흑색, 백색 등으로 자낭균류의 불완전균
− 균사에 격벽 있음
− 병족세포로부터 뻗어 나와 분생자병이 생기고 그 끝이 부풀어 정낭을 이루며, 정낭위에 단층 또는 2층으로 배열된 경자가 착생하며 그 끝에 분생포자가 연쇄적으로 형성
− 전분 당화효소와 단백질 분해효소 생산하는 균주가 많아서 주류를 비롯한 발효공업에 널리 이용
− 효소나 유기산 생산에 이용
− 건조 식품 부패에 관여

62 고체배지에 대한 설명과 가장 거리가 먼 것은?

① 평판 또는 사면배지에 사용된다.
② 미생물의 순수분리에 사용된다.
③ 균주의 보관 및 이동시에 사용된다.
④ 균의 운동성 유무에 대한 실험 배지로 사용된다.

🔍 해설

배지
− 세균의 증식, 보존 등에 사용되는 액체 또는 고체형의 재료
− 미생물이나 동식물의 조직을 배양에 이용
− 미생물의 종류, 생리적 조건, 실험목적에 따라 액체배지와 고체배지로 나눔
− 액체배지는 세균의 증식, 성상 검사, 대량의 균체 혹은 대사산물을 얻기 위해 사용
− 고체배지는 액체배지에 한천 등을 첨가하여 응고시킨 것으로 미생물의 보존, 배양, 순수분리를 위해 사용. 고체배지는 굳힌 방법에 따라 평판배지, 사면배지, 반사면배지로 구별

63 빵 효모를 생산하기 위한 배양조건이 적합한 것은?

① 빵 효모를 생산하기 위해 혐기적 조건이 필요하므로 혐기 배양 탱크가 필요하다.
② 효모액 중의 당 농도는 가급적 높게 유지시켜야 양질의 제품을 얻을 수 있다.
③ 가장 적합한 배양온도는 25~30℃정도 이다.
④ 잡균의 오염을 방지하기 위해 항상 pH 3 이하로 일정하게 유지해야 한다.

🔍 해설

빵 효모 배양 조건
− 빵 효모 배양 시 호기적 조건으로 알코올 생성을 억제시키고 효모의 수율 높임
− 당 농도가 높을수록 효모 수율 높음
− 가장 적합한 배양온도는 25~30℃ 정도
− 최적 pH는 pH 4~6

64 빵효모 발효 시 발효 1시간 후(t1 = 1)의 효모량이 102g, 발효 11시간 후(t2 = 11)의 효모량이 103g, 이라면 지수계수 M(exponential modulus)은?

① 0.1303
② 0.2303
③ 0.3101
④ 0.4101

💡 정답 **61** ③ **62** ④ **63** ③ **64** ②

🔍 해설

효모의 증식 상태

- $X_2 = X_1 \, e\mu(t_2-t_1)$
  X_1 : t_1에 있어서 효모량
  X_2 : t_2에 있어서 효모량
  μ : 단위 균체량당 증식 속도
- 효모는 세대시간에 역비례

$$\mu = \frac{2.303\log\left(\dfrac{X_2}{X_1}\right)}{(t_2-t_1)}$$

$$= \frac{2.303\log\left(\dfrac{10^3}{10^2}\right)}{10} = 0.2303$$

65 까망베르(Camembert) 치즈 숙성에 이용되며 푸른곰팡이라고도 불리는 것은?

① *Penicillium* 속
② *Aspergillus* 속
③ *Rhyzopus* 속
④ *Saccharomyces* 속

🔍 해설

Penicillium 속

- *Penicillium roqueforti*
  : 푸른 곰팡이 치즈
  : 프랑스 roqueforti 치즈 숙성과 향미에 관여
  : 치즈의 카제인을 분해 독특한 향기와 맛 부여
  : 녹색의 고은 반점 생성
- *Penicillium chrysogenum*
  : 항생물질인 페니실린을 생산하는 균
- *Penicillium citrinum*
  : 황변미에서 분리된 균으로 독소(citrinin)을 생산

66 젖산균에 대한 설명 중 틀린 것은?

① 요구르트 제조 시 이형발효의 젖산균만 사용하여 초산 발생을 억제시킨다.
② 대부분이 catalase 음성이다.
③ 김치, 침채류의 발효에 관여한다.
④ 장내에서 유해균의 증식을 억제할 수 있다.

🔍 해설

젖산균(유산균)

- 그람 양성, 무포자, catalase 음성, 간균 또는 구균, 통성혐기성 또는 편성 혐기성균
- 포도당 등의 당류를 분해하여 젖산 생성하는 세균
- 유산균에 의한 유산발효형식으로 정상유산발효와 이상유산발효로 구분
- 정상유산발효 : 당을 발효하여 젖산만 생성
- 정상발효젖산균
  Streptococcus 속, *Pediococcus* 속,
  일부 *Lactobacillus* 속
  (*Lactobacillus acidophilus*,
  Lactobacillus bulgaricus,
  Lactobacillus casei, *Lactobacillus lactis*
  Lactobacillus plantarum
  Lactobacillus homohiochii)
- 이상유산발효 : 혐기적으로 당이 대사되어 젖산 이외에 에탄올, 초산, 이산화탄소가 생성
- 이상발효젖산균
  Leuconostoc 속(*Leuconostoc mesenteroides*),
  일부 *Lactobacillus* 속
  (*Lactobacillus fermentum*,
  Lactobacillus brevis,
  Lactobacillus heterohiochii)
- 유제품, 김치류, 양조식품 등의 식품제조에 이용
- 장내 유해균의 증식 억제

67 대장균의 특징에 대한 설명으로 아닌 것은?

① 그람 음성이다.
② 통성 혐기성이다.
③ 포자를 형성한다.
④ 당을 분해하여 가스를 생성한다.

🔍 해설

대장균

- 사람, 포유동물의 대표적인 장내 세균
- 그람 음성, 호기성 또는 통성혐기성, 주모성편모, 무포자 간균
- 유당을 분해하여 이산화탄소와 수소가스를 생성
- 대장균군 분리동정에 유당을 이용한 배지 사용
- 분변오염의 지표세균

💡 정답 **65** ① **66** ① **67** ③

68 각 효모의 특징에 대한 설명이 틀린 것은?

① *Sporobolomyces* 속 – 사출포자효모이다.
② *Rhodotorula* 속 – 유지생산효모이다.
③ *Schizosaccharomyces* 속 – 분열법에 의해 증식하는 효모이다.
④ *Candida* 속 – 적색효모이다.

🔍해설

Sporobolomyces 속	사출포자효모, 적색효모
Rhodotorula 속	유지생산효모
Schizosaccharomyces 속	분열법
Candida 속	병원성 효모

69 세포벽의 역할이 아닌 것은?

① 세포 내부의 높은 삼투압으로부터 세포를 보호한다.
② 세포 고유의 형태를 유지하게 한다.
③ 전자전달계가 있어서 산화적 인산화반응을 일으킬 수 있다.
④ 세포벽 성분에 의해 세균독성이 나타나기도 한다.

🔍해설

세포벽
– 식물의 세포벽 : 셀룰로스, 펙틴, 리그닌 주성분
– 동물의 세포벽
– 세균과 같은 원핵생물에 존재
– 원핵생물의 세포벽은 펩티도글리칸이 주성분
– 펩티도글리칸을 이용해 항생제 생산
– 세포벽은 세포막에 비해 두껍고 견고하여 세포를 보호하고 모양 유지
– 세포벽은 세포 내부의 높은 삼투압으로부터 세포를 보호

70 김치의 후기발효에 관여하고, 김치의 과숙 시 최고의 생육을 나타내어 김치의 산패와 관계가 있는 미생물은?

① *Lactobacillus plantarum*
② *Lactobacillus mesenteroides*
③ *Pichia membranefaciens*
④ *Aspergillus oryzae*

🔍해설

Lactobacillus plantarum	– 김치의 후기발효에 관여하고, 김치의 과숙 시 최고의 생육을 나타내어 김치의 산패
Leuconostoc mesenteroides	– 그람양성 쌍구균 또는 연쇄상 구균, 헤테로젖산균(이상발효 젖산균) – 발효 초기에 주로 이상젖산균인 *Leuconostoc mesenteroides*가 발효 – 젖산과 함께 탄산가스 및 초산을 생성 – 설탕을 기질로 덱스트란 생산에 이용 – 내염성을 갖고 있어서 김치의 발효 초기에 주로 발육하여 김치를 산성화와 혐기상태로 해줌으로써 호기성 세균의 생육을 억제

71 미생물을 액체 배양기에서 배양하였을 경우 증식곡선의 순서가 옳은 것은?

① 유도기 → 감퇴기 → 대수기 → 정상기
② 정상기 → 대수기 → 유도기 → 사멸기
③ 정상기 → 대수기 → 사멸기 → 유도기
④ 유도기 → 대수기 → 정상기 → 사멸기

🔍해설

미생물 생육 곡선
• 배양시간과 생균수의 대수(log)사이의 관계를 나타내는 곡선. S 곡선
• 유도기, 대수기, 정상기(정지기), 사멸기로 나눔
• 유도기(lag phase) – 잠복기로 미생물이 새로운 환경이나 배지에 적응하는 시기 – 증식은 거의 일어나지 않고, 세포 내에서 핵산이나 효소단백질의 합성이 왕성하고, 호흡활동도 높으며, 수분 및 영양물질의 흡수가 일어남, DNA합성은 일어나지 않음
• 대수기(logarithmic phase) – 급속한 세포분열 시작하는 증식기로 균수가 대수적으로 증가하는 시기. 미생물 성장이 가장 활발하게 일어나는 시기
• 정상기(정지기, Stationary phase) – 영양분의 결핍, 대사산물(산, 독성물질 등)의 축적, 에너지 대사와 몇몇의 생합성과정을 계속되어 항생물질, 효소 등과 같은 2차 대사산물 생성.

－ 생균수는 일정하게 유지되고 총균수는 최대가 되는 시기. 증식 속도가 서서히 늦어지면서 생균수와 사멸균수가 평형이 되는 시기.

－ 배지의 pH 변화

• 사멸기(death phase)

－ 감수기로 생균수가 감소하여 생균수보다 사멸균수가 증가하는 시기

72 가근(rhiziod)과 포복지(stolon)를 가지고 번식하는 곰팡이는?

① *Aspergillus oryzae*

② *Mucor rouxii*

③ *Penicillium chtysogenum*

④ *Rhizopus javanicus*

 해설

곰팡이

－ 균사 조각이나 포자에 의해 증식

－ 곰팡이의 균사는 단단한 세포벽으로 되어 있고 엽록소가 없음

－ 다른 미생물에 비해 비교적 건조한 환경에서 생육 가능

곰팡이 분류

생식 방법	무성 생식	세포핵 융합없이 분열 또는 출아증식 포자낭포자, 분생포자, 후막포자, 분절포자
	유성 생식	세포핵 융합, 감수분열로 증식하는 포자 접합포자, 자낭포자, 난포자, 담자포자
균사 격벽 (격막) 존재 여부	조상 균류 (격벽 없음)	－ 무성번식 : 포자낭포자 － 유성번식 : 접합포자, 난포자
		거미줄곰팡이(*Rhizopus*) － 포자낭 포자, 가근과 포복지를 각 가짐 － 포자낭병의 밑 부분에 가근 형성 － 전분당화력이 강하여 포도당 제조 － 당화효소 제조에 사용
		털곰팡이(*Mucor*) － 균사에서 포자낭병이 공중으로 뻗어 공모 양의 포자낭 형성
		활털곰팡이(*Absidia*) － 균사의 끝에 중축이 생기고 여기에 포자 낭을 형성하여 그 속에 포자낭포자를 내생
	순정 균류 (격벽 있음)	자낭균류	－ 무성생식 : 분생포자 － 유성생식 : 자낭포자
			누룩곰팡이(*Aspergillus*) － 자낭균류의 불완전균류 － 병족세포 있음
			푸른곰팡이(*Penicillium*) － 자낭균류의불완전균류 － 병족세포 없음
			붉은 곰팡이(*Monascus*)
		담자균류	버섯
		불완전균류	푸사리움

73 내생포자와 영양세포의 특성을 비교하였을 때 영양세포에 대한 설명으로 옳은 것은?

① 효소 활성이 낮다.

② 열저항성이 높다.

③ Lysozyme에 감수성이 있다.

④ 건조 저항성이 높다.

해설

세균 포자(내생포자)

－ 영양 등 환경조건이 나쁘면 세균 스스로 외부환경으로부터 자신을 보호하기 위하여 만드는 포자

－ 내생포자

－ 열, 건조, 방사선, 화학약품 등에 저항성이 매우 강함

－ 영양세포에 비하여 대부분의 수분이 결합수로 되어 있어서 상당한 내건조성을 나타냄

－ 내생포자는 세균의 DNA, 리보솜 및 다량의 dipicolinic acid로 구성되어 있음

－ dipicolinic acid는 포자 특이적 화학물질로 내생포자가 휴면상태를 유지하는데 도움을 주는 성분으로 포자 건조 중량의 10%를 차지

－ 적당한 조건에서 발아하여 새로운 영양세포로 분열 증식

－ 포자형성균 : 호기성의 *Bacillus* 속, 혐기성 *Clostridum* 속

• 영양세포

－ 보통의 균체, 포자를 가지지 않고 생장대사를 하는 세포

－ 효소활성 높음

－ 열저항성 낮음

－ Lysozyme에 감수성 있음

정답 **72** ④ **73** ③

74 *Penicillium* 속과 *Aspergillus* 속의 주요 차이점은?

① 분생자
② 경자
③ 병족세포
④ 균사

곰팡이
– 균사 조각이나 포자에 의해 증식
– 곰팡이의 균사는 단단한 세포벽으로 되어 있고 엽록소가 없음
– 다른 미생물에 비해 비교적 건조한 환경에서 생육 가능

곰팡이 분류			
생식 방법	무성 생식	세포핵 융합없이 분열 또는 출아증식 포자낭포자, 분생포자, 후막포자, 분절포자	
	유성 생식	세포핵 융합, 감수분열로 증식하는 포자 접합포자, 자낭포자, 난포자, 담자포자	
균사 격벽 (격막) 존재 여부	조상 균류 (격벽 없음)	– 무성번식 : 포자낭포자 – 유성번식 : 접합포자, 난포자	
		거미줄곰팡이(*Rhizopus*) – 포자낭 포자, 가근과 포복지를 각 가짐 – 포자낭병의 밑 부분에 가근 형성 – 전분당화력이 강하여 포도당 제조 – 당화효소 제조에 사용	
		털곰팡이(*Mucor*) – 균사에서 포자낭병이 공중으로 뻗어 공모양의 포자낭 형성	
		활털곰팡이(*Absidia*) – 균사의 끝에 중축이 생기고 여기에 포자낭을 형성하여 그 속에 포자낭포자를 내생	
균사 격벽 (격막) 존재 여부	순정 균류 (격벽 있음)	자낭균류	– 무성생식 : 분생포자 – 유성생식 : 자낭포자
			누룩곰팡이(*Aspergillus*) – 자낭균류의 불완전균류 – 병족세포 있음
			푸른곰팡이(*Penicillium*) – 자낭균류의불완전균류 – 병족세포 없음
			붉은 곰팡이(*Monascus*)
		담자균류	버섯
		불완전균류	푸사리움

75 바이러스의 항원성을 갖고 있어 백신·제조에 유용하게 이용되는 주된 성분은?

① 핵산
② 단백질
③ 지질
④ 당질

바이러스의 항원성을 갖고 있어 백신·제조에 유용하게 이용되는 주된 성분은 단백질이다

76 다음 당류 중 Saccharomyces cerevisiae로 발효시킬 수 없는 것은?

① 유당(lactose)
② 포도당(glucose)
③ 맥아당(maltose)
④ 설탕(sucrose)

효모
– 진균류의 한 종류
– 포자가 아닌 영양세포가 단세포로 존재하는 시기가 있음
– 형태는 구형, 난형, 타원형, 레몬형, 원통형, 삼각형, 균사모양의 위균사 등이 있음
– 효모 증식 : 무성생식에 의한 출아법 　　　　　 유성생식에 의한 자낭포자, 담자포자

효모의 분류		
	종류	대표식품
유포자 효모 (자낭균 효모)	*Sccharomyces cerevisiae*	맥주상면발효, 제빵
	Sccharomyces carsbergensis	맥주하면발효
	Sccharomyces sake	청주제조
	Sccharomyces ellipsoides	포도주제조
	Sccharomyces rouxii	간장제조
	Schizosacharomyces 속	이분법, 당발효능 있고 알코올 발효 강함 질산염 이용 못함
	Debaryomyces 속	산막효모, 내염성
	Hansenula 속	산막효모, 야생효모, 당발효능 거의 없음 질산염 이용
	Lipomyces 속	유지효모
	Pichia 속	산막효모, 질산염 이용 못함 당발효능 거의 없음

	Candida albicans	칸디다증 유발 병원균
무포자 효모	Candida utilis	핵산조미료원료, RNA제조
	Candida tropicalis Candida lipolytica	석유에서 단세포 단백질 생산
	Torulopsis versatilis	호염성, 간장발효 시 향기 생성
	Rhodotorula glutinis	유지생성
	Thrichosporon cutaneum Thrichosporon pullulans	전분 및 지질분해력

77 세균에만 기생하는 미생물은?

① 자낭균류
② 박테리오 파지
③ 방선균
④ 불완전 균류

 해설

박테리오파지(Bacteriophage)

- 세균(bacteria)과 먹는다(phage)가 합쳐진 합성어로 세균을 죽이는 바이러스라는 뜻임
- 동식물의 세포나 미생물의 세포에 기생
- 살아있는 세균의 세포에 기생하는 바이러스
- 세균여과기를 통과
- 독자적인 대학 기능은 없음
- 한 phage의 숙주균은 1균주에 제한
  (phage의 숙주특이성)
- 핵산(DNA와 RNA) 중 어느 한 가지 핵산만 보유(대부분 DNA)
- 박테리오파지 피해가 발생하는 발효 : 요구르트, 항생물질, glutamic acid 발효, 치즈, 식초, 아밀라제, 납두, 핵산관련물질 발효 등

78 병행복발효주에 해당하는 것은?

① 청주
② 포도주
③ 매실주
④ 맥주

해설

주류의 분류

종류	발효법		예
양조주 (발효주) 전분이나 당분을 발 효하여 만 든 술	단발효주	원료의 당 성분으로 직접 발효	포도주, 사과주, 과실주
	복발효주	단행복발효주 (당화와 발효 단계적 진행)	맥주
		병행복발효주 (당화·발효 동시 진행)	청주, 탁주, 약주, 법주
증류주 (양조주) 발효된 술 또는 액즙 을 증류	단발효 주원료	과실	브랜디
		당밀	럼
	단행복 발효주 원료	보리, 옥수수	위스키
		곡류	보드카, 진
	병행복 발효주 원료	전분 또는 당밀	소주, 고량주
혼성주	증류주 또는 알콜에 기타 성분 첨가		제제주, 합성주, liqueur

79 식용효모로 사용되는 SCP 생산균주로, 병원성을 나타내기도 하는 효모는?

① *Candida* 속
② *Hansenula* 속
③ *Debaryomyces* 속
④ *Rhodotorula* 속

해설

효모

- 진균류의 한 종류
- 포자가 아닌 영양세포가 단세포로 존재하는 시기가 있음
- 형태는 구형, 난형, 타원형, 레몬형, 원통형, 삼각형, 균사모양의 위균사 등이 있음
- 효모 증식 : 무성생식에 의한 출아법
  유성생식에 의한 자낭포자, 담자포자

정답 **77** ② **78** ① **79** ①

효모의 분류		
종류		대표식품
유포자 효모 (자낭균 효모)	*Sccharomyces cerevisiae*	맥주상면발효, 제빵
	Sccharomyces carsbergensis	맥주하면발효
	Sccharomyces sake	청주제조
	Sccharomyces ellipsoides	포도주제조
	Sccharomyces rouxii	간장제조
	Schizosacharomyces 속	이분법, 당발효능 있고 알코올 발효 강함 질산염 이용 못함
	Debaryomyces 속	산막효모, 내염성
	Hansenula 속	산막효모, 야생효모, 당발효능 거의 없음 질산염 이용
	Lipomyces 속	유지효모
	Pichia 속	산막효모, 질산염 이용 못함 당발효능 거의 없음
무포자 효모	*Candida albicans*	칸디다증 유발 병원균
	Candida utilis	핵산조미료원료, RNA제조
	Candida tropicalis *Candida lipolytica*	석유에서 단세포 단백질 생산
	Torulopsis versatilis	호염성, 간장발효 시 향기 생성
	Rhodotorula glutinis	유지 생성
	Thrichosporon cutaneum *Thrichosporon pullulans*	전분 및 지질분해력

80 대장균군을 검출하기 위해 주로 이용하는 당은?

① 포도당 　　② 젖당
③ 맥아당 　　④ 과당

대장균
– 사람, 포유동물의 대표적인 장내 세균 – 그람 음성, 호기성 또는 통성혐기성, 주모성편모, 무포자 간균 – 유당을 분해하여 이산화탄소와 수소가스를 생성 – 대장균군 분리동정에 유당을 이용한 배지 사용 – 분변오염의 지표세균

5 식품제조공정

81 여과기 바닥에 다공판을 깔고 모래나 입자형태의 여과재를 채운 구조로, 여과층에 원액을 통과시켜 여액을 회수하는 장치는?

① 가압 여과기
② 원심 여과기
③ 중력 여과기
④ 진공 여과기

🔍 해설

여과기	
가압여과기	– 여과 원액에 압력을 가하여 여과하는 압축 여과기 – 종류 : 판틀형가압여과기(필터프레스), 잎 모양가압여과기가 대표적
원심여과기	– 원액에 들어있는 고체입자의 수분을 원심 분리로 제거하는 기기 – 종류 : 바스켓원심여과기, 컨베이어원심 여과기, 압출형원심여과기
중력여과기	– 혼합액에 중력을 가하여 여과기 바닥에 다 공판을 깔고 모래나 입자형태의 여과재를 채운 구조로, 여과층에 원액을 통과시켜 여액을 회수하는 장치
진공여과기	– 여과포를 덮은 틀이나 회전 원통을 원액에 담그고 내부에서 원액을 진공펌프로 흡인 시켜 여과포를 통과한 여액을 외부로 배출 시켜 여과하는 방법 – 원통형 진공 여과기가 대표적

82 분무 건조기(spray dryer)의 구성장치 중 열에 민감한 식품의 건조에 적합한 형태의 건조 방식은?

① 향류식(counter current flow type)
② 병류식(concurrent flow type)
③ 혼합류식(mixed flow type)
④ 평행류식(parallel flow type)

해설

분무 건조기	
종류	특징
병류식	열풍과 식품재료가 장치에 같은 방향으로 들어가서 건조된 후 같은 쪽으로 나옴 열에 민감한 제품에 적합
향류식 (역류식)	열풍과 식품재료의 공급방향이 반대이고 나오는 방향은 동일
혼합식	side에서 열풍이 공급

83 제시한 분쇄기와 적용 식품과의 관계가 틀린 것은?

① 디스크 밀(disc mill)

② 롤러 밀(roller mill)

③ 해머 밀(hammer mill)

④ 펄퍼(pulper)

해설

분쇄기
분쇄의 작용력 : 압축력, 전단력, 절단력, 충격력 디스크 밀(disc mill) 　: 초미분쇄기. 압축력과 전단력 적용 롤러 밀(roller mill) 　: 미분쇄기. 압축력과 전단력 적용 해머밀(hammer mill) 　: 중간분쇄기. 충격력 적용 펄퍼(pulper) 　: 섬유상 식품 분쇄. 압축력과 전단력 적용

84 식품의 저장성향상을 위하여 기체조절 (cotrolled atmosphere)저장을 할 때 이용되는 용어 또는 이론에 대한 설명으로 옳은 것은?

① 호흡률(Respiratory quotient, RQ)은 1kg의 식품이 호흡작용으로 1시간동안 방출하는 탄산가스의 양(mg)으로 표시한다.

② 일반적으로 저장 중 식품의 호흡량이 2~3배 증가하면 변패요인의 작용 속도 또한 2~3배 증가한다.

③ 발열량이란 농산물 1톤이 1시간 동안 발생되는 열량으로 표시한다.

④ 추숙과정에서 에틸렌(ethylene)가스가 발생되면 추숙이 지연된다.

해설

기체조절(cotrolled atmosphere)저장
– 수확된 과일과 채소류의 호흡작용으로 인하여 시간이 지날수록 많은 양의 이산화탄소가 배출되어 질식상태가 되며, 산소를 흡수하여 대사가 왕성해지면 신선도가 빨리 저하된다. – 신선도 유지를 위해서 1~5%의 저농도 산소와 2~10% 이산화탄소 하에서 호흡을 억제시키면 신선도 유지됨 – 이런 원리를 이용해서 인공적으로 저장고내에 가스를 적당히 조절하고 내부를 냉장상태로 유지시키면서 저장하는 방법

85 밀가루 반죽과 같은 고점도 반고체의 혼합에 관여하는 운동과 관계가 먼 것은?

① 절단(cutting)

② 치댐(kneading)

③ 접음(folding)

④ 전단(shearing)

해설

고점도 반고체의 혼합 운동
– 고점도 물체 또는 반고체 물체는 점도가 낮은 액체에서처럼 임펠러에 의해서 유동이 생성되지 않으므로 물체와 혼합날개가 직접적인 접촉에 의해 물체는 비틀림, 이기기, 접음, 전단, 압축작용을 연속적으로 받아 혼합한다. – 치댐(Kneading) : 혼합물을 용기나 벽 등에 문대기고 때리기 – 접음(Folding) : 혼합물을 접어 골고루 섞이도록 혼합 – 전단(Shearing) : 혼합물 분리

86 원료의 전처리 조작에 해당되지 않는 것은?

① 세척　　　　② 선별

③ 절단　　　　④ 포장

정답　**83** ③　**84** ②　**85** ①　**86** ④

식품 제조 공정	
원료 처리 공정	이송, 정선, 선별, 세척, 절단 등
가공 공정	분쇄, 혼합, 분리, 추출, 농축, 가열, 성형, 동결, 해동 등
저장 공정	건조, 살균, 제균, 포장, 살충 등

87 식품가공 시 물질이동의 원리를 이용한 단위조작과 가장 거리가 먼 것은?

① 추출
② 증류
③ 살균
④ 결정화

단위조작과 단위공정의 차이	
단위 조작	액체의 수송, 저장, 혼합, 추출, 증류, 가열살균, 냉각, 건조에서 이용되는 기본 공정으로서 유체의 흐름, 열전달, 물질이동 등의 물리적 현상을 다루는 것
단위 공정	전분에 산이나 효소를 이용하여 당화시켜 포도당이 생성되는 것(예 : 결정화 등)과 같은 화학적 변화를 주목적으로하는 조작

88 무균포장법으로 우유나 주스를 충전·포장할 때, 포장용기인 테트라팩을 살균하는데 적절하지 않은 방법은?

① 화염살균
② 가열공기에 의한 살균
③ 자외선살균
④ 가열증기에 의한 살균

테트라팩 살균
– 가열공기에 의한 살균
– 자외선살균
– 가열증기에 의한 살균

89 막여과(membrane filtration)에 대한 설명으로 잘못된 것은?

① 균체와 부유물질 사이의 밀도차에 크게 의존하지 않는다.
② 여과과정 중 여과조제(filter aid)와 응집제를 필요로 한다.
③ 균체의 크기에 크게 의존하지 않는다.
④ 공기의 노출이 적어 병원균의 오염을 줄일 수 있다.

막분리 공정
• 막분리 – 막의 선택 투과성을 이용하여 상의 변화없이 대상물질을 여과 및 확산에 의해 분리하는 기법 – 열이나 pH에 민감한 물질에 유용 – 휘발성 물질의 손실 거의 없음 – 막분리 여과법에는 확산투석, 전기투석, 정밀여과법, 한외여과법, 역삼투법 등이 있음
• 막분리 장점 – 분리과정에서 상의 변화가 발생하지 않음 – 응집제가 필요 없음 – 상온에서 가동되므로 에너지 절약 – 열변성 또는 영양분 및 향기성분의 손실 최소 – 가압과 용액 순환만으로 운행 – 장치조작 간단 – 대량의 냉각수가 필요 없음 – 분획과 정제를 동시에 진행 – 공기의 노출이 적어 병원균의 오염 저하 – 화학약품을 거의 필요로 하지 않기 때문에 2차 환경오염 유발하지 않음
• 막분리 단점 – 설치비가 비쌈 – 최대 농축 한계인 약 30% 고형분 이상의 농축 어려움 – 순수한 하나의 물질은 얻기까지 많은 공정 필요 – 막을 세척하는 동안 운행 중지

막분리 기술의 특징		
막분리법	막기능	추진력
확산투석	확산에 의한 선택 투과성	농도차
전기투석	이온성물질의 선택 투과성	전위차
정밀여과	막 외경에 의한 입자크기 분배	압력차
한외여과	막 외경에 의한 분자크기 선별	압력차
역삼투	막에 의한 용질과 용매 분리	압력차

💡**정답** **87** ④ **88** ① **89** ②

90 젤리의 강도에 영향을 끼치는 주요 인자가 아닌 것은?

① 펙틴의 농도 ② 염류의 종류
③ 메톡실의 분자량 ④ 당의 농도

🔍 해설

젤리의 강도에 영향을 끼치는 주요 인자
– 펙틴은 물에서 교질용액을 형성하며, 메톡실함량이 7% 이상인 고메톡실 펙틴일 경우나 적당한 산과 적당한 농도의 당이 존재하는 경우에 겔 형성 – 메톡실함량이 7% 이하인 저메톡실 펙틴은 칼슘이온과 같은 다가의 양이온을 첨가함으로써 반고체 겔 형성 – 젤리 형성 3요소 　펙틴 농도 : 1~1.5% 　산 : 0.3%, pH 3.0~3.5 　당 : 60~65%

91 과립을 제조하는데 사용하는 장치인 파츠밀(Fitz mill)의 원리에 대한 설명으로 적합한 것은?

① 분말 원료와 액체를 혼합시켜 과립을 만든다.
② 단단한 원료를 일정한 크기나 모양으로 파쇄시켜 과립을 만든다.
③ 혼합이나 반죽된 원료를 스크루를 통해 압출시켜 과립을 만든다.
④ 분말 원료를 고속 회전시켜 콜로이드 입자로 분산시켜 과립을 만든다.

🔍 해설

파츠밀(Fitz mill)의 원리
– 조분쇄기로 널리 사용 – 구조가 단순하고 조작이 간편하여 쉽게 분쇄입도 변화 가능 – 회전하는 rotor에 다수의 knife 형상의 분쇄날이 있으며, 해머밀과 달리 충격력보다는 전단력이 더 크게 작용하므로 미분발생을 최대한 억제하면서 공정에 맞는 적절한 입자로 분쇄 가능 – 분쇄날 하부에 screen이 있어 screen의 hole size와 분쇄 날의 회전 속도 변환에 의해 분쇄입자 변화 가능

92 건량기준(dry basis) 수분함량 25%인 식품의 습량기준(wet basis) 수분함량은?

① 20% ② 25%
③ 30% ④ 18%

🔍 해설

– 건량기준 수분함량(%)

$$M(\%) = \frac{W_w}{W_s} \times 100$$

M : 건량기준 수분함량(%)
W_w : 완전히 건조된 물질의 무게(%)
W_s : 물질의 총 무게(%)

– 습량기준 수분함량(%)

$$m(\%) = \frac{W_w}{W_w + W_s} \times 100$$

m : 습량기준 수분함량(%)

– 건량 기준 수분함량이 25%일 때

$$M(\%) = \frac{25}{100} \times 100 = 25$$

Ww : 25, Ws : 100

$$m(\%) = \frac{25}{25 + 100} \times 100 = 20\%$$

93 다음 식품가공 공정 중 혼합조작이 아닌 것은?

① 반죽 ② 교반
③ 유화 ④ 정선

🔍 해설

혼합의 분류	
혼합	– 곡물과 같은 입자나 분말형태를 섞는 조작
반죽	– 고체와 액체의 혼합 – 다량의 고체분말에 소량의 액체 섞는 조작
교반	– 액체와 액체의 혼합 – 저점도의 액체들을 혼합하거나 소량의 고형물을 용해 또는 균일하게 하는 조작
유화	– 서로 녹지 않는 액체를 분산 혼합

💡 정답 **90** ③　**91** ②　**92** ①　**93** ④

94 초고온 순간(UHT) 살균 방식에 대한 설명으로 틀린 것은?

① 연속적인 작업이 어렵다.
② 액상 제품의 살균에 적합하다.
③ 직접 가열과 간접 가열 방식이 있다.
④ 일반적인 가열 살균 방식에 비해 영양 파괴나 품질 손상을 줄일 수 있다.

🔍해설

초고온 순간(UHT) 살균 방식
– 연 속 작업 가능 – 액상 제품의 살균 적합 – 직접 가열과 간접 가열 방식 – 일반적인 가열 살균 방식에 비해 영양 파괴나 품질 손상을 줄일 수 있다.

95 식품의 건조 과정에서 일어날 수 있는 변화에 대한 설명으로 틀린 것은?

① 지방이 산화할 수 있다.
② 단백질이 변성할 수 있다.
③ 표면피막 현상이 일어날 수 있다.
④ 자유수 함량이 늘어나 저장성이 향상될 수 있다.

🔍해설

식품 건조 과정에서 일어나는 변화	
물리적 변화	– 가용성 물질의 이동　　– 수축현상 – 표면경화　　　　　　　– 성분의 석출
화학적 변화	– 영양가 변화 – 비타민 다소 손실, – 아스코르브산과 카로틴 상당량파괴 – 단백질 변성 : 열변성 – 탄수화물 변화 : 갈변 – 지방의 산화 : 유지산패, 기름 변색 – 핵산계 물질 변화 – 항신료 성분 변화 – 식품 색소 변화 : 카로틴색소 변화 큼
생물학적 변화	미생물 생육 제어 가능(자유수 함량 감소)

96 D120이 0.2분, z값이 10℃인 미생물포자를 110℃에서 가열살균 하고자 한다. 가열살균지수를 12로 한다면 가열치사시간은 얼마인가?

① 2.4분　　　　② 1.2분
③ 12분　　　　④ 24분

🔍해설

가열치사시간	
D값	균수가 처음 균수의 1 / 10로 감소(90% 사멸)하는 데 소요되는 기간 균수를 90% 사멸하는데 소요되는 시간 온도에 따라 달라지므로 반드시 온도표시
Z값	가열치사시간 (또는 사멸 속도)의 1 / 10에 대응하는 가열 온도의 변화를 나타내는 값
F값	일정온도(특별언급 없으면 121℃ 또는 250℉)에서 일정 농도의 균수를 완전히 사멸시키는데 소요되는 시간

F_{110} 값 계산	
계산식	F값 : 120℃에서의 가열살균시간 $F_{120} = D_{120}*m$(가열지수) → D_1*12 $F_{110} = D_{110}*m$(가열지수) → D_2*12 Z 값 $= (T_2-T_1)/\log(D_1/D_2)$ T_1 = 처음온도, T_2 = 상향 또는 하향온도 D_1 = 처음온도에서의 D 값 D_2 = 나중온도에서의 D 값
계산결과	Z 값 $= (T_2-T_1)/\log(D_1/D_2)$ $10 = 110-120/\log(0.2/D_2)$ $10 = -10/\log(0.2/D_2)$ $\log(0.2/D_2) = -1$ $\log(0.2/D_2) = \log 10^{-1}$ $0.2/D_2 = 10^{-1}$ $0.2/D_2 = 1/10$ $D2 = 2 → D_{110} = 2$ $F_2 = 2*12 → F_{110} = 24$분

97 분체 속에 직경이 5㎛ 정도인 미세한 입자가 혼합되어 있을 때 사용하는 분리기로 가장 적합한 것은?

① 경사형 침강기　　② 관형 원심분리기
③ 원판형 원심분리기　④ 사이클론 분리기

98 이송, 혼합, 압축, 가열, 반죽, 전단, 성형 등 여러 단위공정이 복합된 가공 방법으로써 일정한 식품원료로부터 여러 가지 형태, 조직감, 색과 향미를 가진 다양한 제품 또는 성분을 생산하는 공정은?

① 흡착
② 여과
③ 코팅
④ 압출

99 김치제조에서 배추의 소금절임 방법이 아닌 것은?

① 압력법
② 건염법
③ 혼합법
④ 염수법

100 점도가 높은 페이스트 상태이거나 고형분이 많은 액상원료를 건조할 때 적합한 건조기는?

① 드럼건조기
② 분무 건조기
③ 열풍건조기
④ 유동층 건조기

정답 **98** ④ **99** ① **100** ①

2020년 출제문제 3회

1 식품위생학

1 1일 섭취허용량이 체중 1kg당 10mg 이하인 첨가물을 어떤 식품에 사용하려고 하는데 체중 60kg인 사람이 이 식품을 1일 500g씩 섭취한다고 하면, 이 첨가물의 잔류 허용량은 식품의 몇 %가 되는가?

① 0.12% 이하   ② 0.17% 이하
③ 0.22% 이하   ④ 0.27% 이하

해설

첨가물 잔류허용량
– 1일 섭취 허용 첨가물량 　체중 1kg당 10mg 이하 – 체중 60kg 1일 섭취 허용 첨가물량 　60kg × 10mg = 600 mg – 1일 500g을 섭취하는 식품에 함유된 첨가물 잔류 허용량 　600mg / 500000mg × 100 = 0.12%

2 다음 중 인수공통 감염병이 아닌 것은?

① 중증열성혈소판감소증후군
② 탄저
③ 급성회백수염
④ 중증급성호흡기증후군

해설

인수공통감염병 (사람과 동물 사이에 동일 병원체로 발생)		
병원체	병명	감염 동물
바이 러스	조류인플엔자	가금류, 야생조류
	일본뇌염	빨간집모기
	공수병(광견병)	개, 고양이, 박쥐
	유행성출혈열	들쥐
	중증급성호흡기증후군 (SARS)	낙타

바이 러스	중증열성혈소판감소 증후군(SFTS)	진드기
세균	장출혈성대장균감염증	소
	브루셀라증(파상열)	소, 돼지, 양
	탄저	소, 돼지, 양
	결핵	소
	변종크로이츠펠트 – 야콥병(vCJD)	소
	돈단독	돼지
	렙토스피라	쥐, 소, 돼지, 개
	야토병	산토끼, 다람쥐
리케차	발진열	쥐벼룩, 설치류, 야생동 물
	Q열	소, 양, 개, 고양이
	쯔쯔가무시병	진드기

3 COD에 대한 설명 중 틀린 것은?

① COD란 화학적 산소요구량을 말한다.
② BOD가 적으면 COD도 적다.
③ COD는 BOD에 비해 단시간내에 측정가능하다.
④ 식품공장 폐수의 오염정도를 측정 할 수있다.

해설

수질오염지표	
DO (Dissolved Oxygen)	– 용존산소 – 물에 용해된 산소량 – DO가 높다는 것은 부패유기물이 적은 것으로 좋은 물을 의미
BOD (Biochemical Oxygen Demand)	– 생물학적 산소요구량 – 수질오염을 나타내는 지표 – BOD가 높다는 것은 분해되기 쉬운 유기물이 많은 것으로 수질이 나쁘다는 의미
COD (Chemical Oxygen Demand)	– 화학적 산소요구량 – 유기물 등의 오염물질이 산화제로 산화할 때 필요한 산소량 – COD가 높다는 것은 수질이 나쁘다는 의미

정답   **1** ①   **2** ③   **3** ②

4 병원체에 따른 인수공통감염병의 분류가 잘못된 것은?

① 세균 – 장출혈성대장균감염증
② 세균 – 결핵
③ 리케차 – Q열
④ 리케차 – 일본뇌염

🔍 해설

인수공통감염병 (사람과 동물 사이에 동일 병원체로 발생)		
병원체	병명	감염 동물
세균	장출혈성대장균감염증	소
	브루셀라증(파상열)	소, 돼지, 양
	탄저	소, 돼지, 양
	결핵	소
	변종크로이츠펠트 – 야콥병(vCJD)	소
	돈단독	돼지
	렙토스피라	쥐, 소, 돼지, 개
	야토병	산토끼, 다람쥐
바이러스	조류인플엔자	가금류, 야생조류
	일본뇌염	빨간집모기
	공수병(광견병)	개, 고양이, 박쥐
	유행성출혈열	들쥐
	중증급성호흡기증후군(SARS)	낙타
바이러스	중증열성혈소판감소증후군(SFTS)	진드기
리케차	발진열	쥐벼룩, 설치류, 야생동물
	Q열	소, 양, 개, 고양이
	쯔쯔가무시병	진드기

5 육류가공 시 생성되는 발암성 물질로 발색제를 첨가하여 생성되는 유해물질은?

① 나이트로사민
② 아크릴아마이드
③ 에틸카바메이트
④ 다환방향족탄화수소

🔍 해설

조리가공 중 생성 가능한 유해물질	
나이트로사민	– 육류에 존재하는 아민과 아질산이온의 나이트로소화 반응에 의해 생성되는 발암물질 – 햄, 소시지의 식육제품의 발색제로 아질산염이 첨가되므로 나이트로사민 생성 가능성 높음
아크릴아마이드	– 탄수화물 식품 굽거나 튀길 때 생성(감자칩, 감자튀김, 비스킷 등) – 발암유력물질
에틸카바메이트	– 우레탄으로도 부름 – 핵과류로 담든 주류를 장기간 발효할 때 씨에서 나오는 시안화합물과 에탄올이 결합하여 생성 – 2A등급 발암물질 – 알코올과 음료 발효식품에 함유
다환방향족탄화수소	– 음식을 고온으로 가열하면 지방, 탄수화물, 단백질이 탄화되어 생성 – 벤조피렌

6 식품첨가물로 산화방지제를 사용하는 이유로 거리가 먼 것은?

① 산패에 의한 변색을 방지한다.
② 독성물질의 생성을 방지한다.
③ 식욕을 향상시키는 효과가 있다.
④ 이산화물의 불쾌한 냄새 생성을 방지한다.

🔍 해설

산화방지제를 사용하는 이유
– 산패에 의한 변색을 방지한다. – 독성물질의 생성을 방지한다. – 이산화물의 불쾌한 냄새 생성을 방지한다.

💡 정답 **4** ④ **5** ① **6** ③

7 식품위생검사를 위한 검체의 일반적인 채취방법으로 옳은 것은?

① 깡통, 병, 상자 등 용기에 넣어 유통되는 식품 등은 반드시 개봉한 후 채취한다.

② 합성착색료 등의 화학 물질과 같이 균질한 상태의 것은 여러 부위에서 가능한 많은 양을 채취하는 것이 원칙이다.

③ 대장균이나 병원 미생물의 경우와 같이 목적물이 불균질할 때는 1개 부위에서 최소량을 채취하는 것이 원칙이다.

④ 식품에 의한 감염병이나 식중독의 발생 시 세균학적 검사에는 가능한 많은 양을 채취하는 것이 원칙이다.

◎ 해설

식품위생검사를 위한 검체의 일반적인 채취방법

– 검체는 검사목적, 검사항목 등을 참작하여 검사대상 전체를 대표할 수 있는 최소한도의 양을 수거하여야 한다.

– 깡통, 병, 상자 등 용기에 넣어 유통되는 식품 등은 가능한 한 개봉하지 않고 그대로 채취한다.

– 채취된 검체가 검사대상이 손상되지 않도록 주의하여야 하고, 식품을 포장하기전 또는 포장된 것을 개봉하여 검체로 채취하는 경우에는 이물질의 혼입, 미생물의 오염 등이 되지 않도록 주의하여야 한다.

– 제1. 미생물 검사를 위한 시료채취는 검체채취결정표에 따르지 아니하고 제2. 식품일반에 대한 공통기준 및 규격, 제3. 영·유아를 섭취대상으로 표시하여 판매하는 식품의 기준 및 규격, 제4. 장기보존식품의 기준 및 규격, 제5. 식품별 기준 및 규격에서 정하여진 시료수(n)에 해당하는 검체를 채취한다.

– 식품에 의한 감염병이나 식중독의 발생 시 세균학적 검사에는 가능한 많은 양을 채취하는 것이 원칙이다.

8 포르말린(formalin)을 축합시켜 만든 것으로 이것이 용출 될 때 위생상 문제가 될 수 있는 합성수지는?

① 페놀수지
② 염화비닐수지
③ 폴리에틸렌수지
④ 폴리스틸렌수지

◎ 해설

– 포름알데히드 용출 합성수지 : 페놀수지, 요소수지, 멜라민수지

– 염화비닐수지 : 주성분이 polyvinyl chloride로 포름알데히드가 용출되지 않음

9 멜라민(melamine) 수지로 만든 식기에서 위생상 문제가 될 수 있는 주요 성분은?

① 비소
② 게르마늄
③ 포름알데히드
④ 단량체

◎ 해설

포름알데히드(formaldehyde)
페놀(phenol, C_6H_5OH), 멜라민(melamine, $C_3H_6N_6$), 요소(urea, $(NH_2)_2CO$) 등과 반응하여 각종 열경화성 수지를 만드는 원료로 사용

10 쥐와 관련되어 감염되는 질병이 아닌 것은?

① 신증후군출혈열 ② 살모넬라증
③ 페스트 ④ 폴리오

◎ 해설

위생동물	번식가능식품	병병
진드기	설탕, 된장표면, 건조과일	진드기뇨증, 쯔쯔가무시병, 재귀열, 양충병, 유행성출혈열
바퀴벌레	음식물, 따뜻하고 습기많고 어두운 곳 서식	소아마비, 살모넬라, 이질, 콜레라, 장티푸스
쥐	식품, 농작물	유행성출혈열, 쯔쯔가무시병, 발진열, 페스트, 렙토스피라증
파리	조리식품	장티푸스, 파라티푸스, 이질, 콜레라, 결핵, 폴리오

◎ 정답 **7** ④ **8** ① **9** ③ **10** ④

11
독소형 식중독균에 속하며 신경증상을 일으킬 수 있는 원인균은?

① *Salmonella enteritidis*
② *Yersinia enterocolitica*
③ *Clostridium botulinum*
④ *Vibrio parahaemolyticus*

🔍 해설

클로스트리듐 보툴리눔 식중독

특성	- 원인균 : *Clostridium botulinum* - 그람양성, 편성혐기성, 간균, 포자형성, 주편모, 신경독소(neurotoxin)생산 - 콜린 작동성의 신경접합부에서 아세틸콜린의 유리를 저해하여 신경을 마비 - 독소의 항원성에 따라 A~G형균으로 분류되고 그 중 A, B, E, F 형이 식중독 유발 - A, B, F 형 : 최적 37~39℃, 최저 10℃, 내열성이 강한 포자 형성 - E 형 : 최적 28~32℃, 최저 3℃(호냉성) 내열성이 약한 포자 형성 - 독소는 단순단백질로서 내생포자와 달리 열에 약해서 80℃ 30분 또는 100℃ 2~3분간 가열로 불활성화 - 균 자체는 비교적 내열성(A와 B형 100℃ 360분, 120℃ 14분) 강하나 독소는 열에 약함 - 치사율(30~80%) 높음
증상	- 메스꺼움, 구토, 복통, 설사, 신경증상
원인식품	통조림, 진공포장, 냉장식품
예방법	- 3℃ 이하 냉장 - 섭취 전 80℃, 30분 또는 100℃, 3분 이상 충분한 가열로 독소 파괴 - 통조림과 병조림 제조 기준 준수

12
식품의 기준 및 규격에 의거하여 부패·변질 우려가 있는 검체를 미생물 검사용으로 운반하기 위해서는 멸균용기에 무균적으로 채취하여 몇 도의 온도를 유지시키면서 몇 시간 이내에 검사기관에 운반하여야 하는가?

① 0℃, 4시간
② 12℃±3 이내, 6시간
③ 36℃±2 이상, 12시간
④ 5℃±3 이하, 24시간

🔍 해설

미생물검사용 검체 운반

부패 및 변질 우려 검체	멸균용기에 무균적으로 채취, 저온유지(5±3℃ 이하), 24시간 이내 검사기관에 운반
부패 및 변질 우려 없는 검체	반드시 냉장온도에서 운반할 필요는 없지만, 오염이나 검체 및 포장 파손 주의

13
식품과 자연 독성분의 연결이 잘못된 것은?

① 감자 – solanine
② 섭조개 – saxitoxin
③ 복어 – tetrodotoxine
④ 알광대버섯 – venerupin

🔍 해설

자연독

독성분	독성 함유 식품
테트로도톡신	복어
삭시톡신	검은조개, 섭개, 대합
베네루핀	모시조개, 바지락, 굴
시쿠톡신	독미나리
무스카린	버섯
에르고톡신	맥각

14
곤충 및 동물의 털과 같이 물에 잘 젖지 아니하는 가벼운 이물검출에 적용하는 이물검사는?

① 여과법
② 채분별법
③ 와일드만 플라스크법
④ 침강법

이물 검사법	
여과법	– 액체이거나 액체로 처리할 수 있는 검체에 이용 – 검체 용액을 신속여과지로 여과하여 이물 여부 확인
체분별법	– 미세한 분말 속에 비교적 큰 이물이 있는 경우 이용 – 체로 걸러서 육안검사
와일드만 라스크법	– 검체를 물과 혼합되지 않는 유기용매와 혼합하여 떠오르는 이물 확인 – 곤충 및 동물의 털 등 물에 젖지 않는 가벼운 이물인 경우 이용
침강법	– 쥐똥, 토사 등 비교적 무거운 이물인 경우 이용

15 PVC(polyvinyl chloride) 필름을 식품포장재로 사용했을 때 잔류할 수 있는 단위체로 특히 문제가 되는 발암성 유해물질은?

① Calcium chloride
② AN(acrylonitrll)
③ DEP(diethyl phthalate)
④ VCM(vinyl chloride monomer)

🔍해설

VCM(vinyl chloride monomer)는 PVC(polyvinyl chloride) 필름을 식품포장재로 사용했을 때 잔류할 수 있는 단위체로 특히 문제가 되는 발암성 유해물질이다.

16 다음 식중독 중 일반적으로 치사율이 가장 높은 것은?

① 프로테우스균 식중독
② 보툴리누스균 식중독
③ 포도상구균 식중독
④ 살모넬라균 식중독

🔍해설

보툴리누스균
– 저산 또는 혐기성 등의 특정 환경조건에서는 이 포자가 자라서 인간에게 치명적인 독소 생성 – 이 독소는 neurotoxin : 보툴리늄 중독증을 유발하는 강력한 독소 중 하나

17 Clostridium botulinum의 특성이 아닌 것은?

① 식중독 감염 시 현기증, 두통, 신경장애 등이 나타난다.
② 호기성의 그람 음성균이다.
③ A형 균은 채소, 과일 및 육류와 관계가 깊다.
④ 불충분하게 살균된 통조림 속에 번식하는 간균이다.

🔍해설

클로스트리듐 보툴리늄 식중독	
특성	– 원인균 : *Clostridium botulinum* – 그람양성, 편성혐기성, 간균, 포자형성, 주편모, 신경독소(neurotoxin)생산 – 콜린 작동성의 신경접합부에서 아세틸콜린의 유리를 저해하여 신경을 마비 – 독소의 항원성에 따라 A~G형균으로 분류되고 그중 A, B, E, F 형이 식중독 유발 – A, B, F 형 : 최적 37~39℃, 최저 10℃, 내열성이 강한 포자 형성 – E 형 : 최적 28~32℃, 최저 3℃(호냉성) 내열성이 약한 포자 형성 – 독소는 단순단백질로서 내생포자와 달리 열에 약해서 80℃ 30분 또는 100℃ 2~3분간 가열로 불활성화 – 균 자체는 비교적 내열성(A와 B형 100℃ 360분, 120℃ 14분) 강하나 독소는 열에 약함 – 치사율(30~80%) 높음
증상	– 메스꺼움, 구토, 복통, 설사, 신경증상
원인 식품	– 통조림, 진공포장, 냉장식품
예방법	– 3℃ 이하 냉장 – 섭취 전 80℃, 30분 또는 100℃, 3분 이상 충분한 가열로 독소 파괴 – 통조림과 병조림 제조 기준 준수

18 식품에 사용되는 보존료의 조건으로 부적합한 것은?

① 인체에 유해한 영향을 미치지 않을 것
② 적은 양으로 효과적일 것
③ 식품의 종류에 따라 작용이 가변적일 것
④ 체내에 축적되지 않을 것

💡정답 **15** ④ **16** ② **17** ② **18** ③

해설

보존료(보존제)

- 식품의 부패 및 변질의 원인이 되는 미생물 증식을 억제하여 식품을 단기, 장기간 보존할 목적으로 사용되는 물질
- 미생물의 증식을 억제하는 정균작용
- 신선도 유지
- 식품의 영양가 보존

19 핵분열 생성물질로서 반감기는 짧으나 비교적 양이 많아서 식품오염에 문제가 될 수 있는 핵종은?

① ^{90}Sr
② ^{131}I
③ ^{137}Cs
④ ^{106}Ru

해설

방사능 오염

- 방사능을 가진 방사선 물질에 의해서 환경, 식품, 인체가 오염되는 현상으로 핵분열 생성물의 일부가 직접 또는 간접적으로 농작물에 이행 될 수 있다.
- 식품에 문제 되는 방사선 물질
  - 생성율이 비교적 크고 반감기가 긴 ^{90}Sr(29년)과 ^{137}Cs(30년), ^{131}I-(8일)는 반감기가 짧으나 비교적 양이 많아 문제가 된다.

20 우유 살균 처리에서 한계온도의 기준이 되는 것은?

① 결핵균
② 티푸스균
③ 연쇄상구균
④ 디프테리아균

해설

우유 살균 처리에서 한계온도의 기준이 되는 것은 결핵균이다

2 식품화학

21 관능검사의 사용 목적과 거리가 먼 것은?

① 신제품 개발
② 제품 배합비 결정 및 최적화
③ 품질 평가방법 개발
④ 제품의 화학적 성질 평가

해설

관능검사의 사용 목적

- 신제품 개발
- 제품 개발비 결정 및 최적화
- 품질평가 방법 개발
- 품질 보증 및 품질 수준 유지
- 보존성 및 저장 안전성 시험
- 공정개선 및 원가 절감
- 소비자 관리

22 단백질 분자 내에 티로신(tyrosine)과 같은 페놀(phenol) 잔기를 가진 아미노산의 존재에 의해서 일어나는 정색반응은?

① 밀론(Millon)반응
② 뷰렛(Biuret)반응
③ 닌히드린(Ninhydrin)반응
④ 유황반응

해설

아미노산 정색(정성)반응

뷰렛반응	– 단백질 정성분석 – 단백질에 뷰렛용액(청색)을 떨어뜨리면 청색에서 보라색이 됨
닌히드린반응	– 단백질 용액에 1% 니히드린 용액을 가한 후 중성 또는 약산성에서 가열하면 이산화탄소 발생 및 청색발현 – a–아미노기 가진 화합물 정색반응 – 아미노산이나 펩티드 검출 및 정량에 이용
밀론반응	– 페놀성히드록시기가 있는 아미노산인 티록신 검출법
사가구찌반응	아지닌의 구아니딘 정성
홉킨스–콜반응	트립토판 정성

23 단맛이 큰 순서로 나열되어 있는 것은?

① 설탕 〉 과당 〉 맥아당 〉 젖당
② 맥아당 〉 젖당 〉 설탕 〉 과당
③ 과당 〉 설탕 〉 맥아당 〉 젖당
④ 젖당 〉 맥아당 〉 과당 〉 설탕

🔍해설

과당
- 설탕의 1.5배 정도의 단맛을 낸다.
- 과당은 포도당과 함께 유리상태로 과일 벌꿀 등에 함유되어 있다.
- 과당은 환원당이며, a형과 b형의 두 개 이성체가 존재한다.
- 천연당류 중 단맛이 가장 강하다.
- 단맛은 b형이 a형보다 3배 강하다.
- 물에 대한 용해도가 커서 과포화되기 쉽다.
- 과당의 수용액을 가열하면 b형은 a형으로 변하여 단맛이 현저히 저하된다.
- 단맛 강도 순서 : 과당 〉 전화당 〉 설탕 〉 포도당 〉 맥아당 〉 갈락토스 〉 젖당
- 맥아당과 포도당은 a형이 b형보다 더 달다.

24 밀가루의 흡수력 및 점탄성을 조사하는데 이용되는 것은?

① Extensogram　　② Amylogram
③ Farinogram　　④ Texturemeter

🔍해설

측정 기기	용도
Extensograph	반죽의 신장도와 인장항력 측정
Amylograph	전분의 호화도, a-amylase역가 강력분과 중력분 판정
Fariongram	밀가루 반죽 시 생기는 점탄성
Texturemeter	빵의 경도, 탄력성

25 비타민 M이라고도 불리며 결핍시 거대혈구성 빈혈(megalooblastic anemia)을 초래하는 비타민은?

① 비오틴(Biotin)　　② 엽산(Folic acid)
③ 비타민 B_{12}　　④ 비타민 C

🔍해설

수용성 비타민		
비타민 B_1 (티아민)	기능	- 탈탄산조효소(TPP) - 에너지대사. 신경전달물질합성
	결핍증	각기병
	급원식품	돼지고기, 배아, 두류
비타민 B_2 (리보플라빈)	기능	- 탈수소조효소(FAD, FMN) - 대사과정의 산화환원반응
	결핍증	설염, 구각염, 지루성피부염
	급원식품	유제품, 육류, 달걀
비타민 B_3 (니아신) 트립토판 전구체	기능	- 탈수소조효소(NAD, NADP) - 대사과정의 산화환원반응
	결핍증	펠라그라 (*과잉섭취 경우, 피부홍조, 간 기능 이상)
	급원식품	육류, 버섯, 콩류
비타민 B_5 (판토텐산)	기능	- coenzyme A 구성성분 - 에너지대사, 지질합성, 신경전달물질 합성
	결핍증	잘 나타나지 않음
	급원식품	모든 식품
비타민 B_6 (피리독신)	기능	아미노산 대사조효소(PLP)
	결핍증	피부염, 펠라그라, 빈혈 (*과잉섭취 경우, 관절경직, 말초신경손상)
	급원식품	육류, 생선류, 가금류
비타민 B_{12} (코발아민) Co 함유	기능	엽산과 같이 핵산대사관여, 신경섬유 수초 합성
	결핍증	악성빈혈
	급원식품	간 등의 내장육, 쇠고기
비타민 B_9 비타민 M (엽산)	기능	THFA 형태로 단일탄소단위운반, 핵산대사관여
	결핍증	거대적 아구성 빈혈
	급원식품	푸른잎채소, 산, 육류
비타민 B_7 비타민 H (비오틴)	기능	지방합성, 당, 아미노산 대사관여
	결핍증	피부발진, 탈모
	급원식품	난황, 간, 육류, 생선류
비타민 C (아스코르브산)	기능	콜라겐합성, 항산화작용, 해독작용, 철흡수 촉진
	결핍증	괴혈병 (*과잉섭취 경우, 위장관증상, 신장결석, 철독성)
	급원식품	채소, 과일

💡정답　23 ③　24 ③　25 ②

26 아미노산이 트립토판을 전구체로 하여 만들어지는 수용성 비타민은?

① 비오틴(biotin)
② 엽산(folic acid)
③ 나이아신(niacin)
④ 리보플라빈(riboflavin)

수용성 비타민			
종류	기능	결핍증	급원식품
비타민 B₃ (니아신) 트립토판전구체	탈수소조효소(NAD, NADP). 대사과정의 산화환원반응	펠라그라 (*과잉섭취 경우, 피부 홍조, 간기능 이상)	육류, 버섯, 콩류

27 가공식품에 사용되는 솔비톨(sorbitol)의 기능이 아닌 것은?

① 저칼로리 감미료
② 계면활성제
③ 비타민 C 합성 시 전구물질
④ 착색제

솔비톨(D-sorbitol)
- 백색 결정성 분말의 당알코올
- 설탕의 50배 단맛
- 자연 상태로 존재하기도 하고 포도당으로부터 화학적으로 합성
- 다른 알코올류와 달리 생체 내에서 중간대사산물로서 존재
- 묽은 산, 알칼리에 안정
- 식품조리온도에서도 안정
- 비타민 C 합성 시 전구물질
- 흡수성 강하며, 보수성, 보향성 우수
- 과자류의 습윤조정제, 과일통조림의 비타민 C 산화방지제, 냉동품의 탄력과 선도 유지, 계면활성제, 부동제, 연화제 등

28 튀김과 같이 유지를 고온에서 오랜 시간 가열하였을 때 나타나는 반응과 거리가 먼 것은?

① 비누화반응   ② 열분해반응
③ 산화반응   ④ 중합반응

유지 가열 시 생기는 변화
- 유지의 가열에 의해 자동산화과정의 가속화, 가열분해, 가열중합반응이 일어남
- 열 산화 : 유지를 공기중에서 고온으로 가열 시 산화반응으로 유지의 품질이 저하되고, 고온으로 장기간 가열 시 산가, 과산화물가 증가
- 중합반응에 의해 중합체가 생성되면 요오드가 낮아지고, 분자량, 점도 및 굴절률은 증가, 색이 진해지며, 향기가 나빠지고 소화율이 떨어짐
- 유지의 불포화지방산은 이중결합 부분에서 중합이 일어남
- 휘발성 향미성분 생성 : 하이드로과산화물, 알데히드, 케톤, 탄화수소, 락톤, 알코올, 지방산 등
- 발연점 낮아짐
- 거품생성 증가

유지 산패의 종류

가수분해에 의한 산패	화학적 가수분해	트리아실글리세롤이 수분에 의해 글리세롤과 유리지방산으로 분해
	효소적 가수분해	라이페이스의 지방효소에 의해 글리세롤과 유리지방산으로 분해
산화에 의한 산패	자동산화에 의한 산패	- 공기 중에 산소가 유지에 흡수되어 초기, 전파연쇄, 종결반응 단계로 자동산화 일어남 - 초기반응단계 : 유리라디칼 형성 - 전파연쇄반응단계 : 과산화물 생성 - 종결반응단계 : 중합체 생성, 알코올류, 카보닐화합물, 산류, 산화물 등 생성, 과산화물가와 요오드가 감소, 이취, 점도 및 산가 증가
	가열에 의한 산패	- 유지의 고온으로 가열하면 가열산화가 일어나며 자동산화과정의 가속화, 가열분해, 가열중합반응 등이 일어남 - 유지점도 증가, 기포생성
	효소에 의한 산패	유지의 지방산화효소인 리폭시게네이스에 의해 불포화지방산을 촉진
변향에 의한 산패		정제된 유지에서 정제 전의 냄새가 발생하는 현상. 변향취와 산패취가 다름

26 ③   **27** ④   **28** ①

29 다음 색소 중 배당체로 존재하는 것은?

① 안토시아닌(anthocyanin)
② 클로로필(chlorophyll)
③ 헤모글로빈(hemoglobin)
④ 미오글로빈(myoglobin)

 해설

안토시아닌(Anthocyanine) 색소
– 식품의 씨앗, 꽃, 열매, 줄기, 뿌리 등에 있는 적색, 자색, 청색, 보라색, 검정색 등의 수용성 색소 – 당과 결합된 배당체로 존재 – 안토시아닌은 수용액의 pH에 따라 색깔이 쉽게 변함 – 산성에서 적색, 중성에서 자주색, 알칼리성에서 청색으로 변함

30 닌히드린 반응(ninhydrin reaction)이 이용되는 것은?

① 아미노산의 정성
② 지방질의 정성
③ 탄수화물의 정성
④ 비타민의 정성

해설

아미노산 정색(정성)반응	
뷰렛반응	– 단백질 정성분석 – 단백질에 뷰렛용액(청색)을 떨어뜨리면 청색에서 보라색이 됨
닌히드린반응	– 단백질 용액에 1% 니히드린 용액을 가한 후 중성 또는 약산성에서 가열하면 이산화탄소 발생 및 청색발현 – α-아미노기 가진 화합물 정색반응 – 아미노산이나 펩티드 검출 및 정량에 이용
밀론반응	– 페놀성히드록시기가 있는 아미노산인 티록신 검출법
사가구찌반응	아지닌의 구아니딘 정성
홉킨스–콜반응	트립토판 정성

31 면실 중에 존재하는 항산화 성분으로 강력한 항산화력이 인정되나 독성 때문에 사용되지 못하는 것은?

① 커쿠민(curcumin)
② 고시폴(gossypol)
③ 구아이아콜(guaiacol)
④ 레시틴(lecithin)

해설

고시폴(Gossypol)
– 면실유에 함유된 독성이 강한 성분 – 면실유 제조 시 반드시 정제 필요 – 천연항산화제로 사용

32 단당류에 부제탄소(asymmetric carbon)가 3개일 때 이론적으로 존재하는 입체이성체(stereoisomer)의 수는?

① 2개
② 4개
③ 8개
④ 16개

해설

입체이성체수 : 2^n(n : 부제탄소수) $2^3 = 8$

33 다음 식품 중 수분활성도(Aw)가 낮아 일반적으로 저장성이 가장 높은 것은?

① 비스킷
② 소시지
③ 식빵
④ 쌀

등온흡(탈)습곡선

영역	물 결합	특징
A	이온결합 (극성 결합)	– 수분활성도 낮음(0~0.25) – 수분함량 : 5~10% – A영역과 B영역의 경계부분은 단분자층 수분 – 온도를 낮추어도 얼지 않음 – 용매로 사용할 수 없음 – B영역에 해당하는 물보다 저장성 낮음 – 광선 조사에 의한 지방질의 산패 심하게 일어남 – 해당식품 : 인스턴트커피분말, 분유, 건조식품 등
B	수소결합 (비극성 결합)	– 수분활성도 낮음(0.25~0.8) – 수분함량 : 20~40% – 다분자층 – A영역에 비해 느슨한 결합 – 거의 용매로 사용할 수 없음 – 해당식품 : 국수, 건조식품
C	결합없음 (비결합)	– 수분활성도 낮음(0.8 이상) – 모세관 응고 영역으로 식품의 다공질구조 – 모세관에 수분이 자유로이 응결되어 식품 성분에 대해 용매로 작용 – 화학, 효소반응 촉진 – 미생물 생육 가능

---

34 겨자와 식물(겨자, 배추, 무, 양배추 등)의 대표적인 향기 성분에 대한 설명 중 틀린 것은?

① 식물체 중에 향기성분의 전구물질이 있다.
② 조리과정 또는 조직이 파쇄될 때 전구물질이 효소작용을 받아 향기성분으로 전환된다.
③ 대표적인 전구물질은 황화이알릴(diallyl sulfide)이다.
④ 이소티오시안산(isothiocyanate)은 이들의 대표적인 향기성분들과 관계가 깊다.

겨자과의 냄새성분

– 이소티오시안산(isothiocyanate) : 조직이 파괴될 때 전구물질에 효소가 작용하여 생성
– 흑겨자의 냄새성분 전구물질 : 시니그린
– 백겨자(황겨자)의 냄새성분 전구물질 : 시날린

---

35 물은 알코올이나 에테르 등에 비해 분자량이 매우 적음에도 이들에 비해 비점이 높은 특징이 있다. 이와 같은 이유는 물의 무슨 결합 때문인가?

① 공유결합
② 이온결합
③ 수소결합
④ 배위결합

물 분자 구조

– 물분자는 두 개의 수소와 한 개의 산소가 공유결합되어 있으며 결합각은 약 104.5°
– 물분자에서 산소는 수소보다 전기음성도가 커서 공유결합된 전자분포가 산소쪽으로 치우쳐 산소원자는 음전하(−), 수소원자는 양전하(+)를 가지는 극성분자
– 양극성 극성분자의 특성 때문에 다른 물분자 사이에 수소결합 형성 가능
– 물분자 간의 수소결합으로 인해 비등점, 표면장력, 열용량, 승화열, 융해열 등이 높음

---

36 쌀 1g을 취하여 질소를 정량한 결과, 전질소가 1.5% 일 때 쌀 중의 조단백질 함량은? (단, 질소계수는 6.25로 가정한다.)

① 약 8.4%
② 약 9.4%
③ 약 10.4%
④ 약 11.4%

조단백질 함량

– 조단백질 함량 : x
– 질소계수 : 6.25
– 쌀 1g에서 조단백질에 함유된 전질소 : 1.5%
– 조단백질 함량(図x) = 9.375 ≒ 9.4%
    x / 1.5% = 6.25

---

37 노화에 대한 설명 중 틀린 것은?

① 2~5℃에서는 물분자 간의 수소결합이 안정되어 노화가 잘 일어난다.

② 노화는 수분함량이 많으면 많을수록 잘 일어난다.

③ pH에 영향을 받아 강산성상태에서는 노화가 촉진된다.

④ amylopection의 함량이 많을수록 노화가 억제된다.

🔍 **해설**

전분의 노화	
특징	– 호화된 전분(α전분)을 실온에 방치하면 굳어져 β전분으로 되돌아가는 현상 – 호화로 인해 불규칙적인 배열을 했던 전분분자들이 실온에서 시간이 경과됨에 따라 부분적으로나마 규칙적인 분자배열을 한 미셀(micelle) 구조로 되돌아가기 때문임 – 떡, 밥, 빵이 굳어지는 것은 이러한 전분의 노화 현상 때문임
노화 억제 방법	– 수분함량 : 30~60% 노화가 가장 잘 일어나고, 10% 이하 또는 60% 이상에서는 노화 억제 – 전분 종류 : 아밀로펙틴 함량이 높을수록 노화 억제(아밀로스가 많은 전분일수록 노화가 잘 일어남) – 온도 : 0~5℃ 노화 촉진. 60℃ 이상 또는 0℃ 이하의 냉동으로 노화 억제 – pH : 알칼리성일 때 노화가 억제됨 – 염류 : 일반적으로 무기염류는 노화 억제하지만 황산염은 노화 촉진 – 설탕첨가 : 탈수작용에 의해 유효수분을 감소시켜 노화 억제 – 유화제 사용 : 전분 콜로이드 용액의 안정도를 증가시켜 노화 억제

38 식품 원료 50g 중 순수한 단백질 함량이 10g, 질소 함량이 1.7g 일 때 이 식품의 질소 계수는?

① 0.17
② 0.34
③ 5.88
④ 8.50

🔍 **해설**

질소계수
– 순수한 단백질 함량 : 10g
– 질소함량 : 단백질 10g중에 1.7g 함유
– 질소계수 = 10÷1.7 = 5.88

39 다음 관능검사 중 가장 주관적인 검사는?

① 차이 검사
② 묘사 검사
③ 기호도 검사
④ 삼점 검사

🔍 **해설**

관능검사법		
소비자검사 (주관적)	기호도 검사	– 얼마나 좋아하는지의 강도 측정 – 척도법, 평점법 이용
	선호도 검사	– 좋아하는 시료를 선택하거나 좋아하는 시료 순위 정하는 검사 – 이점비교법, 순위검사법
차이식별검사 (객관적)	종합적차이 검사	– 시료 간에 차이가 있는지를 검사 – 삼점검사, 이점검사
	특성차이 검사	– 시료 간에 차이가 얼마나 있는지 차이의 강도를 검사 – 이점비교검사, 다시료비교검사, 순위법, 평점법
묘사분석	정량적묘사분석(QDA), 향미, 텍스쳐, 스페트럼 프로필묘사분석 등	– 훈련된 검사원이 시료에 대한 관능특성용어를 도출하고, 정의하며 특성 강도를 객관적으로 결정하고 평가하는 방법

40 분산계가 유탁질로 되어 있는 식품은?

① 잼
② 맥주
③ 버터
④ 쇠고기

💡 **정답** **37** ② **38** ③ **39** ③ **40** ③

해설

식품에서의 콜로이드 상태

분산매	분산질	분산계	식품
액체	기체	거품	맥주 및 사이다 거품
	액체	유화	수중유적형 (O / W형)	우유, 아이스크림, 마요네즈
			유중수적형 (W / O형)	버터, 마가린
	고체	현탁질	된장국, 주스, 전분액
		졸	소스, 페이스트
		겔	젤리, 양갱
고체	기체	고체거품	빵, 쿠키
	액체	고체젤	한천, 과육, 두부
	고체	고체교질	사탕, 과자
기체	액체	에어졸	향기부여 스모그
	고체	분말	밀가루, 진문, 설탕

③ 식품가공학

41 유지의 정제방법에 대한 설명으로 틀린 것은?

① 탈산은 중화에 의한다.
② 탈색은 가열 및 흡착에 의한다.
③ 탈납은 가열에 의한다.
④ 탈취는 감압하에서 가열한다.

해설

유지의 정제

순서	제조공정	방법
1	전처리	– 원유 중의 불순물을 제거 – 여과, 원심분리, 응고, 흡착, 가열처리
2	탈검	– 유지의 불순물인 인지질(레시틴), 단백질, 탄수화물 등의 검질제거 – 유지을 75~80℃ 온수(1~2%)로 수화하여 검질을 팽윤·응고시켜 분리제거
3	탈산	– 원유의 유리지방산을 제거 – 유지를 가온(60~70℃)·교반 후 수산화나트륨용액(10~15%)을 뿌려 비누액을 만들어 분리제거

4	탈색	– 원유의 카로티노이드, 클로로필, 고시폴 등 색소물질 제거 – 흡착법(활성백토, 활성탄 이용) – 산화법(과산화물 이용) – 일광법(자외선 이용)
5	탈취	– 불쾌취의 원인이 되는 저급카보닐화합물, 저급지방산, 저급알코올, 유기용매 등 제거 – 고도의 진공상태에서 행함
6	탈납	– 냉장 온도에서 고체가 되는, 녹는점이 높은 납(wax) 제거 – 탈취 전에 미리 원유를 0~6℃에서 18시간 정도 방치하여 생성된 고체지방을 여과 또는 원심분리하여 제거하는 공정 – 동유처리법(Winterization) – 면실유, 중성지질, 가공유지 등에 사용

42 감귤류로 과실 음료를 제조할 때, 통조림 후 용액의 혼탁을 유발하는 것과 가장 관계가 깊은 물질은?

① hesperidin, pectin
② vitamin A, vitamin C
③ tannin, phenol
④ yeast, amino acid

해설

과실음료 혼탁 유발

통조림 저장을 하면 hesperidin의 결정화와 pectin의 용해에 의해 용액이 혼탁해짐

43 과실 주스 중의 부유물 침전을 촉진시키기 위해 사용되는 것은?

① 카제인(casein)
② 펙틴(pectin)
③ 글루콘산(gluconic acid)
④ 셀룰라아제(cellulase)

과실주스 청징 방법

- 난백(2% 건조 난백) 사용
- 카제인 사용
- 탄닌 및 젤라틴 사용
- 흡착제(규조토) 사용
- 효소처리 : pectinase, polygalacturonase

44 콩나물 성장에 따른 화학적 성분의 변화에 대한 설명으로 틀린 것은?

① 비타민 C 함량의 증가
② 가용성 질소화합물의 감소
③ 지방 함량의 감소
④ 섬유소 함량의 감소

해설

콩나물 성장에 따른 화학적 성분의 변화

- 비타민 C 함량의 증가
- 가용성 질소화합물의 감소
- 지방 함량의 감소
- 섬유소 함량의 증가

45 식육가공에서 훈연 침투 속도에 영향을 미치지 않는 것은?

① 훈연농도
② 훈연제의 색상
③ 훈연실의 공기 속도
④ 훈연실의 상대습도

해설

식육 가공 훈연 침투 속도 영향 요인

훈연농도, 훈연실의 공기 속도, 훈연실의 상대습도

훈연 목적

- 훈연에 의한 육색 고정 및 발색 촉진
- 훈연취에 의한 풍미 부여
- 훈연 성분에 의한 잡균 방지 등의 보존 효과
- 지방 산화 방지
- 항산화 작용

46 식품에 함유된 어떤 세균의 내열성(D값)이 40초이다. 균의 농도를 10^4에서 10까지 감소시키는데 소요되는 총 살균시간(TDT)은 얼마인가?

① 120초
② 240초
③ 300초
④ 400초

해설

D값

미생물의 사멸률을 나타내는 값
균을 90% 사멸시키는데 걸리는 시간
균수를 1 / 10으로 줄이는 데 걸리는 시간

$$D값 = \frac{U}{\log A - \log B}$$

(U : 가열시간, A : 초기균수 B : 가열시간 후 균수)

$$40 = \frac{U}{\log 10^4 - \log 10^1} = \frac{U}{4-1}$$

U = 120초

47 치즈에 대한 설명으로 옳은 것은?

① 치즈는 우유의 지방을 응고시켜 제조한다.
② 치즈는 우유의 단백질을 렌닛(rennet) 또는 젖산균으로 응고시켜 얻은 커드(curd)를 이용한다.
③ 커드를 모은 후에 맛과 풍미를 좋게 하기 위하여 식염을 커드량의 5~7% 첨가한다.
④ 치즈 숙성 시의 피막제는 호화전분을 사용한다.

해설

치즈 제조

렌넷(rennet)과 젖산균을 이용하여 우유단백질을 응고시켜 유청을 제거하고 압착하여 제조

48 10%의 고형분을 함유한 포도주스 1kg을 감압농축시켜 고형분 50%로 농축할 경우 제거해야 할 수분의 양은?

① 0.2kg ② 0.4kg
③ 0.6kg ④ 0.8kg

🔍해설

고형분 10% 포도주스을 고형분 50% 함유
10% / 50% = 0.2
1kg − 0.2 = 0.8 kg

49 신선한 달걀의 판정과 관계가 먼 것은?

① 난각의 상태 ② 달걀의 비중
③ 기실의 크기 ④ 난황의 색깔

🔍해설

달걀의 선도검사	
외부 선도검사	난형, 난각, 난각의 두께, 건전도, 청결도, 난각색, 비중, 진음법, 설감법
내부 선도검사	투시검사, 할란검사(난백계수, Haugh단위, 난황계수, 난황편심도)

50 제빵 공정에서 처음에 밀가루를 체로 치는 가장 주된 이유는?

불순물을 제거하기 위하여
해충을 제거하기 위하여
산소를 풍부하여 함유시키기 위하여
가스를 제거하기 위하여

🔍해설

밀가루를 체로 치는 이유
– 밀가루 입자사이에 산소(공기) 접촉시켜 발효를 도움 (가장 큰 이유) – 협잡물 제거 – 반죽 뭉침 방지

51 맥주를 제조할 때 이용하는 보리의 조건으로 바람직하지 않은 것은?

① 전분이 많은 것
② 수분이 13% 이하인 것
③ 껍질이 얇은 것
④ 단백질이 많은 것

🔍해설

맥주를 제조할 때 이용하는 보리의 조건
– 전분이 많은 것 – 수분이 13% 이하인 것 – 껍질이 얇은 것 – 단백질이 적을 것

52 마요네즈 제조에 있어 난황의 주된 작용은?

① 응고제 작용
② 유화제 작용
③ 기포제 작용
④ 팽창제 작용

🔍해설

마요네즈의 유화제는 난황이다.

53 쌀의 저장 형태 중 저장성이 가장 큰 것은?

① 5분도미 ② 백미
③ 벼 ④ 현미

🔍해설

도정이 되지 않은 벼가 쌀의 저장성이 가장 크다

54 햄이나 베이컨을 만들 때 염지액 처리 시 첨가되는 질산염과 아질산염의 기능으로 가장 적합한 것은?

① 수율 증진
② 멸균작용
③ 독특한 향기의 생성
④ 고기색의 고정

💡정답 **48** ④ **49** ④ **50** ③ **51** ④ **52** ② **53** ③ **54** ④

질산염(NaNO₃), 아질산염(NaNO₂)	– 육색고정제 – 질산염은 육중의 질산염 환원균에 의해 아질산염으로 환원되어 작용 – 질산염과 아질산염 육류를 가공할 때 미오글로빈(근육색소)을 안정시켜 육색의 변화를 방지하여 고기 색소를 고정하는 발색제로 사용 – 풍미를 좋게 한다 – 식중독 세균인 *Clostridium botulium* 의 성장을 억제
Ascorbic acid	– 육색고정보조제

55 원료크림의 지방량이 80kg 이고 생산된 버터의 양이 100kg 이라면, 버터의 증량률(overrun)은?

① 5%　　　　　　　② 15%
③ 25%　　　　　　④ 80%

버터의 증량률(overrun)

버터의 증량률(overrun)

$$= \frac{버터생산량 - 크림중의지방량}{크림중의지방량} \times 100$$

$$= \frac{100-80}{80} \times 100$$

$$= 25\%$$

56 분유 제조 시 건조방법으로 적합한 것은?

① 자연 건조　　　② 열풍 건조
③ 분무 건조　　　④ 피막 건조

건조기의 용도

건조기 종류	해당 식품 또는 용도
빈 건조기	마감 건조
분무 건조기	분유, 인스턴트커피, 과일주스
기송식 건조기	곡류, 글루텐, 전분, 분유, 달걀제품
유동층 건조기	소금, 설탕, 감자 등의 건조

건조기

종류	특징
드럼 건조기	– 원료를 수증기로 가열되는 원통표면에 얇은 막 상태로 부착시켜 건조 – 드럼 표면에 있는 긁는 칼날로 건조된 제품 긁어냄
분무 건조기	– 열에 민감한 액체 또는 반액체 상태의 식품을 열풍의 흐름에 미세입자(10~100㎛)로 분무시켜 신속(1~10초)하게 건조 – 열풍온도는 높지만 열변성 받지 않음
열풍 건조기	– 식품을 건조기에 넣고 가열된 공기를 강제적으로 송풍기를 이용하여 불어주는 강제 대류 방식에 의해 건조
유동층 건조기	– 입자 또는 분말 식품을 열풍으로 불어 올려 위로 뜨게 하여 재료와 열풍의 접촉을 좋게 한 장치

57 콩 단백질의 주성분이며 두부 제조 시 붉은 염류 용액에 의해 응고되는 성질을 이용하는 물질은?

① 알부민(albumin)
② 글리시닌(glycinin)
③ 제인(zein)
④ 락토글로불린(lactoglobulin)

글리시닌

콩 단백질의 주성분이며 두부 제조 시 묽은 염류 용액에 의해 응고되는 성질을 이용하는 물질

58 냉동 식품용 포장지의 일반적인 특성이 아닌 것?

① 방습성이 있을 것
② 가스 투과성이 낮을 것
③ 수축 포장 시 가열 수축성이 없을 것
④ 저온에서 경화되지 않을 것

냉동 식품용 포장지의 일반적인 특성

– 방습성이 있을 것
– 가스 투과성이 낮을 것
– 수축 포장 시 가열 수축 가능한 것
– 저온에서 경화되지 않을 것

59 식물성 유지가 동물성 유지보다 산패가 덜 일어나는 이유로 적합한 것은?

① 천연항산화제가 들어있기 때문에
② 발연점이 낮기 때문에
③ 시너지스트(synergist)가 없기 때문에
④ 열에 안정하기 때문에

🔍해설

식물성 유지가 동물성 유지보다 산패가 덜 일어나는 이유

- 식물성 유지에는 동물성 유지보다 천연 항산화제가 많이 함유되어 산패가 지연됨
- 천연항산화제
  토코페롤(비타민 E), 아스코르빈산(비타민 C), 몰식자산(Gallic acid), 퀘르세틴(Quercetin), 세사몰(Sesamol), 고시폴(Gossypol), 레시틴(Lecitin)
- 산화방지보조물질(synergist)을 첨가하면 더욱 효과적임

60 식품을 가열하는데 50J의 에너지가 요구되었다면, 이를 칼로리로 환산하면 약 얼마인가?

① 210cal   ② 12cal
③ 210kcal   ④ 12kcal

🔍해설

J을 cal로 단위환산

1cal = 4.19J
1cal : 4.19J = x : 50
x = 12cal

---

4 식품미생물학

61 아황산펄프폐액을 사용한 효모생산을 위하여 개발된 발효조는?

① Waldhof형 배양장치
② Vortex형 배양장치
③ Air lift 배양장치
④ Plate tower형 배양장치

🔍해설

Waldhof형 배양장치

- 아황산 펄프폐액을 사용한 효모생산을 위하여 독일에서 개발된 배양장치
- 공기는 회전축(shaft)으로 들어가서 통기회전원판(aeration wheel)으로부터 액중에 방출
- 연 속 배양 가능

62 대표적인 곰팡이 독소로서 *Aspergillus flavus*가 생성하는 곰팡이독은?

① 맥각독
② 아플라톡신
③ 오크라톡신
④ 파튤린

🔍해설

Aspergillus flavus

발암물질인 아플라톡신을 생성하는 유해균

63 곰팡이의 분류에 대한 설명으로 틀린 것은?

① 진균류는 조상균류와 순정균류로 분류한다.
② 순정균류는 자낭균류, 담자균류, 불완전류로 분류된다.
③ 균사에 격막(격벽, septa)이 없는 것을 순정균류, 격막을 가진 것을 조상균류라 한다.
④ 조상균류는 호상균류, 접합균류, 난균류로 분류된다.

🔍해설

곰팡이

- 균사 조각이나 포자에 의해 증식
- 곰팡이의 균사는 단단한 세포벽으로 되어 있고 엽록소가 없음
- 다른 미생물에 비해 비교적 건조한 환경에서 생육 가능

💡정답 **59** ① **60** ② **61** ① **62** ② **63** ③

곰팡이 분류		
생식 방법	무성 생식	세포핵 융합없이 분열 또는 출아증식 포자낭포자, 분생포자, 후막포자, 분절포자
	유성 생식	세포핵 융합, 감수분열로 증식하는 포자 접합포자, 자낭포자, 난포자, 담자포자
균사 격벽 (격막) 존재 여부	조상 균류 (격벽 없음)	– 무성번식 : 포자낭포자 – 유성번식 : 접합포자, 난포자
		거미줄곰팡이(*Rhizopus*) – 포자낭 포자, 가근과 포복지를 각 가짐 – 포자낭병의 밑 부분에 가근 형성 – 전분당화력이 강하여 포도당 제조 – 당화효소 제조에 사용
		털곰팡이(*Mucor*) – 균사에서 포자낭병이 공중으로 뻗어 공모 양의 포자낭 형성
		활털곰팡이(*Absidia*) – 균사의 끝에 중축이 생기고 여기에 포자낭 을 형성하여 그 속에 포자낭포자를 내생
균사 격벽 (격막) 존재 여부	순정 균류 (격벽 있음)	자낭균류	– 무성생식 : 분생포자 – 유성생식 : 자낭포자
			누룩곰팡이(*Aspergillus*) – 자낭균류의 불완전균류 – 병족세포 있음
			푸른곰팡이(*Penicillium*) – 자낭균류의불완전균류 – 병족세포 없음
			붉은 곰팡이(*Monascus*)
		담자균류	버섯
		불완전균류	푸사리움

64 간장의 제조공정에 사용되는 균주는?

① *Aspergillus tamari*
② *Aspergillus sojae*
③ *Aspergillus flavus*
④ *Aspergillus glaucus*

곰팡이	특징
Aspergillus tamari	단백질 분해력이 강하며 일본의 타마리 간장의 코지에 이용
Aspergillus sojae	단백질 분해력이 강하며 간장제조에 이용
Aspergillus flavus	발암물질인 아플라톡신을 생성하는 유해균
Aspergillus glaucus	고농도의 설탕이나 소금에서도 잘 증식되어 식품을 변패

65 종초(種醋)를 선택하는 일반적인 조건이 아닌 것은?

① 초산 이외의 유기산류나 향기성분인 ester 류를 생성한다.
② 초산을 다시 산화(과산화) 분해하여야 한다.
③ 알코올에 대한 내성이 강해야 한다.
④ 초산 생성 속도가 빨라야 한다.

초산 발효 시 종초에 쓰이는 초산균의 구비조건
– 생육 및 산의 생성 속도가 빨라야 함 – 생성량이 많아야 함 – 가능한 다시 초산을 산화(과산화)하지 않아야 함 – 초산 이외에 유기산류나 향기성분인 에스테르류를 생성해야 함 – 알코올에 대한 내성 강해야 함 – 잘 변성되지 않아야 함

66 여러 가지 선택배지를 이용하여 미생물 검사를 하였더니 다음과 같은 결과가 나왔다. 다음 중 검출 양성이 예상되는 미생물은?

① 장염비브리오균
② 살모넬라균
③ 대장균
④ 황색포도상구균

해설

황색포도상구균

– EMB(Eosin Methylene Blue)Agar 배지
  젖당 발효 세균(대장균)에서 짙은 보라색
– MSA(Mannitol Salt Agar) 배지
  만니톨 발효 세균(황색포도상구균)에서 황색 불투명 집락

67 맥주 제조에 사용되는 효모는?

① Saccharomyces fragilis
② Saccharomyces peka
③ Saccharomyces cerevisiae
④ Zygosaccharomyces rouxii

🔍 해설

효모

– 진균류의 한 종류
– 포자가 아닌 영양세포가 단세포로 존재하는 시기가 있음
– 형태는 구형, 난형, 타원형, 레몬형, 원통형, 삼각형,
  균사모양의 위균사 등이 있음
– 효모 증식 : 무성생식에 의한 출아법
          유성생식에 의한 자낭포자, 담자포자

효모의 분류		
	종류	대표식품
무포자 효모	Candida albicans	칸디다증 유발 병원균
	Candida utilis	핵산조미료원료, RNA제조
	Candida tropicalis Candida lipolytica	석유에서 단세포 단백질 생산
	Torulopsis versatilis	호염성, 간장발효 시 향기 생성
	Rhodotorula glutinis	유지생성
	Thrichosporon cutaneum Thrichosporon pullulans	전분 및 지질분해력

유포자 효모 (자낭균 효모)	Scccharomyces cerevisiae	맥주상면발효, 제빵
	Scccharomyces carsbergensis	맥주하면발효
	Scccharomyces sake	청주제조
	Scccharomyces ellipsoides	포도주제조
	Scccharomyces rouxii	간장제조
	Schizosacharomyces 속	이분법, 당발효능 있고 알코올 발효 강함 질산염 이용 못함
	Debaryomyces 속	산막효모, 내염성
	Hansenula 속	산막효모, 야생효모, 당발효능 거의 없음 질산염 이용
	Lipomyces 속	유지효모
	Pichia 속	산막효모, 질산염 이용 못함 당발효능 거의 없음

68 미생물이 탄소원으로 가장 많이 이용하는 당질은?

① 포도당(glucose)
② 자일로오스(xylose)
③ 유당(lactose)
④ 라피노오스(raffinose)

🔍 해설

미생물이 탄소원으로 가장 많이 이용하는 당질은 포도당(glucose)이다

69 글루코오스(glucose)에 젖산균을 배양하여 발효할 때 homo 젖산발효에 해당하는 것은?

① $C_6H_{12}O_6 \rightarrow 2CH_3CHOH \cdot COOH$
② $C_6H_{12}O_6 \rightarrow CH_3CHOH \cdot COOH + CH_2OH + CO_2$
③ $C_6H_{12}O_6 \rightarrow CH_3CHOH \cdot COOH + 2CO_2$
④ $C_6H_{12}O_6 + O_2 \rightarrow CH3CHOH \cdot COOH + 2CO_2 + H_2O$

💡 정답 67 ③   68 ①   69 ①

젖산균의 발효 형식에 따라

• 정상발효 형식(homo type)
   – 당을 발효하여 젖산만 생성
   – $C_6H_{12}O_6 \rightarrow 2CH_3 \cdot CHOH \cdot COOH$
 • 이상발효형식(hetero type)
   – 당을 발효하여 젖산 외에 알코올, 초산, 이산화탄소
     등 부산물 생성
   – $C_6H_{12}O_6 \rightarrow 2CH_3 \cdot CHOH \cdot COOH + C_2H_5OH$
     $+CO_2$
   – $2C_6H_{12}O_6 + H_2O \rightarrow 2CH_3 \cdot CHOH \cdot COOH +$
     $C_2H_5OH + CH_3COOH + 2CO_2 + 2H_2$

70 Botrytis 속에 대한 설명 중 옳은 것은?

① 배에 번식하여 단맛이 감소한다.

② 사과에 번식하여 신맛이 감소하여 품질이 좋아진다.

③ 포도에 번식하면 신맛이 감소하고 단맛이 상승한다.

④ 채소류에 번식하여 과성숙을 일으킨다.

🔍해설

Botrytis 속
– 균총이 회색으로 회색곰팡이 – 분생자병 말단에 방사형태의 포자 생성 – 포도나 딸기의 변패 원인균 – *Botrytis cinerea* : 귀부포도주

71 세포내 지방 저장력이 가장 높은 유지효모는?

① *Candida albicans*

② *Candida utilis*

③ *Rhodotorula glutinis*

④ *Saccharomyces cerevisiae*

🔍해설

효모
– 진균류의 한 종류 – 포자가 아닌 영양세포가 단세포로 존재하는 시기가 있음 – 형태는 구형, 난형, 타원형, 레몬형, 원통형, 삼각형, 균사모양의 위균사 등이 있음 – 효모 증식 : 무성생식에 의한 출아법   유성생식에 의한 자낭포자, 담자포자

효모의 분류		
	종류	대표식품
유포자 효모 (자낭균 효모)	*Scccharomyces cerevisiae*	맥주상면발효, 제빵
	Scccharomyces carsbergensis	맥주하면발효
	Scccharomyces sake	청주제조
	Scccharomyces ellipsoides	포도주제조
	Scccharomyces rouxii	간장제조
	Schizosacharomyces 속	이분법, 당발효능 있고 알코올 발효 강함 질산염 이용 못함
	Debaryomyces 속	산막효모, 내성성
	Hansenula 속	산막효모, 야생효모, 당발효능 거의 없음 질산염 이용
	Lipomyces 속	유지효모
	Pichia 속	산막효모, 질산염 이용 못함 당발효능 거의 없음
무포자 효모	*Candida albicans*	칸디다증 유발 병원균
	Candida utilis	핵산조미료원료, RNA제조
	Candida tropicalis *Candida lipolytica*	석유에서 단세포 단백질 생산
	Torulopsis versatilis	호염성, 간장발효 시 향기 생성
	Rhodotorula glutinis	유지생성
	Thrichosporon cutaneum *Thrichosporon pullulans*	전분 및 지질분해력

72 공업적으로 lipase를 생산하는 미생물이 아닌 것은?

① *Aspergillus niger*

② *Rhizopus delemar*

③ *Candida cylindraca*

④ *Aspegillus oryzae*

💡정답 **70** ③   **71** ③   **72** ④

lipase를 생산하는 미생물
– *Aspergillus niger* – Rhizopus delemar – Candida cylindraca

73 포도당의 Homo 젖산 발효는 어떤 대사경로를 거치는가?

① HMS 경로
② TCA 회로
③ EMP 경로
④ Krebs 회로

포도당의 Homo 젖산 발효는 EMP 경로(해당과정)을 거친다.

74 청주, 간장, 된장의 제조에 사용되는 Koji 곰팡이의 대표적인 균종으로 황국균이라고 하는 곰팡이는?

① *Aspergillus oryzae*
② *Aspergillus niger*
③ *Aspergillus flavus*
④ *Aspergillus fumigatus*

Aspergillus oryzae
– 황국균(누룩곰팡이)이라고 한다. – 전분당화력, 단백질 분해력, 펙틴 분해력이 강하여 간장, 된장, 청주, 탁주, 약주 제조에 이용한다. – 처음에는 백색이나 분생자가 생기면서부터 황색에서 황녹색으로 되고 더 오래되면 갈색을 띤다. – Amylase. Protease, Pectinase, Maltase, Invertase, Cellulase, Inulinase, Glucoamylase, Papain, Trypsin 등의 효소분비 – 생육온도 : 25~37℃

75 살아있지만 배양이 안되는 세균을 의미하며, 우호적인 좋은 환경에서 증식되어 식중독을 야기할 수 있는 세균은?

① TPC
② Injured cell
③ Aerobic count
④ VBNC

VBNC(Viable But Not Culturable) 난배양성미생물
살아있지만 배양이 안 되는 세균을 의미하며, 우호적인 좋은 환경에서 증식되어 식중독을 야기할 수 있는 세균

76 청주에서 품질이 저하되게 하는 화락현상을 유발하는 균은?

① *Lactobacillus homohiochii*
② *Leuconostoc mesentroides*
③ *Saccharomyces cerevisiae*
④ *Aspergillus sake*

Lactobacillus homohiochii	청주를 부패시켜 불쾌취를 주는 화락균
Leuconostoc mesentroides	김치발효 초기균
Saccharomyces cerevisiae	– 약주, 포도주, 맥주 등 각종 주정 발효에 사용 – 빵효모, 효모균체 생산에 이용 – 상면 맥주 효모
Aspergillus sake	청주제조

77 주정 제조 시 당화과정이 생략 될 수 있는 원료는?

① 당밀
② 고구마
③ 옥수수
④ 보리

주류의 분류

종류	발효법		예
양조주 (발효주) 전분이나 당분을 발효하여 만든 술	단발효주	원료의 당 성분으로 직접 발효	포도주, 사과주, 과실주
	복발효주	단행복발효주 (당화와 발효 단계적 진행)	맥주
		병행복발효주 (당화·발효 동시 진행)	청주, 탁주, 약주, 법주
증류주 (양조주) 발효된 술 또는 액즙을 증류	단발효주원료	과실	브랜디
		당밀	럼
	단행복발효주 원료	보리, 옥수수	위스키
		곡류	보드카, 진
	병행복발효주 원료	전분 또는 당밀	소주, 고량주
혼성주	증류주 또는 알콜에 기타 성분 첨가		제제주, 합성주, liqueur

78 미생물의 생육곡선에서 세포내의 RNA는 증가하나 DNA가 일정한 시기는?

① 유도기   ② 대수기
③ 정상기   ④ 사멸기

미생물 생육 곡선

- 배양시간과 생균수의 대수(log)사이의 관계를 나타내는 곡선. S 곡선
- 유도기, 대수기, 정상기(정지기), 사멸기로 나눔
- 유도기(lag phase)
  - 잠복기로 미생물이 새로운 환경이나 배지에 적응하는 시기
  - 증식은 거의 일어나지 않고, 세포 내에서 핵산이나 효소단백질의 합성이 왕성하고, 호흡활동도 높으며, 수분 및 영양물질의 흡수가 일어남,
  - DNA합성은 일어나지 않음
- 대수기(logarithmic phase)
  - 급속한 세포분열 시작하는 증식기로 균수가 대수적으로 증가하는 시기. 미생물 성장이 가장 활발하게 일어나는 시기

- 정상기(정지기, Stationary phase)
  - 영양분의 결핍, 대사산물(산, 독성물질 등)의 축적, 에너지 대사와 몇몇의 생합성과정을 계 속되어 항생물질, 효소 등과 같은 2차 대사산물 생성.
  - 생균수는 일정하게 유지되고 총균수는 최대가 되는 시기. 증식 속도가 서서히 늦어지면서 생균수와 사멸균수가 평형이 되는 시기.
  - 배지의 pH 변화
- 사멸기(death phase)
  - 감수기로 생균수가 감소하여 생균수보다 사멸균수가 증가하는 시기

79 Eumycetes(진균류)가 아닌 것은?

① 세균   ② 버섯
③ 효모   ④ 곰팡이

생물계의 미생물 분류

동물	조직분화있음. 진핵세포			
식물	조직분화있음. 진핵세포			
원생생물 (조직분화 없음)	고등 미생물 (진핵세포)	원생동물 (세포벽X)	짚신벌레 등	
		균류 균류	점균류	
			진균류 (곰팡이, 버섯, 효모)	
		지의류		
		조류	클로렐라, 해조	
	하등 미생물 (원핵세포)	분열균류	세균, 방선균	
		남조류		
	바이러스	동물바이러스, 식물바이러스		
진균류	조상균류 (균사격벽X)	*Rhizopus* Mucor Absidia		
	자낭균류 (균사격벽O)	Monascus : 홍국 Neurospora : 빨간빵		
	담자균류	버섯		
	불완전균류	*Aspergillus* Penicillium		

80 일반적으로 위균사(Pseudomycelium)를 형성하는 효모는?

① *Saccharomyces* 속
② *Candida* 속
③ *Hanseniaspora* 속
④ *Trigonopsis* 속

🔍해설

Candida 속
세포는 공이나 달걀모양으로 위균사나 진균사를 만들고 주로 알코올 발효능을 갖는 산막효모

---

5 식품제조공정

81 원심분리를 이용하여 액체와 고체를 분리하려고 할 때 고체의 농도가 높을 경우 사용하는 원심분리기로 적합한 것은?

① 디슬러지 원심분리기(desludge centrifuge)
② 관형 원심분리기(tublar bowl centrifuge)
③ 원통형원심분리기(cylindrical bowl centrifuge)
④ 노즐배출형 원심분리기(nozzle dischange centrifuge)

🔍해설

디슬러지 원심분리기(desludge centrifuge)
– 원심분리를 이용하여 액체와 고체를 분리하려고 할 때 고체의 농도가 높을 경우 사용 – 컨베이어형 원심분리기가 있으며 고체 함량 50%까지 이용 가능

82 마쇄 전분유에서 전분을 분리하기 위해 수집장의 분리판을 가진 회전체로서 원심력을 이용하여 고형물을 분리하는 원심분리기로 옳은 것은?

① 노즐형 원심분리기
② 데칸트형 원심분리기
③ 가스 원심분리기
④ 원통형 원심분리기

🔍해설

노즐형 원심분리기
– 액체에 고체 입자가 들어 있는 혼합물 분리 – 마쇄 전분유에서 전분을 분리하기 위해 수집장의 분리판을 가진 회전체로서 원심력을 이용하여 고형물을 분리하는 원심분리기 – 고체 농도가 5% 이하 일 때 사용

83 와이어 매시체 또는 다공판과 이를 지지하는 구조물로 되어 있으며, 진동운동은 기계적 또는 전자기적 장치로 이루어지는 설비로, 미분쇄된 곡류의 분말 등을 사별하는데 사용되는 설비는?

① 바 스크린(Bar screen)
② 진동체(Vibration screen)
③ 릴(Reels)
④ 사이클론(cyclone)

🔍해설

진동체(Vibration screen)
와이어 매시체 또는 다공판과 이를 지지하는 구조물로 되어 있으며, 진동운동은 기계적 또는 전자기적 장치로 이루어지는 설비로, 미분쇄된 곡류의 분말 등을 사별하는데 사용

84 타원형의 용기에 물을 반쯤 채우고 임펠라를 회전시켜 일정 위치에서 기계가 압축 이송되는 장치는?

① 로타리 블로워   ② 압축기
③ 매시 펌프   ④ 팬

🔍해설

매시 펌프
타원형의 용기에 물을 반쯤 채우고 임펠라를 회전시켜 일정 위치에서 기계가 압축 이송되는 장치

💡정답 **80** ② **81** ① **82** ① **83** ② **84** ③

85 우유로부터 크림을 분리하는 공정에서 많이 적용되고 있는 원심분리기는?

① 노즐 배출형 원심분리기(nozzle dischange centrifuge)

② 원판형 원심분리기(disc bowl centrifuge)

③ 디켄터형 원심분리기(decanter centrifuge)

④ 가압 여과기(filter press)

원판형 원심분리기(disc bowl centrifuge)

– 우유로부터 크림을 분리하는 공정에서 많이 적용
– 동·식물유 및 어유의 정제 과정 중 탈수 및 청징
– 과일주스의 감귤류의 청징

86 착즙된 오렌지 주스는 15%의 당분을 포함하고 있는데 농축공정을 거치면서 당함량이 60%인 농축 오렌지 주스가 되어 저장된다. 당함량이 45%인 오렌지 주스 제품 100kg을 만들려면 착즙 오렌지 주스와 농축 오렌지 주스를 어떤 비율로 혼합해야 하겠는가?

① 1 : 2

② 1 : 2.8

③ 1 : 3

④ 1 : 4

착즙 오렌지 주스와 농축 오렌지 주스 혼합 비율

착즙된 오렌지 주스 15%　　　15%

45%

농축된 오렌지 주스 60%　　　30%

착즙 오렌지 주스 : 농축 오렌지 주스 = 1 : 2

87 식품의 살균온도를 결정하는 가장 중요한 인자는?

① 식품의 비타민 함량

② 식품의 pH

③ 식품의 당도

④ 식품의 수분함량

식품의 살균온도를 결정하는 가장 중요한 인자

– 식품의 살균공정에서 고려해야 할 인자 : pH, 수분, 식품성분 등
– 식품의 살균공정을 결정하는데 가장 큰 영향을 주는 인자 : 식품의 pH
– pH가 낮아 산성이 높으면(pH 4.6이하) 살균시간이 단축된다.
– 과일주스와 같은 산성 식품은 저온살균으로도 미생물 제어가 가능하나 비산성식품은 100℃ 이상에서 가압살균해야 한다.

88 살균 후 위생상 문제가 되는 미생물이 생존할 수 없는 수준으로 살균하는 방법을 의미하는 용어는?

① 저온 살균법

② 포장 살균법

③ 상업적 살균법

④ 열탕 살균법

상업적 살균

– 살균 후 위생상 문제가 되는 미생물이 생존할 수 없는 수준으로 살균하는 방법을 의미
– 가열살균에 있어서 식품의 저장성과 품질을 양립시킬 수 있는 최저한도의 열처리를 말함
– 식품의 품질을 최대한 유지하기 위하여 식중독균이나 부패에 관여하는 미생물만을 선택적으로 살균하는 기법
– 보통의 상온 저장조건 하에서 증식할 수 있는 미생물을 사멸됨
– 산성의 과일통조림에 많이 이용됨

89 식품별 조사처리기준에 의한 허용대상 식품별 흡수선량에서 (　　)안에 알맞은 것은?

품 목	조사목적	선량(kGy)
감자 양파 마늘	발아억제	(　　)

① 0.15 이하

② 0.25 이하

③ 1 이하

④ 7 이하

식품의 방사선 조사

- 방사선 물질을 조사시켜 살균하는 방법으로 식품, 포장 식품, 약품 등의 멸균에 이용
- 저온살균법(냉살균)
- 목적 : 식품의 발아억제, 숙도조절 및 지연, 보존성 향상, 살충 및 살균 등
- Co-60의 감마선 : 살균력 강하고 반감기가 짧아서 가장 많이 사용
- 허가된 품목 : 김치, 양파, 곡류, 건조과일, 딸기, 양송이, 생선, 닭고기 등
- 허용대상 흡수량
  숙도지연(망고, 파파야, 토마토) : 1.0kGy 이하
  발아억제(감자, 양파, 마늘, 파) : 0.15kGy 이하
  완전살균 또는 바이러스 멸균 : 10~50kGy 선량
  유해곤충 사멸 : 10kGy 선량
  기생충 사멸 : 0.1~0.3kGy 선량
- WHO / FAO : 평균 10kGy 이하로 조사된 모든 식품은 독성학적인 장애를 일으키지 않고 독성 시험이 필요하지 않다고 발표

90 쌀도정 공장에서 도정이 끝난 백미와 쌀겨를 분리 정선하고자 할 때 가장 효과적인 정선법은?

① 자석식 정선법
② 기류 정선법
③ 채정신법
④ 기스크 정선법

기류 정선법

쌀도정 공장에서 도정이 끝난 백미와 쌀겨를 분리 정선하고자 할 때 가장 효과적인 정선법

91 우유단백질 중 혈액에서부터 이행된 단백질은?

① 카제인(casein)
② 이무노글로불린(immunoglobulin)
③ 락토글로불린(lactoglobulin)
④ 락토알부민(lalctalbumin)

우유 단백질의 분류

카세인	우유단백질의 80% 차지 α, β, λ, γ 카세인
유청 단백질	β-락토글로블린
	α-락토알부민
	면역글로불린(immunoglobulin) 혈액에서 이행
	혈청알부민
	효소들
	프로테오스-펩톤
	락토페린

92 곡류와 같은 고체를 분쇄 하고자 할 때 사용하는 힘이 아닌 것은?

① 충격력(impact force)
② 유화력(emulsification)
③ 압축력(compression force)
④ 전단력(shear force)

고체 식품 분쇄 시 작용하는 힘

압축, 충격, 전단 등의 힘이 작용한다.

93 달걀 흰자의 단백질성분이 아닌 것은?

① 오브알부민(ovalbumin)
② 콘알부민(conalbumin)
③ 오브뮤코이드(ovomucoid)
④ 이포비텔린(lipovitellin)

달걀 흰자 단백질 성분

오브알부민, 콘알부민, 오브뮤코이드, 오브글로불린, 오보뮤신, 아비딘, 플라보단백질

94 통조림의 제조공정 중 탈기의 목적이 아닌 것은?

① 관내면의 부식억제

② 혐기성미생물의 발육억제

③ 변패관의 식별용이

④ 내용물의 산화방지

통조림 탈기 목적
– 휘발성 향기 성분 및 지방질 성분의 산화에 의한 이미, 이취의 발생 감소 – 색소파괴 감소시켜 색깔 향상 – 미생물, 특히 호기성균의 번식 억제 – 펄프 등의 현탁 물질이 위쪽으로 떠올라 병 입구를 막거나 외관을 나쁘게 하는 것을 방지 – 가열 살균 시 관내 공기의 팽창으로 변형과 파괴 방지 – 순간 살균할 때 또는 용기에 담을 때 거품의 생성 억제 – 관 상하부를 오목하게 하여 불량품과 쉽게 구별 가능 – 관 내부 부식 억제

95 분무식 살균 장치에서 유리 용기의 열 충격으로 인한 파손을 줄이기 위해 실시하는 조작 순서로 옳은 것은?

① 예열 → 살균 → 예냉 → 냉각 → 세척

② 예냉 → 냉각 → 예열 → 살균 → 세척

③ 세척 → 예열 → 살균 → 예냉 → 냉각

④ 냉각 → 세척 → 예열 → 살균 → 예냉

분무식 살균 장치 조작 순서
예열 → 살균 → 예냉 → 냉각 → 세척

96 다음 중 침강분리의 원리와 거리가 먼 것은?

① 중력   ② 부력

③ 항력   ④ 장력

침강 분리 원리
중력, 부력, 항력 등

97 다음 중 기체 이송에 사용되지 않는 기기는?

① 팬(fan)

② 브로어(blower)

③ 파이프(pipe)

④ 컴프레서(compressor)

이송	
이송물질	이송 기기
기체	팬(fan), 브로어(blower), 컴프레서(compressor)
액체	파이프(pipe), 펌프(pump)
고체	컨베이어(conveyer), 스로워(thrower)

98 다음 중 나열된 건조기와 적용 가능한 해당 식품 또는 용도가 잘못 연결된 것은?

① 빈 건조기(bin dryer) – 마감 건조

② 분무 건조기(spray dryer) – 과일주스

③ 기송식 건조기(pneumatic) – 두유

④ 유동층 건조기(fluidized bed dryer) – 설탕

건조기의 용도	
건조기 종류	해당 식품 또는 용도
빈 건조기	마감 건조
분무 건조기	분유, 인스턴트커피, 과일주스
기송식 건조기	곡류, 글루텐, 전분, 분유, 달걀제품
유동층 건조기	소금, 설탕, 감자 등의 건조

99 바닷물에서 소금성분 등은 남기고 물 성분만 통과시키는 막분리 여과법은?

① 한외여과법

② 역삼투압법

③ 투석

④ 정밀여과법

94 ②   **95** ①   **96** ④   **97** ③   **98** ③   **99** ②

역삼투압법

- 바닷물을 민물로 만들기 위하여 개발된 기술
- 바닷물에서 소금성분 등은 남기고 물 성분만 통과시키는 막분리 여과법
- 반투막 사이로 삼투압보다 높은 압력을 가하여 순도가 높은 물을 얻는 방법

100 어떤 식품을 110℃에서 가열살균하여 미생물을 모두 사멸시키는데 걸린 시간이 8분이었다. 이를 바르게 표기한 것은?

① $D_{110℃}$ = 8분

② Z = 8분

③ $F_{110℃}$ = 8분

④ F_{8min} = 110℃

살균 처리의 용어	
D값	일정한 온도에서 미생물을 90% 감소(사멸)시키는데 필요한 시간
Z값	가열치사시간을 90%(1/10)로 단축시키는데 필요한 온도 상승값
F값	일정 온도에서 미생물을 100% 사멸시키는데 필요한 시간
F0값	250F(121℃)에서 미생물을 100% 사멸시키는데 필요한 시간

💡 **정답** **100** ③

식품산업기사 필기
7년간 기출문제

발 행 일	2021년 6월 5일 초판 1쇄 인쇄 2021년 6월 10일 초판 1쇄 발행
저 자	김문숙
발 행 처	크라운출판사 http://www.crownbook.com
발 행 인	이상원
신고번호	제 300-2007-143호
주 소	서울시 종로구 율곡로13길 21
공 급 처	(02) 765-4787, 1566-5937, (080) 850~5937
전 화	(02) 745-0311~3
팩 스	(02) 743-2688, 02) 741-3231
홈페이지	www.crownbook.co.kr
I S B N	978-89-406-4435-5 / 13570

특별판매정가 25,000원